科学版研究生教学丛书

张量分析及其应用

李开泰　黄艾香 著

“国家重大基础研究(973)G-1999032801”
专项经费资助项目

科 学 出 版 社
北 京

内 容 简 介

本书主要内容包括张量基本概念、张量的代数运算和微分学、Riemann 流形上的张量分析和微分算子. 除此之外，本书用很大的篇幅讲授张量在连续介质力学和物理学中的应用. 特别是有许多内容是作者 20 多年来应用张量分析工具，建立相关力学、数学模型，发展新的数学方法的研究成果.

本书可以作为大学本科、研究生的教学用书或参考书，对于从事数学、力学、物理研究的教师和研究人员也具有参考价值.

图书在版编目(CIP)数据

张量分析及其应用/李开泰，黄艾香著. —北京：科学出版社，2004
(科学版研究生教学丛书)
ISBN 978-7-03-013311-3

Ⅰ. 张…　Ⅱ. ①李…　②黄…　Ⅲ. 张量分析-研究生-教材
Ⅳ. O183.2

中国版本图书馆 CIP 数据核字(2004)第 042130 号

责任编辑：杨　波　姚莉丽/责任校对：宋玲玲
责任印制：张　伟/封面设计：陈　敬

科学出版社 出版
北京东黄城根北街 16 号
邮政编码：100717
http://www.sciencep.com
北京虎彩文化传播有限公司 印刷
科学出版社发行　各地新华书店经销
*
2004 年 7 月第 一 版　开本：B5（720×1000）
2022 年 7 月第八次印刷　印张：19 1/4
字数：369 000

定价：69.00 元

（如有印装质量问题，我社负责调换）

前　　言

自然界变化和运动是有规律的，认识这些规律是自然科学的任务．而用数量来描述这些规律时，往往需要引入坐标系，才能把数学带到自然科学中去．然而，本来与坐标系选择无关的自然规律，它的数学表述形式不得不与坐标系的选择夹杂在一起，而使人对其物理实质不易辨认．张量的引入，则恰是力图既采用坐标系又摆脱具体坐标系影响的一种尝试．使用张量，可以简化推导，使演算过程清晰，表达整齐统一，用张量来描述自然科学中一些规律所得的结果，在任何坐标系下具有不变的形式，这将给研究工作带来极大的方便．张量作为物理或几何的具体对象，它充分反映了这些现象的物理和几何属性，是这些现象的一种数学抽象．它在分析力学、固体力学、流体力学、几何学、电磁场理论和相对论等方面有着广泛的应用．

近年来欧美国家也愈来愈重视张量分析的运用．在美国，不仅科学界，而且工程界都掀起了学习和应用张量的热潮．有人这样形容："现在工程师学张量分析如同 20 世纪 30 年代学矩阵一样热烈．" 我们不应该忘记，正是由于矩阵代数在工程中的应用，才导致了 20 世纪 50 年代有限元方法的产生．

本书的第 1 章是 n 维仿射空间和三维欧氏空间中张量和张量代数，其中包括了伪欧氏空间．第 2 章张量分析．第 3 章是曲面上的张量和曲面论，内容包括 Riemann 空间中的张量分析，曲面上混合张量分析和在实践上有很大意义的 S-族坐标系．

第 4 章讨论 Riemann 流形上的张量分析，简明扼要地给出了任何维数的 Riemann 几何最基本的知识，使得在更深的一个层次上，展现更高维流形上的几何学的基本内容．如引力几何化理论中，时空空间就是四维流形，它有重要的物理学意义．读完这一章后，读者会对 Riemann 几何的初等知识有一定的了解．

第 5 章讨论张量在连续介质力学中的应用．运用前面的张量分析工具，推导了二维流形、流面以及流层内的 Navier-Stokes 方程．以此运用到叶轮内部三维流动，轴承润滑问题，将三维问题分解为二维问题和一维问题的耦合方法；运用 S-族坐标系，给出壳体一个渐近分析方法，构造了用一个二维问题的解构造三维问题的二次近似解；本章的部分内容体现出了作者 20 多年研究成果的积累．

第 6 章讨论张量在物理学中的应用，包括电磁场理论，狭义相对论和广义相对论．尤其是广义相对论中，给出了引力几何化的见解，讨论了 Einstein 方程的 Schwarzschild 解和 Einstein-Maxwell 耦合方程的球对称解，引力坍缩的条件等．

本书的特点是，充分运用局部仿射标架和共轭标架以及行列式张量的特性，尤其引入了 S-族坐标系，使得在解决透平机械内部流动，润滑理论的广义 Reynolds 方程和壳体理论等问题上，从某个侧面展示了如何灵活运用张量，使数学模型更简洁更深刻地反映客观实际，并且促使新方法的产生．这也体现了本书的宗旨：基本理论和实际应用并重．

这是大学本科和研究生的教学用书，对于大学本科可采用第 1、2、3 章的基本内容以及选择第 5、6 章中感兴趣的问题就足够了．作为研究生的教学用书，可选用第 1、2、3、4 章，以及 5、6 两章中感兴趣的问题．学完之后，能够运用张量分析作为研究问题的工具，达到方法上的创新．应该说，在张量应用中，为读者提供比较灵活的可扩展空间，可以根据自己的研究兴趣比较深入地学习相关内容．在第 5 章和第 6 章中有些内容是作者自己的研究成果．

在编写此书过程中，得到了许多同志的关心和帮助，作者在此表示衷心地感谢．

作　者

2004 年 2 月于西安交通大学

目　录

第1章　张量及其代数运算

这一章的内容是介绍 n 维仿射空间中的张量概念及其代数结构，特别是作为仿射空间特例的欧氏空间中的张量及其代数结构.

这里不是从欧氏空间性质中选出仿射性质来建立仿射空间基本结构，而是采用一组独立的公理体系，利用它们导出所有的仿射性质，从而建立任意 n 维仿射空间的代数结构，而欧氏空间只是作为仿射空间的特例而被引进.

不应当把公理体系看作特别有原则性的、深奥的内容，应是用它来说明，在 n 维仿射空间中，基本上类同于向量代数，且仅仅运用了点和向量的概念.

1.1　仿射空间

在仿射空间里，点和向量是基本概念，无需用逻辑方法再定义. 当然，这不是说点和向量没有实在的内容. 例如向量就可理解为速度或力等.

考察一个点和向量的集合，它满足以下公理.

1) 至少存在一个点.

2) 任意给定一对有顺序的点 A 和 B，对应一个且仅对应一个向量. 通常记此向量为 $\boldsymbol{AB}$. 向量也可记为 $\boldsymbol{x}$ 或 $\boldsymbol{a}$ 等.

3) 对任一点 A 及任一向量 $\boldsymbol{x}$，存在唯一的点 B，使得 $\boldsymbol{AB} = \boldsymbol{x}$.

4)（平行四边形公理）若 $\boldsymbol{AB} = \boldsymbol{CD}$，则 $\boldsymbol{AC} = \boldsymbol{BD}$.

在一定意义下，公理 1) ～ 4) 可以建立向量间的加法、减法等.

定义 1.1.1　1° 向量 $\boldsymbol{AA}$ 称为零向量，并记作 $\boldsymbol{0}$.

2° 向量 $\boldsymbol{BA}$ 称为向量 $\boldsymbol{AB}$ 的逆向量，$\boldsymbol{x}$ 的逆向量记为 $-\boldsymbol{x}$.

显然，对任一点 M，有唯一的方法作向量 $\boldsymbol{MM}$，使得 $\boldsymbol{MM} = \boldsymbol{0}$. 并且，任一向量 $\boldsymbol{x}$，存在唯一的逆向量 $-\boldsymbol{x}$.

定义 1.1.2　设在一定顺序下给定了向量 $\boldsymbol{x}$ 和 $\boldsymbol{y}$. 任选一点 A，从 A 作向量 $\boldsymbol{AB} = \boldsymbol{x}$，再从点 B 作向量 $\boldsymbol{BC} = \boldsymbol{y}$. 则点 A 和点 C 决定一向量 $\boldsymbol{AC}$，称它为 $\boldsymbol{x}$ 与 $\boldsymbol{y}$ 的和，记为 $\boldsymbol{x} + \boldsymbol{y}$.

显然，向量 $\boldsymbol{x} + \boldsymbol{y}$ 不依赖于点 A 的选择. 并且向量加法有如下性质：

1° 向量的加法满足交换律　$\boldsymbol{x} + \boldsymbol{y} = \boldsymbol{y} + \boldsymbol{x}$;

2° 向量的加法满足结合律　$(\boldsymbol{x} + \boldsymbol{y}) + \boldsymbol{z} = \boldsymbol{x} + (\boldsymbol{y} + \boldsymbol{z})$;

3° $\boldsymbol{x} + \boldsymbol{0} = \boldsymbol{x}$;

4° $\boldsymbol{x} + (-\boldsymbol{x}) = \boldsymbol{0}$.

定义1.1.3　对于向量 $\boldsymbol{x}$ 和 $\boldsymbol{y}$,若存在向量 $\boldsymbol{z}$, 使得 $\boldsymbol{z} + \boldsymbol{y} = \boldsymbol{x}$, 则称向量 $\boldsymbol{z}$ 为 $\boldsymbol{x}$ 与 $\boldsymbol{y}$ 的差,记为 $\boldsymbol{x} - \boldsymbol{y}$.

由以上讨论可知,向量加法运算是和普通向量代数中一样具有全部有关加法的性质.

但是,仅有以上4个公理,还不能建立完备的系统.以下公理是建立向量和数量的乘法运算.

5) 对于任一向量 $\boldsymbol{x}$ 和任一数 α,存在唯一向量与之对应.称此向量为 $\boldsymbol{x}$ 与 α 的乘积.记为 $\alpha\boldsymbol{x}$.

6) $1\boldsymbol{x} = \boldsymbol{x}$.

7) $(\alpha + \beta)\boldsymbol{x} = \alpha\boldsymbol{x} + \beta\boldsymbol{x}$.

8) $\alpha(\boldsymbol{x} + \boldsymbol{y}) = \alpha\boldsymbol{x} + \alpha\boldsymbol{y}$.

9) $\alpha(\beta\boldsymbol{x}) = (\alpha\beta)\boldsymbol{x}$.

在公理7)～9)中,α,β 均表示数.不难推出 $0\boldsymbol{x} = \boldsymbol{0}$,　$\alpha\boldsymbol{0} = \boldsymbol{0}$($\alpha$ 为任意数).

根据以上讨论可知,对向量可以按通常法则施行加法和向量与数的乘法运算.

再引进一个公理,即维数公理.为此先引入一个定义.

定义1.1.4　任给定 m 个向量 $\boldsymbol{x}_1, \boldsymbol{x}_2, \cdots, \boldsymbol{x}_m$,如果存在 m 个不完全为0的数 $\alpha_1, \alpha_2, \cdots, \alpha_m$, 使得

$$\alpha_1\boldsymbol{x}_1 + \alpha_2\boldsymbol{x}_2 + \cdots + \alpha_m\boldsymbol{x}_m = \boldsymbol{0}$$

成立,则称 $\boldsymbol{x}_1, \boldsymbol{x}_2, \cdots, \boldsymbol{x}_m$ 是线性相关的,否则称 $\boldsymbol{x}_1, \boldsymbol{x}_2, \cdots, \boldsymbol{x}_m$ 是线性独立的.

当诸向量线性相关时,其中至少有一向量可由其余向量线性表示;反之,若有某个向量能由其余向量线性表示,则这些向量必线性相关.

10) (维数公理) 存在 n 个线性独立的向量,但任意 $n+1$ 个向量必定是线性相关的.

称满足公理1)～10)的点和向量的集合为 n 维仿射空间.

当 $n = 0$ 时,这个集合只有一个点和一个向量 $\boldsymbol{0}$.一般不讨论 $n = 0$ 情形,而总是假设 $n > 0$.

仿射空间是点和向量的集合.有了点和向量这2个基本概念和10个公理,就可以建立起仿射空间的全部几何学,它是张量代数和张量分析的基础.

1.2　仿射坐标系

这一节的目的在于研究 n 维仿射空间中通常的坐标系,这种坐标系与空间的几何性质有关.根据维数公理,在这个空间中存在 n 个线性独立的向量,设为 $\boldsymbol{e}_1$, $\boldsymbol{e}_2, \cdots, \boldsymbol{e}_n$,如果对于仿射空间中任一向量 $\boldsymbol{x}$,使得 $\boldsymbol{x}, \boldsymbol{e}_1, \boldsymbol{e}_2, \cdots, \boldsymbol{e}_n$ 线性相关,即

$$\alpha \boldsymbol{x} + \alpha_1 \boldsymbol{e}_1 + \cdots + \alpha_n \boldsymbol{e}_n = 0,$$

显然，$\alpha \neq 0$.若不然，则由 $\alpha = 0$ 得 $\boldsymbol{e}_1, \boldsymbol{e}_2, \cdots, \boldsymbol{e}_n$ 线性相关，这与原来假设矛盾.因此有

$$\boldsymbol{x} = -\frac{\alpha_1}{\alpha}\boldsymbol{e}_1 - \cdots - \frac{\alpha_n}{\alpha}\boldsymbol{e}_n = x^1 \boldsymbol{e}_1 + \cdots + x^n \boldsymbol{e}_n. \tag{1.2.1}$$

(1.2.1)说明，n 维仿射空间中任一向量，均可由 $\boldsymbol{e}_1, \boldsymbol{e}_2, \cdots, \boldsymbol{e}_n$ 这n 个独立向量线性表示.任意一点 O 和$\boldsymbol{e}_1, \boldsymbol{e}_2, \cdots, \boldsymbol{e}_n$ 可以组成一个仿射标架，即仿射空间中任一向量 $\boldsymbol{x}$，可按仿射标架展开，其中系数 x^i 称为向量$\boldsymbol{x}$ 关于已知标架的仿射坐标.

值得注意的是，仿射标架的选择有无限多种可能，而任意向量 $\boldsymbol{x}$ 按确定的仿射标架展开，其系数是唯一确定的.实际上，如果

$$\boldsymbol{x} = x^1 \boldsymbol{e}_1 + x^2 \boldsymbol{e}_2 + \cdots + x^n \boldsymbol{e}_n = \widetilde{x}^1 \boldsymbol{e}_1 + \widetilde{x}^2 \boldsymbol{e}_2 + \cdots + \widetilde{x}^n \boldsymbol{e}_n,$$

则有

$$(x^1 - \widetilde{x}^1)\boldsymbol{e}_1 + (x^2 - \widetilde{x}^2)\boldsymbol{e}_2 + \cdots + (x^n - \widetilde{x}^n)\boldsymbol{e}_n = \boldsymbol{0}.$$

由 $\boldsymbol{e}_i$ 线性独立推出$x^i - \widetilde{x}^i = 0 (i = 1,2,\cdots,n)$.反之，任意 n 个数$x^1, x^2, \cdots, x^n$，可按(1.2.1) 组成一个向量.

所以，对于确定的仿射标架，向量 $\boldsymbol{x}$ 和它的坐标(x^i) 之间存在着一一对应的关系.特别是，零向量对应的仿射坐标全等于 0.

运用向量坐标后，向量代数运算可以转化为它们坐标的代数运算.例如向量 $\boldsymbol{x}$ 及$\boldsymbol{y}$ 的和，若

$$\boldsymbol{x} = x^1 \boldsymbol{e}_1 + x^2 \boldsymbol{e}_2 + \cdots + x^n \boldsymbol{e}_n,$$
$$\boldsymbol{y} = y^1 \boldsymbol{e}_1 + y^2 \boldsymbol{e}_2 + \cdots + y^n \boldsymbol{e}_n.$$

则

$$\boldsymbol{x} + \boldsymbol{y} = (x^1 + y^1)\boldsymbol{e}_1 + (x^2 + y^2)\boldsymbol{e}_2 + \cdots + (x^n + y^n)\boldsymbol{e}_n.$$

即向量之和的坐标等于这些向量所对应的坐标分别相加.而数与向量的数乘运算，其坐标就是向量的每个坐标乘上这个数，即

$$\alpha \boldsymbol{x} = \alpha x^1 \boldsymbol{e}_1 + \alpha x^2 \boldsymbol{e}_2 + \cdots + \alpha x^n \boldsymbol{e}_n.$$

设有 m 个向量为

$$\boldsymbol{x}_1 = x_1^1 \boldsymbol{e}_1 + x_1^2 \boldsymbol{e}_2 + \cdots + x_1^n \boldsymbol{e}_n,$$
$$\boldsymbol{x}_2 = x_2^1 \boldsymbol{e}_1 + x_2^2 \boldsymbol{e}_2 + \cdots + x_2^n \boldsymbol{e}_n,$$
$$\cdots\cdots$$
$$\boldsymbol{x}_m = x_m^1 \boldsymbol{e}_1 + x_m^2 \boldsymbol{e}_2 + \cdots + x_m^n \boldsymbol{e}_n,$$

它们的线性组合为

$$\boldsymbol{x} = \alpha^1 \boldsymbol{x}_1 + \alpha^2 \boldsymbol{x}_2 + \cdots + \alpha^m \boldsymbol{x}_m.$$

向量 $\boldsymbol{x}$ 的坐标为

$$x^i = \alpha^1 x_1^i + \alpha^2 x_2^i + \cdots + \alpha^m x_m^i, \quad i = 1,2,\cdots,n. \tag{1.2.2}$$

它是下列矩阵

$$\begin{pmatrix} x_1^1 & x_1^2 & \cdots & x_1^n \\ x_2^1 & x_2^2 & \cdots & x_2^n \\ \vdots & \vdots & & \vdots \\ x_m^1 & x_m^2 & \cdots & x_m^n \end{pmatrix} \tag{1.2.3}$$

中各行的线性组合.如果 $\boldsymbol{x}_1,\boldsymbol{x}_2,\cdots,\boldsymbol{x}_m$ 是线性相关的,那么必定可以找到一组不全为0的数 $\alpha^1,\alpha^2,\cdots,\alpha^m$,使得 $\boldsymbol{x}$ 为零向量,因而矩阵(1.2.3)的各列是线性相关的.矩阵(1.2.3)各列线性相关不仅是向量 $\boldsymbol{x}_1,\boldsymbol{x}_1,\cdots,\boldsymbol{x}_m$ 线性相关的必要条件,也是充分条件.

以上讨论了向量的坐标表示法,至于点的坐标表示法,是建立在向量坐标表示法之上的.实际上,令 M 为仿射空间内任一点,与这个点唯一对应的有一个向量 $\boldsymbol{OM}$,O 是标架原点,$\boldsymbol{OM}$ 称为已知点的向径,若 $\boldsymbol{OM}$ 关于仿射标架 $\boldsymbol{e}_i$ 的线性组合为

$$\boldsymbol{OM} = x^1\boldsymbol{e}_1 + x^2\boldsymbol{e}_2 + \cdots + x^n\boldsymbol{e}_n, \tag{1.2.4}$$

则称 (x^i) 为点 M 关于这个标架的仿射坐标.

因此,若已知一个点,则按(1.2.4)可以唯一确定它的仿射坐标.反之,若已知一组坐标 $(x^1,x^2,\cdots,x^n)$,则可按(1.2.4)从原点 O 出发作向量 $\boldsymbol{OM} = x^1\boldsymbol{e}_1 + x^2\boldsymbol{e}_2 + \cdots + x^n\boldsymbol{e}_n$,而唯一决定一点 M.

综上所述,给出一个标架,就可以建立坐标与向量及坐标与点之间的一一对应关系.

以后总是不加声明地使用 Einstein 求和约定:表达式中的每个指标跑过 1,2,$\cdots$,n 诸值,如果上下指标相同,则表示求和,如若有好几对上下指标相同,则表示对每一对上下指标分别求和.例如,(1.2.1)可以表示为

$$\boldsymbol{x} = x^i\boldsymbol{e}_i.$$

又如表达式 Φ^{ik}_{ikl} 的意义为

$$\sum_{i=1}^{n}\sum_{k=1}^{n}\Phi^{ik}_{ikl}. \tag{1.2.5}$$

上下相同的指标是求和指标,也称哑指标,而其余的指标称为自由指标.例如 Φ^{ik}_{ikl} 中,i,k 为求和指标,l 为自由指标.这里特别要指出的是,求和指标的记号是无关紧要的.例如 Φ^{ik}_{ikl} 中,求和指标 i,k 用 p,q 代替其结果不变,即

$$\Phi^{ik}_{ikl} = \Phi^{pq}_{pql}.$$

除特殊声明外,上述求和约定在今后的演算中经常使用.

1.3 仿射标架变换

很自然地会产生这样的问题:对仿射标架的选择可以任意到怎样的程度?从一个标架变换到另一个标架时,会产生怎样的问题?因此这一节将研究标架变换问题.由于原点的选择无关紧要,故仅对标架向量 $\boldsymbol{e}_i(i=1,2,\cdots,n)$ 进行讨论.

1.3.1 标架变换

设 $\boldsymbol{e}_{i'}(i'=1,2,\cdots,n)$ 为一组新的标架向量,那么它们可以用旧标架 $\boldsymbol{e}_i(i=1,2,\cdots,n)$ 线性表示

$$\boldsymbol{e}_{i'}=A_{i'}^{i}\boldsymbol{e}_i,\qquad i'=1,2,\cdots,n. \tag{1.3.1}$$

$\boldsymbol{e}_{i'}(i'=1,2,\cdots,n)$ 线性独立的充要条件是(1.3.1)的系数矩阵

$$\begin{pmatrix} A_{1'}^{1} & A_{1'}^{2} & \cdots & A_{1'}^{n} \\ A_{2'}^{1} & A_{2'}^{2} & \cdots & A_{2'}^{n} \\ \vdots & \vdots & & \vdots \\ A_{n'}^{1} & A_{n'}^{2} & \cdots & A_{n'}^{n} \end{pmatrix} \tag{1.3.2}$$

是非奇异的,即

$$\det(A_{i'}^{i})\neq 0. \tag{1.3.3}$$

另一方面,旧标架 $\boldsymbol{e}_i$ 也可用新标架向量 $\boldsymbol{e}_{i'}$ 线性表示

$$\boldsymbol{e}_i=A_i^{i'}\boldsymbol{e}_{i'}. \tag{1.3.4}$$

矩阵

$$\begin{pmatrix} A_1^{1'} & A_1^{2'} & \cdots & A_1^{n'} \\ A_2^{1'} & A_2^{2'} & \cdots & A_2^{n'} \\ \vdots & \vdots & & \vdots \\ A_n^{1'} & A_n^{2'} & \cdots & A_n^{n'} \end{pmatrix} \tag{1.3.5}$$

和矩阵(1.3.2)是互逆的,即

$$A_{i'}^{i}A_i^{j'}=\delta_{i'}^{j'},\qquad A_i^{i'}A_{i'}^{j}=\delta_i^j=\begin{cases}1, & i=j,\\ 0, & i\neq j.\end{cases} \tag{1.3.6}$$

实际上,将(1.3.1)代入(1.3.4)得

$$\boldsymbol{e}_i=A_i^{i'}A_{i'}^{j}\boldsymbol{e}_j,$$

由 $\boldsymbol{e}_i$ 是线性独立的,可得(1.3.6)第二式.若将(1.3.4)代入(1.3.1),得

$$e_{i'} = A^i_{i'} A^{j'}_i e_{j'},$$

由 $e_{i'}$ 是线性独立的,可得(1.3.6) 第一式.

1.3.2　坐标变换

设任一向量 $\boldsymbol{x}$,在新标架中坐标为 $x^{i'}(i' = 1,2,\cdots,n)$,在旧标架中坐标为 $x^i(i = 1,2,\cdots,n)$, 即

$$\boldsymbol{x} = x^i \boldsymbol{e}_i, \quad \boldsymbol{x} = x^{i'} \boldsymbol{e}_{i'} \tag{1.3.7}$$

以(1.3.4)代入(1.3.7)第一式得

$$\boldsymbol{x} = x^i A^{i'}_i \boldsymbol{e}_{i'},$$

与(1.3.7)第二式比较,由于在相同标架中坐标的唯一性,可得

$$x^{i'} = A^{i'}_i x^i. \tag{1.3.8}$$

类似可得

$$x^i = A^i_{i'} x^{i'}. \tag{1.3.9}$$

比较一下标架向量的变换规律与给定向量的坐标变换规律. 由于(1.3.8)的变换矩阵为

$$\begin{pmatrix} A^{1'}_1 & A^{1'}_2 & \cdots & A^{1'}_n \\ A^{2'}_1 & A^{2'}_2 & \cdots & A^{2'}_n \\ \vdots & \vdots & & \vdots \\ A^{n'}_1 & A^{n'}_2 & \cdots & A^{n'}_n \end{pmatrix}, \tag{1.3.10}$$

它是(1.3.5)的转置矩阵,而(1.3.5)是(1.3.2)的逆矩阵,故知向量坐标变换矩阵是标架变换矩阵的转置逆矩阵.

从旧标架变换到新标架,标架向量的变换公式及任一向量的坐标变换的公式分别是

$$\boldsymbol{e}_{i'} = A^i_{i'} \boldsymbol{e}_i \qquad x^{i'} = A^{i'}_i x^i,$$

它们是张量变换的基础.

点的变换稍有不同,设标架原点沿着一个向量 $\boldsymbol{OP}$ 移至 P 点,那么一切点 M 的向径由此而增加一个向量 $\boldsymbol{OP}$,因此 M 点的坐标变换公式为

$$x^{i'} = A^{i'}_i x^i + A^{i'},$$

其中 $A^{i'}$ 为 $\boldsymbol{OP}$ 的坐标.

1.4 张量概念

1.4.1 张量概念

在使用代数和分析的方法来研究几何或物理对象时，必须引进坐标系，其结果使得代数上、分析上所发展的强有力的工具能够应用到几何学和物理学中去．可是，由于坐标选择带有一定的任意性，它可以与所研究的几何或物理现象全无联系，因而这种选择的任意性，不仅反映所研究的问题，同时也可能带来许多不必要，甚至可能使问题复杂化的东西．

设在欧氏空间 E^3 中引入了 Descartes 直角坐标系．考察连接点 $M_1(1,-2,3)$ 和点 $M_2(2,-2,5)$ 的向量，此向量具有坐标(1,0,2)，这里第 2 个坐标为 0 是偶然的，它依赖于坐标系的选择，而$\sqrt{1^2+0^2+2^2}=\sqrt{5}$ 却与坐标系的选择无关．就第二个坐标为 0 而言，它没有几何、物理意义，而$\sqrt{5}$ 是有明确的几何、物理意义的，它是向量的长度．因此，必须要使几何学、物理学上确实重要的部分与由于坐标的选择而额外产生的部分分开．

张量的引入以及由此而建立的结构，就是为了解决以上提出的问题．用张量来描述物理定律和几何定理，所得到的结果，在任何坐标系下都具有不变形式．也就是说，这些关系所反映的几何和物理事实与坐标选择无关，消除了由于偶然选择坐标系所带来的影响．

1.4.2 协变张量

首先研究一阶协变张量，它由一个向量的线性数量函数很自然地产生．设每一个向量 $\boldsymbol{x}$ 对应一个数 φ，

$$\varphi=\varphi(\boldsymbol{x}), \tag{1.4.1}$$

使得对任何两个向量 $\boldsymbol{x}_1,\boldsymbol{x}_2$，有

$$\varphi(\boldsymbol{x}_1+\boldsymbol{x}_2)=\varphi(\boldsymbol{x}_1)+\varphi(\boldsymbol{x}_2), \tag{1.4.2}$$

且对任一数 α，有

$$\varphi(\alpha\boldsymbol{x})=\alpha\varphi(\boldsymbol{x}). \tag{1.4.3}$$

这样的 $\varphi(\boldsymbol{x})$ 称为向量 $\boldsymbol{x}$ 的线性函数．

若 $\boldsymbol{x}=x^i\boldsymbol{e}_i$，利用(1.4.2)和(1.4.3)，有

$$\varphi(\boldsymbol{x})=x^i\varphi(\boldsymbol{e}_i), \tag{1.4.4}$$

在另一种坐标系中，$\boldsymbol{x}=x^{i'}\boldsymbol{e}_{i'}$，则有

$$\varphi(\boldsymbol{x})=x^{i'}\varphi(\boldsymbol{e}_{i'}). \tag{1.4.5}$$

记 $\varphi_i = \varphi(\boldsymbol{e}_i)$，$\varphi_{i'} = \varphi(\boldsymbol{e}_{i'})$，那么，(1.4.4)，(1.4.5)可写成

$$\varphi(\boldsymbol{x}) = \varphi_i x^i = \varphi_{i'} x^{i'}, \tag{1.4.6}$$

根据(1.3.1)，则 $\varphi_{i'}$ 与 φ_i 之间的关系为

$$\varphi_{i'} = \varphi(\boldsymbol{e}_{i'}) = \varphi(A_{i'}^{i}\boldsymbol{e}_i) = A_{i'}^{i}\varphi(\boldsymbol{e}_i) = A_{i'}^{i}\varphi_i. \tag{1.4.7}$$

比较(1.3.1)与(1.4.7)可看出，经过坐标变换，φ_i 的变化规律与标架向量 $\boldsymbol{e}_i$ 的变化规律完全一致. 据此引进一阶协变张量的概念.

定义 1.4.1　一个量，在任一坐标系中，都可以用一个指标编号的 n 个有序数 $a_i(i = 1,2,\cdots,n)$ 表示. 当坐标变换时，它们服从变换规律

$$a_{i'} = A_{i'}^{i} a_i, \tag{1.4.8}$$

则称这个量为一阶协变张量. 而 a_i 为此张量在所对应坐标系中的坐标，也称 a_i 为一阶张量的协变分量.

向量线性函数的系数 a_i 是一个一阶协变张量. 反之，任一个一阶协变张量 a_i，也总可以解释为向量线性函数 $\varphi(\boldsymbol{x}) = a_i x^i$ 的系数.

设在任一坐标系中，凡坐标(x^i) 满足

$$a_1 x^1 + a_2 x^2 + \cdots + a_n x^n + a = 0 \tag{1.4.9}$$

的点的集合称为超平面. 它具有不变意义，即(1.4.9)式在任何坐标系下都是线性的. 这是因为坐标变换规律是线性的.

由于(1.4.9)乘上任一不为 0 的常数后，仍然成立. 故(1.4.9)可以写成形式

$$b_i x^i = 1, \tag{1.4.10}$$

若以坐标变换 $x^i = A_{i'}^{i} x^{i'}$ 代入，并根据 $b_{i'} = A_{i'}^{i} b_i$ 得

$$b_{i'} x^{i'} = 1. \tag{1.4.11}$$

因此，超平面方程(1.4.10)的系数在原点固定的坐标系中，与一阶协变张量可以同等对待.

现在来研究二阶协变张量. 考察向量 $\boldsymbol{x}, \boldsymbol{y}$ 的双线性函数

$$\varphi = \varphi(\boldsymbol{x}, \boldsymbol{y}). \tag{1.4.12}$$

在一个坐标系下

$$\varphi = \varphi(x^i\boldsymbol{e}_i, y^i\boldsymbol{e}_i) = \varphi(\boldsymbol{e}_i, \boldsymbol{e}_j)x^i y^j,$$

记 $\varphi_{ij} = \varphi(\boldsymbol{e}_i, \boldsymbol{e}_j)$，则

$$\varphi = \varphi_{ij} x^i y^j. \tag{1.4.13}$$

因此双线性函数可以表示为自变量坐标的双线性形式，其系数依赖于坐标系的选择. 不难看出，在新坐标系下，系数

$$\varphi_{i'j'} = \varphi(\boldsymbol{e}_{i'}, \boldsymbol{e}_{j'}) = A_{i'}^{i} A_{j'}^{j} \varphi(\boldsymbol{e}_i, \boldsymbol{e}_j) = A_{i'}^{i} A_{j'}^{j} \varphi_{ij},$$

其变换规律是，对每个指标，重复标架向量变换规律.

定义 1.4.2 一个量，在任一坐标系中，都可用两个指标编号的 n^2 个有序数 $a_{ij}(i,j=1,2,\cdots,n)$ 表示，当坐标变换时，它们服从变换规律

$$a_{i'j'} = A_{i'}^{i} A_{j'}^{j} a_{ij}, \tag{1.4.14}$$

则称这个量为二阶协变张量，a_{ij} 为它在对应坐标系中的坐标，也称它为二阶张量的协变分量.

任意两个向量的双线性函数的系数 φ_{ij} 构成一个二阶协变张量，反之任意的二阶协变张量，可以解释为某一双线性函数的系数 φ_{ij}.

如果双线性函数 $\varphi(\boldsymbol{x},\boldsymbol{y})$ 满足

$$\varphi(\boldsymbol{x},\boldsymbol{y}) = \varphi(\boldsymbol{y},\boldsymbol{x}), \quad \forall\, \boldsymbol{x},\boldsymbol{y}, \tag{1.4.15}$$

则称它是对称的. 用坐标表示，则有

$$\varphi_{ij}x^i y^j = \varphi_{ji}y^j x^i,$$

由 $\boldsymbol{x},\boldsymbol{y}$ 的任意性，故有

$$\varphi_{ij} = \varphi_{ji}. \tag{1.4.16}$$

满足条件

$$a_{ij} = a_{ji} \tag{1.4.17}$$

的张量称为对称张量. 显然，一个张量若在某一坐标系中满足(1.4.17)，则在另一坐标系中也同样满足.

不通过原点的一次超曲面，可以用下列方程定义，即

$$a_{ij}x^i x^j + 2a_i x^i + 1 = 0 \quad (a_{ij} = a_{ji}),$$

并且，在同一原点的各种坐标系下，方程系数 a_{ij} 可以看作二阶协变张量，a_i 可看作一阶协变张量.

一般地，协变张量可以定义如下.

定义 1.4.3 一个量，在任一坐标系中，都可以用 k 个指标编号的 n^k 个有序数 $a_{i_1 i_2\cdots i_k}$ 来表示，当坐标变换时，它们服从以下变换规律

$$a_{i_1' i_2' \cdots i_k'} = A_{i_1'}^{i_1} A_{i_2'}^{i_2} \cdots A_{i_k'}^{i_k} a_{i_1 i_2 \cdots i_k}, \tag{1.4.18}$$

则称这个量为 k 阶协变张量. 而 $a_{i_1 i_2\cdots i_k}$ 是它在对应坐标系中的坐标，也称它为 k 阶张量的协变分量.

完全类同于双线性函数，对于 k 个向量 $\boldsymbol{x}_1,\boldsymbol{x}_2,\cdots,\boldsymbol{x}_k$ 的 k 线性函数 $\varphi(\boldsymbol{x}_1,\boldsymbol{x}_2,\cdots,\boldsymbol{x}_k)$ 可表为

$$\varphi(\boldsymbol{x}_1,\boldsymbol{x}_2,\cdots,\boldsymbol{x}_k) = \varphi_{i_1 i_2\cdots i_k} x_1^{i_1} x_2^{i_2} \cdots x_k^{i_k}, \tag{1.4.19}$$

这里系数

$$\varphi_{i_1 i_2 \cdots i_k} = \varphi(\boldsymbol{e}_{i_1},\boldsymbol{e}_{i_2},\cdots,\boldsymbol{e}_{i_k}) \tag{1.4.20}$$

满足(1.4.18)，即构成一个 k 阶协变张量. 反之，任一 k 阶协变张量，它的坐标可以

解释为含有 k 个自变向量的某个 k 线性数量函数 $\varphi(\boldsymbol{x}_1,\boldsymbol{x}_2,\cdots,\boldsymbol{x}_k)$ 的系数 $\varphi_{i_1 i_2\cdots i_k}$.

1.4.3　逆变张量

一个量,在任一坐标系中,都可以用一个指标编号的 n 个有序数 $a^i(i=1,2,\cdots,n)$ 表示,当坐标变换时,它们服从变换规律

$$a^{i'}=A_i^{i'}a^i,\tag{1.4.21}$$

则称这个量为一阶逆变张量. a^i 为这张量在对应坐标系中的坐标,也称 a^i 为一阶张量的逆变分量.

逆变张量与协变张量在记号上的不同之处是,它用上指标表示.逆变张量的坐标是借助于标架变换矩阵的转置逆矩阵而改变的,即它的变换规律与向量的坐标变换规律一致.

因此,任一固定向量 $\boldsymbol{x}$ 的坐标 x^i 构成一个一阶逆变张量. 反之,一个一阶逆变张量的坐标 a^i,可以解释为某一向量的坐标.

显然,k 阶逆变张量 $a^{i_1 i_2\cdots i_k}$ 可以仿照 k 阶协变张量 $a_{i_1 i_2\cdots i_k}$ 来定义,其差别仅是以变换规律

$$a^{i_1' i_2'\cdots i_k'}=A_{i_1}^{i_1'}A_{i_2}^{i_2'}\cdots A_{i_k}^{i_k'}a^{i_1 i_2\cdots i_k}\tag{1.4.22}$$

代替规律(1.4.18).而对每一个指标,重复规律(1.4.21).

1.4.4　混合张量

设有一规律 $\mathscr{U}$,使空间每一向量 $\boldsymbol{x}$ 对应于一向量 $\boldsymbol{y}$

$$\boldsymbol{y}=\mathscr{U}\boldsymbol{x},$$

且 $\boldsymbol{y}$ 是 $\boldsymbol{x}$ 的线性函数,即对任意的 $\boldsymbol{x}_1,\boldsymbol{x}_2$ 和数 α_1,α_2 满足

$$\mathscr{U}(\alpha_1\boldsymbol{x}_1+\alpha_1\boldsymbol{x}_2)=\alpha_1\mathscr{U}\boldsymbol{x}_1+\alpha_2\mathscr{U}\boldsymbol{x}_2,\tag{1.4.23}$$

则称这一规律 $\mathscr{U}$ 为仿射量.

考察仿射量的坐标表示法.在任一坐标系中,令

$$\boldsymbol{y}=y^i\boldsymbol{e}_i,\quad \boldsymbol{x}=x^i\boldsymbol{e}_i,\tag{1.4.24}$$

若记向量 $\mathscr{U}\boldsymbol{e}_i=a_i^j\boldsymbol{e}_j$,则

$$\boldsymbol{y}=\mathscr{U}\boldsymbol{x}=\mathscr{U}(x^i\boldsymbol{e}_i)=x^ia_i^j\boldsymbol{e}_j=x^ja_j^i\boldsymbol{e}_i,$$

与(1.4.24)比较,得

$$y^i=a_j^ix^j,\tag{1.4.25}$$

系数 a_j^i 称为仿射量 $\mathscr{U}$ 的坐标.

若在新的坐标系中

$$\mathscr{U}\boldsymbol{e}_{i'}=a_{i'}^{j'}\boldsymbol{e}_{j'},\tag{1.4.26}$$

利用 $e_{i'} = A^i_{i'} e_i, e_i = A^{i'}_i e_{i'}$，不难得到

$$\mathscr{U} e_{i'} = \mathscr{U}(A^i_{i'} e_i) = A^i_{i'} a^j_i e_j = A^i_{i'} a^j_i A^{j'}_j e_{j'}.$$

与(1.4.26)比较得

$$a^{j'}_{i'} = A^i_{i'} A^{j'}_j a^j_i. \tag{1.4.27}$$

(1.4.27)是仿射量的坐标变换规律.在这里,下指标是按(1.4.8)参与变换的,即与协变的情形相同;而上指标是按(1.4.21)参与变换的,即与逆变的情形相同.因此,在任一坐标系中,任意给定的仿射量的坐标集合 a^j_i 称为一阶协变一阶逆变张量,也称它为二阶混合张量的分量.

仿射量的坐标 a^j_i 的变换规律与双线性函数的系数 a_{ij} 的变换规律不同,虽然它们都是二阶张量.可以证明,服从变换规律(1.4.27) 的一组数 a^j_i 总可以看作是某一仿射量 $\mathscr{U}$ 的坐标,这只要在任一坐标系中用(1.4.27) 来决定一个仿射量就够了,因为 a^j_i 与仿射量是按同一规律(1.4.27)而改变的.

对于仿射量表示恒等变换情形

$$\boldsymbol{y} = \mathscr{U}\boldsymbol{x} \equiv \boldsymbol{x},$$

有 $y^i = x^i$，与(1.4.25)比较,不难看出这里的

$$a^j_i = \delta^j_i = \begin{cases} 1, & i = j, \\ 0, & i \neq j \end{cases} \tag{1.4.28}$$

是个一阶协变一阶逆变张量,在任何坐标系中它均具有同样的坐标 δ^j_i，称此张量为二阶单位张量.实际上,由(1.3.6)有

$$A^i_{i'} A^{j'}_j \delta^j_i = A^i_{i'} A^{j'}_i = \delta^{j'}_{i'}. \tag{1.4.29}$$

1.4.5 张量的一般定义

一个量,在任一坐标系中,都可以用 k 个下标及 l 个上标的 n^{k+l} 个数 $a^{j_1 j_2 \cdots j_l}_{i_1 i_2 \cdots i_k}$ 表示,当作坐标变换时,它服从以下变换规律

$$a^{j'_1 j'_2 \cdots j'_l}_{i'_1 i'_2 \cdots i'_k} = A^{j'_1}_{j_1} A^{j'_2}_{j_2} \cdots A^{j'_l}_{j_l} A^{i_1}_{i'_1} A^{i_2}_{i'_2} \cdots A^{i_k}_{i'_k} a^{j_1 j_2 \cdots j_l}_{i_1 i_2 \cdots i_k}, \tag{1.4.30}$$

则称这个量为 k 阶协变 l 阶逆变张量，$a^{j_1 \cdots j_l}_{i_1 \cdots i_k}$ 为它在对应坐标系中的坐标,也称它为 $k + l$ 阶混合张量的分量.

这里下指标所记的位置有第 1,第 2,……,第 k 位的不同而彼此相异,上指标也由位置不同而相区别,这些指标都是独立地跑过 $1,2,\cdots,n$ 诸值.变换(1.4.30)还说明,每一个下指标按一阶协变张量公式(1.4.8) 参与变换,每一个上指标按一阶逆变张量公式(1.4.21) 参与变换.

若 $k = l = 0$，则这种张量只有一个数 a 描述,它没有指标,在任何坐标系中,坐标值 a 不变,这种张量称为不变量.

由(1.4.30)可知,在新的坐标系中,张量的每一个坐标都依赖于它在旧坐标系中的一切坐标.这就是说,张量不能单纯地归到各个数的集合上,它是一个整体.这正反映出了张量是描述一个完整的几何对象或物理对象.

1.5 张量代数运算

张量的代数运算是指加法、乘法、张量商原则和张量缩并.运用张量运算后,其结果是得到一个不依赖于坐标系选择的完全确定的张量.因此,张量运算加在几何对象或物理对象上,是具有几何或物理意义的.

1.5.1 张量加法

设给出两个相同结构的张量,把第一个张量的每一个坐标加到第二个张量相应的坐标上去,其结果作成一个新张量.编排新张量的坐标时,同样的指标编在相同的位置上.例如

$$c^{ij}_{pqr} = a^{ij}_{pqr} + b^{ij}_{pqr}, \tag{1.5.1}$$

(1.5.1)中的 c^{ij}_{pqr} 是一个张量的坐标.实际上,因

$$a^{i'j'}_{p'q'r'} = A^{i'}_{i}A^{j'}_{j}A^{p}_{p'}A^{q}_{q'}A^{r}_{r'}a^{ij}_{pqr}, \quad b^{i'j'}_{p'q'r'} = A^{i'}_{i}A^{j'}_{j}A^{p}_{p'}A^{q}_{q'}A^{r}_{r'}b^{ij}_{pqr},$$

故

$$\begin{aligned} c^{i'j'}_{p'q'r'} &= a^{i'j'}_{p'q'r'} + b^{i'j'}_{p'q'r'} = A^{i'}_{i}A^{j'}_{j}A^{p}_{p'}A^{q}_{q'}A^{r}_{r'}(a^{ij}_{pqr} + b^{ij}_{pqr}) \\ &= A^{i'}_{i}A^{j'}_{j}A^{p}_{p'}A^{q}_{q'}A^{r}_{r'}c^{ij}_{pqr}. \end{aligned} \tag{1.5.2}$$

(1.5.2)说明 c^{ij}_{pqr} 同样满足张量变换规律.

显然,把任意的,同样结构的张量相加起来,得到的是相同结构的张量.

张量加法的力学意义,就是速度、力等向量合成的平行四边形法则.

1.5.2 张量乘法

乘法与加法不同,可以把任意的张量连乘,而不必要求它们具有同样的结构,但必须指出各参与相乘张量的次序.因为相乘的结果不但与各张量本身有关,而且与它们的次序有关.

以张量 a^{i}_{pq} 和 b^{j}_{r} 相乘为例.在任一坐标系中,将第一个张量的每一个坐标乘上第二个张量的每一个坐标,并取所得的乘积 $a^{i}_{pq}b^{j}_{r}$ 作为新张量的坐标 c^{ij}_{pqr}.这些坐标的编排是:在下面先写第一个张量的下指标,再写第二个张量的下指标,并以同样的方法写上指标,所得的张量 c^{ij}_{pqr} 称为张量 a^{i}_{pq} 与 b^{j}_{r} 的乘积,即

$$c^{ij}_{pqr} = a^{i}_{pq}b^{j}_{r}. \tag{1.5.3}$$

实际上,由于

$$a_{p'q'}^{i'} = A_i^{i'} A_{p'}^{p} A_{q'}^{q} a_{pq}^{i}, \quad b_{r'}^{j'} = A_j^{j'} A_{r'}^{r} b_r^j,$$

将这两式相乘,并注意在新坐标系中,等式(1.5.3)也成立,即 $c_{p'q'r'}^{i'j'} = a_{p'q'}^{i'} b_{r'}^{j'}$. 于是有

$$c_{p'q'r'}^{i'j'} = A_i^{i'} A_j^{j'} A_{p'}^{p} A_{q'}^{q} A_{r'}^{r} c_{pqr}^{ij}. \tag{1.5.4}$$

这说明,张量的乘法运算决定了一个新的张量.

显然,以上规则也适用于任意个张量连乘的情形.必须指出,若以同样一些张量在另一次序下连乘,则得另一结果.

当两个相乘的张量中有一个是零阶张量,即是一个不变量 a 时,则问题变为以一个数量乘一个张量.因此,不把张量的减法看作是一种特别的运算,因为它总可以表示为一个张量加上另一个张量乘数 -1.

1.5.3 张量缩并

张量的代数运算除加法和乘法运算之外,还有张量的缩并运算,这种运算具有明显的张量特性.

设已知一张量,它至少有一个上指标和下指标,例如 a_{pq}^{ijk},如果其中一个上指标 j 和一个下指标 p 取相同的值而其余指标不变,则

$$a_{pq}^{ipk} = a_{1q}^{i1k} + a_{2q}^{i2k} + \cdots + a_{nq}^{ink},$$

记成

$$a_{pq}^{ipk} = a_q^{ik}. \tag{1.5.5}$$

由此而得的 a_q^{ik} 是一个张量的坐标,它由 a_{pq}^{ipk} 对第二个上指标和第一个下指标缩并而得,故比 a_{pq}^{ipk} 少一个上指标和一个下指标.

实际上,由于

$$a_{p'q'}^{i'j'k'} = A_i^{i'} A_j^{j'} A_k^{k'} A_{p'}^{p} A_{q'}^{q} a_{pq}^{ijk},$$

缩并后

$$a_{p'q'}^{i'p'k'} = A_i^{i'} A_j^{p'} A_k^{k'} A_{p'}^{p} A_{q'}^{q} a_{pq}^{ijk} = A_i^{i'} A_k^{k'} A_{q'}^{q} \delta_j^p a_{pq}^{ijk} = A_i^{i'} A_k^{k'} A_{q'}^{q} a_{pq}^{ipk},$$

即

$$a_{q'}^{i'k'} = A_i^{i'} A_k^{k'} A_{q'}^{q} a_q^{ik}. \tag{1.5.6}$$

故 a_q^{ik} 是一个张量.

当用 δ_j^p 和其他张量缩并时,意味着原来求和指标 p(或 j)被 j(或 p)代替.例如 $\delta_j^p a_{pq}^{ijk} = a_{jq}^{ijk} = a_{pq}^{ipk} = a_q^{ik}$.

由于加法所产生的张量与相加的张量同阶,乘法所产生的张量,一般地说,比相乘的张量阶数高,而每作一缩并则使阶数减少 2 次,失去一个上指标和一个下指

标,因此,缩并是获得不变量的重要根源.因为只要这个张量上、下指标及其个数相同,反复缩并若干次,总可以消去张量的指标,而获得零阶张量,即不变量.

缩并常用于由已知诸张量相乘而得到的张量.例如 $\varphi(\boldsymbol{x}) = \varphi_i x^i$,可以看作 $\varphi_i x^p$ 对指标 (i,p) 缩并而得的不变量. $\varphi(\boldsymbol{x},\boldsymbol{y}) = \varphi_{ij}x^i y^j$,可看作张量 $\varphi_{ij}x^p y^q$ 对指标 (i,p),(j,q) 分别缩并而得.

1.5.4　张量商原则

设有一个有序数组 R^k_{ij},如果有任意张量 S^j_k 与它缩并后,得到一个张量 $R^k_{ij}S^j_k$,那么 R^k_{ij} 也是一个张量.这就是张量商原则.

实际上,由于 $R^k_{ij}S^j_k$ 是一个张量,故

$$R^{k'}_{i'j'}S^{j'}_{k'} = A^i_{i'}R^k_{ij}S^j_k, \tag{1.5.7}$$

由于 $S^{j'}_{k'} = A^{j'}_j A^k_{k'} S^j_k$,将其代入(1.5.7),则有

$$R^{k'}_{i'j'}A^{j'}_j A^k_{k'} S^j_k = A^i_{i'}R^k_{ij}S^j_k. \tag{1.5.8}$$

由 S^j_k 的任意性,可得

$$R^{k'}_{i'j'}A^{j'}_j A^k_{k'} = A^i_{i'}R^k_{ij}.$$

将上式两端同乘 $A^j_{p'}A^{q'}_k$,并利用(1.3.6)得

$$R^{k'}_{i'j'}A^{j'}_j A^k_{k'}A^j_{p'}A^{q'}_k = A^i_{i'}R^k_{ij}A^j_{p'}A^{q'}_k,$$

$$R^{k'}_{i'j'}\delta^{j'}_{p'}\delta^{q'}_{k'} = A^i_{i'}A^j_{p'}A^{q'}_k R^k_{ij},\quad R^{q'}_{i'p'} = A^i_{i'}A^j_{p'}A^{q'}_k R^k_{ij}. \tag{1.5.9}$$

(1.5.9)说明 R^k_{ij} 服从张量变换规律.

根据张量商原则,有如下定理.

定理 1.5.1 (张量识别定理)　对给定的有序数组 $\{T^k_{ij}\}$,如对于任意选取的向量 $\{u^i\}$,$\{v^j\}$,$\{w_k\}$,使得

$$I = T^k_{ij}u^i v^j w_k \tag{1.5.10}$$

成为不变量,那么 $\{T^k_{ij}\}$ 构成一阶逆变二阶协变的混合张量.

1.6　欧 氏 空 间

在仿射空间中引进度量后,就产生了 Euclid 空间(以下简称欧氏空间).欧氏空间有许多特有的性质,即使它自身,也有截然不同的度量性质,因此有真欧氏空间和伪欧氏空间.

1.6.1　内积

设 $\varphi(\boldsymbol{x},\boldsymbol{y})$ 为向量 $\boldsymbol{x},\boldsymbol{y}$ 的双线性数量函数.若它满足

1) 对称性 $\varphi(\boldsymbol{x},\boldsymbol{y})=\varphi(\boldsymbol{y},\boldsymbol{x}),\quad \forall\,\boldsymbol{x},\boldsymbol{y};$ (1.6.1)

2) 非退化性 若对任何 $\boldsymbol{x}\neq\boldsymbol{0}$,总可以找到一个向量 $\boldsymbol{y}$, 使得

$$\varphi(\boldsymbol{x},\boldsymbol{y})\neq 0. \tag{1.6.2}$$

称 $\varphi(\boldsymbol{x},\boldsymbol{y})$ 为向量 $\boldsymbol{x},\boldsymbol{y}$ 的内积.并记作 $\boldsymbol{xy}$ 或$(\boldsymbol{x},\boldsymbol{y})$.

若在 n 维仿射空间中定义了一个内积,则称此仿射空间为 n 维欧氏空间.

如果两向量 $\boldsymbol{x},\boldsymbol{y}$ 的内积为0,即

$$(\boldsymbol{x},\boldsymbol{y})=0, \tag{1.6.3}$$

则称这两个向量是正交的.

向量 $\boldsymbol{x}$ 的长度记为 $|\boldsymbol{x}|$,

$$|\boldsymbol{x}|=\sqrt{(\boldsymbol{x},\boldsymbol{x})}. \tag{1.6.4}$$

向量 $\boldsymbol{AB}$ 的长度也称为A,B 两点的距离.

由定义可知,内积满足

$$(\boldsymbol{x}_1+\boldsymbol{x}_2,\boldsymbol{y})=(\boldsymbol{x}_1,\boldsymbol{y})+(\boldsymbol{x}_2,\boldsymbol{y}), \tag{1.6.5}$$

$$(\alpha\boldsymbol{x},\boldsymbol{y})=\alpha(\boldsymbol{x},\boldsymbol{y}). \tag{1.6.6}$$

若所有被考虑的数都是实数,尤其对任何向量 $\boldsymbol{x}$ 和$\boldsymbol{y}$,$(\boldsymbol{x},\boldsymbol{y})$ 均取实数,称此空间为实欧氏空间.若对任一向量 $\boldsymbol{x}\neq 0$, 有

$$\boldsymbol{x}^2\triangleq(\boldsymbol{x},\boldsymbol{x})>0, \tag{1.6.7}$$

称此实欧氏空间为真欧氏空间,否则(即 $(\boldsymbol{x},\boldsymbol{x})$ 可取正值或负值或0) 称为伪欧氏空间.伪欧氏空间与通常观念相违背的是:向量长度、两点间的距离可以是实的、虚的,也可以是0.

1.6.2 度量张量

设 $\boldsymbol{e}_i,i=1,2,\cdots,n$ 为欧氏空间的标架向量,x^i,y^i 分别为$\boldsymbol{x},\boldsymbol{y}$ 的坐标,于是

$$(\boldsymbol{x},\boldsymbol{y})=g_{ij}x^iy^j,\quad g_{ij}=(\boldsymbol{e}_i,\boldsymbol{e}_j), \tag{1.6.8}$$

称 g_{ij} 为欧氏空间的度量张量.由张量定义和张量识别定理知,g_{ij} 是二阶协变张量.

向量长度平方可用二次形式表示

$$|\boldsymbol{x}|^2=g_{ij}x^ix^j. \tag{1.6.9}$$

显然,由内积的对称性, g_{ij} 为二阶对称张量.由非退化条件可知,若欧氏空间中,不存在一个非零向量,它与空间的一切向量正交,称这样的度量为非退化度量.真欧氏空间的度量是非退化的.

度量退化的充要条件是,它的度量张量 g_{ij} 的行列式为0,即

$$\det(g_{ij})=0. \tag{1.6.10}$$

实际上,若度量张量是退化的,即存在 $\boldsymbol{x}\neq\boldsymbol{0}$,使得

$$(\boldsymbol{x},\boldsymbol{y}) = 0, \quad \forall \boldsymbol{y}, \tag{1.6.11}$$

也就是

$$g_{ij}x^i y^j = 0, \quad \forall y^j, j = 1,2,\cdots,n, \tag{1.6.12}$$

由 y^j 的任意性,故有

$$g_{ij}x^i = 0, \tag{1.6.13}$$

又因 $\boldsymbol{x} \neq \boldsymbol{0}$,即 $x^i(i = 1,2,\cdots,n)$ 不全为0,齐次方程组(1.6.13)有非零解,故有(1.6.10).反之,若 $\det(g_{ij}) = 0$,则(1.6.13)有非零解,于是(1.6.12)和(1.6.11)成立,即度量是退化的.

因此,非退化条件等价于

$$\det(g_{ij}) \neq 0. \tag{1.6.14}$$

条件(1.6.14)与坐标系选择无关.实际上,在任一新的坐标系下

$$g_{i'j'} = A^i_{i'}A^j_{j'}g_{ij},$$

如果把 $g_{ij}, g_{i'j'}$ 中的第一个指标看作行号,把 $A^i_{i'}$ 的上标看作列号,$A^j_{j'}$ 下标看作行号,则矩阵 $g_{i'j'}$ 等于矩阵 $A^i_{i'}, g_{ij}, A^j_{j'}$ 连乘,又因矩阵 $A^i_{i'}, A^j_{j'}$ 的行列式相同,故有

$$\det(g_{i'j'}) = (\det(A^i_{i'}))^2\det(g_{ij}). \tag{1.6.15}$$

由于标架变换矩阵 $A^i_{i'}$ 非奇异,因此,若度量张量行列式在某坐标系中不为0,则在任一坐标系中也不为0.

综上所述,可以得出结论:在 n 维仿射空间中引入向量的内积,等价于给定一个度量张量 g_{ij},它是对称和非退化的.

1.6.3 逆变度量张量

由于 g_{ij} 非退化,矩阵 g_{ij} 为非奇异,故它的逆存在,记为 g^{ij},

$$g^{ij}g_{jk} = \delta^i_k. \tag{1.6.16}$$

显然,g^{ij} 同样是对称和非退化的,即

$$g^{ij} = g^{ji}, \quad \det(g^{ij}) = (\det(g_{ij}))^{-1} \neq 0. \tag{1.6.17}$$

可证 g^{ij} 是二阶逆变张量.实际上,由

$$g^{i'j'}g_{j'k'} = \delta^{i'}_{k'},$$

有

$$g^{i'j'}A^j_{j'}A^k_{k'}g_{jk} = A^{i'}_i A^k_{k'}\delta^i_k,$$

两边同乘 $A^m_{i'}A^{k'}_l$ 并进行指标缩并,利用 $A^{k'}_l A^k_{k'} = \delta^k_l$,得

$$A^m_{i'}A^j_{j'}g^{i'j'}g_{jl} = \delta^m_l,$$

两边同乘以 g^{lk},缩并后得

$$A_{i'}^{m}A_{j'}^{j}g^{i'j'}\delta_{j}^{k} = A_{i'}^{m}A_{j'}^{k}g^{i'j'} = g^{mk}. \tag{1.6.18}$$

说明 g^{ij} 服从二阶逆变张量变化规律,称 g^{ij} 为逆变度量张量.这里应用了

$$\delta_{k'}^{i'} = A_{i}^{i'}A_{k'}^{i} = A_{i}^{i'}A_{k'}^{k}\delta_{k}^{i}. \tag{1.6.19}$$

(1.6.19)说明, δ_k^i 服从一阶协变一阶逆变张量变化规律.

1.6.4 共轭标架

设仿射标架向量为 $\boldsymbol{e}_i$,则称

$$\boldsymbol{e}^i = g^{ij}\boldsymbol{e}_j \tag{1.6.20}$$

为 $\boldsymbol{e}_i$ 的共轭标架向量. $\boldsymbol{e}^i(i=1,2,\cdots,n)$ 是线性独立的.实际上,若 $\boldsymbol{e}^i$ 不是线性独立的,则存在一组不全为 0 的数 α_i,使得 $\alpha_i\boldsymbol{e}^i = 0$, 由(1.6.20)得

$$\alpha_i\boldsymbol{e}^i = \alpha_i g^{ij}\boldsymbol{e}_j = 0.$$

由于 $\boldsymbol{e}_j$ 线性独立,故有

$$\alpha_i g^{ij} = 0, \quad j = 1,2,\cdots,n,$$

又因 g^{ij} 是非退化的,得 $\alpha_i = 0$,矛盾.故 $\boldsymbol{e}^i$ 可作为新的仿射标架向量.

共轭标架具有下列性质:

$$\boldsymbol{e}_i = g_{ik}\boldsymbol{e}^k, \quad \boldsymbol{e}^{i'} = A_i^{i'}\boldsymbol{e}^i, \quad g^{ij} = (\boldsymbol{e}^i,\boldsymbol{e}^j), \quad \delta_j^i = (\boldsymbol{e}^i,\boldsymbol{e}_j), \tag{1.6.21}$$

实际上,

$$(\boldsymbol{e}^i,\boldsymbol{e}^j) = g^{ik}g^{jm}(\boldsymbol{e}_k,\boldsymbol{e}_m) = g^{ik}g^{jm}g_{km} = g^{ik}\delta_k^j = g^{ij},$$

$$(\boldsymbol{e}^i,\boldsymbol{e}_j) = g^{ik}(\boldsymbol{e}_k,\boldsymbol{e}_j) = g^{ik}g_{kj} = \delta_j^i,$$

$$g_{ik}\boldsymbol{e}^k = g_{ik}g^{kj}\boldsymbol{e}_j = \delta_i^j\boldsymbol{e}_j = \boldsymbol{e}_i,$$

$$\begin{aligned}\boldsymbol{e}^{i'} &= g^{i'j'}\boldsymbol{e}_{j'} = g^{i'j'}A_{j'}^{k}\boldsymbol{e}_k = g^{ij}A_i^{i'}A_j^{j'}A_{j'}^{k}\boldsymbol{e}_k \\ &= g^{ij}A_i^{i'}\delta_j^k\boldsymbol{e}_k = g^{ij}A_i^{i'}\boldsymbol{e}_j = A_i^{i'}\boldsymbol{e}^i.\end{aligned}$$

于是(1.6.21)得证.它的第四式还说明,共轭标架的变换规律和一阶逆变张量变换规律相同.

1.6.5 向量和一阶张量

任一向量可以按仿射标架向量也可以按共轭标架向量展开,即

$$\boldsymbol{x} = x^i\boldsymbol{e}_i = x_i\boldsymbol{e}^i. \tag{1.6.22}$$

易证 x^i, x_i 分别服从一阶逆变和一阶协变的变化规律,从而称 x^i 为 $\boldsymbol{x}$ 的逆变坐标, x_i 为 $\boldsymbol{x}$ 的协变坐标.

也可以用内积表示任意向量的坐标.分别用 $\boldsymbol{e}^k$ 与 $\boldsymbol{e}_k$ 和(1.6.22)作内积,得

$$x^k = (\boldsymbol{x},\boldsymbol{e}^k), \qquad x_k = (\boldsymbol{x},\boldsymbol{e}_k). \tag{1.6.23}$$

这里用到了(1.6.21)第二式. 另外,向量的逆变坐标和协变坐标可以通过度量张量联系起来. 实际上,由(1.6.23)有

$$\begin{aligned} x^k &= (\boldsymbol{x}, \boldsymbol{e}^k) = g^{k\,i}(\boldsymbol{x}, \boldsymbol{e}_i) = g^{k\,i}x_i, \\ x_k &= (\boldsymbol{x}, \boldsymbol{e}_k) = g_{k\,i}(\boldsymbol{x}, \boldsymbol{e}^i) = g_{k\,i}x^i. \end{aligned} \tag{1.6.24}$$

1.6.6 指标上升和下降

度量张量和其他张量进行指标缩并,可以达到指标上升和下降的目的. 如

$$x^i = g^{i\,j}x_j, \quad x_i = g_{i\,j}x^j, \tag{1.6.25}$$

若 x_i 为任意一阶协变张量,那么,由(1.6.24)第一式确定的 x^k 是一个一阶逆变张量. 同样,若 x^i 为任意一阶协变张量,则由(1.6.24)第二式确定的 x_k 为协变张量.

(1.6.25)两式分别称为指标上升和下降. 从代数观点来说,它们是一种线性变换,变换矩阵是二阶度量张量,变换的互逆性可由矩阵 $g^{i\,j}, g_{i\,j}$ 的互逆而得到.

对于高阶张量,指标上升或下降可以类似地进行.

1.7 欧氏空间中的平面和标准正交标架

1.7.1 m 维平面

n 维仿射空间中,具有如下性质的点集称为平面:设 A, B, C 为点集中的任意三点,作向量 $\boldsymbol{AB}$,从点 C 作向量 $\boldsymbol{CD} = \alpha\boldsymbol{AB}$,$\alpha$ 为任一常数,点 $\boldsymbol{D}$ 仍属此点集.

如果一个向量 $\boldsymbol{AB}$ 它的两个点 A, B 均属于此平面,称 $\boldsymbol{AB}$ 为平面向量. 显然,以任一数 α 乘平面向量,仍然得到同一平面上的一个向量,因此,已知平面上任一点作这一平面向量时,所得到的一个点,仍然在平面上.

1.1 节中公理 1) ~ 9) 对平面上点和向量均成立,又平面上线性独立向量的最大可能个数为 m(一般总是限制 $m < n$),称 m 为平面的维数. 因此,m 维平面也是 m 维仿射空间. 特别地,称一维平面为直线.

同样可以建立平面上的仿射标架. 设原点为 O^*,基向量为 $\boldsymbol{a}_1, \boldsymbol{a}_2, \cdots, \boldsymbol{a}_m$,则平面上任一向量 $\boldsymbol{a}$ 可表为

$$\boldsymbol{a} = t^i\boldsymbol{a}_i. \tag{1.7.1}$$

若取平面上任一点 M,作向量 $\boldsymbol{O^*M}$,则可求得 $\boldsymbol{O^*M}$ 的坐标($t^i, i = 1,2,\cdots, m$);反之,任一组数($t^i, i = 1,2,\cdots,m$),也必可找到平面上对应点 M,即可以建立平面上点和坐标(t^i)间一一对应的关系.

设 n 维仿射空间的仿射标架为$\{O; \boldsymbol{e}_i, i = 1,2,\cdots,n\}$,$m$ 维平面上的仿射标架为$\{O^*; \boldsymbol{a}_i, i = 1,2,\cdots,n\}$,那么平面上任一点 M 可写成

$$\boldsymbol{OM} = \boldsymbol{OO}^* + \boldsymbol{O}^*\boldsymbol{M} = \boldsymbol{OO}^* + t^i\boldsymbol{a}_i, \tag{1.7.2}$$

(1.7.2)是平面参数方程的向量形式.若写成坐标形式,则为

$$x^i = a^i + t^j a_j^i, \qquad i = 1,2,\cdots,n, \tag{1.7.3}$$

其中 x^i, a^i 分别为点M, O^* 的仿射坐标,a_j^i 为$\boldsymbol{a}_j$ 的仿射坐标,(1.7.3)是平面方程的参数形式.

由1.6节知,n 维欧氏空间内积满足非退化条件,但在 n 维欧氏空间的m 维平面上却不尽然.可能发生这样的情形,即在 m 维平面上内积不满足非退化条件,换句话说,在 m 维平面上,可以找到一个向量 $\boldsymbol{x} \neq \boldsymbol{0}$ 与此平面上一切向量正交,但它不与空间内一切向量正交.这种平面的度量是退化的,称带有这样度量的平面为各向同性的平面.一个非零向量与自己正交,称此向量为各向同性向量.

在真欧氏空间中,不存在各向同性平面.实际上,真欧氏空间的任一 m 维平面上,若有 $\boldsymbol{x} \neq \boldsymbol{0}$,而$(\boldsymbol{x},\boldsymbol{x})^2 = 0$,说明在真欧氏空间中有自己与自己正交的向量,这不可能的.在真欧氏空间中不存在各向同性向量,只在伪欧氏空间中才有各向同性向量.

1.7.2 向量与平面

设向量 $\boldsymbol{x} = (x^j)$ 与一直线上向量 $\boldsymbol{a} = (a_j)$ 正交,则

$$a_j x^j = 0. \tag{1.7.4}$$

若从原点出发,作满足(1.7.4)的所有向量 $\boldsymbol{x}$,则它的终点构成一个过原点的超平面.显然,这个超平面上一切向量均与已知直线上的一切向量正交.这样的超平面称为与已知直线正交的超平面.

1) 若已知直线上向量 $\boldsymbol{a}$ 各向异性的,即 $\boldsymbol{a}^2 \neq 0$.这时向量 $\boldsymbol{a}$ 不可能在(1.7.4)所决定的超平面上,否则 $\boldsymbol{a}^2 = 0$,与假设不符.设超平面上基向量为 $\boldsymbol{b}_1, \boldsymbol{b}_2, \cdots, \boldsymbol{b}_{n-1}$,则

$$\boldsymbol{a}, \boldsymbol{b}_1, \boldsymbol{b}_2, \cdots, \boldsymbol{b}_{n-1} \tag{1.7.5}$$

构成空间的仿射标架向量.其次,由(1.7.4)决定的超平面一定是各向异性的,否则,存在超平面上一向量 $\boldsymbol{x} \neq \boldsymbol{0}$,它与超平面上所有向量正交,也与 $\boldsymbol{b}_1, \boldsymbol{b}_2, \cdots, \boldsymbol{b}_{n-1}$ 正交,又 $\boldsymbol{x}$ 与$\boldsymbol{a}$ 正交,故 $\boldsymbol{x}$ 与空间仿射标架正交,当然也与自己正交.即 $\boldsymbol{x} \neq \boldsymbol{0}$,$(\boldsymbol{x},\boldsymbol{x})^2 = 0$.与空间非退化条件矛盾.因此有如下结论.

若已知直线各向异性,那么与它正交的超平面也各向异性,并且不包含已知直线,这时总可以构造标架向量(1.7.5),它的一个向量在直线上,其余 $n-1$ 个与它正交的向量属于超平面.

2) 若已知直线是各向同性的,即 $\boldsymbol{a}^2 = 0$,这时 $\boldsymbol{a}$ 也在(1.7.4)所决定的超平面

上,因此超平面也各向同性.故有如下结论.

若已知直线各向同性,那么与它正交的超平面也各向同性,并且当存在公共点时,超平面通过已知直线.

上述情形与通常几何中所习惯的观念是不同的.

1.7.3 标准正交标架

欧氏空间中的一切向量,不可能都是各向同性的,即 $\boldsymbol{x}^2=0$ 不可能对任意 $\boldsymbol{x}\neq\boldsymbol{0}$ 都成立. 实际上,若任一非零向量 $\boldsymbol{x}$ 都有 $\boldsymbol{x}^2=0$,特别地 $\left(\frac{\boldsymbol{x}+\boldsymbol{y}}{2}\right)^2=0$, $\left(\frac{\boldsymbol{x}-\boldsymbol{y}}{2}\right)^2=0$ 对任意的 $\boldsymbol{x},\boldsymbol{y}$ 都成立,将此二式相减而得 $(\boldsymbol{x},\boldsymbol{y})=0$.这说明,任一向量与所有向量正交,与非退化条件矛盾.

设 R_n^+ 为 n 维复欧氏空间,那么,在 R_n^+ 中总可以找到一个各向异性向量 $\boldsymbol{x}$,即 $\boldsymbol{x}^2\neq 0$.将 $\boldsymbol{x}$ 标准化

$$\boldsymbol{e}_1=\frac{\boldsymbol{x}}{\sqrt{\boldsymbol{x}^2}},\tag{1.7.6}$$

显然有

$$(\boldsymbol{e}_1,\boldsymbol{e}_1)=\boldsymbol{x}^2/\boldsymbol{x}^2=1,\tag{1.7.7}$$

这样的向量 $\boldsymbol{e}_1$ 称为单位向量.

过一固定点 O,作一超平面 R_{n-1}^+ 与 $\boldsymbol{e}_1$ 正交,由 $\boldsymbol{e}_1$ 各向异性,知 R_{n-1}^+ 也各向异性.因此 R_{n-1}^+ 也可以构造 $n-1$ 维欧氏空间.在超平面 R_{n-1}^+ 上,重复以上作法,选一个各向异性向量 $\boldsymbol{y}$,标准化后,得第2个单位向量 $\boldsymbol{e}_2$,从而又可以得到 R_{n-2}^+.这个过程一直延续到一维平面 R_1^+,取其任一向量 $\boldsymbol{w}$,标准化而得 $\boldsymbol{e}_n$.于是得到一系列平面

$$R_n^+\supset R_{n-1}^+\supset R_{n-2}^+\supset\cdots\supset R_2^+\supset R_1^+$$

及一系列单位向量 $\boldsymbol{e}_1,\boldsymbol{e}_2,\boldsymbol{e}_3,\cdots,\boldsymbol{e}_{n-1},\boldsymbol{e}_n$,这里,第 $i(i=1,2,\cdots,n)$ 个向量 $\boldsymbol{e}_i\in R_{n-i+1}^+$,且 $\boldsymbol{e}_i$ 又与 R_{n-i}^+ 正交,因而 $\boldsymbol{e}_i$ 与 $\boldsymbol{e}_{i+1},\cdots,\boldsymbol{e}_n$ 都正交.故

$$(\boldsymbol{e}_i\cdot\boldsymbol{e}_j)=\delta_{ij}=\begin{cases}1, & i=j,\\ 0, & i\neq j.\end{cases}\tag{1.7.8}$$

以上所得的 $\boldsymbol{e}_1,\boldsymbol{e}_2,\cdots,\boldsymbol{e}_n$ 是线性独立的.因为否则的话,存在一不完全为0的数组 $\alpha^i(i=1,2,\cdots,n)$,使得

$$\alpha^i\boldsymbol{e}_i=0,$$

用 $\boldsymbol{e}_j$ 对上式两边作内积后得 $\alpha^j=0(j=1,2,\cdots,n)$,与假设矛盾.

将$\{O;\boldsymbol{e}_1,\boldsymbol{e}_2,\cdots,\boldsymbol{e}_n\}$称为标准正交标架,对应的坐标系称为标准正交坐标系. $\boldsymbol{e}_1,\boldsymbol{e}_2,\cdots,\boldsymbol{e}_n$ 是基本向量.

在标准正交坐标系中,一些基本公式就大大简化了.如

$$g_{ij}=\delta_{ij},\quad g^{ij}=\delta^{ij},\quad x_i=g_{ij}x^j=x^i,$$
$$\boldsymbol{x}\cdot\boldsymbol{y}=x^1y^1+x^2y^2+\cdots+x^ny^n=x_1y_1+x_2y_2+\cdots+x_ny_n,$$
$$\boldsymbol{x}^2=(x^1)^2+(x^2)^2+\cdots+(x^n)^2=(x_1)^2+(x_2)^2+\cdots+(x_n)^2.$$

对于实欧氏空间,也可选一个各向异性向量 $\boldsymbol{x}(\boldsymbol{x}^2\neq 0)$,标准化如下实现:

$$\boldsymbol{e}_1=\begin{cases}\boldsymbol{x}/\sqrt{\boldsymbol{x}^2}, & \text{当 } \boldsymbol{x}^2>0 \text{ 时},\\ \boldsymbol{x}/\sqrt{-\boldsymbol{x}^2}, & \text{当 } \boldsymbol{x}^2<0 \text{ 时}.\end{cases}\tag{1.7.9}$$

故有

$$(\boldsymbol{e}_1,\boldsymbol{e}_2)=\begin{cases}1, & \text{当 } \boldsymbol{x}^2>0 \text{ 时},\\ -1, & \text{当 } \boldsymbol{x}^2<0 \text{ 时}.\end{cases}$$

称平方为 -1 的向量 $\boldsymbol{e}_1$ 为虚单位向量.

将标准化过程(1.7.9)和类同于复欧氏空间的正交化过程一直延续下去,而得到标准正交标架.在基本向量中,一部分是单位向量,另一部分则是虚单位向量,将它们重新排列,使得

$$(\boldsymbol{e}_1)^2=(\boldsymbol{e}_2)^2=\cdots=(\boldsymbol{e}_k)^2=-1,$$
$$(\boldsymbol{e}_{k+1})^2=(\boldsymbol{e}_{k+2})^2=\cdots=(\boldsymbol{e}_n)^2=1.$$

在这样的标准正交坐标系中

$$g_{11}=g_{22}=\cdots=g_{kk}=-1,$$
$$g_{k+1,k+1}=g_{k+2,k+2}=\cdots=g_{nn}=1,\quad g_{ij}=0(i\neq j).$$

而

$$x_i=-x^i,\quad i=1,2,\cdots,k,$$
$$x_i=x^i,\quad i=k+1,k+2,\cdots,n.$$
$$\boldsymbol{x}\cdot\boldsymbol{y}=-x^1y^1-\cdots-x^ky^k+x^{k+1}y^{k+1}+\cdots+x^ny^n,$$
$$\boldsymbol{x}^2=-(x^1)^2-(x^2)^2-\cdots-(x^k)^2+(x^{k+1})^2+\cdots+(x^n)^2.$$

同一个实欧氏空间的标准正交标架中,虚单位基本向量的个数是一个定数.实际上,设在一实欧氏空间中,两个标准正交标架$\{O;\boldsymbol{e}_1,\boldsymbol{e}_2,\cdots,\boldsymbol{e}_n\}$和$\{O';\boldsymbol{e}_{1'},\boldsymbol{e}_{2'},\cdots,\boldsymbol{e}_{n'}\}$的虚单位基本向量个数分别为 k 和 l,不失普遍性,令 $l>k$,取$(\boldsymbol{e}_{1'},\boldsymbol{e}_{2'},\cdots,\boldsymbol{e}_{l'},\boldsymbol{e}_{k+1},\cdots,\boldsymbol{e}_n)$,它的个数为 $n-k+l>n$.故这些向量线性相关.于是有不全为 0 的数 $\alpha_1,\alpha_2,\cdots,\alpha_l,\beta_{k+1},\cdots,\beta_n$,使得

$$\alpha_1 \boldsymbol{e}_{1'} + \alpha_2 \boldsymbol{e}_{2'} + \cdots + \alpha_l \boldsymbol{e}_{l'} = \beta_{k+1} \boldsymbol{e}_{k+1} + \cdots + \beta_n \boldsymbol{e}_n. \tag{1.7.10}$$

将(1.7.10)两边平方,得

$$-\alpha_1^2 - \alpha_2^2 - \cdots - \alpha_l^2 = \beta_{k+1}^2 + \cdots + \beta_n^2.$$

于是有 $\alpha_1 = \alpha_2 = \cdots = \alpha_l = \beta_{k+1} = \cdots = \beta_n = 0$,与假设矛盾.因此,在一个实欧氏空间中,虚单位基本向量个数 k 是它的一个重要特征.称 k 为欧氏空间的指标.

当 $k = 0$ 时,称为**真欧氏空间**.在真欧氏空间里,一切非零向量 $\boldsymbol{x}$,都有 $\boldsymbol{x}^2 > 0$,这时,标准正交标架向量,就是通常Descartes坐标系的基本向量.

当 $k > 0$ 时,称这样的欧氏空间是指标为 k 的**伪欧氏空间**.指标 $k = 1$ 的伪欧氏空间,在狭义相对论中,有着重要的应用.

1.8 正交变换与伪正交变换

这里的问题是,如何将一个标准正交标架变换到另一标准正交标架?由于原点可以任意移动,故仅考虑标架向量.设$\{\boldsymbol{e}_{i'}\}$,$\{\boldsymbol{e}_i\}$为新、旧标准正交标架向量,且

$$\boldsymbol{e}_{i'} = A_{i'}^{i} \boldsymbol{e}_i. \tag{1.8.1}$$

以下讨论这样的变换矩阵 $A_{i'}^{i}$ 具有的性质.

1.8.1 正交矩阵

这里对真欧氏空间进行讨论.由于向量的逆变分量与协变分量忍受变换

$$x^{i'} = A_i^{i'} x^i, \quad x_{i'} = A_{i'}^{i} x_i. \tag{1.8.2}$$

又由1.3节知 $A_i^{i'}$ 与$A_{i'}^{i}$ 互为转置逆矩阵,并且在标准正交标架中有 $x^{i'} = x_{i'}$,$x^i = x_i$,故得

$$A_{i'}^{i} = A_i^{i'}. \tag{1.8.3}$$

具有性质(1.8.3)的矩阵,称为正交矩阵.

反之,若(1.8.3)成立,利用 $A_{i'}^{i}$ 变换任一标准正交标架,得到的仍是一个标准正交标架.实际上,由于 $x^i = x_i$,利用(1.8.2)和(1.8.3),则

$$x^{i'} = A_i^{i'} x^i = A_{i'}^{i} x_i = x_{i'} = g_{i'j'} x^{j'}, \tag{1.8.4}$$

由 $\boldsymbol{x}$ 是任意的,故有

$$g_{i'j'} = \delta_{i'j'} = \begin{cases} 1, & i' = j', \\ 0, & i' \neq j', \end{cases}$$

因而新标架也是标准正交标架.

总之,为要矩阵 $A_{i'}^{i}$ 使一个标准正交标架变换到另一个标准正交标架,必须且

只须 $A_{i}^{i'}$ 是正交矩阵.

设 $A_{i}^{i'}$ 是正交矩阵,由

$$A_{i}^{k}A_{k}^{j'} = \delta_{i}^{j'} \quad 或 \quad A_{k}^{j}A_{i}^{k'} = \delta_{i}^{j} \tag{1.8.5}$$

及(1.8.3),有 $A_{k}^{j'} = A_{j'}^{k}$, $A_{i}^{k'} = A_{k'}^{i}$, 于是得

$$\sum_{k} A_{i'}^{k}A_{j'}^{k} = \delta_{i'j'}, \quad \sum_{k'} A_{k'}^{j}A_{k'}^{i} = \delta^{ij}. \tag{1.8.6}$$

这说明在正交矩阵中,不同的两列对应元素相乘相加为 0,同列元素平方和为 1.各行也具有同样性质.反之,若一矩阵不同的两列(或行)对应元素相乘相加为 0,同列(或行)元素平方和为 1,那么这个矩阵是正交矩阵.

正交矩阵所对应的行列式等于 ±1. 实际上,由于$\det(A_{i'}^{i}) \cdot \det(A_{i}^{i'}) = 1$,而按(1.8.3),有 $\det(A_{i'}^{i}) = \det(A_{i}^{i'})$, 故

$$\det(A_{i'}^{i}) = \pm 1.$$

1.8.2 标架运动

若标准正交标架变换满足

$$\det(A_{i'}^{i}) = 1,$$

则称此变换为标架的真运动.尤其是当原点 O 不动时,称为绕 O 点的真转动.可以证明,依靠新标架对旧标架的连续变化,总可以把一个真运动连续地变到另一个真运动中去,同时,在连续变化过程中的标架始终是标准正交的.

若标准正交标架变换满足

$$\det(A_{i'}^{i}) = -1, \tag{1.8.7}$$

则称此变换为标架的假运动.假运动可以将真运动加上标架关于它的一个超平面的镜面反射即可.例如,原点 O 及 $\boldsymbol{e}_2,\cdots,\boldsymbol{e}_n$ 不变,$\boldsymbol{e}_1$ 用 $-\boldsymbol{e}_1$ 代替.

任选一标准正交标架,利用真运动而得的标架为一类,利用假运动而得的标架为另一类,于是所有的标准正交标架分为两类.在每一类中,从一个标架连续地变到另一个标架是可能的,而从一类标架连续地变到另一类是不可能的.

1.8.3 伪正交变换

设 R_n 是指标为 k 的伪欧氏空间,$\boldsymbol{e}_{\alpha}(\alpha = 1,2,\cdots,k)$ 为虚单位向量,$\boldsymbol{e}_{\lambda}(\lambda = k+1,\cdots,n)$ 为单位向量,于是(1.8.1)可写成

$$\boldsymbol{e}_{\alpha'} = A_{\alpha'}^{\alpha}\boldsymbol{e}_{\alpha} + A_{\alpha'}^{\lambda}\boldsymbol{e}_{\lambda}, \quad \boldsymbol{e}_{\lambda'} = A_{\lambda'}^{\alpha}\boldsymbol{e}_{\alpha} + A_{\lambda'}^{\lambda}\boldsymbol{e}_{\lambda}, \tag{1.8.8}$$

这里 $\boldsymbol{e}_{\alpha'}$ 表示在新坐标系下 k 个虚单位向量,$\boldsymbol{e}_{\lambda'}$ 为新坐标系下 $n-k$ 个单位向量.又

$$(A_{i'}^{i}) = \begin{pmatrix} A_{\alpha'}^{\alpha} & A_{\alpha'}^{\lambda} \\ A_{\lambda'}^{\alpha} & A_{\lambda'}^{\lambda} \end{pmatrix} \begin{matrix} \}k \\ \}n-k \end{matrix}, \tag{1.8.9}$$

坐标变换规律有

$$x^{\alpha'} = A_{\alpha}^{\alpha'} x^{\alpha} + A_{\lambda}^{\alpha'} x^{\lambda}, \quad x^{\lambda'} = A_{\alpha}^{\lambda'} x^{\alpha} + A_{\lambda}^{\lambda'} x^{\lambda}, \tag{1.8.10}$$

$$x_{\alpha'} = A_{\alpha'}^{\alpha} x_{\alpha} + A_{\alpha'}^{\lambda} x_{\lambda}, \quad x_{\lambda'} = A_{\lambda'}^{\alpha} x_{\alpha} + A_{\lambda'}^{\lambda} x_{\lambda}, \tag{1.8.11}$$

因为是标准正交标架,故

$$x_{\alpha} = - x^{\alpha}, \quad x_{\lambda} = x^{\lambda}. \tag{1.8.12}$$

代入(1.8.11)得

$$- x^{\alpha'} = - A_{\alpha'}^{\alpha} x^{\alpha} + A_{\alpha'}^{\lambda} x^{\lambda}, \quad x^{\lambda'} = - A_{\lambda'}^{\alpha} x^{\alpha} + A_{\lambda'}^{\lambda} x^{\lambda}, \tag{1.8.13}$$

这里 α,λ 仍是求和指标.由(1.8.13)和(1.8.10)得

$$A_{\alpha'}^{\alpha} = A_{\alpha}^{\alpha'}, A_{\alpha'}^{\lambda} = - A_{\lambda}^{\alpha'}, \quad A_{\lambda'}^{\alpha} = - A_{\alpha}^{\lambda'}, A_{\lambda'}^{\lambda} = A_{\lambda}^{\lambda'}. \tag{1.8.14}$$

因此,分块矩阵(1.8.9)中,主对角子块为正交矩阵,而其余两子块改变符号后,与它的转置矩阵相同.称这样的矩阵 $A_{i'}^{i}$ 为指标是 k 的伪正交矩阵.若 $A_{i'}^{i}$ 是伪正交矩阵,那么它的逆矩阵也是同一指标的伪正交矩阵.

与正交矩阵讨论类似,从旧的标准正交标架变换到新的标准正交标架,可以利用伪正交矩阵来实现.反之,每一个伪正交矩阵,可以使任一已知标准正交标架仍变换到一个标准正交标架上.

可以证明,伪正交矩阵 $A_{i'}^{i}$ 仍然有

$$\det(A_{i'}^{i}) = \pm 1. \tag{1.8.15}$$

实际上,为改变(1.8.9)中 $A_{\alpha'}^{\lambda}$ 及 $A_{\lambda'}^{\alpha}$ 的符号,以 -1 乘 $A_{i'}^{i}$ 的前 k 行再乘前 k 列,这时 $\det(A_{i'}^{i})$ 的值不变,但 $A_{i'}^{i}$ 改变了前 k 行与前 k 列的符号后,仍是一正交矩阵.故(1.8.15)得证.

还可证明

$$\det(A_{\alpha'}^{\alpha}) \neq 0, \qquad \det(A_{\lambda'}^{\lambda}) \neq 0. \tag{1.8.16}$$

为此,用反证法.设 $\det(A_{\alpha'}^{\alpha}) = 0$,则 $A_{\alpha'}^{\alpha}$ 中各列向量线性相关,即有不全为0的数 $a^{\alpha'}$,使得

$$a^{\alpha'} A_{\alpha'}^{\alpha} = 0, \qquad \alpha = 1,2,\cdots,k. \tag{1.8.17}$$

在(1.8.8)中第一式乘 $a^{\alpha'}$ 求和后,利用(1.8.17)得

$$a^{\alpha'} \boldsymbol{e}_{\alpha'} = a^{\alpha'} A_{\alpha'}^{\lambda} \boldsymbol{e}_{\lambda},$$

将此式两边平方而得左边是负值,右边是正值,矛盾.故(1.8.16)第一式成立.同理

可证第二式.

由于(1.8.16)中行列式的符号有 4 种组合,故标准正交标架运动可分为 4 类(见表 1.1).

表 1.1

	$\det(A^{\alpha}_{\alpha'})$	$\det(A^{\lambda}_{\lambda'})$	运动类型
1	+	+	真运动
2	+	−	第一类假运动
3	−	+	第二类假运动
4	−	−	第三类假运动

因此,任一标架均可以通过一个初始标架用上述 4 种类型的运动而得. 显然, 可以把所有标准正交标架用这种方法来分类,在同一类中,一个标架可以连续变换到另一标架,而从某一类中的标架不可能连续变换到另一类中去.

1.9 指标为 1 的伪欧氏空间

指标为 1 的伪欧氏空间有特殊的用处. 尤其是指标为 1 的 4 维伪欧氏空间,是狭义相对论的重要数学工具.

1.9.1 指标为 1 的伪欧氏平面

用 $\boldsymbol{e}_0$ 表示标准正交标架的虚单位向量,$\boldsymbol{e}_1$ 为单位向量,

$$\boldsymbol{e}_0^2 = -1, \quad \boldsymbol{e}_1^2 = 1. \tag{1.9.1}$$

相应地 x^0, x^1 表示向量 $\boldsymbol{x}$ 的坐标.

伪欧氏平面的仿射性质和普通平面的仿射性质没有什么区别,而它们的度量性质则截然不同.

建立一种映射,把伪欧氏平面上标准正交标架基本向量 $\boldsymbol{e}_0, \boldsymbol{e}_1$ 映射到普通平面的基本向量上,原点映射到原点 O. 而将伪欧氏平面上每个点 M 映射到普通平面带有同样坐标的点上.

二维伪欧氏平面上度量张量为

$$\begin{pmatrix} g_{00} & g_{01} \\ g_{10} & g_{11} \end{pmatrix} = \begin{pmatrix} -1 & 0 \\ 0 & 1 \end{pmatrix}, \qquad \begin{pmatrix} g^{00} & g^{01} \\ g^{10} & g^{11} \end{pmatrix} = \begin{pmatrix} -1 & 0 \\ 0 & 1 \end{pmatrix},$$

并且向量的平方和内积分别为

$$\boldsymbol{x}^2 = -(x^0)^2 + (x^1)^2, \quad \boldsymbol{xy} = -x^0y^0 + x^1y^1. \tag{1.9.2}$$

各向同性向量 $\boldsymbol{x}^2 = 0$. 于是有

$$-(x^0)^2 + (x^1)^2 = 0, \text{ 即 } x^0 = \pm x^1. \tag{1.9.3}$$

由图 1.1 所示,从 O 点作各向同性的向量时,它的端点分布在两条直线上,这两条直线是坐标轴的分角线. 并且,这两条各向同性直线将平面分割成两个对顶角,$\boldsymbol{e}_1$, $\boldsymbol{e}_0$ 分别在第一对顶角和第二对顶角内. 因此当

M 点在第一对顶角内，$|x^1|>|x^0|$，则 $\boldsymbol{x}^2>0$，向量 $\boldsymbol{OM}$ 具有实长；

N 点在第二对顶角内，$|x^1|<|x^0|$，则 $\boldsymbol{x}^2<0$，向量 $\boldsymbol{ON}$ 具有虚长.

也就是说，从 O 点而作出的向量，实长向量分布在第一对顶角内，虚长向量分布在第二对顶角内，而各向同性的向量在角的边上.

设向量 $\boldsymbol{x},\boldsymbol{y}$ 正交，即 $(\boldsymbol{x},\boldsymbol{y})=0$，即

$$-x^0y^0+x^1y^1=0,$$

或

$$y^1:y^0=x^0:x^1. \tag{1.9.4}$$

从而可以看出，在图 1.1 上 $\boldsymbol{OM}=\boldsymbol{x},\boldsymbol{ON}=\boldsymbol{y}$ 关于坐标角分角线是对称的.因此，这两条正交直线，当一条直线转动时，另一条直线按逆向转动.并且，当一条直线转到与各向同性直线重合时，另一条直线也与这条各向同性直线重合.这正说明各向同性向量自己与自己正交.

再看伪欧氏平面上的圆.其方程为 $\boldsymbol{x}^2=\rho^2$，即

$$-(x^0)^2+(x^1)^2=\rho^2. \tag{1.9.5}$$

当 $\rho=a$ 是实数时，(1.9.5)变成

$$-(x^0)^2+(x^1)^2=a^2. \tag{1.9.6}$$

(1.9.6)是等边双曲线，中心在 O，实轴为 Ox_1. 当 $\rho=ia$ 是虚数时，(1.9.5)变成

$$-(x^0)^2+(x^1)^2=-a^2, \tag{1.9.7}$$

也是等边双曲线，中心在 O，实轴则是 Ox_0. 在 $\rho=0$ 的情形下，(1.9.5)就成为各向同性直线方程.各种情形见图 1.2.

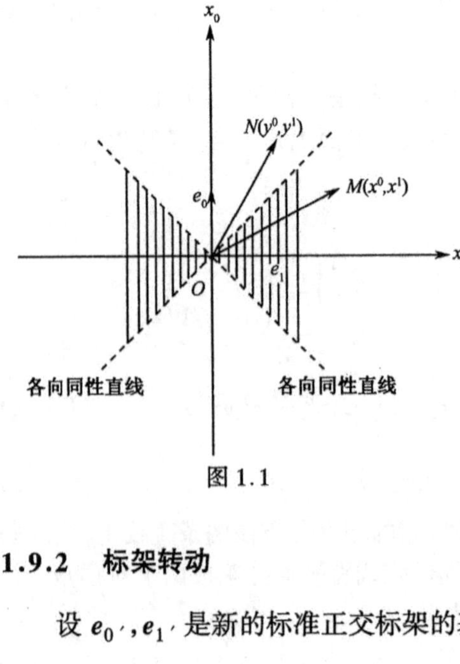

图 1.1

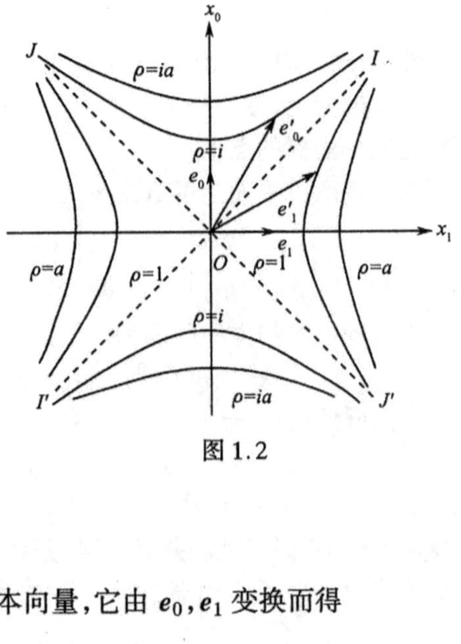

图 1.2

1.9.2　标架转动

设 $\boldsymbol{e}_{0'},\boldsymbol{e}_{1'}$ 是新的标准正交标架的基本向量，它由 $\boldsymbol{e}_0,\boldsymbol{e}_1$ 变换而得

$$e_{0'} = A_{0'}^{0} e_0 + A_{0'}^{1} e_1, \quad e_{1'} = A_{1'}^{0} e_0 + A_{1'}^{1} e_1. \tag{1.9.8}$$

变换矩阵为

$$(A_{i'}^{i}) = \begin{pmatrix} A_{0'}^{0} & A_{0'}^{1} \\ A_{1'}^{0} & A_{1'}^{1} \end{pmatrix},$$

这里 $A_{0'}^{0} \neq 0, A_{1'}^{1} \neq 0$. 否则,就会导出虚单位向量 e_0 和 e_1 仅相差一个因子. 这是不可能的.

由(1.8.14)知,(1.9.8)右端矩阵的第一行和第一列分别乘 -1 后的矩阵仍是正交矩阵. 又由于$(e_{0'}, e_{1'}) = 0$, 由(1.9.4)得

$$A_{0'}^{1} : A_{0'}^{0} = A_{1'}^{0} : A_{1'}^{1}, \tag{1.9.9}$$

记 $A_{0'}^{0} = a, A_{1'}^{1} = b$,并设(1.9.9) 公比为 β, 那么

$$A_{0'}^{1} = \beta A_{0'}^{0} = a\beta, \quad A_{1'}^{0} = \beta A_{1'}^{1} = b\beta, \tag{1.9.10}$$

于是(1.9.8)变成

$$e_{0'} = a(e_0 + \beta e_1), \quad e_{1'} = b(\beta e_0 + e_1), \tag{1.9.11}$$

利用 $e_{0'}$ 是虚单位向量,即 $-1 = (e_{0'})^2$, 得

$$a = \frac{1}{\pm\sqrt{1-\beta^2}}. \tag{1.9.12}$$

同理,利用 $e_{1'}$ 是单位向量,可得

$$b = \frac{1}{\pm\sqrt{1-\beta^2}}. \tag{1.9.13}$$

故二维伪欧氏平面上,标准正交标架变换规律为

$$e_{0'} = \frac{e_0 + \beta e_1}{\pm\sqrt{1-\beta^2}}, \qquad e_{1'} = \frac{\beta e_0 + e_1}{\pm\sqrt{1-\beta^2}}, \tag{1.9.14}$$

这里 $-1 < \beta < 1$ 时,(1.9.14)才有意义.

变换矩阵的行列式

$$\det(A_{i'}^{i}) = \det\begin{pmatrix} A_{0'}^{0} & A_{0'}^{1} \\ A_{1'}^{0} & A_{1'}^{1} \end{pmatrix} = \pm 1.$$

由 1.8 节知,(1.9.14)存在 4 类转动.

1) 真转动.

$$\begin{cases} A_{0'}^{0} > 0, A_{1'}^{1} > 0, \det(A_{i'}^{i}) = 1, \\ e_{0'} = \dfrac{e_0 + \beta e_1}{\sqrt{1-\beta^2}}, e_{1'} = \dfrac{\beta e_0 + e_1}{\sqrt{1-\beta^2}}, \end{cases} \tag{1.9.15}$$

$e_{0'}, e_{1'}$ 终点分别分布在虚单位圆和单位圆上. 当 $\beta = 0$ 时, $e_{0'} = e_0, e_{1'} = e_1$; 当 $\beta \to 1$ 时, $e_{0'}, e_{1'}$ 分别向各向同性直线 OI 逼近.

2) 第一类假转动.

$$\begin{cases} A^0_{0'} > 0, A^1_{1'} < 0, \det(A^i_{i'}) = -1, \\ e_{0'} = \dfrac{e_0 + \beta e_1}{\sqrt{1-\beta^2}}, e_{1'} = \dfrac{\beta e_0 + e_1}{-\sqrt{1-\beta^2}}, \end{cases} \tag{1.9.16}$$

当 $\beta = 0$ 时，$e_{0'} = e_0, e_{1'} = -e_1$，相当于加上一个带有虚长直线的镜反射. $\beta \to 1$ 时，$e_{0'}, e_{1'}$ 分别向各向同性直线 OJ 逼近.

3) 第二类假转动.

$$\begin{cases} A^0_{0'} < 0, A^1_{1'} > 0, \det(A^i_{i'}) = -1, \\ e_{0'} = \dfrac{e_0 + \beta e_1}{-\sqrt{1-\beta^2}}, e_{1'} = \dfrac{\beta e_0 + e_1}{\sqrt{1-\beta^2}}, \end{cases} \tag{1.9.17}$$

当 $\beta = 0$ 时，$e_{0'} = -e_0, e_{1'} = e_1$，相当于加一个带实长直线的镜反射. $\beta \to 1$ 时，$e_{0'}, e_{1'}$ 分别向各向同性直线 OJ' 逼近.

4) 第三类假转动.

$$\begin{cases} A^0_{0'} < 0, A^1_{1'} < 0, \det(A^i_{i'}) = 1, \\ e_{0'} = \dfrac{e_0 + \beta e_1}{-\sqrt{1-\beta^2}}, e_{1'} = \dfrac{\beta e_0 + e_1}{-\sqrt{1-\beta^2}}, \end{cases} \tag{1.9.18}$$

当 $\beta = 0$ 时，$e_{0'} = -e_0, e_{1'} = -e_1$，表明标架承受一个关于原点的反射. $\beta \to 1$ 时，$e_{0'}, e_{1'}$ 分别向各向同性直线 OI' 逼近.

由于基本向量是虚单位向量或单位向量，而不可能取各向同性方向，所以各向同性直线是基本向量连续转动不可逾越的障碍.

1.9.3　伪欧氏平面上面积及角度

在伪欧氏平面上，区域 D 的面积，在标准正交坐标系中，是下列积分

$$V_D = \iint_D \mathrm{d}x^1 \mathrm{d}x^2. \tag{1.9.19}$$

由于 $\det(A^i_{i'}) = \pm 1$，故(1.9.19)关于标准正交坐标系是不变的.

关于角度测量，有一个限制，即从角的顶点出发，在角内或角边上的一切半直线都是各向异性的. 也就是说，如果由角的一边转动到另一边，这一转动在任何地方都不会取各向同性的方向. 满足这一条件的角，称为可测的.

约定，伪欧氏平面上的角度，等于在普通平面上取以角的顶点为圆心作一单位圆，从圆上取出与角边所夹的扇形面积的两倍.

两条各向同性的直线 IOI'，JOJ' 通过 O 点把平面分为 4 个基础角. 显然，只能测量两边均落在同一基础角内的角，而无法测量两边落在不同基础角内的角.

例如,计算从标准正交标架 $\{O;e_0,e_1\}$ 变换到 $\{O;e_{0'},e_{1'}\}$,在其转动时,e_1 所扫过的角.先计算扇形面积 AOB (见图 1.3).

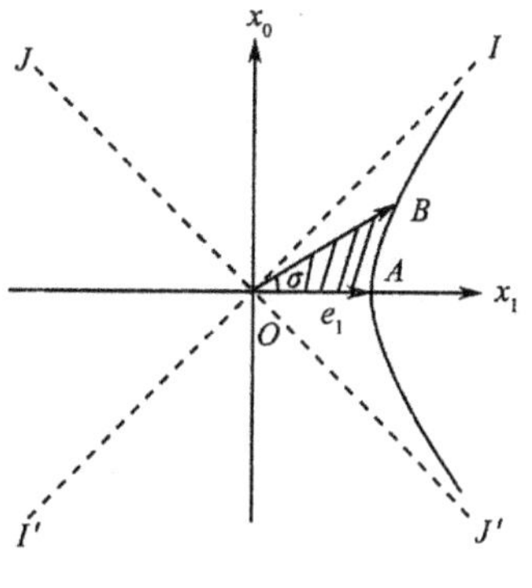

图 1.3

$$\text{面积}\ AOB = \frac{1}{2}\int_0^\sigma r^2 \mathrm{d}\varphi. \qquad (1.9.20)$$

这里

$$-(x^0)^2 + (x^1)^2 = 1, \quad x^1 = r\cos\varphi,$$
$$x^0 = r\sin\varphi,$$

于是有

$$r^2(-\sin^2\varphi + \cos^2\varphi) = 1, \quad r^2 = \frac{1}{\cos 2\varphi}.$$

代入(1.9.20)得

$$\text{面积}\ AOB = \frac{1}{2}\int_0^\sigma \frac{\mathrm{d}\varphi}{\cos 2\varphi} = \frac{1}{4}\ln\tan\left(\sigma + \frac{\pi}{4}\right),$$

这里 σ 为 $e_{1'}$ 对 e_1 的倾角(见图 1.3).若用 θ 表示 $e_1,e_{1'}$ 间的伪欧氏角,则

$$\theta = 2 \times \text{面积}\ AOB = \frac{1}{2}\ln\tan\left(\sigma + \frac{\pi}{4}\right) = \frac{1}{2}\ln\frac{1+\tan\sigma}{1-\tan\sigma},$$

于是

$$\tan\sigma = \frac{\mathrm{e}^{2\theta}-1}{\mathrm{e}^{2\theta}+1} = \mathrm{th}\theta, \qquad (1.9.21)$$

这里 e 为自然对数的底.因此,在伪欧氏平面上,$e_{1'}$ 和 e_1 间的角的双曲正切等于在映射平面上 $e_{1'}$ 和 e_1 间倾角的正切.

这里 θ 和图形上角 σ 同号.从(1.9.21)看出,$e_{1'}$ 趋于各向同性的方向时,即 $\sigma \to \pm\frac{\pi}{4}$ 时,$\tan\sigma \to \pm 1$.而 $\mathrm{th}\theta \to \pm 1$ 时,$\theta \to \pm\infty$.所以,$e_{1'}$ 在基础角 IOJ' 内变化时,$e_{1'}$ 与 e_1 间的伪欧氏角从 $-\infty$ 变到 $+\infty$.

对于真转动由(1.9.15)决定,$e_{1'}$ 在映射平面上,它的坐标为 $\frac{1}{\sqrt{1-\beta^2}}$, $\frac{\beta}{\sqrt{1-\beta^2}}$,于是 $\tan\sigma = \beta = \mathrm{th}\theta$.由此得

$$\frac{1}{\sqrt{1-\beta^2}} = \frac{\mathrm{e}^\theta + \mathrm{e}^{-\theta}}{2} = \mathrm{ch}\theta, \frac{\beta}{\sqrt{1-\beta^2}} = \frac{\mathrm{e}^\theta - \mathrm{e}^{-\theta}}{2} = \mathrm{sh}\theta. \qquad (1.9.22)$$

因此,在真转动时,变换公式(1.9.15)变成

$$e_{0'} = \mathrm{ch}\theta e_0 + \mathrm{sh}\theta e_1, \quad e_{1'} = \mathrm{sh}\theta e_0 + \mathrm{ch}\theta e_1. \qquad (1.9.23)$$

它和普通平面上标准正交标架的真转动变换公式

$$e_{0'} = \cos\sigma e_0 - \sin\sigma e_1, \quad e_{1'} = \sin\sigma e_0 + \cos\sigma e_1$$

的区别,仅仅是以双曲函数代替三角函数和有一项改变了符号.

1.9.4 指标为 1 的 4 维伪欧氏空间

选取标准正交标架 $\{O;\boldsymbol{e}_0,\boldsymbol{e}_1,\boldsymbol{e}_2,\boldsymbol{e}_3\}$. 设 $\boldsymbol{e}_0$ 是虚单位向量, $\boldsymbol{e}_i(i=1,2,3)$ 为单位向量. 于是向量 $\boldsymbol{x}$ 的长度为

$$\boldsymbol{x}^2=-(x^0)^2+(x^1)^2+(x^2)^2+(x^3)^2,$$

在 $\boldsymbol{e}_1,\boldsymbol{e}_2,\boldsymbol{e}_3$ 上所作的通过原点 O 的三维超平面 E^3 的方程为

$$x^0=0.$$

在 E^3 上,点的位置由 3 个坐标 x^1,x^2,x^3 决定, $\boldsymbol{x}$ 的度量为

$$\boldsymbol{x}^2=(x^1)^2+(x^2)^2+(x^3)^2,$$

故 E^3 在它自己上面构成普通的三维真欧氏空间. 同样,通过超锥面的顶点而其余在超锥面外部的任一三维平面,也都具有这个性质.

从超锥面顶点出发,作虚长向量 $\boldsymbol{x}(\boldsymbol{x}^2<0)$, 即

$$-(x^0)^2+(x^1)^2+(x^2)^2+(x^3)^2<0$$

或

$$|x^0|>\sqrt{(x^1)^2+(x^2)^2+(x^3)^2},$$

这样的向量均在超锥面的内部;相反,作实长向量 $\boldsymbol{x}(\boldsymbol{x}^2>0)$, 即

$$-(x^0)^2+(x^1)^2+(x^2)^2+(x^3)^2>0$$

或

$$|x^0|<\sqrt{(x^1)^2+(x^2)^2+(x^3)^2},$$

这样的向量分布在各向同性超锥面的外部.

因此,过 O 点的直线分为 3 类:位于各向同性锥面内部直线(虚长),位于各向同性锥面外部直线(实长),以及在锥面上的直线(长度为 0).

过 O 点的三维超平面,也有 3 种情况:

1) 超平面在各向同性锥面之外.

2) 超平面与各向同性锥面相切于一已知母线. 这种情形是,平面通过点 O 与这一母线正交. 实际上,设 $\boldsymbol{u}$ 是母线上任一点的向径,则锥面在这一点的切超平面方程为

$$-x^0u^0+x^1u^1+x^2u^2+x^3u^3=0,$$

即

$$\boldsymbol{xu}=0.$$

其中 $\boldsymbol{x}$ 为超平面上任一点的向径. 这说明,超平面通过 O 点与母线正交.

因此,与各向同性的锥面切于母线的超平面,是一个各向同性的超平面. 反之,过 O 点的各向同性的超平面,与各向同性的锥面相切于一条母线上.

3) 超平面与各向同性锥面相交. 这时, 超平面是指标为 1 的 3 维伪欧氏平面. 设新标准正交标架为 $\{O; e_{0'}, e_{1'}, e_{2'}, e_{3'}\}$. 容易构造一个伪正交变换, 使得

$$e_{0'} = \frac{e_0 + \beta e_1}{\pm\sqrt{1-\beta^2}}, \quad e_{1'} = \frac{\beta e_0 + e_1}{\pm\sqrt{1-\beta^2}}, \quad e_{2'} = e_2, \quad e_{3'} = e_3,$$

它的变换矩阵

$$(A^i_{i'}) = \begin{pmatrix} \frac{1}{\pm\sqrt{1-\beta^2}} & \frac{\beta}{\pm\sqrt{1-\beta^2}} & 0 & 0 \\ \frac{\beta}{\pm\sqrt{1-\beta^2}} & \frac{1}{\pm\sqrt{1-\beta^2}} & 0 & 0 \\ 0 & 0 & 1 & 0 \\ 0 & 0 & 0 & 1 \end{pmatrix}$$

是指标为 1 的伪正交矩阵. 这里 $e_{0'}, e_{1'}$ 两式中 $\sqrt{1-\beta^2}$ 的符号不同时取正号.

1.10 三维真欧氏空间

三维真欧氏空间 E^3 在实践上是最有用的, 记 $\boldsymbol{A}\times\boldsymbol{B}$ 为向量 $\boldsymbol{A}, \boldsymbol{B}$ 的向量积, $\boldsymbol{A}\cdot\boldsymbol{B}$ 为向量 $\boldsymbol{A}, \boldsymbol{B}$ 的数性积, $\boldsymbol{A}\cdot(\boldsymbol{B}\times\boldsymbol{C})$ 为向量 $\boldsymbol{A}, \boldsymbol{B}, \boldsymbol{C}$ 的三重积. 而 $\boldsymbol{A}\cdot(\boldsymbol{B}\times\boldsymbol{C})$ 等于以 $\boldsymbol{A}, \boldsymbol{B}, \boldsymbol{C}$ 为边的平行六面形体积. 由于度量张量行列式可以表示为

$$g = \det(g_{ij}) = \begin{vmatrix} e_1e_1 & e_1e_2 & e_1e_3 \\ e_2e_1 & e_2e_2 & e_2e_3 \\ e_3e_1 & e_3e_2 & e_3e_3 \end{vmatrix} = (e_1\cdot(e_2\times e_3))^2 > 0, \tag{1.10.1}$$

即 $\sqrt{g}$ 是以 e_1, e_2, e_3 为边的平行六面体体积.

同样可证

$$\det(g^{ij}) = (e^1\cdot(e^2\times e^3))^2.$$

根据 $g^{ij}g_{jk} = \delta^i_k$, 知 $\det(g^{ij}) = 1/g$.

仿射标架和共轭标架之间, 也可以用向量积加以联系

$$\begin{cases} e^i = \dfrac{1}{\sqrt{g}}(e_j\times e_k), \\ e_i = \sqrt{g}(e^j\times e^k), \end{cases} \quad i, j, k \text{ 按 } 1,2,3 \text{ 轮换}. \tag{1.10.2}$$

实际上, 由于 e^i 与 $e_j (i\neq j)$ 正交, 故

$$e^i = \alpha(e_j\times e_k), \tag{1.10.3}$$

而

$$1 = e_i\cdot e^i = \alpha e_i\cdot(e_j\times e_k) = \alpha\sqrt{g},$$

这里左边 i 不求和. 将 $\alpha = 1/\sqrt{g}$ 代入(1.10.3),得(1.10.2)第一式. 类似地由于

$$e_i = \beta(e^j \times e^k), \tag{1.10.4}$$

$$1 = e_i \cdot e^i = \beta e^i \cdot (e^j \times e^k) = \beta/\sqrt{g},$$

将 $\beta = \sqrt{g}$ 代入(1.10.4),得(1.10.2)第二式.

1.10.1　行列式张量

行列式张量 ε^{ijk},ε_{ijk} 在计算中起着重要的作用,它们的定义是

$$\begin{cases} \varepsilon_{ijk} = e_i \cdot (e_j \times e_k), \quad \varepsilon^{ijk} = e^i \cdot (e^j \times e^k), \\ \varepsilon_i^{\cdot jk} = e_i \cdot (e^j \times e^k). \end{cases} \tag{1.10.5}$$

不难验证, ε_{ijk} 是三阶协变张量,ε^{ijk} 是三阶逆变张量,$\varepsilon_i^{\cdot jk}$ 是一阶协变二阶逆变的三阶张量. 因此其指标也可以上升、下降. 例如

$$\varepsilon_i^{\cdot jk} = e_i \cdot (e^j \times e^k) = g_{im} e^m \cdot (e^j \times e^k) = g_{im}\varepsilon^{mjk}.$$

利用向量三重积,(1.10.5)可表为

$$\varepsilon_{ijk} = \begin{cases} \sqrt{g}, & \text{当}(i,j,k)\text{为}(1,2,3)\text{的偶排列}, \\ -\sqrt{g}, & \text{当}(i,j,k)\text{为}(1,2,3)\text{的奇排列}, \\ 0, & \text{其他情形}, \end{cases} \tag{1.10.6}$$

$$\varepsilon^{ijk} = \begin{cases} \dfrac{1}{\sqrt{g}}, & \text{当}(i,j,k)\text{为}(1,2,3)\text{的偶排列}, \\ \dfrac{-1}{\sqrt{g}}, & \text{当}(i,j,k)\text{为}(1,2,3)\text{的奇排列}, \\ 0, & \text{其他情形}, \end{cases} \tag{1.10.7}$$

$$\varepsilon_i^{\cdot jk} = g_{im}\varepsilon^{mjk}. \tag{1.10.8}$$

利用(1.10.2),(1.10.6),(1.10.7)不难验证

$$e_i = \frac{1}{2}\varepsilon_{ijk}(e^j \times e^k), \quad e^i = \frac{1}{2}\varepsilon^{ijk}(e_j \times e_k), \tag{1.10.9}$$

$$e_i \times e_j = \varepsilon_{ijk}e^k, \qquad e^i \times e^j = \varepsilon^{ijk}e_k. \tag{1.10.10}$$

对(1.10.9)第二式与 e_m 作内积,得

$$\delta_m^i = \frac{1}{2}\varepsilon^{ijk}\varepsilon_{mjk}. \tag{1.10.11}$$

将 $\varepsilon_i^{\cdot jk} = g_{im}\varepsilon^{mjk}$ 两边乘 ε_{jkl} 并求和,得

$$\varepsilon_i^{\cdot jk}\varepsilon_{jkl} = g_{im}\varepsilon^{mjk}\varepsilon_{jkl},$$

利用(1.10.11)则有

$$g_{im} = \frac{1}{2}\varepsilon_i^{\cdot jk}\varepsilon_{mjk}, \tag{1.10.12}$$

同理有

$$g^{im} = \frac{1}{2}\varepsilon^{ijk}\varepsilon_{jk}^{\cdot\cdot m}. \tag{1.10.13}$$

引入了行列式张量后,向量积的表示可以得到简化.例如

$$\boldsymbol{x}\times\boldsymbol{y} = x_i y_j \boldsymbol{e}^i \times \boldsymbol{e}^j,$$

利用(1.10.10),则有

$$\boldsymbol{x}\times\boldsymbol{y} = \varepsilon^{ijk}x_i y_j \boldsymbol{e}_k, \quad \boldsymbol{x}\times\boldsymbol{y} = \varepsilon_{ijk}x^i y^j \boldsymbol{e}^k. \tag{1.10.14}$$

它的长度平方为

$$|\boldsymbol{x}\times\boldsymbol{y}|^2 = \varepsilon_{ijk}\varepsilon^{pqk}x^i y^j x_p y_q, \tag{1.10.15}$$

即 $\boldsymbol{x},\boldsymbol{y}$ 组成的平行四边形面积的平方可由(1.10.15) 表示.利用(1.10.10) 知,由 $\boldsymbol{e}_i,\boldsymbol{e}_j$ 和 $\boldsymbol{e}^i,\boldsymbol{e}^j$ 组成的平行四边形面积分别为

$$\Sigma_k = \sqrt{(\boldsymbol{e}_i\times\boldsymbol{e}_j)^2} = \sqrt{(\varepsilon_{ijm}\boldsymbol{e}^m)^2} = \sqrt{gg^{kk}}, \quad i\neq j,$$

$$\Sigma^k = \sqrt{(\boldsymbol{e}^i\times\boldsymbol{e}^j)^2} = \sqrt{(\varepsilon^{ijm}\boldsymbol{e}_m)^2} = \sqrt{g_{kk}/g}, \quad i\neq j.$$

第 2 章　张 量 分 析

这一章主要研究三维真欧氏空间 E^3 中的张量分析.因为它应用广泛,且 E^3 中的分析可以毫无困难地推广到任意维数的欧氏空间和仿射空间中去.这章还对 Riemann 空间中的张量分析进行一些讨论.

2.1　曲线坐标系

在研究某些特别的物理、力学对象,或是研究欧氏空间的某些几何属性时,引入曲线坐标系,是非常重要的.

设(y^1,y^2,y^3)为欧氏空间 E^3 中的 Descartes 坐标系,Ω 为E^3 中某一连通域,在 Ω 上给出三个连续可微的且是单值的函数

$$x^i = f^i(y^1,y^2,y^3),i = 1,2,3. \tag{2.1.1}$$

新变量 (x^i) 的数值变化范围设为 D,如果变换(2.1.1)是可逆的,即从(2.1.1)可求出其反函数 g^i,使得

$$y^i = g^i(x^1,x^2,x^3),i = 1,2,3 \tag{2.1.2}$$

在 D 上连续可微且是单值的.特别是,在几何上,(y^1,y^2,y^3) 和(x^1,x^2,x^3) 都对应于 Ω 内的点.换句话说,在 Ω 上的变量(x^i)和 Descartes 坐标系(y^i)之间,由可逆的、双方单值的、连续可微的变换相联系着,则这样的(x^i) 称为 Ω 上的曲线坐标系.

必须指出,正的和逆的两种变换,其 Jacobi 行列式均不为 0,即

$$\det\left(\frac{\partial x^i}{\partial y^j}\right)\neq 0, \qquad \det\left(\frac{\partial y^i}{\partial x^j}\right)\neq 0. \tag{2.1.3}$$

并且对应的矩阵是互逆的,这一点从下式即可得出,即

$$\frac{\partial x^i}{\partial y^k}\frac{\partial y^k}{\partial x^j} = \frac{\partial x^i}{\partial x^j} = \delta^i_j.$$

如果去掉可逆性(2.1.2),代之以变换矩阵的 Jacobi 行列式不为 0 的条件,那么只能保证某一点的邻域内单值可逆,而不能保证在整个区域 Ω 上单值可逆.

如果令

$$x^i = f^i(y^1,y^2,y^3) = \text{const}, \tag{2.1.4}$$

则在 Ω 上确定了一个曲面,当(2.1.4)右端常数变化时,它给出的是一单参数曲面族,称它们为 x^i- 坐标面.显然,一旦在 Ω 上取定一个点 P,它的 Descartes 坐标(y^1,y^2,y^3) 也确定了,从而通过 P 点的三个坐标面 $x^i(i = 1,2,3)$ 也被确定了,它们相

交于 P,而且只相交于 P.

两个不同族的坐标面的交线,称为坐标线,由于 x^1- 坐标面上 x^2,x^3 是变化的;x^2- 坐标面上 x^3,x^1 是变化的,所以 x^1- 坐标面与 x^2- 坐标面的交线,称为 x^3-坐标线,在 x^3- 坐标线上,x^1,x^2 是固定的,x^3 是变化的.类似,有 x^1- 坐标线和 x^2-坐标线.

作为例子,考察球坐标系 (x^1,x^2,x^3),

$$y^1 = x^1\sin x^2\cos x^3,\quad y^2 = x^1\sin x^2\sin x^3,\quad y^3 = x^1\cos x^2,\qquad (2.1.5)$$

其中 $x^1>0,\quad 0<x^2<\pi,\quad 0\leqslant x^3\leqslant 2\pi,$ x^1- 坐标面是一个以原点为中心的球面,x^2- 坐标面是一个以原点为顶点,以 y^3 为轴的直圆锥面,x^3- 坐标面则是一个包含 y^3 轴的平面. x^1- 坐标线是过原点的直线,x^2- 坐标线是位于过 y^3 轴的平面上,且以原点为中心的圆. x^3- 坐标线则是位于 (y^1,y^2) 平面上,中心位于 y^3 轴上的圆,见图 2.1.当 $y^1\neq 0,y^3\neq 0$ 时,(2.1.5)的逆变换为

$$x^1 = \sqrt{(y^1)^2+(y^2)^2+(y^3)^2},$$

$$x^2 = \tan^{-1}(\sqrt{(y^1)^2+(y^2)^2}/y^3),\quad x^3 = \tan^{-1}(y^2/y^1).$$

类似,坐标变换

$$y^1 = x^1\cos x^2,\quad y^2 = x^1\sin x^2,\quad y^3 = x^3\qquad (2.1.6)$$

构成一个圆柱坐标系 (x^1,x^2,x^3),见图 2.2.

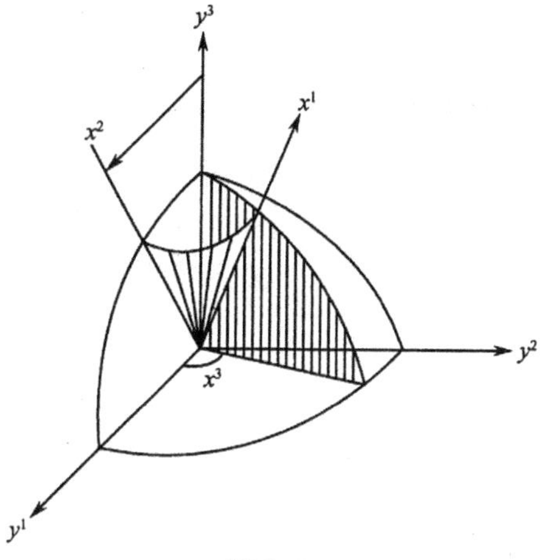

图 2.1

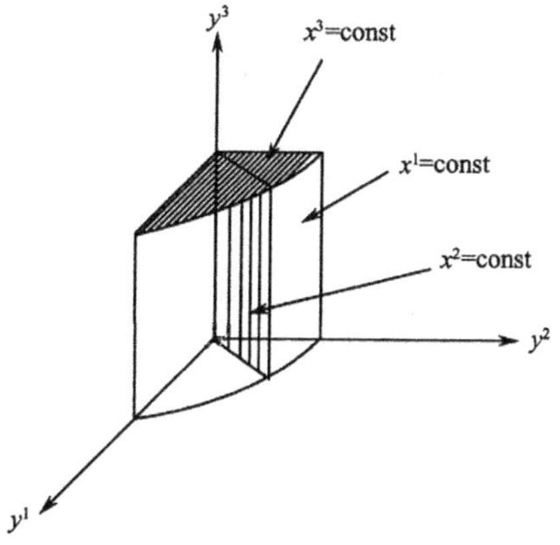

图 2.2

2.2 局部标架和度量张量

2.2.1 局部标架

设 $(x^i, i=1,2,3)$ 为区域 Ω 上的曲线坐标系,仍然记 (y^i) 为 E^3 中的

Descartes 坐标系,在 Ω 上任一点P 到原点O 引矢径$\boldsymbol{OP} = \boldsymbol{R}$,那么 $\boldsymbol{R} = \boldsymbol{R}(x^i)$. 引入记号

$$\boldsymbol{e}_i = \frac{\partial \boldsymbol{R}}{\partial x^i}, \quad i = 1,2,3. \tag{2.2.1}$$

另一方面,由 $\boldsymbol{R} = y^1\boldsymbol{i}_1 + y^2\boldsymbol{i}_2 + y^3\boldsymbol{i}_3$, 其中 $\boldsymbol{i}_1, \boldsymbol{i}_2, \boldsymbol{i}_3$ 是 Descartes 坐标轴上的单位向量,得

$$\boldsymbol{e}_i = \frac{\partial y^1}{\partial x^i}\boldsymbol{i}_1 + \frac{\partial y^2}{\partial x^i}\boldsymbol{i}_2 + \frac{\partial y^3}{\partial x^i}\boldsymbol{i}_3, \qquad i = 1,2,3.$$

由于 $\left(\frac{\partial y^j}{\partial x^i}\right)$为非奇异矩阵,所以$\{\boldsymbol{e}_i\}$ 是线性独立的,故可以作为仿射标架上的基向量. 但 $\boldsymbol{e}_i$ 是点P 的函数,因此,这样的标架称为局部标架. 随着 P 运动,也称它为运动标架.

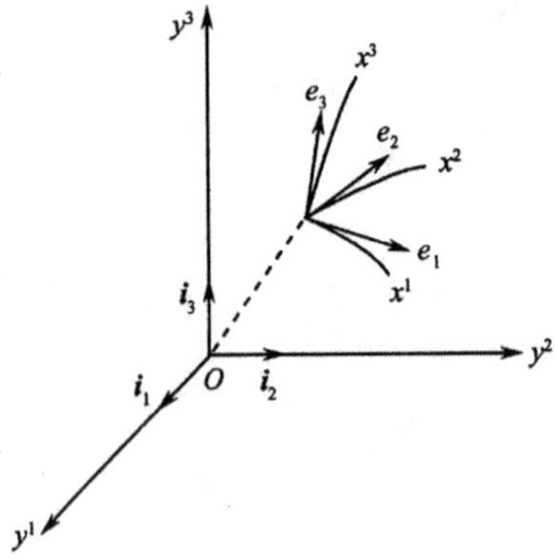

图 2.3

局部标架 $\boldsymbol{e}_i$ 是由$\frac{\partial \boldsymbol{R}}{\partial x^i}$ 形成,$\frac{\partial \boldsymbol{R}}{\partial x^i}$ 的方向是过 P 点x^i- 坐标线的切线方向,所以$\frac{\partial \boldsymbol{R}}{\partial x^i}$ 是x^i-坐标线在 P 点的切向量,见图 2.3.

一般地说,$\boldsymbol{e}_i(i = 1,2,3)$ 不是单位向量,且它们不一定相互正交.

2.2.2 度量张量

在 P 点邻域上,由基向量 $\boldsymbol{e}^i$ 形成一个局部标架,因而可以将以前关于仿射标架上所讨论的问题和结论,一一搬到局部标架上,不过这里的局部标架只对 P 点的邻域而言.

引入度量张量

$$g_{ij} = \boldsymbol{e}_i \cdot \boldsymbol{e}_j = \frac{\partial \boldsymbol{R}}{\partial x^i} \cdot \frac{\partial \boldsymbol{R}}{\partial x^j}, \tag{2.2.2}$$

这时, $g_{ij} = g_{ij}(P)$ 是点的函数,由于

$$\frac{\partial \boldsymbol{R}}{\partial x^i} = \frac{\partial y^1}{\partial x^i}\boldsymbol{i}_1 + \frac{\partial y^2}{\partial x^i}\boldsymbol{i}_2 + \frac{\partial y^3}{\partial x^i}\boldsymbol{i}_3,$$

所以

$$g_{ij} = \sum_{k=1}^{3} \frac{\partial y^k}{\partial x^i}\frac{\partial y^k}{\partial x^j}. \tag{2.2.3}$$

(2.2.3)是度量张量的具体计算形式. 定义 g_{ij} 的逆为g^{ij}, 即

$$g_{ik}g^{kj} = \delta^j_i. \tag{2.2.4}$$

以后将证明 g^{ij}为二阶逆变张量. 称它为逆变度量张量.

球面坐标系和柱面坐标系都是正交坐标系.由(2.1.5),(2.1.6)不难验证它们的度量张量为

球面坐标系

$$g_{11}=1,\quad g_{22}=(x^1)^2,\quad g_{33}=(x^1\sin x^2)^2,\quad g_{ij}=0(i\neq j),$$

$$g^{11}=1,\quad g^{22}=(x^1)^{-2},\quad g^{33}=(x^1\sin x^2)^{-2},\quad g^{ij}=0(i\neq j).$$

柱面坐标系

$$g_{11}=g_{33}=1,\quad g_{22}=(x^1)^2,\quad g_{ij}=0(i\neq j),$$

$$g^{11}=g^{33}=1,\quad g^{22}=(x^1)^{-2},\quad g^{ij}=0(i\neq j).$$

仿射标架 $\boldsymbol{e}_i$ 与它的共轭标架 $\boldsymbol{e}^i$ 有如下关系

$$\boldsymbol{e}^i=g^{ij}\boldsymbol{e}_j,\qquad \boldsymbol{e}_i\cdot\boldsymbol{e}^j=\delta_i^j. \tag{2.2.5}$$

$$\boldsymbol{e}^i=(\boldsymbol{e}_j\times\boldsymbol{e}_k)/\sqrt{g},\quad (i,j,k)\text{为}(1,2,3)\text{轮换}, \tag{2.2.6}$$

$$\boldsymbol{e}_i=(\boldsymbol{e}^j\times\boldsymbol{e}^k)\cdot\sqrt{g},\quad (i,j,k)\text{为}(1,2,3)\text{轮换}, \tag{2.2.7}$$

如果引入行列式张量,则(2.2.6)与(2.2.7)可表示为

$$\boldsymbol{e}^i=\frac{1}{2}\varepsilon^{ijk}(\boldsymbol{e}_j\times\boldsymbol{e}_k),\qquad \boldsymbol{e}_i=\frac{1}{2}\varepsilon_{ijk}(\boldsymbol{e}^j\times\boldsymbol{e}^k). \tag{2.2.8}$$

这里标架向量都是 P 点的函数.

任意一个向量 $\boldsymbol{u}$ 的协变坐标 u_i 及逆变坐标 u^i 分别可表示为

$$u_i=\boldsymbol{u}\cdot\boldsymbol{e}_i,\qquad u^i=\boldsymbol{u}\cdot\boldsymbol{e}^i. \tag{2.2.9}$$

2.2.3 向量的物理分量

在向量分析中,向量在 Descartes 坐标轴上的投影为向量的物理分量.在曲线坐标系中,向量 $\boldsymbol{u}$ 在 x^i 坐标轴(局部)上的物理分量是 $\boldsymbol{u}$ 在 $\boldsymbol{e}_i$ 上的投影 $u_{(i)}$,所以

$$u_{(i)}=\boldsymbol{u}\cdot\boldsymbol{e}_i/|\boldsymbol{e}_i|=u_i/\sqrt{g_{ii}}=g_{ik}u^k/\sqrt{g_{ii}},\quad i=1,2,3, \tag{2.2.10}$$

这里对 i 不求和.

对于 Descartes 坐标系,由于 $g_{ij}=\delta_{ij}$,故 $u_{(i)}=u_i=u^i$.

2.2.4 弧微分

对(2.2.8)两边乘 $\mathrm{d}x^i$ 并求和,得 $\boldsymbol{e}^j\cdot\boldsymbol{e}_i\mathrm{d}x^i=\mathrm{d}x^j$,由(2.2.1)有

$$\mathrm{d}\boldsymbol{R}=\frac{\partial\boldsymbol{R}}{\partial x^i}\mathrm{d}x^i=\boldsymbol{e}_i\mathrm{d}x^i, \tag{2.2.11}$$

故弧微分

$$\mathrm{d}s^2=\mathrm{d}\boldsymbol{R}\cdot\mathrm{d}\boldsymbol{R}=\boldsymbol{e}_i\cdot\boldsymbol{e}_j\mathrm{d}x^i\mathrm{d}x^j=g_{ij}\mathrm{d}x^i\mathrm{d}x^j. \tag{2.2.12}$$

在坐标线上的弧微分

$$ds_{(i)} = \sqrt{g_{ii}}dx^i \qquad (i\text{ 不求和}). \tag{2.2.13}$$

2.2.5　体元和面元

$\boldsymbol{e}_1dx^1, \boldsymbol{e}_2dx^2, \boldsymbol{e}_3dx^3$ 组成的平行六面体体积元

$$dv = \boldsymbol{e}_1(\boldsymbol{e}_2 \times \boldsymbol{e}_3)dx^1dx^2dx^3 = \sqrt{g}dx^1dx^2dx^3. \tag{2.2.14}$$

若令

$$\hat{\varepsilon}_{ijk} = \varepsilon_{ijk}/\sqrt{g}, \quad \hat{\varepsilon}^{ijk} = \varepsilon^{ijk}\sqrt{g}. \tag{2.2.15}$$

定义外微分形式

$$dx^i \wedge dx^j \wedge dx^k = \hat{\varepsilon}^{ijk}dx^1dx^2dx^3, \qquad i,j,k\text{ 在 }1,2,3\text{ 中取值},$$

则

$$\begin{aligned}&\varepsilon_{ijk}dx^i \wedge dx^j \wedge dx^k\\ &= \sqrt{g}\varepsilon_{ijk}\varepsilon^{ijk}dx^1dx^2dx^3\\ &= 6\sqrt{g}dx^1dx^2dx^3.\end{aligned} \tag{2.2.16}$$

是个不变量.故(2.2.14)可表示为

$$dv = \frac{1}{6}\varepsilon_{ijk}dx^i \wedge dx^j \wedge dx^k. \tag{2.2.17}$$

设在点 P 的局部标架上取向量

$$\boldsymbol{PA} = \boldsymbol{e}_1dx^1,$$

$$\boldsymbol{PB} = \boldsymbol{e}_2dx^2,$$

$$\boldsymbol{PC} = \boldsymbol{e}_3dx^3,$$

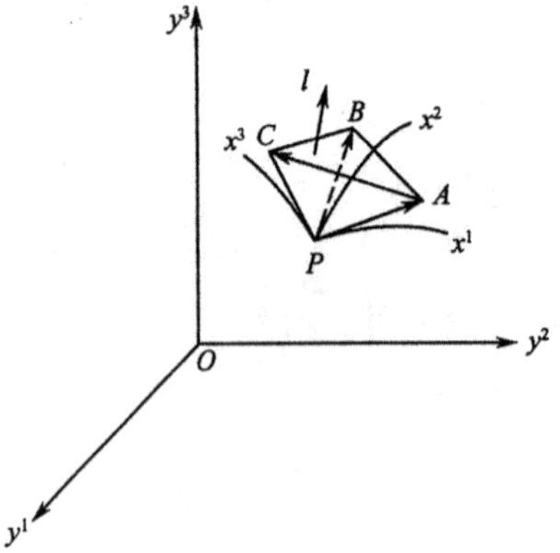

图 2.4

记 $d\Sigma/2$ 为三角形 ABC 的面积,$\boldsymbol{l}$ 为 $\triangle ABC$ 外法线的单位向量,见图 2.4,那么

$$\begin{aligned}\boldsymbol{l}d\Sigma &= \boldsymbol{CA} \times \boldsymbol{CB} = (\boldsymbol{e}_1dx^1 - \boldsymbol{e}_3dx^3) \times (\boldsymbol{e}_2dx^2 - \boldsymbol{e}_3dx^3)\\ &= \sqrt{g}(\boldsymbol{e}^1dx^2dx^3 + \boldsymbol{e}^2dx^3dx^1 + \boldsymbol{e}^3dx^1dx^2).\end{aligned} \tag{2.2.18}$$

记

$$\begin{cases}dx^1 \wedge dx^2 = -dx^2 \wedge dx^1 = dx^1dx^2,\\ dx^2 \wedge dx^3 = -dx^3 \wedge dx^2 = dx^2dx^3,\\ dx^3 \wedge dx^1 = -dx^1 \wedge dx^3 = dx^3dx^1,\end{cases} \tag{2.2.19}$$

则(2.2.18)可表示为

$$\boldsymbol{l}d\Sigma = \frac{1}{2}\varepsilon_{ijk}\boldsymbol{e}^idx^j \wedge dx^k, \tag{2.2.20}$$

用 $\boldsymbol{l}$ 与(2.2.20)作内积

$$d\Sigma = \frac{1}{2}\varepsilon_{ijk}l^i dx^j \wedge dx^k, \tag{2.2.21}$$

其中 $l^i = \boldsymbol{l}\cdot\boldsymbol{e}^i$ 是 $\boldsymbol{l}$ 的逆变分量.

设 $d\Sigma_1, d\Sigma_2, d\Sigma_3$ 分别是由向量 $\boldsymbol{PB}$ 和 $\boldsymbol{PC}$, $\boldsymbol{PC}$ 和 $\boldsymbol{PA}$, $\boldsymbol{PA}$ 和 $\boldsymbol{PB}$ 形成的平行四边形面积,类同(2.2.21)推得

$$d\Sigma_1 = \sqrt{gg^{11}}dx^2dx^3,\quad d\Sigma_2 = \sqrt{gg^{22}}dx^3dx^1,\quad d\Sigma_3 = \sqrt{gg^{33}}dx^1dx^2, \tag{2.2.22}$$

如果用 $\boldsymbol{e}_i$ 与(2.2.20)作内积,则得

$$l_i d\Sigma = \frac{1}{2}\varepsilon_{ijk}dx^j \wedge dx^k,$$

那么(2.2.22)变成

$$d\Sigma_1 = \sqrt{g^{11}}l_1 d\Sigma,\quad d\Sigma_2 = \sqrt{g^{22}}l_2 d\Sigma,\quad d\Sigma_3 = \sqrt{g^{33}}l_3 d\Sigma, \tag{2.2.23}$$

其中 $l_i = \boldsymbol{l}\cdot\boldsymbol{e}_i$ 为 $\boldsymbol{l}$ 的协变分量. (2.2.23)说明,曲线坐标系中,三个坐标面的面元可以通过该点的任意曲面面元来表示.

2.3 坐标变换和张量场

2.3.1 坐标变换

在 n 维欧氏空间中,一个曲线坐标系(x^i)可能变换到新的曲线坐标系$(x^{i'})$

$$x^{i'} = f^{i'}(x^1, x^2, \cdots, x^n), \tag{2.3.1}$$

由 2.1 节知,要使$(x^{i'})$能够构成新的曲线坐标系,(2.3.1)必须是单值可逆的变换,且正、逆变换的 Jacobi 行列式均不为 0,即

$$\det\left(\frac{\partial x^i}{\partial x^{i'}}\right)\neq 0,\quad \det\left(\frac{\partial x^{i'}}{\partial x^i}\right)\neq 0.$$

这时,仿射标架也有变换公式

$$\boldsymbol{e}_{i'} = \frac{\partial \boldsymbol{R}}{\partial x^{i'}} = \frac{\partial \boldsymbol{R}}{\partial x^i}\frac{\partial x^i}{\partial x^{i'}} = \frac{\partial x^i}{\partial x^{i'}}\boldsymbol{e}_i, \tag{2.3.2}$$

2.3.2 张量场

在曲线坐标系中,所研究的不是个别的张量,而是张量场.所谓张量场,就是说对于空间中每一个点均给定了一个张量,这种张量的阶数是不随点变化的定数,一般说来,它的坐标是随点的位置而改变的.数量场是一个零阶张量场,物体运动的速度向量场是一阶张量场.张量计算的真正意义在于研究张量场.第 1 章中所讨论的张量代数运算,都可以一一运用到张量场上.

张量坐标是相对于某一仿射标架而言的. 在空间中取定了曲线坐标之后, 场内的每一点上都建立了一个局部标架, 而张量的坐标是由该点的局部标架来确定的, 将它称为张量在已知曲线坐标系中的坐标.

例如, 给出一个张量场

$$V^i_{jk}(P) = V^i_{jk}(x^1, x^2, x^3, \cdots, x^n), \tag{2.3.3}$$

当坐标变换时, 新旧坐标系均在 P 点形成自己的局部标架, 而张量 V^i_{jk} 在新旧标架中均有自己的坐标, 它的变化规律如同个别张量变换规律一样, 即

$$V^{i'}_{j'k'}(P) = \frac{\partial x^{i'}}{\partial x^i}(P) \cdot \frac{\partial x^j}{\partial x^{j'}}(P) \cdot \frac{\partial x^k}{\partial x^{k'}}(P) \cdot V^i_{jk}(P). \tag{2.3.4}$$

因此, 从一曲线坐标系到另一曲线坐标系的变换使得有张量场 $V^i_{jk}(P)$ 的坐标变换 (2.3.4), 这时偏导数 $\frac{\partial x^{i'}}{\partial x^i}$ 和 $\frac{\partial x^i}{\partial x^{i'}}$ 均取点 P 的值.

2.3.3　度量张量

由(2.3.2)得

$$g_{i'j'} = \boldsymbol{e}_{i'} \boldsymbol{e}_{j'} = \frac{\partial x^i}{\partial x^{i'}} \frac{\partial x^j}{\partial x^{j'}} \boldsymbol{e}_i \cdot \boldsymbol{e}_j = \frac{\partial x^i}{\partial x^{i'}} \frac{\partial x^j}{\partial x^{j'}} g_{ij}. \tag{2.3.5}$$

在曲线坐标系中, 当坐标变换时, 局部标架忍受(2.3.2)变换, 而 g_{ij} 两个下标忍受与局部标架同样的变换, 所以称 g_{ij} 为度量张量的协变分量.

将(2.3.5)两边取行列式, 则有

$$g' = \Delta^2 g, \tag{2.3.6}$$

其中

$$g' = \det(g_{i'j'}), \quad g = \det(g_{ij}), \quad \Delta = \det\left(\frac{\partial x^i}{\partial x^{i'}}\right). \tag{2.3.7}$$

由于 $g>0, g'>0$, 故当 $\Delta>0$ 时, 有

$$\sqrt{g'} = \Delta\sqrt{g}.$$

2.3.4　逆变度量张量

δ^j_i 是二阶混合张量, 因为它服从二阶混合张量的变换规律

$$\delta^{j'}_{i'} = \frac{\partial x^{j'}}{\partial x^{i'}} = \frac{\partial x^{j'}}{\partial x^j} \frac{\partial x^j}{\partial x^{i'}} = \frac{\partial x^{j'}}{\partial x^j} \frac{\partial x^i}{\partial x^{i'}} \delta^j_i.$$

以下证明, 由 $g_{ik} g^{kj} = \delta^j_i$ 所确定的 g^{kj} 为二阶逆变张量. 实际上, 在新坐标系下有

$$g^{k'j'} g_{i'k'} = \delta^{j'}_{i'},$$

从而有

$$g^{k'j'}\frac{\partial x^i}{\partial x^{i'}}\frac{\partial x^k}{\partial x^{k'}}g_{ik}=\frac{\partial x^{j'}}{\partial x^j}\frac{\partial x^i}{\partial x^{i'}}\delta_i^j,$$

两边乘 $\frac{\partial x^m}{\partial x^{j'}}\frac{\partial x^{i'}}{\partial x^l}$ 得

$$g^{k'j'}\frac{\partial x^m}{\partial x^{j'}}\frac{\partial x^k}{\partial x^{k'}}g_{lk}=\delta_l^m,$$

由 $g^{mk}g_{lk}=\delta_l^m$ 和 g_{lk} 的逆存在唯一性，得

$$g^{mk}=g^{k'j'}\frac{\partial x^m}{\partial x^{j'}}\frac{\partial x^k}{\partial x^{k'}}.$$

这说明 g^{mk} 服从二阶逆变张量变换规律. 故称 g^{mk} 为逆变度量张量.

对于共轭标架，由于有

$$\begin{aligned}e^{i'}&=g^{i'j'}e_{j'}=\left(g^{ij}\frac{\partial x^{i'}}{\partial x^i}\frac{\partial x^{j'}}{\partial x^j}\right)\left(\frac{\partial x^k}{\partial x^{j'}}e_k\right)\\&=g^{ij}\frac{\partial x^{i'}}{\partial x^i}\delta_j^k e_k=\frac{\partial x^{i'}}{\partial x^i}g^{ij}e_j=\frac{\partial x^{i'}}{\partial x^i}e^i,\end{aligned}$$

说明共轭标架忍受与局部标架相逆的变换.

例 2.3.1 圆柱坐标系$(x^i)=(r,\varphi,z)$与 Descartes 坐标(y^i)的关系为

$$y^1=r\cos\varphi,\quad y^2=r\sin\varphi,\quad y^3=z. \tag{2.3.8}$$

故在圆柱坐标系中，度量张量为

$$\begin{aligned}&g_{11}=1,\quad g_{22}=r^2,\quad g_{33}=1,\quad g_{ij}=0\quad(i\neq j),\\&g^{11}=1,\quad g^{22}=\frac{1}{r^2},\quad g^{33}=1,\quad g^{ij}=0\quad(i\neq j).\end{aligned} \tag{2.3.9}$$

设 $\boldsymbol{w}$ 为气体相对圆柱坐标系流动速度，那么 $\boldsymbol{w}=w^i\boldsymbol{e}_i=w_i\boldsymbol{e}^i$，由于 $(\boldsymbol{e}_i,\boldsymbol{e}_i)=g_{ii}$，$(\boldsymbol{e}^i,\boldsymbol{e}^i)=g^{ii}$，再设 W_r,W_φ,W_z 为 $\boldsymbol{w}$ 在圆柱坐标系中的物理分量，那么，根据(2.2.10)可知

$$W_r=w_1/\sqrt{g_{11}}=w_1,\quad W_\varphi=w_2/\sqrt{g_{22}}=w_2/r,\quad W_z=w_3/\sqrt{g_{33}}=w_3.$$

而在圆柱坐标系中，一阶张量的逆变分量

$$w^1=g^{11}w_1=w_1,w^2=g^{22}w_2=w_2/r^2,w^3=g^{33}w_3=w_3. \tag{2.3.10}$$

故得物理分量和张量坐标之间有如下关系

$$W_r=w_1=w^1,W_\varphi=w_2/r=w^2r,W_z=w_3=w^3, \tag{2.3.11}$$

$\boldsymbol{w}$ 的大小为

$$\begin{aligned}\boldsymbol{w}^2&=g_{ij}w^iw^j=(w^1)^2+(w^2r)^2+(w^3)^2\\&=W_r^2+W_\varphi^2+W_z^2.\end{aligned} \tag{2.3.12}$$

设在新的曲线坐标系 $(x^{i'})$ 中，$\boldsymbol{w}=w^{i'}\boldsymbol{e}_{i'}=w_{i'}\boldsymbol{e}^{i'}$，由张量变换规律可知

$$w^{i'} = \frac{\partial x^{i'}}{\partial x^{i}} w^{i}, \quad w_{i'} = \frac{\partial x^{i}}{\partial x^{i'}} w_{i}, \quad w^{i} = \frac{\partial x^{i}}{\partial x^{i'}} w^{i'}, \quad w_{i} = \frac{\partial x^{i'}}{\partial x^{i}} w_{i'}.$$

故

$$w^{1} = \frac{\partial r}{\partial x^{i'}} w^{i'}, \quad w^{2} = \frac{\partial \varphi}{\partial x^{i'}} w^{i'}, \quad w^{3} = \frac{\partial z}{\partial x^{i'}} w^{i'}. \tag{2.3.13}$$

代入(2.3.11)得

$$W_{r} = \frac{\partial r}{\partial x^{i'}} w^{i'}, \quad W_{\varphi} = \frac{\partial \varphi}{\partial x^{i'}} w^{i'} r, \quad W_{z} = \frac{\partial z}{\partial x^{i'}} w^{i'}. \tag{2.3.14}$$

这说明,只要知道 $\boldsymbol{w}$ 在任一坐标系$(x^{i'})$中的逆变分量,就可以直接算出 $\boldsymbol{w}$ 在圆柱坐标系中的物理分量.

如果圆柱坐标系以角速度 $\boldsymbol{\omega}$ 绕 z 轴旋转,那么,在Descartes坐标系中 $\boldsymbol{\omega} = \omega \boldsymbol{k}$,其中 $\boldsymbol{k}$ 为 z 轴上单位向量,在圆柱坐标系中,$\boldsymbol{\omega}$ 的分量由张量变换规律可得

$$\omega_{1} = \frac{\partial y^{1}}{\partial r} \cdot 0 + \frac{\partial y^{2}}{\partial r} \cdot 0 + \frac{\partial y^{3}}{\partial r} \cdot \omega = 0,$$

$$\omega_{2} = \frac{\partial y^{1}}{\partial \varphi} \cdot 0 + \frac{\partial y^{2}}{\partial \varphi} \cdot 0 + \frac{\partial y^{3}}{\partial \varphi} \cdot \omega = 0,$$

$$\omega_{3} = \frac{\partial y^{1}}{\partial z} \cdot 0 + \frac{\partial y^{2}}{\partial z} \cdot 0 + \frac{\partial y^{3}}{\partial z} \cdot \omega = \omega,$$

因在圆柱坐标系中,向量的逆变分量和协变分量有(2.3.10)的关系式,所以

$$\omega^{1} = \omega_{1} = 0, \quad \omega^{2} = \omega_{2}/r^{2} = 0, \quad \omega^{3} = \omega_{3} = \omega. \tag{2.3.15}$$

这说明,在圆柱坐标系中,角速度 $\boldsymbol{\omega}$ 的逆变分量与协变分量都是只有第3个分量为 ω 不等于0,而其余分量均为0.

设$(\omega^{i'})$,$(\omega_{i'})$分别为 $\boldsymbol{\omega}$ 在新的曲线坐标系$(x^{i'})$中的分量,而$(x^{i'})$与圆柱坐标系(x^{i})有如下关系:

$$x^{1} \equiv r = r(x^{i'}), \quad x^{2} \equiv \varphi = \varphi(x^{i'}), \quad x^{3} \equiv z = z(x^{i'}), \tag{2.3.16}$$

那么 $\omega_{i'} = \dfrac{\partial x^{i}}{\partial x^{i'}} \omega_{i}$,将(2.3.15)代入得

$$\omega_{i'} = \omega \frac{\partial z}{\partial x^{i'}}. \tag{2.3.17}$$

而逆变分量为

$$\omega^{i'} = g^{i'j'} \omega_{j'} = \omega g^{i'j'} \frac{\partial z}{\partial x^{j'}}, \tag{2.3.18}$$

这里$(g^{i'j'})$为$(g_{i'j'})$的逆矩阵.

也可以从另一途径求得 $\omega^{i'}$,由于

$$\omega^{i'} = \boldsymbol{\omega} \cdot \boldsymbol{e}^{i'} = \boldsymbol{\omega}(\boldsymbol{e}_{j'} \times \boldsymbol{e}_{k'})/\sqrt{g'},$$

而 $e_{j'}=\dfrac{\partial \boldsymbol{R}}{\partial x^{j'}}$，所以

$$\omega^{i'}=\frac{1}{\sqrt{g'}}\begin{vmatrix}0 & 0 & \omega\\ \dfrac{\partial y^1}{\partial x^{j'}} & \dfrac{\partial y^2}{\partial x^{j'}} & \dfrac{\partial y^3}{\partial x^{j'}}\\ \dfrac{\partial y^1}{\partial x^{k'}} & \dfrac{\partial y^2}{\partial x^{k'}} & \dfrac{\partial y^3}{\partial x^{k'}}\end{vmatrix}=\frac{\omega}{\sqrt{g'}}\begin{vmatrix}\dfrac{\partial y^1}{\partial x^i}\dfrac{\partial x^i}{\partial x^{j'}} & \dfrac{\partial y^2}{\partial x^i}\dfrac{\partial x^i}{\partial x^{j'}}\\ \dfrac{\partial y^1}{\partial x^i}\dfrac{\partial x^i}{\partial x^{k'}} & \dfrac{\partial y^2}{\partial x^i}\dfrac{\partial x^i}{\partial x^{k'}}\end{vmatrix}$$

$$=\frac{\omega}{\sqrt{g'}}\left|\begin{pmatrix}\dfrac{\partial y^1}{\partial x^1} & \dfrac{\partial y^1}{\partial x^2} & \dfrac{\partial y^1}{\partial x^3}\\ \dfrac{\partial y^2}{\partial x^1} & \dfrac{\partial y^2}{\partial x^2} & \dfrac{\partial y^2}{\partial x^3}\end{pmatrix}\begin{pmatrix}\dfrac{\partial x^1}{\partial x^{j'}} & \dfrac{\partial x^1}{\partial x^{k'}}\\ \dfrac{\partial x^2}{\partial x^{j'}} & \dfrac{\partial x^2}{\partial x^{k'}}\\ \dfrac{\partial x^3}{\partial x^{j'}} & \dfrac{\partial x^3}{\partial x^{k'}}\end{pmatrix}\right|,$$

由(2.3.8)可知

$$\frac{\partial y^1}{\partial x^1}=\frac{\partial y^1}{\partial r}=\cos\varphi,\quad \frac{\partial y^1}{\partial x^2}=\frac{\partial y^1}{\partial \varphi}=-r\sin\varphi,\quad \frac{\partial y^1}{\partial x^3}=\frac{\partial y^1}{\partial z}=0,$$

$$\frac{\partial y^2}{\partial x^1}=\sin\varphi,\quad \frac{\partial y^2}{\partial x^2}=r\cos\varphi,\quad \frac{\partial y^2}{\partial x^3}=0.$$

故

$$\omega^{i'}=\frac{\omega}{\sqrt{g'}}\left|\begin{pmatrix}\cos\varphi & -r\sin\varphi & 0\\ \sin\varphi & r\cos\varphi & 0\end{pmatrix}\begin{pmatrix}\dfrac{\partial r}{\partial x^{j'}} & \dfrac{\partial r}{\partial x^{k'}}\\ \dfrac{\partial \varphi}{\partial x^{j'}} & \dfrac{\partial \varphi}{\partial x^{k'}}\\ \dfrac{\partial z}{\partial x^{j'}} & \dfrac{\partial z}{\partial x^{k'}}\end{pmatrix}\right|$$

$$=\frac{r\omega}{\sqrt{g'}}\begin{vmatrix}\dfrac{\partial r}{\partial x^{j'}} & \dfrac{\partial r}{\partial x^{k'}}\\ \dfrac{\partial \varphi}{\partial x^{j'}} & \dfrac{\partial \varphi}{\partial x^{k'}}\end{vmatrix}, \tag{2.3.19}$$

其中 (i',j',k') 按(1,2,3) 轮换.

(2.3.17),(2.3.18) 与(2.3.19) 说明，只要知道新、旧坐标系坐标变换的关系，就可算出在新坐标系中 $\boldsymbol{\omega}$ 的协变分量和逆变分量.

2.4 Christoffel 记号

在曲线坐标系里，空间任一点都有关于这个坐标系的仿射标架，也称自然标

架，从而形成一个自然标架场($\boldsymbol{e}_i, i=1,2,3$)．由全微分公式

$$d\boldsymbol{e}_i=\frac{\partial \boldsymbol{e}_i}{\partial x^j}dx^j$$

可知，$\left(\dfrac{\partial \boldsymbol{e}_i}{\partial x^j}\right)$仍然形成一个向量场，记为

$$\boldsymbol{e}_{ij}=\frac{\partial \boldsymbol{e}_i}{\partial x^j}. \tag{2.4.1}$$

显然，由于$\boldsymbol{e}_i=\dfrac{\partial \boldsymbol{R}}{\partial x^i}$，若$\boldsymbol{R}$二阶连续可微，则有

$$\boldsymbol{e}_{ij}=\boldsymbol{e}_{ji}. \tag{2.4.2}$$

将$\boldsymbol{e}_{ij}$按自然标架展开

$$\boldsymbol{e}_{ij}=\Gamma_{ij}^k\boldsymbol{e}_k=\Gamma_{ij,k}\boldsymbol{e}^k. \tag{2.4.3}$$

分别称$\Gamma_{ij,k}$，Γ_{ij}^k为第一，第二类型 Christoffel 记号．利用指标上升和下降，有

$$\Gamma_{ij,k}=g_{km}\Gamma_{ij}^m,\quad \Gamma_{ij}^k=g^{km}\Gamma_{ij,m}. \tag{2.4.4}$$

Christoffel 记号有下列**基本性质**．

1) 对称性．　由(2.4.3)可知，

$$\Gamma_{ij,k}=\boldsymbol{e}_{ij}\cdot\boldsymbol{e}_k,\quad \Gamma_{ij}^k=\boldsymbol{e}_{ij}\cdot\boldsymbol{e}^k, \tag{2.4.5}$$

而$\boldsymbol{e}_{ij}=\boldsymbol{e}_{ji}$，故

$$\Gamma_{ij,k}=\Gamma_{ji,k},\quad \Gamma_{ij}^k=\Gamma_{ji}^k. \tag{2.4.6}$$

2) 投影性质．　由(2.4.5)第2式，有

$$\Gamma_{ij}^k=\frac{\partial \boldsymbol{e}_i}{\partial x^j}\boldsymbol{e}^k=\frac{\partial}{\partial x^j}(\boldsymbol{e}_i\boldsymbol{e}^k)-\boldsymbol{e}_i\frac{\partial \boldsymbol{e}^k}{\partial x^j}=-\boldsymbol{e}_i\frac{\partial \boldsymbol{e}^k}{\partial x^j}, \tag{2.4.7}$$

从而得

$$\frac{\partial \boldsymbol{e}^k}{\partial x^j}=-\Gamma_{ij}^k\boldsymbol{e}^i. \tag{2.4.8}$$

3) 与度量张量的关系为

$$\Gamma_{ij,k}=\frac{1}{2}\left(\frac{\partial g_{ik}}{\partial x^j}+\frac{\partial g_{jk}}{\partial x^i}-\frac{\partial g_{ij}}{\partial x^k}\right), \tag{2.4.9}$$

$$\Gamma_{ij}^k=\frac{1}{2}g^{km}\left(\frac{\partial g_{im}}{\partial x^j}+\frac{\partial g_{jm}}{\partial x^i}-\frac{\partial g_{ij}}{\partial x^m}\right). \tag{2.4.10}$$

实际上，对$\boldsymbol{e}_i\cdot\boldsymbol{e}_j=g_{ij}$两边关于$x^k$求导得

$$\boldsymbol{e}_{ik}\cdot\boldsymbol{e}_j+\boldsymbol{e}_i\cdot\boldsymbol{e}_{jk}=\frac{\partial g_{ij}}{\partial x^k},$$

由(2.4.5)得

$$\Gamma_{ik,j}+\Gamma_{jk,i}=\frac{\partial g_{ij}}{\partial x^k}, \tag{2.4.11}$$

将 i,j,k 指标轮换有

$$\Gamma_{kj,i}+\Gamma_{ij,k}=\frac{\partial g_{ik}}{\partial x^j},\quad \Gamma_{ji,k}+\Gamma_{ki,j}=\frac{\partial g_{jk}}{\partial x^i}. \tag{2.4.12}$$

(2.4.12)中两式相加后减去(2.4.11)得(2.4.9). 类似推导也可得(2.4.10).

4) Christoffel 记号恒为 0 的充要条件是度量张量在整个区域上为常数. 特别是,在 Descartes 坐标系下,Christoffel 记号恒为 0.

这个性质可从(2.4.9),(2.4.10)和(2.4.11)直接得到.

5) 缩并的第二类型 Christoffel 记号为

$$\Gamma^i_{ki}=\frac{1}{\sqrt{g}}\frac{\partial\sqrt{g}}{\partial x^k}=\frac{\partial\ln\sqrt{g}}{\partial x^k}. \tag{2.4.13}$$

实际上,由于 $\boldsymbol{e}_1\cdot(\boldsymbol{e}_2\times\boldsymbol{e}_3)=\sqrt{g}$, 两边对 x^k 求导得

$$\boldsymbol{e}_{1k}\cdot(\boldsymbol{e}_2\times\boldsymbol{e}_3)+\boldsymbol{e}_1\cdot(\boldsymbol{e}_{2k}\times\boldsymbol{e}_3)+\boldsymbol{e}_1\cdot(\boldsymbol{e}_2\times\boldsymbol{e}_{3k})=\frac{\partial\sqrt{g}}{\partial x^k},$$

由(2.4.3)得

$$\Gamma^i_{1k}\boldsymbol{e}_i\cdot(\boldsymbol{e}_2\times\boldsymbol{e}_3)+\boldsymbol{e}_1\cdot(\Gamma^i_{2k}\boldsymbol{e}_i\times\boldsymbol{e}_3)+\boldsymbol{e}_1\cdot(\boldsymbol{e}_2\times\Gamma^i_{3k}\boldsymbol{e}_i)=\frac{\partial\sqrt{g}}{\partial x^k},$$

利用三重积性质,即 $\boldsymbol{e}_i(\boldsymbol{e}_j\times\boldsymbol{e}_k)$ 有指标相同者为 0,则得

$$\Gamma^1_{1k}\sqrt{g}+\Gamma^2_{2k}\sqrt{g}+\Gamma^3_{3k}\sqrt{g}=\frac{\partial\sqrt{g}}{\partial x^k},$$

即得(2.4.13).

不难验证,(2.4.13)对任何坐标系都成立.

6) Christoffel 记号不构成张量.

设新旧坐标系分别为 $(x^{i'})$ 和 (x^i), 则有

$$\boldsymbol{e}_i=D^{i'}_i\boldsymbol{e}_{i'},\quad D^{i'}_i=\frac{\partial x^{i'}}{\partial x^i},\boldsymbol{e}^i=D^i_{i'}\boldsymbol{e}^{i'},\quad D^i_{i'}=\frac{\partial x^i}{\partial x^{i'}},$$

故有

$$\boldsymbol{e}_{ik}=\frac{\partial\boldsymbol{e}_i}{\partial x^k}=\frac{\partial}{\partial x^k}(D^{i'}_i\boldsymbol{e}_{i'})=D^{i'}_i\frac{\partial\boldsymbol{e}_{i'}}{\partial x^k}+\boldsymbol{e}_{i'}\frac{\partial^2x^{i'}}{\partial x^i\partial x^k},$$

即

$$\boldsymbol{e}_{ik}=D^{i'}_iD^{k'}_k\boldsymbol{e}_{i'k'}+\boldsymbol{e}_{i'}\frac{\partial^2x^{i'}}{\partial x^i\partial x^k}. \tag{2.4.14}$$

(2.4.14)两边分别乘

$$\boldsymbol{e}_j=D^{j'}_j\boldsymbol{e}_{j'},\quad \boldsymbol{e}^j=D^j_{j'}\boldsymbol{e}^{j'}, \tag{2.4.15}$$

并利用(2.4.5)得以下两式

$$\Gamma_{ik,j} = D_i^{i'} D_k^{k'} D_j^{j'} \Gamma_{i'k',j'} + g_{i'j'} \frac{\partial^2 x^{i'}}{\partial x^i \partial x^k} D_j^{j'}, \tag{2.4.16}$$

$$\Gamma^j_{ik} = D_i^{i'} D_k^{k'} D_{j'}^j \Gamma^{j'}_{i'k'} + \frac{\partial^2 x^{j'}}{\partial x^i \partial x^k} D_{j'}^j. \tag{2.4.17}$$

由(2.4.16)和(2.4.17)知 Christoffel 记号不构成张量.

在(2.4.17)中,指标 i, j 缩并,并利用(2.4.13)和

$$D_i^{i'} D_{i'}^j = \delta_i^j, \quad D_i^{i'} D_{j'}^i = \delta_{j'}^{i'}, \tag{2.4.18}$$

得到度量张量行列式的变换规律:

$$\frac{\partial \ln \sqrt{g}}{\partial x^k} = \frac{\partial \ln \sqrt{g'}}{\partial x^{k'}} D_k^{k'} + \frac{\partial^2 x^{i'}}{\partial x^i \partial x^k} D_{i'}^i, \tag{2.4.19}$$

其中 g' 是新坐标系中的度量张量行列式.

2.5　张量场微分学

在张量场中,和通常分析一样,可以在某一点 M 邻域内研究张量的微分性质,而在考察 v^{ij}_{lm} 的全微分 $\mathrm{d}v^{ij}_{lm}$ 时,发现它并不服从张量变换规律.这一节是讨论怎样去揭示张量那些有关微分的不变性质,从而引出协变微分概念及微分技术.

2.5.1　绝对微分和协变导数

考察一个向量场 $\boldsymbol{U} = U^k \boldsymbol{e}_k$, 求 $\boldsymbol{U}$ 的全微分

$$\mathrm{d}\boldsymbol{U} = \mathrm{d}U^k \cdot \boldsymbol{e}_k + U^k \mathrm{d}\boldsymbol{e}_k,$$

而

$$\mathrm{d}\boldsymbol{e}_k = \frac{\partial \boldsymbol{e}_k}{\partial x^m}\mathrm{d}x^m = \boldsymbol{e}_{km}\mathrm{d}x^m = \Gamma^n_{km}\boldsymbol{e}_n \mathrm{d}x^m, \tag{2.5.1}$$

故有

$$\mathrm{d}\boldsymbol{U} = \mathrm{d}U^k \cdot \boldsymbol{e}_k + U^k \Gamma^n_{km} \boldsymbol{e}_n \mathrm{d}x^m = (\mathrm{d}U^k + U^n \Gamma^k_{nm}\mathrm{d}x^m)\boldsymbol{e}_k. \tag{2.5.2}$$

由于 $\mathrm{d}\boldsymbol{U}$ 是一个向量,故

$$DU^k \triangleq \mathrm{d}U^k + \Gamma^k_{nm} U^n \mathrm{d}x^m \tag{2.5.3}$$

是一阶逆变张量分量,称它为一阶逆变张量 U^k 的绝对微分.(2.5.3)又可写成

$$DU^k = \left(\frac{\partial U^k}{\partial x^m} + \Gamma^k_{nm} U^n\right)\mathrm{d}x^m. \tag{2.5.4}$$

由 $\mathrm{d}x^m$ 是一阶逆变张量,根据张量商原则,可知

$$\nabla_m U^k \triangleq \frac{\partial U^k}{\partial x^m} + \Gamma^k_{mn} U^n \tag{2.5.5}$$

是一个一阶逆变一阶协变的混合张量,称它为 U^k 的一阶协变导数.

同样可以构造一个协变张量的协变导数.实际上,根据

$$U_k = \boldsymbol{U} \cdot \boldsymbol{e}_k,$$

两边取微分得

$$\mathrm{d}U_k = \mathrm{d}\boldsymbol{U} \cdot \boldsymbol{e}_k + \boldsymbol{U} \cdot \mathrm{d}\boldsymbol{e}_k.$$

将(2.5.1)代入,有

$$\mathrm{d}\boldsymbol{U} \cdot \boldsymbol{e}_k = \mathrm{d}U_k - \boldsymbol{U}\Gamma^{\ n}_{k\ m}\boldsymbol{e}_n \mathrm{d}x^m = \mathrm{d}U_k - \Gamma^{\ n}_{k\ m}U_n \mathrm{d}x^m$$

$$= \left(\frac{\partial U_k}{\partial x^m} - \Gamma^{\ n}_{km}U_n\right)\mathrm{d}x^m,$$

这里

$$\nabla_m U_k \triangleq \frac{\partial U_k}{\partial x^m} - \Gamma^{\ n}_{k\ m}U_n \tag{2.5.6}$$

是二阶协变张量,称它为 U_k 的一阶协变导数.

同理,可推得任一张量例如 U^{ij}_{rs} 的绝对微分和协变导数公式分别为

$$DU^{ij}_{rs} = \mathrm{d}U^{ij}_{rs} + (\Gamma^{\ i}_{k\ p}U^{pj}_{rs} + \Gamma^{\ j}_{k\ p}U^{ip}_{rs} - \Gamma^{\ p}_{k\ r}U^{ij}_{ps} - \Gamma^{\ p}_{k\ s}U^{ij}_{rp})\mathrm{d}x^k, \tag{2.5.7}$$

$$\nabla_k U^{ij}_{rs} = \frac{\partial U^{ij}_{rs}}{\partial x^k} + \Gamma^{\ i}_{k\ p}U^{pj}_{rs} + \Gamma^{\ j}_{k\ p}U^{ip}_{rs} - \Gamma^{\ p}_{k\ r}U^{ij}_{ps} - \Gamma^{\ p}_{k\ s}U^{ij}_{rp}, \tag{2.5.8}$$

$$DU^{ij}_{rs} = \nabla_k U^{ij}_{rs}\mathrm{d}x^k.$$

所以,张量的绝对微分(它也是张量)的坐标是取这张量坐标的微分,再加入对张量的每一个指标补充进第二类型 Christoffel 记号的项,这种项组成的规律由公式(2.5.7)或(2.5.8)表明.应用张量识别定理还可证明,$DU^{i'j'}_{r's'}$ 在坐标变换时,仍然服从张量变换的规律

$$DU^{i'j'}_{r's'} = \frac{\partial x^{i'}}{\partial x^i}\frac{\partial x^{j'}}{\partial x^j}\frac{\partial x^r}{\partial x^{r'}}\frac{\partial x^s}{\partial x^{s'}}DU^{ij}_{rs},$$

因此 $\nabla_k U^{ij}_{rs}$ 仍是一个张量,它在坐标变换下的变换规律为

$$\nabla_{k'}U^{i'j'}_{r's'} = \frac{\partial x^{i'}}{\partial x^i}\frac{\partial x^{j'}}{\partial x^j}\frac{\partial x^r}{\partial x^{r'}}\frac{\partial x^s}{\partial x^{s'}}\frac{\partial x^k}{\partial x^{k'}}\nabla_k U^{ij}_{rs}.$$

2.5.2 绝对微分的基本性质

为了有效地使用张量绝对微分法,必须建立绝对微分运算与张量的各种代数运算相结合的法则.这些法则与通常分析中的微分法则类似.例如,若

$$W^{ij}_{rs} = U^{ij}_{rs} \pm V^{ij}_{rs}, \quad W^{i_1i_2j_1j_2}_{r_1r_2s_1s_2} = U^{i_1i_2}_{r_1r_2}V^{j_1j_2}_{s_1s_2},$$

那么

$$DW^{ij}_{rs} = DU^{ij}_{rs} \pm DV^{ij}_{rs}.$$

$$DW^{i_1i_2j_1j_2}_{r_1r_2s_1s_2} = DU^{i_1i_2}_{r_1r_2} \cdot V^{j_1j_2}_{s_1s_2} + U^{i_1i_2}_{r_1r_2} \cdot DV^{j_1j_2}_{s_1s_2}.$$

关于指标缩并的绝对微分 DU^{ij}_{is}，实质上是含糊的，因为它没有指明是先缩并后绝对微分，还是先绝对微分后缩并．然而，可以证明，缩并和绝对微分的顺序是可以交换的．即先指标缩并后绝对微分等于先绝对微分后进行指标缩并．

逆变导数可用协变导数指标上升来定义．例如

$$\nabla^m U^{ij}_{rs} = g^{mn}\nabla_n U^{ij}_{rs},$$

称 $\nabla^m U^{ij}_{rs}$ 为 U^{ij}_{rs} 的一阶逆变导数．总之有如下结论：

一个张量的一阶协变导数仍然是一个张量，它比原先张量多一个协变指标；一个张量的一阶逆变导数也是一个张量，它比原先张量多一个逆变指标．

2.6　度量张量的绝对微分

度量张量、单位张量和行列式张量的协变导数和逆变导数均为 0，即

$$\nabla_k g_{ij} = \nabla^k g_{ij} = 0, \quad \nabla_k g^{ij} = \nabla^k g^{ij} = 0,$$

$$\nabla_k \delta^i_j = \nabla^k \delta^i_j = 0, \quad \nabla_k \varepsilon_{ijl} = \nabla^k \varepsilon_{ijl} = 0, \quad \nabla_k \varepsilon^{ijl} = \nabla^k \varepsilon^{ijl} = 0.$$

实际上根据(2.5.8)，协变度量张量的协变导数为

$$\nabla_k g_{ij} = \frac{\partial g_{ij}}{\partial x^k} - \Gamma^p_{ki} g_{pj} - \Gamma^p_{kj} g_{ip} = \frac{\partial g_{ij}}{\partial x^k} - \Gamma_{ki,j} - \Gamma_{kj,i},$$

由(2.4.11)得

$$\nabla_k g_{ij} = 0. \tag{2.6.1}$$

因而，度量张量的协变导数恒为 0．显然，它的逆变导数和绝对微分也恒为 0．即

$$\nabla^m g_{ij} = g^{mk}\nabla_k g_{ij} = 0, \quad Dg_{ij} = \nabla_k g_{ij}\mathrm{d}x^k = 0. \tag{2.6.2}$$

对于单位张量 δ^j_i，由于它在每一个点及在任一坐标系里，均有

$$\delta^j_i = \begin{cases} 1, & i = j, \\ 0, & i \neq j. \end{cases} \tag{2.6.3}$$

它的协变导数为

$$\nabla_k \delta^j_i = \frac{\partial \delta^j_i}{\partial x^k} + \Gamma^j_{kp}\delta^p_i - \Gamma^p_{ki}\delta^j_p = 0 + \Gamma^j_{ki} - \Gamma^j_{ik} = 0. \tag{2.6.4}$$

因而它的逆变导数和绝对微分也为 0．即

$$\nabla^k \delta^j_i = 0, \; D\delta^j_i = 0. \tag{2.6.5}$$

对于逆变度量张量的微分．因为

$$g^{ik}g_{kj} = \delta^i_j,$$

根据张量积及张量缩并的绝对微分法，有

$$\nabla_l g^{ik} \cdot g_{kj} + \nabla_l g_{kj} \cdot g^{ik} = \nabla_l \delta^i_j,$$

由(2.6.1),(2.6.4)得 $\nabla_l g^{ik} \cdot g_{kj} = 0$, 因矩阵 (g_{ij}) 是非奇异的,故

$$\nabla_l g^{ik} = 0. \tag{2.6.6}$$

以下证明行列式张量 ε_{ijk},ε^{ijk} 的协变导数为 0. 即

$$\nabla_m \varepsilon_{ijk} = 0, \nabla_m \varepsilon^{ijk} = 0. \tag{2.6.7}$$

实际上,由于 ε_{ijk} 是三阶协变张量,根据(2.5.8)有

$$\nabla_m \varepsilon_{ijk} = \frac{\partial \varepsilon_{ijk}}{\partial x^m} - \Gamma^p_{mi}\varepsilon_{pjk} - \Gamma^p_{mj}\varepsilon_{ipk} - \Gamma^p_{mk}\varepsilon_{ijp},$$

又因 $\varepsilon_{ijk} = \sqrt{g}\hat{\varepsilon}_{ijk}$,这里 $\hat{\varepsilon}_{ijk}$ 是常数,当下标有相同的值时为 0. 故

$$\nabla_m \varepsilon_{ijk} = \hat{\varepsilon}_{ijk}\left(\frac{\partial \sqrt{g}}{\partial x^m} - \Gamma^i_{mi}\sqrt{g} - \Gamma^j_{mj}\sqrt{g} - \Gamma^k_{mk}\sqrt{g}\right),$$

此式中 Γ^i_{mi} 等的上下指标相同者不是求和. 将此式写成

$$\nabla_m \varepsilon_{ijk} = \hat{\varepsilon}_{ijk}\left(\frac{\partial \ln\sqrt{g}}{\partial x^m} - \Gamma^n_{mn}\right)\sqrt{g},$$

利用 Christoffel 记号缩并性质,得 $\nabla_m \varepsilon_{ijk} = 0$.

由于 $\varepsilon^{ijk} = g^{ip}g^{jq}g^{kr}\varepsilon_{pqr}$, 故

$$\nabla_m \varepsilon^{ijk} = g^{ip}g^{jq}g^{kr}\nabla_m \varepsilon_{pqr} = 0.$$

度量张量的协变导数为 0,使得对任一张量场,在其指标上升和下降时,它与求导的次序可以交换. 如

$$\nabla_l(g_{ik}V^{kj}) = g_{ik}\nabla_l V^{kj}, \quad \nabla_l(g^{ik}U_{kj}) = g^{ik}\nabla_l U_{kj}. \tag{2.6.8}$$

这都给张量绝对微分运算带来方便.

2.7 Riemann 张量和 Riemann 空间

2.7.1 Riemann 张量

Riemann 张量是空间中很重要的几何概念之一. 由 2.5 节知,任一协变张量 A_i,其协变导数 $\nabla_j A_i$ 也是一个张量,所以,它仍然可以求协变导数 $\nabla_k \nabla_j A_i$,即 A_i 求二阶协变导数. 也可以按另一顺序求 A_i 的二阶协变导数 $\nabla_j \nabla_k A_i$.

利用(2.5.8),可以得到

$$\begin{aligned}\nabla_k \nabla_j A_i = &\frac{\partial^2 A_i}{\partial x^k \partial x^j} - \frac{\partial}{\partial x^k}\Gamma^p_{ij} \cdot A_p - \Gamma^p_{ij} \cdot \frac{\partial A_p}{\partial x^k} - \Gamma^p_{ik}\frac{\partial A_p}{\partial x^j} \\ &+ \Gamma^p_{ik}\Gamma^q_{pj}A_q - \Gamma^p_{jk}\frac{\partial A_i}{\partial x^p} + \Gamma^p_{jk}\Gamma^r_{ip}A_r,\end{aligned} \tag{2.7.1}$$

$$\nabla_j \nabla_k A_i = \frac{\partial^2 A_i}{\partial x^j \partial x^k} - \frac{\partial}{\partial x^j}\Gamma^p_{ik} \cdot A_p - \Gamma^p_{ik} \cdot \frac{\partial A_p}{\partial x^j} - \Gamma^p_{ij}\frac{\partial A_p}{\partial x^k}$$

$$+ \Gamma^p_{ij}\Gamma^q_{pk}A_q - \Gamma^p_{kj}\frac{\partial A_i}{\partial x^p} + \Gamma^p_{kj}\Gamma^r_{ip}A_r, \tag{2.7.2}$$

(2.7.2)和(2.7.1)两式相减后并适当改写求和指标，得

$$\nabla_j \nabla_k A_i - \nabla_k \nabla_j A_i = \left(-\frac{\partial}{\partial x^j}\Gamma^p_{ik} + \frac{\partial}{\partial x^k}\Gamma^p_{ij} - \Gamma^q_{ik}\Gamma^p_{qj} + \Gamma^q_{ij}\Gamma^p_{qk}\right)A_p.$$

$$R^p_{ikj} \triangleq \frac{\partial}{\partial x^k}\Gamma^p_{ij} - \frac{\partial}{\partial x^j}\Gamma^p_{ik} + \Gamma^q_{ij}\Gamma^p_{qk} - \Gamma^q_{ik}\Gamma^p_{qj}$$

$$= \begin{vmatrix} \dfrac{\partial}{\partial x^k} & \dfrac{\partial}{\partial x^j} \\ \Gamma^p_{ik} & \Gamma^p_{ij} \end{vmatrix} + \begin{vmatrix} \Gamma^q_{ij} & \Gamma^q_{ik} \\ \Gamma^p_{qj} & \Gamma^p_{qk} \end{vmatrix}, \tag{2.7.3}$$

故

$$\nabla_j \nabla_k A_i - \nabla_k \nabla_j A_i = R^p_{ikj} A_p. \tag{2.7.4}$$

由于(2.7.4)左边是三阶协变张量，A_p 为任意一阶协变张量，根据张量商原则可知 R^p_{ijk} 是三阶协变、一阶逆变的混合张量，称它为第二类型 Riemann 张量. R^p_{ijk} 指标下降后，得到四阶协变张量

$$R_{iljk} = g_{lp} R^p_{ijk}, \tag{2.7.5}$$

称 R_{lijk} 为第一类型 Riemann 张量. Riemann 张量也称为 Riemann 曲率张量.

一般地说，$R^p_{ijk} \neq 0$，这说明协变导数求导顺序不可交换. 若 $R^p_{ijk} = 0$，则协变导数求导顺序可交换.

与(2.7.4)类似，有公式

$$\nabla_j \nabla_k U^r_{si} - \nabla_k \nabla_j U^r_{si} = -R^r_{pkj} U^p_{si} + R^p_{skj} U^r_{pi} + R^p_{ikj} U^r_{sp} \tag{2.7.6}$$

2.7.2 Riemann 张量性质

可以证明

$$R_{lijk} = \frac{1}{2}\left(\frac{\partial^2 g_{lj}}{\partial x^i \partial x^k} + \frac{\partial^2 g_{ik}}{\partial x^l \partial x^j} - \frac{\partial^2 g_{ij}}{\partial x^l \partial x^k} - \frac{\partial^2 g_{lk}}{\partial x^i \partial x^j}\right)$$

$$+ g_{pq}(\Gamma^p_{lj}\Gamma^q_{ik} - \Gamma^q_{ij}\Gamma^p_{lk}). \tag{2.7.7}$$

$$R^l_{ijk} = \frac{\partial}{\partial x^j}\Gamma^l_{ik} - \frac{\partial}{\partial x^k}\Gamma^l_{ij} + \Gamma^m_{ik}\Gamma^l_{mj} - \Gamma^m_{ij}\Gamma^l_{mk}. \tag{2.7.8}$$

不难验证 Riemann 张量有

$$\begin{cases} R_{iljk} = -R_{lijk} = -R_{ilkj}, & \text{反对称性}, \\ R_{jkli} = R_{lijk}, & \text{对称性}, \\ R_{lijk} + R_{ljki} + R_{lkij} = 0, & \text{第一 Bianchi 恒等式}. \end{cases} \tag{2.7.9}$$

对(2.7.9)中第三式,也可用第二类型 Riemann 张量写成

$$R^p_{ijk}+R^p_{jki}+R^p_{kij}=0. \tag{2.7.10}$$

由于 Riemann 张量坐标具有一系列线性关系,故可以证明,Riemann 张量的独立坐标有 N 个,

$$N=\frac{1}{12}n^2(n^2-1).$$

根据以上讨论,在引入了 Riemann 曲率张量 R^p_{ijk} 之后,有下列 Ricci 公式:

$$\begin{cases}\nabla_j\nabla_k f-\nabla_k\nabla_j f=0,\\ \nabla_j\nabla_k A_i-\nabla_k\nabla_j A_i=R^p_{\cdot ikj}A_p,\\ \nabla_j\nabla_k A^i-\nabla_k\nabla_j A^i=-R^i_{\cdot pkj}A^p,\\ \nabla_j\nabla_k U^r_{sl}-\nabla_k\nabla_j U^r_{sl}=R^p_{\cdot skj}U^r_{pR}+R^p_{\cdot lkj}U^r_{sp}-R^r_{\cdot pkj}U^p_{sl}.\end{cases} \tag{2.7.11}$$

如果对二阶协变张量 $\nabla_i A_p$ 用 Ricci 公式,并适当变换下标,可得

$$\begin{cases}\nabla_j\nabla_k\nabla_i A_p-\nabla_k\nabla_j\nabla_i A_p=R^q_{\cdot ikj}\nabla_q A_p+R^q_{\cdot pkj}\nabla_i A_q,\\ \nabla_i\nabla_j\nabla_k A_p-\nabla_j\nabla_i\nabla_k A_p=R^q_{\cdot kji}\nabla_q A_p+R^q_{\cdot pji}\nabla_k A_q,\\ \nabla_k\nabla_i\nabla_j A_p-\nabla_i\nabla_k\nabla_j A_p=R^q_{\cdot jik}\nabla_q A_p+R^q_{\cdot pik}\nabla_j A_q,\end{cases}$$

另方面对 $\nabla_i\nabla_j A_p-\nabla_j\nabla_i A_p=R^q_{\cdot pji}A_q$ 两边求协变导数 ∇_k,并适当变换下标得

$$\begin{cases}\nabla_k\nabla_i\nabla_j A_p-\nabla_k\nabla_j\nabla_i A_p=\nabla_k R^q_{\cdot pij}\cdot A_q+R^q_{\cdot pij}\nabla_k A_q,\\ \nabla_j\nabla_k\nabla_i A_p-\nabla_j\nabla_i\nabla_k A_p=\nabla_j R^q_{\cdot pki}\cdot A_q+R^q_{\cdot pki}\nabla_j A_q,\\ \nabla_i\nabla_j\nabla_k A_p-\nabla_i\nabla_k\nabla_j A_p=\nabla_i R^q_{\cdot pjk}\cdot A_q+R^q_{\cdot pjk}\nabla_i A_q,\end{cases}$$

将前三式之和减去后三式之和,得

$$\begin{aligned}&(R^q_{\cdot ijk}+R^q_{\cdot kij}+R^q_{\cdot jki})\nabla_q A_p\\ &-(\nabla_k R^q_{\cdot pij}+\nabla_j R^q_{\cdot pki}+\nabla_i R^q_{\cdot pjk})A_q=0.\end{aligned}$$

由(2.7.10)知上式第一项为 0,又由 A_p 的任意性得第二 Bianchi 恒等式:

$$\nabla_k R^q_{\cdot pij}+\nabla_i R^q_{\cdot pjk}+\nabla_j R^q_{\cdot pki}=0, \tag{2.7.12}$$

由 $R^q_{\cdot pij}=g^{qm}R_{pmij}$ 以及度量张量协变导数为 0,可得

$$\nabla_k R_{pmij}+\nabla_i R_{pmjk}+\nabla_j R_{pmki}=0. \tag{2.7.13}$$

Riemann 曲率张量 $R^q_{\cdot pij}$ 是一阶逆变三阶协变的四阶混合张量,故它自身可进行指标缩并

$$R_{ij}=R^p_{ipj}=g^{pq}R_{ipqj}, \tag{2.7.14}$$

称 R_{ij} 为 Ricci 张量. R_{ij} 可与 g^{ij} 缩并

$$R=g^{ij}R_{ij}=g^{ij}g^{pq}R_{ipqj}, \tag{2.7.15}$$

称 R 为数量曲率.

可证 Ricci 张量 R_{ij} 是对称的. 实际上,由(2.7.14)和(2.7.9)知

$$R_{ij} = g^{pq}R_{ipqj} = g^{pq}R_{jqpi} = R_{ji}.$$

如果 R_{ij} 满足

$$R_{ij} = \frac{1}{n}Rg_{ij}, \tag{2.7.16}$$

其中 R 为数量曲率,则这样的 Riemann 空间称为 Einstein 空间.

注意到(2.7.3),并利用 Christoffel 记号性质,不难验证

$$R_{ij} = \frac{\partial^2 \ln\sqrt{g}}{\partial x^i \partial x^j} - \frac{\partial \Gamma_{ij}^p}{\partial x^p} - \Gamma_{ij}^p \frac{\partial \ln\sqrt{g}}{\partial x^p} + \Gamma_{ip}^q \Gamma_{jq}^p. \tag{2.7.17}$$

如果在 Bianchi 恒等式(2.7.12)中令 $q = k$,即

$$\nabla_k R^k_{\cdot pij} + \nabla_i R^k_{\cdot pjk} + \nabla_j R^k_{\cdot pki} = 0,$$

利用(2.7.5),(2.7.14)得

$$\nabla_k R^k_{\cdot pij} - \nabla_i R_{pj} + \nabla_j R_{pi} = 0,$$

两边乘 g^{pi}, 并进行指标缩并,利用(2.7.15),则有

$$\nabla_k (g^{pi} R^k_{\cdot pij}) - \nabla_i (g^{pi} R_{pj}) + \nabla_j R = 0.$$

并由

$$g^{pi} R^k_{\cdot pij} = g^{pi} g^{kl} R_{plij} = - g^{kl} g^{pi} R_{plji} = - g^{kl} R_{lj} = - R^k_j,$$

得

$$- \nabla_k R^k_j - \nabla_i R^i_j + \nabla_j R = 0,$$

或

$$- \nabla_i R^i_j + \nabla_j \frac{R}{2} = 0. \tag{2.7.18}$$

(2.7.18)还可表为

$$\nabla_i \left(R^i_j - \frac{1}{2} R \delta^i_j \right) = 0, \tag{2.7.19}$$

或

$$g^{ik} \nabla_i \left(R_{jk} - \frac{1}{2} R g_{jk} \right) = 0. \tag{2.7.20}$$

引进二阶协变张量

$$G_{ij} = R_{ij} - \frac{1}{2} R g_{ij}, \tag{2.7.21}$$

称 G_{ij} 为 Einstein 张量. G_{ij} 是对称张量,(2.7.20)可表为

$$\nabla_i (g^{ik} G_{jk}) = 0. \tag{2.7.22}$$

(2.7.22)表明,Einstein 张量散度为 0. 这个关系式在相对论中很有用.

2.7.3 Riemann 空间

比欧氏空间更为一般的空间,是 Riemann 空间.

把空间视为元素(点)的集合,它包含有无限多个子集 $U,V,W,\cdots$,这些子集构成的集合满足

1) 对于空间任一元素 p,至少存在一个子集 U,使得 $p\in U$;

2) 对空间中任两个不同的元素 p,q,必存在一个子集 U,使得 $p\in U,q\overline{\in}U$.

3) 如果两个子集 U,V 同时包含元素 p,则必存在子集 W,使得 $p\in W$,而 $W\subset U,W\subset V$.

这样的空间称为拓扑空间. 在拓扑空间中,那些包含元素(点)的子集称为点的邻域,这些邻域覆盖着拓扑空间. 显然,一个拓扑空间总为一些邻域的集合所覆盖.

假设每一个邻域和 n 维欧氏空间的球内部作成一对一的且双方连续的对应,那么,邻域内每一个点的坐标对应欧氏空间球内对应点的坐标 $x^i(i=1,2,\cdots,n)$,这时称这个拓扑空间引进了坐标系,有坐标的邻域称为坐标邻域.

如果拓扑空间内一个点总被两个坐标邻域所覆盖,那么,对于同一个点,有欧氏空间内两个坐标系 $x^i,x^{i'}$ 与之对应. 在这种情况下,$x^i,x^{i'}$ 常被 C^r(r 次连续可微)类函数联系着

$$x^{i'}=f^{i'}(x^1,x^2,\cdots,x^n),\qquad i'=1,2,\cdots,n,$$

且 Jacobi 行列式 $\det\left(\dfrac{\partial f^{i'}}{\partial x^i}\right)\neq 0$. 则称这个拓扑空间是 r 级 n 维流形.

在 r 级 n 维流形中,给一个二阶协变张量场 $g_{ij}(M)=g_{ij}(x^1,x^2,\cdots,x^n)$,如果 g_{ij} 是对称的和非退化的,即

$$g_{ij}=g_{ji},\quad \det(g_{ij})\neq 0,$$

并且每个坐标邻域内任意两个点都定义一个距离 $\mathrm{d}s$

$$\mathrm{d}s^2=g_{ij}\mathrm{d}x^i\mathrm{d}x^j,$$

则称这一流形为 n 维 Riemann 空间. 而 g_{ij} 称为度量张量,$g_{ij}\mathrm{d}x^i\mathrm{d}x^j$ 称为基本度量二次型.

在 Riemann 空间中,仍然可以用类似方法定义张量. 这里不再赘述.

欧氏空间有自己的度量张量,Riemann 空间也有自己的度量张量,它们都可以在此基础上建立自己的全部几何.

欧氏空间是 Riemann 空间的特殊情形.

在欧氏空间中,总可以找到这样个坐标系,使得在这个坐标系中,度量张量为常数. 即 $g_{ij}(M)=\text{const}$. 一般地说,在任意的 Riemann 空间中,是不可能做到这一点的. 即无论怎样选取坐标系 $x^{i'}$,都不能做到在新的坐标系下,度量张量

$$g_{i'j'} = \frac{\partial x^j}{\partial x^{i'}} \frac{\partial x^i}{\partial x^{j'}} g_{ij}$$

为常数.所以,Riemann 空间中度量张量本身具有“曲”的特征.

由于欧氏空间中,可以选取一个仿射坐标系,使得度量张量 $g_{ij}(M)$ 为常数,那么,也一定可以选择一个变换使得 $g_{ij}(M)$ 在新坐标系下,化为对角形式

$$(g_{i'j'}) = \begin{pmatrix} -1 & & & & & \\ & \ddots & & & 0 & \\ & & -1 & & & \\ & & & 1 & & \\ 0 & & & & \ddots & \\ & & & & & 1 \end{pmatrix},$$

于是

$$\begin{aligned} ds^2 &= g_{ij}dx^i dx^j \\ &= -(dx^1)^2 - (dx^2)^2 - \cdots - (dx^m)^2 + (dx^{m+1})^2 + \cdots + (dx^n)^2, \end{aligned}$$

当 $m = 0$ 时,二次型是正定的,这空间是真欧氏空间,否则,是伪欧氏空间.

虽然在 Riemann 空间中不可能选择一个坐标系,使得度量张量具有 $g_{ij} = \pm\delta_{ij}$ 形式,但是可以选择那样的一个坐标系,使得在某个点 x_0,其度量张量为

$$g_{ij}(x_0) = \pm\delta_{ij},$$

而在其他点 x,却不一定具有这个性质.换句话说,在所选择的这一个坐标系下,Riemann 空间在 x_0 邻域内具有和欧氏空间相似的几何结构,这种情形称为 Riemann 空间局部欧化,而点 x_0 指标的定义与欧氏空间指标定义相同.可以证明,对一个确定的 Riemann 空间,所有的点在不同的坐标系下指标都是相同的,这个指标也称为 Riemann 空间指标.如果 Riemann 空间指标为 0,则称此空间为真 Riemann 空间,否则称为伪 Riemann 空间.

在什么情况下,Riemann 空间可以是欧氏空间,这一点可由下列存在性定理给予回答.

定理 2.7.1 空间 V_n 的度量张量 g_{ij},在坐标变换下能够变换为常数的充要条件是,对应的 Riemann 张量为 0.

即 V_n 是欧氏空间的充要条件是 $R_{lijk} \equiv 0$.

三维欧氏空间中的曲面,是典型的二维 Riemann 空间,由此可以设想,任意 n 维 Riemann 空间可以作为更高维欧氏空间的超曲面.回答是肯定的.

可以证明,任意预先给定的 n 维 Riemann 空间 V_n,必存在 m 维欧氏空间 V_m 包容它,而且

$$m = \frac{1}{2}n(n+1).$$

例如 $n = 2$ 时，$m = 3$. 即二维 Riemann 空间被包容于三维欧氏空间中.

2.8 梯度、散度和旋度

三维欧氏空间曲线坐标系中，向量场的散度、旋度和数量场的梯度等计算形式，在实践上用处是极其广泛的.

2.8.1 梯度

空间内定义一数量场 φ，在任意曲线坐标系下，它的协变导数与普通导数相同，即

$$\nabla_i\varphi = \frac{\partial\varphi}{\partial x^i}$$

是一个一阶协变张量，因而 $g^{ij}\nabla_j\varphi = \nabla^i\varphi$ 是一个一阶逆变张量. 梯度的定义为

$$\mathrm{grad}\varphi = g^{ij}\nabla_j\varphi\,\boldsymbol{e}_\mathrm{i} = \nabla^\mathrm{i}\varphi\,\boldsymbol{e}_\mathrm{i}, \tag{2.8.1}$$

其中 $\boldsymbol{e}_i$ 为曲线坐标系的局部标架.

例如在圆柱坐标系中，由于度量张量

$$g^{11} = g^{33} = 1,\quad g^{22} = (x^1)^{-2},\quad g^{ij} = 0(i \neq j),$$

所以

$$\mathrm{grad}\varphi = \frac{\partial\varphi}{\partial x^1}\boldsymbol{e}_1 + \left(\frac{1}{x^1}\right)^2\frac{\partial\varphi}{\partial x^2}\boldsymbol{e}_2 + \frac{\partial\varphi}{\partial x^3}\boldsymbol{e}_3. \tag{2.8.2}$$

而对球面坐标，则

$$\mathrm{grad}\varphi = \frac{\partial\varphi}{\partial x^1}\boldsymbol{e}_1 + \left(\frac{1}{x^1}\right)^2\frac{\partial\varphi}{\partial x^2}\boldsymbol{e}_2 + \left(\frac{1}{x^1\sin(x^2)}\right)^2\frac{\partial\varphi}{\partial x^3}\boldsymbol{e}_3. \tag{2.8.3}$$

在实用上，通常是按协变局部标架单位向量展开，而相应的分量是逆变分量，对应的物理分量，如同(2.2.10)

$$(\mathrm{grad}\varphi)_{(i)} = \nabla_i\varphi/\sqrt{g_{ii}}. \tag{2.8.4}$$

2.8.2 散度

一个向量散度，是它的逆变分量的协变导数指标缩并后所得到的不变量. 即

$$\mathrm{div}\boldsymbol{A} = \nabla_i a^i, \tag{2.8.5}$$

其中 $\boldsymbol{A} = a^i\boldsymbol{e}_i$，由于

$$\nabla_i a^j = \frac{\partial a^j}{\partial x^i} + \Gamma^j_{ik}a^k,\qquad \Gamma^i_{ik} = \frac{\partial\ln\sqrt{g}}{\partial x^k},$$

可得

$$\nabla_i a^i = \frac{\partial a^i}{\partial x^i} + \frac{\partial \ln(\sqrt{g})}{\partial x^i} a^i = \frac{1}{\sqrt{g}}\left[\sqrt{g}\frac{\partial a^i}{\partial x^i} + \frac{\partial \sqrt{g}}{\partial x^i} a^i\right] = \frac{1}{\sqrt{g}}\frac{\partial(\sqrt{g} a^i)}{\partial x^i},$$

所以,向量的散度为

$$\mathrm{div}\boldsymbol{A} = \frac{1}{\sqrt{g}}\frac{\partial}{\partial x^i}(\sqrt{g} a^i). \tag{2.8.6}$$

在圆柱坐标系中

$$\mathrm{div}\boldsymbol{A} = \frac{1}{x^1}\frac{\partial(x^1 a^1)}{\partial x^1} + \frac{\partial a^2}{\partial x^2} + \frac{\partial a^3}{\partial x^3}. \tag{2.8.7}$$

而在球坐标系中

$$\mathrm{div}\boldsymbol{A} = \frac{1}{(x^1)^2 \sin(x^2)}\Big[\sin(x^2)\frac{\partial}{\partial x^1}((x^1)^2 a^1) + (x^1)^2\frac{\partial}{\partial x^2}(\sin(x^2) a^2) + (x^1)^2 \sin(x^2)\frac{\partial a^3}{\partial x^3}\Big]. \tag{2.8.8}$$

对一个数量场 φ 的梯度 $\nabla^i\varphi = g^{ij}\nabla_j\varphi$,求其散度,则

$$\nabla_i(\nabla^i\varphi) = \nabla_i(g^{ij}\nabla_j\varphi) = g^{ij}\nabla_i\nabla_j\varphi, \tag{2.8.9}$$

记 $\triangle = \nabla_i\nabla^i$,则由(2.8.6)可知

$$\triangle\varphi = \frac{1}{\sqrt{g}}\frac{\partial}{\partial x^i}(\sqrt{g}\nabla^i\varphi) = \frac{1}{\sqrt{g}}\frac{\partial}{\partial x^i}\left(\sqrt{g} g^{ij}\frac{\partial\varphi}{\partial x^j}\right). \tag{2.8.10}$$

$\triangle$ 是欧氏空间的 Laplace 算子. 当取正交坐标系时,有

$$\triangle\varphi = \frac{1}{\sqrt{g}}\left[\frac{\partial}{\partial x^1}\left(\sqrt{\frac{g_{22}g_{33}}{g_{11}}}\frac{\partial\varphi}{\partial x^1}\right) + \frac{\partial}{\partial x^2}\left(\sqrt{\frac{g_{33}g_{11}}{g_{22}}}\frac{\partial\varphi}{\partial x^2}\right) + \frac{\partial}{\partial x^3}\left(\sqrt{\frac{g_{11}g_{22}}{g_{33}}}\frac{\partial\varphi}{\partial x^3}\right)\right]. \tag{2.8.11}$$

2.8.3 旋度

一个向量 $\boldsymbol{A} = a_i\boldsymbol{e}^i = a^i\boldsymbol{e}_i$ 的协变导数 $\nabla_i a_j$ 组成一个二阶协变张量,所以

$$\nabla_i a_j - \nabla_j a_i$$

是一个反对称二阶协变张量. 在三维空间中,二阶反对称张量的独立分量只有 3 个,可以用以下方法组成一个向量 $\boldsymbol{\xi}$,它的逆变分量为

$$\xi^i = \frac{1}{2}\varepsilon^{ijk}(\nabla_j a_k - \nabla_k a_j) = \varepsilon^{ijk}\nabla_j a_k, \tag{2.8.12}$$

称 $\boldsymbol{\xi} = \xi^i\boldsymbol{e}_i$ 为向量 $\boldsymbol{A}$ 的旋度

$$\mathrm{rot}\boldsymbol{A} = \xi^i\boldsymbol{e}_i. \tag{2.8.13}$$

显然,由(2.8.12)可知

$$\xi^i = \frac{1}{\sqrt{g}}\left(\frac{\partial a_k}{\partial x^j} - \frac{\partial a_j}{\partial x^k}\right), \quad (i,j,k)\text{ 按}(1,2,3)\text{ 轮换}. \tag{2.8.14}$$

2.8.4 二阶张量的散度

设 p^{ik} 是具有二阶连续导数的二阶逆变张量,则

$$\boldsymbol{p}^i = p^{ik}\boldsymbol{e}_k = p^{i\cdot}_{\cdot k}\boldsymbol{e}^k \tag{2.8.15}$$

服从一阶逆变张量变换规律.

考察 $\boldsymbol{p}^i$ 的协变导数

$$\nabla_k\boldsymbol{p}^i = \frac{\partial\boldsymbol{p}^i}{\partial x^k} + \Gamma^{\ i}_{k\ l}\boldsymbol{p}^l, \tag{2.8.16}$$

由于

$$\begin{aligned}\nabla_k\boldsymbol{p}^i &= (\nabla_k p^{ij})\boldsymbol{e}_j + (\nabla_k\boldsymbol{e}_j)p^{ij} = (\nabla_k p^{ij})\boldsymbol{e}_j + (\boldsymbol{e}_{jk} - \Gamma^{\ m}_{j\ k}\boldsymbol{e}_m)p^{ij}\\ &= (\nabla_k p^{ij})\boldsymbol{e}_j + (\Gamma^{\ m}_{j\ k}\boldsymbol{e}_m - \Gamma^{\ m}_{j\ k}\boldsymbol{e}_m)p^{ij} = (\nabla_k p^{ij})\boldsymbol{e}_j,\end{aligned}$$

指标缩并后得到

$$\nabla_i\boldsymbol{p}^i = (\nabla_i p^{ij})\boldsymbol{e}_j, \tag{2.8.17}$$

它是一个不变量.类似(2.8.6)中向量 **A** 的情形,有

$$\nabla_i\boldsymbol{p}^i = \frac{1}{\sqrt{g}}\frac{\partial}{\partial x^i}(\sqrt{g}\boldsymbol{p}^i). \tag{2.8.18}$$

以下证明 $\nabla_i\boldsymbol{p}^i$ 是一个不变量.实际上,在新坐标系 $(x^{i'})$ 下,不难验证

$$\boldsymbol{p}^i = \boldsymbol{p}^{i'}D^i_{i'}, \tag{2.8.19}$$

由(2.4.19)可知

$$\frac{\partial\ln\sqrt{g}}{\partial x^i} = \frac{\partial\ln\sqrt{g'}}{\partial x^{i'}}D^{i'}_i + \frac{\partial^2 x^{k'}}{\partial x^i\partial x^k}D^k_{k'} = \frac{\partial\ln\sqrt{g'}}{\partial x^i} + D^k_{k'}\frac{\partial}{\partial x^k}D^{k'}_i, \tag{2.8.20}$$

故有

$$\begin{aligned}\frac{1}{\sqrt{g}}\frac{\partial\sqrt{g}\boldsymbol{p}^i}{\partial x^i} &= \frac{\partial\boldsymbol{p}^i}{\partial x^i} + \frac{\partial\ln\sqrt{g}}{\partial x^i}\boldsymbol{p}^i\\ &= \frac{\partial\boldsymbol{p}^{i'}D^i_{i'}}{\partial x^{k'}}D^{k'}_i + \left[\frac{\partial\ln\sqrt{g'}}{\partial x^{i'}}D^{i'}_i + \frac{\partial D^{m'}_i}{\partial x^{m'}}\right]\boldsymbol{p}^{j'}D^i_{j'}\\ &= \frac{\partial\boldsymbol{p}^{i'}}{\partial x^{i'}} + \frac{\partial\ln\sqrt{g'}}{\partial x^{i'}}\boldsymbol{p}^{i'} + \boldsymbol{p}^{j'}\left[\frac{\partial D^i_{j'}}{\partial x^i} + D^i_{j'}\frac{\partial D^{m'}_i}{\partial x^{m'}}\right]. \end{aligned}\tag{2.8.21}$$

但由于

$$D^i_{j'}\frac{\partial D^{m'}_i}{\partial x^{m'}} = \frac{\partial}{\partial x^{m'}}(D^i_{j'}D^{m'}_i) - D^{m'}_i\frac{\partial D^i_{j'}}{\partial x^{m'}} = \frac{\partial}{\partial x^{m'}}\delta^{m'}_{j'} - \frac{\partial}{\partial x^i}D^i_{j'} = -\frac{\partial}{\partial x^i}D^i_{j'},$$

代入(2.8.21)得

$$\frac{1}{\sqrt{g}}\frac{\partial}{\partial x^i}(\sqrt{g}\boldsymbol{p}^i)=\frac{1}{\sqrt{g'}}\frac{\partial}{\partial x^{i'}}(\sqrt{g'}\boldsymbol{p}^{i'}).$$

2.9　球和圆柱坐标系下的 Laplace 和迹 Laplace 算子

作为张量计算实例,以下分别计算球坐标系和圆柱坐标系下的 Laplace 和迹 Laplace 算子.

2.9.1　球坐标系

记球坐标系为 $(x^1,x^2,x^3)=(r,\theta,\varphi)$,那么在 E^3 中任一点 P 的向径

$$\boldsymbol{R}=r\cos\varphi\sin\theta\boldsymbol{i}+r\sin\varphi\sin\theta\boldsymbol{j}+r\cos\theta\boldsymbol{k},$$

基向量为

$$\begin{cases}\boldsymbol{e}_1=\dfrac{\partial\boldsymbol{R}}{\partial r}=\cos\varphi\sin\theta\boldsymbol{i}+\sin\varphi\sin\theta\boldsymbol{j}+\cos\theta\boldsymbol{k},\\ \boldsymbol{e}_2=\dfrac{\partial\boldsymbol{R}}{\partial\theta}=r\cos\varphi\cos\theta\boldsymbol{i}+r\sin\varphi\cos\theta\boldsymbol{j}-\sin\theta\boldsymbol{k},\\ \boldsymbol{e}_3=\dfrac{\partial\boldsymbol{R}}{\partial\varphi}=-r\sin\varphi\sin\theta\boldsymbol{i}+r\cos\varphi\sin\theta\boldsymbol{j}.\end{cases}\tag{2.9.1}$$

度量张量见 2.2 节.第二类型 Christoffel 记号

$$\begin{cases}\Gamma_{22}^1=-r,\ \Gamma_{33}^1=-r\sin^2\theta,\ \Gamma_{12}^2=\Gamma_{21}^2=r^{-1},\ \Gamma_{33}^2=-\sin\theta\cos\theta,\\ \Gamma_{13}^3=\Gamma_{31}^3=r^{-1},\quad\Gamma_{23}^3=\Gamma_{32}^3=\cot\theta,\quad 其余\ \Gamma_{ij}^k=0.\end{cases}\tag{2.9.2}$$

记速度的物理分量为 (u_r,u_θ,u_φ),那么

$$u_r=u^1,\quad u_\theta=ru^2,\quad u_\varphi=r\sin\theta u^3.\tag{2.9.3}$$

经过简单计算,其协变导数为

$$\nabla_1u^1=\frac{\partial u^1}{\partial r}=\frac{\partial u_r}{\partial r},\quad\nabla_1u^2=\frac{1}{r}\frac{\partial u_\theta}{\partial r},\quad\nabla_1u^3=\frac{1}{r\sin\theta}\frac{\partial u_\varphi}{\partial r}.\tag{2.9.4}$$

$$\nabla_2u^1=\frac{\partial u_r}{\partial\theta}-u_\theta,\quad\nabla_2u^2=\frac{1}{r}\frac{\partial u_\theta}{\partial r}-\frac{u_r}{r},\quad\nabla_2u^3=\frac{1}{r\sin\theta}\frac{\partial u_\varphi}{\partial\theta}.\tag{2.9.5}$$

$$\begin{cases}\nabla_3 u^1 = \dfrac{\partial u^1}{\partial \varphi} + \Gamma^1_{3j}u^j = \dfrac{\partial u^1}{\partial \varphi} - r\sin^2\theta u^3 = \dfrac{\partial u_r}{\partial \varphi} - \sin\theta u_\varphi, \\ \nabla_3 u^2 = \dfrac{\partial u^2}{\partial \varphi} + \Gamma^2_{3j}u^j = \dfrac{\partial u^2}{\partial \varphi} - \sin\theta\cos\theta u^3 = \dfrac{1}{r}\dfrac{u_\theta}{\partial \varphi} - \dfrac{\cos\theta}{r}u_\varphi, \\ \nabla_3 u^3 = \dfrac{\partial u^3}{\partial \varphi} + \Gamma^3_{3j}u^j = \dfrac{\partial u^3}{\partial \varphi} + \dfrac{u^1}{r} + \cot\theta u^2 = \dfrac{1}{r\sin\theta}\dfrac{\partial u_\varphi}{\partial \varphi} + \dfrac{u_r}{r} + \dfrac{\cot\theta}{r}u_\theta.\end{cases} \tag{2.9.6}$$

那么散度算子

$$\operatorname{div}\boldsymbol{u} = \nabla_i u^i = \frac{\partial u_r}{\partial r} + \frac{2}{r}u_r + \frac{1}{r}\frac{\partial u_\theta}{\partial \theta} + \frac{\cot\theta}{r}u_\theta + \frac{1}{r\sin\theta}\frac{\partial u_\varphi}{\partial \varphi}, \tag{2.9.7}$$

Laplace 算子作用到数性函数上

$$\begin{aligned}\triangle f &= g^{ij}\nabla_i\nabla_j f = \nabla_1\nabla_1 f + \frac{1}{r^2}\nabla_2\nabla_2 f + \frac{1}{r^2\sin^2\theta}\nabla_3\nabla_3 f \\ &= \frac{\partial^2 f}{\partial r^2} + \frac{2}{r}\frac{\partial f}{\partial r} + \frac{1}{r^2}\frac{\partial^2 f}{\partial \theta^2} + \frac{\cot\theta}{r^2}\frac{\partial f}{\partial \theta} + \frac{1}{r^2\sin^2\theta}\frac{\partial^2 f}{\partial \varphi^2}.\end{aligned} \tag{2.9.8}$$

而迹 Laplace 算子作用到向量上则有

$$\begin{aligned}\triangle u^i &= g^{jk}\nabla_j\nabla_k u^i = \nabla_1\nabla_1 u^i + \frac{1}{r^2}\nabla_2\nabla_2 u^i + \frac{1}{r^2\sin^2\theta}\nabla_3\nabla_3 u^i \\ &= \frac{\partial}{\partial r}(\nabla_1 u^i) + \Gamma^i_{1j}\nabla_i u^j - \Gamma^j_{1i}\nabla_j u^i \\ &\quad + \frac{1}{r^2}\left(\frac{\partial}{\partial \theta}(\nabla_2 u^i) + \Gamma^i_{2j}\nabla_2 u^j - \Gamma^j_{22}\nabla_j u^i\right) \\ &\quad + \frac{1}{r^2\sin^2\theta}\left[\frac{\partial}{\partial \varphi}(\nabla_3 u^i) + \Gamma^i_{3j}\nabla_3 u^j - \Gamma^j_{33}\nabla_j u^i\right],\end{aligned} \tag{2.9.9}$$

$$\begin{aligned}\triangle u^1 = &\frac{\partial^2 u^1}{\partial r^2} + \frac{1}{r^2}\left[\frac{\partial^2 u^1}{\partial \theta^2} - r\frac{\partial u^2}{\partial \theta} - r\left(\frac{\partial^2 u^2}{\partial \theta} + \frac{u^1}{r}\right) + r\frac{\partial u^1}{\partial r}\right] \\ &+ \frac{1}{r^2\sin^2\theta}\left[\frac{\partial^2 u^1}{\partial \varphi^2} - r\sin^2\theta\frac{\partial u^3}{\partial \varphi} - r\sin^2\theta\left(\frac{\partial u^3}{\partial \varphi} + \frac{u^1}{r} + \cot\theta u^2\right)\right. \\ &\left. + r\sin^2\theta\frac{\partial u^1}{\partial r} + \sin\theta\cos\theta\left(\frac{\partial u^1}{\partial \theta} - ru^2\right)\right],\end{aligned}$$

即

$$\triangle u^1 = \nabla^2 u_r - \frac{2}{r^2}\frac{\partial u_\theta}{\partial \theta} - \frac{2}{r^2\sin\theta}\frac{\partial u_\varphi}{\partial \varphi} + \frac{2}{r^2}(u_r - \cot\theta u_\theta). \tag{2.9.10}$$

类似有

$$\triangle u^2 = \frac{1}{r}\left(\nabla^2 u_\theta + \frac{2}{r^2}\frac{\partial u_r}{\partial \theta} - \frac{2\cot\theta}{r^2\sin\theta}\frac{\partial u_\varphi}{\partial \varphi} - \frac{u_\theta}{r^2\sin^2\theta}\right), \tag{2.9.11}$$

$$\triangle u^3 = \frac{1}{r\sin\theta}\left[\nabla^2 u_\varphi + \frac{2}{r^2\sin\theta}\frac{\partial u_r}{\partial\varphi} + \frac{2\cot\theta}{r^2\sin^2\theta}\frac{\partial u_\theta}{\partial\varphi} - \frac{u_\varphi}{r^2\sin^2\theta}\right], \quad (2.9.12)$$

其中

$$\nabla^2 = \frac{\partial^2}{\partial r^2} + \frac{2}{r}\frac{\partial}{\partial r} + \frac{1}{r^2}\frac{\partial^2}{\partial\theta^2} + \frac{\cot\theta}{r^2}\frac{\partial}{\partial\theta} + \frac{1}{r^2\sin^2\theta}\frac{\partial^2}{\partial\varphi^2}. \quad (2.9.13)$$

2.9.2 圆柱坐标系

记圆柱坐标系为 $(x^1, x^2, x^3) = (r, \varphi, z)$. 那么在 E^3 中任一点 P 的向径

$$\boldsymbol{R} = r\cos\varphi\boldsymbol{i} + r\sin\varphi\boldsymbol{j} + z\boldsymbol{k},$$

基向量为

$$\begin{cases} \boldsymbol{e}_1 = \dfrac{\partial\boldsymbol{R}}{\partial r} = \cos\varphi\boldsymbol{i} + \sin\varphi\boldsymbol{j}, \\ \boldsymbol{e}_2 = \dfrac{\partial\boldsymbol{R}}{\partial\varphi} = -r\sin\varphi\boldsymbol{i} + r\cos\varphi\boldsymbol{j}, \\ \boldsymbol{e}_3 = \dfrac{\partial\boldsymbol{R}}{\partial z} = k. \end{cases} \quad (2.9.14)$$

其度量张量见 2.2 节. 第二类型 Christoffel 记号

$$\Gamma^1_{22} = -r, \qquad \Gamma^2_{12} = \Gamma^2_{21} = r^{-1}, \qquad 其余\ \Gamma^k_{ij} = 0. \quad (2.9.15)$$

速度的物理分量 (u_r, u_θ, u_z) 为

$$u_r = u^1, \quad u_\varphi = ru^2, \quad u_z = u^3. \quad (2.9.16)$$

经过简单计算, 向量 $\boldsymbol{u} = (u^1, u^2, u^3)$ 的协变导数为

$$\begin{cases} \nabla_1 u^1 = \dfrac{\partial u^1}{\partial r}, \quad \nabla_1 u^2 = \dfrac{\partial u^2}{\partial r} + \dfrac{u^2}{r}, \quad \nabla_1 u^3 = \dfrac{\partial u^3}{\partial r}, \\ \nabla_2 u^1 = \dfrac{\partial u^1}{\partial\varphi} - ru^2, \quad \nabla_2 u^2 = \dfrac{\partial u^2}{\partial\varphi} + \dfrac{u^1}{r}, \quad \nabla_2 u^3 = \dfrac{\partial u^3}{\partial\varphi}, \\ \nabla_3 u^1 = \dfrac{\partial u^1}{\partial z}, \quad \nabla_3 u^2 = \dfrac{\partial u^2}{\partial z}, \quad \nabla_3 u^3 = \dfrac{\partial u^3}{\partial z}. \end{cases} \quad (2.9.17)$$

那么散度算子

$$\mathrm{div}\boldsymbol{u} = \nabla_i u^i = \frac{\partial u_r}{\partial r} + \frac{1}{r}u_r + \frac{1}{r}\frac{\partial u_\varphi}{\partial\varphi} + \frac{\partial u_z}{\partial z}. \quad (2.9.18)$$

Laplace 算子作用到数性函数上得

$$\triangle f = g^{ij}\nabla_i\nabla_j f = \nabla_1\nabla_1 f + \frac{1}{r^2}\nabla_2\nabla_2 f + \nabla_3\nabla_3 f,$$

$$\triangle f = \nabla^2 f = \frac{\partial^2 f}{\partial r^2} + \frac{1}{r}\frac{\partial f}{\partial r} + \frac{1}{r^2}\frac{\partial^2 f}{\partial\varphi^2} + \frac{\partial^2 f}{\partial z^2}. \quad (2.9.19)$$

而迹 Laplace 算子作用到向量上,类似有

$$\begin{aligned} \triangle u^1 &= \nabla^2 u_r - \frac{2}{r^2}\frac{\partial u_\varphi}{\partial \varphi} - \frac{u_r}{r}, \quad \triangle u^3 = \nabla^2 u_z, \\ \triangle u^2 &= \frac{1}{r}\left[\nabla^2 u_\varphi + \frac{2}{r^2}\frac{\partial u_r}{\partial \varphi} - \frac{\partial u_\varphi}{\partial r}\right], \end{aligned} \tag{2.9.20}$$

其中

$$\nabla^2 = \frac{\partial^2}{\partial r^2} + \frac{1}{r}\frac{\partial}{\partial r} + \frac{1}{r^2}\frac{\partial^2}{\partial \varphi^2} + \frac{\partial^2}{\partial z^2}. \tag{2.9.21}$$

第3章　曲面张量和曲面论

三维欧氏空间中的曲面可以看作二维 Riemann 空间. 这一章主要是研究二维 Riemann 空间上的张量分析和 Riemann 空间的内蕴性质,它们在应用上是广泛的. 所有的讨论均可推广到多维情形.

3.1　曲面上的 Gauss 坐标系和度量张量

3.1.1　Gauss 坐标系

设欧氏空间 E^3 中任给出一坐标系($x^i, i=1,2,3$),那么,E^3 中曲面的参数方程可以表为

$$x^i = x^i(\xi^1, \xi^2), \quad i = 1,2,3. \tag{3.1.1}$$

在(3.1.1)中,若 ξ^2 固定,仅 ξ^1 变化,则得到曲面上一条曲线,称为 ξ^1- 坐标线,同样可得 ξ^2- 坐标线. 曲面上任一点 P,若过 P 的两条坐标线之间夹角 ω 满足

$$0 < \omega < \pi,$$

或等价地有矩阵

$$\begin{pmatrix} \dfrac{\partial x^1}{\partial \xi^1} & \dfrac{\partial x^2}{\partial \xi^1} & \dfrac{\partial x^3}{\partial \xi^1} \\ \dfrac{\partial x^1}{\partial \xi^2} & \dfrac{\partial x^2}{\partial \xi^2} & \dfrac{\partial x^3}{\partial \xi^2} \end{pmatrix}$$

的秩数为 2,那么,称(ξ^1, ξ^2)为曲面的 Gauss 坐标系.

以后若无特别声明,则约定拉丁字母 $i, j, k, \cdots$ 跑过 1,2,3,而希腊字母 $\alpha, \beta, \gamma, \cdots$ 跑过 1,2.

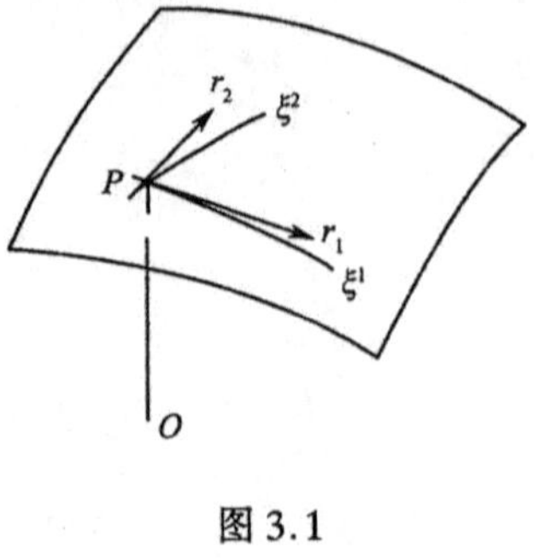

图 3.1

3.1.2　局部标架

设 O 为空间中一固定点,P 是曲面上的动点,记 $\boldsymbol{r} = \boldsymbol{OP}$ (见图 3.1),

$$\boldsymbol{r} = \boldsymbol{r}(P) = \boldsymbol{r}(\xi^1, \xi^2), \tag{3.1.2}$$

并记

$$\boldsymbol{r}_\alpha = \frac{\partial \boldsymbol{r}}{\partial \xi^\alpha}, \quad \alpha = 1,2. \tag{3.1.3}$$

显然，$\boldsymbol{r}_\alpha$ 是 ξ^α- 坐标线的切向量，且它们是线性独立的. 故 $\boldsymbol{r}_\alpha$ 可以作为曲面上向量场的仿射标架. 因而曲面上任一向量都可以由 $\boldsymbol{r}_\alpha(\alpha=1,2)$ 来线性表示，称 $\boldsymbol{r}_\alpha$ 为曲面的局部标架.

3.1.3 坐标变换

设曲面是属于 $C^m(m\geqslant 3)$ 类的(称为正则曲面). 即曲面上任一向量 $\boldsymbol{r}$ 和它关于 Gauss 坐标一直到 m 阶导数都是连续的.

取另一坐标系($\xi^{\alpha'}$)，且 ξ^α 和 $\xi^{\alpha'}$ 由下列单值连续可微函数联系着

$$\xi^{\alpha'}=\psi^{\alpha'}(\xi^1,\xi^2),\quad \alpha'=1,2, \tag{3.1.4}$$

若坐标变换的 Jacobi 行列式不为 0，则

$$\frac{D(\xi^1,\xi^2)}{D(\xi^{1'}\xi^{2'})}\neq 0,$$

那么，$\xi^\alpha\to\xi^{\alpha'}$ 是双方单值的连续映照.

为了方便起见，引进以下记号

$$D^\alpha_{\alpha'}=\frac{\partial\xi^\alpha}{\partial\xi^{\alpha'}},\quad \partial_{\alpha'}=\frac{\partial}{\partial\xi^{\alpha'}},$$

$$D^{\alpha'}_\alpha=\frac{\partial\xi^{\alpha'}}{\partial\xi^\alpha},\quad \partial_\alpha=\frac{\partial}{\partial\xi^\alpha}.$$

显然有

$$D^\alpha_{\alpha'}D^{\alpha'}_\beta=\delta^\alpha_\beta,\quad D^{\alpha'}_\alpha D^\alpha_{\beta'}=\delta^{\alpha'}_{\beta'}, \tag{3.1.5}$$

于是，坐标变换后，新旧标架的变换公式为

$$\boldsymbol{r}_{\alpha'}=\partial_{\alpha'}\boldsymbol{r}=D^\alpha_{\alpha'}\boldsymbol{r}_\alpha. \tag{3.1.6}$$

和前几章讨论一样，完全可以平行地引入曲面上张量概念和张量运算.

3.1.4 曲面上张量

如果曲面上每个点 P 都可由坐标系中一组有序数 A_α 表示，当进行坐标变换 $\xi^\alpha\to\xi^{\alpha'}$ 时，它服从变换规律

$$A_{\alpha'}=D^\alpha_{\alpha'}A_\alpha,$$

则称 A_α 为曲面上一阶张量的协变分量.

如果给出的有序数 A^α 服从变换规律

$$A^{\alpha'}=D^{\alpha'}_\alpha A^\alpha,$$

则称 A^α 为曲面上一阶张量的逆变分量.

一般地，如果对曲面上每一个点 P，给出一组 2^{p+q} 个数，它按 p 个下标、q 个上标而编排 $A^{\beta_1\beta_2\cdots\beta_q}_{\alpha_1\alpha_2\cdots\alpha_p}$，当坐标变换 $\xi^\alpha\to\xi^{\alpha'}$ 时，它服从变换规律

$$A^{\beta'_1\beta'_2\cdots\beta'_q}_{\alpha'_1\alpha'_2\cdots\alpha'_p} = D^{\alpha_1}_{\alpha'_1} D^{\alpha_2}_{\alpha'_2} \cdots D^{\alpha_p}_{\alpha'_p} D^{\beta'_1}_{\beta_1} D^{\beta'_2}_{\beta_2} \cdots D^{\beta'_q}_{\beta_q} A^{\beta_1\beta_2\cdots\beta_q}_{\alpha_1\alpha_2\cdots\alpha_p},$$

则称 $A^{\beta_1\beta_2\cdots\beta_q}_{\alpha_1\alpha_2\cdots\alpha_p}$ 为曲面上 p 阶协变、q 阶逆变混合张量的分量.

3.1.5 曲面度量张量

令

$$a_{\beta\alpha} = a_{\alpha\beta} = \boldsymbol{r}_\alpha \cdot \boldsymbol{r}_\beta, \tag{3.1.7}$$

由 $\boldsymbol{r}_\alpha$ 线性独立知,行列式

$$a = \det(a_{\alpha\beta}) \neq 0, \tag{3.1.8}$$

即矩阵 $(a_{\alpha\beta})$ 是非奇异的.实际上

$$a = a_{11}a_{22} - a_{12}^2 = |\boldsymbol{r}_1|^2 |\boldsymbol{r}_2|^2 - (\boldsymbol{r}_1, \boldsymbol{r}_2)^2 = |\boldsymbol{r}_1|^2 |\boldsymbol{r}_2|^2 (1 - \cos^2\omega)$$

$$= |\boldsymbol{r}_1|^2 |\boldsymbol{r}_2|^2 \sin^2\omega = |\boldsymbol{r}_1 \times \boldsymbol{r}_2|^2 > 0.$$

由此可见,$\sqrt{\alpha}$ 等于 $\boldsymbol{r}_1, \boldsymbol{r}_2$ 组成的平行四边形的面积.

由于 $a_{\alpha\beta}$ 非奇异,故它的逆 $a^{\alpha\beta}$ 存在,即

$$a^{\alpha\beta}a_{\alpha\gamma} = \delta^\alpha_\gamma = \begin{cases} 1, & \alpha = \gamma, \\ 0, & \alpha \neq \gamma. \end{cases} \tag{3.1.9}$$

于是可得

$$a^{11} = a_{22}/a, a^{22} = a_{11}/a, a^{21} = a^{12} = - a_{12}/a. \tag{3.1.10}$$

以下证明 $a_{\alpha\beta}, a^{\alpha\beta}$ 分别是曲面上二阶协变张量和二阶逆变张量.实际上,当坐标变换时,由(3.1.6)得

$$a_{\alpha'\beta'} = \boldsymbol{r}_{\alpha'} \cdot \boldsymbol{r}_{\beta'} = D^\alpha_{\alpha'} D^\beta_{\beta'} \boldsymbol{r}_\alpha \cdot \boldsymbol{r}_\beta = D^\alpha_{\alpha'} D^\beta_{\beta'} a_{\alpha\beta},$$

故 $a_{\alpha\beta}$ 服从二阶协变张量变换规律.再由(3.1.9)得 $a^{\alpha'\beta'}a_{\beta'\gamma'} = \delta^{\alpha'}_{\gamma'}$,于是有

$$a^{\alpha'\beta'}a_{\beta\gamma}D^\beta_{\beta'}D^\gamma_{\gamma'} = \delta^{\alpha'}_{\gamma'},$$

两边同乘 $D^{\gamma'}_\sigma$ 后进行缩并,得 $a^{\alpha'\beta'}a_{\beta\sigma}D^\beta_{\beta'} = D^{\alpha'}_\sigma$,两边再乘 $a^{\sigma\lambda}D^{\lambda'}_\lambda$ 后进行缩并,可得

$$a^{\alpha'\lambda'} = D^{\alpha'}_\sigma D^{\lambda'}_\lambda \alpha^{\sigma\lambda},$$

即 $a^{\alpha\beta}$ 服从二阶逆变张量变换规律.

3.1.6 共轭标架

利用 $a^{\alpha\beta}$ 可以构造曲面上共轭标架 $\boldsymbol{r}^\alpha (\alpha = 1,2)$.把它定义为

$$\boldsymbol{r}^\alpha = a^{\alpha\beta}\boldsymbol{r}_\beta, \tag{3.1.11}$$

随坐标变换其变化规律是

$$\boldsymbol{r}^{\alpha'} = D^{\alpha'}_\alpha \boldsymbol{r}^\alpha. \tag{3.1.12}$$

实际上,

$$\boldsymbol{r}^{\alpha'} = a^{\alpha'\beta'}\boldsymbol{r}_{\beta'} = a^{\alpha\beta}D_{\alpha}^{\alpha'}D_{\beta}^{\beta'}D_{\beta'}^{\sigma}\boldsymbol{r}_{\sigma} = D_{\alpha}^{\alpha'}\delta_{\beta}^{\sigma}a^{\alpha\beta}\boldsymbol{r}_{\sigma} = D_{\alpha}^{\alpha'}a^{\alpha\sigma}\boldsymbol{r}_{\sigma} = D_{\alpha}^{\alpha'}\boldsymbol{r}^{\alpha}.$$

共轭标架具有性质

$$\boldsymbol{r}_{\alpha}\cdot\boldsymbol{r}^{\beta} = \delta_{\alpha}^{\beta}, \qquad a^{\alpha\beta} = \boldsymbol{r}^{\alpha}\cdot\boldsymbol{r}^{\beta}, \tag{3.1.13}$$

$$\boldsymbol{r}^{\beta}\cdot \mathrm{d}\boldsymbol{r} = \mathrm{d}\xi^{\beta}. \tag{3.1.14}$$

实际上,因

$$\boldsymbol{r}_{\alpha}\cdot\boldsymbol{r}^{\beta} = \boldsymbol{r}_{\alpha}\cdot a^{\beta\sigma}\boldsymbol{r}_{\sigma} = a^{\beta\sigma}a_{\alpha\sigma} = \delta_{\alpha}^{\beta},$$

$$\boldsymbol{r}^{\alpha}\cdot\boldsymbol{r}^{\beta} = a^{\alpha\sigma}\boldsymbol{r}_{\sigma}\cdot\boldsymbol{r}^{\beta} = a^{\alpha\sigma}\delta_{\sigma}^{\beta} = a^{\alpha\beta},$$

又由于 $\mathrm{d}\boldsymbol{r} = \boldsymbol{r}_{\alpha}\mathrm{d}\xi^{\alpha}$, 两边同乘 $\boldsymbol{r}_{\beta}$, 得

$$\boldsymbol{r}^{\beta}\cdot\mathrm{d}\boldsymbol{r} = \boldsymbol{r}^{\beta}\cdot\boldsymbol{r}_{\alpha}\mathrm{d}\xi^{\alpha} = \delta_{\alpha}^{\beta}\mathrm{d}\xi^{\alpha} = \mathrm{d}\xi^{\beta},$$

于是可得(3.1.13),(3.1.14).

设 $\boldsymbol{n}$ 是曲面的单位法向量,且$(\boldsymbol{r}_1,\boldsymbol{r}_2,\boldsymbol{n})$组成右旋系统,那么

$$\begin{cases} \boldsymbol{n} = (\boldsymbol{r}_1\times\boldsymbol{r}_2)/\sqrt{a}, & \boldsymbol{r}_1\times\boldsymbol{r}_2 = \sqrt{a}\boldsymbol{n}, \\ \boldsymbol{n} = (\boldsymbol{r}^1\times\boldsymbol{r}^2)\sqrt{a}, & \boldsymbol{r}^1\times\boldsymbol{r}^2 = \boldsymbol{n}/\sqrt{a}, \\ \boldsymbol{r}^1 = (\boldsymbol{r}_2\times\boldsymbol{n})/\sqrt{a}, & \boldsymbol{r}_1 = (\boldsymbol{r}^2\times\boldsymbol{n})\sqrt{a}, \\ \boldsymbol{r}^2 = (\boldsymbol{n}\times\boldsymbol{r}_1)/\sqrt{a}, & \boldsymbol{r}_2 = (\boldsymbol{n}\times\boldsymbol{r}^1)\sqrt{a}. \end{cases} \tag{3.1.15}$$

实际上,由于$(\boldsymbol{r}_1,\boldsymbol{r}_2,\boldsymbol{n})$组成的平行六面体体积数值等于$(\boldsymbol{r}_1,\boldsymbol{r}_2)$组成的平行四边形面积数值,故

$$\begin{aligned} \boldsymbol{r}_1\times\boldsymbol{r}_2 &= \sqrt{a}\boldsymbol{n}, \\ \boldsymbol{r}^1\times\boldsymbol{r}^2 &= a^{1\alpha}a^{2\beta}(\boldsymbol{r}_{\alpha}\times\boldsymbol{r}_{\beta}) = a^{11}a^{22}(\boldsymbol{r}_1\times\boldsymbol{r}_2) \\ &\quad + a^{12}a^{21}(\boldsymbol{r}_2\times\boldsymbol{r}_1) = (a^{11}a^{22} - a^{12}a^{21})\sqrt{a}\boldsymbol{n} \\ &= (\sqrt{a}/a)\boldsymbol{n} = \boldsymbol{n}/\sqrt{a}, \end{aligned}$$

由于 $\boldsymbol{r}^1$ 与 $\boldsymbol{r}_2$ 都和 $\boldsymbol{n}$ 正交,故

$$\boldsymbol{r}^1 = \sigma(\boldsymbol{r}_2\times\boldsymbol{n}), \quad 1 = \boldsymbol{r}_1\cdot\boldsymbol{r}^1 = \sigma\boldsymbol{r}_1\cdot(\boldsymbol{r}_2\times\boldsymbol{n}) = \sigma\sqrt{a},$$

$$\boldsymbol{r}_1 = \beta(\boldsymbol{r}^2\times\boldsymbol{n}), \quad 1 = \boldsymbol{r}^1\cdot\boldsymbol{r}_1 = \beta\boldsymbol{r}^1\cdot(\boldsymbol{r}^2\times\boldsymbol{n}) = \beta/\sqrt{a},$$

故可以求得 $\sigma = 1/\sqrt{a}, \beta = \sqrt{a}$.同理可证(3.1.15)其他各式.

3.1.7 曲面的第一基本型和弧微分

欧氏空间 E^3 中的弧微分可以表示为

$$\mathrm{d}s^2 = \mathrm{d}\boldsymbol{R}\cdot\mathrm{d}\boldsymbol{R} = \frac{\partial\boldsymbol{R}}{\partial x^i}\frac{\partial\boldsymbol{R}}{\partial x^j}\mathrm{d}x^i\mathrm{d}x^j = g_{ij}\mathrm{d}x^i\mathrm{d}x^j,$$

其中 g_{ij} 为E^3 在(x^i)坐标系中的度量张量.

由于在曲面上 $\boldsymbol{R}(x^i) = \boldsymbol{r}(x^i(\xi^{\alpha}))$, 故

$$a_{\alpha\beta}=\frac{\partial \boldsymbol{r}}{\partial \xi^{\alpha}}\frac{\partial \boldsymbol{r}}{\partial \xi^{\beta}}=\frac{\partial \boldsymbol{r}}{\partial x^{i}}\frac{\partial x^{i}}{\partial \xi^{\alpha}}\frac{\partial \boldsymbol{r}}{\partial x^{j}}\frac{\partial x^{j}}{\partial \xi^{\alpha}}=\frac{\partial \boldsymbol{R}}{\partial x^{i}}\frac{\partial x^{i}}{\partial \xi^{\alpha}}\frac{\partial \boldsymbol{R}}{\partial x^{j}}\frac{\partial x^{j}}{\partial \xi^{\beta}},$$

即

$$a_{\alpha\beta}=g_{ij}\frac{\partial x^{i}}{\partial \xi^{\alpha}}\frac{\partial x^{j}}{\partial \xi^{\beta}}. \tag{3.1.16}$$

若曲面方程为(3.1.1),那么

$$\mathrm{d}s^{2}=g_{ij}\frac{\partial x^{i}\partial x^{j}}{\partial \xi^{\alpha}\partial \xi^{\beta}}\mathrm{d}\xi^{\alpha}\mathrm{d}\xi^{\beta}=a_{\alpha\beta}\mathrm{d}\xi^{\alpha}\mathrm{d}\xi^{\beta}. \tag{3.1.17}$$

二次型(3.1.17)是正定的,且是不变量,称 $a_{\alpha\beta}\mathrm{d}\xi^{\alpha}\mathrm{d}\xi^{\beta}$ 为曲面的第一基本型,$a_{\alpha\beta}$ 称为第一基本型的系数.

标架向量 $\boldsymbol{r}_1,\boldsymbol{r}_2$ 所组成的平行四边形面积值为$\sqrt{a}$,故由 $\boldsymbol{r}_1\mathrm{d}\xi^1,\boldsymbol{r}_2\mathrm{d}\xi^2$ 组成的平行四边形面积为

$$\mathrm{d}\Sigma=\sqrt{a}\,\mathrm{d}\xi^{1}\mathrm{d}\xi^{2}.$$

3.2 行列式张量

设 $(\boldsymbol{r}_1,\boldsymbol{r}_2,\boldsymbol{n})$ 组成右旋系统.令

$$\varepsilon_{\alpha\beta}\triangleq\varepsilon_{3\alpha\beta}=\boldsymbol{n}\cdot(\boldsymbol{r}_{\alpha}\times\boldsymbol{r}_{\beta}). \tag{3.2.1}$$

显然,$\varepsilon_{\alpha\beta}$ 是反对称的,即 $\varepsilon_{\alpha\beta}=-\varepsilon_{\beta\alpha}$,且它是二阶张量,令

$$\varepsilon^{\alpha\beta}\triangleq\boldsymbol{n}\cdot(\boldsymbol{r}^{\alpha}\times\boldsymbol{r}^{\beta}),\ \varepsilon_{\alpha\cdot}^{\cdot\beta}\triangleq\boldsymbol{n}\cdot(\boldsymbol{r}_{\alpha}\times\boldsymbol{r}^{\beta}),\ \varepsilon_{\cdot\alpha}^{\beta\cdot}\triangleq\boldsymbol{n}\cdot(\boldsymbol{r}^{\beta}\times\boldsymbol{r}_{\alpha}). \tag{3.2.2}$$

易证 $\varepsilon^{\alpha\beta}$ 是二阶逆变张量,$\varepsilon_{\alpha\cdot}^{\cdot\beta},\varepsilon_{\cdot\alpha}^{\beta\cdot}$ 是二阶混合张量,称 $\varepsilon_{\alpha\beta},\varepsilon^{\alpha\beta},\varepsilon_{\alpha\cdot}^{\cdot\beta},\varepsilon_{\cdot\alpha}^{\beta\cdot}$ 为曲面上的行列式张量.

由(3.1.11)和(3.2.1)不难直接验证

$$\varepsilon^{\alpha\beta}=a^{\alpha\lambda}a^{\beta\mu}\varepsilon_{\lambda\mu},\quad \varepsilon_{\alpha\cdot}^{\cdot\beta}=a^{\beta\mu}\varepsilon_{\alpha\mu},\quad \varepsilon_{\cdot\alpha}^{\beta\cdot}=a^{\beta\mu}\varepsilon_{\mu\alpha}. \tag{3.2.3}$$

由(3.1.15)和(3.2.3)易得以下各式

$$\begin{cases}\boldsymbol{n}=\dfrac{1}{2}\varepsilon^{\alpha\beta}\boldsymbol{r}_{\alpha}\times\boldsymbol{r}_{\beta}, & \varepsilon_{\alpha\beta}\boldsymbol{n}=\boldsymbol{r}_{\alpha}\times\boldsymbol{r}_{\beta},\\ \boldsymbol{n}=\dfrac{1}{2}\varepsilon_{\alpha\beta}\boldsymbol{r}^{\alpha}\times\boldsymbol{r}^{\beta}, & \varepsilon^{\alpha\beta}\boldsymbol{n}=\boldsymbol{r}^{\alpha}\times\boldsymbol{r}^{\beta},\\ \boldsymbol{r}^{\alpha}=\varepsilon^{\alpha\beta}(\boldsymbol{r}_{\beta}\times\boldsymbol{n}), & \varepsilon_{\alpha\beta}\boldsymbol{r}^{\beta}=\boldsymbol{n}\times\boldsymbol{r}_{\alpha},\\ \boldsymbol{r}_{\alpha}=\varepsilon_{\alpha\beta}(\boldsymbol{r}^{\beta}\times\boldsymbol{n}), & \varepsilon^{\alpha\beta}\boldsymbol{r}_{\beta}=\boldsymbol{n}\times\boldsymbol{r}^{\alpha}.\end{cases} \tag{3.2.4}$$

度量张量与行列式张量之间有如下关系

$$\begin{cases}a^{\alpha\beta}=\varepsilon^{\alpha\lambda}\varepsilon^{\beta\sigma}a_{\lambda\sigma}=\varepsilon_{\cdot\sigma}^{\alpha\cdot}\varepsilon^{\beta\sigma}=\varepsilon^{\alpha\lambda}\varepsilon_{\cdot\lambda}^{\beta\cdot},\\ a_{\alpha\beta}=\varepsilon_{\alpha\lambda}\varepsilon_{\beta\sigma}a^{\lambda\sigma}=\varepsilon_{\alpha\cdot}^{\cdot\sigma}\varepsilon_{\beta\sigma}=\varepsilon_{\alpha\lambda}\varepsilon_{\beta\cdot}^{\cdot\lambda}.\end{cases} \tag{3.2.5}$$

实际上,从(3.2.4)得

$$\varepsilon_{\alpha\lambda}\varepsilon_{\beta\sigma}a^{\lambda\sigma} = \varepsilon_{\alpha\lambda}\varepsilon_{\beta\sigma}\boldsymbol{r}^{\lambda}\cdot\boldsymbol{r}^{\sigma} = (\boldsymbol{n}\times\boldsymbol{r}_{\alpha})\cdot(\boldsymbol{n}\times\boldsymbol{r}_{\beta})$$
$$= \boldsymbol{n}\cdot(\boldsymbol{r}_{\beta}\times(\boldsymbol{n}\times\boldsymbol{r}_{\alpha})) = -\boldsymbol{n}\cdot((\boldsymbol{n}\times\boldsymbol{r}_{\alpha})\times\boldsymbol{r}_{\beta})$$
$$= -\boldsymbol{n}\cdot((\boldsymbol{n}\cdot\boldsymbol{r}_{\beta})\boldsymbol{r}_{\alpha} - (\boldsymbol{r}_{\alpha}\cdot\boldsymbol{r}_{\beta})\boldsymbol{n}) = \boldsymbol{r}_{\alpha}\cdot\boldsymbol{r}_{\beta} = a_{\alpha\beta}.$$

这里用到了三重向量积公式和 $\boldsymbol{n}\cdot\boldsymbol{r}_{\alpha} = 0$.类似可证(3.2.5)第一式.

显然还有

$$\varepsilon^{\alpha\lambda}\varepsilon_{\alpha\sigma} = \delta^{\lambda}_{\sigma}. \tag{3.2.6}$$

以下用行列式张量讨论在曲面上过一点的任意二曲线切线的夹角公式.

设 $\boldsymbol{l},\boldsymbol{s}$ 分别为曲面上过点 P 两条曲线的单位切向量

$$\boldsymbol{l} = l^{\alpha}\boldsymbol{r}_{\alpha} = l_{\alpha}\boldsymbol{r}^{\alpha}, \qquad \boldsymbol{s} = s^{\beta}\boldsymbol{r}_{\beta} = s_{\beta}\boldsymbol{r}^{\beta}.$$

于是有

$$l^{\alpha} = \boldsymbol{l}\cdot\boldsymbol{r}^{\alpha}, \quad l_{\alpha} = \boldsymbol{l}\cdot\boldsymbol{r}_{\alpha}, \quad s^{\beta} = \boldsymbol{s}\cdot\boldsymbol{r}^{\beta}, \quad s_{\beta} = \boldsymbol{s}\cdot\boldsymbol{r}_{\beta}, \tag{3.2.7}$$

$$l^{\alpha} = a^{\alpha\beta}l_{\beta}, \quad l_{\alpha} = a_{\alpha\beta}l^{\beta}, \quad s^{\beta} = a^{\beta\alpha}s_{\alpha}, \quad s_{\beta} = a_{\beta\alpha}s^{\alpha}. \tag{3.2.8}$$

若 $(\boldsymbol{l},\boldsymbol{s},\boldsymbol{n})$ 组成右旋系统, $\boldsymbol{l}$ 与 $\boldsymbol{s}$ 的夹角为 ω, 那么

$$\begin{cases}\sin\omega = (\boldsymbol{l}\times\boldsymbol{s})\cdot\boldsymbol{n} = \varepsilon_{\alpha\beta3}l^{\alpha}s^{\beta}\boldsymbol{n}\cdot\boldsymbol{n} = \varepsilon_{\alpha\beta}l^{\alpha}s^{\beta},\\ \cos\omega = \boldsymbol{l}\cdot\boldsymbol{s} = a_{\alpha\beta}l^{\alpha}s^{\beta} = a^{\alpha\beta}l_{\alpha}s_{\beta} = l_{\beta}s^{\beta} = l^{\beta}s_{\beta}.\end{cases} \tag{3.2.9}$$

若设 $\boldsymbol{l}$ 与 $\boldsymbol{s}$ 正交, 那么

$$\boldsymbol{n}\times\boldsymbol{l} = \boldsymbol{s}, \quad \boldsymbol{l}\times\boldsymbol{s} = \boldsymbol{n}, \quad \boldsymbol{s}\times\boldsymbol{n} = \boldsymbol{l}. \tag{3.2.10}$$

于是由(3.2.4)有

$$\boldsymbol{s} = \boldsymbol{n}\times l^{\alpha}\boldsymbol{r}_{\alpha} = l^{\alpha}\boldsymbol{n}\times\boldsymbol{r}_{\alpha} = l^{\alpha}\varepsilon_{\alpha\beta}\boldsymbol{r}^{\beta} = l_{\alpha}\varepsilon^{\alpha\beta}\boldsymbol{r}_{\beta},$$
$$\boldsymbol{l} = \boldsymbol{s}\times\boldsymbol{n} = s^{\alpha}\boldsymbol{r}_{\alpha}\times\boldsymbol{n} = -s^{\alpha}\varepsilon_{\alpha\beta}\boldsymbol{r}^{\beta} = -s_{\alpha}\varepsilon^{\alpha\beta}\boldsymbol{r}_{\beta}.$$

且有

$$s_{\beta} = \varepsilon_{\alpha\beta}l^{\alpha}, \quad s^{\beta} = \varepsilon^{\alpha\beta}l_{\alpha}, \quad l_{\beta} = \varepsilon_{\beta\alpha}s^{\alpha}, \quad l^{\beta} = \varepsilon^{\beta\alpha}s_{\alpha}. \tag{3.2.11}$$

3.3 曲面上 Christoffel 记号和第二、第三基本型

3.3.1 Christoffel 记号

设标架向量 $\boldsymbol{r}_{\alpha}$ 是光滑的, 那么

$$\boldsymbol{r}_{\alpha\beta} = \frac{\partial^2\boldsymbol{r}}{\partial\xi^{\alpha}\partial\xi^{\beta}},$$

这里 $\boldsymbol{r}_{\alpha\beta}$是空间向量, 因而不一定在曲面的切平面上, 故可以表示为

$$\boldsymbol{r}_{\alpha\beta} = \overset{*}{\Gamma}{}^{\sigma}_{\alpha\beta}\boldsymbol{r}_{\sigma} + b_{\alpha\beta}\boldsymbol{n}. \tag{3.3.1}$$

称(3.3.1)为标架的 Gauss 公式. 系数 $\overset{*}{\Gamma}{}^{\sigma}_{\alpha\beta}$ 称为曲面的第二类型 Christoffel 记号,

$b_{\alpha\beta}$ 称为曲面的第二基本型系数. 令

$$\overset{*}{\Gamma}_{\alpha\beta,\lambda} = a_{\lambda\sigma}\overset{*}{\Gamma}{}^{\sigma}_{\alpha\beta},$$

称 $\overset{*}{\Gamma}_{\alpha\beta,\lambda}$ 为曲面的第一类型 Christoffel 记号.

显然,利用共轭标架,(3.3.1)也可以表示为

$$\boldsymbol{r}_{\alpha\beta} = \overset{*}{\Gamma}_{\alpha\beta,\lambda}\boldsymbol{r}^{\lambda} + b_{\alpha\beta}\boldsymbol{n}. \tag{3.3.2}$$

曲面上 Christoffel 记号具有如下性质

1) 对称性.

$$\overset{*}{\Gamma}_{\alpha\beta,\lambda} = \overset{*}{\Gamma}_{\beta\alpha,\lambda}, \qquad \overset{*}{\Gamma}{}^{\lambda}_{\alpha\beta} = \overset{*}{\Gamma}{}^{\lambda}_{\beta\alpha}. \tag{3.3.3}$$

2) 投影性质.

$$\overset{*}{\Gamma}{}^{\lambda}_{\alpha\beta} = \boldsymbol{r}^{\lambda}\cdot\boldsymbol{r}_{\alpha\beta} = -\boldsymbol{r}_{\alpha}\cdot\partial_{\beta}\boldsymbol{r}^{\lambda}, \quad \overset{*}{\Gamma}_{\alpha\beta,\lambda} = \boldsymbol{r}_{\alpha\beta}\cdot\boldsymbol{r}_{\lambda}. \tag{3.3.4}$$

实际上,只要用 $\boldsymbol{r}^{\lambda}$ 与(3.3.1)和 $\boldsymbol{r}_{\alpha}$ 与(3.3.2)分别作内积,并利用(3.1.13)和 $\boldsymbol{r}_{\alpha}\cdot\boldsymbol{n} = 0, \boldsymbol{r}^{\alpha}\cdot\boldsymbol{n} = 0, \boldsymbol{r}^{\lambda}\cdot\boldsymbol{r}_{\alpha\beta} = \partial_{\beta}(\boldsymbol{r}^{\lambda}\cdot\boldsymbol{r}_{\alpha}) - \boldsymbol{r}_{\alpha}\cdot\partial_{\beta}\boldsymbol{r}^{\lambda} = -\boldsymbol{r}_{\alpha}\cdot\partial_{\beta}\boldsymbol{r}^{\lambda}$, 便可得到(3.3.4).

3) 和度量张量的关系.

$$\partial_{\lambda}a_{\alpha\beta} = \overset{*}{\Gamma}_{\lambda\beta,\alpha} + \overset{*}{\Gamma}_{\lambda\alpha,\beta}, \tag{3.3.5}$$

$$\overset{*}{\Gamma}_{\alpha\beta,\lambda} = \frac{1}{2}(\partial_{\beta}a_{\alpha\lambda} + \partial_{\alpha}a_{\lambda\beta} - \partial_{\lambda}a_{\alpha\beta}). \tag{3.3.6}$$

实际上,对 $a_{\alpha\beta} = \boldsymbol{r}_{\alpha}\cdot\boldsymbol{r}_{\beta}$ 求导,并利用(3.3.4)即可得(3.3.5),将(3.3.5)中指标轮换得三个式子后相加减,即可得(3.3.6).

4) Christoffel 记号为 0 的充分必要条件是度量张量为常数.

实际上,若度量张量为常数,则由(3.3.6)得 Christoffel 记号为 0; 反之,若 Christoffel 记号为 0,则由(3.3.5)知 $a_{\alpha\beta}$ 是常数.

5) 缩并第二类型 Christoffel 记号得

$$\overset{*}{\Gamma}{}^{\alpha}_{\alpha\beta} = \partial_{\beta}\ln\sqrt{a}. \tag{3.3.7}$$

6) Christoffel 记号不构成曲面上的张量.

实际上,坐标变换后,它服从变换规律

$$\overset{*}{\Gamma}{}^{\lambda}_{\alpha\beta} = \overset{*}{\Gamma}{}^{\lambda'}_{\alpha'\beta'}D^{\alpha'}_{\alpha}D^{\beta'}_{\beta}D^{\lambda}_{\lambda'} + D^{\lambda}_{\sigma'}\partial^{2}_{\alpha\beta}\xi^{\sigma'}. \tag{3.3.8}$$

性质 5),6)的证明类似于第 2 章中对空间 Christoffel 记号性质的讨论.

将(3.3.8)两边乘 $D^{\mu'}_{\lambda}$ 后求和,经简单的计算,得

$$\partial^{2}_{\alpha\beta}\xi^{\mu'} = \overset{*}{\Gamma}{}^{\lambda}_{\alpha\beta}D^{\mu'}_{\lambda} - \overset{*}{\Gamma}{}^{\mu'}_{\alpha'\beta'}D^{\alpha'}_{\alpha}D^{\beta'}_{\beta}. \tag{3.3.9}$$

3.3.2 曲面第二基本型

用 $\boldsymbol{n}$ 对(3.3.1) 两边作内积,并记 $\boldsymbol{n}_\alpha \triangleq \partial_\alpha \boldsymbol{n}$,由于 $\boldsymbol{r}_\sigma \cdot \boldsymbol{n} = 0$, 故有

$$b_{\alpha\beta} = b_{\beta\alpha} = \boldsymbol{n} \cdot \boldsymbol{r}_{\alpha\beta} = -\boldsymbol{n}_\alpha \cdot \boldsymbol{r}_\beta,$$

由此可得

$$b_{\alpha\beta} = -(\boldsymbol{n}_\alpha \cdot \boldsymbol{r}_\beta + \boldsymbol{n}_\beta \cdot \boldsymbol{r}_\alpha)/2. \tag{3.3.10}$$

$b_{\alpha\beta}$ 是曲面的第二基本型系数. 曲面的第二基本型由

$$\mathrm{II} = -\mathrm{d}\boldsymbol{r} \cdot \mathrm{d}\boldsymbol{n} = b_{\alpha\beta}\mathrm{d}\xi^\alpha \mathrm{d}\xi^\beta \tag{3.3.11}$$

给出. 易证 $b_{\alpha\beta}$ 是一个二阶协变张量. 实际上,由(3.1.6) 及 $\boldsymbol{n}_{\alpha'} = D^\alpha_{\alpha'}\boldsymbol{n}_\alpha$, 可得

$$b_{\alpha'\beta'} = b_{\alpha\beta}D^\alpha_{\alpha'}D^\beta_{\beta'}.$$

由于 $b_{\alpha\beta}$ 是对称的,故 $b^{\alpha\cdot}_{\cdot\beta} = a^{\alpha\lambda}b_{\lambda\beta} = a^{\lambda\alpha}b_{\beta\lambda} = b_\beta^{\cdot\alpha}$,记 $b^\alpha_\beta \triangleq b^{\alpha\cdot}_{\cdot\beta}$, 根据(3.3.4) 有

$$\begin{aligned} \overset{*}{\Gamma}{}^\lambda_{\alpha\beta} &= \partial_\beta(\boldsymbol{r}_\alpha \cdot \boldsymbol{r}^\lambda) - \boldsymbol{r}_\alpha \cdot \partial_\beta \boldsymbol{r}^\lambda = -\boldsymbol{r}_\alpha \cdot \partial_\beta \boldsymbol{r}^\lambda, \\ b^\alpha_\beta &= a^{\alpha\lambda}b_{\lambda\beta} = -a^{\alpha\lambda}(\boldsymbol{r}_\lambda \cdot \boldsymbol{n}_\beta) = -\boldsymbol{r}^\alpha \cdot \boldsymbol{n}_\beta \\ &= -\partial_\beta(\boldsymbol{r}^\alpha \cdot \boldsymbol{n}) + \partial_\beta \boldsymbol{r}^\alpha \cdot \boldsymbol{n} = \partial_\beta \boldsymbol{r}^\alpha \cdot \boldsymbol{n}. \end{aligned}$$

可得

$$\partial_\beta \boldsymbol{r}^\alpha = -\overset{*}{\Gamma}{}^\alpha_{\lambda\beta}\boldsymbol{r}^\lambda + b^\alpha_\beta \boldsymbol{n}. \tag{3.3.12}$$

称(3.3.12)为共轭标架的 Gauss 公式.

由于 $\boldsymbol{n} \cdot \boldsymbol{n} = 1$,两边求导得 $\boldsymbol{n} \cdot \boldsymbol{n}_\beta = 0$,说明 $\boldsymbol{n}_\beta$ 在曲面的切平面内,故 $\boldsymbol{n}_\beta$ 可由 $\boldsymbol{r}_\alpha$ 线性表示,即

$$\boldsymbol{n}_\beta = u^\alpha_\beta \boldsymbol{r}_\alpha.$$

其中 $u^\alpha_\beta = \boldsymbol{n}_\beta \cdot \boldsymbol{r}^\alpha$,而 $b^\alpha_\beta = -\boldsymbol{r}^\alpha \boldsymbol{n}_\beta$,故得 $u^\alpha_\beta = -b^\alpha_\beta$, 因此

$$\boldsymbol{n}_\beta = -b^\alpha_\beta \boldsymbol{r}_\alpha = -b_{\alpha\beta}\boldsymbol{r}^\alpha. \tag{3.3.13}$$

称(3.3.13)为 Weingarten 公式.

3.3.3 曲面第三基本型

曲面的第三基本型由下式给出

$$\mathrm{III} = c_{\alpha\beta}\mathrm{d}\xi^\alpha \mathrm{d}\xi^\beta, \tag{3.3.14}$$

其中

$$c_{\alpha\beta} = \boldsymbol{n}_\alpha \cdot \boldsymbol{n}_\beta. \tag{3.3.15}$$

利用(3.3.13)得曲面三个基本型系数之间的关系

$$c_{\alpha\beta} = (-b^\lambda_\alpha \boldsymbol{r}_\lambda) \cdot (-b^\sigma_\beta \boldsymbol{r}_\sigma) = b^\lambda_\alpha b^\sigma_\beta a_{\lambda\sigma} = b_{\lambda\alpha}b_{\sigma\beta}a^{\lambda\sigma}. \tag{3.3.16}$$

由(3.3.15)可得

$$\mathrm{III} = \mathrm{d}\boldsymbol{n} \cdot \mathrm{d}\boldsymbol{n}.$$

3.4　测地线和半测地坐标系

3.4.1　测地线

在 n 维 Riemann 空间中,如果度量张量 g_{ij} 是正定的,则

$$\mathrm{d}s^2 = g_{ij}\mathrm{d}x^i\mathrm{d}x^j$$

是正数,因而任一曲线 L 的长度由

$$s = \int_{t_1}^{t_2}\sqrt{g_{ij}\dot{x}^i\dot{x}^j}\,\mathrm{d}t \tag{3.4.1}$$

确定. 这里 $x^i = x^i(t), t_1 \leqslant t \leqslant t_2$ 是曲线 L 的方程.

设空间中两个定点 P 和 Q,在连接 P,Q 两点所有的曲线中,使 P,Q 间弧长最短者,称为短程线. 如果设

$$F = \sqrt{g_{ij}\dot{x}^i\dot{x}^j}, \tag{3.4.2}$$

那么,使得

$$s = \int_{t_1}^{t_2}F\mathrm{d}t$$

在过 P,Q 两点一切可能的光滑曲线中取极小值的曲线,就是短程线.

变分问题(3.4.1)相应的 Euler 方程为

$$\frac{\mathrm{d}}{\mathrm{d}t}\left(\frac{\partial F}{\partial \dot{x}^i}\right) - \frac{\partial F}{\partial x^i} = 0, \tag{3.4.3}$$

而

$$F_{\dot{x}^i} = \frac{1}{F}g_{ij}\dot{x}^j, \qquad F_{x^i} = \frac{1}{2F}\frac{\partial g_{mn}}{\partial x^i}\dot{x}^m\dot{x}^n,$$

故 Euler 方程为

$$\frac{\mathrm{d}}{\mathrm{d}t}\left(\frac{1}{F}g_{ij}\dot{x}^j\right) - \frac{1}{2F}\frac{\partial g_{mn}}{\partial x^i}\dot{x}^m\dot{x}^n = 0.$$

根据

$$\frac{\mathrm{d}}{\mathrm{d}t}\left(\frac{1}{F}g_{ij}\dot{x}^j\right) = \frac{1}{F}g_{ij}\ddot{x}^j + \frac{1}{F}\frac{\partial g_{ij}}{\partial x^m}\dot{x}^m\dot{x}^j - \frac{1}{F^2}\frac{\mathrm{d}F}{\mathrm{d}t}g_{ij}\dot{x}^j,$$

得

$$g_{ij}\ddot{x}^j + \frac{1}{2}\left(\frac{\partial g_{in}}{\partial x^m} + \frac{\partial g_{im}}{\partial x^n} - \frac{\partial g_{mn}}{\partial x^i}\right)\dot{x}^m\dot{x}^n - \frac{1}{F}\frac{\mathrm{d}F}{\mathrm{d}t}g_{ij}\dot{x}^j = 0,$$

即

$$g_{ij}\ddot{x}^j + \Gamma_{mn,i}\dot{x}^m\dot{x}^n - \frac{1}{F}\frac{\mathrm{d}F}{\mathrm{d}t}g_{ij}\dot{x}^j = 0.$$

两边同乘 g^{ki} 并对 i 求和,得

$$\ddot{x}^k + \Gamma^k_{mn}\dot{x}^m\dot{x}^n - \frac{1}{F}\frac{\mathrm{d}F}{\mathrm{d}t}\dot{x}^k = 0, \tag{3.4.4}$$

而 $F = \mathrm{d}s/\mathrm{d}t$,故当 $t = s$ 时 $F = 1$.于是有

$$\frac{\mathrm{d}F}{\mathrm{d}s} = 0,$$

因而

$$\frac{\mathrm{d}^2x^k}{\mathrm{d}s^2} + \Gamma^k_{mn}\frac{\mathrm{d}x^m}{\mathrm{d}s}\frac{\mathrm{d}x^n}{\mathrm{d}s} = 0. \tag{3.4.5}$$

(3.4.5)是短程线所满足的微分方程.

常微分方程组(3.4.5)的积分曲线称为 Riemann 空间中的测地线.显然,短程线必定是测地线,但测地线未必是短程线.

如果在空间中给定任一点(x^k_0) 及在这点上给定任一个方向 $\dot{x}^k_0$, 则根据熟知的常微分方程理论,始值问题

$$\begin{cases} \dfrac{\mathrm{d}^2x^k}{\mathrm{d}s^2} + \Gamma^k_{mn}\dfrac{\mathrm{d}x^m}{\mathrm{d}s}\dfrac{\mathrm{d}x^n}{\mathrm{d}s} = 0, \\ x^k\Big|_{s=0} = x^k_0, \quad \dfrac{\mathrm{d}x^k}{\mathrm{d}s}\Big|_{s=0} = \dot{x}^k_0. \end{cases}$$

存在唯一的解.这说明,过空间中任一点及任一方向,都有唯一的一条测地线.

曲面上的测地线所应满足的微分方程与(3.4.5)类似.这时若设 (ξ^α) 是曲面上的 Gauss 坐标系, 那么测地线所满足的微分方程为

$$\frac{\mathrm{d}^2\xi^\alpha}{\mathrm{d}s^2} + \overset{*}{\Gamma}{}^\alpha_{\beta\sigma}\frac{\mathrm{d}\xi^\alpha}{\mathrm{d}s}\frac{\mathrm{d}\xi^\beta}{\mathrm{d}s} = 0. \tag{3.4.6}$$

3.4.2 半测地坐标系

为简单起见,仅考察三维空间情形.在三维欧氏空间或 Riemann空间 V_3 中,建立曲线坐标系(x^i),因此,对任意一个二维光滑曲面 V_2, 其参数方程为(3.1.1)

$$x^i = x^i(\xi^1,\xi^2), \quad i = 1,2,3.$$

其中 (ξ^1,ξ^2) 是 V_2 上的 Gauss 坐标系.对于确定的(ξ^1,ξ^2),对应 V_2 上一固定点 M,当(ξ^1,ξ^2) 历遍某一连通区域 Ω_ξ 时,M 点历遍 V_2.

由于在 V_2 上每一点 M,都有一确定的单位法向量 $\boldsymbol{n}$,因而可以通过 M 及 $\boldsymbol{n}$,作一测地线,称此为 V_2 的法向测地线,记 s 为法向测地线的弧长.

对 V_2 邻域内任一点 P,有 V_2 上一点 M 与之对应,使过 M 点 V_2 的法向测地线通过 P,于是点 P 可用点M 的 Gauss 坐标(ξ^1,ξ^2) 及过 M 点 V_2 的法向测地线弧

长 s 三个数来描述. 反之,给定一组数(ξ^1,ξ^2,s),其中$(\xi^1,\xi^2)\in\Omega_\xi$,那么,由$(\xi^1,\xi^2)$ 确定 V_2 上一点 M,过 M 点 V_2 的法向测地线上取一点 P,使$\widehat{MP}=s$. 这样的点 P 与(ξ^1,ξ^2,s)对应. 当 s 固定,M 历遍 V_2 上一切点时,P 描绘了一个曲面,称它为 V_2 的测地平行曲面. 当 $s=0$ 时,P 落在 V_2 的点 M 上,V_2 的测地平行曲面与 V_2 重合. 因此只要 s 充分小,V_2 及其测地平行曲面就具有公共的法向测地线.

可以取(ξ^1,ξ^2,s)作为新的坐标系. 它和坐标系(x^i)有如下关系

$$x^i=x^i(\xi^1,\xi^2,s),\qquad i=1,2,3. \tag{3.4.7}$$

而且 s 适当小,坐标变换的 Jacobi 行列式 不为 0,即

$$\begin{vmatrix}\dfrac{\partial x^1}{\partial\xi^1} & \dfrac{\partial x^2}{\partial\xi^1} & \dfrac{\partial x^3}{\partial\xi^1}\\ \dfrac{\partial x^1}{\partial\xi^2} & \dfrac{\partial x^2}{\partial\xi^2} & \dfrac{\partial x^3}{\partial\xi^2}\\ \dfrac{\partial x^1}{\partial s} & \dfrac{\partial x^2}{\partial s} & \dfrac{\partial x^3}{\partial s}\end{vmatrix}=\frac{D(x^1,x^2,x^3)}{D(\xi^1,\xi^2,s)}\neq 0. \tag{3.4.8}$$

称(ξ^1,ξ^2,s)为半测地坐标系.

可以证明,一个坐标系是半测地坐标系的充要条件为,在该坐标系下,度量张量满足条件

$$g_{13}=g_{23}=g_{31}=g_{32}=0,\quad g_{33}=1. \tag{3.4.9}$$

因在任一曲线坐标系(x^i)下,曲线的弧长微分由 $\mathrm{d}s^2=g_{ij}\mathrm{d}x^i\mathrm{d}x^j$ 所确定, 故若取(x^i)为半测地坐标系

$$x^1=\xi^1,\quad x^2=\xi^2,\quad x^3=s, \tag{3.4.10}$$

那么,曲线的弧长微分为

$$\mathrm{d}s^2=g_{\alpha\beta}\mathrm{d}x^\alpha\mathrm{d}x^\beta+(\mathrm{d}x^3)^2. \tag{3.4.11}$$

令 $\boldsymbol{R}$ 为曲面上任一点 M 到 Descartes 坐标系(y^i)原点的矢径. 这时,由

$$\boldsymbol{e}_\alpha=\frac{\partial\boldsymbol{R}}{\partial\xi^\alpha} \tag{3.4.12}$$

所确定的向量构成曲面 V_2 上 的局部标架,而它的度量张量为

$$a_{\alpha\beta}=\boldsymbol{e}_\alpha\cdot\boldsymbol{e}_\beta. \tag{3.4.13}$$

将 V_2 嵌入 V_3 中,两者的度量张量有如下关系

$$a_{\alpha\beta}=g_{ij}\frac{\partial x^i}{\partial\xi^\alpha}\frac{\partial x^j}{\partial\xi^\beta}, \tag{3.4.14}$$

其中(x^i)是 V_3 中任意曲线坐标系. 特别地,当(x^i)为半测地坐标系时,由(3.4.9)和(3.4.14)可得 V_3 中的度量张量在 V_2 上满足

$$g_{\alpha\beta}=a_{\alpha\beta},\quad g_{13}=g_{23}=g_{31}=g_{32}=0,\quad g_{33}=1. \tag{3.4.15}$$

而

$$g = a = \det(a_{\alpha\beta}) = a_{11}a_{22} - a_{12}^2 \tag{3.4.16}$$

为度量张量 g_{ij} 的行列式.度量张量的逆变分量 g^{ij} 满足

$$g^{ij}g_{jk} = \delta_k^i,$$

即

$$(g^{ij}) = \begin{pmatrix} a_{11} & a_{12} & 0 \\ a_{21} & a_{22} & 0 \\ 0 & 0 & 1 \end{pmatrix}^{-1}$$

显然

$$g^{\alpha\beta} = a^{\alpha\beta}, \quad g^{13} = g^{23} = g^{31} = g^{32} = 0, \quad g^{33} = \frac{1}{g_{33}} = 1. \tag{3.4.17}$$

在 V_2 上,单位法向量 $\boldsymbol{n}$ 可由下式确定

$$\boldsymbol{n} = \frac{1}{2}\varepsilon^{\alpha\beta}(\boldsymbol{e}_\alpha \times \boldsymbol{e}_\beta), \tag{3.4.18}$$

并且$(\boldsymbol{e}_1,\boldsymbol{e}_2,\boldsymbol{n})$组成右旋系统,称它为 V_2 的相伴标架.它也是 V_3 中半测地坐标系的局部标架.

V_2 上$(\boldsymbol{e}_1,\boldsymbol{e}_2)$的共轭标架$(\boldsymbol{e}^1,\boldsymbol{e}^2)$为

$$\boldsymbol{e}^\alpha = a^{\alpha\beta}\boldsymbol{e}_\beta = g^{\alpha\beta}\boldsymbol{e}_\beta, \tag{3.4.19}$$

因而,由(3.4.17)看出,在 V_3 中的半测地坐标系下,其共轭标架$(\boldsymbol{e}^1,\boldsymbol{e}^2)$与(3.4.19)一致.且

$$\boldsymbol{e}^3 = g^{3i}\boldsymbol{e}_i = \boldsymbol{e}_3 = \boldsymbol{n}. \tag{3.4.20}$$

因此,$(\boldsymbol{e}_1,\boldsymbol{e}_2)$与$(\boldsymbol{e}^1,\boldsymbol{e}^2)$分别为 V_2 中的局部标架和局部共轭标架,而$(\boldsymbol{e}_1,\boldsymbol{e}_2,\boldsymbol{n})$与$(\boldsymbol{e}^1,\boldsymbol{e}^2,\boldsymbol{n})$分别为 V_3 中半测地坐标系的局部标架和共轭局部标架.

在空间 V_3 中,共轭局部标架与局部标架有如下关系

$$\boldsymbol{e}^\alpha = \varepsilon^{\alpha\beta}(\boldsymbol{e}_\beta \times \boldsymbol{n}), \quad \boldsymbol{e}^3 = \frac{1}{2}\varepsilon^{\alpha\beta}(\boldsymbol{e}_\alpha \times \boldsymbol{e}_\beta) = \boldsymbol{n}, \tag{3.4.21}$$

曲面上任一向量 $\boldsymbol{v}$,可以展开为

$$\boldsymbol{v} = v^\alpha\boldsymbol{e}_\alpha + v^3\boldsymbol{n} = v_\alpha\boldsymbol{e}^\alpha + v_3\boldsymbol{n}, \tag{3.4.22}$$

其中(v^α),(v_α)分别为 $\boldsymbol{v}$ 在 V_2 中 Gauss 坐标系下的逆变分量和协变分量,(v^α,v^3),(v_α,v_3)分别为 $\boldsymbol{v}$ 在半测地坐标系中的逆变分量和协变分量.且有

$$v^\alpha = a^{\alpha\beta}v_\beta, \quad v_\alpha = a_{\alpha\beta}v^\beta, \quad v^3 = v_3. \tag{3.4.23}$$

3.4.3 曲面上两曲线夹角

切于曲面的两个向量间夹角 θ 满足

$$\cos\theta = \frac{a_{\alpha\beta}u^\alpha v^\beta}{\sqrt{a_{\lambda\gamma}u^\lambda u^\gamma}\sqrt{a_{\sigma\mu}v^\sigma v^\mu}}, \tag{3.4.24}$$

特别地，e_1, e_2 间夹角 θ_{12} 满足

$$\cos\theta_{12} = \frac{a_{12}}{\sqrt{a_{11}a_{22}}},$$

切于曲面的向量 v 的长度 $|v|$ 为

$$|v|^2 = a_{\alpha\beta}v^\alpha v^\beta. \tag{3.4.25}$$

设在曲面上有一条曲线 L_1，令 s_1 表示 L_1 的弧长，那么

$$(\mathrm{d}s_1)^2 = a_{\alpha\beta}\mathrm{d}\xi^\alpha \mathrm{d}\xi^\beta,$$

即

$$a_{\alpha\beta}\cdot\frac{\mathrm{d}\xi^\alpha}{\mathrm{d}s_1}\frac{\mathrm{d}\xi^\beta}{\mathrm{d}s_1} = 1,$$

其中 $\frac{\mathrm{d}\xi^\alpha}{\mathrm{d}s_1}$ 为曲线 L_1 上切向量的方向数. 记

$$\lambda^\alpha = \frac{\mathrm{d}\xi^\alpha}{\mathrm{d}s_1}, \tag{3.4.26}$$

那么

$$a_{\alpha\beta}\lambda^\alpha\lambda^\beta = 1, \tag{3.4.27}$$

若 $\lambda_\beta = a_{\alpha\beta}\lambda^\alpha$，则得

$$\lambda_\beta\lambda^\beta = 1. \tag{3.4.28}$$

设 s_2 表示曲面上另一条曲线 L_2 的弧长，而 $\mu^\alpha = \frac{\mathrm{d}\xi^\alpha}{\mathrm{d}s_2}$ 为 L_2 上切向量的方向数. 同理有

$$a_{\alpha\beta}\mu^\alpha\mu^\beta = 1. \tag{3.3.29}$$

显然，$\lambda^\alpha, \mu^\alpha$ 分别为 L_1, L_2 单位切向量的逆变分量.

设 (y^i) 为 Descartes 坐标系，那么，由 $\boldsymbol{R} = y^1\boldsymbol{i} + y^2\boldsymbol{j} + y^3\boldsymbol{k}$ 可得

$$a_{\alpha\beta} = \boldsymbol{e}_\alpha\cdot\boldsymbol{e}_\beta = \frac{\partial\boldsymbol{R}}{\partial\xi^\alpha}\cdot\frac{\partial\boldsymbol{R}}{\partial\xi^\beta} = \sum_{i=1}^{3}\frac{\partial y^i}{\partial\xi^\alpha}\frac{\partial y^i}{\partial\xi^\beta}.$$

由于 $\frac{\mathrm{d}y^i}{\mathrm{d}s_1}, \frac{\mathrm{d}y^i}{\mathrm{d}s_2}$ 分别为 L_1, L_2 上单位向量的方向余弦，所以，L_1, L_2 之间的夹角余弦

$$\cos\theta = \sum_{i=1}^{3}\frac{\mathrm{d}y^i}{\mathrm{d}s_1}\frac{\mathrm{d}y^i}{\mathrm{d}s_2} = \sum_{i=1}^{3}\frac{\partial y^i}{\partial\xi^\alpha}\frac{\mathrm{d}\xi^\alpha}{\mathrm{d}s_1}\frac{\partial y^i}{\partial\xi^\beta}\frac{\mathrm{d}\xi^\beta}{\mathrm{d}s_2} = \sum_{i=1}^{3}\frac{\partial y^i}{\partial\xi^\alpha}\frac{\partial y^i}{\partial\xi^\beta}\lambda^\alpha\mu^\beta,$$

即曲面上任意两曲线 L_1, L_2 间的夹角 θ 由

$$\cos\theta = a_{\alpha\beta}\lambda^\alpha\mu^\beta \tag{3.4.30}$$

确定. 特别地，若 L_1, L_2 正交，则有 $a_{\alpha\beta}\lambda^\alpha\mu^\beta = 0$，从而

$$\lambda^\alpha\mu_\alpha = \lambda_\beta\mu^\beta = 0. \tag{3.4.31}$$

3.5 曲面上曲线和曲率

3.5.1 曲面上曲线的曲率和曲率半径

设 L 为曲面上的一条曲线，由原点引曲线上一点其向径为 $\boldsymbol{r}$，沿这曲线的弧长 s 微分 $\boldsymbol{r}$，得

$$\boldsymbol{s} = \frac{\mathrm{d}\boldsymbol{r}}{\mathrm{d}s} = \frac{\partial \boldsymbol{r}}{\partial \xi^\alpha}\frac{\mathrm{d}\xi^\alpha}{\mathrm{d}s} = \boldsymbol{r}_\alpha \frac{\mathrm{d}\xi^\alpha}{\mathrm{d}s} = \boldsymbol{r}_\alpha s^\alpha, \tag{3.5.1}$$

$\boldsymbol{s}$ 为 L 的单位切向量，再微分一次，得

$$\frac{\mathrm{d}\boldsymbol{s}}{\mathrm{d}s} = \frac{\mathrm{d}^2\boldsymbol{r}}{\mathrm{d}s^2} = \boldsymbol{r}_\alpha \frac{\mathrm{d}^2\xi^\alpha}{\mathrm{d}s^2} + \boldsymbol{r}_{\alpha\beta}s^\alpha s^\beta = \left(\frac{\mathrm{d}^2\xi^\lambda}{\mathrm{d}s^2} + \Gamma^\lambda_{\alpha\beta}s^\alpha s^\beta\right)\boldsymbol{r}_\lambda + b_{\alpha\beta}s^\alpha s^\beta \boldsymbol{n}, \tag{3.5.2}$$

这里用到了 Gauss 公式(3.3.1).由 $\boldsymbol{s}\cdot\boldsymbol{s} = 1$，有$\frac{\mathrm{d}\boldsymbol{s}}{\mathrm{d}s}\cdot s = 0$，故向量$\frac{\mathrm{d}\boldsymbol{s}}{\mathrm{d}s}$沿曲线 L 的法线方向，并指向 L 的内侧，这个方向称为曲线 L 的主法向.它的单位向量记为 $\boldsymbol{m}$，故

$$\frac{\mathrm{d}\boldsymbol{s}}{\mathrm{d}s} = \frac{\mathrm{d}^2\boldsymbol{r}}{\mathrm{d}s^2} = k\boldsymbol{m}, \quad k \geqslant 0. \tag{3.5.3}$$

称 k 为曲线的曲率，$\rho = \frac{1}{k}$ 为曲线的曲率半径.

由式(3.5.2)和式(3.5.3)得

$$k\boldsymbol{m} = g^\lambda \boldsymbol{r}_\lambda + b_{\alpha\beta}s^\alpha s^\beta \boldsymbol{n}, \qquad g^\lambda = \frac{\mathrm{d}^2\xi^\lambda}{\mathrm{d}s^2} + \Gamma^\lambda_{\alpha\beta}s^\alpha s^\beta. \tag{3.5.4}$$

与 $\boldsymbol{n}$ 作内积得曲线主法线和曲面法线间的夹角 θ 的余弦，即

$$k\cos\theta = k\boldsymbol{m}\cdot\boldsymbol{n} = b_{\alpha\beta}s^\alpha s^\beta \triangleq k_s. \tag{3.5.5}$$

称 k_s 为法向曲率，称 $k_s\boldsymbol{n}$ 为曲线 L 的法曲率向量.

如果 L 是曲面上的测地线，那么，由测地线方程可知

$$g^\lambda = 0, \quad \lambda = 1,2,$$

这时 $k\boldsymbol{m} = k_s\boldsymbol{n}$. 这说明测地线的主法向与曲面法向相一致，且这时 $\theta = 0$，于是有 $k = k_s$，即测地线的法曲率等于曲率.反之，由(3.5.2)可知，若一曲线 L，其上每一点主法向和曲面法向相一致，那么 L 必是测地线.

3.5.2 测地挠率

考虑向量$\frac{\mathrm{d}\boldsymbol{n}}{\mathrm{d}s}$，由 $\boldsymbol{n}\cdot\boldsymbol{n} = 1$ 知 $\boldsymbol{n}\cdot\frac{\mathrm{d}\boldsymbol{n}}{\mathrm{d}s} = 0$，说明$\frac{\mathrm{d}\boldsymbol{n}}{\mathrm{d}s}$在曲面的切平面内，故有

$$\frac{\mathrm{d}\boldsymbol{n}}{\mathrm{d}s} = \alpha_1\boldsymbol{s} + \beta_1\boldsymbol{l}, \tag{3.5.6}$$

其中 $\boldsymbol{l}$ 是满足 $\boldsymbol{l}\times\boldsymbol{s}=\boldsymbol{n}$ 的单位向量，将(3.5.6) 分别与 $\boldsymbol{s}$ 和 $\boldsymbol{l}$ 作内积，并利用(3.3.13)得

$$\alpha_1=\boldsymbol{s}\cdot\frac{\mathrm{d}\boldsymbol{n}}{\mathrm{d}s}=\boldsymbol{s}\cdot\boldsymbol{n}_\alpha\frac{\mathrm{d}\xi^\alpha}{\mathrm{d}s}=-\boldsymbol{s}b_{\beta\alpha}\boldsymbol{r}^\beta s^\alpha=-b_{\alpha\beta}s^\alpha s^\beta=-k_s,$$

$$\beta_1=\boldsymbol{l}\cdot\frac{\mathrm{d}\boldsymbol{n}}{\mathrm{d}s}=-\boldsymbol{l}\boldsymbol{r}^\alpha b_{\alpha\beta}s_\beta=-b_{\alpha\beta}l^\alpha s^\beta=\tau_s.$$

于是(3.5.6)变为

$$\frac{\mathrm{d}\boldsymbol{n}}{\mathrm{d}s}=-k_s\boldsymbol{s}+\tau_s\boldsymbol{l},\tag{3.5.7}$$

其中(注意(3.2.11))

$$\tau_s=-b_{\alpha\beta}l^\alpha s^\beta=-b_{\alpha\beta}\varepsilon^{\alpha\lambda}s_\lambda s^\beta=-\varepsilon^{\alpha\lambda}b_{\alpha\beta}a_{\lambda\sigma}s^\sigma s^\beta.\tag{3.5.8}$$

称 τ_s 为曲线在方向 $\boldsymbol{s}$ 的测地挠率.

3.5.3 测地曲率

类似于(3.5.7)，有

$$\frac{\mathrm{d}\boldsymbol{s}}{\mathrm{d}s}=-k_g\boldsymbol{l}+k_s\boldsymbol{n},\qquad\frac{\mathrm{d}\boldsymbol{l}}{\mathrm{d}s}=k_g\boldsymbol{s}-\tau_s\boldsymbol{n}.\tag{3.5.9}$$

实际上，由于 $\frac{\mathrm{d}\boldsymbol{s}}{\mathrm{d}s}\cdot\boldsymbol{s}=0,\frac{\mathrm{d}\boldsymbol{l}}{\mathrm{d}s}\cdot\boldsymbol{l}=0$，故有

$$\frac{\mathrm{d}\boldsymbol{s}}{\mathrm{d}s}=\alpha_2\boldsymbol{l}+\beta_2\boldsymbol{n},\quad\frac{\mathrm{d}\boldsymbol{l}}{\mathrm{d}s}=\alpha_3\boldsymbol{s}+\beta_3\boldsymbol{n}.$$

由(3.5.3)和(3.5.5)知 $\boldsymbol{n}\cdot\frac{\mathrm{d}\boldsymbol{s}}{\mathrm{d}s}=k_s$，得 $\beta_2=k_s$，又由(3.5.7) 知 $\boldsymbol{n}\cdot\frac{\mathrm{d}\boldsymbol{l}}{\mathrm{d}s}=-\boldsymbol{l}\frac{\mathrm{d}\boldsymbol{n}}{\mathrm{d}s}=-\tau_s$，故得 $\beta_3=-\tau_s$，而

$$\boldsymbol{s}\frac{\mathrm{d}\boldsymbol{l}}{\mathrm{d}s}=\alpha_3=-\boldsymbol{l}\frac{\mathrm{d}\boldsymbol{s}}{\mathrm{d}s}=-\alpha_2,$$

记 $\alpha_3=k_g$，那么(3.5.9) 成立.称 k_g 为曲线的测地曲率.

测地曲率 k_g 也可以通过下式计算

$$-k_g=\boldsymbol{l}\cdot\frac{\mathrm{d}\boldsymbol{s}}{\mathrm{d}s}=\boldsymbol{l}\cdot g^\lambda\boldsymbol{r}_\lambda=l_\lambda g^\lambda,\tag{3.5.10}$$

这里 g^λ 是(3.5.4)中所定义的.将(3.5.3)代入(3.5.9)第一式，则

$$k\boldsymbol{m}=-k_g\boldsymbol{l}+k_s\boldsymbol{n},$$

与 $\boldsymbol{l}$ 作内积，有

$$-k_g=k\boldsymbol{m}\cdot\boldsymbol{l}=k\sin\theta,\tag{3.5.11}$$

(3.5.11)与(3.5.5)联立得

$$k^2=k_s^2+k_g^2.\tag{3.5.12}$$

3.5.4 曲面的主方向

测地挠率为 0 的方向，称为曲面的主方向. 即对任一主方向都有 $\tau_s = 0$, 因而(3.5.7)变为

$$\frac{\mathrm{d}\boldsymbol{n}}{\mathrm{d}s} = -k_s \boldsymbol{s}, \quad \tau_s = 0.$$

利用(3.3.13)，则有

$$\frac{\mathrm{d}\boldsymbol{n}}{\mathrm{d}s} = \boldsymbol{n}_\beta \frac{\mathrm{d}\xi^\beta}{\mathrm{d}s} = -b_{\alpha\beta}\boldsymbol{r}^\alpha s^\beta = -k_s \boldsymbol{s} = -k_s s_\alpha \boldsymbol{r}^\alpha, \tag{3.5.13}$$

将 $s_\alpha = a_{\alpha\beta}s^\beta$ 代入，于是有

$$b_{\alpha\beta}s^\beta \boldsymbol{r}^\alpha = k_s a_{\alpha\beta} s^\beta \boldsymbol{r}^\alpha, \tag{3.5.14}$$

即

$$| b_{\alpha\beta} - k_s a_{\alpha\beta} | = 0.$$

若用 $a^{\alpha\sigma}$ 乘两边，则得

$$| b_\beta^\sigma - k_s \delta_\beta^\sigma | = 0. \tag{3.5.15}$$

这说明，曲面上所有主方向，它的法曲率 k_s 必须满足(3.5.15). 反过来也成立. 另外，(3.5.15)也可表为

$$\begin{vmatrix} b_1^1 - k_s & b_1^2 \\ b_2^1 & b_2^2 - k_s \end{vmatrix} = 0,$$

故得

$$k_s^2 - 2Hk_s + K = 0, \tag{3.5.16}$$

其中

$$2H = b_\alpha^\alpha = a^{\alpha\beta}b_{\beta\alpha}, \tag{3.5.17}$$

$$\begin{aligned} K &= b_1^1 b_2^2 - b_2^1 b_1^2 = \frac{1}{2}\varepsilon_{\alpha\beta}\varepsilon^{\lambda\sigma} b_\lambda^\alpha b_\sigma^\beta \\ &= \frac{1}{2}\varepsilon^{\alpha\beta}\varepsilon^{\lambda\sigma} b_{\alpha\lambda} b_{\beta\sigma} = \frac{b_{11}b_{22} - b_{12}^2}{a_{11}a_{22} - a_{12}^2} = \frac{b}{a}. \end{aligned} \tag{3.5.18}$$

显然，H 和 K 都是不变量，称 H 为曲面的平均曲率，K 为 Gauss 曲率，也称 K 为曲面的全曲率.

在主方向上，法曲率 k_s 满足

$$k_s = H \pm \sqrt{H^2 - K}. \tag{3.5.19}$$

因为 $H^2 - K$ 是一个数量，且是一个不变量，因而，对曲面上任一点 P，可取一特殊坐标系使得 $a_{\alpha\beta}(P) = \delta_{\alpha\beta}$，于是，在此坐标系下有

$$H^2 - K = \frac{1}{4}(b_1^1 + b_2^2)^2 - b_1^1 b_2^2 + b_1^2 b_2^1$$

$$=\frac{1}{4}(b_1^1-b_2^2)^2+(b_{12})^2\geqslant 0. \qquad (3.5.20)$$

由于 P 是任意点,故(3.5.20)在曲面上处处成立.这表明曲面上任一点都有两个主方向,其法曲率分别是

$$k_1=H+\sqrt{H^2-K},\quad k_2=H-\sqrt{H^2-K}. \qquad (3.5.21)$$

当然,也可能存在两个主方向重合情形,即 $H^2-K=0$ 的点.称这种点为脐点.可以证明,如果一个曲面处处都是脐点.则这个曲面必是球面.

由于 $k_1\neq k_2$(当 $H^2-K\neq 0$ 时),故有 $\boldsymbol{s}_1\cdot\boldsymbol{s}_2=0$.即 $\boldsymbol{s}_1$ 与 $\boldsymbol{s}_2$ 正交.

由(3.5.21)可得

$$H=\frac{1}{2}(k_1+k_2),\qquad K=k_1k_2. \qquad (3.5.22)$$

这说明,在曲面上,平均曲率是两个主方向上法曲率的平均值,而 Gauss 曲率是两个主方向上法曲率的乘积.

3.5.5 两个主方向相互正交

设 $\boldsymbol{s}_1$ 和 $\boldsymbol{s}_2$ 为两个主方向,则由(3.5.14)有

$$b^{\alpha\beta}s_\beta{}'\boldsymbol{r}_\alpha=k_1\boldsymbol{s}_1,\quad b^{\alpha\beta}s_\beta{}''\boldsymbol{r}_\alpha=k_2\boldsymbol{s}_2,$$

其中 $s_\beta{}', s_\beta{}''$ 分别为 $\boldsymbol{s}_1,\boldsymbol{s}_2$ 的协变分量.用 $\boldsymbol{s}_2,\boldsymbol{s}_1$ 分别与第一式和第二式作内积,并相减,得

$$(k_1-k_2)\boldsymbol{s}_1\cdot\boldsymbol{s}_2=0.$$

由于 $k_1\neq k_2$(当 $H^2-k\neq 0$ 时),故 $\boldsymbol{s}_1\cdot\boldsymbol{s}_2=0$,即 $\boldsymbol{s}_1$ 与 $\boldsymbol{s}_2$ 正交.

3.6 曲面张量的微分学

3.6.1 协变导数

曲面作为二维 Riemann 空间时,和仿射空间类似,可以定义自己的张量.其协变导数同样可利用曲面上的 Christoffel 记号来表达

$$\overset{*}{\nabla}_\beta A^\alpha=\partial_\beta A^\alpha+\overset{*}{\Gamma}{}^\alpha_{\beta\lambda}A^\lambda,\quad \overset{*}{\nabla}_\beta A_\alpha=\partial_\beta A_\alpha-\overset{*}{\Gamma}{}^\lambda_{\alpha\beta}A_\lambda. \qquad (3.6.1)$$

这里仍用记号 $\partial_\beta=\dfrac{\partial}{\partial\xi^\beta}$.高阶张量的协变导数同样可以定义

$$\overset{*}{\nabla}_\lambda f^{\alpha\cdot}_{\cdot\beta}=\partial_\lambda f^{\alpha\cdot}_{\cdot\beta}+\overset{*}{\Gamma}{}^\alpha_{\lambda\sigma}f^{\sigma\cdot}_{\cdot\beta}-\overset{*}{\Gamma}{}^\sigma_{\lambda\beta}f^{\alpha\cdot}_{\cdot\sigma}. \qquad (3.6.2)$$

尤其是,度量张量和行列式张量的协变导数均为 0,即

$$\begin{cases}\overset{*}{\nabla}_\lambda a^{\alpha\beta}=0,\ \overset{*}{\nabla}_\lambda a_{\alpha\beta}=0,\ \overset{*}{\nabla}_\lambda \delta^\alpha_\beta=0,\\ \overset{*}{\nabla}_\lambda \varepsilon_{\alpha\beta}=0,\ \overset{*}{\nabla}_\lambda \varepsilon^{\alpha\beta}=0,\ \overset{*}{\nabla}_\lambda \varepsilon^{\alpha\cdot}_{\cdot\beta}=0,\ \overset{*}{\nabla}_\lambda \varepsilon_{\beta\cdot}^{\cdot\alpha}=0.\end{cases} \tag{3.6.3}$$

逆变导数可用指标上升来定义

$$\overset{*}{\nabla}{}^\lambda f^{\alpha_1\alpha_2}_{\beta_1\beta_2}=a^{\lambda\sigma}\overset{*}{\nabla}_\sigma f^{\alpha_1\alpha_2}_{\beta_1\beta_2}. \tag{3.6.4}$$

3.6.2 Gauss 公式

一阶张量 $\boldsymbol{A}$ 的散度为

$$\overset{*}{\mathrm{div}}\boldsymbol{A}\triangleq\overset{*}{\nabla}_\alpha A^\alpha=\partial_\alpha A^\alpha+\overset{*}{\Gamma}{}^\alpha_{\alpha\beta}A^\beta=\frac{1}{\sqrt{a}}\partial_\alpha(\sqrt{a}A^\alpha). \tag{3.6.5}$$

类似于欧氏空间,下列 Gauss 公式成立

$$\int_\Omega \overset{*}{\mathrm{div}}\boldsymbol{A}\,\mathrm{d}\Omega=\oint_L A^\alpha \boldsymbol{l}_\alpha \mathrm{d}s, \tag{3.6.6}$$

其中 $\boldsymbol{l}_\alpha$ 是曲线L 切平面内的单位法向量.

与第 2 章类同,可以定义二阶张量的散度.记 $\boldsymbol{A}^\alpha$ 为一阶逆变张量,那么

$$\frac{1}{\sqrt{a}}\partial_\alpha(\sqrt{a}\boldsymbol{A}^\alpha)=\frac{1}{\sqrt{a'}}\partial_{\alpha'}(\sqrt{a'}\boldsymbol{A}^\alpha),$$

即二阶张量的散度仍然是不变量.广义 Gauss 公式为

$$\iint_\Omega \frac{1}{\sqrt{a}}\partial_\alpha(\sqrt{a}\boldsymbol{A}^\alpha)\mathrm{d}\Omega=\oint_L \boldsymbol{A}^\alpha l_\alpha \mathrm{d}s. \tag{3.6.7}$$

一个数量场,其梯度的散度称为 Laplace 算子.即

$$\triangle\varphi=\mathrm{div}(\mathrm{grad}\varphi).$$

根据散度和梯度的定义,可得

$$\triangle\varphi=\overset{*}{\nabla}_\alpha(a^{\alpha\beta}\overset{*}{\nabla}_\beta\varphi)=\partial_\alpha(a^{\alpha\beta}\sqrt{a}\,\overset{*}{\nabla}_\beta\varphi). \tag{3.6.8}$$

如果 Gauss 坐标系是正交的,则

$$\triangle\varphi=\frac{1}{\sqrt{a_{11}a_{22}}}\left[\partial_1\left(\sqrt{\frac{a_{22}}{a_{11}}}\partial_1\varphi\right)+\partial_2\left(\sqrt{\frac{a_{11}}{a_{22}}}\partial_2\varphi\right)\right].$$

3.6.3 曲率张量

由于

$$\boldsymbol{r}_{\alpha\beta}=\overset{*}{\Gamma}{}^\lambda_{\alpha\beta}\boldsymbol{r}_\lambda+b_{\alpha\beta}\boldsymbol{n}, \tag{3.6.9}$$

对(3.6.9)求导,并利用 $\boldsymbol{n}_\lambda=-b^\sigma_\lambda\boldsymbol{r}_\sigma$, 则有

$$\begin{aligned} \boldsymbol{r}_{\alpha\beta\gamma} &= \partial_\gamma\partial_\beta\partial_\alpha \boldsymbol{r} = (\partial_\gamma \overset{*}{\Gamma}{}^\lambda_{\alpha\beta})\, \boldsymbol{r}_\lambda + \overset{*}{\Gamma}{}^\lambda_{\alpha\beta}\boldsymbol{r}_{\lambda\gamma} + (\partial_\gamma b_{\alpha\beta})\boldsymbol{n} + b_{\alpha\beta}\boldsymbol{n}_\gamma \\ &= (\partial_\gamma \Gamma^\sigma_{\alpha\beta} + \overset{*}{\Gamma}{}^\lambda_{\alpha\beta}\overset{*}{\Gamma}{}^\sigma_{\lambda\gamma} - b_{\alpha\beta}b^\sigma_\gamma)\, \boldsymbol{r}_\sigma + (\partial_\gamma b_{\alpha\beta} + \overset{*}{\Gamma}{}^\lambda_{\alpha\beta} b_{\lambda\gamma})\boldsymbol{n}. \end{aligned} \tag{3.6.10}$$

同理

$$\boldsymbol{r}_{\alpha\gamma\beta} = (\partial_\beta \overset{*}{\Gamma}{}^\sigma_{\alpha\gamma} + \overset{*}{\Gamma}{}^\lambda_{\alpha\gamma}\Gamma^\sigma_{\lambda\beta} - b_{\alpha\gamma}b^\sigma_\beta)\boldsymbol{r}_\sigma + (\partial_\beta b_{\alpha\gamma} + \Gamma^\lambda_{\alpha\gamma} b_{\lambda\beta})\boldsymbol{n}. \tag{3.6.11}$$

将(3.6.10),(3.6.11)两式相减,并注意 $\boldsymbol{r}_{\alpha\beta\gamma} = \boldsymbol{r}_{\alpha\gamma\beta}$,故

$$\begin{aligned} &(\partial_\gamma \overset{*}{\Gamma}{}^\sigma_{\alpha\beta} - \partial_\beta \overset{*}{\Gamma}{}^\sigma_{\alpha\gamma} + \overset{*}{\Gamma}{}^\lambda_{\alpha\beta}\overset{*}{\Gamma}{}^\sigma_{\lambda\gamma} - \overset{*}{\Gamma}{}^\lambda_{\alpha\gamma}\overset{*}{\Gamma}{}^\sigma_{\lambda\beta} + b_{\alpha\gamma}b^\sigma_\beta - b_{\alpha\beta}b^\sigma_\gamma)\, \boldsymbol{r}_\sigma \\ &+ (\partial_\gamma b_{\alpha\beta} - \partial_\beta b_{\alpha\gamma} + \overset{*}{\Gamma}{}^\lambda_{\alpha\beta} b_{\lambda\gamma} - \overset{*}{\Gamma}{}^\lambda_{\alpha\gamma} b_{\lambda\beta})\boldsymbol{n} = 0, \end{aligned} \tag{3.6.12}$$

由 $\boldsymbol{r}_1, \boldsymbol{r}_2, \boldsymbol{n}$ 是线性独立的,可得

$$\partial_\gamma \overset{*}{\Gamma}{}^\sigma_{\alpha\beta} - \partial_\beta \overset{*}{\Gamma}{}^\sigma_{\alpha\gamma} + \overset{*}{\Gamma}{}^\lambda_{\alpha\beta}\overset{*}{\Gamma}{}^\sigma_{\lambda\gamma} - \overset{*}{\Gamma}{}^\lambda_{\alpha\gamma}\overset{*}{\Gamma}{}^\sigma_{\lambda\beta} = b_{\alpha\beta}b^\sigma_\gamma - b_{\alpha\gamma}b^\sigma_\beta, \tag{3.6.13}$$

$$\overset{*}{\nabla}_\gamma b_{\alpha\beta} = \overset{*}{\nabla}_\alpha b_{\beta\gamma}. \tag{3.6.14}$$

分别称(3.6.13),(3.6.14)为 Gauss 方程和 Godazzi 方程.

(3.6.13)左端是一个 4 阶张量. 记

$$\overset{*}{R}{}^{\sigma}_{\cdot\alpha\beta\gamma} \triangleq \partial_\gamma \overset{*}{\Gamma}{}^\sigma_{\alpha\beta} - \partial_\beta \overset{*}{\Gamma}{}^\sigma_{\alpha\gamma} + \overset{*}{\Gamma}{}^\lambda_{\alpha\beta}\overset{*}{\Gamma}{}^\sigma_{\lambda\gamma} - \overset{*}{\Gamma}{}^\lambda_{\alpha\gamma}\overset{*}{\Gamma}{}^\sigma_{\lambda\beta}, \tag{3.6.15}$$

称 $\overset{*}{R}{}^{\sigma}_{\cdot\alpha\beta\gamma}$ 为曲面的曲率张量,或称为 Riemann-Christoffel 张量, 指标下降后,得曲率张量的协变分量

$$\overset{*}{R}_{\alpha\beta\lambda\sigma} = a_{\gamma\beta}\overset{*}{R}{}^{\gamma}_{\alpha\lambda\sigma}.$$

将(3.6.15)代入,并利用(3.3.5),(3.3.6),经过运算得

$$\overset{*}{R}_{\alpha\beta\lambda\sigma} = \frac{1}{2}\left(\frac{\partial^2 a_{\alpha\lambda}}{\partial x^\beta \partial x^\sigma} + \frac{\partial^2 a_{\beta\sigma}}{\partial x^\alpha \partial x^\lambda} - \frac{\partial^2 a_{\beta\lambda}}{\partial x^\alpha \partial x^\sigma} - \frac{\partial^2 a_{\alpha\sigma}}{\partial x^\beta \partial x^\lambda}\right) + \Gamma^\nu_{\alpha\lambda}\Gamma^\mu_{\beta\sigma} a_{\nu\mu} - \Gamma^\nu_{\beta\lambda}\Gamma^\mu_{\alpha\sigma} a_{\nu\mu}, \tag{3.6.16}$$

于是 Gauss 方程(3.6.13)可表为

$$\overset{*}{R}_{\alpha\lambda\sigma\beta} = b_{\alpha\beta}b_{\lambda\sigma} - b_{\alpha\sigma}b_{\beta\lambda}, \quad \overset{*}{R}{}^{\sigma}_{\cdot\alpha\gamma\beta} = b_{\alpha\beta}b^\sigma_\gamma - b_{\alpha\gamma}b^\sigma_\beta. \tag{3.6.17}$$

以下证明等式

$$b_{\alpha\beta}b_{\gamma\sigma} - b_{\alpha\gamma}b_{\beta\sigma} = K\varepsilon_{\alpha\sigma}\varepsilon_{\beta\gamma}, \tag{3.6.18}$$

其中 K 为曲面的全曲率, $\varepsilon_{\alpha\beta}$ 为行列式张量.

实际上,利用(3.2.4),(3.3.10)和(3.3.13)以及

$$\mathbf{A} \times (\mathbf{B} \times \mathbf{C}) = (\mathbf{A} \cdot \mathbf{C})\mathbf{B} - (\mathbf{A} \cdot \mathbf{B})\mathbf{C},$$

于是有

$$b_{\alpha\beta}b_{\gamma\sigma} - b_{\alpha\gamma}b_{\beta\sigma} = (-(\boldsymbol{n}_\alpha \cdot \boldsymbol{r}_\beta)\, \boldsymbol{r}_\gamma + (\boldsymbol{n}_\alpha \cdot \boldsymbol{r}_\gamma)\, \boldsymbol{r}_\beta) \cdot \boldsymbol{n}_\sigma$$

$$= (\boldsymbol{n}_\alpha \times (\boldsymbol{r}_\gamma \times \boldsymbol{r}_\beta))\boldsymbol{n}_\sigma = \varepsilon_{\gamma\beta}(\boldsymbol{n}_\alpha \times \boldsymbol{n}) \cdot \boldsymbol{n}_\sigma$$
$$= \varepsilon_{\gamma\beta} b_\alpha^\mu b_\sigma^\lambda (\boldsymbol{r}_\mu \times \boldsymbol{n}) \cdot \boldsymbol{r}_\lambda = \varepsilon_{\gamma\beta} b_\alpha^\mu b_\sigma^\lambda \varepsilon_{\mu\lambda} = \varepsilon_{\gamma\beta}\varepsilon_{\mu\lambda} b_\sigma^\lambda b_\alpha^\mu$$
$$= K\varepsilon_{\gamma\beta}\varepsilon_{\sigma\alpha} = K\varepsilon_{\beta\gamma}\varepsilon_{\alpha\sigma}.$$

故(3.6.18)成立.这里用到了等式

$$b_\alpha^\mu b_\sigma^\lambda \varepsilon_{\mu\lambda} = (b_\alpha^1 b_\sigma^2 - b_\alpha^2 b_\sigma^1)\sqrt{a} = K\varepsilon_{\alpha\sigma}, \tag{3.6.19}$$

因此,Gauss 方程也可以写成

$$\overset{*}{R}_{\alpha\lambda\sigma\beta} = K\varepsilon_{\alpha\lambda}\varepsilon_{\beta\sigma}. \tag{3.6.20}$$

在二维情形,(3.6.20)只等价于一个方程

$$\overset{*}{R}_{1212} = K\varepsilon_{12}\varepsilon_{21} = -Ka, \tag{3.6.21}$$

其中 a 为度量张量行列式.

对于 Godazzi 方程(3.6.14),两边减去 $\overset{*}{\Gamma}{}^\lambda_{\gamma\beta} b_{\lambda\alpha}$,则得

$$\overset{*}{\nabla}_\gamma b_{\alpha\beta} - \overset{*}{\nabla}_\beta b_{\alpha\gamma} = 0. \tag{3.6.22}$$

(3.6.22)是曲面的基本方程,也称为 Godazzi 方程.它只有两个独立方程

$$\overset{*}{\nabla}_1 b_{22} - \overset{*}{\nabla}_2 b_{12} = 0, \quad \overset{*}{\nabla}_2 b_{11} - \overset{*}{\nabla}_1 b_{12} = 0. \tag{3.6.23}$$

利用(3.2.5),(3.3.16)和(3.5.17)

$$a_{\alpha\beta} = a^{\lambda\sigma}\varepsilon_{\alpha\lambda}\varepsilon_{\beta\sigma}, \quad c_{\alpha\beta} = a^{\lambda\sigma} b_{\alpha\lambda} b_{\beta\sigma}, \quad 2H = a^{\alpha\beta} b_{\alpha\beta},$$

并用 $a^{\gamma\sigma}$ 乘(3.6.18)

$$a^{\gamma\sigma}(b_{\alpha\beta} b_{\gamma\sigma} - b_{\alpha\gamma} b_{\beta\sigma}) = K a^{\gamma\sigma}\varepsilon_{\alpha\sigma}\varepsilon_{\beta\gamma},$$

缩并后得

$$K a_{\alpha\beta} = b_{\alpha\beta} a^{\gamma\sigma} b_{\gamma\sigma} - a^{\gamma\sigma} b_{\alpha\sigma} b_{\beta\gamma},$$

即

$$K a_{\alpha\beta} - 2H b_{\alpha\beta} + c_{\alpha\beta} = 0. \tag{3.6.24}$$

(3.6.24)是联系曲面第一、二、三基本系数及全曲率、平均曲率的公式.

Riemann 曲率张量具有如下性质.

(1) 反对称性

$$\overset{*}{R}{}^\sigma_{\alpha\beta\lambda} + \overset{*}{R}{}^\sigma_{\alpha\lambda\beta} = 0, \quad \overset{*}{R}_{\alpha\beta\lambda\sigma} = -\overset{*}{R}_{\beta\alpha\lambda\sigma} = -\overset{*}{R}_{\alpha\beta\sigma\lambda}. \tag{3.6.25}$$

(2) 对称性

$$\overset{*}{R}_{\alpha\beta\lambda\sigma} = \overset{*}{R}_{\lambda\sigma\alpha\beta}. \tag{3.6.26}$$

(3) 成立第一 Bianchi 恒等式

$$R^\sigma_{\alpha\beta\lambda} + R^\sigma_{\beta\lambda\alpha} + R^\sigma_{\lambda\alpha\beta} = 0, \quad R_{\alpha\beta\lambda\sigma} + R_{\alpha\lambda\sigma\beta} + R_{\alpha\sigma\beta\lambda} = 0. \tag{3.6.27}$$

(4) 成立第二 Bianchi 恒等式

$$\begin{cases}\overset{*}{\nabla}_{\gamma}\overset{*}{R}^{\sigma}_{\alpha\beta\lambda}+\overset{*}{\nabla}_{\beta}\overset{*}{R}^{\sigma}_{\alpha\lambda\gamma}+\overset{*}{\nabla}_{\lambda}\overset{*}{R}^{\sigma}_{\alpha\gamma\beta}=0,\\ \overset{*}{\nabla}_{\gamma}\overset{*}{R}_{\alpha\beta\lambda\sigma}+\overset{*}{\nabla}_{\lambda}\overset{*}{R}_{\alpha\beta\sigma\gamma}+\overset{*}{\nabla}_{\sigma}\overset{*}{R}_{\alpha\beta\gamma\lambda}=0.\end{cases}\tag{3.6.28}$$

性质(1),(2),(3)可以直接从定义出发,经过运算得到. 以下证明第二 Bianchi 恒等式. 实际上,对(3.6.20)两边求导,并注意(3.6.3),那么有

$$\overset{*}{\nabla}_{\gamma}\overset{*}{R}_{\alpha\beta\lambda\sigma}=\overset{*}{\nabla}_{\gamma}K\varepsilon_{\alpha\beta}\varepsilon_{\sigma\lambda},$$

进行指标轮换,并利用 $\varepsilon_{\alpha\beta}$ 关于指标反对称性,有

$$\begin{aligned}&\overset{*}{\nabla}_{\gamma}\overset{*}{R}_{\alpha\beta\lambda\sigma}+\overset{*}{\nabla}_{\lambda}\overset{*}{R}_{\alpha\beta\sigma\gamma}+\overset{*}{\nabla}_{\sigma}\overset{*}{R}_{\alpha\beta\gamma\lambda}\\ &=\overset{*}{\nabla}_{\gamma}K\varepsilon_{\alpha\beta}\varepsilon_{\sigma\lambda}+\overset{*}{\nabla}_{\lambda}K\varepsilon_{\alpha\beta}\varepsilon_{\gamma\sigma}+\overset{*}{\nabla}_{\sigma}K\varepsilon_{\alpha\beta}\varepsilon_{\lambda\gamma}\\ &=\varepsilon_{\alpha\beta}\overset{*}{\nabla}_{\nu}((\delta^{\nu}_{\gamma}\varepsilon_{\sigma\lambda}+\delta^{\nu}_{\sigma}\varepsilon_{\lambda\gamma}+\varepsilon^{\nu}_{\lambda}\varepsilon_{\gamma\sigma})K)=0.\end{aligned}$$

这是由于 (γ,σ,λ) 的每个字母只能取值 1,2, 再利用 $\varepsilon_{\lambda\sigma}$ 的性质, 从而得到 (3.6.28) 的第二式,(3.6.28) 的第一式由第二式指标上升而得.

设(A_{λ}),(A^{λ}),$(A^{\gamma}_{\lambda\sigma})$ 分别为一阶协变. 一阶逆变张量及混合张量,那么成立下列 Ricci 公式

$$\begin{aligned}&\overset{*}{\nabla}_{\alpha}\overset{*}{\nabla}_{\beta}A_{\lambda}-\overset{*}{\nabla}_{\beta}\overset{*}{\nabla}_{\alpha}A_{\lambda}=\overset{*}{R}^{\sigma}_{\lambda\beta\alpha}A_{\sigma},\\ &\overset{*}{\nabla}_{\alpha}\overset{*}{\nabla}_{\beta}A^{\lambda}-\overset{*}{\nabla}_{\beta}\overset{*}{\nabla}_{\alpha}A^{\lambda}=-\overset{*}{R}^{\lambda}_{\sigma\beta\alpha}A^{\sigma},\\ &\overset{*}{\nabla}_{\alpha}\overset{*}{\nabla}_{\beta}A^{\sigma_1\cdots\sigma_r}_{\lambda_1\cdots\lambda_s}-\overset{*}{\nabla}_{\beta}\overset{*}{\nabla}_{\alpha}A^{\sigma_1\cdots\sigma_r}_{\lambda_1\cdots\lambda_s}\\ &\qquad=\sum_{k=1}^{r}A^{\sigma_1\cdots\sigma_{k-1}\sigma\sigma_{k+1}\cdots\sigma_r}_{\lambda_1\cdots\lambda_s}\overset{*}{R}^{\sigma_k}_{\sigma\alpha\beta}-\sum_{k=1}^{r}A^{\sigma_1\cdots\sigma_r}_{\lambda_1\cdots\lambda_{k-1}\lambda\lambda_{k+1}\cdots\lambda_s}\overset{*}{R}^{\lambda}_{\lambda_k\alpha\beta},\end{aligned}\tag{3.6.29}$$

实际上,由协变导数的定义,

$$\begin{aligned}\overset{*}{\nabla}_{\alpha}\overset{*}{\nabla}_{\beta}A_{\lambda}&=\frac{\partial}{\partial x^{\alpha}}(\overset{*}{\nabla}_{\beta}A_{\lambda})-\overset{*}{\Gamma}^{\sigma}_{\alpha\beta}A_{\lambda}-\overset{*}{\Gamma}^{\sigma}_{\alpha\lambda}\overset{*}{\nabla}_{\beta}A_{\lambda}\\ &=\frac{\partial}{\partial x^{\alpha}}\left(\frac{\partial A_{\lambda}}{\partial x^{\beta}}-\overset{*}{\Gamma}^{\nu}_{\beta\lambda}A_{\gamma}\right)-\overset{*}{\Gamma}^{\sigma}_{\alpha\beta}\left(\frac{\partial A_{\lambda}}{\partial x^{\gamma}}-\overset{*}{\Gamma}^{\nu}_{\sigma\lambda}A_{\gamma}\right)\\ &\quad-\overset{*}{\Gamma}^{\sigma}_{\alpha\lambda}\left(\frac{\partial A_{\sigma}}{\partial x^{\beta}}-\overset{*}{\Gamma}^{\nu}_{\beta\sigma}A_{\gamma}\right)\\ &=\frac{\partial^2 A_{\lambda}}{\partial x^{\alpha}\partial x^{\beta}}-\frac{\partial}{\partial x^{\alpha}}\overset{*}{\Gamma}^{\nu}_{\beta\lambda}A_{\gamma}+(\overset{*}{\Gamma}^{\sigma}_{\alpha\beta}\overset{*}{\Gamma}^{\nu}_{\sigma\lambda}+\overset{*}{\Gamma}^{\sigma}_{\alpha\lambda}\overset{*}{\Gamma}^{\nu}_{\beta\sigma})A_{\gamma}\\ &\quad-\left(\overset{*}{\Gamma}^{\nu}_{\beta\lambda}\frac{\partial A_{\nu}}{\partial x^{\alpha}}+\overset{*}{\Gamma}^{\sigma}_{\alpha\lambda}\frac{\partial A_{\sigma}}{\partial x^{\beta}}+\overset{*}{\Gamma}^{\sigma}_{\alpha\beta}\frac{\partial A_{\lambda}}{\partial x^{\sigma}}\right).\end{aligned}$$

同理

$$\overset{*}{\nabla}_{\beta}\overset{*}{\nabla}_{\alpha}A_{\lambda}=\frac{\partial^2 A_{\lambda}}{\partial x^{\alpha}\partial x^{\beta}}-\frac{\partial}{\partial x^{\beta}}\overset{*}{\Gamma}{}^{\nu}_{\alpha\lambda}A_{\gamma}+(\overset{*}{\Gamma}{}^{\sigma}_{\alpha\beta}\overset{*}{\Gamma}{}^{\nu}_{\sigma\lambda}+\overset{*}{\Gamma}{}^{\sigma}_{\beta\lambda}\overset{*}{\Gamma}{}^{\nu}_{\alpha\sigma})A_{\nu}$$
$$-\left(\overset{*}{\Gamma}{}^{\nu}_{\alpha\lambda}\frac{\partial A_{\nu}}{\partial x^{\beta}}+\overset{*}{\Gamma}{}^{\sigma}_{\beta\lambda}\frac{\partial A_{\sigma}}{\partial x^{\alpha}}+\overset{*}{\Gamma}{}^{\sigma}_{\alpha\beta}\frac{\partial A_{\lambda}}{\partial x^{\sigma}}\right),$$

以上两式相减之后,可以证明(3.6.29)第一式

$$\overset{*}{\nabla}_{\alpha}\overset{*}{\nabla}_{\beta}A_{\lambda}-\overset{*}{\nabla}_{\beta}\overset{*}{\nabla}_{\alpha}A_{\lambda}=\left[\left(\frac{\partial}{\partial x^{\beta}}\overset{*}{\Gamma}{}^{\nu}_{\alpha\lambda}-\frac{\partial}{\partial x^{\alpha}}\overset{*}{\Gamma}{}^{\nu}_{\beta\lambda}\right)+\overset{*}{\Gamma}{}^{\sigma}_{\alpha\lambda}\overset{*}{\Gamma}{}^{\nu}_{\beta\sigma}-\overset{*}{\Gamma}{}^{\sigma}_{\beta\lambda}\overset{*}{\Gamma}{}^{\nu}_{\alpha\sigma}\right]A_{\nu}$$
$$=\overset{*}{R}{}^{\nu}_{\lambda\beta\alpha}A_{\nu}.$$

同理可以得到第二式和第三式.

以下研究曲面上的 Ricci 张量. 由(3.6.17),Ricci 张量可表为

$$\overset{*}{R}_{\alpha\beta}=\overset{*}{R}{}^{\lambda}_{\alpha\lambda\beta}=b_{\alpha\beta}b^{\lambda}_{\lambda}-b_{\alpha\lambda}b^{\lambda}_{\beta},$$

由于 $b^{\lambda}_{\lambda}=2H, b_{\alpha\lambda}b^{\lambda}_{\beta}=a^{\lambda\sigma}b_{\alpha\lambda}b_{\beta\sigma}=c_{\alpha\beta}$, 故有

$$\overset{*}{R}_{\alpha\beta}=2Hb_{\alpha\beta}-c_{\alpha\beta},$$

利用(3.6.24),故曲面上 Ricci 张量可以表示为

$$\overset{*}{R}_{\alpha\beta}=Ka_{\alpha\beta}. \tag{3.6.30}$$

同理, Ricci 张量的混合分量为

$$\overset{*}{R}{}^{\beta}_{\alpha}=K\delta^{\beta}_{\alpha},$$

缩并后得数量曲率

$$R=\overset{*}{R}{}^{\alpha}_{\alpha}=2K, \tag{3.6.31}$$

因此 Einstein 张量在此情形下恒为 0,即

$$\overset{*}{G}_{\alpha\beta}=\overset{*}{R}_{\alpha\beta}-\frac{1}{2}Ra_{\alpha\beta}=0. \tag{3.6.32}$$

3.7 曲面上混合微分学

这一节主要是考察 n 维 Riemann 空间 V 中的 m 维曲面 V_m 上的张量微分学.

3.7.1 m 维曲面 V_m

设 n 维 Riemann 空间 V 在坐标系 (x^i) 下度量张量为 g_{ij}, 其二次微分形式为

$$ds^2=g_{ij}dx^i dx^j.$$

设 V_m 为 V 中 m 维曲面,选取 Gauss 坐标系 (ξ^{α}),则 V_m 的参数方程为

$$x^i = x^i(\xi^\alpha), \quad i = 1,2,\cdots,n, \quad \alpha = 1,2,\cdots,m. \tag{3.7.1}$$

由 $dx^i = \dfrac{\partial x^i}{\partial \xi^\alpha} d\xi^\alpha$，故 V_m 上的二次微分为

$$ds^2 = g_{ij}\frac{\partial x^i}{\partial \xi^\alpha}\frac{\partial x^j}{\partial \xi^\beta} d\xi^\alpha d\xi^\beta = a_{\alpha\beta} d\xi^\alpha d\xi^\beta, \tag{3.7.2}$$

其中 $a_{\alpha\beta}$ 为 V_m 的度量张量

$$a_{\alpha\beta} = g_{ij}\frac{\partial x^i}{\partial \xi^\alpha}\frac{\partial x^j}{\partial \xi^\beta}. \tag{3.7.3}$$

(3.7.3)给出了 V 中 m 维曲面 V_m 的度量张量和 V 的度量张量之间的关系.

如果 $a_{\alpha\beta}$ 满足

$$\det(a_{\alpha\beta}) \neq 0, \tag{3.7.4}$$

则称 V_m 为非迷向曲面，否则称为迷向曲面，当 $m = n-1$ 时，V_m 是 V 的 m 维超曲面，它在应用上是最为广泛的.

3.7.2　混合张量 Z_α^i

考察 V_m 中混合张量 $Z_\alpha^i = \dfrac{\partial x^i}{\partial \xi^\alpha}$，其中拉丁字母跑过 $1,2,\cdots,n$，希腊字母跑过 $1,2,\cdots,m$. 显然，Z_α^i 是向量 $\boldsymbol{r}_\alpha = \dfrac{\partial \boldsymbol{r}}{\partial \xi^\alpha}$ 在 V 中坐标：$\boldsymbol{r}_\alpha = Z_\alpha^i \boldsymbol{e}_i$，而 $\boldsymbol{e}_i$ 为 V 中的标架基向量.

当 V 和 V_m 中坐标进行 $(x^i) \to (x^{i'})$，$(\xi^\alpha) \to (\xi^{\alpha'})$ 变换时，Z_α^i 的变换规律为

$$Z_{\alpha'}^{i'} = \frac{\partial x^{i'}}{\partial \xi^{\alpha'}} = \frac{\partial x^{i'}}{\partial x^i}\frac{\partial x^i}{\partial \xi^\alpha}\frac{\partial \xi^\alpha}{\partial \xi^{\alpha'}} = Z_\alpha^i \frac{\partial x^{i'}}{\partial x^i}\frac{\partial \xi^\alpha}{\partial \xi^{\alpha'}}. \tag{3.7.5}$$

故称 Z_α^i 为 V 中一阶逆变、V_m 中一阶协变混合张量.

3.7.3　混合张量微分学

记空间 V_m 中的 Christoffel 记号为 $\overset{*}{\Gamma}{}^\gamma_{\alpha\beta}$ 和 $\overset{*}{\Gamma}_{\alpha\beta,\gamma}$，Riemann 张量为 $\overset{*}{R}_{\alpha\beta\gamma\lambda}$ 和 $\overset{*}{R}{}^{\alpha}_{\cdot\beta\gamma\lambda}$，协变导数为 $\overset{*}{\nabla}_\alpha A^{\lambda\sigma}_{\beta\gamma}$ 等等. 那么 V_m 中任一混合张量 $A^{i\alpha}_\beta$ 的协变导数 $\overset{\wedge}{\nabla}_\sigma$ 定义为

$$\overset{\wedge}{\nabla}_\sigma A^{i\alpha}_\beta = \partial_\sigma A^{i\alpha}_\beta + \Gamma^i_{kp} Z^k_\sigma A^{p\alpha}_\beta + \overset{*}{\Gamma}{}^\alpha_{\sigma\lambda} A^{i\lambda}_\beta - \overset{*}{\Gamma}{}^\lambda_{\sigma\beta} A^{i\alpha}_\lambda. \tag{3.7.6}$$

(3.7.6)和以前的区别是关于拉丁字母指标变化的项增加一个因子 Z^k_σ.

因此，关于混合张量导数有

$$\begin{cases} \overset{\wedge}{\nabla}_\alpha \overset{\wedge}{\nabla}_\beta A_i - \overset{\wedge}{\nabla}_\beta \overset{\wedge}{\nabla}_\alpha A_i = R^j_{ikl} A_j Z^l_\alpha Z^k_\beta, \\ \overset{\wedge}{\nabla}_\alpha \overset{\wedge}{\nabla}_\beta A^i - \overset{\wedge}{\nabla}_\beta \overset{\wedge}{\nabla}_\alpha A^i = -R^i_{jkl} A^j Z^l_\alpha Z^k_\beta. \end{cases} \tag{3.7.7}$$

$$\begin{cases}\overset{*}{\nabla}_\alpha \overset{*}{\nabla}_\beta A_\sigma - \overset{*}{\nabla}_\beta \overset{*}{\nabla}_\alpha A_\sigma = \overset{*}{R}{}^\lambda_{\sigma\beta\alpha} A_\lambda, \\ \overset{*}{\nabla}_\alpha \overset{*}{\nabla}_\beta A^\sigma - \overset{*}{\nabla}_\beta \overset{*}{\nabla}_\alpha A^\sigma = -\overset{*}{R}{}^\sigma_{\lambda\beta\alpha} A^\lambda.\end{cases} \tag{3.7.8}$$

3.7.4 关于 Z^i_α 的微分

首先证明

$$\overset{\wedge}{\nabla}_\alpha Z^i_\beta = \overset{\wedge}{\nabla}_\beta Z^i_\alpha. \tag{3.7.9}$$

实际上,由(3.7.6)有

$$\overset{\wedge}{\nabla}_\alpha Z^i_\beta = \partial_\alpha Z^i_\beta + \Gamma^{\ i}_{k\ p} Z^k_\alpha Z^p_\beta - \overset{*}{\Gamma}{}^\lambda_{\alpha\beta} Z^i_\lambda, \quad \partial_\alpha Z^i_\beta = \frac{\partial^2 x^i}{\partial\xi^\alpha \partial\xi^\beta} = \partial_\beta Z^i_\alpha, \tag{3.7.10}$$

而 Γ^i_{kp},$\overset{*}{\Gamma}{}^\lambda_{\alpha\beta}$ 关于下指标都是对称的,故(3.7.9) 成立.

以下证明 $\overset{\wedge}{\nabla}_\alpha Z^i_\beta$ 和 Z^j_λ 是正交的. 即

$$g_{ij} \overset{\wedge}{\nabla}_\alpha Z^i_\beta \cdot Z^j_\lambda = 0. \tag{3.7.11}$$

实际上,由(3.7.3)两边取绝对微分 D,并注意 $Dg_{ij} = 0, Da_{\alpha\beta} = 0$, 得

$$g_{ij} DZ^i_\alpha \cdot Z^j_\beta + g_{ij} DZ^j_\beta \cdot Z^i_\alpha = 0,$$

即

$$g_{ij}(\overset{\wedge}{\nabla}_\lambda Z^i_\alpha \cdot Z^j_\beta + \overset{\wedge}{\nabla}_\lambda Z^j_\beta \cdot Z^i_\alpha) = 0.$$

同理有

$$g_{ij}(\overset{\wedge}{\nabla}_\alpha Z^i_\beta \cdot Z^j_\lambda + \overset{\wedge}{\nabla}_\alpha Z^j_\lambda \cdot Z^i_\beta) = 0,$$

$$g_{ij}(\overset{\wedge}{\nabla}_\beta Z^i_\lambda \cdot Z^j_\alpha + \overset{\wedge}{\nabla}_\beta Z^j_\alpha \cdot Z^i_\lambda) = 0.$$

将此第一式乘(-1)后三式相加,并利用(3.7.9)可得(3.7.11).

3.7.5 $n-1$ 维曲面的第二基本型

当 $m = n-1$ 时,由(3.7.11) 可知,$\overset{\wedge}{\nabla}_\alpha Z^i_\beta$ 是在 V_m 的法线方向上,故

$$\overset{\wedge}{\nabla}_\alpha Z^i_\beta = b_{\alpha\beta} n^i, \tag{3.7.12}$$

其中 n^i 为 V_m 的单位法向量的逆变分量.

根据(3.7.9),可得

$$b_{\alpha\beta} = b_{\beta\alpha},$$

即 $b_{\alpha\beta}$ 关于指标是对称的. 它是 V_{n-1} 上二阶对称张量,称 $b_{\alpha\beta}$ 为 V_{n-1} 的第二基本

型系数.

当 V 是 n 维欧氏空间时，若 (x^i) 为直角坐标系，那么 $\Gamma^k_{ij}=0$. 由(3.7.10)得

$$\overset{\wedge}{\nabla}_\alpha Z^i_\beta = \partial_\alpha Z^i_\beta - \overset{*}{\Gamma}{}^\lambda_{\alpha\beta} Z^i_\lambda = \partial_{\alpha\beta} x^i - \overset{*}{\Gamma}{}^\lambda_{\alpha\beta} Z^i_\lambda,$$

写成向量形式得

$$\overset{\wedge}{\nabla}_\alpha \boldsymbol{r}_\beta = \boldsymbol{r}_{\alpha\beta} - \overset{*}{\Gamma}{}^\lambda_{\alpha\beta}\boldsymbol{r}_\lambda, \tag{3.7.13}$$

与(3.3.1)比较，得

$$\overset{\wedge}{\nabla}_\alpha \boldsymbol{r}_\beta = b_{\alpha\beta}\boldsymbol{n}, \tag{3.7.14}$$

由于(3.7.14)两边都是张量. 因此它在任何坐标系下均成立.

3.7.6　法向量的协变导数

以下证明

$$\overset{\wedge}{\nabla}_\alpha n^i = -b^\lambda_\alpha Z^i_\lambda = -a^{\lambda\sigma} b_{\alpha\sigma} Z^i_\lambda, \tag{3.7.15}$$

或

$$\overset{\wedge}{\nabla}_\alpha \boldsymbol{n} = -a^{\lambda\sigma} b_{\alpha\sigma}\boldsymbol{r}_\lambda. \tag{3.7.16}$$

实际上，法向量的协变导数与法向量正交. 即

$$g_{ij} n^i \cdot \overset{\wedge}{\nabla}_\alpha n^j = 0. \tag{3.7.17}$$

当 $m=n-1$ 时，(3.7.17) 说明，$\overset{\wedge}{\nabla}_\alpha n^j$ 在切平面内，故

$$\overset{\wedge}{\nabla}_\alpha n^i = C^\lambda_\alpha Z^i_\lambda. \tag{3.7.18}$$

以下要确定系数 C^λ_α . 为此，利用正交性

$$g_{ij} n^i Z^j_\beta = 0, \tag{3.7.19}$$

求导后得

$$g_{ij}(\overset{\wedge}{\nabla}_\alpha n^i \cdot Z^j_\beta + n^i \overset{\wedge}{\nabla}_\alpha Z^j_\beta) = 0,$$

利用(3.7.12)及 $g_{ij}n^i n^j = 1$, 得

$$g_{ij}(\overset{\wedge}{\nabla}_\alpha n^i \cdot Z^j_\beta + b_{\alpha\beta} n^i n^j) = 0,$$

即

$$g_{ij}\overset{\wedge}{\nabla}_\alpha n^i \cdot Z^j_\beta + b_{\alpha\beta} = 0.$$

由(3.7.18)，有

$$g_{ij} C^\lambda_\alpha Z^i_\lambda Z^j_\beta + b_{\alpha\beta} = 0,$$

故有

$$b_{\alpha\beta} + a_{\lambda\beta}C_\alpha^\lambda = 0 \quad 或 \quad C_\alpha^\lambda = - b_{\alpha\beta}a^{\beta\lambda} = - b_\alpha^\lambda.$$

将此式代入(3.7.18)即得(3.7.15).

(3.7.12),(3.7.15)是超曲面上的基本公式:

$$\overset{\wedge}{\nabla}_\alpha Z_\beta^i = b_{\alpha\beta}n^i, \quad \overset{\wedge}{\nabla}_\alpha n^i = - b_\alpha^\lambda Z_\lambda^i. \tag{3.7.20}$$

3.7.7 Riemann 空间 V_{n-1}上的 Gauss 方程和 Godazzi 方程

对(3.7.20)第一式求导,并利用第二式,得

$$\overset{\wedge}{\nabla}_\lambda \overset{\wedge}{\nabla}_\beta Z_\alpha^i = \overset{*}{\nabla}_\lambda b_{\alpha\beta} n^i - b_\lambda^\sigma b_{\alpha\beta} Z_\sigma^i,$$

同理

$$\overset{\wedge}{\nabla}_\beta \overset{\wedge}{\nabla}_\lambda Z_\alpha^i = \overset{*}{\nabla}_\beta b_{\lambda\alpha} n^i - b_\beta^\sigma b_{\lambda\alpha} Z_\sigma^i.$$

两式相减后得

$$\overset{\wedge}{\nabla}_\lambda \overset{\wedge}{\nabla}_\beta Z_\alpha^i - \overset{\wedge}{\nabla}_\beta \overset{\wedge}{\nabla}_\lambda Z_\alpha^i = (\overset{*}{\nabla}_\lambda b_{\alpha\beta} - \overset{*}{\nabla}_\beta b_{\lambda\alpha}) n^i + (b_\beta^\sigma b_{\lambda\alpha} - b_\lambda^\sigma b_{\alpha\beta}) Z_\sigma^i, \tag{3.7.21}$$

将(3.7.7),(3.7.8)代入(3.7.21)后有

$$\begin{aligned} & - R^i{}_{\cdot lkp} Z_\alpha^l Z_\beta^k Z_\lambda^p + \overset{*}{R}{}^\sigma{}_{\cdot\alpha\beta\lambda} Z_\sigma^i \\ & = (\overset{*}{\nabla}_\lambda b_{\alpha\beta} - \overset{*}{\nabla}_\beta b_{\lambda\alpha}) n^i + (b_\beta^\sigma b_{\lambda\alpha} - b_\lambda^\sigma b_{\alpha\beta}) Z_\sigma^i, \end{aligned} \tag{3.7.22}$$

如果上式两端乘 $g_{ij} Z_\mu^j$ 并对 i 进行缩并,利用 $a_{\alpha\beta} = g_{ij} Z_\alpha^i Z_\beta^j$, 注意到(3.7.3)和(3.7.19)得

$$\overset{*}{R}_{\alpha\mu\beta\lambda} = R_{ljkp} Z_\mu^j Z_\alpha^l Z_\beta^k Z_\lambda^p + b_{\beta\mu} b_{\lambda\alpha} - b_{\lambda\mu} b_{\alpha\beta}. \tag{3.7.23}$$

(3.7.23)是 Riemann 空间中的 Gauss 方程.

与此类似,只须(3.7.22) 两端乘 $g_{ij}n^j$ 后缩并,并注意(3.7.19),可得

$$R_{ljkp} n^j Z_\alpha^l Z_\beta^k Z_\lambda^p = \nabla_\beta b_{\lambda\alpha} - \nabla_\lambda b_{\alpha\beta}. \tag{3.7.24}$$

这里用到了(3.7.19)和 $g_{ij}n^i n^j = 1$.(3.7.24) 是 Riemann 空间中的 Godazzi 方程.

当 V 为 n 维欧氏空间时, $R_{jlkp} \equiv 0$. Gauss 方程和 Godazzi 方程为

$$\overset{*}{R}_{\alpha\mu\beta\lambda} = b_{\beta\mu} b_{\lambda\alpha} - b_{\lambda\mu} b_{\alpha\beta}, \quad \overset{*}{\nabla}_\alpha b_{\lambda\beta} = \overset{*}{\nabla}_\lambda b_{\alpha\beta}. \tag{3.7.25}$$

3.8 Gauss 定理和 Green 公式

Gauss 定理是守恒律微分方程的理论依据. 在这一节里,将推导任意坐标系下的 Gauss 定理.

3.8.1　欧氏空间的体积度量

设 $\boldsymbol{R}_i = \dfrac{\partial \boldsymbol{R}}{\partial x^i}$ 为三维欧氏空间 E^3 中的局部标架,由 2.2 节知 $\boldsymbol{R}_1 \mathrm{d}x^1, \boldsymbol{R}_2 \mathrm{d}x^2$, $\boldsymbol{R}_3 \mathrm{d}x^3$ 组成的平行六面体体积

$$\mathrm{d}v = \frac{1}{3!}\varepsilon_{ijk}\mathrm{d}x^i \wedge \mathrm{d}x^j \wedge \mathrm{d}x^k \tag{3.8.1}$$

是一个不变量.对 n 维欧氏空间,类似可得体积元为

$$\mathrm{d}v = \frac{1}{n!}\varepsilon_{i_1 i_2 \cdots i_n}\mathrm{d}x^{i_1} \wedge \mathrm{d}x^{i_2} \wedge \cdots \wedge \mathrm{d}x^{i_n}. \tag{3.8.2}$$

3.8.2　Riemann 空间的体积度量

设 g_{ij} 为 n 维 Riemann 空间的度量张量, $g = \det(g_{ij})$, 那么它的体积元为

$$\mathrm{d}v = \sqrt{|g|}\,\mathrm{d}x^1 \mathrm{d}x^2 \cdots \mathrm{d}x^n, \tag{3.8.3}$$

区域 D 的体积为

$$V_D = \int_D \mathrm{d}v = \int_D \sqrt{|g|}\,\mathrm{d}x^1 \mathrm{d}x^2 \cdots \mathrm{d}x^n, \tag{3.8.4}$$

它在坐标变换下是不变的.实际上,设 $(x^{i'})$ 为新的坐标系,那么

$$V_{D'} = \int_D \sqrt{|g'|}\,\mathrm{d}x^{1'} \mathrm{d}x^{2'} \cdots \mathrm{d}x^{n'},$$

由 $g_{i'j'}$ 与 g_{ij} 的关系 $g_{i'j'} = \dfrac{\partial x^i}{\partial x^{i'}} \dfrac{\partial x^j}{\partial x^{j'}} g_{ij}$ 得

$$g' = \det(g_{i'j'}) = \left(\det\left(\frac{\partial x^i}{\partial x^{i'}}\right)\right)^2 \det(g_{ij}), \tag{3.8.5}$$

即

$$\sqrt{|g'|} = \left|\frac{D(x^1, x^2, \cdots, x^n)}{D(x^{1'}, x^{2'}, \cdots, x^{n'})}\right| \sqrt{|g|},$$

故

$$\begin{aligned} V_{D'} &= \int_D \sqrt{|g|}\left|\frac{D(x^1, x^2, \cdots, x^n)}{D(x^{1'}, x^{2'}, \cdots, x^{n'})}\right| \mathrm{d}x^{1'} \mathrm{d}x^{2'} \cdots \mathrm{d}x^{n'} \\ &= \int_D \sqrt{|g|}\,\mathrm{d}x^1 \mathrm{d}x^2 \cdots \mathrm{d}x^n = V_D. \end{aligned}$$

这说明 V_D 在坐标变换下是不变的.

3.8.3　曲面面积度量

设 V_m 是 Riemann 空间 V_n 中的 m 维曲面, 其度量张量为

$$a_{\alpha\beta} = g_{ij} \frac{\partial x^i}{\partial \xi^\alpha} \frac{\partial x^j}{\partial \xi^\beta}, \tag{3.8.6}$$

其中 ξ^α 是曲面 V_m 上的 Gauss 坐标系. 故曲面的面积为

$$A_D = \int_D \sqrt{|a|}\, d\xi^1 d\xi^2 \cdots d\xi^m,$$

这里 $a = \det(a_{\alpha\beta})$. A_D 也具有不变性.

由于(3.8.6)写成矩阵的乘积形式为

$$\begin{pmatrix} a_{11} & a_{12} & \cdots & a_{1m} \\ a_{21} & a_{22} & \cdots & a_{2m} \\ \vdots & \vdots & & \vdots \\ a_{m1} & a_{m2} & \cdots & a_{mm} \end{pmatrix} = \begin{pmatrix} \frac{\partial x^1}{\partial \xi^1} & \frac{\partial x^2}{\partial \xi^1} & \cdots & \frac{\partial x^n}{\partial \xi^1} \\ \frac{\partial x^1}{\partial \xi^2} & \frac{\partial x^2}{\partial \xi^2} & \cdots & \frac{\partial x^n}{\partial \xi^2} \\ \vdots & \vdots & & \vdots \\ \frac{\partial x^1}{\partial \xi^m} & \frac{\partial x^2}{\partial \xi^m} & \cdots & \frac{\partial x^n}{\partial \xi^m} \end{pmatrix} \times \begin{pmatrix} g_{11} & g_{12} & \cdots & g_{1n} \\ g_{21} & g_{22} & \cdots & g_{2n} \\ \vdots & \vdots & & \vdots \\ g_{n1} & g_{n2} & \cdots & g_{nn} \end{pmatrix}$$

$$\times \begin{pmatrix} \frac{\partial x^1}{\partial \xi^1} & \frac{\partial x^1}{\partial \xi^2} & \cdots & \frac{\partial x^1}{\partial \xi^m} \\ \frac{\partial x^2}{\partial \xi^1} & \frac{\partial x^2}{\partial \xi^2} & \cdots & \frac{\partial x^2}{\partial \xi^m} \\ \vdots & \vdots & & \vdots \\ \frac{\partial x^n}{\partial \xi^1} & \frac{\partial x^n}{\partial \xi^2} & \cdots & \frac{\partial x^n}{\partial \xi^m} \end{pmatrix},$$

由行列式的值与矩阵乘积的关系,得

$$a = g_{i_1\cdots i_m, j_1\cdots j_m} d^{i_1\cdots i_m} d^{j_1\cdots j_m}, \tag{3.8.7}$$

其中

$$d^{i_1 i_2\cdots i_m} = \frac{1}{m!} \begin{vmatrix} \frac{\partial x^{i_1}}{\partial \xi^1} & \frac{\partial x^{i_2}}{\partial \xi^2} & \cdots & \frac{\partial x^{i_m}}{\partial \xi^m} \\ \frac{\partial x^{i_1}}{\partial \xi^2} & \frac{\partial x^{i_2}}{\partial \xi^2} & \cdots & \frac{\partial x^{i_m}}{\partial \xi^2} \\ \vdots & \vdots & & \vdots \\ \frac{\partial x^{i_1}}{\partial \xi^m} & \frac{\partial x^{i_2}}{\partial \xi^m} & \cdots & \frac{\partial x^{i_m}}{\partial \xi^m} \end{vmatrix}$$

$$= \frac{1}{m!} \frac{D(x^{i_1}, x^{i_2}, \cdots, x^{i_m})}{D(\xi^{i_1}, \xi^{i_2}, \cdots, \xi^{i_m})}, \tag{3.8.8}$$

$$g_{i_1 i_2 \cdots i_m, j_1 j_2 \cdots j_m} = \begin{vmatrix} g_{i_1 j_1} & g_{i_1 j_2} & \cdots & g_{i_1 j_m} \\ g_{i_2 j_1} & g_{i_2 j_2} & \cdots & g_{i_2 j_m} \\ \vdots & \vdots & & \vdots \\ g_{i_m j_1} & g_{i_m j_2} & \cdots & g_{i_m j_m} \end{vmatrix}. \tag{3.8.9}$$

当 $m = n-1$,且 $i_1, i_2, \cdots, i_{n-1}$ 各不相同,$j_1, j_2, \cdots, j_{n-1}$ 各不相同而同时按大小顺序排列时,$g_{i_1 i_2 \cdots i_{n-1}; j_1 j_2 \cdots j_{n-1}}$ 是 g_{ij} 的代数余因式,其中 i 与 $i_1, i_2, \cdots, i_{n-1}$ 中任一数都不同,j 也与 $j_1, j_2, \cdots, j_{n-1}$ 中任一数都不相同.记

$$D_i = (-1)\frac{D(x^1, x^2, \cdots, x^{k-1}, x^{k+1}, \cdots, x^n)}{D(\xi^1, \xi^2, \cdots, \xi^{n-1})},$$

那么

$$\mathrm{d}^{i_1 i_2 \cdots i_{n-1}} = \overset{\wedge}{\varepsilon}{}^{i_1 i_2 \cdots i_{n-1} i} D_i, \tag{3.8.10}$$

$$g^{ij} = \varepsilon^{i\, i_1 \cdots i_{n-1}} \varepsilon^{j\, j_1 \cdots j_{n-1}} g_{i_1 i_2 \cdots i_{n-1}; j_1 j_2 \cdots j_{n-1}},$$

$$g_{i_1 i_2 \cdots i_{n-1}; j_1 j_2 \cdots j_{n-1}} = \varepsilon_{i_1 i_2 \cdots i_{n-1} i} \varepsilon_{j_1 j_2 \cdots j_{n-1} j} g^{ij}.$$

这里 n 维空间的行列式张量 $\varepsilon_{i_1 i_2 \cdots i_n}$ 与三维空间 ε_{ijk} 的定义类同. 因而

$$\begin{aligned} a &= \varepsilon_{i_1 i_2 \cdots i_{n-1} i} \varepsilon_{j_1 j_2 \cdots j_{n-1} j} g^{ij} \varepsilon^{i_1 i_2 \cdots i_{n-1} k} D_k \varepsilon^{j_1 j_2 \cdots j_{n-1} l} D_l \\ &= \varepsilon_{i_1 i_2 \cdots i_{n-1} i} \varepsilon^{i_1 i_2 \cdots i_{n-1} k} \varepsilon_{j_1 j_2 \cdots j_{n-1} j} \varepsilon^{j_1 j_2 \cdots j_{n-1} l} g^{ij} D_k D_l \\ &= \delta_i^k \delta_j^l g g^{ij} D_k D_l = g g^{ij} D_i D_j. \end{aligned}$$

即 $n-1$ 维曲面度量张量行列式可表为

$$a = g g^{ij} D_i D_j. \tag{3.8.11}$$

3.8.4 Gauss 定理

设 Ω 为某一区域,S 为包围它的光滑的曲面,那么

$$\begin{aligned} \iiint_\Omega \operatorname{div} \boldsymbol{u}\, \mathrm{d}v &= \oiint_S \boldsymbol{u} \cdot \boldsymbol{n} \mathrm{d}s = \iiint_\Omega \frac{1}{\sqrt{g}} \frac{\partial}{\partial x^i}(\sqrt{g} u^i) \sqrt{g} \mathrm{d}x^1 \mathrm{d}x^2 \cdots \mathrm{d}x^n \\ &= \iiint_\Omega \frac{\partial}{\partial x^i}(\sqrt{g} u^i) \mathrm{d}x^1 \mathrm{d}x^2 \cdots \mathrm{d}x^n \\ &= \sum_i \iint_s \sqrt{g} u^i \mathrm{d}x^1 \mathrm{d}x^2 \cdots \mathrm{d}x^{i-1} \mathrm{d}x^{i+1} \cdots \mathrm{d}x^n \\ &= \iint_s \sqrt{g} u^i D_i \mathrm{d}\xi^1 \mathrm{d}\xi^2 \cdots \mathrm{d}\xi^{n-1}. \end{aligned}$$

设 S 的方程为 $\varphi(x^i) = 0$, 或表示为参数方程形式

$$x^i = x^i(\xi^1, \xi^2, \cdots, \xi^{n-1}), \quad i = 1,2,\cdots,n,$$

因此有

$$\frac{\partial \varphi}{\partial x^i}\frac{\partial x^i}{\partial \xi^\alpha} = 0, \quad \alpha = 1,2,\cdots,n-1,$$

另一方面 $D_i \dfrac{\partial x^i}{\partial \xi^\alpha} = 0$，从而存在常数 τ，使得 $\dfrac{\partial \varphi}{\partial x^i} = \tau D_i$，而 S 的外法线单位向量 $\boldsymbol{n}$ 的分量为

$$n_k = \frac{\partial \varphi}{\partial x^k}\frac{1}{\sqrt{|\nabla \varphi|^2}} = \frac{\tau D_k}{\sqrt{\tau^2 g^{ij} D_i D_j}} = \frac{D_k}{\sqrt{g^{ij}D_iD_j}},$$

$$D_k = n_k\sqrt{g^{ij}D_iD_j}, \tag{3.8.12}$$

故

$$\begin{aligned}\iiint_\Omega \mathrm{div}\boldsymbol{u}\,\mathrm{d}v &= \iint_s u^k n_k \sqrt{g^{ij}D_iD_j}\sqrt{g}\,\mathrm{d}\xi^1\mathrm{d}\xi^2\cdots\mathrm{d}\xi^{n-1} \\ &= \iint_s \boldsymbol{u}\cdot\boldsymbol{n}\sqrt{a}\,\mathrm{d}\xi^1\mathrm{d}\xi^2\cdots\mathrm{d}\xi^{n-1},\end{aligned}$$

即

$$\iiint_\Omega \mathrm{div}\boldsymbol{u}\,\mathrm{d}v = \oiint_s \boldsymbol{u}\cdot\boldsymbol{n}\,\mathrm{d}s. \tag{3.8.13}$$

(3.8.13)是 Gauss 定理.

Gauss 定理也可用另一方法证明.实际上,由于 $\mathrm{div}\boldsymbol{u}$，$\boldsymbol{u}\cdot\boldsymbol{n}$，$\mathrm{d}v$，$\mathrm{d}s$ 均为不变量,所以

$$\iiint_\Omega \mathrm{div}\boldsymbol{u}\,\mathrm{d}v, \qquad \oiint_s \boldsymbol{u}\cdot\boldsymbol{n}\,\mathrm{d}s$$

也都是不变量,由于(3.8.13)在直角坐标下成立,故它在任何坐标系下也都成立.

3.8.5 Green 公式

由于

$$\begin{aligned}&u\triangle v + \nabla u\cdot\nabla v = \nabla\cdot(u\nabla v), \\ &u\triangle v - v\triangle u = \nabla\cdot(u\nabla v - v\nabla u).\end{aligned}$$

利用 Gauss 定理,便有

$$\iiint_\Omega u\triangle v\,\mathrm{d}v + \iiint_\Omega \nabla u\cdot\nabla v\,\mathrm{d}v = \oiint_s u\frac{\partial v}{\partial n}\mathrm{d}s, \tag{3.8.14}$$

而得到 Green 公式

$$\iiint_\Omega (u\triangle v - v\triangle u)\mathrm{d}v = \oiint_s \left(u\frac{\partial v}{\partial n} - v\frac{\partial u}{\partial n}\right)\mathrm{d}s. \tag{3.8.15}$$

3.9　S-族坐标系

设在三维欧氏空间 E^3 中给出了一个二维曲面 S,若 E^3 中取 Descartes 坐标系 (y^1,y^2,y^3),而曲面可以表示为参数方程

$$y^i = y^i(x^1,x^2),\quad i = 1,2,3.$$

取 (x^1,x^2) 为曲面 S 上 Gauss 坐标系,S 上任一点的向径记为 $\boldsymbol{r}$,设 $y^i(x^1,x^2)$ 充分光滑,并且使得 $\frac{\partial \boldsymbol{r}}{\partial \xi^\alpha} = \boldsymbol{r}_\alpha$ 在曲面 S 上处处是线性无关的,因此可以作为基本向量,它的度量张量的协变分量 $a_{\alpha\beta}$ 和逆变分量 $a^{\alpha\beta}$ 分别为

$$a_{\alpha\beta} = \boldsymbol{r}_\alpha \boldsymbol{r}_\beta,\quad a^{\alpha\beta}a_{\beta\lambda} = \delta^\alpha_\lambda.$$

那么共轭标架为

$$\boldsymbol{r}^\alpha = a^{\alpha\beta}\boldsymbol{r}_\beta.$$

在 E^3 中取任一点 P,过 P 向 S 作法线交 S 于点 M.令

$$\boldsymbol{MP} = \xi\boldsymbol{n}.$$

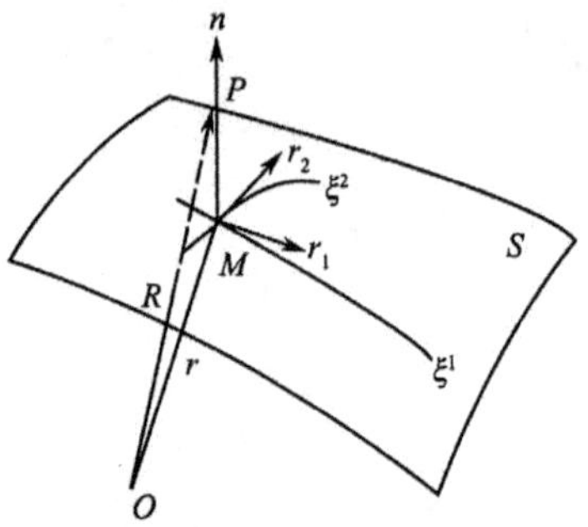

图 3.2

则 $(x^1,x^2,x^3=\xi)$ 组成 E^3 中的曲线坐标系,称此坐标系为 S-族坐标系(见图 3.2).

设向量 $\boldsymbol{OP} = \boldsymbol{R}$,则

$$\boldsymbol{R} = \boldsymbol{r} + \xi\boldsymbol{n}, \tag{3.9.1}$$

在 S-族坐标系中,欧氏空间 E^3 的基本向量 $\boldsymbol{R}_i$ 为

$$\boldsymbol{R}_\alpha = \frac{\partial \boldsymbol{R}}{\partial x^\alpha} = \boldsymbol{r}_\alpha + \xi\boldsymbol{n}_\alpha,\quad \boldsymbol{R}_3 = \boldsymbol{n}. \tag{3.9.2}$$

S-族坐标系用途很广.由于 S 可以是固定曲面,所以它在壳体或薄流层的流体流动问题中,均有很好的应用,如轴承间隙中的流动,大气流动等,由于大气层高度与地球半径之比很小,所以大气层流动也可以视为薄流层.

为了发挥使用上的优越性,必须给出

1. 在 S-族坐标系中,E^3 的度量张量 g_{ij} 和曲面 S 的度量张量 $a_{\alpha\beta}$ 之间的关系.
2. E^3 中 Christoffel 记号 Γ^i_{jk} 和曲面 S 上 Christoffel 记号 $\overset{*}{\Gamma}{}^\lambda_{\alpha\beta}$ 之间的关系.
3. E^3 中张量场的协变导数和 S 上的协变导数之间的关系.

为了讨论上述三个问题,要利用下列一些几何量:

(1) 曲面 S 的第 Ⅰ、Ⅱ、Ⅲ 基本型:

$$\mathrm{I} = a_{\alpha\beta}\mathrm{d}x^\alpha\mathrm{d}x^\beta,\ \mathrm{II} = b_{\alpha\beta}\mathrm{d}x^\alpha\mathrm{d}x^\beta,\ \mathrm{III} = c_{\alpha\beta}\mathrm{d}x^\alpha\mathrm{d}x^\beta,$$

其中

$$a_{\alpha\beta}=\boldsymbol{r}_\alpha\cdot\boldsymbol{r}_\beta,\qquad a^{\alpha\beta}=\boldsymbol{r}^\alpha\cdot\boldsymbol{r}^\beta,$$

$$b_{\alpha\beta}=\boldsymbol{n}\cdot\boldsymbol{r}_{\alpha\beta}=-\boldsymbol{n}_\alpha\boldsymbol{r}_\beta=\frac{-1}{2}(\boldsymbol{n}_\alpha\boldsymbol{r}_\beta+\boldsymbol{n}_\beta\boldsymbol{r}_\alpha),$$

$$c_{\alpha\beta}=\boldsymbol{n}_\alpha\boldsymbol{n}_\beta=a^{\lambda\sigma}b_{\alpha\lambda}b_{\beta\sigma}.$$

(2) 曲面 S 的平均曲率 H 和 Gauss 曲率 K.

$$a^{\alpha\beta}b_{\alpha\beta}=2H,\qquad K=\frac{b}{a},\qquad c=\frac{b^2}{a}=K^2a,\tag{3.9.3}$$

这里

$$a=\det(a_{\alpha\beta}),\qquad b=\det(b_{\alpha\beta}),\qquad c=\det(c_{\alpha\beta}).$$

(3) 曲面三个基本型的相互关系.

$$Ka_{\alpha\beta}-2Hb_{\alpha\beta}+c_{\alpha\beta}=0.\tag{3.9.4}$$

(4) $(b_{\alpha\beta})$ 及 $(c_{\alpha\beta})$ 的逆矩阵 $(\hat{b}^{\alpha\beta})$, $(\hat{c}^{\alpha\beta})$ 及其相互关系.

$$\hat{b}^{\alpha\beta}b_{\beta\sigma}=\delta^\alpha_\sigma,\quad \hat{c}^{\alpha\beta}c_{\beta\sigma}=\delta^\alpha_\sigma,\tag{3.9.5}$$

$$\begin{cases}2Ha^{\alpha\beta}-b^{\alpha\beta}-K\hat{b}^{\alpha\beta}=0,\\(K-4H^2)a^{\alpha\beta}+2Hb^{\alpha\beta}+K^2\hat{c}^{\alpha\beta}=0,\end{cases}\tag{3.9.6}$$

其中 $b^{\alpha\beta}=a^{\alpha\sigma}a^{\beta\lambda}b_{\sigma\lambda}$.

(5) 行列式张量 $\varepsilon_{\alpha\beta}$ 和 $\varepsilon^{\alpha\beta}$.

$$\varepsilon_{\alpha\beta}=\begin{cases}\sqrt{a},\\-\sqrt{a},\\0,\end{cases}\quad \varepsilon^{\alpha\beta}=\begin{cases}\dfrac{1}{\sqrt{a}}, & \text{当}(\alpha,\beta)\text{是}(1,2)\text{的偶排列},\\\dfrac{-1}{\sqrt{a}}, & \text{当}(\alpha,\beta)\text{是}(1,2)\text{的奇排列},\\0, & \text{其他情形}.\end{cases}$$

容易证明,它是二阶张量的协变分量和逆变分量,

$$\varepsilon_{\alpha\beta}=\boldsymbol{n}\cdot(\boldsymbol{r}_\alpha\times\boldsymbol{r}_\beta),\qquad \varepsilon^{\alpha\beta}=\boldsymbol{n}\cdot(\boldsymbol{r}^\alpha\times\boldsymbol{r}^\beta).$$

下面的关系式经常用到.

$$\begin{cases}a^{\lambda\sigma}=\varepsilon^{\lambda\alpha}\varepsilon^{\sigma\beta}a_{\alpha\beta}, & K\hat{b}^{\lambda\sigma}=\varepsilon^{\lambda\alpha}\varepsilon^{\sigma\beta}b_{\alpha\beta},\\K^2\hat{c}^{\lambda\sigma}=\varepsilon^{\lambda\alpha}\varepsilon^{\sigma\beta}c_{\alpha\beta}, & \varepsilon^{\alpha\lambda}\varepsilon^{\beta\sigma}a_{\alpha\beta}b_{\lambda\sigma}=2H,\\\varepsilon^{\alpha\lambda}\varepsilon^{\beta\sigma}b_{\alpha\beta}b_{\lambda\sigma}=2K, & \varepsilon^{\alpha\lambda}\varepsilon^{\beta\sigma}c_{\alpha\beta}c_{\lambda\sigma}=2K^2,\\\varepsilon^{\alpha\lambda}\varepsilon^{\beta\sigma}b_{\alpha\beta}c_{\lambda\sigma}=2HK, & b^{\alpha\beta}b_{\alpha\beta}=a^{\lambda\sigma}c_{\lambda\sigma}=4H^2-2K\end{cases}\tag{3.9.7}$$

和

$$\begin{cases} \hat{b}^{\alpha\beta} = \hat{c}^{\alpha\lambda} b_\lambda^\beta, \quad \hat{c}^{\alpha\beta} = \hat{b}_\lambda^\alpha \hat{b}^{\beta\lambda}, \quad b_\beta^\alpha = \hat{b}^{\alpha\lambda} c_{\beta\lambda}, \quad c_\beta^\alpha = b^{\alpha\lambda} b_\lambda^\beta, \\ c_{\alpha\lambda} b_\beta^\lambda = -2HKa_{\alpha\beta} + (4H^2 - K) b_{\alpha\beta}, \\ c_{\alpha\lambda} c_\beta^\lambda = -K(4H^2 - K) a_{\alpha\beta} + 2H(4H^2 - 2K) b_{\alpha\beta}, \\ b_\alpha^\alpha = 2H, \qquad K\hat{b}_\beta^\alpha = 2H, \\ b^{\alpha\beta} c_{\alpha\beta} = 8H^3 - 6HK, \quad c^{\alpha\beta} c_{\alpha\beta} = 16H^4 - 16H^2K - 12K^2. \end{cases} \tag{3.9.8}$$

3.9.1　度量张量

在 S- 族坐标系中，E^3 的度量张量 g_{ij} 在 S 领域任一点 (x^1, x^2, ξ) 可以表示为

$$\begin{cases} g_{\alpha\beta} = a_{\alpha\beta} - 2\xi b_{\alpha\beta} + \xi^2 c_{\alpha\beta}, \quad g_{3\alpha} = g_{\alpha 3} = 0, \\ g_{33} = 1, \quad g = \det(g_{ij}) = \theta^2 a, \\ g^{\alpha\beta} = \theta^{-2} G^{\alpha\beta}, \quad g^{3\alpha} = g^{\alpha 3} = 0, \quad g^{33} = 1, \end{cases} \tag{3.9.9}$$

其中

$$\begin{cases} \theta = 1 - 2H\xi + K(\xi)^2, \\ G^{\alpha\beta} = a^{\alpha\beta} - 2K\xi\hat{b}^{\alpha\beta} + K^2\xi^2\hat{c}^{\alpha\beta} \\ \qquad = (1 - 4H\xi + (4H^2 - K)(\xi)^2) a^{\alpha\beta} + 2\xi(1 - H\xi) b^{\alpha\beta}. \end{cases} \tag{3.9.10}$$

实际上，由(3.3.12)可得

$$\begin{cases} \boldsymbol{R}_\alpha = \boldsymbol{r}_\alpha + \xi \boldsymbol{n}_\alpha = \boldsymbol{r}_\alpha - \xi b_{\alpha\beta} \boldsymbol{r}^\beta = (a_{\alpha\beta} - \xi b_{\alpha\beta}) \boldsymbol{r}^\beta = (\delta_\alpha^\lambda - \xi b_\alpha^\lambda) \boldsymbol{r}_\lambda, \\ \boldsymbol{R}_3 = \dfrac{\partial \boldsymbol{R}}{\partial \xi} = \boldsymbol{n}. \end{cases} \tag{3.9.11}$$

因此

$$\begin{aligned} g_{\alpha\beta} &= \boldsymbol{R}_\alpha \boldsymbol{R}_\beta = (\boldsymbol{r}_\alpha - \xi b_{\alpha\lambda} \boldsymbol{r}^\lambda)(\boldsymbol{r}_\beta - \xi b_{\beta\sigma} \boldsymbol{r}^\sigma) \\ &= a_{\alpha\beta} - \xi b_{\alpha\lambda} a^{\lambda\mu} \boldsymbol{r}_\mu \boldsymbol{r}_\beta - \xi b_{\beta\sigma} a^{\sigma\nu} \boldsymbol{r}_\nu \cdot \boldsymbol{r}_\alpha + (\xi)^2 b_{\alpha\lambda} b_{\beta\sigma} \boldsymbol{r}^\lambda \boldsymbol{r}^\sigma \\ &= a_{\alpha\beta} - 2\xi b_{\alpha\beta} + (\xi)^2 c_{\alpha\beta}. \end{aligned}$$

注意到 $\boldsymbol{n}\boldsymbol{r}_\alpha = 0$，故有 $g_{\alpha 3} = g_{3\alpha} = 0, g_{33} = 1$ 和

$$\begin{aligned} g &= \det(g_{ij}) = \det(g_{\alpha\beta}) = \frac{a}{2} \varepsilon^{\alpha\lambda} \varepsilon^{\beta\sigma} g_{\alpha\beta} g_{\lambda\sigma} \\ &= \frac{1}{2} a \varepsilon^{\alpha\lambda} \varepsilon^{\beta\sigma} (a_{\alpha\beta} - 2b_{\alpha\beta}\xi + c_{\alpha\beta}\xi^2)(a_{\lambda\sigma} - 2b_{\lambda\sigma} \cdot \xi + c_{\lambda\sigma}\xi^2) \\ &= a(1 - 4\xi H + \xi^2(4H^2 + 2K) - 4\xi^3 HK + \xi^4 K^2) = \theta^2 a. \end{aligned}$$

以下计算共轭标架和逆变度量张量 $g^{ij} = \boldsymbol{R}^i \boldsymbol{R}^j$ 和

$$\boldsymbol{R}^i = \frac{1}{\sqrt{g}} (\boldsymbol{R}_j \times \boldsymbol{R}_k),$$

其中 (i,j,k) 是(1,2,3)的轮换.实际上,由 $\varepsilon^{3\alpha\beta}=\frac{\sqrt{a}}{\sqrt{g}}\varepsilon^{\alpha\beta}=\theta^{-1}\varepsilon^{\alpha\beta}$ 及(3.9.11),可以得到

$$\boldsymbol{R}^{\alpha}=(\theta)^{-1}\varepsilon^{\alpha\beta}\boldsymbol{R}_{\beta}\times\boldsymbol{n}=\theta^{-1}\varepsilon^{\alpha\beta}(a_{\beta\lambda}-\xi b_{\beta\lambda})\boldsymbol{r}^{\lambda}\times\boldsymbol{n},$$

由

$$\varepsilon^{\alpha\beta}\boldsymbol{r}_{\beta}=\boldsymbol{n}\times\boldsymbol{r}^{\alpha},\tag{3.9.12}$$

利用(3.9.7),即得到

$$\boldsymbol{R}^{\alpha}=\theta^{-1}\varepsilon^{\alpha\beta}\varepsilon^{\lambda\mu}(\xi b_{\beta\lambda}-a_{\beta\lambda})\boldsymbol{r}_{\mu}=\theta^{-1}(a^{\alpha\mu}-\xi K\overset{\wedge}{\boldsymbol{b}}{}^{\alpha\mu})\boldsymbol{r}_{\mu},\tag{3.9.13}$$

且有

$$\begin{aligned}\boldsymbol{R}^{3}&=\frac{1}{\sqrt{g}}(\boldsymbol{R}_{1}\times\boldsymbol{R}_{2})=\frac{1}{2\theta}\varepsilon^{\alpha\beta}(\boldsymbol{R}_{\alpha}\times\boldsymbol{R}_{\beta})\\&=\frac{1}{2\theta}\varepsilon^{\alpha\beta}(a_{\alpha\lambda}-\xi b_{\alpha\lambda})(a_{\beta\sigma}-\xi b_{\beta\sigma})\boldsymbol{r}^{\lambda}\times\boldsymbol{r}^{\sigma}.\end{aligned}$$

由(3.2.4)

$$\varepsilon^{\lambda\sigma}\boldsymbol{n}=\boldsymbol{r}^{\lambda}\times\boldsymbol{r}^{\sigma},\tag{3.9.14}$$

因此

$$\begin{aligned}\boldsymbol{R}^{3}&=\frac{1}{2\theta}\varepsilon^{\alpha\beta}\varepsilon^{\lambda\sigma}(a_{\alpha\lambda}a_{\beta\sigma}-\xi(b_{\alpha\lambda}a_{\beta\sigma}+a_{\alpha\lambda}b_{\beta\sigma})+\xi^{2}b_{\alpha\lambda}b_{\beta\sigma})\boldsymbol{n}\\&=\frac{1}{2\theta}(2-4\xi H+2K\xi^{2})\cdot\boldsymbol{n}=\boldsymbol{n}.\end{aligned}$$

即得

$$\begin{cases}\boldsymbol{R}^{\alpha}=\theta^{-1}(a^{\alpha\beta}-\xi K\hat{b}{}^{\alpha\beta})\boldsymbol{r}_{\beta}=\theta^{-1}(\delta^{\alpha}_{\beta}-\xi K\hat{b}{}^{\alpha}_{\beta})\boldsymbol{r}^{\beta},\\\boldsymbol{R}^{3}=\boldsymbol{n}.\end{cases}\tag{3.9.15}$$

由此可计算

$$\begin{aligned}g^{\alpha\beta}&=\boldsymbol{R}^{\alpha}\cdot\boldsymbol{R}^{\beta}=\theta^{-2}a_{\lambda\sigma}(a^{\alpha\lambda}-\xi K\hat{b}{}^{\alpha\lambda})(a^{\beta\sigma}-\xi K\hat{b}{}^{\beta\sigma})\\&=\theta^{-2}(a^{\alpha\beta}-2\xi K\hat{b}{}^{\alpha\beta}+\xi^{2}K^{2}a_{\lambda\sigma}\hat{b}{}^{\alpha\lambda}\hat{b}{}^{\beta\sigma}),\end{aligned}$$

应用(3.9.8)及 $a_{\lambda\sigma}\hat{b}{}^{\alpha\lambda}\hat{b}{}^{\beta\sigma}=\hat{c}{}^{\alpha\beta}$,于是

$$\begin{aligned}&g^{\alpha\beta}=\theta^{-2}(a^{\alpha\beta}-2\xi K\hat{b}{}^{\alpha\beta}+\xi^{2}K^{2}\hat{c}{}^{\alpha\beta}),\\&g^{\alpha3}=\boldsymbol{R}^{\alpha}\cdot\boldsymbol{R}^{3}=0,g^{33}=1.\end{aligned}$$

从而得(3.9.9).

3.9.2 Christoffel 记号

记 $\Gamma_{ij,k}$, Γ^k_{ij} 和 $\overset{*}{\Gamma}_{\alpha\beta,\sigma}$, $\overset{*}{\Gamma}^{\sigma}_{\alpha\beta}$ 分别为 E^3 和 S 上的第一,第二型 Christoffel 记号

$$\Gamma_{ij,k} = \boldsymbol{R}_{ij}\cdot\boldsymbol{R}_k,\quad \Gamma^k_{ij} = \boldsymbol{R}_{ij}\cdot\boldsymbol{R}^k,\quad \overset{*}{\Gamma}_{\alpha\beta,\sigma} = \boldsymbol{r}_{\alpha\beta}\cdot\boldsymbol{r}_\sigma,\quad \overset{*}{\Gamma}^{\sigma}_{\alpha\beta} = \boldsymbol{r}_{\alpha\beta}\cdot\boldsymbol{r}^\sigma.$$

故在 S- 族坐标系中,空间 E^3 中曲面 S 邻域内任一点(x^1,x^2,ξ)的 Christoffel 记号可以表示为

$$\begin{cases}\Gamma_{\alpha\beta,\gamma} = \overset{*}{\Gamma}_{\alpha\beta,\gamma} - \xi(\overset{*}{\nabla}_\alpha b_{\beta\gamma} + 2b^\lambda_\gamma\overset{*}{\Gamma}_{\alpha\beta,\lambda}) + \xi^2(b_{\lambda\gamma}\overset{*}{\nabla}_\beta b^\lambda_\alpha + c^\lambda_\gamma\overset{*}{\Gamma}_{\alpha\beta,\lambda}),\\ \Gamma_{\alpha\beta,3} = J_{\alpha\beta},\quad \Gamma_{\alpha3,\beta} = \Gamma_{3\alpha,\beta} = -J_{\alpha\beta},\\ \Gamma_{3\alpha,3} = \Gamma_{33,k} = 0,\end{cases} \tag{3.9.16}$$

$$\begin{cases}\Gamma^{\gamma}_{\alpha\beta} = \overset{*}{\Gamma}^{\gamma}_{\alpha\beta} + \theta^{-1}R^\gamma_{\alpha\beta},\quad \Gamma^{\alpha}_{\beta 3} = \theta^{-1}I^\alpha_\beta,\quad \Gamma^3_{\alpha\beta} = J_{\alpha\beta},\\ \Gamma^3_{\beta3} = \Gamma^3_{3\beta} = \Gamma^{\alpha}_{33} = \Gamma^3_{33} = 0.\end{cases} \tag{3.9.17}$$

其中

$$\begin{cases}R^\gamma_{\alpha\beta} = -\overset{*}{\nabla}_\alpha b^\gamma_\beta\xi + K\hat{b}{}^\gamma_\mu\overset{*}{\nabla}_\alpha b^\mu_\beta\xi^2\\ \qquad = -\overset{*}{\nabla}_\alpha b^\gamma_\beta\xi + (2H\overset{*}{\nabla}_\alpha b^\gamma_\beta - b^\gamma_\mu\overset{*}{\nabla}_\alpha b^\mu_\beta)\xi^2,\\ I^\alpha_\beta = \xi K\delta^\alpha_\beta - b^\alpha_\beta,\quad J_{\alpha\beta} = b_{\alpha\beta} - \xi c_{\alpha\beta}.\end{cases} \tag{3.9.18}$$

实际上,对(3.9.11) x^β 求导并利用

$$\partial_\beta b^\lambda_\alpha = \overset{*}{\nabla}_\beta b^\lambda_\alpha - \overset{*}{\Gamma}^{\lambda}_{\beta\sigma}b^\sigma_\alpha + \overset{*}{\Gamma}^{\sigma}_{\beta\alpha}b^\lambda_\sigma, \tag{3.9.19}$$

得到

$$\begin{cases}\boldsymbol{R}_{\alpha\beta} = (\delta^\lambda_\alpha - \xi b^\lambda_\alpha)\boldsymbol{r}_{\lambda\beta} - \xi(\overset{*}{\nabla}_\beta b^\lambda_\alpha - \overset{*}{\Gamma}^{\lambda}_{\beta\sigma}b^\sigma_\alpha + \overset{*}{\Gamma}^{\sigma}_{\beta\alpha}b^\lambda_\sigma)\boldsymbol{r}_\lambda,\\ \boldsymbol{R}_{\alpha3} = -b^\lambda_\alpha r_\lambda.\end{cases} \tag{3.9.20}$$

由此有

$$\begin{aligned}\Gamma_{\alpha\beta,\gamma} = \boldsymbol{R}_{\alpha\beta}\cdot\boldsymbol{R}_\gamma &= (\delta^\lambda_\alpha - \xi b^\lambda_\alpha)(\delta^\mu_\gamma - \xi b^\mu_\gamma)\overset{*}{\Gamma}_{\lambda\beta,\mu}\\ &\quad - \xi(\delta^\mu_\gamma - \xi b^\mu_\gamma)(\overset{*}{\nabla}_\beta b^\lambda_\alpha - \overset{*}{\Gamma}^{\lambda}_{\beta\sigma}b^\sigma_\alpha + \overset{*}{\Gamma}^{\sigma}_{\beta\alpha}b^\lambda_\sigma)a_{\lambda\mu}\\ &= (\delta^\mu_\gamma - 2\xi b^\mu_\gamma + \xi^2c^\mu_\gamma)\overset{*}{\Gamma}_{\alpha\beta,\mu} - \xi(\overset{*}{\nabla}_\beta b_{\alpha\gamma} + \xi^2 b_{\gamma\lambda}\overset{*}{\nabla}_\beta b^\lambda_\alpha),\end{aligned}$$

这里用到了(3.6.22), (3.9.7). 于是有(3.9.16)的第一式.

用同样的方法可以得到

$$\Gamma_{\alpha\beta,3} = \boldsymbol{R}_{\alpha\beta} \cdot \boldsymbol{R}_3 = (\delta_\alpha^\lambda - \xi b_\alpha^\lambda)\, \boldsymbol{r}_{\lambda\beta} \cdot \boldsymbol{n}.$$

由(3.6.9),

$$\Gamma_{\alpha\beta,3} = (b_{\alpha\beta} - \xi b_\alpha^\lambda b_{\lambda\beta}) = b_{\alpha\beta} - \xi c_{\alpha\beta}.$$

类似可以推出

$$\Gamma_{\alpha 3,\beta} = \boldsymbol{R}_{\alpha 3} \cdot \boldsymbol{R}_\beta = -b_\alpha^\lambda(\delta_\beta^\mu - \xi b_\beta^\mu) a_{\lambda\mu} = -(b_{\alpha\beta} - \xi c_{\alpha\beta}),$$

即(3.9.16)得证.

为了证明(3.9.17),从(3.9.15)和(3.9.20)得

$$\begin{aligned}
\Gamma_{\alpha\beta}^\gamma = \boldsymbol{R}_{\alpha\beta} \cdot \boldsymbol{R}^\gamma &= \theta^{-1}(\delta_\mu^\gamma - \xi K \overset{\wedge}{\boldsymbol{b}}{}_\mu^\gamma) r^\mu \cdot ((\delta_\alpha^\lambda - \xi b_\alpha^\lambda) r_{\lambda\beta} \\
&\quad - \xi(\overset{*}{\nabla}_\alpha b_\beta^\lambda - \overset{*}{\Gamma}{}_{\beta\sigma}^\lambda b_\alpha^\sigma + \overset{*}{\Gamma}{}_{\alpha\beta}^\sigma b_\sigma^\lambda)\, \boldsymbol{r}_\lambda) \\
&= \theta^{-1}((\delta_\mu^\gamma - \xi K \overset{\wedge}{\boldsymbol{b}}{}_\mu^\gamma)(\delta_\alpha^\lambda - \xi b_\alpha^\lambda) \overset{*}{\Gamma}{}_{\lambda\beta}^\mu \\
&\quad - \xi(\overset{*}{\nabla}_\alpha b_\beta^\mu - \overset{*}{\Gamma}{}_{\beta\sigma}^\mu b_\alpha^\sigma + \overset{*}{\Gamma}{}_{\alpha\beta}^\sigma b_\sigma^\mu)(\delta_\mu^\gamma - \xi K \overset{\wedge}{\boldsymbol{b}}{}_\mu^\gamma)) \\
&= \theta^{-1}(\overset{*}{\Gamma}{}_{\alpha\beta}^\gamma - \xi(\overset{*}{\nabla}_\alpha b_\beta^\gamma + (b_\sigma^\gamma + K \overset{\wedge}{\boldsymbol{b}}{}_\sigma^\gamma) \overset{*}{\Gamma}{}_{\alpha\beta}^\sigma) \\
&\quad + \xi^2 K(\overset{\wedge}{\boldsymbol{b}}{}_\lambda^\gamma \overset{*}{\nabla}_\alpha b_\beta^\lambda + \overset{*}{\Gamma}{}_{\alpha\beta}^\gamma))).
\end{aligned}$$

另一方面,从(3.9.6)可以推出

$$K \overset{\wedge}{\boldsymbol{b}}{}_\sigma^\gamma + b_\sigma^\gamma = 2H\delta_\sigma^\gamma. \tag{3.9.21}$$

因而有

$$\Gamma_{\alpha\beta}^\gamma = \overset{*}{\Gamma}{}_{\alpha\beta}^\gamma + \theta^{-1}(-\xi\delta_\lambda^\gamma + \xi^2 K \overset{\wedge}{\boldsymbol{b}}{}_\lambda^\gamma) \overset{*}{\nabla}_\alpha b_\beta^\lambda.$$

再次运用(3.9.21)就可以得到(3.9.17)的第一式.

对(3.9.11)作关于 ξ 的微分得

$$\boldsymbol{R}_{3\alpha} = -b_{\alpha\lambda} \boldsymbol{r}^\lambda = -b_\alpha^\lambda \boldsymbol{r}_\lambda,$$

并应用(3.9.15)及(3.6.9),则有

$$\begin{aligned}
\Gamma_{3\alpha}^\beta &= \boldsymbol{R}_{3\alpha} \boldsymbol{R}^\beta = -b_\alpha^\lambda \theta^{-1}(\delta_\mu^\beta - \xi K \overset{\wedge}{\boldsymbol{b}}{}_\mu^\beta)\, \boldsymbol{r}^\mu \boldsymbol{r}_\lambda = -\theta^{-1}(b_\alpha^\beta - \xi K \delta_\alpha^\beta), \\
\Gamma_{\alpha\beta}^3 &= \boldsymbol{R}_{\alpha\beta} \cdot \boldsymbol{n} = (\delta_\alpha^\lambda - \xi b_\alpha^\lambda)\, \boldsymbol{r}_{\lambda\beta} \cdot \boldsymbol{n} = b_{\alpha\beta} - \xi c_{\alpha\beta}.
\end{aligned}$$

3.9.3 协变导数

在 S-族坐标系中,E^3 中在 S 邻域任一点空间的协变导数可以表示为

$$\begin{cases}\nabla_\alpha u^\beta = \overset{*}{\nabla}_\alpha u^\beta + \theta^{-1}(I_\alpha^\beta u^3 + R_{\alpha\ \lambda}^{\beta} u^\lambda),\\ \nabla_3 u^\beta = \dfrac{\partial u^\beta}{\partial \xi} + \theta^{-1} I_\alpha^\beta u^\alpha,\\ \nabla_\alpha u^3 = \overset{*}{\nabla}_\alpha u^3 + J_{\alpha\beta} u^\beta,\ \nabla_3 u^3 = \dfrac{\partial u^3}{\partial \xi},\end{cases}\tag{3.9.22}$$

$$\begin{aligned}\operatorname{div} u &= \overset{*}{\operatorname{div}} u + \frac{\partial u^3}{\partial \xi} + u^\alpha \overset{*}{\nabla}_\alpha \ln\theta + u^3 \frac{\partial \ln\theta}{\partial \xi}\\ &= \overset{*}{\operatorname{div}}\, u + \frac{\partial u^3}{\partial \xi} + \theta^{-1}(-2Hu^3 + \xi(2Ku^3 - 2\overset{*}{\nabla}_\alpha H u^\alpha)\\ &\quad + \xi^2 u^\lambda \overset{*}{\nabla}_\lambda K),\end{aligned}\tag{3.9.23}$$

其中 $R_{\beta\lambda}^{\alpha}, I_\alpha^\beta, J_{\alpha\beta}$ 由(3.9.18)定义,$\overset{*}{\operatorname{div}}\, u = \overset{*}{\nabla}_\alpha u^\alpha$,而 u^3 视为 S 上一个数性函数.

实际上,利用三维空间协变导数的公式,可得

$$\nabla_\alpha u^\beta = \frac{\partial u^\beta}{\partial x^\alpha} + \Gamma_{\alpha\sigma}^{\beta} u^\sigma + \Gamma_{\alpha 3}^{\beta} u^3 = \frac{\partial u^\beta}{\partial x^\alpha} + \overset{*}{\Gamma}{}_{\alpha\sigma}^{\beta} u^\sigma + \theta^{-1} R_{\alpha\sigma}^{\beta} u^\sigma + \theta^{-1} I_\alpha^\beta u^3,$$

这就得到(3.9.22)的第一式.类似利用(3.9.17)有

$$\nabla_3 u^\beta = \frac{\partial u^\beta}{\partial \xi} + \Gamma_{3\lambda}^{\beta} u^\lambda + \Gamma_{33}^{\beta} u^3 = \frac{\partial u^\beta}{\partial \xi} + \theta^{-1} I_\lambda^\beta u^\lambda,$$

$$\nabla_\alpha u^3 = \frac{\partial u^3}{\partial x^\alpha} + \Gamma_{\alpha\lambda}^{3} u^\lambda + \Gamma_{\alpha 3}^{3} u^3 = \overset{*}{\nabla}_\alpha u^3 + J_{\alpha\lambda} u^\lambda.$$

这就得到(3.9.22)的第二,三式.另外

$$\begin{aligned}\operatorname{div}\, u &= \frac{1}{\sqrt{g}} \frac{\partial}{\partial x^i}(\sqrt{g} u^i) = \frac{1}{\theta\sqrt{a}}\left[\frac{\partial}{\partial x^\alpha}(\theta\sqrt{a} u^\alpha) + \frac{\partial}{\partial \xi}(\theta\sqrt{a} u^3)\right]\\ &= \overset{*}{\operatorname{div}}\, u + u^\alpha \overset{*}{\nabla}_\alpha \ln\theta + u^3 \frac{\partial \ln\theta}{\partial \xi} + \frac{\partial u^3}{\partial \xi}.\end{aligned}$$

利用(3.9.10)中 θ 表达式得到(3.9.23).

容易验证

$$\overset{*}{\nabla}_\sigma(\ln K) = \hat{b}_\alpha^\lambda \overset{*}{\nabla}_\sigma b_\alpha^\lambda.\tag{3.9.24}$$

实际上,

$$K b_\alpha^\lambda \overset{*}{\nabla}_\sigma b_\lambda^\alpha = (2H\delta_\lambda^\alpha - b_\lambda^\alpha) \overset{*}{\nabla}_\sigma b_\alpha^\lambda = 2H \overset{*}{\nabla}_\sigma b_\alpha^\alpha - b_\lambda^\alpha \overset{*}{\nabla}_\sigma b_\alpha^\lambda,$$

由

$$2 b_\lambda^\alpha \overset{*}{\nabla}_\sigma b_\alpha^\lambda = \overset{*}{\nabla}_\sigma (b_\lambda^\alpha b_\alpha^\lambda) = \overset{*}{\nabla}_\sigma c_\alpha^\alpha = \overset{*}{\nabla}_\sigma (4H^2 - 2K),$$

得

$$K \hat{b}_\alpha^\lambda \overset{*}{\nabla}_\sigma b_\lambda^\alpha = 2H \overset{*}{\nabla}_\sigma H - \overset{*}{\nabla}_\sigma (2H^2 - K) = \overset{*}{\nabla}_\sigma K,$$

即(3.9.24).

今后,经常会用到如下公式

$$\begin{cases} g_{\alpha\beta}I_{\sigma}^{\beta} = -\theta J_{\alpha\sigma}, \quad g^{\alpha\beta}J_{\alpha\lambda} = -\theta^{-1}I_{\lambda}^{\beta}, \quad J_{\alpha\beta}I_{\lambda}^{\beta} = -\theta c_{\alpha\lambda}, \\ g^{\alpha\beta}J_{\alpha\beta} = 2\theta^{-1}(H - K\xi), \quad J_{\alpha\beta}R_{\sigma\lambda}^{\beta} = -\theta b_{\alpha\gamma}\overset{*}{\nabla}_{\sigma}b_{\lambda}^{\gamma}, \\ g_{\alpha\beta}R_{\sigma\lambda}^{\beta} = \theta(-\xi\overset{*}{\nabla}_{\alpha}b_{\sigma\lambda} + \xi^2 b_{\alpha\gamma}\overset{*}{\nabla}_{\sigma}b_{\lambda}^{\gamma}). \end{cases} \tag{3.9.25}$$

下面讨论关于旋度和变形张量

$$\mathrm{rot}\boldsymbol{u} = \varepsilon^{ijk}\nabla_j u_k \boldsymbol{e}_i,$$

$$e_{ij}(u) = \frac{1}{2}(\nabla_i u_j + \nabla_j u_i) = \frac{1}{2}(g_{jk}\delta_i^m + g_{ik}\delta_j^m)\nabla_m u^k.$$

在 S- 族坐标下,E^3 中的旋度和变形张量的计算公式为

$$\begin{cases} \mathrm{rot}\boldsymbol{u} = (\mathrm{rot}\boldsymbol{u})^{\alpha}\boldsymbol{e}_{\alpha} + (\mathrm{rot}\boldsymbol{u})^3\boldsymbol{n}, \\ e_{\alpha\beta}(u) = \gamma_{\alpha\beta}(u) + \overset{1}{\gamma}_{\alpha\beta}(u)\xi + \overset{2}{\gamma}_{\alpha\beta}(u)\xi^2, \\ e_{3\alpha}(u) = e_{\alpha3}(u) = \gamma_{\alpha3}(u) - b_{\alpha\beta}\dfrac{\partial u^{\beta}}{\partial\xi}\xi + \dfrac{1}{2}c_{\alpha\beta}\dfrac{\partial u^{\beta}}{\partial\xi}\xi^2, \\ e_{33}(u) = \dfrac{\partial u^3}{\partial\xi}, \end{cases} \tag{3.9.26}$$

其中 $\boldsymbol{e}_{\alpha} = \boldsymbol{r}_{\alpha}$,且

$$\begin{cases} (\mathrm{rot}\boldsymbol{u})^{\alpha} = \theta^{-1}\varepsilon^{\alpha\beta}\left(\overset{*}{\nabla}_{\beta}u^3 - g_{\beta\lambda}\dfrac{\partial u^{\lambda}}{\partial\xi} + 2J_{\beta\lambda}u^{\lambda}\right), \\ (\mathrm{rot}\boldsymbol{u})^3 = \theta^{-1}((1 - K\xi^2)\overset{*}{\mathrm{rot}}\boldsymbol{u} + \varepsilon^{\alpha\beta}b_{\beta\sigma}((2H\xi^2 - 2\xi)\overset{*}{\nabla}_{\alpha}u^{\sigma} + \xi^2\overset{*}{\nabla}_{\alpha}b_{\lambda}^{\sigma}u^{\lambda})), \\ \overset{*}{\mathrm{rot}}\boldsymbol{u} = \varepsilon^{\alpha\beta}\overset{*}{\nabla}_{\alpha}u_{\beta} = \varepsilon^{\alpha\beta}a_{\beta\lambda}\overset{*}{\nabla}_{\alpha}u^{\lambda} = (\mathrm{rot}\boldsymbol{u})^3|_{\xi=0}, \end{cases} \tag{3.9.27}$$

$$\begin{cases} \overset{*}{e}_{\alpha\beta}(u) = \dfrac{1}{2}(\overset{*}{\nabla}_{\alpha}u_{\beta} + \overset{*}{\nabla}_{\beta}u_{\alpha}) = \dfrac{1}{2}(a_{\beta\lambda}\delta_{\alpha}^{\sigma} + a_{\alpha\lambda}\delta_{\beta}^{\sigma})\overset{*}{\nabla}_{\sigma}u^{\lambda}, \\ \overset{1}{e}_{\alpha\beta}(u) = \dfrac{1}{2}(b_{\alpha\lambda}\delta_{\beta}^{\sigma} + b_{\beta\lambda}\delta_{\alpha}^{\sigma})\overset{*}{\nabla}_{\sigma}u^{\lambda}, \\ \overset{2}{e}_{\alpha\beta}(u) = \dfrac{1}{2}(c_{\alpha\lambda}\delta_{\beta}^{\sigma} + c_{\beta\lambda}\delta_{\alpha}^{\sigma})\overset{*}{\nabla}_{\sigma}u^{\lambda}, \\ \gamma_{\alpha\beta}(u) = \overset{*}{e}_{\alpha\beta}(u) - b_{\alpha\beta}u^3, \ \gamma_{3\alpha}(u) = \dfrac{1}{2}\left(a_{\alpha\beta}\dfrac{\partial u^{\beta}}{\partial\xi} + \overset{*}{\nabla}_{\alpha}u^3\right), \\ \overset{1}{\gamma}_{\alpha\beta}(u) = -2\overset{1}{e}_{\alpha\beta}(u) + c_{\alpha\beta}u^3 - \overset{*}{\nabla}_{\lambda}b_{\alpha\beta}u^{\lambda}, \\ \overset{2}{\gamma}_{\alpha\beta}(u) = \overset{2}{e}_{\alpha\beta}(u) + \dfrac{1}{2}\overset{*}{\nabla}_{\lambda}c_{\alpha\beta}u^{\lambda}. \end{cases} \tag{3.9.28}$$

实际上，E^3 中在任意坐标系下的旋度向量可以表示为

$$\mathrm{rot}\boldsymbol{u} = \varepsilon^{\lambda ij}\nabla_i u_j \boldsymbol{e}_\lambda + \varepsilon^{3\alpha\beta}\nabla_\alpha u_\beta \boldsymbol{n},$$

由于

$$\varepsilon^{3\alpha\beta} = \theta^{-1}\varepsilon^{\alpha\beta}, \tag{3.9.29}$$

再应用(3.9.22)，以及 ε^{ijk} 的性质和度量张量 g_{ij} 在 E^3 中的协变导数为0，并应用(3.9.25)，得

$$\begin{aligned}
\mathrm{rot}u &= (\varepsilon^{\lambda 3\alpha}g_{\alpha\beta}\nabla_3 u^\beta + \varepsilon^{\lambda\alpha 3}g_{33}\nabla_\alpha u^3)\boldsymbol{e}_\lambda + \theta^{-1}\varepsilon^{\alpha\beta}g_{\beta\lambda}\nabla_\alpha u^\lambda \boldsymbol{n} \\
&= \theta^{-1}\left\{\left(-\varepsilon^{\lambda\alpha}g_{\alpha\beta}\left(\frac{\partial u^\beta}{\partial\xi} + \theta^{-1}I^\beta_\sigma u^\sigma\right) + \varepsilon^{\lambda\alpha}(\overset{*}{\nabla}_\alpha u^3 + J_{\alpha\beta}u^\beta)\right)\boldsymbol{e}_\lambda\right. \\
&\quad \left. + \varepsilon^{\alpha\beta}g_{\beta\lambda}(\overset{*}{\nabla}_\alpha u^\lambda + \theta^{-1}(I^\lambda_\alpha u^3 + R^\lambda_{\alpha\sigma}u^\sigma))\boldsymbol{n}\right\} \\
&= \theta^{-1}\left\{\varepsilon^{\lambda\alpha}\left(\left(-g_{\alpha\beta}\frac{\partial u^\beta}{\partial\xi} + \overset{*}{\nabla}_\alpha u^3\right) + 2J_{\alpha\sigma}u^\sigma\right)\boldsymbol{e}_\lambda\right. \\
&\quad \left. + \varepsilon^{\alpha\beta}(g_{\beta\lambda}\overset{*}{\nabla}_\alpha u^\lambda - J_{\alpha\beta}u^3 + (-\xi\overset{*}{\nabla}_\beta b_{\alpha\sigma} + \varepsilon^2 b_{\beta\gamma}\overset{*}{\nabla}_\alpha b^\gamma_\sigma)u^\sigma)\boldsymbol{n}\right\},
\end{aligned}$$

由于 $J_{\alpha\beta}$ 关于下标是对称的，以及 Godazzi 方程(3.6.14)，故有

$$\begin{aligned}
&\varepsilon^{\alpha\beta}J_{\alpha\beta} = 0, \\
&\varepsilon^{\alpha\beta}\overset{*}{\nabla}_\beta b_{\alpha\sigma} = \varepsilon^{\alpha\beta}\overset{*}{\nabla}_\sigma b_{\alpha\beta} = \overset{*}{\nabla}(\varepsilon^{\alpha\beta}b_{\alpha\beta}) = 0,
\end{aligned}$$

所以

$$\begin{aligned}
\mathrm{rot}u &= \theta^{-1}\left(\left(\varepsilon^{\lambda\alpha}\left(\overset{*}{\nabla}_\alpha u^3 - g_{\alpha\beta}\frac{\partial u^\beta}{\partial\xi} + 2J_{\alpha\beta}u^\beta\right)\right)\boldsymbol{e}_\lambda\right. \\
&\quad \left. + \varepsilon^{\alpha\beta}(g_{\beta\lambda}\overset{*}{\nabla}_\alpha u^\lambda + \xi^2 b_{\beta\gamma}\overset{*}{\nabla}_\sigma b^\gamma_\alpha u^\sigma)\boldsymbol{n}\right) \\
&= \theta^{-1}\left(\varepsilon^{\lambda\alpha}\left(\overset{*}{\nabla}_\alpha u^3 - g_{\alpha\beta}\frac{\partial u^\beta}{\partial\xi} + 2J_{\alpha\beta}u^\beta\right)\right)\boldsymbol{e}_\lambda \\
&\quad + \theta^{-1}(\varepsilon^{\alpha\beta}a_{\beta\lambda}\overset{*}{\nabla}_\alpha u^\lambda - 2\xi\varepsilon^{\alpha\beta}b_{\beta\lambda}\overset{*}{\nabla}_\alpha u^\lambda \\
&\quad + \xi^2\varepsilon^{\alpha\beta}(c_{\beta\lambda}\overset{*}{\nabla}_\alpha u^\lambda + b_{\beta\lambda}\overset{*}{\nabla}_\sigma b^\lambda_\alpha u^\sigma))\boldsymbol{n},
\end{aligned}$$

再利用(3.9.4)就可以得到(3.9.26)第一式.

另外，注意到

$$\begin{aligned}
e_{\alpha\beta}(u) &= \frac{1}{2}(g_{\beta\lambda}\delta^\sigma_\alpha + g_{\alpha\lambda}\delta^\sigma_\beta)\nabla_\sigma u^\lambda \\
&= \frac{1}{2}(g_{\beta\lambda}\delta^\sigma_\alpha + g_{\alpha\lambda}\delta^\sigma_\beta)(\overset{*}{\nabla}_\sigma u^\lambda + \theta^{-1}(I^\lambda_\sigma u^3 + R^\lambda_{\sigma\gamma}u^\gamma)) \\
&= \overset{*}{e}_{\alpha\beta}(u) - 2\xi\overset{1}{e}_{\alpha\beta}(u) + \xi^2\overset{2}{e}_{\alpha\beta}(u)
\end{aligned}$$

$$+\frac{1}{2}\theta^{-1}(g_{\beta\lambda}\delta_\alpha^\sigma+g_{\alpha\lambda}\delta_\beta^\sigma)(I_\sigma^\lambda u^3+R_{\sigma\gamma}^\lambda u^\gamma),$$

应用(3.9.25)和 Godazzi 方程,可以推出

$$g_{\beta\lambda}I_\alpha^\lambda+g_{\alpha\lambda}I_\beta^\lambda=-2\theta J_{\alpha\beta},$$

$$g_{\beta\lambda}R_{\alpha\sigma}^\lambda=\theta(-\xi\overset{*}{\nabla}_\sigma b_{\alpha\beta}+\xi^2 b_{\beta\lambda}\overset{*}{\nabla}_\sigma b_\alpha^\lambda),$$

$$\begin{aligned}g_{\beta\lambda}R_{\alpha\gamma}^\lambda+g_{\alpha\lambda}R_{\beta\gamma}^\lambda&=\theta(-2\xi\overset{*}{\nabla}_\gamma b_{\alpha\beta}+\xi^2(b_{\beta\lambda}\overset{*}{\nabla}_\gamma b_\alpha^\lambda+b_{\alpha\lambda}\overset{*}{\nabla}_\gamma b_\beta^\lambda))\\&=\theta(-2\xi\overset{*}{\nabla}_\gamma b_{\alpha\beta}+\xi^2\overset{*}{\nabla}_\gamma(b_{\beta\lambda}b_\alpha^\lambda))\\&=\theta(-2\xi\overset{*}{\nabla}_\gamma b_{\alpha\beta}+\xi^2\overset{*}{\nabla}_\gamma c_{\lambda\beta}).\end{aligned}$$

综合以上结果,得到(3.9.26)第二式.

应用(3.9.22),则有

$$\begin{aligned}e_{3\alpha}(u)&=\frac{1}{2}(\nabla_3 u_\alpha+\nabla_\alpha u_3)=\frac{1}{2}(g_{\alpha\lambda}\nabla_3 u_\lambda+\nabla_\alpha u_3)\\&=\frac{1}{2}\left(g_{\alpha\lambda}\left(\frac{\partial u^\lambda}{\partial\xi}+\theta^{-1}I_\sigma^\lambda u^\sigma\right)+\overset{*}{\nabla}_\alpha u^3+J_{\alpha\beta}u^\beta\right)=\frac{1}{2}\left(g_{\alpha\lambda}\frac{\partial u^\lambda}{\partial\xi}+\overset{*}{\nabla}_\alpha u^3\right).\end{aligned}$$

这就是(3.9.26)第三式.于是(3.9.26)全部得证.

(3.9.26)表明,变形张量 $e_{\alpha\beta}(u)$ 是 ξ 的二次多项式.其系数有明显的几何意义.式中 $\gamma_{\alpha\beta}(u)$ 是基础曲面 S 忍受一个位移之后,度量张量变化的线性部分,对于一次项系数 $\overset{1}{\gamma}_{\alpha\beta}(u)$,若记

$$\begin{aligned}\rho_{\alpha\beta}(u)&=2\overset{1}{\gamma}_{\alpha\beta}(u)+\overset{*}{\nabla}_\alpha\overset{*}{\nabla}_\beta u^3\\&=b_{\alpha\lambda}\overset{*}{\nabla}_\beta u^\lambda+b_{\beta\lambda}\overset{*}{\nabla}_\alpha u^\lambda+\overset{*}{\nabla}_\lambda b_{\alpha\beta}u^\lambda-c_{\alpha\beta}u^3+\overset{*}{\nabla}_\alpha\overset{*}{\nabla}_\beta u^3,\end{aligned}\quad(3.9.30)$$

则二阶张量 $\rho_{\alpha\beta}(u)$ 是 S 的第二基本型系数 $b_{\alpha\beta}$ 变化的线性部分.

3.10 S-族坐标系下的 Laplace 算子

在三维欧氏空间 E^3 中,在 S-族坐标系下的 Laplace 算子$\triangle$可以表示为

$$\begin{aligned}\triangle u^\alpha=&\frac{\partial^2 u^\alpha}{\partial\xi^2}-2\theta^{-1}(b_\beta^\alpha+\delta_\beta^\alpha H)\frac{\partial u^\beta}{\partial\xi}+\overset{*}{\triangle}u^\alpha+\theta^{-1}Ku^\alpha+g^{\beta\sigma}\overset{*}{\nabla}_\beta\overset{*}{\nabla}_\sigma u^\alpha\\&+\theta^{-1}g^{\beta\sigma}(2R_{\beta\lambda}^\alpha\delta_\sigma^\mu-R_{\beta\sigma}^\mu\delta_\nu^\alpha)\overset{*}{\nabla}_\mu u^\nu+2\theta^{-1}g^{\beta\sigma}I_\beta^\alpha\overset{*}{\nabla}_\sigma u^3\\&+\theta^{-2}g^{\beta\sigma}(R_{\beta\lambda}^\alpha R_{\sigma\lambda}^\nu+R_{\beta\nu}^\alpha R_{\sigma\lambda}^\nu+\theta\overset{*}{\nabla}_\beta R_{\sigma\lambda}^\alpha-\overset{*}{\nabla}_\beta\theta R_{\sigma\lambda}^\alpha)u^\lambda\\&+\theta^{-2}g^{\beta\sigma}(R_{\beta\lambda}^\alpha I_\sigma^\lambda-R_{\beta\sigma}^\lambda I_\lambda^\alpha+\theta\overset{*}{\nabla}_\beta I_\sigma^\alpha-I_\sigma^\alpha\overset{*}{\nabla}_\beta\theta)u^3,\end{aligned}\quad(3.10.1)$$

$$\begin{aligned}\triangle u^3 = & \frac{\partial^2 u^3}{\partial \xi^2} + 2\theta^{-1}(K\xi - H)\frac{\partial u^3}{\partial \xi} + g^{\beta\sigma}\overset{*}{\nabla}_\beta \overset{*}{\nabla}_\sigma u^3 \\ & + \theta^{-2}(2K\theta - 4H^2)u^3 - 2\theta^{-1}I_\lambda^\beta \overset{*}{\nabla}_\beta u^\lambda - \theta^{-1}g^{\beta\sigma}R_{\beta\sigma}^\lambda \overset{*}{\nabla}_\lambda u^3 \\ & + g^{\beta\sigma}(\overset{*}{\nabla}_\beta J_{\sigma\lambda} + \theta^{-1}(J_{\beta\nu}R_{\sigma\lambda}^\nu - J_{\lambda\nu}R_{\beta\sigma}^\nu))u^\lambda,\end{aligned} \tag{3.10.2}$$

$$\triangle u = \text{rot rot } u - \nabla \text{div } u, \tag{3.10.3}$$

其中

$$\text{rot rot } u = (\text{rot rot } u)^\alpha \boldsymbol{e}_\alpha + (\text{rot rot } u)^3 \boldsymbol{n},$$

$$\begin{aligned}(\text{rot rot } u)^\alpha = & \theta^{-2}\varepsilon^{\alpha\beta}\varepsilon^{\gamma\sigma}g_{\sigma\tau}\overset{*}{\nabla}_\beta \overset{*}{\nabla}_\gamma u^\tau - \frac{\partial^2 u^\alpha}{\partial \xi^2} + 2\theta^{-1}(K\xi - H)\frac{\partial u^\alpha}{\partial \xi} \\ & - 2K\theta^{-1}u^\alpha + \theta^{-3}\varepsilon^{\alpha\beta}\varepsilon^{\gamma\sigma}g_{\sigma\tau}(R_{\gamma\eta}^\tau \overset{*}{\nabla}_\beta u^\eta + R_{\beta\lambda}^\tau \overset{*}{\nabla}_\gamma u^\lambda - R_{\beta\gamma}^\lambda \overset{*}{\nabla}_\lambda u^\tau) \\ & - \theta^{-2}\varepsilon^{\alpha\beta}\varepsilon^{\gamma\sigma}J_{\beta\sigma}\overset{*}{\nabla}_\gamma u^3 + \theta^{-4}\varepsilon^{\alpha\beta}\varepsilon^{\gamma\sigma}g_{\sigma\tau}(\theta^2 \overset{*}{\nabla}_\beta(\theta^{-1}R_{\gamma\lambda}^\tau) \\ & + R_{\beta\eta}^\tau R_{\gamma\lambda}^\eta - R_{\beta\gamma}^\eta R_{\eta\lambda}^\tau)u^\lambda + g^{\alpha\sigma}\overset{*}{\nabla}_\sigma \frac{\partial u^3}{\partial \xi} - \theta^{-1}g^{\alpha\sigma}I_\sigma^\lambda \overset{*}{\nabla}_\lambda u^3,\end{aligned} \tag{3.10.4}$$

$$(\text{rot rot} u)^3 = -\triangle u^3 - \frac{\partial^2 u^3}{\partial \xi^2} + \frac{\partial}{\partial \xi}\text{div } u. \tag{3.10.5}$$

当把△限制在二维流形 S 上时,由于 $\xi = 0$, 故

$$\begin{aligned}\triangle u^\alpha |_S = & \frac{\partial^2 u^\alpha}{\partial \xi^2} - 2(b_\beta^\alpha + H\delta_\beta^\alpha)\frac{\partial u^\beta}{\partial \xi} + \overset{*}{\triangle} u^\alpha + Ku^\alpha \\ & - 2a^{\alpha\beta}\overset{*}{\nabla}_\beta u^3 - 2b^{\alpha\beta}\overset{*}{\nabla}_\beta u^3,\end{aligned} \tag{3.10.6}$$

$$\begin{aligned}\triangle u^3 |_S = & \overset{*}{\triangle} u^3 + \frac{\partial^2 u^3}{\partial \xi^2} - 2H\frac{\partial u^3}{\partial \xi} + b_\beta^\sigma \overset{*}{\nabla}_\sigma u^\beta \\ & - 2\overset{*}{\nabla}_\lambda H u^\lambda + (2K - 4H^2)u^3,\end{aligned}$$

$$\begin{aligned}(\text{rot rot } u)^\alpha |_S = & -\varepsilon^{\alpha\beta}\overset{*}{\nabla}_\beta \overset{*}{\text{rot}} u - 2Ku^\alpha - \frac{\partial^2 u^\alpha}{\partial \xi^2} - 2H\frac{\partial u^\alpha}{\partial \xi} \\ & + a^{\alpha\beta}\overset{*}{\nabla}_\beta \frac{\partial u^3}{\partial \xi} + 2(b^{\alpha\beta} - Ha^{\alpha\beta})\nabla_\beta u^3,\end{aligned}$$

$$(\text{rot rot } u)^3 |_S = -\overset{*}{\triangle} u^3 - 2b_\beta^\sigma \overset{*}{\nabla}_\sigma u^\beta - 4\overset{*}{\nabla}_\lambda H u^\lambda + \overset{*}{\nabla}_\sigma \frac{\partial u^\sigma}{\partial \xi}, \tag{3.10.7}$$

其中

$$\overset{*}{\triangle} u^\alpha = a^{\beta\sigma}\overset{*}{\nabla}_\beta \overset{*}{\nabla}_\sigma u^\alpha, \qquad \overset{*}{\text{rot}} u = \varepsilon^{\alpha\beta}\overset{*}{\nabla}_\alpha u_\beta = \varepsilon^{\alpha\beta}a_{\beta\lambda}\overset{*}{\nabla}_\alpha u^\lambda. \tag{3.10.8}$$

以下先证明(3.10.1).实际上,由(3.9.9)有

$$\triangle u^\alpha = g^{ij}\nabla_i \nabla_j u^\alpha = g^{\beta\sigma}\nabla_\beta \nabla_\sigma u^\alpha + \nabla_3 \nabla_3 u^\alpha,$$

由(3.9.17),(3.9.22),上式右边第一项

$$\begin{aligned}\nabla_\beta\nabla_\sigma u^\alpha &= \frac{\partial}{\partial x^\beta}(\nabla_\sigma u^\alpha) + \Gamma^\alpha_{\beta\lambda}\nabla_\sigma u^\lambda + \Gamma^\alpha_{\beta 3}\nabla_\sigma u^3 - \Gamma^\lambda_{\beta\sigma}\nabla_\lambda u^\alpha - \Gamma^3_{\beta\sigma}\nabla_3 u^\alpha\\
&= \frac{\partial}{\partial x^\beta}(\overset{*}{\nabla}_\sigma u^\alpha + \theta^{-1}(I^\alpha_\sigma u^3 + R^\alpha_{\sigma\nu}u^\nu))\\
&\quad + (\overset{*}{\Gamma}{}^\alpha_{\beta\lambda} + \theta^{-1}R^\alpha_{\beta\lambda})(\overset{*}{\nabla}_\sigma u^\lambda + \theta^{-1}(I^\lambda_\sigma u^3 + R^\lambda_{\sigma\nu}u^\nu))\\
&\quad - (\overset{*}{\Gamma}{}^\lambda_{\beta\sigma} + \theta^{-1}R^\lambda_{\beta\sigma})(\overset{*}{\nabla}_\lambda u^\alpha + \theta^{-1}(I^\alpha_\lambda u^3 + R^\alpha_{\lambda\nu}u^\nu))\\
&\quad + \theta^{-1}I^\alpha_\beta(\overset{*}{\nabla}_\sigma u^3 + J_{\sigma\nu}u^\nu) - J_{\beta\sigma}\left(\frac{\partial u^\alpha}{\partial \xi} + \theta^{-1}I^\alpha_\nu u^\nu\right)\\
&= \overset{*}{\nabla}_\beta\overset{*}{\nabla}_\sigma u^\alpha + \overset{*}{\nabla}_\beta(\theta^{-1}(I^\alpha_\sigma u^3 + R^\alpha_{\sigma\nu}u^\nu)) + \theta^{-1}I^\alpha_\beta\overset{*}{\nabla}_\sigma u^3\\
&\quad - J_{\beta\sigma}\frac{\partial u^\alpha}{\partial\xi} + \theta^{-1}(R^\alpha_{\beta\lambda}\overset{*}{\nabla}_\sigma u^\lambda - R^\lambda_{\beta\sigma}\overset{*}{\nabla}_\lambda u^\alpha)\\
&\quad + \theta^{-2}(R^\alpha_{\beta\lambda}R^\lambda_{\sigma\nu} - R^\lambda_{\beta\sigma}R^\alpha_{\lambda\nu})u^\nu + \theta^{-1}(I^\alpha_\beta J_{\sigma\nu} - I^\alpha_\nu J_{\beta\sigma})u^\nu\\
&\quad + \theta^{-2}(I^\lambda_\sigma R^\alpha_{\beta\lambda} - I^\alpha_\lambda R^\lambda_{\beta\sigma})u^3,\end{aligned}$$

$$\begin{aligned}\nabla_\beta\nabla_\sigma u^\alpha &= \overset{*}{\nabla}_\beta\overset{*}{\nabla}_\sigma u^\alpha + \theta^{-1}(R^\alpha_{\beta\lambda}\overset{*}{\nabla}_\sigma u^\lambda + R^\alpha_{\sigma\lambda}\overset{*}{\nabla}_\beta u^\lambda - R^\lambda_{\beta\sigma}\overset{*}{\nabla}_\lambda u^\alpha)\\
&\quad + \theta^{-1}(I^\alpha_\beta\overset{*}{\nabla}_\sigma u^3 + I^\alpha_\sigma\overset{*}{\nabla}_\beta u^3) - J_{\beta\sigma}\frac{\partial u^\alpha}{\partial\xi}\\
&\quad + \theta^{-2}(\theta\overset{*}{\nabla}_\beta R^\alpha_{\sigma\lambda} - \overset{*}{\nabla}_\beta\theta R^\alpha_{\sigma\lambda} + R^\alpha_{\beta\gamma}R^\gamma_{\sigma\lambda} - R^\nu_{\beta\sigma}R^\alpha_{\nu\lambda}\\
&\quad + \theta(I^\alpha_\beta J_{\sigma\lambda} - J_{\beta\sigma}I^\alpha_\lambda))u^\lambda\\
&\quad + \theta^{-2}(R^\alpha_{\beta\lambda}I^\lambda_\sigma - R^\lambda_{\beta\sigma}I^\alpha_\lambda + \theta\overset{*}{\nabla}_\beta I^\alpha_\sigma - \overset{*}{\nabla}_\beta\theta I^\alpha_\sigma)u^3,\end{aligned}\tag{3.10.9}$$

对(3.10.9)与 $g^{\beta\sigma}$ 缩并应用

$$g^{\beta\sigma}(I^\alpha_\beta J_{\sigma\lambda} - I^\alpha_\lambda J_{\beta\sigma}) = K\delta^\alpha_\lambda,\quad g^{\beta\sigma}J_{\beta\sigma} = 2(H - K\xi)\theta^{-1},\tag{3.10.10}$$

可得

$$\begin{aligned}g^{\beta\sigma}\nabla_\beta\nabla_\sigma u^\alpha &= g^{\beta\sigma}\overset{*}{\nabla}_\beta\overset{*}{\nabla}_\sigma u^\alpha + \theta^{-1}g^{\beta\sigma}(R^\alpha_{\beta\lambda}\overset{*}{\nabla}_\sigma u^\lambda + R^\alpha_{\sigma\lambda}\overset{*}{\nabla}_\beta u^\lambda - R^\lambda_{\beta\sigma}\overset{*}{\nabla}_\lambda u^\alpha)\\
&\quad + 2\theta^{-1}g^{\beta\sigma}I^\alpha_\beta\overset{*}{\nabla}_\sigma u^3 + 2\theta^{-1}(K\xi - H)\frac{\partial u^\alpha}{\partial\xi} + \theta^{-1}Ku^\alpha\\
&\quad + g^{\beta\sigma}(\overset{*}{\nabla}_\beta(\theta^{-1}R^\alpha_{\sigma\lambda}) + \theta^{-2}(R^\alpha_{\beta\nu}R^\nu_{\sigma\lambda} - R^\nu_{\beta\sigma}R^\alpha_{\nu\lambda}))u^\lambda\\
&\quad + \theta^{-2}g^{\beta\sigma}(R^\alpha_{\beta\lambda}I^\lambda_\sigma - R^\lambda_{\beta\sigma}I^\alpha_\lambda + \theta\overset{*}{\nabla}_\beta I^\alpha_\sigma - I^\alpha_\sigma\overset{*}{\nabla}_\beta\theta)u^3.\end{aligned}\tag{3.10.11}$$

另一方面，由(3.9.17)得

$$\begin{aligned}\nabla_3\nabla_3 u^\alpha &= \frac{\partial}{\partial\xi}\nabla_3 u^\alpha + \Gamma^\alpha_{3j}\nabla_3 u^j - \Gamma^j_{33}\nabla_j u^\alpha = \frac{\partial}{\partial\xi}\nabla_3 u^\alpha + \Gamma^\alpha_{3\beta}\nabla_3 u^\beta\\
&= \frac{\partial}{\partial\xi}\left(\frac{\partial u^\alpha}{\partial\xi} + \theta^{-1}I^\alpha_\beta u^\beta\right) + \theta^{-1}I^\alpha_\beta\left(\frac{\partial u^\beta}{\partial\xi} + \theta^{-1}I^\beta_\lambda u^\lambda\right)\end{aligned}$$

$$= \frac{\partial^2 u^\alpha}{\partial \xi} + 2\theta^{-1} I_\beta^\alpha \frac{\partial u^\beta}{\partial \xi} + \left(\frac{\partial}{\partial \xi}(\theta^{-1} I_\beta^\alpha) + \theta^{-2} I_\lambda^\alpha I_\beta^\lambda\right) u^\beta,$$

注意到

$$\theta^{-2} I_\lambda^\alpha I_\beta^\lambda + \frac{\partial}{\partial \xi}(\theta^{-1} I_\beta^\alpha) = \theta^{-2}\left(I_\lambda^\alpha I_\beta^\lambda - \frac{\partial \theta}{\partial \xi} I_\beta^\alpha \right) + \theta^{-1} K \delta_\beta^\alpha = 0,$$

则有

$$\nabla_3 \nabla_3 u^\alpha = \frac{\partial^2 u^\alpha}{\partial \xi^2} + 2\theta^{-1} I_\beta^\alpha \frac{\partial u^\beta}{\partial \zeta}, \tag{3.10.12}$$

因此

$$\begin{aligned} \triangle u^\alpha = & \frac{\partial^2 u^\alpha}{\partial \xi^2} - 2\theta^{-1}(b_\beta^\alpha + H \partial_\beta^\alpha) \frac{\partial u^\beta}{\partial \xi} + g^{\beta\sigma} \overset{*}{\nabla}_\beta \overset{*}{\nabla}_\sigma u^\alpha + \theta^{-1} K u^\alpha \\ & + \theta^{-1} g^{\beta\sigma} (R_{\beta\lambda}^\alpha \overset{*}{\nabla}_\sigma u^\lambda + R_{\sigma\lambda}^\alpha \overset{*}{\nabla}_\beta u^\lambda - R_{\beta\sigma}^\alpha \overset{*}{\nabla}_\lambda u^\alpha) + 2\theta^{-1} g^{\beta\sigma} I_\beta^\alpha \overset{*}{\nabla}_\sigma u^3 \\ & + \theta^{-2} g^{\beta\sigma} (R_{\beta\lambda}^\alpha R_{\sigma\lambda}^\nu + R_{\beta\nu}^\alpha R_{\sigma\lambda}^\nu + \theta \overset{*}{\nabla}_\beta R_{\sigma\lambda}^\alpha - \overset{*}{\nabla}_\beta \theta R_{\sigma\lambda}^\alpha) u^\lambda \\ & + \theta^{-2} g^{\beta\sigma} (R_{\beta\lambda}^\alpha I_\sigma^\lambda - R_{\beta\sigma}^\lambda I_\lambda^\alpha + \theta \overset{*}{\nabla}_\beta I_\sigma^\lambda - I_\sigma^\alpha \overset{*}{\nabla}_\beta \theta) u^3, \end{aligned}$$

即(3.10.1)成立.

下面计算$\triangle u^3$.实际上,

$$\triangle u^3 = g^{\beta\sigma} \nabla_\beta \nabla_\sigma u^3 + \nabla_3 \nabla_3 u^3, \tag{3.10.13}$$

由(3.9.17)和(3.9.22)直接可以得到

$$\nabla_3 \nabla_3 u^3 = \frac{\partial^2 u^3}{\partial \xi^2}. \tag{3.10.14}$$

因

$$\begin{aligned} \nabla_\beta \nabla_\sigma u^3 = & \frac{\partial}{\partial x^\beta}(\nabla_\sigma u^3) + \Gamma_{\beta\lambda}^3 \nabla_\sigma u^\lambda + \Gamma_{\beta 3}^3 \nabla_\sigma u^3 - \Gamma_{\beta\sigma}^\lambda \nabla_\lambda u^3 - \Gamma_{\beta\sigma}^3 \nabla_3 u^3 \\ = & \frac{\partial}{\partial x^\beta}(\overset{*}{\nabla}_\sigma u^3 + J_{\sigma\lambda} u^\lambda) + J_{\beta\lambda}(\overset{*}{\nabla}_\sigma u^\lambda + \theta^{-1}(I_\sigma^\lambda u^3 + R_{\sigma\nu}^\lambda u^\nu)) \\ & - (\overset{*}{\Gamma}{}_{\beta\sigma}^\lambda + \theta^{-1} R_{\beta\sigma}^\lambda)(\overset{*}{\nabla}_\lambda u^3 + J_{\lambda\nu} u^\nu) - J_{\beta\sigma} \frac{\partial u^3}{\partial \xi} \\ = & \overset{*}{\nabla}_\beta(\overset{*}{\nabla}_\sigma u^3 + J_{\sigma\lambda} u^\lambda) + J_{\beta\lambda} \overset{*}{\nabla}_\sigma u^\lambda + \theta^{-1}(J_{\beta\lambda} I_\sigma^\lambda u^3 + J_{\beta\lambda} R_{\sigma\nu}^\lambda u^\nu) \\ & - \theta^{-1} R_{\beta\sigma}^\lambda \overset{*}{\nabla}_\lambda u^3 - \theta^{-1} J_{\lambda\nu} R_{\beta\sigma}^\lambda u^\nu - J_{\beta\sigma} \frac{\partial u^3}{\partial \xi}, \end{aligned}$$

利用(3.9.25)得

$$\begin{aligned} \nabla_\beta \nabla_\sigma u^3 = & \overset{*}{\nabla}_\beta \overset{*}{\nabla}_\sigma u^3 - J_{\beta\sigma} \frac{\partial u^3}{\partial \xi} + (J_{\sigma\lambda} \overset{*}{\nabla}_\beta u^\lambda + J_{\beta\lambda} \overset{*}{\nabla}_\sigma u^\lambda) - \theta^{-1} R_{\beta\sigma}^\lambda \overset{*}{\nabla}_\lambda u^3 \\ & - c_{\beta\sigma} u^3 + (\overset{*}{\nabla}_\beta J_{\sigma\lambda} + \theta^{-1} J_{\beta\nu} R_{\sigma\lambda}^\nu - \theta^{-1} J_{\lambda\nu} R_{\beta\sigma}^\nu) u^\lambda. \end{aligned} \tag{3.10.15}$$

应用

$$J_{\beta\nu}R^{\nu}_{\sigma\lambda} = -\xi\theta b_{\beta\mu}\overset{*}{\nabla}_{\sigma}b^{\mu}_{\lambda}, \qquad b_{\lambda\mu}\overset{*}{\nabla}_{\beta}b^{\mu}_{\sigma} - \overset{*}{\nabla}_{\beta}c_{\sigma\lambda} = b^{\mu}_{\sigma}\overset{*}{\nabla}_{\beta}b_{\lambda\mu},$$

计算(3.10.15)右端最后一项得

$$\begin{aligned}
A_{\beta\sigma} &\triangleq (\overset{*}{\nabla}_{\beta}J_{\sigma\lambda} + \theta^{-1}(J_{\beta\nu}R^{\nu}_{\sigma\lambda} - J_{\lambda\nu}R^{\nu}_{\beta\sigma}))u^{\lambda}\\
&= (\overset{*}{\nabla}_{\beta}J_{\sigma\lambda} + \xi(b_{\lambda\mu}\overset{*}{\nabla}_{\sigma}b^{\mu}_{\beta} - b_{\beta\mu}\overset{*}{\nabla}_{\sigma}b^{\mu}_{\lambda}))u^{\lambda}\\
&= (\overset{*}{\nabla}_{\beta}b_{\sigma\lambda} + \xi(b_{\lambda\mu}\overset{\sigma}{\nabla}_{\beta}b^{\mu}_{\sigma} - b_{\beta\mu}\overset{*}{\nabla}_{\sigma}b^{\mu}_{\lambda} - \overset{*}{\nabla}_{\beta}c_{\sigma\lambda}))u^{\lambda}\\
&= (\overset{*}{\nabla}_{\beta}b_{\sigma\lambda} + \xi(b^{\mu}_{\sigma}\nabla^{a}_{\beta}b_{\lambda\mu} - b_{\beta\mu}\overset{*}{\nabla}_{\sigma}b^{\mu}_{\lambda}))u^{\lambda}\\
&= (\overset{*}{\nabla}_{\lambda}b_{\beta\sigma} + \xi(b_{\sigma\mu}\overset{*}{\nabla}_{\lambda}b^{\mu}_{\beta} - b^{\mu}_{\beta}\overset{*}{\nabla}_{\lambda}b_{\sigma\mu}))u^{\lambda}\\
&= (\overset{*}{\nabla}_{\lambda}b_{\beta\sigma} + \xi(b_{\sigma\mu}\overset{*}{\nabla}_{\lambda}b^{\mu}_{\beta} - \overset{*}{\nabla}_{\lambda}c_{\beta\sigma} + b_{\sigma\mu}\overset{a}{\nabla}_{\lambda}b^{\mu}_{\beta}))u^{\lambda},\\
&= (\overset{*}{\nabla}_{\lambda}J_{\beta\sigma} + 2\xi b_{\sigma\mu}\overset{*}{\nabla}_{\lambda}b^{\mu}_{\beta})u^{\lambda}.
\end{aligned}$$

故(3.10.15)变为

$$\begin{aligned}
\nabla_{\beta}\nabla_{\sigma}u^{3} = {}& \overset{*}{\nabla}_{\beta}\overset{*}{\nabla}_{\sigma}u^{3} - J_{\beta\sigma}\frac{\partial u^{3}}{\partial\xi} + (J_{\sigma\lambda}\overset{*}{\nabla}_{\beta}u^{\lambda} + J_{\beta\lambda}\overset{*}{\nabla}_{\sigma}u^{\lambda}) - \theta^{-1}R^{\lambda}_{\beta\sigma}\overset{*}{\nabla}_{\lambda}u^{3}\\
&- c_{\beta\sigma}u^{3} + (\overset{*}{\nabla}_{\lambda}J_{\beta\sigma} + 2\xi b_{\sigma\mu}\overset{*}{\nabla}_{\lambda}b^{\mu}_{\beta})u^{\lambda}.
\end{aligned} \tag{3.10.16}$$

又由于 $g^{\beta\sigma}J_{\beta\sigma} = 2\theta^{-1}(H - K\xi)$, $g^{\beta\sigma}J_{\sigma\lambda} = -\theta I^{\beta}_{\lambda}$, 所以

$$\begin{aligned}
\triangle u^{3} = {}& g^{\beta\sigma}\overset{*}{\nabla}_{\beta}\overset{*}{\nabla}_{\sigma}u^{3} + 2\theta^{-1}(K\xi - H)\frac{\partial u^{3}}{\partial\xi} + \frac{\partial^{2}u^{3}}{\partial\xi^{2}}\\
&- 2\theta^{-1}(I^{\beta}_{\lambda}\overset{*}{\nabla}_{\beta}u^{\lambda}) - \theta^{-1}g^{\beta\sigma}R^{\lambda}_{\beta\sigma}\overset{*}{\nabla}_{\lambda}u^{3}\\
&+ (2K\theta^{-1} - 4H^{2}\theta^{-2})u^{3} + g^{\beta\sigma}(\overset{*}{\nabla}_{\lambda}J_{\beta\sigma} + 2\xi b_{\sigma\mu}\overset{*}{\nabla}_{\lambda}b^{\mu}_{\beta})u^{\lambda},
\end{aligned}$$

(3.10.2)得证. 经计算, 最后一项为 ξ 的多项式为

$$\begin{aligned}
&g^{\beta\sigma}(\overset{*}{\nabla}_{\lambda}J_{\beta\sigma} + 2\xi b_{\sigma\mu}\overset{*}{\nabla}_{\lambda}b^{\mu}_{\beta})\\
&= \theta^{-2}(2(1 - K\xi^{2})\overset{*}{\nabla}_{\lambda}H + (2H\xi^{2} - 2\xi)\overset{*}{\nabla}_{\lambda}K\\
&\quad + (2\xi^{2} - 2H\xi^{3})(2c^{\beta\mu}\overset{*}{\nabla}_{\lambda}b_{\beta\mu} - b_{\beta\mu}\overset{*}{\nabla}_{\lambda}c^{\beta\mu})).
\end{aligned}$$

下面证明(3.10.4). 实际上, 由 rot u 及行列式张量的定义, 有

$$\begin{aligned}
(\mathrm{rot}\ \mathrm{rot}\ u)^{\alpha} &= \varepsilon^{\alpha jk}\nabla_{j}(\mathrm{rot}\ u)_{K} = \varepsilon^{\alpha jk}g_{kl}\nabla_{j}(\mathrm{rot}\ u)^{l}\\
&= \varepsilon^{\alpha jk}g_{kl}\varepsilon^{lmn}\nabla_{j}\nabla_{m}u_{n} = \varepsilon^{\alpha jk}g_{kl}\varepsilon^{lmn}g_{np}\nabla_{j}\nabla_{m}u^{p}\\
&= \varepsilon^{\alpha\beta3}(\varepsilon^{3mn}g_{np}\nabla_{p}\nabla_{m}u^{p} - \varepsilon^{\gamma mn})g_{\beta\gamma}g_{np}\nabla_{3}\nabla_{m}u^{p}),
\end{aligned}$$

注意, 由于 $\sqrt{g} = \theta\sqrt{a}$, 得

$$\varepsilon^{\alpha\beta 3}(x,\xi)=\theta^{-1}\varepsilon^{\alpha\beta}(x), \tag{3.10.17}$$

因此

$$(\mathrm{rot\ rot}\ u)^{\alpha}=\theta^{-2}\varepsilon^{\alpha\beta}\varepsilon^{\gamma\sigma}(g_{\sigma\tau}\nabla_{\beta}\nabla_{\gamma}u^{\tau}-g_{\beta\gamma}\nabla_{3}\nabla_{\sigma}u^{3}+g_{\beta\gamma}g_{\sigma\tau}\nabla_{3}\nabla_{3}u^{\tau}).$$

应用(3.9.7)有

$$\begin{aligned}\theta^{-2}\varepsilon^{\alpha\beta}\varepsilon^{\gamma\sigma}g_{\beta\gamma}&=-\theta^{-2}\varepsilon^{\alpha\beta}\varepsilon^{\sigma\gamma}(a_{\beta\gamma}-2\xi b_{\beta\gamma}+\xi^{2}c_{\beta\gamma})\\&=-\theta^{-2}(a^{\alpha\sigma}-2\xi K\hat{b}^{\alpha\sigma}+\xi^{2}K^{2}\hat{c}^{\alpha\sigma})=-g^{\alpha\sigma},\end{aligned} \tag{3.10.18}$$

由于

$$g^{\alpha\sigma}g_{\sigma\tau}=\delta_{\tau}^{\alpha}, \tag{3.10.19}$$

故可以推出

$$(\mathrm{rot\ rot}\ u)^{\alpha}=\theta^{-2}\varepsilon^{\alpha\beta}\varepsilon^{\gamma\sigma}g_{\sigma\tau}\nabla_{\beta}\nabla_{\gamma}u^{\tau}+g^{\alpha\sigma}\nabla_{3}\nabla_{\sigma}u^{3}-\nabla_{3}\nabla_{3}u^{\alpha}. \tag{3.10.20}$$

根据(3.10.9)，可知(3.10.20)右端三项为

$$\begin{aligned}\nabla_{\beta}\nabla_{\gamma}u^{\tau}=&\overset{*}{\nabla}_{\beta}\overset{*}{\nabla}_{\gamma}u^{\tau}+J_{\beta\gamma}\frac{\partial u^{\tau}}{\partial\xi}+\theta^{-1}(R_{\gamma\sigma}^{\tau}\overset{*}{\nabla}_{\beta}u^{\sigma}+R_{\beta\lambda}^{\tau}\overset{*}{\nabla}_{\gamma}u^{\lambda}-R_{\beta\gamma}^{\sigma}\overset{*}{\nabla}_{\sigma}u^{\tau})\\&+\theta^{-1}(I_{\gamma}^{\tau}\overset{*}{\nabla}_{\beta}u^{3}+I_{\beta}^{\tau}\overset{*}{\nabla}_{\gamma}u^{3})+\theta^{-2}(\theta^{2}\overset{*}{\nabla}_{\beta}(\theta^{-1}R_{\gamma\lambda}^{\tau})\\&+R_{\beta\sigma}^{\tau}R_{\gamma\lambda}^{\sigma}-R_{\beta\gamma}^{\sigma}R_{\sigma\lambda}^{\tau})u^{\lambda}+\theta^{-1}(I_{\beta}^{\tau}J_{\gamma\lambda}-J_{\beta\gamma}I_{\lambda}^{\tau})u^{\lambda}\\&+\theta^{-2}(\theta^{2}\overset{*}{\nabla}_{\beta}(\theta^{-1}I_{\gamma}^{\tau})+R_{\beta\sigma}^{\tau}I_{\gamma}^{\sigma}-R_{\beta\gamma}^{\sigma}I_{\sigma}^{\tau})u^{3},\end{aligned} \tag{3.10.21}$$

$$\nabla_{3}\nabla_{\sigma}u^{3}=\nabla_{\sigma}\nabla_{3}u^{3}=\left(\overset{*}{\nabla}_{\sigma}\frac{\partial u^{3}}{\partial\xi}\right)+J_{\sigma\lambda}\frac{\partial u^{\lambda}}{\partial\xi}, \tag{3.10.22}$$

$$\nabla_{3}\nabla_{3}u^{\alpha}=\frac{\partial^{2}u^{\alpha}}{\partial\xi^{2}}+2\theta^{-1}I_{\lambda}^{\alpha}\frac{\partial u^{\lambda}}{\partial\xi}. \tag{3.10.23}$$

由于

$$B^{\alpha}\triangleq\varepsilon^{\alpha\beta}\varepsilon^{\gamma\sigma}g_{\sigma\tau}(\theta^{2}\overset{*}{\nabla}_{\beta}(\theta^{-1}I_{\gamma}^{\tau})+R_{\beta\mu}^{\tau}I_{\gamma}^{\mu}-R_{\beta\gamma}^{\mu}I_{\mu}^{\tau})=0. \tag{3.10.24}$$

$$D_{\lambda}^{\alpha}\triangleq\theta^{-2}\varepsilon^{\alpha\beta}\varepsilon^{\gamma\sigma}g_{\sigma\tau}\theta^{-1}(I_{\beta}^{\tau}I_{\gamma\lambda}-J_{\beta\gamma}I_{\lambda}^{\tau})=-2\theta^{-1}K\delta_{\lambda}^{\alpha}. \tag{3.10.25}$$

$$m_{\tau}^{\alpha}\triangleq\theta^{-2}\varepsilon^{\alpha\beta}\varepsilon^{\gamma\sigma}g_{\sigma\tau}J_{\beta\gamma}=\theta^{-1}(b_{\tau}^{\alpha}+(-2H+K\xi)\delta_{\tau}^{\alpha}). \tag{3.10.26}$$

将以上各式代入(3.10.20)后，就可得(3.10.4).以下证明(3.10.24)、(3.10.25)及(3.10.26).实际上，利用

$$\begin{cases}g_{\sigma\tau}I_{\lambda}^{\tau}=-\theta J_{\sigma\lambda},\ R_{\alpha\beta}^{\lambda}=((2H\xi^{2}-\xi)a^{\lambda\mu}-\xi^{2}b^{\lambda\mu})\overset{*}{\nabla}_{\mu}b_{\alpha\beta},\\g_{\sigma\tau}R_{\beta\lambda}^{\tau}=\theta(-\xi\overset{a}{\nabla}_{\sigma}b_{\beta\lambda}+\xi^{2}\,b_{\sigma\mu}\overset{*}{\nabla}_{\beta}b_{\lambda}^{\mu}),\quad J_{\lambda\sigma}R_{\beta\gamma}^{\lambda}=-\xi\theta b_{\sigma\mu}\overset{*}{\nabla}_{\beta}b_{\sigma}^{\mu},\end{cases} \tag{3.10.27}$$

可得

$$B^{\alpha}=\varepsilon^{\alpha\beta}\varepsilon^{\gamma\sigma}(\theta g_{\sigma\nu}\overset{*}{\nabla}_{\beta}I_{\gamma}^{\sigma}-\overset{*}{\nabla}_{\beta}\theta(-\theta J_{\sigma\gamma})$$

$$+\theta(-\xi\overset{*}{\nabla}_{\sigma}b_{\beta\lambda}+\xi^{\tau}b_{\sigma\mu}\overset{*}{\nabla}_{\beta}b^{\mu}_{\lambda})I^{\lambda}_{\gamma}-\xi\theta^{2}b_{\sigma\mu}\overset{*}{\nabla}_{\beta}b^{\mu}_{\gamma})$$

$$=\theta\varepsilon^{\alpha\beta}\varepsilon^{r\sigma}(g_{\sigma\tau}\overset{*}{\nabla}_{\beta}I^{\tau}_{\gamma}+(-\xi\overset{*}{\nabla}_{\sigma}b_{\beta\lambda}+\xi^{2}b_{\sigma\mu}\overset{*}{\nabla}_{\beta}b^{\mu}_{\lambda})I^{\lambda}_{\gamma}-\xi\theta b_{\sigma\mu}\overset{*}{\nabla}_{\beta}b^{\mu}_{\gamma}),$$

利用 Godazzi 公式,从

$$g_{\sigma\tau}\overset{*}{\nabla}_{\beta}I^{\tau}_{\gamma}=((1-K\xi^{2})a_{\sigma\tau}+(2H\xi^{2}-2\xi)b_{\sigma\tau})(-\overset{*}{\nabla}_{\gamma}b^{\tau}_{\beta}+\xi\overset{*}{\nabla}_{\beta}K\delta^{\tau}_{\gamma})$$

$$=(K\xi^{2}-1)\overset{*}{\nabla}_{\beta}b_{\gamma\sigma}+\xi(1-K\xi^{2})\overset{\alpha}{\nabla}_{\beta}Ka_{\sigma\gamma}$$

$$+(2\xi-2H\xi^{2})b_{\mu\sigma}\overset{*}{\nabla}_{\beta}b^{\mu}_{\gamma}+\xi(2H\xi^{2}-2\xi)\overset{*}{\nabla}_{\beta}Kb_{\sigma\gamma},$$

由 $\varepsilon^{\gamma\sigma}$ 关于指标反对称性及 $\varepsilon^{\gamma\sigma}b_{\gamma\sigma}=0,\varepsilon^{\gamma\sigma}a_{\sigma\gamma}=0$, 得

$$\varepsilon^{\alpha\beta}\varepsilon^{\gamma\sigma}g_{\sigma\tau}\overset{*}{\nabla}_{\beta}I^{\tau}_{\gamma}=\varepsilon^{\alpha\beta}\varepsilon^{\gamma\sigma}(2\xi-2H\xi^{2})b_{\sigma\mu}\overset{*}{\nabla}_{\beta}b^{\mu}_{\gamma}.$$

另一方面,

$$(-\xi\overset{*}{\nabla}_{\sigma}b_{\beta\lambda}+\xi^{2}b_{\sigma\mu}\overset{*}{\nabla}_{\beta}b^{\mu}_{\lambda})I^{\lambda}_{\gamma}=\xi b^{\lambda}_{\gamma}\overset{*}{\nabla}_{\sigma}b_{\beta\lambda}-\xi^{2}b_{\sigma\mu}b^{\lambda}_{\gamma}\overset{*}{\nabla}_{\beta}b^{\mu}_{\lambda}-K\xi^{2}\overset{*}{\nabla}_{\sigma}b_{\beta\gamma}+K\xi^{3}b_{\sigma\mu}\overset{*}{\nabla}_{\beta}b^{\mu}_{\gamma},$$

因 $\varepsilon^{\alpha\beta}\varepsilon^{\gamma\sigma}(-K\xi^{2}\overset{*}{\nabla}_{\sigma}b_{\beta\gamma})=\varepsilon^{\alpha\beta}\varepsilon^{\gamma\sigma}(-K\xi^{2}\overset{*}{\nabla}_{\beta}b_{\sigma\gamma})=0$, 所以

$$B^{\alpha}=\theta\varepsilon^{\alpha\beta}\varepsilon^{\gamma\sigma}((2\xi-2H\xi^{2})b_{\sigma\mu}\overset{*}{\nabla}_{\beta}b^{\mu}_{\gamma}+\xi b^{\lambda}_{\gamma}\overset{*}{\nabla}_{\lambda}b_{\beta\sigma}$$

$$-\xi^{2}b_{\sigma\mu}\overset{*}{\nabla}_{\beta}b^{\mu}_{\lambda}b^{\lambda}_{\gamma}+K\xi^{3}b_{\mu\sigma}\overset{*}{\nabla}_{\beta}b^{\mu}_{\gamma}-\xi\theta b_{\sigma\mu}\overset{*}{\nabla}_{\beta}b^{\mu}_{\gamma})$$

$$=\theta\varepsilon^{\alpha\beta}\varepsilon^{\gamma\sigma}(\xi(b_{\sigma\mu}\overset{*}{\nabla}_{\beta}b^{\mu}_{\gamma}+b^{\lambda}_{\gamma}\overset{*}{\nabla}_{\lambda}b_{\beta\sigma})-\xi^{2}b_{\sigma\mu}b^{\lambda}_{\gamma}\overset{*}{\nabla}_{\beta}b^{\mu}_{\lambda}).$$

ξ 的系数关于指标(σ,γ) 均是对称的,由 $b_{\sigma\mu}b^{\lambda}_{\gamma}\overset{*}{\nabla}_{\beta}b^{\mu}_{\gamma}=b^{\mu}_{\sigma}b_{\lambda\gamma}\overset{*}{\nabla}_{\beta}b^{\lambda}_{\mu}=b^{\lambda}_{\sigma}b_{\mu\gamma}\overset{*}{\nabla}_{\beta}b^{\mu}_{\gamma}$ 知 ξ^{2} 系数关于(σ,γ) 也是对称的. 故 $B^{\alpha}=0$, 即(3.10.24)得证.

应用 $\varepsilon^{\alpha\beta}\varepsilon^{\gamma\sigma}b_{\sigma\beta}=K\hat{b}^{\alpha\gamma},\varepsilon^{\alpha\beta}\varepsilon^{\gamma\sigma}c_{\beta\sigma}=K^{2}\hat{c}^{\alpha\gamma}$ 以及(3.9.8)和(3.9.6),则得(3.10.26). 实际上又由于 $g_{\sigma\tau}I^{\tau}_{\beta}=-\theta J_{\beta\sigma}$,得

$$D^{\alpha}_{\lambda}=\theta^{-2}\varepsilon^{\alpha\beta}\varepsilon^{\gamma\sigma}(-J_{\beta\sigma}J_{\gamma\lambda}+J_{\beta\gamma}J_{\lambda\sigma})=-2\theta^{-2}\varepsilon^{\alpha\beta}\varepsilon^{\gamma\sigma}J_{\beta\sigma}J_{\gamma\lambda},$$

$$=-2\theta^{-2}(K\hat{b}^{\alpha\gamma}-\xi K^{2}\hat{c}^{\alpha\gamma})(b_{\gamma\lambda}-\xi c_{\gamma\lambda})$$

$$=-2\theta^{-2}((K+K^{2}\xi^{2})\delta^{\alpha}_{\lambda}-K\xi b^{\alpha}_{\lambda}-K^{2}\xi\hat{b}^{\alpha}_{\lambda})$$

$$=-2\theta^{-2}((K+K^{2}\xi^{2})\delta^{\alpha}_{\lambda}-K\xi b^{\alpha}_{\lambda}+K\xi(-2H\delta^{\alpha}_{\lambda}+b^{\alpha}_{\lambda}))$$

$$=-2\theta^{-2}K(1-2H\xi+K\xi^{2})\delta^{\alpha}_{\lambda}=-2K\theta^{-1}\delta^{\alpha}_{\lambda}.$$

得到(3.10.25). 从而(3.10.25)得证.

又由(3.9.7),(3.9.18)得

$$\varepsilon^{\alpha\beta}\varepsilon^{\gamma\sigma}J_{\beta\gamma}=-K\hat{b}^{\alpha\sigma}+K^{2}\xi\hat{c}^{\alpha\sigma},$$

再应用(3.9.8),(3.9.9),(3.9.6)有

$$\hat{b}^{\alpha\sigma}g_{\alpha\gamma} = \hat{b}^{\alpha}_{\tau} - 2\xi\delta^{\alpha}_{\tau} + b^{\alpha}_{\tau}\xi^2, \quad \hat{c}^{\alpha\sigma}g_{\sigma\tau} = \hat{c}^{\alpha}_{\tau} - 2\xi\hat{b}^{\alpha}_{\tau} + \xi^2\delta^{\alpha}_{\tau}.$$

故

$$m^{\alpha}_{\tau} = \theta^{-2}(K^2\hat{c}^{\alpha}_{\tau}\xi + (1+2K\xi^2)K\hat{b}^{\alpha}_{\tau} + (2K\xi + K^2\xi^3)\delta^{\alpha}_{\tau} - K\xi^2 b^{\alpha}_{\tau}).$$

应用(3.9.6)和θ的定义(3.9.10)可以得到(3.10.26).

对于(3.10.5).实际上,

$$\begin{aligned}(\mathrm{rot\ rot}\ u)^3 &= \varepsilon^{3\alpha\beta}\nabla_{\alpha}(\mathrm{rot}\ u)_3 = \varepsilon^{3\alpha\beta}\varepsilon^{\lambda km}g_{\beta\lambda}g_{mn}\nabla_{\alpha}\nabla_{k}u^{n} \\ &= \varepsilon^{3\alpha\beta}g_{\beta\lambda}(\varepsilon^{\lambda 3\gamma}g_{\gamma\sigma}\nabla_{\alpha}\nabla_{3}u^{\sigma} + \varepsilon^{\lambda\gamma 3}\nabla_{\alpha}\nabla_{\gamma}u^{3}) \\ &= \theta^{-2}\varepsilon^{\alpha\beta}\varepsilon^{\lambda\gamma}g_{\beta\lambda}(\nabla_{\alpha}\nabla_{\gamma}u^{3} - g_{\gamma\sigma}\nabla_{\alpha}\nabla_{3}u^{\sigma}) \\ &= -g^{\alpha\gamma}\nabla_{\alpha}\nabla_{\gamma}u^{3} + \nabla_{\alpha}\nabla_{3}u^{\alpha} = -\triangle u^{3} + \nabla_{3}\nabla_{\alpha}u^{\alpha}.\end{aligned}$$

由于

$$\nabla_3\nabla_{\alpha}u^{\alpha} = \nabla_3\left(\mathrm{div}u - \frac{\partial u^3}{\partial\xi}\right) = -\frac{\partial^2 u^3}{\partial\xi^2} + \frac{\partial}{\partial\xi}\mathrm{div}u,$$

即得(3.10.5).

3.11 基础曲面变形后的度量张量和第二基本型

S-族坐标系的基础曲面S往往因位移或受流体的影响而发生变形,因而曲面的一些几何量也随之改变.这里讨论曲面的度量张量$a_{\alpha\beta}$和曲面第二基本型系数$b_{\alpha\beta}$的变化规律.

设ω是E^2中的一个区域,$\theta \in C^2(\bar{\omega}, E^3)$是从$\bar{\omega}$到$E^3$的单射,若记$S = \theta(\bar{\omega})$,$\boldsymbol{n}$为$S$的单位法向量,那么,当$S$受到一个位移$\boldsymbol{\eta} = \eta^{\alpha}\boldsymbol{e}_{\alpha} + \eta^3\boldsymbol{n} = \eta_{\alpha}\boldsymbol{e}^{\alpha} + \eta_3\boldsymbol{n}$以后,有

$$a_{\alpha\beta}(\eta) = a_{\alpha\beta} + 2\gamma_{\alpha\beta}(\eta) + 2\varphi_{\alpha\beta}(\eta), \tag{3.11.1}$$

$$b_{\alpha\beta}(\eta) = b_{\alpha\beta} + \rho_{\alpha\beta}(\eta) + R_{\alpha\beta}(\eta), \tag{3.11.2}$$

其中$a_{\alpha\beta}$, $b_{\alpha\beta}$和$a_{\alpha\beta}(\eta)$, $b_{\alpha\beta}(\eta)$分别是曲面$\theta(\bar{\omega})$和曲面$(\theta + \eta^{\alpha}e_{\alpha} + \eta^3 n)(\bar{\omega})$的度量张量和第二基本型系数.这里

$$\begin{aligned}R_{\alpha\beta}(\eta) = &((1+\gamma_0(\eta))q - 1)(b_{\alpha\beta} + \rho_{\alpha\beta}(\eta)) \\ &+ q[\overset{*}{\Gamma}{}^{\lambda}_{\alpha\beta}(\phi_{\lambda}(\eta) + \gamma_0(\eta)\overset{0}{\nabla}_{\lambda}\eta^3) + \Phi^{\lambda}_{\alpha\beta}(\eta)(\phi_{\lambda}(\eta) - \overset{0}{\nabla}_{\lambda}\eta^3) \\ &+ (b_{\alpha\beta} + \rho_{\alpha\beta}(\eta) + \overset{*}{\Gamma}{}^{\lambda}_{\alpha\beta}\overset{0}{\nabla}_{\lambda}\eta^3)d(\eta)],\end{aligned}$$

$$\rho_{\alpha\beta}(\eta) = \overset{*}{\nabla}_{\alpha}\overset{*}{\nabla}_{\beta}\eta^3 + 2\overset{1}{\gamma}_{\alpha\beta}(\eta) = \overset{*}{\nabla}_{\alpha}\overset{0}{\nabla}_{\beta}\eta^3 + b_{\alpha\sigma}\overset{0}{\nabla}_{\beta}\eta^{\sigma},$$

$$\varphi_{\alpha\beta}(\eta)=\frac{1}{2}a_{ij}\overset{0}{\nabla}_{\beta}\eta^{i}\overset{0}{\nabla}_{\beta}\eta^{j},\ \phi_{\beta}(\eta)=\varepsilon^{\nu\mu}\varepsilon_{\sigma\beta}\overset{0}{\nabla}_{\nu}\eta^{\sigma}\overset{0}{\nabla}_{\mu}\eta^{3},$$

$$\Phi^{\sigma}_{\alpha\beta}(\eta)=\overset{*}{\nabla}_{\alpha}\overset{*}{\nabla}_{\beta}\eta^{\sigma}+\overset{*}{\Gamma}{}^{\lambda}_{\alpha\beta}\overset{0}{\nabla}_{\lambda}\eta^{\sigma}-b^{\sigma}_{\alpha}\overset{0}{\nabla}_{\beta}\eta^{3},\tag{3.11.3}$$

$$q=\sqrt{\frac{a}{a(\eta)}},a=\det(a_{\alpha\beta}),a(\eta)=\det(a_{\alpha\beta}(\eta)),$$

$$d(\eta)=\frac{1}{2}\varepsilon^{\alpha\beta}\varepsilon_{\sigma\lambda}\overset{0}{\nabla}_{\alpha}\eta^{\sigma}\overset{0}{\nabla}_{\beta}\eta^{\lambda}=\det(\overset{0}{\nabla}_{\alpha}\eta^{\sigma})/a.$$

$$\overset{0}{\nabla}_{\alpha}u^{\beta}=\overset{*}{\nabla}_{\alpha}u^{\beta}-b^{\beta}_{\alpha}u^{3},\ \overset{0}{\nabla}_{3}u^{\alpha}=\frac{\partial u^{\alpha}}{\partial\xi}-b^{\alpha}_{\beta}u^{\beta},$$

$$\overset{0}{\nabla}_{\alpha}u^{3}=\overset{*}{\nabla}_{\alpha}u^{3}+b_{\alpha\beta}u^{\beta},$$

$$a_{ij}=g_{ij}\Big|_{\xi=0}=(a_{\alpha\beta},a_{3\alpha}=a_{\alpha 3}=0,a_{33}=1)$$

证 由 $\eta=\eta^{\lambda}e_{\lambda}+\eta^{3}n$,有

$$a_{\alpha\beta}(\eta)=\partial_{\alpha}(\theta+\eta)\partial_{\beta}(\theta+\eta)=a_{\alpha\beta}+\partial_{\alpha}\eta e_{\beta}+\partial_{\beta}\eta e_{\alpha}+\partial_{\alpha}\eta\partial_{\beta}\eta,$$

利用(3.3.2),(3.3.10),(3.3.15)可得

$$\begin{cases}\partial_{\alpha}\eta=\overset{0}{\nabla}_{\alpha}\eta^{\beta}e_{\beta}+\overset{0}{\nabla}_{\alpha}\eta^{3}n,\\ \partial_{\alpha}\eta e_{\beta}+\partial_{\beta}\eta e_{\alpha}=a_{\beta\lambda}\overset{0}{\nabla}_{\alpha}\eta^{\lambda}+a_{\alpha\lambda}\overset{0}{\nabla}_{\beta}\eta^{\lambda}=2\gamma_{\alpha\beta}(\eta),\\ \partial_{\alpha}\eta\partial_{\beta}\eta=a_{ij}\overset{0}{\nabla}_{\alpha}\eta^{i}\overset{0}{\nabla}_{\beta}\eta^{j}=\varphi_{\alpha\beta}(\eta),\\ \partial_{\alpha}\eta\times\partial_{\beta}\eta=\varepsilon_{\lambda\sigma}\overset{0}{\nabla}_{\alpha}\eta^{\lambda}\overset{0}{\nabla}_{\beta}\eta^{\sigma}n\\ \qquad+(\varepsilon_{\lambda\sigma}\overset{0}{\nabla}_{\alpha}\eta^{\sigma}\overset{0}{\nabla}_{\beta}\eta^{3}+\varepsilon_{\sigma\lambda}\overset{0}{\nabla}_{\alpha}\eta^{3}\overset{0}{\nabla}_{\beta}\eta^{\sigma})e^{\lambda}.\end{cases}\tag{3.11.4}$$

最后有

$$a_{\alpha\beta}(\eta)-a_{\alpha\beta}=2\gamma_{\alpha\beta}(\eta)+a_{ij}\overset{0}{\nabla}_{\alpha}\eta^{i}\overset{0}{\nabla}_{\alpha}\eta^{j}=2E^{*}_{\alpha\beta}(\eta).$$

这就得到(3.11.1). 这里用到了度量张量的协变导数为 0.

根据计算,不难得到

$$a_{\alpha\beta}(\eta)=a_{\alpha\beta}+2(\gamma_{\alpha\beta}(\eta)+\varphi_{\alpha\beta}(\eta)),$$

$$\begin{aligned}a(\eta)&=a\ \frac{1}{2}\varepsilon^{\alpha\beta}\varepsilon^{\lambda\sigma}a_{\alpha\lambda}(\eta)a_{\beta\sigma}(\eta)\\&=\frac{1}{2}a\varepsilon^{\alpha\beta}\varepsilon^{\beta\sigma}(a_{\alpha\lambda}a_{\beta\sigma}+4\gamma_{\alpha\lambda}(\eta)\gamma_{\beta\sigma}(\eta)+\varphi_{\alpha\lambda}(\eta)\varphi_{\beta\sigma}(\eta)\\&\quad+4\gamma_{\alpha\lambda}(\eta)a_{\beta\sigma}(\eta)+4\gamma_{\alpha\lambda}(\eta)\varphi_{\beta\sigma}(\eta)+2\varphi_{\alpha\lambda}(\eta)a_{\beta\sigma}(\eta)).\end{aligned}$$

注意到 $a^{\alpha\beta}=\varepsilon^{\alpha\lambda}\varepsilon^{\beta\sigma}a_{\lambda\sigma}$,于是有

$$q^{-2}=\frac{a(\eta)}{a}=1+2\gamma_0(\eta)+\pi(\eta). \tag{3.11.5}$$

$$\pi(\eta)=2\varepsilon^{\alpha\beta}\varepsilon^{\lambda\sigma}\gamma_{\alpha\lambda}(\eta)\varphi_{\beta\sigma}(\eta)+4\det(\gamma_{\alpha\beta}(\eta))/a+\det(\varphi_{\alpha\beta}(\eta))/a+2a^{\alpha\beta}\varphi_{\alpha\beta}(\eta).$$

下面考虑曲率的变化. 注意到 $b_{\alpha\beta}(\eta)=n(\eta)e_{\alpha\beta}(\eta)$, 其中

$$\begin{aligned}n(\eta)&=\frac{1}{2}\varepsilon^{\alpha\beta}(\eta)e_\alpha(\eta)\times e_\beta(\eta)=\frac{1}{2}\sqrt{\frac{a}{a(\eta)}}\varepsilon^{\alpha\beta}(e_\alpha+\partial_\alpha\eta)\times(e_\beta+\partial_\beta\eta)\\&=\sqrt{\frac{a}{a(\eta)}}\left(n+\varepsilon^{\alpha\beta}e_\alpha\times\partial_\beta\eta+\frac{1}{2}\varepsilon^{\alpha\beta}\partial_\alpha\eta\times\partial_\beta\eta\right),\end{aligned}$$

由 $\gamma_0(\eta)=a^{\alpha\beta}\gamma_{\alpha\beta}(\eta)=\overset{0}{\nabla}_\alpha\eta^\alpha=\overset{*}{\mathrm{div}}(\eta)-2H\eta^3$, $\varepsilon^{\alpha\beta}\varepsilon_{\alpha\lambda}=\delta_\beta^\lambda$ 和(3.2.4), (3.11.5)得

$$\begin{aligned}n(\eta)&=q\Big(n+\gamma_0(\eta)n-\overset{0}{\nabla}_\lambda\eta^3e^\lambda+\frac{1}{2}\varepsilon^{\alpha\beta}(\varepsilon_{\lambda\sigma}\overset{0}{\nabla}_\alpha\eta^\lambda\overset{0}{\nabla}_\beta\eta^\sigma n\\&\quad+(\varepsilon_{\lambda\sigma}\overset{0}{\nabla}_\alpha\eta^\sigma\overset{0}{\nabla}_\beta\eta^3+\varepsilon_{\sigma\lambda}\overset{0}{\nabla}_\alpha\eta^3\overset{0}{\nabla}_\beta\eta^\sigma)e^\lambda)\Big)\\&=q[(1+\gamma_0(\eta)+d(\eta))n+(-\overset{0}{\nabla}_\beta\eta^3+\phi_\beta(\eta))e^\beta].\end{aligned} \tag{3.11.6}$$

这里用到 $\varepsilon_{\alpha\beta}$, $\varepsilon^{\alpha\beta}$关于指标反对称性. 另外有

$$e_\alpha(\eta)=e_\alpha+\eta_\alpha=e_\alpha+\overset{0}{\nabla}_\alpha\eta^\beta e_\beta+\overset{0}{\nabla}_\lambda\eta^3n, \tag{3.11.7}$$

$$e_{\alpha\beta}(\eta)=e_{\alpha\beta}+\partial_\alpha\partial_\beta\eta=\overset{*}{\Gamma}{}^\lambda_{\alpha\beta}e_\lambda+b_{\alpha\beta}n+\partial_\alpha\partial_\beta\eta. \tag{3.11.8}$$

下面证明等式

$$\begin{cases}\partial_\alpha\partial_\beta\eta=\Phi^\sigma_{\alpha\beta}(\eta)e_\sigma+(\rho_{\alpha\beta}(\eta)+\overset{*}{\Gamma}{}^\lambda_{\alpha\beta}\overset{0}{\nabla}_\lambda\eta^3)n,\\ e_{\alpha\beta}(\eta)=(\overset{*}{\Gamma}{}^\sigma_{\alpha\beta}+\Phi^\sigma_{\alpha\beta}(\eta))e_\sigma+(b_{\alpha\beta}+\rho_{\alpha\beta}(\eta)+\overset{*}{\Gamma}{}^\sigma_{\alpha\beta}\overset{0}{\nabla}_\sigma\eta^3)n.\end{cases} \tag{3.11.9}$$

实际上,

$$\begin{aligned}\partial_\alpha\partial_\beta\eta&=\partial_\alpha(\overset{0}{\nabla}_\beta\eta^\sigma\varepsilon_\sigma+\overset{0}{\nabla}_\beta\eta^3n)\\&=\partial_\alpha\overset{0}{\nabla}_\beta\eta^\sigma e_\sigma+\overset{0}{\nabla}_\beta\eta^\sigma(\overset{*}{\Gamma}{}^\lambda_{\sigma\alpha}e_\lambda+b_{\sigma\alpha}n)+\partial_\alpha\overset{0}{\nabla}_\beta\eta^3n+\overset{0}{\nabla}_\beta\eta^3n_\alpha,\end{aligned}$$

注意到 $n_\alpha=-b_\alpha^\sigma e_\sigma$, 故

$$\begin{aligned}\partial_\alpha\partial_\beta\eta&=(\partial_\alpha\overset{0}{\nabla}_\beta\eta^\sigma)+\overset{*}{\Gamma}{}^\sigma_{\alpha\lambda}\overset{0}{\nabla}_\beta\eta^\lambda-b_\alpha^\sigma\overset{0}{\nabla}_\beta\eta^3)e_\sigma+(b_{\sigma\alpha}\overset{0}{\nabla}_\beta\eta^\sigma+\partial_\alpha\overset{0}{\nabla}_\beta\eta^3)n\\&=(\overset{*}{\nabla}_\alpha\overset{0}{\nabla}_\beta\eta^\sigma+\overset{*}{\Gamma}{}^\lambda_{\alpha\beta}\overset{*}{\nabla}_\lambda\eta^\sigma-b_\alpha^\sigma\overset{0}{\nabla}_\beta\eta^3)e_\sigma\\&\quad+(\overset{*}{\nabla}_\alpha\overset{0}{\nabla}_\beta\eta^3+\overset{*}{\Gamma}{}^\lambda_{\alpha\beta}\overset{0}{\nabla}_\lambda\eta^3+b_{\alpha\sigma}\overset{0}{\nabla}_\beta\eta^\sigma)n\end{aligned}$$

应用(3.11.3), 可以得到(3.11.9).

最后由 $b_{\alpha\beta}(\eta)=n(\eta)e_{\alpha\beta}(\eta)$得

$$b_{\alpha\beta}(\eta) = q[(b_{\alpha\beta} + \rho_{\alpha\beta}(\eta))(1 + \gamma_0(\eta) + \overset{*}{\Gamma}{}^{\lambda}_{\alpha\beta}(\phi_\lambda(\eta) + \gamma_0(\eta)\overset{0}{\nabla}_\lambda\eta^3)$$
$$+ \Phi^{\lambda}_{\alpha\beta}(\eta)(\phi_\lambda(\lambda) - \overset{0}{\nabla}_\lambda\eta^3) + (b_{\alpha\beta} + \rho_{\alpha\beta}(\eta) + \overset{*}{\Gamma}{}^{\lambda}_{\alpha\beta}\overset{0}{\nabla}_\lambda\eta^3)d(\eta)].$$

从而有

$$b_{\alpha\beta}(\eta) - b_{\alpha\beta} = \rho_{\alpha\beta} + R_{\alpha\beta}(\eta).$$

这就证明了(3.11.2).

第 4 章　Riemann 流形上的张量

Gauss 在 1827 年有一个惊人的发现,即曲面在每一点的两个主曲率的乘积(即 Gauss 曲率)仅与曲面的第一基本型有关,而与曲面在 E^3 中所呈现出的具体形状无关.当曲面与平面在局部上等距时,其 Gauss 曲率为 0,反之亦然.在这个意义上,Gauss 曲率是刻画曲面的度量与欧氏平面度量的偏离程度.Riemann 于 1854 年在著名的就职演说"关于几何学的基本假设"中把 Gauss 的曲面内蕴微分几何推广到任意维数的情形.大半个世纪里,为了在技术细节上完善 Riemann 提出的思想,Christoffel,Ricci 和 Levi-Civita 等数学家,创造了一整套张量分析方法,引进了绝对微分学,给出了 Riemann 所提出的曲率的表达式,尤其是 Levi-Civita 提出了曲面上的切向量沿曲线平行移动的概念,使 Riemann 几何在直观上的理解提高到一个崭新的水平,大大地推动了 Riemann 几何的发展.

微分流形是上世纪数学最有代表性的概念之一,当代数学的许多主要结构和研究对象都是以微分流形为载体,其中 Riemann 几何学就是在光滑流形上给定了一个 Riemann 结构的几何学,而其上的张量分析无论对数学的自身发展还是对其他自然科学的应用,它都是最有力的工具之一.

4.1　微分流形

4.1.1　定义

在欧氏空间 E^2 上可以建立一个坐标系 (x,y),使得点 p 与坐标 $(x(p), y(p))$ 一一对应,而对于二维单位球面 S^2,由拓扑学知,它与 E^2 不是**同胚**的[2].即不存在一个整体坐标系,使得 S^2 上的点与坐标一一对应.且 S^2 也不能与 E^2 的开子集同胚.如果将 S^2 分成若干部分,使得每个部分与 E^2 中的一个开集同胚,而在每个部分上分别建立坐标系,这种局部化的思想,导致引入一般微分流形的概念.

定义 4.1.1　设 M 是一个 Hausdorff 拓扑空间[2].若对每一点 $p \in M$,都有 p 的一个邻域和 E^m 的一个开集同胚,则称 M 为 m 维拓扑流形.

设 U 是 M 中的一个集合,$\varphi_U: U \to \varphi_U(U) \subset E^m$ 是上述定义中的同胚映射,$\pi^i: \varphi_U(U) \to E^1$ 是 $\varphi_0(U)$ $(i = 1,2,\cdots,m)$ 到第 i 个坐标上的投影. $\forall\, q \in U$, $x^i = \pi^i(\varphi_U(q))$ 是 U 上实值函数,称为 q 的第 i 个坐标函数.而 $(U;\varphi_U)$ 称为 M

的坐标卡.

若 q 位于另一坐标卡$(V;\varphi_V)$中,其坐标记为 $\bar{x}^i(q), i=1,2,\cdots,m$. 由于 φ_U,φ_V 均是同胚映射,故可确定 E^m 中两个开集 $\varphi_U(U\cap V)$ 和 $\varphi_V(U\cap V)$ 之间的同胚,即

$$\varphi_V\circ\varphi_U^{-1}:\ \varphi_U(U\cap V)\to\varphi_V(U\cap V).$$

借助于坐标函数,$\varphi_V\circ\varphi_U^{-1}$ 可表达为

$$\bar{x}^i=\bar{x}^i(x^1,x^2,\cdots,x^m),\quad i=1,2,\cdots,m.$$

类似地,对于同胚 $\varphi_U\circ\varphi_V^{-1}$ 有

$$x^i=x^i(\bar{x}^1,\bar{x}^2,\cdots,\bar{x}^m),\quad i=1,2,\cdots,m.$$

定义 4.1.2 设 M 为 m 维拓扑流形.

(1) $(U;\varphi)$ 与 $(V;\psi)$ 是 M 的两个坐标卡,如果 $U\cap V\neq\{0\}$,

$$\psi\circ\varphi^{-1}:\ \varphi(U\cap V)\to\psi(V),\qquad \varphi\circ\psi^{-1}:\ \psi(U\cap V)\to\varphi(U)$$

都是 C^r 映射,或 $U\cap V=\{0\}$,称$(U;\varphi)$与$(V;\psi)$是 $C^r(r\in\mathbf{R}^1)$ 相关的;

(2) $\mathscr{A}=\{(U_\alpha;\varphi_\alpha),\alpha\in I\}$ 是 M 上若干坐标卡构成的集合,I 为指标集,如果 $\mathscr{A}$ 满足下列三个条件,则称 $\mathscr{A}$ 为拓扑流形 M 的一个 C^r 微分结构:

(a) $\{U_\alpha;\alpha\in I\}$ 是 M 的一个开覆盖;

(b) $\forall\,\alpha,\beta\in I,(U_\alpha;\varphi_\alpha)$ 与 $(U_\beta;\varphi_\beta)$ 是 C^r 相关的;

(c) $\mathscr{A}$ 是极大的. 即对 M 的任一个坐标卡$(U;\varphi)$,如果它和 $\mathscr{A}$ 中的每一个成员都是 C^r 相关的,则它一定属于 $\mathscr{A}$.

C^∞ 微分结构称为光滑结构.

定义 4.1.3 设 M 是一个 m 维的拓扑流形. $\mathscr{A}$ 是 M 的一个 C^r 微分结构,则称$(M,\mathscr{A})$是一个 m 维 C^r 微分流形. $\mathscr{A}$ 中的坐标卡称为 C^r 微分流形$(M,\mathscr{A})$的容许坐标卡.

以后,在不会引起混淆的情况下,用 M 表示一个 C^r 微分流形$(M,\mathscr{A})$.

设$(U;\varphi)$为 m 维微分流形 M 的一个容许坐标卡,则对于 $\forall\,p\in U$,将 $x=\varphi(p)$ 在 E^m 中的坐标$(x^1(p),x^2(p),\cdots,x^m(p))$称为点 p 的局部坐标. 这样确定的坐标系,称为 M 在 p 点的一个局部坐标系,记为$(U,\varphi;x^i)$或$(U;x^i)$,定义在 U 上的 m 个函数 $x^i:U\to\mathbf{R}^1(i=1,\cdots,m)$ 称为局部坐标函数.

对于 M 上任意两个 C^r-相关的局部坐标系$(U,\varphi;x^i)$和$(V,\psi;y^i)$,如果 $U\cap V\neq\{0\}$ 则称双向单值的映射

$$\varphi\circ\varphi^{-1}:\ \varphi(U\cap V)\to\varphi(U\cap V)$$

为从$(U,\varphi;x^i)$到$(V,\psi;y^i)$的坐标变换,它可以表示为

$$y^i=(\psi\circ\varphi^{-1})^i=y^i(x^1,x^2,\cdots,x^m),\quad i=1,2,\cdots,m.$$

由此得到的 m 阶方阵

$$J(x,y)=\left(\frac{\partial(y^1,y^2,\cdots,y^m)}{\partial(x^1,x^2,\cdots,x^m)}\right)$$

为坐标变换的 Jacobi 矩阵,相应的行列式 $\det(J(x,y))$ 为坐标变换行列式.

定义4.1.4　设 M 是一个微分流形,如果在 M 上存在一族容许的局部坐标系 $\{(U_\alpha;x_\alpha^i),\ \alpha\in I\}$ 满足以下两个条件

(1) $\bigcup\limits_{\alpha\in I}U_\alpha=M$,

(2) $\forall\,\alpha,\beta\in I$,或 $U_\alpha\cap V_\beta=\{0\}$,或 $U_\alpha\cap V_\beta\neq\{0\}$,但在 $U_\alpha\cap V_\beta$ 上有

$$\frac{\partial(x_\alpha^1,x_\alpha^2,\cdots,x_0^m)}{\partial(x_\beta^1,x_\beta^2,\cdots,x_\beta^m)}>0.$$

则称 M 是可定向微分流形.而两坐标系$(U_\alpha;x_\alpha^i)$和$(V_\beta;x_\beta^i)$称为是定向相符的.

如果还满足

(3) $\{(U_\alpha;x_\alpha^i),\alpha\in I\}$ 是极大的,即对任意的容许局部坐标系$(U;x^i)$,只要对任意的 $\alpha\in I$,$(U;x^i)$和$(U_\alpha;x_\alpha^i)$都是定向相符的,就有$(U;x^i)\in\{(U_\alpha;x_\alpha^i),\alpha\in I\}$,则称$\{(U_\alpha;x_\alpha^i),\alpha\in I\}$是 M 的一个定向.

具有指定定向的微分流形称为有向微分流形.

作为一个微分流形例子,看一个函数水平集的流形.设 f 是 E^{n+1} 上的 C^r $(r\geqslant1)$ 函数. f 的梯度为

$$\operatorname{grad} f=\left(\frac{\partial f}{\partial x^1},\frac{\partial f}{\partial x^2},\cdots\frac{\partial f}{\partial x^{n+1}}\right),$$

记

$$M_c=\{p\in E^{n+1}:\ f(p)=c\},$$

如果 $\operatorname{grad}f$ 在M_c上恒不为0,则 M_c 是一个n 维C^r 微分流形.通常称 M_c 为E^{n+1}中的正则超曲面.这个例子说明,E^{n+1} 中一切正则超曲面都是微分流形.尤其是,当

$$f=\sum_{i=1}^{n+1}(x^i)^2,\qquad\forall\,(x^1,x^2,\cdots,x^{n+1})\in E^{n+1},$$

$\operatorname{grad}f$ 在以原点为中心. r 为半径的n 维球面$S^n(r)=\{x\in E^{n+1}:\ f(x)=r^2\}$上处处不为0,因此它是一个 n 维的C^r 微分流形.为方便起见,记 $S^n=S^n(1)$.

4.1.2　光滑映射

设 M 是一个m 维光滑流形,G 为M 的非空开子集,$f:G\to E^1$ 是定义在 G 上的实值函数.如果对于 M 的任意一个容许坐标卡$(U;\varphi)$,当 $U\cup G=\{0\}$ 时

$$f\circ\varphi^{-1}:\ \varphi(G\cup U)\to E^1$$

是 C^r 函数,则称 f 是 G 上的 C^r 函数, G 上的 C^∞ 函数又称为光滑函数.开子集 G 上全体 C^r 函数的集合记为 $C^r(G)$.特别是 M 上全体光滑函数的集合为 $C^\infty(M)$.不难看出, $C^r(G)$ 关于函数的加法和乘法构成一个环.

设 M 为光滑流形, $p \in M$, f 是定义在 p 点的某个邻域 A 上的函数,如果存在 p 的一个开邻域 $U \subset A$,使得 $f|_U$ 是 U 上的 C^r 函数,则称 f 是定义在 p 点附近的 C^r 函数,简称为在 p 点的 C^r 函数.在 p 点 C^r 函数的全体所构成的集合记为 C_p^r,在 C_p^r 中可以定义加法和乘法.

以下讨论两个微分流形之间的映射.

设 M,N 分别为 m,n 维光滑流形, $f:M \to N$ 为映射. $p \in M$,如果在 p 点处 M 的容许坐标卡 $(U;\varphi)$ 以及 N 在 $f(p)$ 的容许坐标卡 $(V;\psi)$,使得 $f(U) \subset V$,并且

$$\bar{f} = \psi \circ f \circ \varphi^{-1}: \varphi(U) \to \psi(V)$$

是 C^∞ 映射,则称映射 f 在 p 点是 C^∞ 的.而 $\bar{f}$ 为映射 f 关于坐标卡 $(U;\varphi)$ 和 $(V;\psi)$ 的局部表示.

显然, $\bar{f}$ 是由 n 个 m 元函数组成的,由坐标卡的 C^∞ 相关性可知,它与坐标 $(U;\varphi)$, $(V;\psi)$ 的选择无关.

定义 4.1.5 设 f 是 $M \to N$ 的映射, M,N 均为光滑流形,如果 f 在 M 的每一个点 p 都是 C^∞ 的,则称 f 为 C^∞ 映射,或称为光滑映射.

流形上的曲线是一个映射.设 M 是一个 m 维的光滑流形, $I \subset E^1$ 是一个闭区间, $\gamma: I \to M$ 是一个映射,如果存在一个开区间 (a,b),包含 I 以及一个光滑映射 $\tilde{\gamma}:(a,b) \to M$ 使得 $\tilde{\gamma}|_I = \gamma$,则称 γ 是 M 上的一条光滑曲线.

定义 4.1.6 设 M 和 N 是两个光滑流形, $f:M \to N$ 是一个同胚,如果 f 及其逆映射 $f^{-1}:N \to M$ 都是光滑的,则称 f 是从 M 到 N 的光滑同胚或微分同胚.如果 $f:M \to N$ 是一个光滑映射,并且对每点 $p \in M$ 都有 p 的一个开邻域 U,使得 $f(U)$ 是 N 中的开子集,并且 $f|_U: U \to f(U)$ 是 U 到 $f(U)$ 的光滑同胚,则称 f 是从 M 到 N 的局部光滑同胚.

还须定义光滑映射的秩.为此,设 M 和 N 分别是 m 维和 n 维的光滑流形, $f: M \to N$ 为光滑映射, $\forall p \in M$,记 $g: f(p) \in N$, $(U;x^i)$ 和 $(V;y^\alpha)$ 分别为 p,q 在 M,N 中的局部坐标系,使得 $f(V) \subset V$.而 f 在 U 中的限制可以表示为

$$y^\alpha = f^\alpha(x^1,x^2,\cdots,x^m), \qquad \alpha = 1,2,\cdots,n.$$

称

$$\mathrm{Rank}\left(\frac{\partial f^\alpha}{\partial x^i}(p)\right), \quad i = 1,2,\cdots,m, \quad \alpha = 1,2,\cdots,n$$

为映射 f 在 p 点的秩,记为 $\mathrm{Rank}_p(f)$.

上述定义的 $\mathrm{Rank}_p(f)$ 与坐标系选择无关. 实际上,设存在一个坐标变换$(U; x^i) \to (\widetilde{U}; \widetilde{x}^i)$, $(V; y^\alpha) \to (\widetilde{V}; \widetilde{y}^\alpha)$, 使得 Jacobi 矩阵 $\left(\dfrac{\partial x^j}{\partial \widetilde{x}^i}\right)$和$\left(\dfrac{\partial y^\beta}{\partial \widetilde{y}^\alpha}\right)$ 都是非奇异的. 那么 $\left(\dfrac{\partial \widetilde{f}^\alpha}{\partial \widetilde{x}^i}\right) = \left(\dfrac{\partial \widetilde{y}^\alpha}{\partial y^\lambda}\right)\left(\dfrac{\partial f^\lambda}{\partial x^j}\right)\left(\dfrac{\partial x^j}{\partial \widetilde{x}^i}\right)$. 因此, $\left(\dfrac{\partial \widetilde{f}^\alpha}{\partial \widetilde{x}^i}\right)$与$\left(\dfrac{\partial f^\lambda}{\partial x^j}\right)$ 秩数相同.

关于光滑映射的秩,有如下定理.

定理 4.1.1[2]　设 M,N 为 m 维和 n 维的光滑流形. $f:M \to N$ 是映射. $p \in M$, 如果 f 在 p 点的一个邻域上的秩是常数 r, 则在 p 点的邻域存在一个坐标系$(U,\varphi;x^i)$ 以及 $f(p)$ 在 N 中的局部坐标系$(V,\psi;y^\alpha)$ 成立.

$$\begin{cases} f(v) \subset V, \quad x^i(p) = 0, \quad y^\alpha(f(p)) = 0, \\ (y^1,y^2,\cdots,y^n) = \psi \circ f \circ \varphi^{-1}(x^1,x^2,\cdots,x^m) = (x^1,x^2,\cdots,x^r,\underbrace{0,0,\cdots,0}_{m-1\text{个}}). \end{cases}$$

4.1.3　切向量

定义 4.1.7　设 M 是一个 m 维的光滑流形. 如果 v 是从 p 点的光滑函数全体 C_p^∞ 到 R^1 的映射,并且满足

(1) $\forall f,g \in C_p^\infty, \forall \lambda \in R, v(f+\lambda g) = v(f) + \lambda v(g)$,

(2) $\forall f,g \in C_p^\infty, v(fg) = v(f)g(p) + f(p)v(g)$.

那么称映射 v 为 M 在 p 点的一个切向量.

作为切向量的一个例子,欧氏空间中的 C_p^∞ 中的函数的梯度 $\dfrac{\partial f}{\partial x^i}(p)$ 是一个典型的切向量. 先证一个引理.

引理 4.1.1　设 $(U;x^i)$ 是 m 维光滑流形 M 在 p 点的容许局部坐标系. 记 $x_0^i = x^i(p)$. 那么对任意的一个 $f \in C_p^\infty$, 存在 m 个光滑函数 $g_i \in C_p^\infty$ 满足

$$g_i(p) = \frac{\partial f}{\partial x^i}(p), \qquad i = 1,2,\cdots,m,$$

并且对于 p 点邻域内任一点 q 成立

$$f(q) = f(p) + \sum_{i=1}^m (x^i(q) - x_0^i) g_i(q).$$

证　由于 $\widetilde{f} = f \circ \varphi^{-1} \in C_{\varphi(p)}^\infty$, 因而在 $x_0 = \varphi(p)$ 的一个邻域 $\widetilde{\omega}$ 上,有

$$\begin{aligned} \widetilde{f}(x) - \widetilde{f}(x_0) &= \int_0^1 \frac{\mathrm{d}}{\mathrm{d}t} \widetilde{f}(x_0 + t(x - x_0))\mathrm{d}t \\ &= \sum_{i=1}^m (x^i - x_0^i) \int_0^1 \frac{\partial \widetilde{f}}{\partial x^i}(x_0 + t(x - x_0))\mathrm{d}t. \end{aligned}$$

对 $x \in \widetilde{\omega}$ 定义函数

$$\tilde{g}_i(x) = \int_0^1 \frac{\partial \widetilde{f}}{\partial x^i}(x_0 + t(x - x_0))\mathrm{d}t, \qquad g_i = \tilde{g}_i \circ \varphi,$$

那么

$$g_i(p) = \tilde{g}_i(x_0) = \frac{\partial \widetilde{f}}{\partial x^i}(x_0) = \frac{\partial(f \circ \varphi^{-1})}{\partial x^i}(\varphi(p)) = \frac{\partial f}{\partial x^i}(p),$$

且在 p 点的邻域 $w = \varphi^{-1}(\widetilde{w})$ 内任一点 q 有

$$f(q) = f(p) + \sum_{i=1}^{m}(x^i(q) - x_0^i)g_i(q).$$

引理得证.

以下考察欧氏空间 E^m 上的光滑函数f的梯度算子. 设 $v \in E^m$ 是一个向量. 定义 $D_v: C_{x_0}^\infty \to E^1$ 的映射: $\forall f \in C_{x_0}^\infty$, 令

$$D_v f = \left.\frac{\mathrm{d}f(x_0 + tv)}{\mathrm{d}t}\right|_{t=0},$$

则 $D_v f$ 是函数f在点x_0沿向量 v 的方向导数. 直接验证可得, $D_v f$ 满足定义 4.1.7 中的条件. 因此它是 E^m 中在x_0处的一个切向量, 若令 $v = (v^1, v^2, \cdots, v^m)$, 则

$$D_v f = \sum_{i=1}^{m} \frac{\partial f}{\partial x^i}(x_0)v^i,$$

$D_v f$ 是由 v 决定的, 它也是 v 的一个线性函数.

反之, 对任一映射 σ: $C_{x_0}^\infty \to R^1$ 满足定义 4.1.7 中的条件, 则必有唯一的一个向量 $v \in E^m$, 使得

$$D_v(f) = \sigma(f), \qquad \forall f \in C_{x_0}^\infty.$$

实际上, 由引理 4.1.1, $\forall f \in C_{x_0}^\infty$, 存在 m 个 $g_i \in C_{x_0}^\infty (i = 1, 2, \cdots, m)$ 使得

$$f(x) = f(x_0) + \sum_{i=1}^{m}(x^i - x_0^i)g_i(x),$$

其中 $g_i(x) = \dfrac{\partial f}{\partial x^i}(x_0)$, 由定义 4.1.7 条件(2)

$$\sigma(1) = \sigma(1 \cdot 1) = 1 \cdot \sigma(1) + \sigma(1) \cdot 1 = 2\sigma(1).$$

所以 $\sigma(1) = 0$. 由条件(1), $\forall \lambda \in R$, $\sigma(\lambda) = \sigma(\lambda 1) = \lambda\sigma(1) = 0$, 因而

$$\sigma(f) = \sum_{i=1}^{n} \frac{\partial f}{\partial x^i}(x_0)\sigma(x^i),$$

如果令 $v = (v_1, v_2, \cdots, v_n) = (\sigma(x^1), \cdots \sigma(x^m))$, 使得有

$$\sigma(f) = D_v(f), \qquad \forall f \in C_{x_0}^\infty.$$

容易看出, 向量 v 是由算子σ唯一确定的. 所以向量 v 与方向导数算子D_v是一一对应的.

下面考察作为切向量的另一个例子,就是流形 M 上曲线的切向量.

设 M 是一个 m 维光滑流形,$r(t)(-\varepsilon \leqslant t \leqslant \varepsilon) \to M$ 是M上的一条光滑曲线.记 $p = \gamma(0)$,由 γ 可以定义一个映射$v: C_p^\infty \to R$,使得 $\forall f \in C_p^\infty$,

$$v(f) = \frac{\mathrm{d}}{\mathrm{d}t} f \circ \gamma(t)\bigg|_{t=0} = \frac{\mathrm{d}f(\gamma(t))}{\mathrm{d}t}\bigg|_{t=0},$$

容易验证映射 $v: C_p^\infty \to E^1$ 满足定义4.1.7中的要求.因此 v 是光滑流形M在p点的一个切向量,称为曲线 γ 在$t = 0$点处的切向量,记为 $\gamma'(0)$, 因此可以表示为

$$\gamma'(0)(f) = \frac{\mathrm{d}f(\gamma(t))}{\mathrm{d}t}\bigg|_{t=0}.$$

4.1.4　切空间和切映射

光滑流形 M 在点p 的切向量的全体记为 T_pM. 在 T_pM 中引入加法和数乘运算:$\forall u, v \in T_pM, \lambda \in R^1, f \in C_p^\infty$, 定义

$$(u+v)(f) = u(f) + v(f), \qquad (\lambda u)(f) = \lambda(u(f)),$$

显然,这样定义的 $u+v$ 及λu 仍然是M在p点的切向量.即 T_pM 对加法及数乘运算是封闭的.故 T_pM 是一个实向量空间.称它为光滑流形 M 在p点的切空间.而 M 中所有的切空间的和记为$TM = \bigcup\limits_{p\in M} T_pM$.以下构造 T_pM 的基底.

设$(U, \varphi; x^i)$为M在p点的一个局部坐标系.令 $x^i(p) = x_0^i, i = 1,2,\cdots,m$. 对每个$i$,设$\gamma_i:(-\varepsilon \leqslant t \leqslant +\varepsilon) \to M$是通过$p$点的第$i$条坐标线,即 $\forall t \in (-\varepsilon, +\varepsilon)$,

$$\gamma_i(t) = \varphi^{-1}(x_0^1, x_0^2, \cdots, x_0^i + t, \cdots, x_0^m),$$

因为 $\gamma'_i(v)$ 是 M 在p点的一个切向量,记为$\dfrac{\partial}{\partial x^i}\Big|_p$.由定义,$\forall f \in C_p^\infty$,

$$\frac{\partial}{\partial x^i}\bigg|_p(f) = \frac{\mathrm{d}f(\gamma_i(t))}{\mathrm{d}t}\bigg|_{t=0} = \frac{\mathrm{d}}{\mathrm{d}t} f \circ \varphi^{-1}(x^1, \cdots, x_0^i + t, \cdots, x_0^m)$$
$$= \frac{\partial(f\circ\varphi^{-1})}{\partial x^i}(\varphi(p)) = \frac{\partial f}{\partial x^i}(p).$$

于是有如下定理.

定理 4.1.2　设M是一个m维光滑流形,$p \in M$,$(U; x^i)$是包含p点的任意一个容许局部坐标系,则 M 在p 点的m 个切向量

$$\frac{\partial}{\partial x^i}\bigg|_p, \qquad i = 1,2,\cdots,m$$

构成了切空间 T_pM 的一个基底,且 $\dim T_pM = m$.

证　先证明任意一个切向量 $v \in T_pM$ 均可以表示为$\left\{\dfrac{\partial}{\partial x^i}\Big|_p, i = 1,2,\cdots,\right.$

$m\Big\}$ 的线性组合.由引理4.1.1,$\forall f\in C_p^\infty$,存在 $g_i\in C_p^\infty$ 使得

$$f = f(p) + \sum_{i=1}^{m}(x^i - x_0^i)g_i,\quad g_i(p) = \frac{\partial f}{\partial x^i}(p),$$

这里 $x_0^i = x^i(p), i = 1,2,\cdots,m$.由定义4.1.7条件知,切向量 v 作用在 f 后得

$$\begin{aligned} v(f) &= v(f(p)) + \sum_{i=1}^{m} v((x^i - x_0^i)g_i) \\ &= \sum_{i=1}^{m}(g_i(p)\cdot v(x^i - x_0^i) + (x^i(p) - x_0^i)\cdot v(g_i)) \\ &= \sum_{i=1}^{n}\frac{\partial f}{\partial x^i}(p)v(x^i) = \sum_{i=1}^{m} v(x^i)\frac{\partial}{\partial x^i}\Big|_p(f), \end{aligned}$$

因而

$$v = \sum_{i=1}^{m} v(x^i)\frac{\partial}{\partial x^i}\Big|_p.$$

其次,对任意给出 $a^1,a^2,\cdots,a^m\in R$,如果 $\sum_i a^i\frac{\partial}{\partial x^i}\Big|_p = 0(i = 1,2,\cdots,m)$,则对于每个指标 j 有

$$0 = \left(\sum_{i=1}^{m} a^i\frac{\partial}{\partial x^i}\Big|_p\right)(x^j) = \sum_{i=1}^{m} a^i\frac{\partial x^j}{\partial x^i}(p) = a^j,$$

因此 $\left\{\frac{\partial}{\partial x^i}\Big|_p, i = 1,2,\cdots,m\right\}$ 是线性无关的.从而证明了它是 T_pM 的基底.证毕.

通常称 $\left\{\frac{\partial}{\partial x^i}\Big|_p, i = 1,2,\cdots,m\right\}$ 为 p 点处由局部坐标系 $(U;x^i)$ 给出的自然基底.

定理4.1.2说明,任何一个切向量 v 在自然基底 $\left\{\frac{\partial}{\partial x^i}\Big|_p\right\}$ 下的分量,恰好是该切向量作用在第 i 个局部坐标函数 x^i 上所得到的值 $v(x^i)$.

定义4.1.8 切空间 T_pM 的对偶空间称为光滑流形 M 在 p 点的余切空间,记为 T_p^*M,其中的元素,即线性函数 $\alpha: T_pM\to R^1$,称为 M 在 p 点的余切向量.

$\forall v\in T_pM, \alpha\in T_p^*M$,将 $\alpha(v)$ 记为 $\langle v,\alpha\rangle$,它确定的一个映射

$$\langle\cdot,\cdot\rangle: T_pM\times T_p^*M\to R,$$

称为 T_pM 与 T_p^*M 的对偶积.

例如,$\forall f\in C_p^\infty$,定义映射 $\mathrm{d}f$: $\forall v\in T_pM$,

$$\langle v,\mathrm{d}f\rangle = \mathrm{d}f(v) = v(f)\in R^1.$$

显然,$\mathrm{d}f$ 是 T_pM 上的线性函数,即 $\mathrm{d}f\in T_p^*M$,$\mathrm{d}f$ 是在 p 点的一个余切向量.

由于光滑流形 M 的任一点 p 的任一个容许局部坐标系 $(U;x^i)$,它的每个坐

标都是 U 上的光滑函数,因而 $\mathrm{d}x^i\mid_p \in T_p^*M$, 并且

$$\left(\frac{\partial}{\partial x^j}\bigg|_p, \mathrm{d}x^i\right) = \frac{\partial x^i}{\partial x^j}\bigg|_p = \delta_j^i,$$

由此可知, $\{\mathrm{d}x^i\mid_p, i = 1,2,\cdots,m\}$ 是 T_p^*M 中自然基底

$$\left\{\frac{\partial}{\partial x^i}\bigg|_p, \ i = 1,2,\cdots,m\right\}$$

的对偶基底.一般, $\forall\, \alpha \in T_p^*M$, 有

$$\alpha = \sum_{i=1}^m \alpha_i \mathrm{d}x^i \mid_p = \sum_{i=1}^m \left(\frac{\partial}{\partial x^i}\bigg|_p, \alpha\right)\mathrm{d}x^i \mid_p.$$

特别 $\forall\, f \in C_p^\infty$,

$$\mathrm{d}f \mid_p = \sum_{i=1}^m \frac{\partial f}{\partial x^i}(p)\mathrm{d}x^i\bigg|_p.$$

因此,余切向量 $\mathrm{d}f\mid_p = \mathrm{d}f(p)$ 也称为函数 f 在 p 点的微分.

如果映射 F 是 m 维光滑流形 M 到 n 维光滑流形 N 的光滑映射.这时也可以定义切映射.实际上,定义切向量 $F_*(v) \in T_{F(p)}N$:

$$F_*(v)(f) = v(f\circ F), \qquad \forall\, f \in C_{F(p)}^\infty.$$

显然 $F_*(\cdot)$ 是一个 $T_pM \to T_{F(p)}N$ 的映射,而且 F_* 是线性的.

定义 4.1.9　线性映射 $F_*: T_pM \to T_{F(p)}N$ 称为光滑映射 F 在 p 点的切映射或微分,它的对偶映射 $F^*: T_{F(p)}^*N \to T_p^*M$ 称为光滑映射 F 在 p 点的余切映射.

由对偶映射定义知,余切映射 $F^*: T_{F(p)}^*N \to T_p^*M$ 也是线性映射,并且 $\forall\, \omega \in F_{F(p)}^*N$, $F^*\omega$ 由下式确定,即

$$(F^*\omega)(v) = \omega(F_*(v)), \qquad \forall\, v \in T_pM.$$

有时,用 F_{*p} 或 F_p^* 来表示映射 F 在 p 点切映射和余切映射.

定义 4.1.10　设 $F: M \to N$ 是光滑流形间的光滑映射, $p \in M$.

(1) 如果切映射 $F_{*p}: T_pM \to T_{F(p)}N$ 是单射,则称 F 在 p 点浸入.如果 F 在 M 的每一点都是浸入,则称 F 为浸入映射.简称为浸入,此时, $F: M \to N$ 为 N 的子流形,并记 (F,M),如果浸入本身是单射,则称它为单浸入.

(2) 如果切映射 $F_{*p}: T_pM \to T_{F(p)}N$ 是满射,则称 F 在 p 点为淹没;如果 F 为满射且在 M 的每一点都是淹没,则称 F 为淹没映射,简称淹没.

(3) 设 $F: M \to N$ 是单浸入,于是 F 从 M 到 $F(M) \subset N$ 是一一对应,如果对 N 在 $F(M)$ 上的诱导拓扑 $(F: M \to F(M))$ 是同胚,则称 F 是嵌入映射,简称为嵌入.此时,称 (F,M) 为 N 的嵌入子流形,或正则子流形.

假定 $(U;x^i)$ 和 $(V;y^\alpha)$ 分别是 p 和 $F(p)$ 附近的局部坐标系,并且 $F(U) \subset$

V,那么切映射F_{*p}关于自然基底$\left\{\frac{\partial}{\partial x^i}\right\}$和$\left\{\frac{\partial}{\partial y^\alpha}\right\}$的矩阵恰好是$F$在$p$点的Jacobi矩阵

$$\begin{pmatrix} \frac{\partial x^1}{\partial y^1} & \cdots & \frac{\partial x^1}{\partial y^n} \\ \frac{\partial x^m}{\partial y^1} & \cdots & \frac{\partial x^m}{\partial y^n} \end{pmatrix},$$

因此成立如下定理.

定理 4.1.3 设 $F:M\to N$ 是光滑映射,$p\in M$,则

(1) F 在p 点为浸入当且仅当F 在p 点的秩 $\mathrm{Rank}_p(F)=\dim M$;

(2) F 在p 点为淹没当且仅当F 在p 点的秩 $\mathrm{Rank}_p(F)=\dim N$.

定理 4.1.4 如果光滑映射 $F:M\to N$ 在$p\in M$ 是浸入,则存在 p 点的开邻域 U,使得 F 在U 上的限制$F|_U:U\to N$ 为嵌入.

4.1.5 切向量场

M 的切空间记为$TM=\bigcup_{p\in M}T_pM$.而M上的一个切向量场X是指在M上的每一个点 p,有一个 M 在p 的切向量$X(p)$.换句话说,M 上的切向量场是一个映射 $X:M\to TM$,使得 $\forall p\in M, X(p)\in T_pM$.

容易看出,在M的任意一个容许局部坐标系$(U;x^i)$中,$\frac{\partial}{\partial x^i}(i=1,\cdots,m)$是 U 上的切向量场.这一组切向量场在 U 中任一点p,构成该点切空间 T_pM 的一个基底,通常称这组切向量场为 U 上一个标架场.以后把$\left\{\left.\frac{\partial}{\partial x^i}\right|_p\right\}$称$M$ 在局部坐标系$(U;x^i)$下的自然标架场.

定义 4.1.11 设X是$M\to TM$光滑流形上的切向量场.如果 $\forall p\in M$存在 p 点的容许坐标系$(U;x^i)$使得 X 在U 上的限制可以表达为

$$X\Big|_U=\sum_{i=1}^m X^i\frac{\partial}{\partial x^i},$$

其中 X^i 是U上的光滑函数.那么称X是M上的光滑切向量场.特别,$\left.\frac{\partial}{\partial x^i}\right|_p$是定义在 U 上的光滑切向量场.

M 上光滑切向量场的集合记为$\chi(M)$.显然,$\chi(M)$关于加法数乘是封闭的.因而它是一个向量空间.进而可以定义光滑函数与切向量场的乘积,即 $\forall f\in C^\infty(M), X\in\chi(M)$,$M$ 上的切向量fX为

$$(fX)(p)=f(p)X(p),\qquad \forall p\in M.$$

在其容许坐标系 $(U;x^i)$ 下,如果

$$X|_U = \sum_{i=1}^{m} X^i \frac{\partial}{\partial x^i},$$

则有

$$(fX)|_U = \sum_{i=1}^{m} (f|_U \cdot X^i) \frac{\partial}{\partial x^i}.$$

由此得知 $fX \in \chi(M)$.

定理 4.1.5[2]　设 X 是 m 维光滑流形 M 上的光滑切向量. 则 X 可视为一个映射 $X: C^\infty(M) \to C^\infty(M)$, 其定义为: $\forall f \in C^\infty(M)$,

$$(X(f))(p) = (X(p))(f), \quad \forall p \in M. \tag{4.1.1}$$

那么 X 满足以下两个条件: $\forall f,g \in C^\infty(M), \lambda \in E^1$,

(1)　$X(f+\lambda g) = X(f) + \lambda X(g)$,

(2)　$X(fg) = gX(f) + fX(g)$.

反之,任意一个满足(1),(2) 的映射 $X: C^\infty(M) \to C^\infty(M)$ 都是由 M 上的一个光滑向量场通过(4.1.1) 而确定.

设 $X, Y \in \chi(M)$,将 X, Y 视为定理 4.1.5 中所描述的从 $C^\infty(M)$ 到它自身的映射,易证,由

$$[X,Y] \triangleq X \circ Y - Y \circ X \tag{4.1.2}$$

定义的映射 $[X,Y]$ 仍然满足定理 4.1.5 的条件,所以,$[X,Y] \in \chi(M)$.

定义 4.1.12　设 $X, Y \in \chi(M)$,通过(4.1.2) 确定的光滑切向量场 $[X,Y]$ 称为 X 和 Y 的 Poisson 括号积.

定理 4.1.6[2,6]　Poisson 括号积 $[\cdot,\cdot]: \chi(M) \to \chi(M)$,服从下述运算规律: $\forall X,Y,Z \in \chi(M), \forall \lambda \in R^1, \forall f,g \in C^\infty(M)$,

(1)　$[X+Y,Z] = [X,Z] + [Y,Z]$,

(2)　$[\lambda X, Y] = \lambda[X,Y]$,

(3)　$[X,Y] = -[Y,X]$,

(4)　Jacobi 恒等式 $[[X,Y],Z] + [[Y,Z],X] + [[Z,X],Y] = 0$,

(5)　$[fX, gY] = fX(g)Y - gY(f)X + fg[X,Y]$,

这里 $\chi(M)$ 关于 Poisson 括号积是李代数.

4.1.6　切空间中的张量场

在 m 维光滑流形 M 的每个点都有切空间 T_pM 以及对偶的余切空间 T_p^*M,由此,也可以定义 p 处的一般的(r,s) 型张量以及由此张量构成的张量空间 $T_s^r(p)$,并且进而引入光滑张量场概念.

M 在 p 点的一个(r,s) 型张量 τ 是指一个 $r+s$ 重线性映射

$$\tau: \underbrace{T_p^*M \times \cdots \times T_p^*M}_{r\text{个}} \times \underbrace{T_pM \times \cdots \times T_pM}_{s\text{个}} \to E^1,$$

其中 r 称为 τ 的逆变阶数，s 称为 τ 的协变阶数. 用 $T_s^r(p)$ 表示 M 在 p 点的所有 (r, s) 型张量构成的集合，记

$$T_s^r(p) = \tau(\underbrace{T_p^*M \times \cdots \times T_p^*M}_{r\text{个}}, \underbrace{T_pM \times \cdots \times T_pM}_{s\text{个}}; E^1).$$

显然，T_s^r 是一个 m^{r+s} 维向量空间；并且在 p 点的容许局部坐标系 $(U; x^i)$ 下，$T_s^r(p)$ 的自然基底是

$$\left.\frac{\partial}{\partial x^{i_1}}\right|_p \times \cdots \times \left.\frac{\partial}{\partial x^{i_r}}\right|_p \times \mathrm{d}x^{j_1}|_p \times \cdots \times \mathrm{d}x^{j_s}|_p,$$

$$i_1, \cdots, i_r, \quad j_1, \cdots, j_s = 1, 2, \cdots, m,$$

由此可见

$$T_s^r(p) = \underbrace{T_pM \times \cdots \times T_pM}_{r\text{个}} \times \underbrace{T_p^*M \times \cdots \times T_p^*M}_{s\text{个}}.$$

令

$$T_s^r(M) = \bigcup_{p \in M} T_s^r(p),$$

称它为光滑流形 M 上的一个 (r, s) 型张量场，它的每一个元素 τ 是从 M 到 $T_s^r(M)$ 的一个映射，$\tau: M \to T_s^r(M)$ 使得 $\forall p \in M$，都有 $\tau(p) \in T_s^r(p)$.

M 上 $(r, 0)$ 和 $(0, s)$ 型张量场分别称为 r 阶逆变张量场和 s 阶协变张量场.

定义 4.1.13 光滑流形 M 上的一个 (r, s) 型张量场 $\tau: M \to T_s^r(M)$ 称为是光滑的，如果对于任意的 $p \in M$，存在 p 点的容许局部坐标系 $(U; x^i)$，使得 τ 在 U 上的限制具有如下的局部表达式

$$\tau|_U = \tau_{j_1 j_2 \cdots j_s}^{i_1 i_2 \cdots i_r} \frac{\partial}{\partial x^{i_1}} \times \cdots \times \frac{\partial}{\partial x^{i_r}} \times \mathrm{d}x^{j_1} \times \cdots \times \mathrm{d}x^{j_s},$$

其中 $\tau_{j_1 j_2 \cdots j_s}^{i_1 i_2 \cdots i_r}$ 是 U 上的光滑函数. M 上光滑的 (r, s) 型张量构成的集合记作 $\mathscr{F}_s^r(M)$. 特别地，

$$\mathscr{F}_0^1(M) = \chi(M), \mathscr{F}_0^0(M) = C^\infty(M).$$

在集合 $\mathscr{F}_s^r(M)$ 中有自然的加法和数乘运算，且任意两个光滑张量场能够逐点作张量积运算.

作为一个例子，$\forall f \in C^\infty(M)$，$\mathrm{d}f$ 是 M 上的一个光滑的 $(0, 1)$ 型张量场，即光滑的一阶协变张量场，称为 f 的微分. 实际上，$\forall p \in M$，$\mathrm{d}f(p) \in T^*(M)$. 设 $(U; x^i)$ 为 p 点的一个容许坐标系，则

$$\mathrm{d}f|_U = \sum_{i=1}^m \frac{\partial f}{\partial x^i} \mathrm{d}x^i,$$

其中 $\frac{\partial f}{\partial x^i} \in C^\infty(U)$.

定义 4.1.14　光滑的一阶协变张量场(即余切向量场)又称为一次微分式.

把光滑流形 M 上的一次微分式的集合记为 $A^1(M)$，即

$$A^1(M) = \mathscr{T}_1^0(M).$$

下面的定理给出多重线性映射和张量场之间的关系.

定理 4.1.7[2,6]　设 τ 是光滑流形 M 上一个光滑的 (r,s) 型张量场，则由 τ 可以给出下述 $r+s$ 重线性映射

$$\tilde{\tau}: \underbrace{A^1(M)\times\cdots\times A^1(M)}_{r\text{ 个}} \times \underbrace{\chi(M)\times\cdots\times\chi(M)}_{s\text{ 个}} \to C^\infty(M).$$

也就是 $\forall\, \alpha^1,\alpha^2,\cdots,\alpha^r \in A^1(M), X_1,X_2,\cdots,X_s \in \chi(M)$ 以及 $\forall\, p \in M$,

$$\tilde{\tau}(\alpha^1,\alpha^2,\cdots,\alpha^r;X_1,\cdots,X_s)(p) = \tau(p)(\alpha^1,\alpha^2,\cdots,\alpha^r,X_1,\cdots,X_s), \tag{4.1.3}$$

它对每个自变量都是 $C^\infty(M)$ -线性，即

$$\begin{aligned}
&\tilde{\tau}(\alpha^1,\alpha^2,\cdots,\alpha^\lambda+f\alpha,\cdots,X_1,\cdots,X_s)\\
=\;&\tilde{\tau}(\alpha^1,\alpha^2,\cdots,\alpha^r;X_1,\cdots,X_s)\\
&+f\tilde{\tau}(\alpha^1,\cdots,\alpha^{\lambda-1},\alpha,\alpha^{\lambda+1},\cdots,X_1,X_2,\cdots,X_s),\\
&\forall\,\alpha^\lambda\in A^1(M), f\in C^\infty(M), 1\leqslant\lambda\leqslant r,\\
&\tilde{\tau}(\alpha^1,\cdots,\alpha^r,X_1,\cdots,X_\mu+fX,\cdots,X_s)\\
=\;&\tilde{\tau}(\alpha^1,\alpha^2,\cdots,\alpha^r;X_1,\cdots,X_s)\\
&+f\tilde{\tau}(\alpha^1,\cdots,\alpha^r,X_1,\cdots,X_{\mu-1},X,X_{\mu+1},\cdots,X_s),\\
&\forall\,X_\mu\in\chi(M), f\in C^\infty(M), 1\leqslant\mu\leqslant s.
\end{aligned}\tag{4.1.4}$$

反过来，任意给定一个 $r+s$ 重线性映射

$$\tilde{\tau}: \underbrace{A^1(M)\times\cdots\times A^1(M)}_{r} \times \underbrace{\chi(M)\times\cdots\times\chi(M)}_{s} \to C^\infty(M),$$

如果它关于每个自变量都是 $C^\infty(M)$- 线性，则在 M 上存在唯一的一个 (r,s) 型光滑张量场满足(4.1.3).

定理 4.1.7 说明，一个多重线性映射是一个光滑张量场.关键在于它对每个自变量是否是 $C^\infty(M)$- 线性的.因此，$C^\infty(M)$- 线性性质称为张量性质.

4.1.7　外微分形式

光滑流形 M 上的光滑 r 阶协变张量场 φ 称为是反对称的，是指相应的映射

$$\varphi: \underbrace{\chi(M)\times\cdots\times\chi(M)}_{r\text{ 个}} \to C^\infty(M),$$

在任意的局部坐标系下，φ 的协变分量关于下指标是反对称的.

定义 4.1.15 光滑流形 M 上的一个光滑 r 阶反对称协变张量场 φ 称为 M 上一个 r 次外微分形式.

M 上一次外微分式就是 M 上的一次微分式，即光滑的一阶协变张量场. M 上 r 次外微分式的集合记作 $A^r(M)$. M 上的 0 次外微分式就是 M 上的光滑函数.

特别地，

$$A^1(M)=\mathscr{F}_1^0(M),\quad A^0(M)=C^\infty(M).$$

由定义可知，若 $\varphi\in A^r(M)$，则在每一点 $p\in M$，$\varphi(p)$ 是 T_pM 上一个 r 次外微分形式

$$\varphi:\underbrace{T_pM\times\cdots\times T_pM}_{r\text{个}}\to R^1,$$

且是一个反对称的 r 重线性函数. 通过逐点定义的方式，可以引入外微分的加法，数乘和外积等运算. 其中外积是 $\forall\,\varphi\in A^r(M),\psi\in A^s(M)$，

$$\begin{aligned}(\varphi\wedge\psi)(p)=\varphi(p)\wedge\psi(p)&=\frac{(r+s)!}{r!s!}A^{r+s}(\varphi(p)\times\psi(p))\\&=\frac{(r+s)!}{r!s!}A^{r+s}(\varphi\times\psi)(p),\qquad\forall\,p\in M.\end{aligned}\tag{4.1.5}$$

也就是

$$\varphi\wedge\psi=\frac{(r+s)!}{r!s!}A^{r+s}(\varphi\times\psi),$$

其中 A^{s+r} 是反对称算子. 若令 $A(M)=\prod\limits_{r=0}^{m}A^r(M)$，$m=\operatorname{diam}M$. 在 $A(M)$ 上可以引入外微分运算.

定理 4.1.8[2,6] 设 M 是 m 维光滑流形，则存在唯一的一个映射

$$\mathrm{d}:A(M)\to A(M),$$

使得对于任意非负整数 r，有 $\mathrm{d}(A^r(M))\subset A^{r+1}(M)$，并且满足以下条件

(1) d 是线性的，即 $\forall\,\varphi,\psi\in A(M),\lambda\in R$，有 $\mathrm{d}(\varphi+\lambda\psi)=\mathrm{d}\varphi+\lambda\mathrm{d}\psi$，

(2) $\forall\,\varphi\in A^r(M),\psi\in A(M)$，有

$$\mathrm{d}(\varphi\wedge\psi)=\mathrm{d}\varphi\wedge\psi+(-1)^r\varphi\wedge\mathrm{d}\psi,$$

(3) $\forall\,f\in A^0(M)$，$\mathrm{d}f$ 是 f 的微分，

(4) $\mathrm{d}^2=\mathrm{d}\circ\mathrm{d}=0$.

这样的映射 d 称为外微分算子.

外微分算子可以有局部表达式. 设对 M 的任意一个开子集 U 上可以诱导出映射 $\mathrm{d}:A(U)\to A(U)$ 使它仍然满足定理 4.1.8 的条件，并且 $\forall\,\varphi\in A^r(M)$ 有

$$\mathrm{d}(\varphi\mid_U)=(\mathrm{d}\varphi)\mid_U,$$

设 M 的一个容许局部坐标系$(U;x^i)$，

$$\varphi|_U = \frac{1}{r!}\varphi_{i_1 i_2 \cdots i_r}\mathrm{d}x^{i_1} \wedge \cdots \wedge \mathrm{d}x^{i_r}.$$

那么

$$\begin{aligned}\mathrm{d}(\varphi|_U) &= \frac{1}{r!}\mathrm{d}\varphi_{i_1 i_2 \cdots i_r} \wedge \mathrm{d}x^{i_1} \wedge \cdots \mathrm{d}x^{i_r} \\ &= \frac{1}{r!}\frac{\partial \varphi_{i_1 i_2 \cdots i_r}}{\partial x^i}\mathrm{d}x^i \wedge \mathrm{d}x^{i_1} \cdots \wedge \mathrm{d}x^{i_r}.\end{aligned} \tag{4.1.6}$$

容易验证，(4.1.6)与局部坐标系的选择无关.故它可以用来定义 $(\mathrm{d}\varphi)|_U$.

可运用如下公式计算外微分算子.

$$\begin{cases}\forall\, \omega \in A^1(M), \quad \forall\, X, Y \in \chi(M), \\ \mathrm{d}\omega(X,Y) = X(\omega(Y)) - Y(\omega(X)) - \omega([X,Y]).\end{cases}$$

$$\begin{cases}\forall\, \omega \in A^r(M), \quad \forall\, X_1, X_2, \cdots, X_{r+1} \in \chi(M), \\ \mathrm{d}\omega(X_1, X_2, \cdots, X_{r+1}) = \sum\limits_{\alpha=1}^{r+1}(-1)^{\alpha+1}X_\alpha(\omega(X_1, X_2, \cdots, \hat{X}_\alpha, \cdots, X_{r+1})) \\ \qquad + \sum\limits_{\alpha<\beta}(-1)^{\alpha+\beta}\omega([X_\alpha, X_\beta], X_1, X_2, \cdots, \hat{X}_\beta, \cdots, X_{r+1}),\end{cases}$$

其中 $\hat{X}_\alpha$ 表示缺 X_α 这一项，α,β 均为求和指标.

4.1.8 外微分形式的积分和 Stokes 定理

先定义一个函数的支集

$$\forall\, \omega \in A^r(M), \quad \mathrm{supp}\omega = \overline{\{p \in M : \omega(p) \neq 0\}},$$

$$A_0^r(M) = M \text{ 上具有紧致支集的 } r \text{ 次外微分式的集合}.$$

如果$(U;\varphi)$是 M 上的一个定向相符的坐标卡，$\omega \in A_0^r(M)$，$\mathrm{supp}\omega \subset U$，

$$\omega|_U = a\,\mathrm{d}x^1 \wedge \cdots \wedge \mathrm{d}x^m,$$

其中 $a \in C^\infty(U)$.当 m 重 Riemann 积分

$$\int_{\varphi(U)}(a \circ \varphi^{-1})\mathrm{d}x^1\mathrm{d}x^2\cdots\mathrm{d}x^m$$

是一个有限值.可以定义

$$\int_M \omega = \int_{\varphi(U)}(a \circ \varphi^{-1})\mathrm{d}x^1\mathrm{d}x^2\cdots\mathrm{d}x^m. \tag{4.1.7}$$

容易证明(4.1.7)不依赖于坐标系的选取[2,6].

一般地，若$(\xi(U_\alpha;\varphi_\alpha), \alpha \in I)$是 M 上的一个定向切相符的坐标卡集，使得$\{U_\alpha, \alpha \in I\}$是 M 的局部有限开覆盖.并且记$\{h_\alpha\}$是从属于$\{U_\alpha\}$的单位分解，那么 $\forall\, \omega \in A_0^m(M)$，

$$\omega = \omega \sum_{\alpha} h_\alpha = \sum_{\alpha} (h_\alpha \omega), \tag{4.1.8}$$

$$h_\alpha \omega \in A_0^m(M), \quad \mathrm{supp}(h_\alpha \omega) \subset \mathrm{supp} h_\alpha \cap \mathrm{supp}\omega \subset U_\alpha.$$

由于 $\mathrm{supp}\omega$ 是紧致的.(4.1.8) 右端只有有限多项,每一项在 M 的积分已经有定义.所以

$$\int_M \omega = \sum_\alpha \int_M h_\alpha \omega = \sum_\alpha \int_{\varphi(U_\alpha)} ((h_\alpha a_\alpha) \circ \varphi^{-1}) \mathrm{d}x_\alpha^1 \mathrm{d}x_\alpha^2 \cdots \mathrm{d}x_\alpha^m, \tag{4.1.9}$$

这里

$$\omega \mid_{U_\alpha} = a_\alpha \mathrm{d}x_\alpha^1 \wedge \cdots \wedge \mathrm{d}x_\alpha^m, \quad a_\alpha \in C^\infty(U_\alpha).$$

可证,上述定义的数值积分与 M 上的定向相符局部有限覆盖 $\{(U_\alpha;\varphi_\alpha),\alpha \in I\}$ 选择无关,也与从属于 $\{U_\alpha\}$ 的单位分解 $\{h_\alpha\}$ 的选取无关.

(4.1.9) 称为 m 次微分式 $\omega \in A_0^m(M)$ 在 M 上的积分.

对于 $\omega \in A_0^r(M)(r < m)$. 设 N 是 r 维有向光滑流形,$f:N \to M$ 是 N 到 M 中的光滑子流形的映照,则 $f^* \omega \in A_0^r(N)$. 当 $f(N)$ 是 M 的浸入子流形时,定义

$$\int_{f(N)} \omega = \int_N f^* \omega. \tag{4.1.10}$$

现在考虑有边界的流形.

定义 4.1.16 设 M 是一个 m 维的光滑流形. 所谓有边区域 D 是指流形 M 的一个子集,其中的点分为两类.

(1) 内点 $p \in D$,即在 M 中有 p 的邻域 U,使得 U 整个包含在 D 内:$\overline{U} \subset D$.

(2) 边界点 $p \in D$,即在 M 中存在一个局部坐标系 $(U;x^i)$ 使得

$$\forall i, \quad x^i(p) = 0, \quad U \cap D = \{q \in U, x^m(q) \geqslant 0\}.$$

这样的坐标系称为边界点 p 的适用坐标系.

可以证明,有边区域 D 的边界 ∂D 是 M 的 $m-1$ 维闭的嵌入子流形. 当 M 是可定向时,∂D 也是可定向的. 特别在 $p \in \partial D$,适用坐标系 $(U;x^i)$ 与 M 定向相符. 因而 $(U \cap \partial D; x^\alpha, 1 \leqslant x^\alpha \leqslant m-1\}$ 是 ∂D 的局部坐标系,并且 M 在 ∂D 上的诱导定向由 $(-1)^m \mathrm{d}x^1 \wedge \cdots \wedge \mathrm{d}x^{m-1}$ 给出,使得 ∂D 成为有诱导定向的光滑流形.

定理 4.1.9[2,6] (Stokes 定理) 设 M 是满足第二可数公理的 m 维有向光滑流形. D 是 M 中的一个有边区域,则 $\forall \omega \in A_0^m(m)$ 有

$$\int_D \mathrm{d}\omega = \int_{\partial D} i^* \omega,$$

其中 $i:\partial D \to M$ 是包含映射. ∂D 具有从 M 诱导的定向.

例如,D 是 R^2 中一个有界闭区域,设

$$\omega = P\mathrm{d}x + Q\mathrm{d}y \in A_0^1(R^2),$$

则

$$\mathrm{d}\omega = \left(\frac{\partial Q}{\partial x} - \frac{\partial P}{\partial y}\right)\mathrm{d}x \wedge \mathrm{d}y,$$

由定理 4.1.9 得

$$\int_D \left(\frac{\partial Q}{\partial x} - \frac{\partial P}{\partial y}\right)\mathrm{d}x\mathrm{d}y = \int_{\partial D} P\mathrm{d}x + Q\mathrm{d}y. \tag{4.1.11}$$

这是经典的 Green 公式.其中 ∂D 具有从 D 诱导的定向,即沿曲线 ∂D 的逆时针方向行进时,D 在行进的左侧.

如果 D 是 E^3 中的一个有界闭区域.取外法向量作为 ∂D 的正定向,设 $\varphi \in A_0^2(E^3)$,令

$$\varphi = P\mathrm{d}y \wedge \mathrm{d}z + Q\mathrm{d}z \wedge \mathrm{d}x + R\mathrm{d}x \wedge \mathrm{d}y,$$

则

$$\mathrm{d}\varphi = \left(\frac{\partial P}{\partial x} + \frac{\partial Q}{\partial y} + \frac{\partial R}{\partial z}\right)\mathrm{d}x \wedge \mathrm{d}y \wedge \mathrm{d}z,$$

由定理 4.1.9 得

$$\int_{\partial D} P\mathrm{d}y\mathrm{d}z + Q\mathrm{d}z\mathrm{d}y + R\mathrm{d}x\mathrm{d} = \int_D \left(\frac{\partial P}{\partial x} + \frac{\partial Q}{\partial y} + \frac{\partial R}{\partial z}\right)\mathrm{d}x\mathrm{d}y\mathrm{d}z. \tag{4.1.12}$$

这是经典的 Gauss 公式.

如果 $S \subset E^3$ 是有向曲面.∂S 具有从 S 诱导的定向的简单光滑闭曲线,设

$$\omega = P\mathrm{d}x + Q\mathrm{d}y + R\mathrm{d}z \in A_0^1(E^3),$$

则

$$\mathrm{d}\omega = \left(\frac{\partial R}{\partial y} - \frac{\partial Q}{\partial z}\right)\mathrm{d}y\mathrm{d}z + \left(\frac{\partial P}{\partial z} - \frac{\partial R}{\partial \lambda}\right)\mathrm{d}z\mathrm{d}x + \left(\frac{\partial Q}{\partial x} - \frac{\partial P}{\partial y}\right)\mathrm{d}x\mathrm{d}y,$$

由定理 4.1.9 得

$$\int_{\partial S} P\mathrm{d}x + Q\mathrm{d}y + R\mathrm{d}z = \int_S \left[\left(\frac{\partial R}{\partial y} - \frac{\partial Q}{\partial z}\right)\mathrm{d}y\mathrm{d}z + \left(\frac{\partial P}{\partial z} - \frac{\partial R}{\partial x}\right)\mathrm{d}z\mathrm{d}x + \left(\frac{\partial Q}{\partial x} - \frac{\partial P}{\partial y}\right)\mathrm{d}x\mathrm{d}y\right]. \tag{4.1.13}$$

这是经典的 Stokes 公式.

4.2　Riemann 流形

设 M 是 m 维光滑流形,$\{g_{ij}\}$ 是 M 上一个对称的二阶协变张量场.对于任意 $p \in M$,切空间 T_pM 看作具有度量 $g_{ij}(p)$ 的欧氏空间.在局部坐标系$(U;x^i)$下

$$g = g_{ij}\mathrm{d}x^i \otimes \mathrm{d}x^j = g_{ij}\mathrm{d}x^i\mathrm{d}x^j \qquad (g_{ij} = g_{ji}),$$

用 $g(\cdot,\cdot)$ 表示切空间 T_pM 上的内积,那么

$$g_{ij} = g\left(\frac{\partial}{\partial x^i}, \frac{\partial}{\partial x^j}\right)$$

当作坐标变换 $(U; x^i) \to (U'; x^{i'})$ 时，g_{ij} 受到变换

$$g_{i'j'} = g_{ij} \frac{\partial x^i}{\partial x^{i'}} \frac{\partial x^j}{\mathrm{d}x^{j'}}, \quad g_{i'j'} \triangleq g\left(\frac{\partial}{\partial x^{i'}}, \frac{\partial}{\mathrm{d}x^{j'}}\right).$$

设 $X = X^i \dfrac{\partial}{\partial x^i}, Y = Y^i \dfrac{\partial}{\partial x^i}$ 为 T_pM 上的任意两个向量，

$$g(X, Y) = g_{ij} X^i Y^j,$$

称张量 g_{ij} 在 p 点是非退化的，是指对任一个 $X \in T_pM$，如果

$$g(X, Y) = 0, \qquad \forall\, Y \in T_pM,$$

则必有 $X = 0$. 也就是说，g 在 p 点是非退化的，当且仅当代数方程组

$$g_{ij}(p) X^i = 0, \qquad 1 \leqslant j \leqslant m$$

只有零解，即行列式 $\det(g_{ij}) \neq 0$. 如果 $\forall\, X \in T_pM$ 都有 $g(X, X) \geqslant 0$，且等号只在 $X = 0$ 时成立，则称张量 g_{ij} 在点 p 是正定的. 由线性代数可知，g 是正定的，当且仅当矩阵 $\{g_{ij}\}$ 是正定的.

定义 4.2.1 若 m 维光滑流形 M 上给定一个光滑的处处非退化的对称二阶协变张量场 g，则称 (M, g) 为广义 Riemann 流形，g 为 (M, g) 的度量张量. 如果 g 是正定的，则称 (M, g) 为真 Riemann 流形.

可以选择局部标准正交标架向量 e_i，使得在 M 上任意点 p 均有

$$g(e_i, e_j) = \pm\, \delta_{ij},$$

其对角元负号个数是不变的，负号为 r 个的广义 Riemann 流形称为指标为 r 的伪 Riemann 流形.

基于度量张量，切空间和余切空间可以等同起来. 实际上，若 $X \in T_pM$，对应于余切空间中的元素 $\alpha_X \in T_p^*M$ 是 X 的线性函数，用分量表示

$$X = X^i \frac{\partial}{\partial x^i}, \qquad \alpha_X = X_i \mathrm{d}x^i,$$

那么 $\mathrm{d}x$ 作到切向量时，有

$$\alpha_X(Y) = g(X, Y), \qquad \forall\, Y \in T_pM,$$

所以

$$X_i = g_{ij} X^j, \qquad X^j = g^{ji} X_i,$$

X_i 是 X 的协变分量. 由此可见，余切空间可以由切空间中协变切向量的逆变分量构成. 度量张量 g_{ij}, g^{ij} 可以被用来对任何张量进行指标上升或下降. 如

$$A_{ijk} = g_{il} A^l_{jk}, \qquad A^{ij}_k = g^{jl} A^i_{kl},$$

有了 Riemann 度量张量之后，可以引入距离概念. 实际上，假设 Riemann 流形 (M, g) 是连通的，那么 M 的任意两点 p, q 可以成为一条分段光滑的曲线的两个端点.

这是因为连接 p,q 的连续曲线是可以被有限个坐标卡所覆盖，而在每个坐标卡内，连接两个点的是一条连续曲线.

由此，可以定义 Riemann 流形(M,g)上两点 p,q 之间的距离：

$$\rho(p,q)=\inf\{\gamma:\text{连接 } p \text{ 和 } q \text{ 一切可能的分段光滑曲线的集合}\}, \tag{4.2.1}$$

容易证明距离 $\rho(p,q)$ 满足度量的三个性质：

(1) 对称性　$\rho(p,q)=\rho(q,p)$,

(2) 三角不等式　$\rho(p,q)\leqslant\rho(p,r)+\rho(r,q), \forall p,q,r\in M$,

(3) $\rho(p,q)\geqslant 0$ 并且等号只在 $p=q$ 时成立.

进而有如下定理.

定理 4.2.1[2]　设(M,g)是 m 维的 Riemann 流形，那么由距离 $\rho(\cdot,\cdot)$ 所确定的拓扑与 M 作为流形的拓扑是等价的.

在一个光滑流形上，Riemann 度量张量的存在性并不是显而易见的.

定理 4.2.2[1]　设 M 是一个满足第二可数公理的光滑流形，则在 M 上存在 Riemann 度量张量.

可以用下面的引理来构造一些很有用的 Riemann 流形.

引理 4.2.1[1]　设 M,N 是两个光滑流形，f 是 $M\to N$ 的光滑映照.

(1) 如果 φ 是 N 上的一个光滑 $r(\geqslant 1)$ 阶协变张量场，作映照 $f^*\varphi$: $\forall p\in M, \forall v_1,v_2,\cdots,v_r\in T_pM$,

$$((f^*\varphi)(p))(v_1,\cdots,v_r)=(\varphi(p))(f_p(v_1),\cdots,f_p(v_r)). \tag{4.2.2}$$

当 φ 是对称，则 $f^*\varphi$ 也是对称的；当 φ 是反对称的，则 $f^*\varphi$ 也是反对称的.

(2) 如果 f 是浸入，并且 h 是 N 上的 Riemann 度量，则 $g=f^*h$ 是 M 上的 Riemann 度量. 称 g 是 Riemann 度量张量通过 f 在 M 上的诱导度量.

以下给出几个 Riemann 流形例子.

1. E^{n+1} 中的超曲面

设 N 是 n 维流形，f 是 N 在 E^{n+1} 中的浸入. 通常把(f,N)称为 E^{n+1} 中的超曲面. 将 E^{n+1} 中的内积记为 $h=\langle\cdot,\cdot\rangle$. 那么 $g=f^*h$ 是 N 中的 Riemann 度量. 所以(N,g)是 Riemann 流形. 若记$(x^1,x^2,\cdots,x^{n+1})$为 E^{n+1} 中的 Descarte 坐标系，那么

$$h=\sum_{\alpha=1}^{n+1}(\mathrm{d}x^\alpha)^2.$$

设映射 $f:N\to R^{n+1}$ 在 N 中局部坐标系为$(U;\xi^i)$,

$$x^\alpha=f^\alpha(\xi^1,\xi^2,\cdots,\xi^n),\qquad \alpha=1,2,\cdots,n+1.$$

则超曲面的度量

$$g\mid_U=\sum_\alpha\frac{\partial f^\alpha}{\partial\xi^i}\frac{\partial f^\alpha}{\partial\xi^j}\mathrm{d}\xi^i\mathrm{d}\xi^j.$$

2. E^{n+1} 中的球面

$$S^n(a)=\left\{(x^1,x^2,\cdots,x^{n+1})\in E^{n+1}:\ \sum_{\alpha=1}^{n+1}(x^\alpha)^2=a^2\right\},\ a>0.$$

恒等映射 $i:S^n(a)\to R^{n+1}$ 是一个嵌入映射,自然是浸入.因而 $S^n(a)$ 是 E^{n+1} 中的浸入超曲面,那么 h 在 $S^n(a)$ 上诱导的度量 $g=i^*h$ 是 $S^n(a)$ 的 Riemann 度量. $(S^n(a),g)$ 是一个 Riemann 流形.

下面讨论其度量 g 的具体表达式.

令 $N=(0,\cdots,0,a)$, $S=(0,\cdots,0,-a)$ 分别表示 $S^n(a)$ 的北极和南极.记

$$U_+=S^n(a)\setminus\{S\},\quad U_-=S^n(a)\setminus\{N\},$$

定义映射 $\varphi_\pm:U_\pm\to R^{n+1}$ 如下

$$(\xi^1,\xi^2,\cdots,\xi^n)=\varphi_+(x^1,x^2,\cdots,x^{n+1})=\left(\frac{ax^1}{a+x^{n+1}},\cdots\frac{ax^n}{a+x^{n+1}}\right),$$

$$(\eta^1,\eta^2,\cdots,\eta^n)=\varphi_-(x^1,x^2,\cdots,x^{n+1})=\left(\frac{ax^1}{a-x^{n+1}},\cdots\frac{ax^n}{a-x^{n+1}}\right),$$

$\varphi_\pm$ 的逆映射为

$$\begin{aligned}(x^1,x^2,\cdots,x^n,x^{n+1})&=\varphi_+^{-1}(\xi^1,\xi^2,\cdots,\xi^n)\\&=\left(\frac{2a^2\xi^1}{a^2+|\xi|^2},\cdots\frac{2a^2\xi^n}{a^2+|\xi|^2},\frac{a(a^2-|\xi|^2)}{a^2+|\xi|^2}\right),\end{aligned}$$

$$\begin{aligned}(x^1,x^2,\cdots,x^n,x^{n+1})&=\varphi_-^{-1}(\eta^1,\eta^2,\cdots,\eta^n)\\&=\left(\frac{2a^2\eta^1}{a^2+|\eta|^2},\cdots\frac{2a^2\eta^n}{a^2+|\eta|^2},\frac{a(|\eta|^2-a^2)}{a^2+|\eta|^2}\right),\end{aligned}$$

其中 $|\xi|^2=\sum_{j=1}^n(\xi^j)^2$, $|\eta|^2=\sum_{j=1}^n(\eta^j)^2$.于是在 $U_+\cap U_-$ 上,

$$(\eta^1,\cdots,\eta^n)=\varphi_+\circ\varphi_+^{-1}(\xi^1,\cdots,\xi^n)=\left(\frac{a^2\xi^1}{|\xi|^2},\cdots,\frac{a^2\xi^n}{|\xi|^2}\right),$$

$$(\xi^1,\cdots,\xi^n)=\varphi_+\circ\varphi_-^{-1}(\eta^1,\cdots,\eta^n)=\left(\frac{a^2\eta^1}{|\eta|^2},\cdots,\frac{a^2\eta^n}{|\eta|^2}\right),$$

从而, $(U_+,\varphi_+;\xi^i)$ 和 $(U_-,\varphi_-;\eta^i)$ 构成 $S^n(a)$ 的容许局部坐标覆盖,它在 U_+ 和 U_- 上的诱导度量分别是 $g^+=g_{ij}^+\mathrm{d}\xi^i\mathrm{d}\xi^j$ 和 $g^-=g_{ij}^-\mathrm{d}\eta^i\mathrm{d}\eta^j$. 其中

$$g_{ij}^+=\sum_{\alpha=1}^{n+1}\frac{\partial x^\alpha}{\partial\xi^i}\frac{\partial x^\alpha}{\partial\xi^j}=\frac{4a^4\delta_{ij}}{(a^2+|\xi|^2)^2}=\frac{4\delta_{ij}}{(1+a^{-2}|\xi|^2)^2},$$

$$g_{ij}^-=\sum_{\alpha=1}^{n+1}\frac{\partial x^\alpha}{\partial\eta^i}\frac{\partial x^\alpha}{\partial\eta^j}=\frac{4a^4\delta_{ij}}{(a^2+|\eta|^2)^2}=\frac{4\delta_{ij}}{(1+a^{-2}|\eta|^2)^2}.$$

在 $U_+\cap U_-$ 上 $g^+=g^-$,所以 g^+ 和 g^- 给出了球面 $S^n(a)$ 的 Riemann 度量.

3. 双曲空间 $H^n(c), c<0$

在 E^{n+1} 上可以定义 Lorentz 内积

$$h(x,y)=h_{ij}x^iy^j=\sum_{i=1}^{n}x^iy^i-x^{n+1}y^{n+1},\quad \forall x,y\in E^{n+1},$$

h 是E^{n+1} 上非退化的、对称的二阶协变张量场.

令 $a=\dfrac{1}{\sqrt{-c}}$,E^{n+1} 中双叶双曲面上半叶为

$$H^n=\{x=(x^1,\cdots,x^{n+1})\in E^{n+1}:\ h_{ij}x^ix^j=-a^2,\text{且 } x^{n+1}>0\},$$

则 H^n 与E^n 中开球

$$B^n(a)=\{(\xi^1,\xi^2,\cdots,\xi^n)\in E^n:\ |\xi|^2<a^2\}$$

光滑同胚.实际上,定义映射 $\varphi:H^n\to B^n(a)$, $\forall(x^1,x^2,\cdots,x^{n+1})\in H^n$,

$$(\xi^1,\cdots,\xi^n)=\varphi(x^1,\cdots,x^{n+1})=\left(\frac{ax^1}{a+x^{n+1}},\cdots,\frac{ax^n}{a+x^{n+1}}\right).$$

因此 φ 的各个分量是光滑函数,因而是光滑映射.它的逆映射 $\forall(\xi^1,\xi^2,\cdots,\xi^n)\in B^n(a)$ 有

$$(x^1,x^2,\cdots,x^{n+1})=\varphi^{-1}(\xi^1,\cdots,\xi^n)=\left(\frac{2n^2\xi^1}{a^2-|\xi|^2},\cdots\frac{2n^1\xi^n}{a^2-|\xi|^2},\frac{a(a^2+|\xi|^2)}{a^2-|\xi|^2}\right),$$

它也是光滑的.故 $\varphi:H^n\to B^n(a)$ 是同胚的映射,称为 $H^n\to B^n(a)$ 的球极投影.

设映射 $i:H^n\to R^{n+1}$, $\psi=i\circ\varphi^{-1}:B^n(a)\subset R^{n+1}$ 是一个光滑嵌入.根据引理 4.2.1,$g=\psi^*h$ 是$B^n(a)$ 上的一个光滑的对称二阶协变张量场,$g=g_{ij}\mathrm{d}\xi^i\mathrm{d}\xi^j$,

$$g_{ij}=\sum_{k=1}^{n}\frac{\partial x^k}{\partial\xi^i}\cdot\frac{\partial x^k}{\partial\xi^j}-\frac{\partial x^{n+1}}{\partial\xi^i}\cdot\frac{\partial x^{n+1}}{\partial\xi^j}=\frac{4a^4\delta_{ij}}{(a^2-|\xi|^2)^2}=\frac{4\delta_{ij}}{(1+c|\xi|^2)^2}.$$

由此推出 $g=\psi^*h$ 是处处正定的.因而它是 $B^n(a)$ 上的一个 Riemann 度量.

由于 φ 是光滑同胚,$(H^n,\varphi;\xi^i)$ 可看作 H^n 的一个整体坐标系.从而 $i^*h=\varphi^*g$ 是H^n 上的 Riemann 度量,并且 g_{ij} 是 Riemann 度量 i^*h 关于坐标系$(H^n;\xi^i)$ 的分量.因而,作为 Riemann 流形,(H^n,i^*h)与$(B^n(a),g)$具有完全相同的结构.通常把 Riemann 流形$(B^n(a),g)$ 和(H^n,i^*h) 都称为 n 维双曲空间,并且用 $H^n(c)$ 表示.

定义 4.2.2 设 $f:(M,g)\to(N,h)$ 是 Riemann 流形之间的光滑映射,如果 $g=f^*h$,即 $\forall x\in M,\forall v,w\in T_xM$, 有

$$h(f(v),f(w))=g(v,w).$$

称 f 是从 Riemann 流形(M,g) 到(N,h) 内的一个等距映射.

定义 4.2.3 设 $f:(M,g)\to(N,h)$ 是从光滑流形 M 到N 的局部光滑同胚,并且 $g=f^*h$,则称 f 是局部等距.如果 $f:(M,g)\to(N,h)$ 是从光滑流形 M 到 N 的光滑同胚,并且 $g=f^*h$,则称 f 是等距.此时,称 Riemann 流形(M,g) 与

(N,h) 是互相等距的.

两个 Riemann 流形之间的等距映射和等距概念是非常重要的.

定义 4.2.4 设 Φ 是从 Riemann 流形 (M,g) 到它自身光滑同胚. 如果存在正值的光滑函数 $\lambda\in C^{\infty}(M)$ 使得 $\Phi^{*}g=\lambda g$, 则称映射 Φ 是从 Riemann 流形 M 到它自身的一个共形变换. Riemann 流形 (M,g) 在到它自身的一个共形变换下保持不变的性质称为该 Riemann 流形的共形不变性质.

4.3 切向量场的微分学

设 M 是一个光滑流形, $f\in C^{\infty}(M)$, 那么 $\mathrm{d}f$ 是有定义的. $\mathrm{d}f(p)$ 是 T_pM 上一个线性函数

$$(\mathrm{d}f(p))v=v(f),\qquad \forall\, v\in T_pM.$$

如果 X 是 M 上一个光滑的切向量场. 它的微分要在两个不同的切空间 T_pM 和 T_qM, $\forall\, p,q\in M$ 进行比较, 所以要建立微分概念, 必须引入新的结构. 现考察一个特殊情况. 即如果 M 是 E^{m+1} 中的一个 m 维的浸入超曲面. $X\in\chi(M)$, f 是 $M\to E^{m+1}$ 的光滑浸入. 由 4.2 节知, 由 E^{m+1} 中的欧氏内积可以诱导 M 上的 Riemann 度量. $\forall\, p\in M$, 设 $(U;x^i)$ 是 p 点局部坐标系, 使得 $f|_U$ 是 $U\to E^{m+1}$ 的一个嵌入, 其局部坐标 y^{α} 可以表示为

$$y^{\alpha}=f^{\alpha}(x),\quad x=(x^1,x^2,\cdots,x^m),\quad \alpha=1,2,\cdots,m+1.$$

$\forall\, X\in T_pM$, $X|_U=X^i\dfrac{\partial}{\partial x^i}$, f 作用在 $X|_U$ 上用如下形式表示

$$f_*(X|_U)=X^if_*\left(\frac{\partial}{\partial x^i}\right)=X^i\frac{\partial f^{\alpha}}{\partial x^i}\frac{\partial}{\partial y^{\alpha}},$$

它是在 E^{m+1} 中定义在 $f(U)$ 上的切向量场. 因而微分 $\mathrm{d}(f_*(X|_U))$ 是有意义的. 设 N 为 $f(U)$ 在 E^{m+1} 中的单位法向量场. 记 T 为从 E^{m+1} 到 $f(U)$ 在各个点处的切空间上的正交投影. 那么

$$\begin{aligned}D(f_*(X|_U))&=T(\mathrm{d}(f_*(X|_U))\\&=\mathrm{d}(f_*(X|_U))-\langle\mathrm{d}(f_*(X|_U)),N\rangle N.\end{aligned}\tag{4.3.1}$$

因此

$$\begin{aligned}\mathrm{d}(f_*(X|_U))&=\mathrm{d}X^if_*\left(\frac{\partial}{\partial x^i}\right)+X^i\mathrm{d}\left(f_*\left(\frac{\partial}{\partial x^i}\right)\right)\\&=\mathrm{d}X^if_*\left(\frac{\partial}{\partial x^i}\right)+X^i\mathrm{d}x^j\frac{\partial^2f^{\alpha}}{\partial x^i\partial x^j}\frac{\partial}{\partial y^{\alpha}},\end{aligned}\tag{4.3.2}$$

由于 $\dfrac{\partial^2f^{\alpha}}{\partial x^i\partial x^j}\dfrac{\partial}{\partial y^{\alpha}}$ 是在 E^{m+1} 中沿 $f(U)$ 定义的向量场, 故可以设

$$\frac{\partial^2 f^\alpha}{\partial x^i \partial x^j}\frac{\partial}{\partial y^\alpha} = \Gamma_{ij}^k f_*\left(\frac{\partial}{\partial x^k}\right) + b_{ij}N, \tag{4.3.3}$$

第一项是该向量场的切分量.(4.3.3)与 $f_*\left(\frac{\partial}{\partial x^l}\right)$ 作内积得到

$$\begin{aligned}\sum_{\alpha=1}^{m+1}\frac{\partial^2 f^\alpha}{\partial x^i \partial x^j}\frac{\partial f^\alpha}{\partial x^l} &= \left\langle \frac{\partial^2 f^\alpha}{\partial x^i \partial x^j}\frac{\partial}{\partial y^\alpha}, \frac{\partial f^\beta}{\partial x^l}\frac{\partial}{\partial y^\beta}\right\rangle \\ &= \Gamma_{ij}^k\left\langle f_*\left(\frac{\partial}{\partial x^k}\right), f_*\left(\frac{\partial}{\partial x^l}\right)\right\rangle = \Gamma_{ij}^k g_{kl},\end{aligned} \tag{4.3.4}$$

这里

$$g_{ij} = \left\langle f_*\left(\frac{\partial}{\partial x^i}\right), f_*\left(\frac{\partial}{\partial x^j}\right)\right\rangle = \sum_{\alpha=1}^{m+1}\frac{\partial f^\alpha}{\partial x^i}\frac{\partial f^\alpha}{\partial x^j} \tag{4.3.5}$$

是 E^{m+1} 中的内积通过浸入 f 在 U 上诱导的 Riemann 度量张量.对上式求偏导数,并利用(4.3.4),则

$$\frac{\partial g_{ij}}{\partial x^k} = \sum_{\alpha=1}^{m+1}\left(\frac{\partial^2 f^\alpha}{\partial x^i \partial x^k}\frac{\partial f^\alpha}{\partial x^j} + \frac{\partial f^\alpha}{\partial x^i}\frac{\partial^2 f^\alpha}{\partial x^k \partial x^j}\right) = \Gamma_{ik}^l g_{lj} + \Gamma_{jk}^l g_{li}, \tag{4.3.6}$$

由于 $\Gamma_{ij}^k = \Gamma_{ji}^k$, 故

$$\Gamma_{ij}^k = \frac{1}{2}g^{kl}\left(\frac{\partial g_{il}}{\partial x^j} + \frac{\partial g_{jl}}{\partial x^k} - \frac{\partial g_{ij}}{\partial x^l}\right). \tag{4.3.7}$$

这里 g^{ij} 是g_{ij} 的逆变分量,$g^{ij}g_{jk} = \delta_k^i$,$\Gamma_{jk}^i$ 由g_{ij} 完全确定,称为Riemann 度量 g 在局部坐标系$(U;x^i)$下的 Christoffel 记号.

将(4.3.2),(4.3.3)代入(4.3.1)并利用(4.3.7)得

$$D(f_\alpha(X|_U)) = (\mathrm{d}X^i + X^j\Gamma_{jk}^i\mathrm{d}x^k)f_*\left(\frac{\partial}{\partial x^i}\right),$$

由此可以定义

$$D(X|_U) = (\mathrm{d}X^i + X^j\Gamma_{jk}^i\mathrm{d}x^k)\otimes\frac{\partial}{\partial x^i} = \nabla_k X^i\mathrm{d}x^k\otimes\frac{\partial}{\partial x^i}, \tag{4.3.8}$$

其中 $\nabla_k X^i$ 是向量场的协变导数

$$\nabla_k X^i = \frac{\partial X^i}{\partial x^k} + \Gamma_{jk}^i X^j. \tag{4.3.9}$$

定理 4.3.1　设(M,g)是一个 m 维的Riemann流形,$(U;x^i)$为M的一个容许坐标系,$X\in\chi(M)$,$X|_U = X^j\frac{\partial}{\partial x^j}$,则(4.3.8)是与局部坐标系的选取无关的(1,1)型光滑张量场.令

$$DX|_U = D(X|_U),$$

则 DX 是定义在M上的(1,1) 型光滑张量.

证 设$(U';x^{i'})$是另一坐标系,且$X = X^{i'}\dfrac{\partial}{\partial x^{i'}}$,则当$U \cap U' \neq \{0\}$时在$U \cap U'$上有

$$\frac{\partial}{\partial x^i} = \frac{\partial x^{i'}}{\partial x^i}\frac{\partial}{\partial x^{i'}}, \quad X^{i'} = X^i \frac{\partial x^{i'}}{\partial x^i}.$$

那么

$$\mathrm{d}X^{i'} = \mathrm{d}X^i \frac{\partial x^{i'}}{\partial x^i} + X^i \frac{\partial^2 x^{i'}}{\partial x^i \partial x^k}\mathrm{d}x^k,$$

Christoffel 记号在坐标变换下,有

$$\Gamma^k_{ij} = \Gamma^{k'}_{i'j'}\frac{\partial x^{i'}}{\partial x^i}\frac{\partial x^{j'}}{\partial x^j}\frac{\partial x^k}{\partial x^{k'}} + \frac{\partial^2 x^{l'}}{\partial x^i \partial x^j}\frac{\partial x^k}{\partial x^{l'}}, \tag{4.3.10}$$

代入前式后

$$\begin{aligned}\mathrm{d}X^{i'} &= \mathrm{d}X^i \frac{\partial x^{i'}}{\partial x^i} + X^j\left(\Gamma^i_{jk}\frac{\partial x^{i'}}{\partial x^i} - \Gamma^{i'}_{l'm'}\frac{\partial x^{l'}}{\partial x^j}\frac{\partial x^{m'}}{\partial x^k}\right)\mathrm{d}x^k \\ &= (\mathrm{d}X^i + X^j\Gamma^i_{jk}\mathrm{d}x^k)\frac{\partial x^{i'}}{\partial x^i} - X^{j'}\Gamma^{i'}_{j'k'}\mathrm{d}x^{k'},\end{aligned}$$

故

$$(\mathrm{d}X^{i'} + X^{j'}\Gamma^{i'}_{j'k'}\mathrm{d}x^{k'}) \otimes \frac{\partial}{\partial x^{i'}} = (\mathrm{d}X^i + X^j\Gamma^i_{jk}\mathrm{d}x^k) \otimes \frac{\partial}{\partial x^i},$$

即(4.3.8)在坐标变换下是不变的. 根据流形的定义, DX 是M 上的(1,1) 型光滑张量场. 证毕.

由(4.3.8)确定的(1,1)型光滑张量场 DX 称为切向量场X 的绝对微分,相应的映射 $D:\chi(M) \to T^1_1(M)$ 称为 Riemann 流形(M,g) 上的绝对微分算子.

对于M上沿一条光滑曲线$\gamma = \gamma(t)$定义的向量场,可以求它沿着曲线γ的协变导数 $D_{\gamma'}X$

$$\frac{DX(t)}{\mathrm{d}t} = D_{\gamma'(t)}X(t) = \left(\frac{\mathrm{d}X^i(t)}{\mathrm{d}t} + X^j(t)\frac{\mathrm{d}x^k(t)}{\mathrm{d}t}\Gamma^i_{jk}(\gamma * t)\right)\frac{\partial}{\partial x^i}\bigg|_{\gamma(t)}. \tag{4.3.11}$$

下面给出抽象的绝对微分算子定义. 设微分算子 D 作为$\chi(M) \to \chi(M)$ 的映射,如果它满足:$\forall X,Y,Z \in \chi(M), \lambda \in R, f \in C^\infty(M)$, 有

$$D_{Y+fZ}X = D_YX + fD_ZY, \tag{4.3.12}$$

$$D_Y(X + \lambda Z) = D_YX + \lambda D_YZ, \tag{4.3.13}$$

$$D_Y(fX) = Y(f)X + fD_YX, \tag{4.3.14}$$

$$D_XY - D_YX = [X,Y], \tag{4.3.15}$$

$$Z(\langle X,Y\rangle) = \langle D_ZX,Y\rangle + \langle X,D_ZY\rangle. \tag{4.3.16}$$

那么称 D 为(M,g) 上的绝对微分算子.

上述这种定义是 Koszul 首先提出一个微分算子不变形式的表达方法. 他先用公理化方式给出定义,然后确定这种定义的具体结构细节.

定义 4.3.1　设 M 是一个 m 维流形,$\chi(M)$ 为 M 上切向量场,M 上的映射

$$D:\chi(M)\times\chi(M)\to\chi(M),\quad (X,Y)\to D_YX = D(X,Y),$$

如果满足(4.3.12),(4.3.13),(4.3.14). 则称 D 为 M 上的一个联络.

显然,Riemann 流形 (M,g) 上的协变微分算子 D 是光滑流形 M 上的一个联络. 指定联络的光滑流形称为仿射联络空间,并且 $\forall X,Y\in\chi(M)$,D_YX 称为切向量场 X 沿 Y 的协变导数.

设 $(U;x^i)$ 是 M 的一个容许局部坐标卡. 令

$$D_{\frac{\partial}{\partial X^i}}\frac{\partial}{\partial x^j} = \Gamma^k_{ji}\frac{\partial}{\partial x^k},\tag{4.3.17}$$

其中定义在 U 上的函数 Γ^k_{ji} 称为联络 D 在局部坐标系 $(U;x^i)$ 下的联络系数. 一般 Γ^k_{ji} 关于下标 (i,j),未必是对称的,但坐标服从(4.3.10) 变换规律. 它并不是一个张量. 有了(4.3.17),容易求出在 $(U;x^i)$ 下的具体表达式. 实际上,在 U 上 $X = X^i\frac{\partial}{\partial x^i}$, $Y = Y^j\frac{\partial}{\partial x^j}$. 由(4.3.12)~(4.3.14),并用协变导数记号(4.3.9),有

$$\begin{aligned} D_YX\mid_U &= D_{Y^j\frac{\partial}{\partial x^j}}X^i\frac{\partial}{\partial x^i} = Y^j\left(\frac{\partial X^i}{\partial x^j}\frac{\partial}{\partial x^i} + X^i\Gamma^k_{ij}\frac{\partial}{\partial x^k}\right)\\ &= Y^j\left(\frac{\partial X^i}{\partial x^j} + \Gamma^i_{kj}X^k\right)\frac{\partial}{\partial x^i} = Y^j\nabla_jX^i\frac{\partial}{\partial x^i}.\end{aligned}\tag{4.3.18}$$

如果光滑流形是 Riemann 流形 (M,g) 时,则 (M,g) 上的绝对微分算子是一个联络,其联络系数可以由度量张量诱导出来(见(4.3.7)).

虽然联络系数不是张量场,但是可以定义一个张量 T

$$T(X,Y) = D_XY - D_YX - [X,Y],\qquad \forall X,Y\in\chi(M).\tag{4.3.19}$$

易证, T 是一个(1,2) 型张量场,称 T 为仿射联络空间的挠率张量. 在光滑流形 M 上,如果挠率张量为 0,这样的联络称为无挠联络.

设 $(U;x^i)$ 为 M 一个局部坐标卡,那么

$$T\left(\frac{\partial}{\partial x^i},\frac{\partial}{\partial x^j}\right) = D_{\frac{\partial}{\partial x^i}}\frac{\partial}{\partial x^j} - D_{\frac{\partial}{\partial x^j}}\frac{\partial}{\partial x^i} = (\Gamma^k_{ji} - \Gamma^k_{ij})\frac{\partial}{\partial x^k},$$

因而

$$T = (\Gamma^k_{ji} - \Gamma^k_{ij})\frac{\partial}{\partial x^k}\times dx^i\times dx^j.\tag{4.3.20}$$

从(4.3.20)可直接得到如下结论.

定理 4.3.2　联络 D 挠率为 0,当且仅当在任意一个局部坐标系下,联络系数 Γ^k_{ij} 关于下标是对称的.

下面讨论 D_X 的作用可以扩展到任何一个光滑张量场,只要规定

(1) D_X 作用在任意一个(r,s)型张量场上仍然得到一个(r,s)型张量场.

(2) D_X 对于张量积的作用遵循 Leibniz 法则,即对 M 上任意两个光滑张量场 K,L 有

$$D_X(K\times L)=D_XK\times L+K\times D_XL.$$

(3) D_X 与张量的缩并运算可交换.

一般,设 a 是M 上的(r,s)型光滑张量场,则是一个(r,s)重线性映射

$$a:\underbrace{A^1(M)\times\cdots\times A^1(M)}_{r\text{个}}\times\underbrace{\chi(M)\times\cdots\times\chi(M)}_{s\text{个}}\to C^\infty(M),$$

并且对每个自变量都是 $C^\infty(M)$-线性的.其微分算子 D_Xa 仍然是从

$$\underbrace{A^1(M)\times\cdots\times A^1(M)}_{r\text{个}}\times\underbrace{\chi(M)\times\cdots\times\chi(M)}_{s\text{个}}$$

到 $C^\infty(M)$ 的线性映射,即 $\forall\,\alpha^1,\alpha^2,\cdots,\alpha^r\in A^1(M)$, $\forall\,X_1,X_2\cdots,X_s\in\chi(M)$,

$$\begin{aligned}(D_Xa)(\alpha^1,\cdots,\alpha^r;X_1,\cdots,X_s)&=X(a(\alpha^1,\alpha^2,\cdots,\alpha^r;X_1,X_2\cdots,X_s))\\&-\sum_{i=1}^r a(\cdots D_X\alpha^i,\cdots,X_1,\cdots,X_s)-\sum_{j=1}^s a(\alpha^1,\cdots\alpha^r;\cdots,D_XX_j,\cdots),\end{aligned}\quad(4.3.21)$$

D_Xa 对每个自变量都是$C^\infty(M)$- 线性的,因而是 M 上的(r,s)型光滑张量场.

$\forall\,(a,X)\in T^r_s(M)\times\chi(M)$,由$(a,X)\to D_Xa\in T^r_s(M)$ 所确定的映射为

$$D:\ T^r_s(M)\times\chi(M)\to T^r_s(M),$$

D 满足联络条件(4.3.12),(4.3.13),(4.3.14),D_Xa 称为张量场沿切向量场X 的协变导数,记$(Da)(X)=D_Xa$,$(Da)(X)$关于自变量 X 有张量性质,因而Da 是光滑的$(r,s+1)$型张量场,使得

$$\forall\,\alpha^1,\alpha^2,\cdots,\alpha^r\in A^1(M),\ \forall\,X_1,X_2,\cdots,X_s,X\in\chi(M),\text{有}$$

$$(Da)(\alpha^1,\cdots,\alpha^r,X_1,\cdots,X_s,X)=(D_Xa)(\alpha^1,\cdots,\alpha^r,X_1,\cdots,X_s),$$

称 Da 为张量场的协变微分,D 是从$T^r_s(M)$到 $T^r_{s+1}(M)$的映射,是作用在(r,s)型张量场上的协变微分算子.

下面计算在局部坐标系$(U;x^i)$下,Da 的分量的表达式. 设 $\forall\,X\in\chi(M)$, $X|_U=X^j\dfrac{\partial}{\partial x^j}$,则有 $\forall\,Y\in\chi(M)$,

$$D_{\frac{\partial}{\partial x^i}}X=\left(\frac{\partial X^j}{\partial x^i}+X^k\Gamma^j_{ki}\right)\frac{\partial}{\partial x^j}.$$

记

$$\nabla_iX^j=\frac{\partial X^j}{\partial x^i}+X^k\Gamma^j_{ki},$$

则

$$D_{\frac{\partial}{\partial x^i}}X = \nabla_i X^j \frac{\partial}{\partial x^j}, \qquad D_Y X = Y^i \nabla_i X^j \frac{\partial}{\partial x^j}. \tag{4.3.22}$$

设 $\alpha \in A^1(M)$，则

$$\alpha \mid_U = \alpha_i \mathrm{d}x^i, \qquad \alpha_i = \alpha\left(\frac{\partial}{\partial x^i}\right),$$

由(4.3.21)

$$\left(D_{\frac{\partial}{\partial x^i}}\alpha\right)\frac{\partial}{\partial x^j} = \frac{\partial}{\partial x^i}\left(\alpha\left(\frac{\partial}{\partial x^j}\right)\right) - \alpha\left[D_{\frac{\partial}{\partial x^i}}\frac{\partial}{\partial x^j}\right] = \frac{\partial \alpha_j}{\partial x^i} - \alpha_k \Gamma^k_{ji} = \nabla_j \alpha_i,$$

特别地

$$D_{\frac{\partial}{\partial x^i}}\mathrm{d}x^k\left(\frac{\partial}{\partial x^j}\right) = -\Gamma^k_{ji}, \tag{4.3.23}$$

于是

$$D_{\frac{\partial}{\partial x^i}}\mathrm{d}x^k = -\Gamma^k_{ji}\mathrm{d}x^j, \quad D_{\frac{\partial}{\partial x^i}}\alpha = \nabla_j \alpha_i \mathrm{d}x^j, \quad D_Y\alpha = Y^i \nabla_j \alpha_i \mathrm{d}x^j.$$

一般，若 $a \in T^r_s(M)$，设它的局部坐标表达式是

$$a \mid_U = a^{i_1\cdots i_r}_{j_1\cdots j_s}\frac{\partial}{\partial x^{i_1}}\otimes\cdots\otimes\frac{\partial}{\partial x^{i_r}}\otimes \mathrm{d}x^{j_1}\otimes\cdots\otimes \mathrm{d}x^{j_s},$$

因此

$$D_{\frac{\partial}{\partial x^i}}a = \nabla_i a^{i_1\cdots i_r}_{j_1\cdots j_s}\frac{\partial}{\partial x^{i_1}}\otimes\cdots\otimes\frac{\partial}{\partial x^{i_r}}\otimes \mathrm{d}x^{j_1}\otimes\cdots\otimes \mathrm{d}x^{j_s},$$

其中

$$\nabla_i a^{i_1\cdots i_r}_{j_1\cdots j_s} = \frac{\partial}{\partial x^i}a^{i_1\cdots i_r}_{j_1\cdots j_s} + \sum_{l=1}^{r} a^{i_1\cdots i_{l-1}k i_{l+1}\cdots i_r}_{j_1\cdots j_s}\Gamma^{i_l}_{ki} - \sum_{m=1}^{s} a^{i_1\cdots i_r}_{j_1\cdots j_{m-1}k j_{m+1}\cdots j_s}\Gamma^k_{j_m i}, \tag{4.3.24}$$

并且

$$D_Y a = Y^i \nabla_i a^{i_1\cdots i_r}_{j_1\cdots j_s}\frac{\partial}{\partial x^{i_1}}\otimes\cdots\otimes\frac{\partial}{\partial x^{i_r}}\otimes \mathrm{d}x^{j_1}\otimes \mathrm{d}x^{j_2}\otimes\cdots\otimes \mathrm{d}x^{j_s}.$$

$\nabla_i a^{i_1\cdots i_r}_{j_1\cdots j_s}$ 为张量a 的分量$a^{i_1\cdots i_r}_{j_1\cdots j_s}$ 关于$\frac{\partial}{\partial x^i}$ 的协变导数，它是张量 Da 的分量，即

$$Da = \nabla_i a^{i_1\cdots i_r}_{j_1\cdots j_s}\frac{\partial}{\partial x^{i_1}}\otimes\cdots\otimes\frac{\partial}{\partial x^{i_r}}\otimes \mathrm{d}x^{j_1}\otimes\cdots\otimes \mathrm{d}x^{j_s}\otimes \mathrm{d}x^i.$$

如果 (M,g) 是一个 m 维 Riemann 流形，考察度量张量的协变导数，$\forall Z \in \chi(M)$，$D_Z g \in T^0_2(M)$，且

$$(D_Z g)(X,Y) = Z(g(X,Y)) - g(D_Z X, Y) - g(X, D_Z Y), \tag{4.3.25}$$

在局部坐标系 $(U;x^i)$ 里，

$$g = g_{ij}\mathrm{d}x^i\mathrm{d}x^j, \qquad g_{ij} = g\left(\frac{\partial}{\partial x^i},\frac{\partial}{\partial x^j}\right),$$

则 $Dg = \nabla_k g_{ij} \mathrm{d}x^i \otimes \mathrm{d}x^j \otimes \mathrm{d}x^k$,

$$\nabla_k g_{ij} = \frac{\partial g_{ij}}{\partial x^k} - g_{lj}\Gamma^{\ l}_{ik} - g_{il}\Gamma^{\ l}_{jk}. \tag{4.3.26}$$

定义 4.3.2 设 (M,g) 是 m 维 Riemann 流形,D 是 M 上的一个联络,如果 $\forall Z \in \chi(M)$,都有 $D_Z g = 0$,则称联络 D 与 Riemann 度量是相容的.

由(4.3.25)知,(M,g) 上的联络 D 与度量 g 相容的充要条件是

$$Z(g(X,Y)) = g(D_Z X, Y) + g(X, D_Z Y), \quad \forall X, Y \in \chi(M). \tag{4.3.27}$$

如果用 g 的分量表示,(4.3.27)等价于

$$\nabla_k g_{ij} \equiv 0, \qquad \forall i, j, k. \tag{4.3.28}$$

即 g_{ij} 的协变导数恒为 0.

定理 4.3.3(Riemann 几何的基本定理)[1] 设 (M,g) 是 m 维的 Riemann 流形,则在 M 上存在唯一的一个与度量 g 相容的无挠联络 D,称为 (M,g) 的 Riemann 联络或 Levi-Civita 联络.

下面给出一个联络系数的具体求法.设 m 维光滑流形 M,局部坐标系 $(U;x^i)$ 的自然标架场 $\left\{\frac{\partial}{\partial x^i}\right\}$,还可以在光滑切空间 TM 上确定一个局部标架场 $\{e_i\}$,$\forall p \in U$,$\{e_i(p)\}$ 是 T_pM 的基底.它的对偶基底 $\{\omega^i\}$ 即是余切标架场.$\mathrm{d}p = \omega^i(\mathrm{d}p)e_i, p \in U$.这里 $\mathrm{d}p$ 表示 p 上的任意一个切向量场.上式表示 $\mathrm{d}p = \omega^i(\mathrm{d}p)e_i$.

设 D 是 M 上的一个联络,则在 U 上存在一组光滑函数 Γ^k_{ji},使得 $D_{e_i}e_j = \Gamma^k_{ji}e_k$.$\Gamma^k_{ji}$ 称为联络 D 在局部标架下的联络系数.令 $\omega^k_j = \Gamma^k_{ji}\omega^i$,则 ω^k_j 是 U 上的一组一次微分式,满足 $De_j = \omega^k_j e_k$,这 m^2 个一次微分式 $\{\omega^k_j\}$ 称为联络 D 关于标架场 $\{e_i\}$ 的联络形式.可以证明

$$\mathrm{d}\omega^i - \omega^j \wedge \omega^i_j = \frac{1}{2} T^i_{jk}\omega^j \wedge \omega^k,$$

其中 $T^i_{jk} = \omega^i(T(e_j, e_k))$ 是 D 的挠率张量的分量.因此无挠率等价于

$$\mathrm{d}\omega^i = \omega^j \wedge \omega^i_j.$$

由于 Riemann 流形的度量张量坐标形式 $g_{ij} = g(e_i, e_j)$,故

$$\mathrm{d}g_{ij} = \omega^k_i g_{kj} + \omega^k_j \mathrm{d}g_{ik}.$$

当 $g_{ij} = \delta_{ij}$ 时,g 与联络相容性条件为 $\omega^i_j + \omega^j_i = 0$.

由以上讨论可以得到如下定理.

定理 4.3.4 设 U 是 m 维光滑流形 M 的开子集,$\{\omega^i\}$ 是定义 U 上的一个余切标架场,则在 U 上存在唯一的一组外微分式 $\omega^i_j, 1 \leqslant i, j \leqslant m$,使得

$$\mathrm{d}\omega^i = \omega^j \wedge \omega^i_j, \quad \omega^j_i + \omega^i_j = 0. \tag{4.3.29}$$

由此定理可推出，M 上存在一个与 Riemann 度量相容的无挠 Riemann 联络.

定理 4.3.4 提供一个用活动标架和外微分求 Riemann 联络的方法. 例如，求单位球面 $S^n = S^n(1)$ 上的 Riemann 联络. 设 S 是 S^n 的南极，$U = S^n \setminus \{S\}$，(U, ξ^i) 为球极坐标系，对应 Riemann 度量和余切标架场 $\boldsymbol{\omega}^i$，

$$g_{ij} = \frac{4\delta_{ij}}{(1+|\xi|^2)^2}, \qquad |\xi|^2 = \sum_{k=1}^{n}(\xi^k)^2, \{\boldsymbol{\omega}^i\} \text{ 是单位正交余切标架场},$$

令

$$\omega^i = \frac{2\mathrm{d}\xi^i}{1+|\xi|^2},$$

则弧长微分 $\mathrm{d}s^2 = g_{ij}\mathrm{d}\xi^i\mathrm{d}\xi^j = \sum_i(\boldsymbol{\omega}^i)^2$，与 $\boldsymbol{\omega}^i$ 对偶的正交标架场 $\{\boldsymbol{e}_i\}$ 是

$$\boldsymbol{e}_i = \frac{1}{2}(1+|\xi|^2)\frac{\partial}{\partial\xi^i}, \qquad \frac{\partial}{\partial\xi^i} = \frac{2}{1+|\xi|^2}\boldsymbol{e}_i.$$

设 $D\boldsymbol{e}_i = \omega_i^j\boldsymbol{e}_j$，则 ω_i^j 必须满足

$$\mathrm{d}\boldsymbol{\omega}^i = \omega^j \wedge \omega_j^i, \qquad \omega_i^j + \omega_j^i = 0.$$

直接计算

$$\mathrm{d}\boldsymbol{\omega}^i = \frac{4\sum_j \xi^j\mathrm{d}\xi^j \wedge \mathrm{d}\xi^i}{(1+|\xi|^2)^2} = \sum_j \boldsymbol{\omega}^j \wedge \left(\frac{2\xi^i\mathrm{d}\xi^j}{1+|\xi|^2} - \frac{2\xi^j\mathrm{d}\xi^i}{1+|\xi|^2}\right),$$

由(4.3.29)可得

$$\omega_j^i = \frac{2}{1+|\xi|^2}(\xi^i\delta_{jk} - \xi^j\delta_{ik})\mathrm{d}\xi^k.$$

再计算

$$\begin{aligned} D\frac{\partial}{\partial\xi^i} &= D\left(\frac{2}{1+|\xi|^2}\boldsymbol{e}_i\right) = \mathrm{d}\left(\frac{2}{1+|\xi|^2}\right)\boldsymbol{e}_i + \frac{2}{1+|\xi|^2}\omega_i^j\boldsymbol{e}_j \\ &= \frac{4}{(1+|\xi|^2)}\left(-\sum_j \xi^j\mathrm{d}\xi^j\boldsymbol{e}_i + \sum_j(\xi^j\mathrm{d}\xi^i - \xi^i\mathrm{d}\xi^j)\boldsymbol{e}_j\right) \\ &= \frac{2}{1+|\xi|^2}(-\delta_{jl}\delta_i^k - \delta_{il}\delta_j^k + \delta_{ij}\delta_l^k)\xi^l\mathrm{d}\xi^j\frac{\partial}{\partial\xi^k}, \end{aligned}$$

于是联络在 $(U;\xi^i)$ 局部坐标系下的联络系数

$$\Gamma_{ij}^k = \frac{2}{1+|\xi|^2}(-\delta_{jl}\delta_i^k - \delta_{il}\delta_j^k + \delta_l^k\delta_{ij})\xi^l.$$

4.4　平行移动和测地线

由于二次微分式

$$\mathrm{d}s^2 = g_{ij}\mathrm{d}x^i\mathrm{d}x^j$$

与坐标系选择无关,通常称它为度量形式, $\mathrm{d}s$ 为无穷小切向量的长度,称为弧元素.设 $p,q\in M$ 为任意两点,如果存在一个光滑(或分段光滑)的参数曲线 $\gamma(t)\in M$, 使得 $p=\gamma(a),q=\gamma(b)$,则 $\gamma(t)$ 在 $\overset{\frown}{pq}$ 之间的弧长定义为

$$L(\gamma)=\int_a^b \mathrm{d}s=\int_a^b |\gamma'(t)|\,\mathrm{d}t=\int_a^b \sqrt{g_{ij}\dot{x}^i\dot{x}^j}\,\mathrm{d}t\ .$$

如果 M 是连通的,则可以定义距离函数,即 $\forall\, p,q\in M$,

$$\rho(p,q)=\inf_{\gamma\in\Gamma}\{L(\gamma)\},$$

其中 Γ 为连接 p 与 q 之间一切可能的分段光滑曲线的集合. $\rho(\cdot,\cdot)$ 具有下列性质.

(1) 非负性 $\forall\, p,q\in M,\rho(p,q)\geqslant 0$, 且等号只有当 $p=q$ 时才成立.

(2) 对称性 $\rho(p,q)=\rho(q,p)$.

(3) 三角不等式成立 $\forall\, p,q,r\in M,\rho(p,q)+\rho(q,r)\geqslant\rho(p,r)$.

因此 $\rho(p,q)$ 符合距离定义,称 ρ 为 M 上的距离函数,在 M 上定义了距离之后,M 成为一个度量空间,M 以此作为度量空间的拓扑和流形 M 的原拓扑是等价的.

有距离之后,可以定义 Cauchy 序列.如果度量空间 M 上每个 Cauchy 序列都是收敛的,则称 M 是完备的.如果连通的 Riemann 流形 M 关于从 Riemann 度量诱导的距离函数成为的完备度量空间,则称 M 为完备的 Riemann 流形.

定义 4.4.1 设 (M,D) 为 m 维仿射联络空间, I 为 E^1 中一个区间, $\gamma: I\to M$ 为一条曲线.设 $X(t)$ 为定义在 $\gamma(t)$ 上的切向量场,

$$X(t)=X^i(t)\frac{\partial}{\partial x^i},\qquad \gamma(t):\ X^i=X^i(t),\tag{4.4.1}$$

称 $X(t)$ 沿曲线是平行的,如果它沿 γ 绝对微分为 0,即

$$D_{\gamma'(t)}X=\frac{DX}{\partial t}=\left(\frac{\mathrm{d}X^i}{\mathrm{d}t}+X^j\Gamma^{\ i}_{jk}\frac{\mathrm{d}x^k}{\mathrm{d}t}\right)\frac{\partial}{\partial x^i}=\nabla_k X^i\frac{\mathrm{d}X^k}{\mathrm{d}t}\frac{\partial}{\partial x^i}=0.\tag{4.4.2}$$

特别是,如果曲线的切向量沿自身是平行的,即

$$\frac{D}{\partial t}(\gamma'(t))=D_{\gamma'(t)}\gamma'(t)=\left(\frac{\mathrm{d}^2x^i}{\mathrm{d}t^2}+\Gamma^{\ i}_{jk}\frac{\mathrm{d}x^j}{\mathrm{d}t}\frac{\mathrm{d}x^k}{\mathrm{d}t}\right)\frac{\partial}{\partial x^i}=0.\tag{4.4.3}$$

称 $\gamma(t)$ 为测地线.

因此 $\gamma(t)$ 是 (M,g) 上一条测地线.如果它满足

$$\frac{\mathrm{d}^2x^i}{\mathrm{d}t^2}+\Gamma^{\ i}_{jk}\frac{\mathrm{d}x^j}{\mathrm{d}t}\frac{\mathrm{d}x^k}{\mathrm{d}t}=0.\tag{4.4.4}$$

(4.4.4)称为测地线方程.

根据常微分方程理论,任意一点 $p\in M$,都存在 p 的一个邻域 U 及正数 ε,δ,使得方程(4.4.4) 对任意 $q\in U$ 和 $v\in T_qM(|v|=\sqrt{g_{ij}v^iv^j}\leqslant\varepsilon)$ 有唯一解

$$\begin{cases}\gamma(t;q,v) & \forall\ |t|\leqslant\delta,\\ \gamma(0;q,v)=q, & \gamma'_t(0;q,v)=v.\end{cases}\tag{4.4.5}$$

且 γ 光滑地依赖于自变量 t、初始地点 q 和初始方向 v. 尤其是,

$$\gamma(t;q,\lambda v)=\gamma(\lambda t;q,v),\lambda>0.\tag{4.4.6}$$

对任意向量 $v\in T_pM,w\in T_qM$,如果存在一个沿测地线的平行场 X,使得 $X(a)=v,X(b)=w$,那么称向量 w 是 v 沿 γ 平行移动的结果.

定理4.4.1　设 $\gamma(t)$ 是 Riemann 流形 (M,g) 中的一条正则测地线,即 $\gamma'(t)\neq 0,t\in[-\delta,\delta]$,那么切向量 $\gamma'(t)$ 的长度沿测地线是常数,即 $\|\gamma'(t)\|_{\gamma(t)}=\text{const}$. 并且存在常数 $\alpha>0$ 及 β,使得 $s=\alpha t+\beta$ 为 γ 的弧长参数.

证　利用 Riemann 联络和 Riemann 度量的相容性,以及测地线的切向量沿测地线本身平行,有

$$\frac{\mathrm{d}}{\mathrm{d}t}\langle\gamma'(t),\gamma'(t)\rangle=D_{\gamma'(t)}(\langle\gamma'(t),\gamma'(t)\rangle)=2\langle D_{\gamma'(t)}\gamma'(t),\gamma'(t)\rangle=0,$$

如果写成在局部坐标卡 $(U;x^i)$ 下的张量形式

$$\begin{aligned}\frac{\mathrm{d}}{\mathrm{d}t}\langle\gamma'(t),\gamma'(t)\rangle&=\frac{\mathrm{d}}{\mathrm{d}t}\left(g_{ij}\frac{\mathrm{d}x^i}{\mathrm{d}t}\frac{\mathrm{d}x^j}{\mathrm{d}t}\right)\\&=\frac{\partial g_{ij}}{\partial x^k}\frac{\mathrm{d}x^k}{\mathrm{d}t}\frac{\mathrm{d}x^i}{\mathrm{d}t}\frac{\mathrm{d}x^j}{\mathrm{d}t}+2g_{ij}\frac{\mathrm{d}^2x^i}{\mathrm{d}t^2}\frac{\mathrm{d}x^j}{\mathrm{d}t},\end{aligned}$$

因

$$\nabla_k g_{ij}=0\ \Rightarrow\ \frac{\partial g_{ij}}{\partial x^k}-\Gamma^m_{ik}g_{mj}-\Gamma^m_{jk}g_{mi}=0,$$

利用对称性和测地线方程,则有

$$\begin{aligned}\frac{\mathrm{d}}{\mathrm{d}t}\langle\gamma'(t),\gamma'(t)\rangle&=2\Gamma^m_{ik}g_{mj}\frac{\mathrm{d}x^k}{\mathrm{d}t}\frac{\mathrm{d}x^i}{\mathrm{d}t}\frac{\mathrm{d}x^j}{\mathrm{d}t}+2g_{ij}\frac{\mathrm{d}^2x^i}{\mathrm{d}t^2}\frac{\mathrm{d}x^j}{\mathrm{d}t}\\&=2g_{mj}\frac{\mathrm{d}x^j}{\mathrm{d}t}\left(\frac{\mathrm{d}^2x^m}{\mathrm{d}t^2}+\Gamma^m_{ik}\frac{\mathrm{d}x^i}{\mathrm{d}t}\frac{\mathrm{d}x^k}{\mathrm{d}t}\right)=0.\end{aligned}\tag{4.4.7}$$

即得 $\frac{\mathrm{d}}{\mathrm{d}t}\|\gamma'(t)\|^2=0$ 沿 $\gamma(t)$ 成立,也就是 $\frac{\mathrm{d}}{\mathrm{d}t}\|\gamma'(t)\|=0$. 故沿 $\gamma(t)$,

$$\|\gamma'(t)\|=\text{const.},$$

即 $s=\|\gamma'(t)\|=\alpha t+\beta$. 证毕.

定义 4.4.2　沿 $\gamma(t)$ 是 Riemann 流形 (M,g) 中的一条测地线. 如果 $\gamma'(t)$ 是单位切向量,即 $\|\gamma'(t)\|=1$,则称 $\gamma(t)$ 为正规测地线. 换句话说,以弧长为参数的测地线是正规测地线.

几个测地线的例子.

1. 欧氏空间 R^n 中的测地线是直线或是直线的一部分.

2. 球面上的测地线是大圆或大圆的一部分.

3. 双曲空间中的测地线为

$$\xi^i(t) = \frac{v^i}{\sqrt{-c}}\tanh\left(\frac{\sqrt{-c}t}{2}\right), \quad c<0,$$

其中

$$(\xi^1,\xi^2,\cdots,\xi^n) = \left\{\frac{x^1}{1+\sqrt{-c}x^{n+1}},\cdots,\frac{x^n}{1+\sqrt{-c}x^{n+1}}\right\}.$$

双曲空间为

$$H^n(c) = \left\{(x^1,x^2,\cdots,x^{n+1})\in R^{n+1}:x^{n+1}>0,\sum_{i=1}^n(x^i)^2-(x^{n+1})^2=\frac{1}{c},c<0\right\}.$$

由(4.4.6), $\gamma(1,q,v)$ 可视为一个从 $\mathscr{U}_\varepsilon$ 到 M 的映射

$$\exp(q,v) = \gamma(1,q,v), \tag{4.4.8}$$

其中 $\mathscr{U}_\varepsilon = \{(q,v)\in TM:q\in U,v\in T_qM,|v|<\varepsilon\}$.

设 T_pM 中一个以原点为中心,以 ε 为半径的球

$$B_p(\varepsilon) = \{v\in T_pM:|v|<\varepsilon\},$$

对固定的 p, 记

$$\exp_p(v) = \exp(p,v) = \gamma(1,p,v),\forall v\in B_p(\varepsilon), \tag{4.4.9}$$

定义 4.4.3 称由(4.4.8)所定义的光滑映射 exp 为 $\mathscr{U}_\varepsilon$ 上的指数映射,由(4.4.9)所定义的光滑映射 $\exp_p$ 为 M 在 p 点的指数映射.

$\forall p\in M,v\in B_p(\varepsilon),|t|\leqslant 1$,测地线 $\gamma(t,p,v)$ 可以表示为

$$\gamma(t,p,v) = \exp_p(tv) = \gamma(1,p,tv). \tag{4.4.10}$$

由(4.4.9)所定义的指数映射可以定义一个以 $p\in M$ 为中心,以 δ 为半径的测地球

$$\mathscr{B}_p(\delta) = \exp_p(B_p(\delta)) = \{q\in M,(p,q)\text{之间测地线弧长 }L(\gamma)\leqslant\delta\}. \tag{4.4.11}$$

$\mathscr{B}_p(\delta)$ 中所有的点与 p 之间的测地距离均小于 δ . 记测地球面为

$$\partial\mathscr{B}_p(\delta) = \{q\in M:(p,q)\text{之间测地线弧长 }L(\gamma)=\delta\}. \tag{4.4.12}$$

一切从 p 出发的测地线均称为径向测地线.

定理 4.4.2[3] 径向测地线与测地球面正交.

以下给出指数映射的例子.

(1) n 维欧氏空间 E^n 的指数映射,若 I 视 E^n 在原点的切空间 $T_o E^n$ 的恒等映射,则 $\exp_o = I$. 若对任意点 $p\in E_n$,则 $\exp_p(v) = p+v,\forall v\in T_pE^n = E^n$.

(2) n 维球面 S^n. $\forall p\in S^n$, $\exp_p$ 在 T_pS^n 上处处有定义,对于任意 $v\in T_pS^n$, $v\neq 0$,存在一条通过 p 且与 v 相切的测地线(大圆) γ,于是 $\exp_p(v)$ 是在这条测地线上从 p 点起的弧长为 $|v|$ 的点. 特别是,若 k 为非负整数,则当 $|v| = 2k\pi$ 时,

$\exp_p(v) = p$. 当 $|v| = (2k+1)\pi$ 时, $\exp_p(v) = -p$(p 的对经点).

测地线方程(4.4.4) 也可以是两点边值问题. 求 Riemann 流形 u 上的一条曲线 $\gamma(t)$, 使得

$$\gamma(t) \text{ 满足(4.4.4)}, \quad \gamma(a) = p, \quad \gamma(b) = q, \tag{4.4.13}$$

其中 p, q 为 M 上任意两个点.

边值问题(4.4.13) 解的存在性由下列定理给出.

定理 4.4.3[1,3]　设 Riemann 流形 M 是单连通的,那么 $\forall p \in M$ 均存在一个邻域 U,使得在 U 中任意两个点 q_1, q_2 都能用 v 中唯一的一条测地线连接它们. 如果 p 点的指数映射 $\exp_p$ 在 T_pM 上处处有定义,则 M 中任一点 q 均可用 M 上的测地线与 p 连接.

Hopf-Rinow 定理[1] 指出,对任一点 $p \in M$, $\exp_p$ 在 T_pM 上处处有定义,当且仅当点 M 是完备的. 因此完备的 Riemann 流形 M 上的任意两点 p, q,都可以用 M 的测地线将它们连接起来.

定理 4.4.4[3]　设 p 为 Riemann 流形 M 上一点,测地球 $\mathscr{B}_p(\delta)$ 是 T_pM 中的球体 $B_p(\delta)$ 在 $\exp_p$ 下的光滑同胚像. 记 $\gamma(t)$ 是从 p 出发的径向量测地线, $\gamma(0) = p$. 那么,对于 M 中任意一条从 p 到 $q = \gamma(1)$ 的分段光滑曲线 $\beta:[a,b] \to M$ 都有

$$L(\beta) \geqslant L(\gamma),$$

等号当且仅当 $\beta([a,b]) = \gamma([0,1])$ 时才成立.

定理 4.4.4 表明,对完备的 Riemann 流形上任意两个点 p 和 q, 连结它们的分段光滑曲线,只有测地线的弧长是最短的,称为最短测地线.

4.5　曲 率 张 量

4.5.1　Riemann 曲率张量定义和性质

定义 4.5.1　设 (M, D) 是一个仿射联络空间,对任意的 $X, Y \in \chi(M)$,定义映射 $R(X,Y): \chi(M) \to \chi(M)$ 如下

$$R(X,Y)Z = D_X D_Y Z - D_Y D_X Z - D_{[X,Y]} Z, \qquad \forall Z \in \chi(M). \tag{4.5.1}$$

称 $R(X,Y)$ 为仿射联络空间 (M, D) 关于光滑向量场 X, Y 的曲率算子.

定理 4.5.1[2,6]　$\forall X, Y \in \chi(M)$,曲率算子 $R(X,Y)$ 具有如下的性质. $\forall f \in C^\infty(M), Z \in \chi(M)$,

(1)　$R(X,Y) = -R(Y,X)$.

(2)　$R(fX, Y) = R(X, fY) = fR(X,Y)$.

(3)　$R(X,Y)(fZ) = fR(X,Y)Z$.

(4)　当 D 挠率 $T \equiv 0$ 时, $R(X,Y)Z + R(Y,Z)X + R(Z,X)Y = 0$.

性质(4)称为第一 Bianchi 恒等式. 性质(3)说明,映射 $R(X,Y)$: $\chi(M) \to \chi(M)$ 是 $C^\infty(M)$- 线性的,因而是 M 上的一个(1,1) 型光滑张量场. 另外,$R(X,Y)$ 关于 X,Y 也是$C^\infty(M)$ 线性的,因此对于任意的 $v,w \in T_pM$, 可以定义线性变换

$$R(u,w):\ T_pM \to T_pM.$$

由曲率算子,也可以定义三重线性映射

$$\begin{aligned} R:\quad & \chi(M) \times \chi(M) \times \chi(M) \to \chi(M), \\ & (Z,X,Y) \to R(X,Y)Z, \qquad \forall X,Y,Z \in \chi(M). \end{aligned} \tag{4.5.2}$$

由定理 4.5.1 知, R 对每一个自变量都是为 $C^\infty(M)$- 线性的,故 R 是 M 上的 (1,3) 型光滑张量场.

定义 4.5.2 由(4.5.1) 所确定的(1,3) 型张量场 R 称为 Riemann 流形(M,g) 曲率张量场.

作为张量场,R 在每一个点 $p \in M$, 给出一个(1,3)型张量

$$R_p:\ T_pM \times T_pM \times T_pM \to T_pM,$$

使得 $(u,v,w) \to R(v,w)u$, $\forall\, u,v,w \in T_pM$. R_p 称为 Riemann 流形在 p 点的曲率张量.

下面给出 Riemann 曲率张量在局部坐标系下的具体表达式. 先讨论在仿射联络空间内的情形. 设 $(U;x^i)$ 是 M 上的局部坐标系,那么(4.3.17) 说明,在 U 上存在光滑函数,$\Gamma^k_{ij} \in C^\infty(M)$, $1 \leqslant i,j,k \leqslant m$, 使得

$$D_{\frac{\partial}{\partial x^i}} \frac{\partial}{\partial x^j} = \Gamma^k_{ji} \frac{\partial}{\partial x^k},$$

于是

$$\begin{aligned} R\left(\frac{\partial}{\partial x^i},\frac{\partial}{\partial x^j}\right)\frac{\partial}{\partial x^k} &= D_{\frac{\partial}{\partial x^i}} D_{\frac{\partial}{\partial x^j}} \frac{\partial}{\partial x^k} - D_{\frac{\partial}{\partial x^j}} D_{\frac{\partial}{\partial x^i}} \frac{\partial}{\partial x^k} - D_{\left[\frac{\partial}{\partial x^i},\frac{\partial}{\partial x^j}\right]} \frac{\partial}{\partial x^k} \\ &= D_{\frac{\partial}{\partial x^i}}\left(\Gamma^l_{kj} \frac{\partial}{\partial x^l}\right) - D_{\frac{\partial}{\partial x^j}}\left(\Gamma^l_{ki} \frac{\partial}{\partial x^l}\right) \\ &= \frac{\partial}{\partial x^i}\Gamma^l_{kj} \frac{\partial}{\partial x^l} + \Gamma^l_{kj} D_{\frac{\partial}{\partial x^i}} \frac{\partial}{\partial x^l} - \frac{\partial}{\partial x^j}\Gamma^l_{k_l} \frac{\partial}{\partial x^i} - \Gamma^l_{ki} D_{\frac{\partial}{\partial x^j}} \frac{\partial}{\partial x^l} \\ &= \left(\frac{\partial}{\partial x^i}\Gamma^l_{kj} - \frac{\partial}{\partial x^j}\Gamma^l_{ki}\right)\frac{\partial}{\partial x^l} + \Gamma^l_{kj}\Gamma^p_{li} \frac{\partial}{\partial x^p} - \Gamma^l_{ki}\Gamma^p_{lj} \frac{\partial}{\partial x^p} \\ &= \left(\frac{\partial}{\partial x^i}\Gamma^l_{kj} - \frac{\partial}{\partial x^j}\Gamma^l_{ki} + \Gamma^p_{kj}\Gamma^l_{pi} - \Gamma^p_{ki}\Gamma^l_{pj}\right)\frac{\partial}{\partial x^l}. \end{aligned}$$

记

$$R\left(\frac{\partial}{\partial x^i},\frac{\partial}{\partial x^j}\right)\frac{\partial}{\partial x^k} = R^l_{kij} \frac{\partial}{\partial x^l}, \tag{4.5.3}$$

则有

$$R_{kij}^{l} = \frac{\partial}{\partial x^i}\Gamma_{kj}^{l} - \frac{\partial}{\partial x^j}\Gamma_{ki}^{l} + \Gamma_{kj}^{p}\Gamma_{pi}^{l} - \Gamma_{ki}^{p}\Gamma_{pj}^{l}. \tag{4.5.4}$$

故(1,3)型的曲率张量场 R 在局部上可以表示为

$$R = R_{kij}^{l}\mathrm{d}x^k \otimes \frac{\partial}{\partial x^l} \otimes \mathrm{d}x^i \otimes \mathrm{d}x^j.$$

从而 $\forall X, Y \in \chi(M), X = X^i \frac{\partial}{\partial x^i}, Y = Y^i \frac{\partial}{\partial x^i}$，则(1,3)型张量的曲率算子 $R(X,Y)$ 有下述局部坐标表达式

$$R(X,Y) = X^i Y^j R_{kij}^{l}\mathrm{d}x^k \otimes \frac{\partial}{\partial x^l}. \tag{4.5.5}$$

在 Riemann 流形上，从 Riemann 度量张量 $g_{ij} = g\left(\frac{\partial}{\partial x^i}, \frac{\partial}{\partial y^j}\right)$ 出发，曲率张量的表达形式有 $\forall X, Y, Z, W$，

$$R(X,Y,Z,W) = g(R(Z,W)X,Y) = \langle R(Z,W)X,Y\rangle, \tag{4.5.6}$$

$R(X,Y,Z,W)$ 它是一个四重线性映射

$$R: \chi(M) \times \chi(M) \times \chi(M) \times \chi(M) \to C^\infty(M).$$

它对每个变量场都是 C^∞-线性的. 它是定义在 M 上的一个四阶协变张量场，它称为 Riemann 流形 (M,g) 上的 Riemann 曲率张量.

定理 4.5.2[3,6]　设 (M,g) 为一 Riemann 流形，Riemann 曲率张量(4.5.6)具有下列性质，$\forall X, Y, Z, W \in \chi(M)$，

(1) 反对称性

$$R(X,Y,Z,W) = -R(X,Y,W,Z), \quad R(X,Y,Z,W) = -R(Y,X,Z,W).$$

(2) 第一 Bianchi 等式

$$R(X,Y,Z,W) + R(Z,Y,W,X) + R(W,Y,X,Z) = 0.$$

(3) 对称性

$$R(X,Y,Z,W) = R(Z,W,X,Y).$$

关于 Riemann 曲率张量的坐标表达形式，由于

$$g_{ij} = g\left(\frac{\partial}{\partial x^i}, \frac{\partial}{\partial x^j}\right), \quad R\left(\frac{\partial}{\partial x^i}, \frac{\partial}{\partial x^j}\right)\frac{\partial}{\partial x^k} = R_{kij}^{l}\frac{\partial}{\partial x^l}.$$

如果令

$$R\left(\frac{\partial}{\partial x^i}, \frac{\partial}{\partial x^j}, \frac{\partial}{\partial x^k}, \frac{\partial}{\partial x^l}\right) = R_{ijkl},$$

则 $R_{ijkl} = g\left(R\left(\frac{\partial}{\partial x^k}, \frac{\partial}{\partial x^l}\right)\frac{\partial}{\partial x^i}, \frac{\partial}{\partial x^j}\right) = R_{ikl}^{m} g_{mj}$，利用(4.5.4)以及

$$\frac{\partial}{\partial x^k}g_{ij} = \Gamma^l_{ik}g_{lj} + \Gamma^l_{jk}g_{li},$$

于是

$$R_{ijkl} = \frac{1}{2}\left(\frac{\partial^2 g_{ik}}{\partial x^j \partial x^l} + \frac{\partial^2 g_{il}}{\partial x^i \partial x^k} - \frac{\partial^2 g_{jl}}{\partial x^i \partial x^k} - \frac{\partial g_{jk}}{\partial x^i \partial x^l}\right) + (\Gamma^p_{ik}\Gamma^q_{jl}g_{pq} - \Gamma^p_{il}\Gamma^g_{jk}g_{pq}),$$

$$R = R_{ijkl}\mathrm{d}x^i \otimes \mathrm{d}x^j \otimes \mathrm{d}x^k \otimes \mathrm{d}x^l, \qquad R^m_{ikl} = g^{mi}R_{ijkl}.$$

定理 4.5.3[3] 设 (M,g) 为 m 维 Riemann 流形,D 为 Riemann 联络,R 为 M 的 Riemann 曲率张量,则对任意的 $X,Y,Z,V,W \in \chi(M)$ 成立

$$DR(V,W,X,Y;Z) + DR(V,W,Y,Z;X) + DR(V,W,Z,X;Y) = 0. \tag{4.5.7}$$

它称(4.5.7)为第二 Bianchi 恒等式.

4.5.2 截面曲率

设 M 是 m 维 Riemann 流形,$p \in M$, $\forall\, u,v \in T_pM$, 令

$$\| u \wedge v \|^2 = \langle u,u\rangle\langle v,v\rangle - \langle u,v\rangle^2,$$

显然,u,v 共线的充分必要条件是 $\| u \wedge v \|^2 = 0$,并且不共线时,$\| u \wedge v \|^2$ 恰好是 u,v 张成的平行四边形的面积平方.

设 $u,v \in T_pM$ 为不共线的切向量.它们在 T_pM 中所张成的二维子空间记作 $[u \wedge v]$,称为 Riemann 流形 M 在 p 点的二维截面.

设$(\tilde{u},\tilde{v})$ 为$[u \wedge v]$ 中不共线的任意两个切向量,

$$\tilde{u} = a^1_1 u + a^2_1 v, \qquad \tilde{v} = a^1_2 u + a^2_2 v, \qquad \det(a^i_j) \neq 0.$$

显然

$$\| \tilde{u} \wedge \tilde{v} \|^2 = (\det(a^j_i))^2 \| u \wedge v \|^2,$$

而

$$R(\tilde{u},\tilde{v},\tilde{u},\tilde{v}) = (\det(a^i_j))^2 R(u,v,u,v),$$

而

$$K_p(u,v) \triangleq -\frac{R(u,v,u,v)}{\| u \wedge v \|^2}, \tag{4.5.8}$$

与 u,v 选择无关,因而它是只依赖于二维截面$[u \wedge v]$ 的数量.称数量 $K_p(u,v)$ 为 M 在点的二维截面$[u \wedge v]$ 的**截面曲率**.

由于 $K_p(u,v)$ 与二维截面的 u,v 选择无关,若记 π 为 M 过 p 点的任一二维曲面.X,Y 为 π 中的任意两个线是独立的向量,则(4.5.8)也可以表示为

$$K_p(\pi) = -\frac{R(X,Y,X,Y)}{\| X \wedge Y \|^2}. \tag{4.5.9}$$

设 $(U;x^i)$ 为 M 在 p 点的局部坐标系，$X = X^i \dfrac{\partial}{\partial x^i}$，$Y = Y^i \dfrac{\partial}{\partial x^i}$，于是

$$R(X,Y,X,Y) = X^iY^jX^kY^lR\left(\frac{\partial}{\partial x^i},\frac{\partial}{\partial x^j},\frac{\partial}{\partial x^k},\frac{\partial}{\partial x^l}\right) = R_{ijkl}X^iY^jX^kY^l,$$

$$\begin{aligned}\|X\wedge Y\|^2 &= \langle X,X\rangle\langle Y,Y\rangle - (\langle X,Y\rangle)^2\\ &= X^iX^j\left\langle\frac{\partial}{\partial x^i},\frac{\partial}{\partial x^j}\right\rangle Y^kY^l\left\langle\frac{\partial}{\partial x^k},\frac{\partial}{\partial x^l}\right\rangle - X^iY^k\left\langle\frac{\partial}{\partial x^i},\frac{\partial}{\partial x^k}\right\rangle X^jY^l\left\langle\frac{\partial}{\partial x^j},\frac{\partial}{\partial x^l}\right\rangle\\ &= g_{ij}g_{kl}X^iX^jY^kY^l - g_{ik}g_{jl}X^iX^jY^kY^l = (g_{ij}g_{kl}-g_{ik}g_{jl})X^iX^jY^kY^l.\end{aligned}$$

所以(4.5.9)在局部坐标系下，

$$K_p(\pi) = \frac{R_{ijkl}X^iX^kY^jY^l}{(g_{ij}g_{kl}-g_{ik}g_{jl})X^iX^jY^kY^l.} \tag{4.5.10}$$

定义 4.5.3　设 M 为 Riemann 流形. 若 M 在 p 点的二维截面曲率 $K_p(\pi)$ 为定值，即与二维截面的位置无关，则称 M 在 p 点是迷向的，p 点称为 M 的迷向点. 如果 M 的所有点都是迷向的，则称 M 为迷向流形. 特别当 M 的所有二维截面曲率恒为常数，即 $K_p(\pi)$ 既与 π 无关，也与点 p 无关，则称 M 为常曲率 Riemann 流形，简单称为常曲率空间.

定理 4.5.4　若 $\dim M = 2$，则截面曲率即为 M 的 Gauss 曲率；若 $\dim M \geqslant 3$，则 M 在 p 点的曲率张量 R 由在 p 点的所有二维截面曲率唯一确定.

证　定理第一部分就是经典微分几何中著名的 Gauss 定理. 它可由(4.5.10)直接验证. 实际上，在曲面 M 的 p 点处，选取切向量 $X = (1,0)$，$Y = (0,1)$

$$K_p(M) = -\frac{R_{1212}}{g_{11}g_{22}-g_{12}g_{12}} = -\frac{R_{1212}}{\det(g_{ij})}.$$

由第 3 章(3.6.27)可知，曲面 M 的曲率张量中，本质上不为 0 的分量有 $R_{1212} = R_{2121} = -R_{1221} = -R_{2112} = -K\det(g_{ij})$. 所以 $K_p(M) = K$，K 为 Gauss 曲率.

下面证明定理的第二部分. 只要证明若有另一满足(4.5.9) 的(0,4) 型张量 $\widetilde{R}(X,Y,Z,W)$ 对任何线性无关的切向量 $X, Y \in T_p(M)$ 均有

$$\widetilde{R}(X,Y,X,Y) = R(X,Y,X,Y),$$

则对于任意的 $X, Y, W \in T_pM$，有

$$\widetilde{R}(X,Y,Z,W) = R(X,Y,Z,W).$$

为此，令

$$S(X,Y,Z,W) = \widetilde{R}(X,Y,Z,W) - R(X,Y,Z,W),$$

上述论述等价于证明 $\forall X, Y \in T_pM$，

$$S(X,Y,X,Y) = 0 \to S \equiv 0.$$

显然 S 也是一个(0,4) 型张量. 由对称性和反对称性，将 $S(X+Z,Y,X+Z,Y) = 0$ 展开，得

$$S(X,Y,Z,Y)=0, \qquad \forall X,Y,Z\in T_pM.$$

再将 $S(X,Y+W,Z,Y+W)=0$ 展开,得

$$S(X,Y,Z,W)+S(X,W,Z,Y)=0, \qquad \forall X,Y,Z,W\in T_pM.$$

由第一 Bianchi 恒等式

$$S(X,Y,Z,W)+S(X,Z,W,Y)+S(X,W,Y,Z)=0.$$

即有

$$2S(X,Y,Z,W)=S(X,Z,Y,W).$$

类似有

$$2S(X,Z,Y,W)=2S(X,Y,Z,W).$$

于是 $\forall X,Y,Z,W\in T_pM$,

$$S(X,Y,Z,W)=0.$$

证毕.

定理 4.5.5 $p\in M$ 为 (M,g) 的迷向点的充分必要条件是在 p 点有

$$R_{ijkl}(p)=K_p(g_{ik}g_{jl}-g_{il}g_{jk}). \tag{4.5.11}$$

常曲率 Riemann 流形 (M,g) 显然是迷向流形,反之,有如下定理.

定理 4.5.6(F. Schur) 设 M 是连通和迷向 Riemann 流形,且 $\dim M\geqslant 3$. 则 M 是常曲率 Riemann 流形.

证 考虑曲率形式

$$\Omega_{ij}=\frac{1}{2}R_{ijkl}\,\boldsymbol{\omega}^k\wedge\boldsymbol{\omega}^l,$$

这里 $\{\boldsymbol{\omega}^i\}$ 局部标架 $\{\boldsymbol{e}_i\}$ 的对偶余切的标架. 由(4.5.11)

$$\Omega_{ij}=\frac{1}{2}K_p(g_{il}g_{jl}-g_{il}g_{jk})\boldsymbol{\omega}^k\wedge\boldsymbol{\omega}^l=-K_p\,\boldsymbol{\omega}_i\wedge\boldsymbol{\omega}_j, \tag{4.5.12}$$

这里 $\boldsymbol{\omega}_i=g_{ij}\boldsymbol{\omega}^j$. 对上式求外微分

$$\begin{aligned}\mathrm{d}\Omega_{ij}&=-\mathrm{d}K_p\wedge\boldsymbol{\omega}_i\wedge\boldsymbol{\omega}_j-K_p\mathrm{d}\boldsymbol{\omega}_i\wedge\boldsymbol{\omega}_j+K_p\boldsymbol{\omega}_i\wedge\mathrm{d}\boldsymbol{\omega}_j\\&=-\mathrm{d}K_p\wedge\boldsymbol{\omega}_i\wedge\boldsymbol{\omega}_j-K_p\omega_i^k\wedge\boldsymbol{\omega}_k\wedge\boldsymbol{\omega}_j+K_p\boldsymbol{\omega}_i\wedge\omega_j^k\wedge\boldsymbol{\omega}_k,\end{aligned}$$

再一次应用(4.5.12)

$$\mathrm{d}\Omega_{ij}=-\mathrm{d}K_p\wedge\boldsymbol{\omega}_i\wedge\boldsymbol{\omega}_j+\omega_i^k\wedge\Omega_{kj}+\Omega_{ik}\wedge\omega_j^k,$$

$$\mathrm{d}K_p\wedge\boldsymbol{\omega}_i\wedge\boldsymbol{\omega}_j=\omega_i^k\wedge\Omega_{kj}-\omega_j^k\wedge\Omega_{ik}-\mathrm{d}\Omega_{ij}.$$

可以证明[2,6]

$$\mathrm{d}\Omega_{ij}=\omega_i^k\wedge\Omega_{kj}-\omega_j^k\wedge\Omega_{ik}.$$

因此 $\mathrm{d}K_p\wedge\boldsymbol{\omega}_i\wedge\boldsymbol{\omega}_j=0$. 展开

$$\mathrm{d}K_p=\sum_k K_k\,\boldsymbol{\omega}_k,$$

则

$$\sum_k K_k \boldsymbol{\omega}_k \wedge \boldsymbol{\omega}_i \wedge \boldsymbol{\omega}_j = 0, \qquad \forall\, i,j = 1,2,3.$$

取 $i = 1, j = 2$，得 $K_3 = 0$，依此类推 $K_1 = K_2 = 0$，故 $\mathrm{d}K = 0$. 这就推出 K_p 是一个常数. 证毕.

4.5.3 Ricci 曲率和数量曲率

设 (M,g) 是 m 维 Riemann 流形，R 为由(4.5.1)定义的 M 上的(1,3)型曲率张量，$\forall\, p \in M, \forall\, u, v \in T_pM$，借助 R 定义线性变换 $A_{u,v}: T_pM \to\in T_pM$，

$$A_{u,v}(w) = R(w,u)v, \qquad \forall\, w \in T_pM,$$

$A_{u,v}$ 是 T_pM 上的一个(1,1)型张量，缩并后的迹，记为 $\mathrm{Ric}(u,v)$. 若 $\{\boldsymbol{e}_i\}$, $\{\boldsymbol{\omega}^i\}$ 分别为 M 上任意一个局部标架和对偶标架，于是有

$$\mathrm{Ric}(u,v) = \sum_{i=1}^m \omega^i(R(\boldsymbol{e}_i,u),v) = g^{ij}\langle R(\boldsymbol{e}_i,u)v,\boldsymbol{e}_j\rangle. \tag{4.5.13}$$

由这个二阶协变张量场 $\mathrm{Ric}(u,v)$，可以定义映照

$$\mathrm{Ric}:\ \chi(M) \times \chi(M) \to C^\infty(M).$$

称 Ric 为 M 上的 Ricci 曲率张量场. 这个张量场还是对称的，即

$$\mathrm{Ric}(u,v) = \mathrm{Ric}(v,u).$$

实际上，

$$\begin{aligned}\mathrm{Ric}(u,v) &= g^{ij}R(v,\boldsymbol{e}_j,u,\boldsymbol{e}_i) = g^{ij}R(u,\boldsymbol{e}_i,v,\boldsymbol{e}_j)\\ &= g^{ij}\langle R(\boldsymbol{e}_i,v)u,\boldsymbol{e}_j\rangle = \mathrm{Ric}(v,u),\end{aligned}$$

把 Ric 的分量记为 R_{ij}，$\mathrm{Ric} = R_{ij}\mathrm{d}x^i \otimes \mathrm{d}x^j$. 知

$$R_{ij} = \mathrm{Ric}(\boldsymbol{e}_i,\boldsymbol{e}_j) = g^{kl}R(\boldsymbol{e}_i,\boldsymbol{e}_k,\boldsymbol{e}_l,\boldsymbol{e}_j) = g^{kl}R_{iklj} = R^k_{ikj},$$

即

$$R_{ij} = R^k_{ikj}, \tag{4.5.14}$$

它是 Ricci 曲率张量场 Ric 的协变分量.

下面考察 Ric 的几何意义. 对于 $\forall\, p \in M, u \in T_pM, u \neq 0$, 记

$$\mathrm{Ric}(u) = \frac{\mathrm{Ric}(u,u)}{g(u,u)} = \mathrm{Ric}\left(\frac{u}{|u|},\frac{u}{|u|}\right),$$

因此，$\mathrm{Ric}(u)$ 是切方向 u 的函数，称为 Riemann 流形 (M,g) 在 p 点沿切方向 u 的 Ricci 曲率.

定义 4.5.4 由(4.5.13)表示的(0,2)型张量场 Ric 称为 (M,g) 的 Ricci 张量场，对于 $p \in M$，u 为任何单位向量场，$\mathrm{Ric}(u)$ 称为在 p 点沿 u 方向的 Ricci 曲率. 如果 $\forall\, p \in M$，Ric 与 u 无关，只是 p 的函数，且存在常数 λ 使得 $\mathrm{Ric} = \lambda g$，则称 (M,g) 为 Einstein 流形.

定理 4.5.7[1] 设 (M,g) 为 m 维 Riemann 流形，$p \in M$，u 是 M 在 p 点的一个非零切向量，$u \in T_pM$，设 $\{\boldsymbol{e}_i\}$ 是 T_pM 中任一个正交基底，$\boldsymbol{e}_m = \dfrac{u}{|u|}$，则

$$\operatorname{Ric}(u)=\sum_{i=1}^{m-1}K_p(e_i,e_m). \tag{4.5.15}$$

其中 $K_p(\cdot,\cdot)$ 是由(4.5.8)定义的.

证 由 Ricci 曲率定义及(4.5.9),

$$\operatorname{Ric}(u)=\operatorname{Ric}(\boldsymbol{e}_m,\boldsymbol{e}_m)=\sum_{i=1}^{m-1}R(\boldsymbol{e}_m,\boldsymbol{e}_i,\boldsymbol{e}_i,\boldsymbol{e}_m)$$

$$=-\sum_{i=1}^{m-1}\frac{R(\boldsymbol{e}_i,\boldsymbol{e}_m,\boldsymbol{e}_i,\boldsymbol{e}_m)}{\|\boldsymbol{e}_i\wedge\boldsymbol{e}_m\|^2}=\sum_{i=1}^{m-1}K_p(\boldsymbol{e}_i,\boldsymbol{e}_m).$$

证毕.

这个定理指出,沿某个方向的 Ricci 曲率是含有该方向的 $m-1$ 个彼此正交的二维截面所对应的截面曲率之和.

设 $p\in M$, T_pM 中任一个正交基底 $\{\boldsymbol{e}_i\}$,数量 $\sum_{i=1}^{m}\operatorname{Ric}(\boldsymbol{e}_i)$ 与基底选择无关.实际上,设 $\{\boldsymbol{\delta}_i\}$ 为 T_pM 上另一个正交基底. $\boldsymbol{\delta}_i=a_i^j\boldsymbol{e}_j$,那么

$$\sum_i\operatorname{Ric}(\boldsymbol{\delta}_i)=\sum_i\operatorname{Ric}(\boldsymbol{\delta}_i,\boldsymbol{\delta}_i)=\sum_{ijk}a_i^ja_i^k\operatorname{Ric}(\boldsymbol{e}_j,\boldsymbol{e}_k)=\sum_i\operatorname{Ric}(\boldsymbol{e}_i,\boldsymbol{e}_i)=\sum_i\operatorname{Ric}(\boldsymbol{e}_i),$$

故可以令

$$R=\sum_{i=1}^{m}\operatorname{Ric}(\boldsymbol{e}_i). \tag{4.5.16}$$

称 R 为 Riemann 流形 (M,g) 在 p 点 m 数量曲率.且

$$R=\sum_i\operatorname{Ric}(\boldsymbol{e}_i)=\sum_{i,j}K_p(\boldsymbol{e}_i,\boldsymbol{e}_j)=\sum_{i,j}R(\boldsymbol{e}_i,\boldsymbol{e}_j,\boldsymbol{e}_j,\boldsymbol{e}_i).$$

在任意局部坐标系下

$$R=g^{ij}R_{ij}=g^{ij}R_{ikj}^{k}=g^{ij}g^{kl}R_{iklj}. \tag{4.5.17}$$

由(4.5.16),(4.5.17)可以推出,如果 M 是截面为 K_0 的常曲率空间,沿任何切方向 u

$$\operatorname{Ric}(u)=(m-1)K_0, \tag{4.5.18}$$

而

$$R=m(m-1)K_0. \tag{4.5.19}$$

4.5.4 Ricci 公式

Riemann 流形上的曲率张量,是刻画 Riemann 流形与局部欧氏空间之间差别的一个本质几何量.

可以证明,一个 Riemann 流形是局部的欧氏空间的充分必要条件是,它的 Riemann 曲率张量 R 是 0.除此之外,Riemann 曲率张量也是刻画光滑向量场上协变导数两次作用的次序交换时所产生的差异.

实际上,设 (M,g) 为 m 维 Riemann 流形,$(U;x^i)$ 为 M 的一个局部坐标系,

那么对任意的 $X\in\chi(M)$，有

$$D_{\frac{\partial}{\partial x^i}}D_{\frac{\partial}{\partial x^j}}X - D_{\frac{\partial}{\partial x^j}}D_{\frac{\partial}{\partial x^i}}X = R\left(\frac{\partial}{\partial x^i},\frac{\partial}{\partial x^j}\right)X,$$

显然，协变导算子作用在光滑向量场 $\chi(M)$ 上是可以交换的，当且仅当曲率算子 $R\left(\frac{\partial}{\partial x^i},\frac{\partial}{\partial x^j}\right)=0$.

为了充分认识这个协变导算子作用顺序的交换规律，以下讨论几种简单情形.

(1) (0,0) 型张量场. $\forall f\in C^\infty(M)$，记 $\nabla_i f = \frac{\partial f}{\partial x^i}$，

$$\mathrm{d}f\mid_U = f_i\mathrm{d}x^i = \nabla_i f\mathrm{d}x^i,\quad D(\mathrm{d}f)\mid_U = \nabla_j\nabla_i f\mathrm{d}x^i\otimes\mathrm{d}x^j,$$

其中

$$\nabla_j\nabla_i f = \frac{\partial}{\partial x^j}\nabla_i f - \nabla_k f\Gamma^k_{ij} = \frac{\partial^2 f}{\partial x^i\partial x^j} - \frac{\partial f}{\partial x^k}\Gamma^k_{ij}.$$

由于 Riemann 联络无挠率，且 $\Gamma^l_{ij}=\Gamma^l_{ji}$.从而

$$\nabla_j\nabla_i f = \nabla_i\nabla_j f.$$

即对数量函数，协变导算子作用二次的顺序是可以交换的.

(2) (1,0)型张量场(光滑向量场). $\forall X\in\chi(M)$，$X\mid_U = X^i\frac{\partial}{\partial x^i}$，于是

$$DX\mid_U = \nabla_j X^i\frac{\partial}{\partial x^i}\otimes\mathrm{d}x^j,$$

其中 $\nabla_j X^i = \frac{\partial x^i}{\partial x^j} + \Gamma^i_{jk}X^k$ 为协变导数，对 DX 再求一次协变导数，有

$$D(DX)\mid_U = \nabla_k\nabla_j X^i\frac{\partial}{\partial x^i}\otimes\mathrm{d}x^j\otimes\mathrm{d}x^k,$$

这里

$$\begin{aligned}\nabla_k\nabla_j X^i &= \frac{\partial}{\partial x^k}\nabla_j X^i + \nabla_j X^l\Gamma^i_{lk} - \nabla_l X^i\Gamma^l_{jk}\\ &= \frac{\partial}{\partial x^k}\left(\frac{\partial X^i}{\partial x^j} + X^l\Gamma^i_{lj}\right) + \left(\frac{\partial X^l}{\partial x^j} + X^h\Gamma^l_{hj}\right)\Gamma^i_{lk} - \nabla_l X^i\Gamma^l_{jk}\\ &= \frac{\partial^2 X^i}{\partial x^k\partial x^j} + \frac{\partial X^l}{\partial x^k}\Gamma^i_{lj} + \frac{\partial X^l}{\partial x^j}\Gamma^i_{lk} - \nabla_l X^i\Gamma^l_{jk} + \nabla_j X^l\Gamma^i_{kl}.\end{aligned}$$

同理有 $\nabla_j\nabla_k X^i$ 的表达式. 相减后，利用(4.5.4)，可以得到

$$\begin{aligned}\nabla_k\nabla_j X^i - \nabla_j\nabla_k X^i = &\left(\frac{\partial}{\partial x^k}\Gamma^i_{jl} - \frac{\partial}{\partial x^j}\Gamma^i_{kl}\right)X^l + \Gamma^i_{jl}\left(\frac{\partial X^l}{\partial x^k} - \nabla_k X^l\right)\\ &+ \Gamma^i_{kl}\left(\nabla_j\cdot X^l - \frac{\partial X^l}{\partial x^j}\right)\end{aligned}$$

$$= \left(\frac{\partial}{\partial x^k}\Gamma^i_{jl} - \frac{\partial}{\partial x^j}\Gamma^i_{kl}\right)X^l + (\Gamma^m_{jl}\Gamma^i_{km} - \Gamma^m_{kl}\Gamma^l_{jm})X^l = X^l R^i_{lkj}.$$

(3) (0,1)型张量场(一次微分式). $\forall a \in A^1(M), a|_U = a_i \mathrm{d}x^i$,

$$Da|_U = \nabla_j a_i \mathrm{d}x^i \otimes \mathrm{d}x^j, \quad \nabla_j a_i = \frac{\partial a_i}{\partial x^j} - \Gamma^l_{ij} a_l,$$

$$D(Da)|_U = \nabla_k \nabla_j a_i \mathrm{d}x^i \otimes \mathrm{d}x^j \otimes \mathrm{d}x^k,$$

其中

$$\begin{aligned}\nabla_k \nabla_j a_i &= \frac{\partial}{\partial x^k}(\nabla_j a_i) - \nabla_j a_l \Gamma^l_{ik} - \nabla_l a_i \Gamma^l_{jk} \\ &= \frac{\partial}{\partial x^k}\left(\frac{\partial a_i}{\partial x^j} - a_l \Gamma^l_{ij}\right) - \left(\frac{\partial a_l}{\partial x^j} - a_h \Gamma^h_{lj}\right)\Gamma^l_{ik} - \nabla_l a_i \Gamma^l_{jk} \\ &= \frac{\partial^2 a_i}{\partial x^k \partial x^j} - \frac{\partial a_l}{\partial x^j}\Gamma^l_{ik} - \nabla_l a_i \Gamma^l_{jk} - a_l\left(\frac{\partial}{\partial x^k}\Gamma^l_{ij} - \Gamma^h_{ik}\Gamma^l_{hj}\right).\end{aligned}$$

同理有

$$\nabla_k \nabla_j a_i - \nabla_j \nabla_k a_i = -a_l\left(\frac{\partial}{\partial x^k}\Gamma^l_{ij} - \frac{\partial}{\partial x^j}\Gamma^l_{ik} + \Gamma^h_{ij}\Gamma^l_{hK} - \Gamma^h_{ik}\Gamma^l_{hj}\right) = -a_l R^l_{ikj}.$$

即

$$\nabla_k \nabla_j a_i - \nabla_j \nabla_k a_i = -a_l R^l_{ikj}.$$

定理 4.5.8 设 $a \in \mathscr{T}^r_s(M)$,它在局部坐标系$(U;x^i)$下的表达式为

$$a|_U = a^{i_1 i_2 \cdots i_r}_{j_1 j_2 \cdots j_s} \frac{\partial}{\partial x^{i_1}} \otimes \cdots \otimes \frac{\partial}{\partial x^{i_r}} \otimes \mathrm{d}x^{j_1} \otimes \cdots \otimes \mathrm{d}x^{j_s},$$

如果令

$$Da|_U = \nabla_k a^{i_1 \cdots i_r}_{j_1 \cdots j_s} \frac{\partial}{\partial x^{i_1}} \otimes \cdots \otimes \frac{\partial}{\partial x^{i_r}} \otimes \mathrm{d}x^{j_1} \otimes \cdots \otimes \mathrm{d}x^{j_s} \mathrm{d}x^k,$$

$$D(Da)|_U = \nabla_l \nabla_k a^{i_1 \cdots i_r}_{j_1 \cdots j_s} \frac{\partial}{\partial x^{i_1}} \otimes \cdots \otimes \frac{\partial}{\partial x^{i_r}} \otimes \mathrm{d}x^{j_1} \otimes \cdots \otimes \mathrm{d}x^{j_s} \mathrm{d}x^k \mathrm{d}x^l,$$

那么

$$\nabla_l \nabla_k a^{i_1 \cdots i_r}_{j_1 \cdots j_s} - \nabla_k \nabla_l a^{i_1 \cdots i_r}_{j_1 \cdots j_s} = \sum_{\alpha=1}^{r} a^{i_1 \cdots i_{\alpha-1} i i_{\alpha+1} \cdots i_r}_{j_1 \cdots j_s} R^{i_\alpha}_{ilk} - \sum_{\beta=1}^{s} a^{i_1 \cdots i_r}_{j_1 \cdots j_{\beta-1} j j_{\beta+1} \cdots j_s} R^j_{j_\beta lk}. \tag{4.5.20}$$

(4.5.20)称为 Ricci 公式.

4.5.5 数量曲率的保角形变

设(M,g)是一个$n \geqslant 2$的光滑 Riemann 流形,如果$\tilde{g}$为M的另一个 Riemann 度量,如果存在M到自身元上的微分同胚f以及正值函数$\rho \in C^\infty(M)$,使得$\tilde{g} = \rho f^* g$.称$\tilde{g}$保角于g,当f是恒等映射时,即$\tilde{g} = \rho g$,称$\tilde{g}$逐点保角于g,又称为$\tilde{g}$

的一个保角形变.

在给定的(M,g)下,若给出一个函数 $F \in C^{\infty}(M)$,能否在集合

$$C_g = \{\rho g \mid \rho \in C^{\infty}(M), \rho > 0\}$$

中找到一个 $\tilde{g}$ 使得对应于$\tilde{g}$ 的数量曲率$\tilde{R} = F$?

为讨论这个问题,需要知道在度量的保角形变下,数量曲率的相应变化. 由于 Ricci 曲率可以用 Christoffel 记号表示

$$R_{ij} = \frac{\partial}{\partial x^k}\Gamma_{ij}^k - \frac{\partial}{\partial x^j}\Gamma_{ik}^k + \Gamma_{ij}^l\Gamma_{lk}^k - \Gamma_{ik}^l\Gamma_{lj}^k,$$

如果用 $\tilde{\Gamma}_{jk}^i$ 表示关于$\tilde{g} = \rho g$ 的 Christoffel 记号,则直接计算得

$$\tilde{\Gamma}_{ij}^k = \Gamma_{ij}^k + \frac{1}{2}\left(\delta_i^k \frac{\partial \ln\rho}{\partial x^j} + \delta_j^k \frac{\partial \ln\rho}{\partial x^i} - g_{ij}g^{kl}\frac{\partial \ln\rho}{\partial x^l}\right),$$

从而相应于 $\tilde{g}$ 的 Ricci 曲率为

$$\tilde{R}_{ij} = R_{ij} - \frac{n-2}{2}\partial_i\partial_j\ln\rho + \frac{\lambda-2}{4}\partial_i(\ln\rho)\partial_j\ln\rho$$
$$- \frac{1}{2}\left(\triangle\ln\rho + \frac{n-2}{2}\mid\nabla\ln\rho\mid^2\right)g_{ij}.$$

那么对应于 $\tilde{g}$ 的数量曲率

$$\begin{aligned}\tilde{R} &= \tilde{g}^{ij}\tilde{R}_{ij} = \rho^{-1}g^{ij}\tilde{R}_{ij}\\ &= \rho^{-1}R - (n-1)\rho^{-2}\triangle\rho - \frac{1}{4}(n-1)(n-6)\rho^{-3}\mid\nabla\rho\mid^2,\end{aligned}$$

其中通过变换,可以消除梯度项.实际上,当 $n = 2$ 时,即二维 Riemann 流形情形,令 $\rho = e^{2u}$.则数量曲率 R 与$\tilde{R}$ 之间有如下关系

$$\tilde{R} = e^{-2u}(R - 2\triangle u),$$

且 $R = 2K(\tilde{R} = 2\tilde{K})$,其中 K 和$\tilde{K}$ 分别对应于g 和$\tilde{g}$ 的 Gauss 曲率,因此

$$\triangle u - K + \tilde{K}e^{2u} = 0. \tag{4.5.21}$$

反之,如果 $\tilde{K} \in C^{\infty}(M)$是一个给定的函数,寻找$\tilde{g} = e^{2u}g$,使得$\tilde{g}$ 的数量曲率等于 $\tilde{K}$ 的问题,等价于求解半线性椭圆型方程(4.5.21).

当 $n \geqslant 2$ 时,令 $\rho = u^{\frac{4}{n-2}}$, 经过简单计算得

$$\tilde{R} = u^{-\frac{n+2}{n-2}}\left(Ru - \frac{4(n-1)}{n-2}\triangle u\right),$$

如此,问题化为求解

$$\triangle u - \frac{n-2}{4(K-1)}Ru + \frac{n-2}{4(K-1)}\tilde{R}u^{\frac{n+2}{n-2}} = 0,\ u > 0\ . \tag{4.5.22}$$

如果 u 是(4.5.22) 的解.则 $\tilde{g} = u^{\frac{4}{n-2}}g$ 就是以$\tilde{R}$ 为数量曲率.

从微分几何的角度看,最有兴趣的问题是,在(4.5.21) 和(4.5.22) 中 $\tilde{K}$ 和$\tilde{R}$

为常数的情形. 就意味着,要在每个度量的保角等价类 C_g 中找到一个"较好"的,使得数量曲率是常数的度量. 在 $n=2$ 情形,这个问题总能办得到. 而在 $n\geqslant 2$ 情形,这个问题称为 Yamabe 猜测,它经过 Yamabe(1960 年),Triudinger (1968 年),Aubin(1976 年)等人的研究,最终被 Schoem (1984 年)所解决. 其答案是肯定的.

前面已经定义过,Einstein 流形 (M,g) 是使得相应的 Ricci 曲率 $\mathrm{Ric}=\lambda g$,其中 λ 为常数. 这时 g 称为 Einstein 度量. 在三维情形,Einstein 流形必是常曲率空间. 因此,如果在任何单连通的三维紧流形上,都能构造出 Einstein 度量,就可以推出这样的流形微分同胚于三维球面,从而证明 Poincaré 猜想(见文献[10]).

4.6 Riemann 流形上的微分算子

在第 2 章已经讨论过 Riemann 空间中作用在向量上的散度算子,数量函数上的梯度算子. 这里特别提到的算子是在 Riemann 流形上的.

(1) 作用在数量上的 Betrami-Laplace 算子.

(2) 作用在外微分形式上的 Hodge 星算子,余微分算子,Hodge-Laplace 算子.

将梯度算子的散度算子复合作用,得一个映射

$$\triangle=\mathrm{div}\nabla: C^{\infty}(M)\to C^{\infty}(M),$$

称为 (M,g) 上的 Betrami-Laplace 算子,在局部坐标系 $(U;x^i)$ 下,有

$$\triangle f\mid_U=\frac{1}{\sqrt{g}}\frac{\partial}{\partial x^i}\left(\sqrt{g}g^{ij}\frac{\partial f}{\partial x^j}\right)=g^{ij}\nabla_i\nabla_j f.$$

至于 Hodge 星算子,余微分算子和 Hodge-Laplace 算子. 这些算子在 Riemann 流形的大范围分析理论中以及在力学中都是非常重要的.

先定义外微分形式的内积. $\forall\,\varphi,\psi\in A^r(M)$, $r=1,2,\cdots,m$, 在局部坐标下

$$\varphi\mid_U=\frac{1}{r!}\varphi_{i_1\cdots i_r}\mathrm{d}x^{i_1}\wedge\mathrm{d}x^{i_2}\wedge\cdots\wedge\mathrm{d}x^{i_r},\tag{4.6.1}$$

$$\psi\mid_U=\frac{1}{r!}\psi_{j_1\cdots j_r}\mathrm{d}x^{j_1}\wedge\mathrm{d}x^{j_2}\wedge\cdots\wedge\mathrm{d}x^{j_r}.\tag{4.6.2}$$

设内积

$$\langle\varphi,\psi\rangle=\frac{1}{r!}\varphi^{i_1i_2\cdots i_r}\psi_{i_1i_2\cdots i_r}=\sum_{i_1<\cdots<i_r}\varphi^{i_1\cdots i_r}\psi_{i_1\cdots i_r},\tag{4.6.3}$$

其中 $\varphi^{i_1\cdots i_r}=g^{i_1j_1}g^{i_2j_2}\cdots g^{i_rj_r}\varphi_{j_1\cdots j_r}$. (4.6.3) 与坐标系选择无关. 由 g 的正定性有

$$\langle\varphi,\varphi\rangle=\frac{1}{r!}\varphi^{i_1\cdots i_r}\varphi_{i_1\cdots i_r}\geqslant 0,$$

当且仅当 $\varphi=0$ 时等号成立. 对于有向紧致 Riemann 流形,定义 $A^r(M)$ 上的内积

$$(\varphi,\psi)=\int_M\langle\varphi,\psi\rangle\mathrm{d}V_M,\qquad\forall\,\varphi,\psi\in A^r(M),$$

并且以后记 $\|\varphi\|^2=(\varphi,\varphi)$ 为 $A^r(M)$ 的范数.

外微分算子 $\mathrm{d}:A^r(M)\to A^{r+1}(M)$ 为内积空间之间的一个线性映射.存在与之共轭的线性映射 $\mathrm{d}^*:A^{r+1}(M)\to A^r(M)$,使得 $\forall\psi\in A^{r+1}(M)$ 有

$$(\mathrm{d}^*\psi,\varphi)=(\psi,\mathrm{d}\varphi),\qquad \forall\varphi\in A^r(M).\tag{4.6.4}$$

Hodge 星算子:它是一个 $A^r(M)\to A^{m-r}(M)$ 的线性映射,$\forall\omega\in A^r(M)$,$(U;x^i)$ 为 M 上任一个定向相符的局部坐标系,

$$\omega\mid_U=\frac{1}{r_1}\omega_{i_1\cdots i_r}\mathrm{d}x^{i_1}\wedge\cdots\wedge\mathrm{d}x^{i_r},$$

则 $*\omega$ 定义在$A^{m-r}(M)$ 上,且

$$(*\omega)\mid_U=\frac{\sqrt{g}}{r!(m-r)!}\delta^{1\cdots m}_{i_1\cdots i_m}\omega^{i_1\cdots i_r}\mathrm{d}x^{i_{r+1}}\wedge\cdots\wedge\mathrm{d}x^{i_m}.\tag{4.6.5}$$

容易验证,上式右端在保持定向的坐标变换下是不变的,因此 $*\omega$ 是大范围地定义在M 上的 $m-r$ 次微分式,即 $*\omega\in A^{m-r}(M)$.

定义 4.6.1　线性映射 $*:A^r(M)\to A^{m-r}(M)$ 称为 Riemann 流形(M,g)上的 Hodge 星算子.以下几个定理的详细证明,可以在文献[3,6,8]中找到.

定理 4.6.1　在 m 维紧致有向的 Riemann 流形(M,g)上,Hodge 星算子具有如下性质:$\forall\varphi,\psi\in A^r(M)$,

$$\varphi\wedge*\psi=\langle\varphi,\psi\rangle\mathrm{d}V_m,\tag{4.6.6}$$

$$*\mathrm{d}V_m=I,\quad *I=\mathrm{d}V_M,\tag{4.6.7}$$

$$*(*\varphi)=(-1)^{r(m+1)}\varphi,\tag{4.6.8}$$

$$(*\varphi,*\psi)=(\varphi,\psi).\tag{4.6.9}$$

证　对于(4.6.6),根据定义

$$\begin{aligned}\varphi\wedge*\psi&=\frac{1}{r!}\frac{\sqrt{g}}{r!(m-r)!}\varphi_{i_1\cdots i_r}\psi^{j_1\cdots j_r}\delta^{1\cdots m}_{j_1\cdots j_m}\mathrm{d}x^{i_1}\wedge\cdots\wedge\mathrm{d}x^{i_r}\wedge\mathrm{d}x^{j_{r+1}}\wedge\cdots\mathrm{d}x^{j_m}\\&=\frac{\sqrt{g}}{r!r!(m-r)!}\varphi_{i_1\cdots i_r}\psi^{j_1\cdots j_r}\delta^{1\cdots m}_{j_1\cdots j_m}\delta^{i_1\cdots i_r j_{r+1}\cdots j_m}_{1\cdots m}\mathrm{d}x^1\wedge\cdots\wedge\mathrm{d}x^m\\&=\frac{\sqrt{g}}{r!r!}\varphi_{i_1\cdots i_r}\psi^{j_1\cdots j_r}\delta^{i_1\cdots i_r}_{j_1\cdots j_r}\mathrm{d}x^1\wedge\cdots\wedge\mathrm{d}x^m\\&=\frac{1}{r!}\sqrt{g}\varphi_{i_1\cdots i_r}\psi^{i_1\cdots i_r}\mathrm{d}x^1\wedge\cdots\wedge\mathrm{d}x^m=\langle\varphi,\psi\rangle\mathrm{d}V_m.\end{aligned}$$

(4.6.7)是显然的.对于(4.6.8),注意

$$*\varphi=\frac{\sqrt{g}}{r!(m-1)!}\delta^{1\cdots m}_{i_1\cdots i_m}\varphi^{i_1\cdots i_r}\mathrm{d}x^{i_{r+1}}\wedge\cdots\wedge\mathrm{d}x^{i_m}=\frac{\sqrt{g}}{r!}\delta^{1\cdots m}_{i_1\cdots i_m}\varphi^{i_1\cdots i_r},$$

因此

$$
\begin{aligned}
(\varphi) &= \frac{\sqrt{g}}{r!(m-1)!}\delta^{1\cdots m}_{i_1\cdots i_m}(*\varphi)^{i_1\cdots i_{m-r}}\mathrm{d}x^{i_{m-r+1}}\wedge\cdots\wedge\mathrm{d}x^{i_m}\\
&= \frac{(-1)^{r(m-r)}}{l!}\frac{\sqrt{g}}{(m+r)!}\delta^{1\cdots m}_{i_1\cdots i_m}(*\varphi)^{i_{r+1}\cdots i_r}\mathrm{d}x^{i_1}\wedge\cdots\wedge\mathrm{d}x^{i_r}\\
&= \frac{(-1)^{r(m-r)}}{r!}\frac{g}{r!(m-r)!}\delta^{1\cdots m}_{\lambda_1\cdots\lambda_n}g^{i_{r+1}j_{r+1}}\cdots g^{i_m j_m}\delta^{1\cdots m}_{j_1\cdots j_m}\varphi^{j_1\cdots j_r}\mathrm{d}x^{i_1}\wedge\cdots\wedge\mathrm{d}x^{i_r}\\
&= \frac{(-1)^{r(m-r)}}{r!}\frac{g}{r!(m-r)!}\delta^{1\cdots m}_{i_1\cdots i_m}\delta^{1\cdots m}_{j_1\cdots j_m}g^{j_1k_1}\cdots g^{i_{r+1}j_{r+1}}\cdots g^{i_m j_m}\\
&\quad\cdot\varphi_{k_1\cdots k_r}\mathrm{d}x^{i_1}\wedge\cdots\wedge\mathrm{d}x^{i_r}\\
&= \frac{(-1)^{r(m-r)}}{r!}\frac{1}{r!(m-r)!}\delta^{1\cdots m}_{i_1\cdots i_m}\delta^{k_1\cdots k_r i_{r+1}\cdots i_m}_{1\cdots r\, r+1\cdots m}\varphi_{k_1\cdots k_r}\mathrm{d}x^{i_1}\wedge\cdots\wedge\mathrm{d}x^{i_r}\\
&= \frac{(-1)^{r(m-r)}}{r!}\frac{1}{r!}\delta^{k_1\cdots k_r}_{i_1\cdots i_m}\varphi_{k_1\cdots k_r}\mathrm{d}x^{i_1}\wedge\cdots\wedge\mathrm{d}x^{i_r}\\
&= (-1)^{r(m-r)}\frac{1}{r!}\varphi_{i_1\cdots i_r}\mathrm{d}x^{i_1}\wedge\cdots\wedge\mathrm{d}x^{i_r} = (-1)^{mr+r}\varphi,
\end{aligned}
$$

这里用到

$$
\delta^{1\cdots m}_{j_1\cdots j_m}g^{j_1k_1}\cdots g^{j_rk_r}g^{j_{r+1}i_{r+1}}\cdots g^{j_m i_m} = g^{-1}\delta^{k_1\cdots k_r i_{r+1}\cdots i_m}_{1\cdots r\, r+1\cdots m}.
$$

对于(4.6.9).由(4.6.6)和(4.6.8)得

$$
\begin{aligned}
(*\varphi,*\psi) &= \int_N\langle *\varphi,*\psi\rangle\mathrm{d}V_M = \int_M *\varphi\wedge *(*\psi)\\
&= (-1)^{(m-1)r}\int_M *\varphi\wedge\psi = \int_M\psi\wedge *\varphi = \int_M\langle\varphi,\psi\rangle\mathrm{d}V_m\\
&= (\psi,\varphi) = (\varphi,\psi).
\end{aligned}
$$

证毕.

定义 4.6.2 设 (M,g) 是 m 维有向 Riemann 流形,线性映射

$$
\delta = (-1)^{mr+1} *\circ\mathrm{d}\circ * : A^{r+1}(M)\to A^r(M) \tag{4.6.10}
$$

称为 M 上的余微分算子.显然

$$
\delta\circ\delta = 0. \tag{4.6.11}
$$

定理 4.6.2 设 $\alpha\in A^r(M)$, $\alpha_{j_1j_2\cdots j_r}$ 为 α 的局部坐标,那么

$$
\delta\alpha = \frac{-1}{(r-1)!}(g^{jk}\nabla_k\alpha_{ji_1\cdots i_{r-1}})\mathrm{d}x^{i_1}\wedge\cdots\wedge\mathrm{d}x^{i_{r-1}}, \tag{4.6.12}
$$

其中 ∇_k 是协变导数,从而 $\forall x_1,\cdots x_{r-1}\in\chi(M)$, $\{e_i\}$ 局部标准正交标架,则

$$
\delta\alpha(X_1,\cdots X_{r-1}) = -\sum_{i=1}^m(\nabla_i\alpha)(e_i,X_1,\cdots,X_{r-1}). \tag{4.6.13}
$$

定理 4.6.3 设 (M,g) 是 m 维紧致的有向 Riemann 流形,则外微分算子 $\mathrm{d}:A^r(M)\to A^{r+1}(M)$ 与余微分算子 $\delta:A^{r+1}(M)\to A^r(M)$ 关于内积$(\cdot,\cdot)$是互

为共轭的线性映射，即 $\delta = \mathrm{d}^*$，

$$(\mathrm{d}\alpha, \beta) = (\alpha, \delta\beta), \quad \forall \alpha \in A^r(M), \beta \in A^{r+1}(M). \qquad (4.6.14)$$

证　设 $\varphi \in A^r(M), \psi \in A^{r+1}(M)$，则

$$\begin{aligned} \mathrm{d}(\varphi \wedge *\psi) &= \mathrm{d}\varphi \wedge *\psi + (-1)^r \varphi \wedge \mathrm{d}(*\psi) \\ &= \mathrm{d}\varphi \wedge *\psi + (-1)^r(-1)^{mr+r}\varphi \wedge *(*\mathrm{d}*\psi) \\ &= \mathrm{d}\varphi \wedge *\psi - \varphi \wedge *(\delta\psi), \end{aligned}$$

由 Stokes 定理，

$$(\mathrm{d}\varphi, \psi) = \int_M \mathrm{d}\varphi \wedge *\psi = \int_M \varphi \wedge *(\delta\psi) = (\varphi, \delta\psi).$$

证毕.

定义 4.6.3　设 (M, g) 是 m 维有向 Riemann 流形，映射 $A^r(M) \to A^r(M)$：$\triangle_{hl} = \mathrm{d}\circ\delta + \delta\circ\mathrm{d}$ 称为 M 上的 Hodge-Laplace 算子.

例 4.6.1　$-\triangle_{hl}$ 作用在零阶协变张量场 $A^0(M) = C^\infty(M)$，

$$-\triangle_{hl}f = \triangle f, \qquad \forall f \in C^\infty(M),$$

在 $C^\infty(M) \to C^\infty(M)$ 上，等于 Beltrami-Laplace 算子.

实际上，$\forall f \in C^\infty(M), \delta f = 0$. 所以

$$\triangle_{hl}f = \delta(\mathrm{d}f) = -*\mathrm{d}*\mathrm{d}f, \quad \triangle_{hl}f\mathrm{d}V_M = -\mathrm{d}*\mathrm{d}f.$$

设 $(U; x^i)$ 是 M 上与其定向相符的局部坐标系，则有

$$\mathrm{d}f = \frac{\partial f}{\partial x^i}\mathrm{d}x^i,$$

$$\begin{aligned} *\mathrm{d}f\,|_U &= \frac{\sqrt{g}}{(m-1)l}\delta^{1\cdots m}_{i_1\cdots i_m}\frac{\partial f}{\partial x^j}\mathrm{d}x^{i_2}\wedge\cdots\wedge\mathrm{d}x^{i_m} \\ &= \sqrt{g}\sum_{i=1}^m(-1)^{i+1}\frac{\partial f}{\partial x^j}g^{ji}\mathrm{d}x^1\wedge\cdots\wedge\mathrm{d}x^{i-1}\wedge\mathrm{d}x^{i+1}\wedge\cdots\wedge\mathrm{d}x^m, \end{aligned}$$

因而

$$\triangle_{hl}f\mathrm{d}V_m\,|_U = -\mathrm{d}(*\mathrm{d}f)\,|_U = -\frac{\partial}{\partial x^i}\left(\sqrt{g}g^{ij}\frac{\partial f}{\partial x^j}\right)\mathrm{d}x^1\wedge\cdots\mathrm{d}x^m = -\triangle f\mathrm{d}V_m\,|_U,$$

所以 $\triangle_{hl} = -\triangle$.

例 4.6.2　作用在 $A^1(M)$ 上的 Hodge-Laplace 算子.

设 (M, g) 是 m 维 Riemann 流形. $\{e_i\}$ 为局部标架. D 为 M 上的 Riemann 联络，g^{ij} 为 g_{ij} 的逆变分量，定义映射 $\mathrm{tr}D^2$：$A^r(M) \to A^r(M)(r \geqslant 0)$ 如下

$$\mathrm{tr}D^2(\alpha) = g^{ij}(D_{e_i}D_{e_j} - D_{D_{e_i}e_j})\alpha = g^{ij}(D_{e_i}D_{e_j}\alpha - D_{D_{e_i}e_j}\alpha), \ \forall \alpha \in A^r(M),$$

映射 $\mathrm{tr}D^2$ 称为 $A^r(M)$ 上的迹 Laplace 算子.

当 $\alpha \in A^1(M)$，

$$\mathrm{tr}D^2(\alpha) = g^{ij}\nabla_i\nabla_j\alpha^k e_k = g^{ij}\nabla_i\nabla_j\alpha_k \mathrm{d}x^k. \tag{4.6.15}$$

定理 4.6.4 (1) $\forall\alpha\in A^1(M), X = X^i\dfrac{\partial}{\partial x^i}$ 为 α 的对偶向量场，即 $\alpha = \alpha_i \mathrm{d}x^i, \alpha^i = g^{ij}\alpha_j$. 那么，$\forall Y\in\chi(M)$，有

$$\triangle_{hl}\alpha(Y) = -\mathrm{tr}D^2\alpha(Y) + \mathrm{Ric}(X,Y), \tag{4.6.16}$$

$$\triangle_{hl}\alpha = -g^{ij}\nabla_i\nabla_j\alpha_k\mathrm{d}x^k + R_{ij}\alpha^i\mathrm{d}x^j = -\triangle\alpha_k\mathrm{d}x^k + R_{ij}\alpha^i\mathrm{d}x^j. \tag{4.6.17}$$

(2) $\forall\alpha\in A^{\alpha}(M)$.成立 Weitzenboeck 公式：$\forall X_1, X_2,\cdots,X_r\in\chi(M)$,

$$(\triangle_{hl}\alpha)(X_1,\cdots X_r) = -(\mathrm{tr}D^2\alpha)(X_1,\cdots,X_r) + \sum_{K=1}^{r}(-1)^{k+1}g^{ij}(R(e_i,X_k)\alpha)(e_j,X_1,\cdots,\hat{X}_k,\cdots,X_r),$$

其中 R 为曲率算子.

证 证明(1). 由 $\triangle_{hl}$ 定义和(4.6.12)和 Ricci 恒等式，可以得到

$$\begin{aligned}\triangle_{hl}\alpha &= \mathrm{d}\delta\alpha + \delta\mathrm{d}\alpha\\ &= -\nabla_j\nabla_i\alpha^j\cdot\mathrm{d}x^i + (g^{jk}\nabla_i\nabla_k\alpha_j - g^{jk}\nabla_k\nabla_j\alpha_i)\mathrm{d}x^i\\ &= -g^{jk}\nabla_k\nabla_j\alpha_i\mathrm{d}x^i + (\nabla_i\nabla_j\alpha^j - \nabla_j\nabla_i\alpha^j)\mathrm{d}x^i\\ &= -g^{jk}\nabla_k\nabla_j\alpha_i\mathrm{d}x^i + \alpha^k R^j_{kji}\mathrm{d}x^i = -\triangle\alpha_i\mathrm{d}x^i + R_{ki}\alpha^k\mathrm{d}x^i.\end{aligned}$$

这就得到(4.6.17). (2)的证明，可见文献[8].

定义 4.6.4 $\forall\alpha\in A^r(M)$，如果 $\triangle_{hl}\alpha = 0$，则称 α 为调和形式. 特别是，当 $r = 0$ 时，称 α 为调和函数.

定理 4.6.5 对于 Hodge-Lpalce 算子，有

(1) $\triangle_{hl} = (\mathrm{d}+\delta)^2$.

(2) 如果(M,g)是紧致无边界的定向 Riemann 流形，那么 $\forall\alpha\in A^r(M)$，α 为调和形式的充分必要条件是，α 既是闭的又是余闭的. 即

$$\triangle\alpha = 0 \iff \mathrm{d}\alpha = 0,\quad \delta\alpha = 0.$$

(3) 如果 (M,g) 是紧致无边界的定向 Riemann 流形，$\forall\alpha,\beta\in A^r(M), 0\leqslant r\leqslant m$，则 $(\triangle_{hl}\alpha,\beta) = (\alpha,\triangle_{hl}\beta)$. 即 Hodge-Laplace 算子是闭共轭的.

定义 4.6.5 记

$$H^r(M) = \{\alpha\in A^r(M):\ \triangle_{hl}\alpha = 0\} = \mathrm{Ker}\triangle_{hl},$$

$$\mathrm{d}A^{r-1}(M) = \{\mathrm{d}\alpha:\ \alpha\in A^{r-1}(M)\},\quad \delta A^{r+1}(M) = \{\delta\alpha:\ \alpha\in A^{r+1}(M)\}.$$

定理 4.6.6(Hodge 分解定理) 对每个整数 r $(0\leqslant r\leqslant m)$，$H^r(M)$ 是有限维的，并且 $A^r(M)$ 有下述正交直分解.

$$\begin{aligned}A^r(M) &= (\triangle_{hl})A^r(M)\oplus H^r(M) = \mathrm{d}\delta A^r(M)\oplus\delta\alpha A^r(M)\oplus H^r(M)\\ &= \mathrm{d}A^{r-1}(M)\oplus\delta A^{r+1}(M)\oplus H^r(M),\end{aligned}$$

方程 $\triangle_{hl}\alpha = \beta$ 有解 $\alpha\in A^r(M)$ 的充要条件是 $\beta\perp H^r(M)$.

定义 4.6.6　Riemann 流形(M,g)第 r 个 Bitti 数 $\beta_r(M)$ 为

$$\beta_r(M) = \dim H^r(M), \qquad 0 \leqslant r \leqslant M,$$

它的代数和

$$\chi(M) = \sum_{r=0}^{m}(-1)^r\beta_r(M)$$

称为 M 的 Euler-Poincaré 示性数.

定理 4.6.7　(1) 如果 $\dim M = m$ 是奇数,则 $\chi(M) = 0$.

(2) 如果(M,g)是紧致无边界的 m 维连通的 Riemann 流形,那么

$$H^m(M) = R.$$

进而,如果 Ricci 曲率是正的,则

$$\beta_l(M) = \beta_{m-1}(M) = 0.$$

这里必须提到 Riemann 几何中极为重要的 Gauss-Bonnet-Chern 定理.为叙述这个定理,先定义 $2p$ 维有向 Riemann 流形上的 $2p$ 次外微分式:

$$\Omega = \frac{(-1)^p}{2^{2p}\pi^p p!}\sum_{i_1,i_2,\cdots,i_{2p}}\delta^{i_1 i_2\cdots i_{2p}}_{1,\,2,\cdots\,2p}\Omega_{i_1 i_2}\wedge\Omega_{i_3 i_4}\wedge\cdots\wedge\Omega_{i_{2p-1}i_{2p}},$$

其中

$$\delta^{i_1 i_2\cdots i_{2p}}_{1\,2,\cdots\,2p} = \begin{cases} 1, & i_1,i_2,\cdots,i_{2p}\text{ 是 }1,2,\cdots,2p\text{ 的偶排列},\\ -1, & i_1,i_2,\cdots,i_{2p}\text{ 是 }1,2,\cdots,2p\text{ 的奇排列},\\ 0, & \text{其他情形}, \end{cases}$$

Ω 与局部坐标系选择无关.

存在光滑函数 $\widetilde{K} \in C^\infty(M)$ 使得 $\Omega = \widetilde{K}\mathrm{d}V_m$, 式中 $\mathrm{d}V_m$ 是M 的体积元.特别是 $p = 1$ 时,M 是一个有向曲面.这时 $K = 2\pi\widetilde{K}$ 是曲面的 Gauss 曲率.

定理 4.6.8(Gauss-Bonnet-Chern 定理)　设 (M,g) 是 $2p$ 维紧致有向 Riemann 流形,则下列积分公式成立

$$\int_M \Omega = \chi(M),$$

其中 $\chi(M)$ 是 M 的 Euler-Poincaré 示性数.

特别,当 $p = 1$ 时 $\chi(M) = 2(1-g(M))$, 其中 $g(M)$ 是紧致有向曲面 M 的亏格.

推论　设 M 是一个紧致有向的二维 Riemann 流形,K 是其 Gauss 曲率.则

$$\int_M K\mathrm{d}V_m = 4\pi(1-g(M)).$$

Gauss-Bonnet-Chern 定理是用 Riemann 流形的曲率不变量来刻画流形的拓扑不变量.

4.7 Einstein 流形

广义相对论力图建立一个时空的 4 维流形 M；使得真实时空中只受引力作用的粒子运动，恰是在这个流形上沿着测地线的自由运动，引力在这上面消失了，这个流形的度量张量所应满足的方程为 Einstein 方程

$$G_{ij}=\frac{8\pi G}{c^4}T_{ij},\qquad i,j=1,2,3,4,\tag{4.7.1}$$

其中 G_{ij} 为 Einstein 张量

$$G_{ij}=R_{ij}-\frac{1}{2}Rg_{ij},\tag{4.7.2}$$

而 g_{ij} 为 M 的度量张量协变分量，R 为 M 的数性曲率，R_{ij} 为 M 的 Ricci 曲率张量，T_{ij} 为物质能量冲量张量. Einstein 流形 (M,g) 满足下列条件：

(1) $\dim M=4$;

(2) M 是指标为 1 的 4 维 Riemann 流形，$\forall p\in M$，都存在一个正交归一化的标架使得度量张量 $\{g_{ij}\}$ 对角符号是 $(-1,+,+,+)$，且这个符号与点 p 无关；

(3) g 满足 Einstein 方程.

由于 G_{ij},T_{ij} 是对称的二阶张量. 所以 Einstein 方程(4.7.1) 只有 10 个独立方程，由(2.7.20) 知，Einstein 张量满足守恒律

$$\nabla_j(g^{ij}G_{ik})=0,\qquad k=1,2,3,4.\tag{4.7.3}$$

因此，Einstein 方程的独立个数是 6 个. 但是求解变量 有 10 个. 因此 Einstein 方程不构成求解 g_{ij} 的完备系统. 由于坐标选取的随意性，可以对坐标系加以约束来解决这个问题. 谐和坐标就是为这个目的. 如果坐标系满足

$$\Gamma^i\triangleq g^{jk}\Gamma^i_{jk}=0,\tag{4.7.4}$$

则称 $\{x^i\}$ 为谐和坐标. 可以证明(4.7.4)等价于

$$g^{ik}\partial_k\sqrt{g}=0,\qquad i=0,1,2,3.\tag{4.7.5}$$

Einstein 方程(4.7.1)也可以表示为

$$R_{ij}=\frac{8\pi G}{c^4}\left(T_{ij}-\frac{1}{2}g_{ij}T\right),\tag{4.7.6}$$

其中 $T=g^{ij}T_{ij}$. 实际上，(4.7.1)两边与 g^{ij} 缩并后，由于 $R=g^{ij}R_{ij}$，得

$$R-\frac{1}{2}\cdot 4\cdot R=\frac{8\pi G}{c^4}T.$$

因此，$R=-\frac{8\pi G}{c^4}T$ 代入(4.7.1)后得(4.7.6).

Einstein 方程是二阶非线性偏微分方程组. 一般不易求解，可以在一定限制条

件下求某些特解. 目前只有两个严格解有明显的物理意义. 这就是 Schwarzschild 于 1916 年发现的静态球对称真空场方程的严格解, 和 Kerr 在 1962 年发现的转动轴对称静态真空场方程的严格解.

先介绍类时、类空概念. 在 Einstein 流形 M 上, 任一个函数 f, 如果

$$g^{\alpha\beta}\frac{\partial f}{\partial x^\alpha}\frac{\partial f}{\partial x^\beta}=\langle\nabla f,\nabla f\rangle<0,\qquad \text{称为 } f \text{ 是类时的},$$

$$g^{\alpha\beta}\frac{\partial f}{\partial x^\alpha}\frac{\partial f}{\partial x^\beta}=\langle\nabla f,\nabla f\rangle>0,\qquad \text{称为 } f \text{ 是类空的},$$

$$\langle\nabla f,\nabla f\rangle=0,\qquad \text{称为 } f \text{ 是类光的}.$$

Schwarzschild 解就是类时的静态的球对称解, 简单地理解, 可以认为 M 中绕时间轴旋转时是对称的. 因而 g_{ij} 可以有特殊的结构, 经过某些坐标变换, 在 (t, r, θ, φ) 坐标中, 度量张量有如下形式:

$$g_{00}=-e^{\nu(r,t)},\quad g_{11}=e^{\mu(r,t)},\quad g_{22}=r^2,\quad g_{33}=r^2\sin^2\theta,\tag{4.7.7}$$

其他 $g_{ij}=0$.

$$g^{00}=-e^{\nu(r,t)},\quad g^{11}=e^{-\mu(r,t)},\quad g^{22}=r^{-2},\quad g^{33}=\frac{1}{r^2\sin^2\theta},\tag{4.7.8}$$

$$\mathrm{d}s^2=-e^{\nu(r,t)}\mathrm{d}t^2+e^{\mu(r,t)}\mathrm{d}r^2+r^2\mathrm{d}\omega,\tag{4.7.9}$$

$$\mathrm{d}\omega=\mathrm{d}\theta^2+\sin^2\theta\mathrm{d}\varphi^2,\qquad \text{单位球面上的度规}.$$

这时, Einstin 张量 $G_{\alpha\beta}$ 为

$$\begin{aligned}
G_{00}&=-r^{-2}e^{\nu(r,t)-\mu(r,t)}(1-r\mu_r-e^{\mu(r,t)}),\quad G_{01}=G_{10}=r^{-1}\mu_t(r,t),\\
G_{11}&=r^{-2}(1+r\nu_r-e^{\mu(r,t)}),\quad G_{33}=\sin^2\theta G_{22},\\
G_{22}&=\frac{1}{2}r^2e^{-\mu(r,t)}\Big(\nu_{rr}(r,t)+\frac{1}{2}\nu_r^2(r,t)+\frac{1}{2}(\nu_r(r,t)-\mu_r(r,t))+\frac{1}{2}\mu_r\nu_r\Big)\\
&\quad-\frac{1}{2}r^2e^{-\nu(r,t)}\Big(\mu_{tt}(r,t)+\frac{1}{2}\mu_t(r,t)-\frac{1}{2}\mu_t(r,t)\nu_t(r,t)\Big).
\end{aligned}\tag{4.7.10}$$

在真空中 Einstein 方程是 $G_{\alpha\beta}=0$, 由(4.7.10)的第二式 $G_{01}=G_{10}=0$ 可以推出 $\frac{\partial\mu}{\partial t}(r,t)=0$, 从而 $\mu(r,t)=\mu(r)$. 由 $G_{00}=0$ 和 $G_{11}=0$ 可以推出 $\frac{\partial}{\partial r}(\nu+\mu)=0$, 即 $\nu(r,t)+\mu(r,t)=f(t)$. 作变量替换 $t'=\varphi(t)$, 这相当于 $\nu(r,t)=f(t)-\mu(r)$ 加上一个任意的 t 的函数, 从而可以要求 $\nu+\mu=0$, 即 $\nu(r,t)=-\mu(r)$ 与 t 无关. 所以度规(4.7.9)可以表示为

$$\mathrm{d}s^2=-e^{\nu(r)}\mathrm{d}t^2+e^{-\gamma(r)}\mathrm{d}r^2+r^2\mathrm{d}\omega^2,$$

它是静态的. 换句话说, 真空中 Einstein 方程球对称解必须是静态的, 这就是 Birkhoff 定理. 由此可以计算 Christoffel 记号非零分量为

$$\Gamma^0_{10} = \frac{1}{2}\nu', \quad \Gamma^1_{11} = \frac{1}{2}\mu', \quad \Gamma^1_{00} = \frac{1}{2}e^{\nu-\mu}\nu',$$
$$\Gamma^1_{22} = - re^{-\mu}, \quad \Gamma^1_{33} = - re^{-\mu}\sin^2\theta, \quad \Gamma^2_{12} = \frac{1}{r}, \tag{4.7.11}$$
$$\Gamma^2_{33} = - \sin\theta\cos\theta, \quad \Gamma^3_{13} = \frac{1}{r}, \quad \Gamma^3_{23} = \frac{\cos\theta}{\sin\theta},$$

其中 $\nu' = \frac{\mathrm{d}v}{\mathrm{d}r}, \mu' = \frac{\mathrm{d}\mu}{\mathrm{d}r}$. 由此可以计算 Ricci 张量

$$R_{00} = e^{\nu-\mu}\left\{-\frac{1}{2}\nu'' - \frac{1}{r}\nu' + \frac{1}{4}\nu'(\mu' - \nu')\right\},$$
$$R_{11} = \frac{1}{2}\nu'' - \frac{1}{r}\mu' + \frac{1}{4}\nu'(\nu' - \mu'), \tag{4.7.12}$$
$$R_{22} = e^{-\mu}\left\{1 - e^{\mu} + \frac{1}{2}r(\nu' - \mu')\right\}, \quad R_{33} = R_{22}\sin^2\theta,$$

其他分量为 0, $\mu = - \nu$.

现在回到 $G_{\alpha\beta} = 0$ 的静态解. 由 $G_{00} = G_{11} = 0$ 推出, 当且仅当

$$r\nu'(r) = e^{-\nu(r)} - 1. \tag{4.7.13}$$

如果令 $\psi(r) = e^{\nu(r)}$, 那么从(4.7.13)得到 ψ 的微分方程 $r\psi'(r) + \psi(r) - 1 = 0$, 它有通解 $\psi(r) = 1 - \frac{k}{r}$, 其中 k 为常数. 由(4.7.13)可以推出 $G_{22} = 0$. 实际上, $G_{22} = 0$ 要求

$$\nu^{u} + \gamma'(r)^2 + \frac{2}{r}\gamma' = 0. \tag{4.7.14}$$

它可以从(4.7.13)两边求导后而得到. 这样得到 $\psi(r) = e^{\nu(r)} = 1 - \frac{K}{r}$, 其中 $K = GM$ 为常数, 因而得到球对称真空场中 Einstein 方程的 Schwarzschild 解

$$\mathrm{d}s^2 = - \left(1 - \frac{2GM}{r}\right)\mathrm{d}t^2 + \left(1 - \frac{2GM}{r}\right)^{-1}\mathrm{d}r^2 + r^2\mathrm{d}\omega. \tag{4.7.15}$$

相应的度量张量称为 Schwarzschild 度规.

(4.7.15)说明, 质量球外真空场的解 $\mathrm{d}s^2$ 只取决于引力源的总质量. 与引力源大小和质量分布无关. 另外, 当 $r = r_b = 2GM$ $\left(或\ r_b = \frac{2GM}{c^2}\right)$时, Schwarzschild 度规有奇性. 当 $r > r_b$ 的时空区域内, 坐标是物理的. 而 $r < r_b$ 则是非物理的. $r = r_b$ 球面称为 **Schwarzschild 半径**, 或**引力半径**. 这个半径也称为黑洞半径.

另一个严格解, 是转动轴对称的真空稳定解, 称为 Kerr 解. 用它研究转动恒星的引力塌缩, 比 Schwarschild 解更符合实际. 因为所有的恒星均有自转. 在塌缩过程中, 角速度愈来愈大, 角动量愈来愈大. 因而它对时空弯曲不能忽略.

为了得到 Kerr 解, 引进 Eddington 度规

$$g_{ij} = \eta_{ij} + a l_i l_j, \qquad g^{ij} = \eta^{ij} - a l^i l^j, \tag{4.7.16}$$

其中 η_{ij} 为 Minkowski 度规，a 为常数，l_i 为 Eddington 矢量，满足

$$\eta^{ij} l_i l_j = 0, \tag{4.7.17}$$

且 l 的逆变分量为 $l^i = g^{ij} l_j = \eta^{ij} l_j$．在 Eddington 度规下

$$h_{ij} = l_i l_j \tag{4.7.18}$$

称为 Eddington 并矢．这时 Christoffel 记号可以表示为

$$\Gamma^i_{jk} = \frac{9}{2}(h^i_{j,k} + h^i_{k,j} - h^i{}_{,kj}) + \frac{1}{2} a^2 h^{ip} \partial_p h_{jk}. \tag{4.7.19}$$

由此可计算 Ricci 曲率张量．在真空场中没有物质，故 $T_{ij} = 0, T = 0$，从而 Einstein 方程为 $R_{ij} = 0$．最后可以得到其在真空中稳态的轴对称解

$$\begin{aligned} \mathrm{d}s^2 = &-\left(1 - \frac{2GM\rho}{\rho^2 + a^2\cos^2\theta}\right)\mathrm{d}t^2 + \frac{\rho^2 + a^2\cos^2\theta}{\rho^2 + a^2 - 2GM\rho}\mathrm{d}\rho^2 \\ &+ (\rho + a^2\cos^2\theta)\mathrm{d}\theta^2 + \left[(\rho + a^2)\sin^2\theta + \frac{2GM\rho a^2\sin^4\theta}{\rho^2 + a^2\cos^2\theta}\right]\mathrm{d}\varphi^2 \\ &- \frac{4GM\rho a\sin^2\theta}{\rho^2 + a^2\cos^2\theta}\mathrm{d}t\,\mathrm{d}\varphi. \end{aligned} \tag{4.7.20}$$

这里新坐标系为 $(t, \rho, \theta, \varphi)$，(4.7.20)就是旋转轴对称静态真空场的 **Kerr 解**．相应的度量张量称为 Kerr 度规．

当 $a \to 0, \rho \to r$ 时，Kerr 度规(4.7.20)变为 Schwarzschild 度规．稳定旋转的中心天体，在其外引起的时空弯曲是用 Kerr 度规描述的．当 t 与 φ 同时变号时，(4.7.20) 不变，说明时间倒流则中心天体反旋转，与时间顺流，中心天体正向旋转一致．当 φ 与 a 同时变号，(4.7.20) 同样不变，说明 a 的正负号代表中心旋转天体的旋转方向．如果认为与运动质量也有引力效应，那么中心天体的旋转同样会改变引力场．经过与经典类比分析，$M_a \approx J/c$，J 为旋转天体总角动量．

第 5 章　在连续介质力学中的应用

力学是应用张量分析工具最多的学科之一,在这一章中,应用张量分析推导连续介质力学的偏微分方程组,讨论流形上的 N-S 方程,定义流面、流层,推导流面上的 N-S 方程(可压和不可压),并应用于透平机械内部流动和轴承润滑理论,得到广义 Reynolds 方程.

对线性弹性壳体,运用张量分析,讨论了渐近分析解,定义了一个新的曲率张量线性改变量,给出渐近展开中首项的新的变分形式(它与 Ciarlet 和 Koiter 的变分问题不同),此外,由首项构造一阶项和二阶项,并给出了其逼近解的误差是 $o(\varepsilon)$. 而 Ciarlet[2] 所得到的首项的误差是 $o(\varepsilon^{1/5})$.

5.1　连续介质力学的微分方程组

5.1.1　变形张量

设可变形物体内一点 $M(x)$,它的矢径为 $\boldsymbol{r}_0(x^i)$,变形后的矢径为 $\boldsymbol{r}(x^i)$,位移向量为 $\boldsymbol{u}(x^i)$, 那么

$$\boldsymbol{r}(x^i) = \boldsymbol{r}_0(x^i) + \boldsymbol{u}(x^i).$$

若有另一点 $M'(x^i + \mathrm{d}x^i)$,且 $\mathrm{d}\boldsymbol{r}_0 = MM'$ 变形后为 $\mathrm{d}\boldsymbol{r}$, 则

$$\mathrm{d}\boldsymbol{r} = \mathrm{d}\boldsymbol{r}_0 + \mathrm{d}\boldsymbol{u} = \left(\frac{\partial \boldsymbol{r}_0}{\partial x^i} + \frac{\partial \boldsymbol{u}}{\partial x^i}\right)\mathrm{d}x^i.$$

记 $\boldsymbol{e}_i = \dfrac{\partial \boldsymbol{r}_0}{\partial x^i}$, 它是局部标架向量,那么

$$\begin{aligned}\mathrm{d}\boldsymbol{u} &= \mathrm{d}(u^i\boldsymbol{e}_i) = \frac{\partial u^i}{\partial x^j}\boldsymbol{e}_i\mathrm{d}x^j + u^i\boldsymbol{e}_{i\,j}\mathrm{d}x^j \\ &= \partial_j u^k\boldsymbol{e}_k\mathrm{d}x^j + u^i\Gamma^k_{i\,j}\boldsymbol{e}_k\mathrm{d}x^j = (\partial_j u^k + u^i\Gamma^k_{i\,j})\boldsymbol{e}_k\mathrm{d}x^j = \nabla_j u^k\boldsymbol{e}_k\mathrm{d}x^j,\end{aligned}$$

因此

$$\frac{\partial \boldsymbol{u}}{\partial x^i} = \nabla_i u^k\boldsymbol{e}_k, \tag{5.1.1}$$

其中 u^k 是位移向量 $\boldsymbol{u}$ 的逆变分量. 故

$$\mathrm{d}\boldsymbol{r} = (\boldsymbol{e}_i + \boldsymbol{e}_j\nabla_i u^j)\mathrm{d}x^i = (\delta^j_i + \nabla_i u^j)\boldsymbol{e}_j\mathrm{d}x^i. \tag{5.1.2}$$

记 $\mathrm{d}\hat{x}^i$ 为变形后的向量 $\mathrm{d}\boldsymbol{r}$ 的逆变分量,那么

$$\mathrm{d}\hat{x}^i = (\delta_j^i + \nabla_j u^i)\mathrm{d}x^j. \tag{5.1.3}$$

这说明,变形后 M 点的无限小邻域受到仿射变换,变换算子是单位混合张量和张量 $\nabla_j u^i$ 之和.

$\nabla_i u_j$ 可分解为对称张量和反对称张量之和

$$\nabla_i u_j = \frac{1}{2}(\nabla_j u_i + \nabla_i u_j) + \frac{1}{2}(\nabla_i u_j - \nabla_j u_i) = e_{ij}(\boldsymbol{u}) + c_{ij}(\boldsymbol{u}),$$

这里对称张量 e_{ij} 是物体纯变形的度量,$e_{ij}(\boldsymbol{u}) = \frac{1}{2}(\nabla_i u_j + \nabla_j u_i)$ 称为微小变形张量.反对称张量 c_{ij} 描述的是物体转动.

对有限变形,可以这样来考虑.设在 M 点处,变形前有一个无限小向量 $\mathrm{d}\boldsymbol{r}_0$,变形后的相应向量为 $\mathrm{d}\boldsymbol{r} = \boldsymbol{r}_0 + \mathrm{d}\boldsymbol{u}$,相应的弧长为

$$\begin{aligned}
\mathrm{d}s^2 &= \mathrm{d}\boldsymbol{r}\cdot\mathrm{d}\boldsymbol{r} = (\delta_i^j + \nabla_i u^j)\boldsymbol{e}_j\mathrm{d}x^i \cdot (\delta_m^k + \nabla_m u^k)\boldsymbol{e}_k\mathrm{d}x^m \\
&= g_{jk}(\delta_i^j\delta_m^k + \delta_m^k\nabla_i u^j + \delta_i^j\nabla_m u^k + \nabla_i u^j \cdot \nabla_m u^k)\mathrm{d}x^i\mathrm{d}x^m \\
&= (g_{im} + g_{jm}\nabla_i u^j + g_{ik}\nabla_m u^k + g_{jk}\nabla_i u^j \cdot \nabla_m u^k)\mathrm{d}x^i\mathrm{d}x^m \\
&= \mathrm{d}s_0^2 + (\nabla_i u_m + \nabla_m u_i + \nabla_i u_k \cdot \nabla_m u^k)\mathrm{d}x^i\mathrm{d}x^m,
\end{aligned}$$

这里用到了度量张量的协变导数为 0. 令

$$D_{im}(u) = \frac{1}{2}(\nabla_i u_m + \nabla_m u_i + \nabla_i u_k \cdot \nabla_m u^k), \tag{5.1.4}$$

那么变形前后的弧长变化为

$$\mathrm{d}s^2 - \mathrm{d}s_0^2 = 2D_{im}(u)\mathrm{d}x^i\mathrm{d}x^m. \tag{5.1.5}$$

显然 $D_{im}(u)$ 是对称的,且它是一个二阶协变张量,称它为有限变形张量.它是两部分之和,第一部分是线性部分

$$e_{im}(\boldsymbol{u}) = \frac{1}{2}(\nabla_i u_m + \nabla_m u_i), \tag{5.1.6}$$

称它为无限小变形张量(关于位移向量 $\boldsymbol{u}$),它也是对称的二阶张量.因此

$$D_{im}(\boldsymbol{u}) = e_{im}(\boldsymbol{u}) + \frac{1}{2}\nabla_i u_k \cdot \nabla_m u^k. \tag{5.1.7}$$

(5.1.7)说明,有限变形张量是由无限小变形张量加上一个非线性项而得.

5.1.2 应力张量

弹性体中因反抗变形而产生的内力,用应力张量来描述.在流体运动过程中,由于全压力和内摩擦也会产生内力,同样可用应力张量来描述它.

设 $\mathrm{d}\boldsymbol{s}$ 为介质内任一有向无限小面元,在变形过程中,$\mathrm{d}\boldsymbol{s}$ 的一侧通过 $\mathrm{d}\boldsymbol{s}$ 以一定的力作用于另一侧;同样,另一侧则以大小相等方向相反的力作用于这一侧;这个力称为作用于已知有向面元的全应力.若用 $\boldsymbol{F}$ 表示作用于 $\mathrm{d}\boldsymbol{s} = \boldsymbol{n}\mathrm{d}s$ 上的全应力,

则 $\boldsymbol{F}$ 视为 $\mathrm{d}\boldsymbol{s}$ 的函数,而且是线性函数

$$\boldsymbol{F} = \mathscr{F}(\mathrm{d}\boldsymbol{s}) = \mathscr{F}(\boldsymbol{n}\mathrm{d}s) = \mathscr{F}(\boldsymbol{n})\mathrm{d}s = \boldsymbol{P}\mathrm{d}s,$$

$\boldsymbol{P}$ 是作用在有向单位面元上的全应力. 引用连续介质力学中的已知结果,$\boldsymbol{P} = \mathscr{F}(\boldsymbol{n})$ 是由 $\boldsymbol{n}$ 的仿射变换而得到的,即 $\mathscr{F}$ 是对应的应力仿射量. 由第 1 章知,仿射量可以用一个二阶张量来描述,即

$$p^i = \tau^{ij}n_j, \text{或 } \boldsymbol{P} = [\tau^{ij}](n_j), \tag{5.1.8}$$

这里 n_j 为面元法向量 $\boldsymbol{n}$ 的协变分量,而二阶逆变张量 τ^{ij} 称为应力张量. 当 $\boldsymbol{n} = (1,0,0)$ 时,$\boldsymbol{P}$ 表示作用在正交于局部仿射标架向量 $\boldsymbol{e}_1$ 的单位面积上的全应力,因而 τ^{ij} 表示作用在正交于 $\boldsymbol{e}_j$ 的单位面元上全应力的第 i 个分量. 可以证明,应力张量是对称的和协变应力张量可以通过指标下降而得到,即

$$\tau^{ij} = \tau^{ji}, \qquad \tau_{ij} = g_{ik}g_{jm}\tau^{km}.$$

5.1.3 线性弹性力学中应力张量和变形张量的依从关系

应力和变形是在外部原因的作用下介质内部发生的现象,它们之间存在相互依从关系. 在无限小变形限度内,Hoke 定律揭示了应力张量线性地依赖于变形张量的依从关系

$$\tau^{ij} = E^{ijkm}e_{km}, \quad \tau_{ij} = E_{ijkm}e^{km}, \tag{5.1.9}$$

其中系数 E^{ijkm},E_{ijkm} 是材料的弹性张量,它们分别是 4 阶逆变和 4 阶协变张量. 它们之间也可以通过指标上升和指标下降来转换

$$E^{ijkm} = g^{ip}g^{jq}g^{kl}g^{mt}E_{pqlt}, \qquad E_{ijkm} = g_{ip}g_{jq}g_{kl}g_{mt}E^{pqlt}.$$

对于各向同性的均匀介质,弹性张量可以通过 Láme 系数 λ,μ 和度量张量来表示

$$\begin{cases} E^{ijkm} = \lambda g^{ij}g^{km} + \mu(g^{ik}g^{jm} + g^{jk}g^{im}), \\ E_{ijkm} = \lambda g_{ij}g_{km} + \mu(g_{ik}g_{jm} + g_{jk}g_{im}), \end{cases} \tag{5.1.10}$$

Láme 系数 λ,μ 和杨氏弹性模量 E,剪切模量 G 和 Poisson 比 ν 有如下关系

$$\lambda = \frac{\nu E}{(1+\nu)(1-2\nu)}, \quad \mu = G = \frac{E}{2(1+\nu)}. \tag{5.1.11}$$

如果将(5.1.10)代入(5.1.9),则

$$\begin{aligned} \tau^{ij} &= \lambda g^{ij}g^{km}e_{km} + \mu(g^{ik}g^{jm}e_{km} + g^{jk}g^{im}e_{km}) \\ &= \lambda g^{ij}g^{km}e_{km} + \mu(e^{ij} + e^{ji}). \end{aligned}$$

由于

$$g^{km}e_{km}(\boldsymbol{u}) = \frac{1}{2}g^{km}(\nabla_k u_m + \nabla_m u_k) = \nabla_k u^k = \mathrm{div}\boldsymbol{u},$$

即不变量 $g^{km}e_{km}$ 表示位移向量 $\boldsymbol{u}$ 的散度,再由 g^{ij} 和 e_{km} 的对称性,有

$$\tau^{ij}(\boldsymbol{u}) = \lambda g^{ij}\mathrm{div}\boldsymbol{u} + 2\mu e^{ij}(\boldsymbol{u}), \tag{5.1.12}$$

变形张量的逆变分量为

$$\begin{aligned} e^{ij}(\boldsymbol{u}) &= g^{ik}g^{jm}e_{km}(\boldsymbol{u}) = \frac{1}{2}g^{ik}g^{jm}(\nabla_k u_m + \nabla_m u_k) \\ &= \frac{1}{2}(g^{ik}\nabla_k u^j + g^{jm}\nabla_m u^i) = \frac{1}{2}(\nabla^i u^j + \nabla^j u^i). \end{aligned} \tag{5.1.13}$$

同理

$$\tau_{ij}(\boldsymbol{u}) = \lambda g_{ij}\mathrm{div}\boldsymbol{u} + 2\mu e_{ij}(\boldsymbol{u}). \tag{5.1.14}$$

为使用方便,变形张量也可由下面式子来表示

$$e_{ij}(\boldsymbol{u}) = \frac{1}{2}(g_{jm}\partial_i u^m + g_{im}\partial_j u^m + \partial_m g_{ij}\cdot u^m), \tag{5.1.15}$$

$$e^{ij}(\boldsymbol{u}) = \frac{1}{2}(g^{jm}\partial_m u^i + g^{im}\partial_m u^j - \partial_m g^{ij}\cdot u^m), \tag{5.1.16}$$

这里 $\partial_m u^i \triangleq \dfrac{\partial u^i}{\partial x^m}$. 实际上

$$\begin{aligned} e_{ij}(\boldsymbol{u}) &= \frac{1}{2}(\nabla_i u_j + \nabla_j u_i) = \frac{1}{2}(g_{jm}\nabla_i u^m + g_{im}\nabla_j u^m) \\ &= \frac{1}{2}(g_{jm}\partial_i u^m + g_{im}\partial_j u^m + (g_{jm}\Gamma_{ik}^m + g_{im}\Gamma_{jk}^m)u^k) \\ &= \frac{1}{2}(g_{jm}\partial_i u^m + g_{im}\partial_j u^m + (\Gamma_{ik,j} + \Gamma_{jk,i})u^k), \end{aligned}$$

由 $\Gamma_{ik,j} + \Gamma_{jk,i} = \partial_k g_{ij}$ 得(5.1.15). 又因

$$e^{ij}(\boldsymbol{u}) = g^{ip}g^{jq}e_{pq}(\boldsymbol{u}) = \frac{1}{2}(g^{ip}\partial_p u^j + g^{jp}\partial_p u^i + g^{ip}g^{jq}\partial_m g_{pq}\cdot u^m),$$

由 $g^{ip}g_{pq} = \delta_q^i$ 有

$$g^{ip}\partial_k g_{pq} = -g_{pq}\partial_k g^{ip}.$$

代入上式,即得(5.1.16).

5.1.4 流体力学中应力张量和变形速度张量之间的依从关系

当流体是理想情况时,没有内摩擦,而 ds 上所受到的全应力仅仅来自作用在 ds 上的全压力. 它在每个方向的数值都一样,这时

$$\tau^{ij} = -pg^{ij},$$

这里 p 是通常的正压力,g^{ij} 为度量张量的逆变分量.

当流体有黏性时,τ^{ij} 可以分解为两部分

$$\tau^{ij} = -pg^{ij} + t^{ij}, \tag{5.1.17}$$

$-pg^{ij}$ 表示不存在黏性时的应力张量,t^{ij} 表示流体微团运动过程由于形状改变而引起的阻力,称为黏性应力张量. 黏性应力张量是变形速度 e_{ij} 的函数. 在一级近似

里，认为 t^{ij} 是e_{ij} 的线性函数，即

$$t^{ij} = C^{ijkm}e_{km}. \tag{5.1.18}$$

系数 C^{ijkm} 是 4 阶张量，满足这种关系的流体称为牛顿流.

和弹性力学一样，张量 C^{ijkm} 取下列形式（各向同性，均匀流体）

$$C^{ijkm} = \lambda g^{ij}g^{km} + \mu(g^{ik}g^{jm} + g^{im}g^{jk}), \tag{5.1.19}$$

且

$$\lambda = -\frac{2}{3}\mu, \tag{5.1.20}$$

利用 $g^{km}e_{km}(\boldsymbol{u}) = \mathrm{div}\boldsymbol{u} \triangleq \theta$，并将(5.1.19)代入(5.1.18)得

$$t^{ij}(\boldsymbol{u}) = \lambda g^{ij}\theta + 2\mu g^{ik}g^{jm}e_{km}(\boldsymbol{u}) = \lambda g^{ij}\theta + 2\mu e^{ij}(\boldsymbol{u}), \tag{5.1.21}$$

$$t_{ij}(\boldsymbol{u}) = \lambda g_{ij}\theta + 2\mu e_{ij}(\boldsymbol{u}). \tag{5.1.22}$$

由(5.1.17)还可得

$$\tau^{ij}(\boldsymbol{u}) = -(p - \lambda\theta)g^{ij} + 2\mu e^{ij}(\boldsymbol{u}), \tag{5.1.23}$$

$$\tau_{ij}(\boldsymbol{u}) = -(p - \lambda\theta)g_{ij} + 2\mu e_{ij}(\boldsymbol{u}). \tag{5.1.24}$$

5.1.5 任意二阶张量 T^{ij} 的 Gauss 公式

设 (l_j) 为任意一个单位平行向量场，故 $\nabla_i l_j = 0$，通常的 Gauss 公式为

$$\iiint_{\Omega} \nabla_i(T^{ij}l_j)\mathrm{d}\Omega = \oiint_{\partial\Omega} T^{ij}l_jn_i\mathrm{d}s, \tag{5.1.25}$$

由于 l_j 的任意性，从而

$$\iiint_{\Omega} \nabla_i T^{ij}\mathrm{d}\Omega = \oiint_{\partial\Omega} T^{ij}n_i\mathrm{d}s. \tag{5.1.26}$$

5.1.6 连续介质力学中的动力学平衡方程

考察连续介质中任一体积元 $\mathrm{d}\Omega$，它受到的力有：惯性力 $\rho\boldsymbol{a}$，体积力 $\rho\boldsymbol{f}$，面应力合力 $\tau^{ij}n_j$，这些力在任一固定方向上都应平衡，设(l_i) 为任一固定的单位平行向量场，则

$$\iiint_{\Omega} (-\rho a^i l_i + \rho f^i l_i)\mathrm{d}\Omega + \oiint_{\partial\Omega} \tau^{ij}n_jl_i\mathrm{d}s = 0,$$

利用 Gauss 公式，得

$$\iiint_{\Omega} (-\rho a^i + \rho f^i + \nabla_j\tau^{ij})l_i\mathrm{d}\Omega = 0.$$

由 $\mathrm{d}\Omega$ 和 l_i 的任意性，得到平衡方程，也就是动量方程

$$-\rho a^i + \rho f^i + \nabla_j\tau^{ij} = 0. \tag{5.1.27}$$

5.1.7　弹性力学中的 Láme 方程和弹性势能

利用弹性力学中应力张量和变形张量之间的关系(5.1.12)和(5.1.27)得

$$-\rho a^i+\rho f^i+\lambda g^{ij}\nabla_j(\mathrm{div}\boldsymbol{u})+\mu\nabla_j(\nabla^i u^j+\nabla^j u^i)=0.$$

由(2.7.11)有

$$\nabla_j\nabla^i u^j=g^{im}\nabla_j\nabla_m u^j=g^{im}(\nabla_m\nabla_j u^j-R^j_{lmj}u^l),$$

然而 $R^j_{lmj}=-R_{lm}$，所以

$$\nabla_j\nabla^i u^j=g^{im}\nabla_m\mathrm{div}\boldsymbol{u}+g^{im}R_{lm}u^l. \tag{5.1.28}$$

另一方面，由 $\nabla_j\nabla^j u^i=\triangle u^i$，故有

$$-\rho a^i+\rho f^i+(\lambda+\mu)g^{ij}\nabla_j(\mathrm{div}\boldsymbol{u})+\mu\triangle u^i+\mu R^i_l u^l=0. \tag{5.1.29}$$

其中 R^i_l 为混合 Ricci 张量.在欧氏空间中，它为0，再将(5.1.29)写成向量形式

$$\rho\boldsymbol{a}-(\lambda+\mu)\mathrm{grad\,div}\boldsymbol{u}-\mu\triangle\boldsymbol{u}=\rho\boldsymbol{f}. \tag{5.1.30}$$

(5.1.30)是弹性力学中的 Láme 方程.

如果用任一位移向量 u_i 和(5.1.27)缩并并积分，则得

$$-\iiint_\Omega\rho a^i u_i\mathrm{d}\Omega+\iiint_\Omega\rho f^i u_i\mathrm{d}\Omega+\iiint_\Omega\nabla_j\tau^{ij}u_i\mathrm{d}\Omega=0.$$

利用 $\nabla_j\tau^{ij}\cdot u_i=\nabla_j(u_i\tau^{ij})-\tau^{ij}\nabla_j u_i$，再由 τ^{ij} 的对称性，所以

$$\tau^{ij}\nabla_j u_i=\tau^{ij}e_{ij}(\boldsymbol{u}), \tag{5.1.31}$$

应用 Gauss 公式得到下列平衡方程

$$-\iiint_\Omega\rho a^i u_i\mathrm{d}\Omega+\iiint_\Omega\rho f^i u_i\mathrm{d}\Omega+\oint_{\partial\Omega}\tau^{ij}(\boldsymbol{u})n_j u_i\mathrm{d}s=\iiint_\Omega\tau^{ij}(\boldsymbol{u})e_{ij}(\boldsymbol{u})\mathrm{d}\Omega. \tag{5.1.32}$$

上式左端中，第一项为惯性力做功，第二项是外力做功，第三项是表面应力做功.所有这些外力做功，使得内部弹性势能

$$W(\boldsymbol{u},\boldsymbol{u})=\iiint_\Omega\tau^{ij}(\boldsymbol{u})\cdot e_{ij}(\boldsymbol{u})\mathrm{d}\Omega \tag{5.1.33}$$

发生变化.

5.1.8　流体力学中的 Navier-Stokes 方程

三维空间中描述流体流动的物理量，有速度 $\boldsymbol{u}$，压力 p，密度 ρ 和温度 T 四个量，因此必须建立六个方程：

(1) *动量方程*　将(5.1.24)代入(5.1.27)得

$$-\rho a^i+\rho f^i-g^{ij}\nabla_j(p-\lambda\theta)+2\nabla_j(\mu e^{ij})=0,$$

或

$$-\rho a^i + \rho f^i - g^{ij}\nabla_j(p - \lambda\theta) + \nabla_j(\mu(\nabla^i u^j + \nabla^j u^i)) = 0, \quad (5.1.34)$$

由于 $a^i = \dfrac{\partial u^i}{\partial t} + u^j\nabla_j u^i$，且设 μ 为常数，利用(5.1.28)得

$$-\rho\frac{\partial u^i}{\partial t} - \rho u^j\nabla_j u^i - g^{ij}\nabla_j(p - (\lambda + \mu)\theta) + \mu\triangle u^i + \rho f^i = 0, \quad (5.1.35)$$

因为 $\lambda + \mu = -\dfrac{2}{3}\mu + \mu = \dfrac{1}{3}\mu$，故(5.1.35)可写成

$$-\rho\left(\frac{\partial u^i}{\partial t} + u^j\nabla_j u^i\right) - g^{ij}\nabla_j\left(p - \frac{1}{3}\mu\,\mathrm{div}\boldsymbol{u}\right) + \mu\triangle u^i + \rho f^i = 0. \quad (5.1.36)$$

(2) **连续性方程** 通过任一体积元 $\mathrm{d}\Omega$ 的流量必须守恒，即

$$\iiint_\Omega \frac{\partial\rho}{\partial t}\mathrm{d}\Omega = \oiint_{\partial\Omega}\rho\boldsymbol{u}\cdot\boldsymbol{n}\,\mathrm{d}s.$$

利用 Gauss 定理，则

$$\iiint_\Omega\left(\frac{\partial\rho}{\partial t} + \mathrm{div}(\rho\boldsymbol{u})\right)\mathrm{d}\Omega = 0,$$

由 $\mathrm{d}\Omega$ 的任意性，得连续性方程

$$\frac{\partial\rho}{\partial t} + \mathrm{div}(\rho\boldsymbol{u}) = 0. \quad (5.1.37)$$

如果流体是不可压缩的，$\rho = \mathrm{const}$，那么(5.1.37)成为

$$\mathrm{div}\boldsymbol{u} = 0, \quad (5.1.38)$$

代入(5.1.36)后，用向量形式表示，则有

$$\frac{\partial\boldsymbol{u}}{\partial t} + (\boldsymbol{u}\nabla)\boldsymbol{u} - \mathrm{grad}\,p/\rho + \mu\triangle\boldsymbol{u}/\rho = \boldsymbol{f}. \quad (5.1.39)$$

其中 $\triangle = g^{ij}\nabla_i\nabla_j$. (5.1.38)和(5.1.39)是不可压缩流动的 Navier-Stokes 方程.

(3) **能量方程** 能量守恒在这里的表现是，物体内的动能和内能变化率等于应力所做功率、外力所做功率及由外界传递的传热率之和，即若把动能变化率记为

$$\dot{K} = \frac{1}{2}\iiint_\Omega\rho\frac{\mathrm{d}}{\mathrm{d}t}(g_{ij}u^i u^j)\mathrm{d}\Omega, \quad (5.1.40)$$

内能变化率为

$$\dot{E} = \iiint_\Omega\rho\dot{\varepsilon}\,\mathrm{d}\Omega, \quad (5.1.41)$$

其中 ε 是单位质量内能，于是有

$$\dot{K} + \dot{E} = W_1 + W_2 + Q. \quad (5.1.42)$$

这里 W_1 为应力所做功率

$$W_1 = \oiint_{\partial\Omega}\mathscr{T}(\boldsymbol{n})\boldsymbol{u}\,\mathrm{d}s = \oiint_{\partial\Omega}\mathscr{T}(\boldsymbol{u})\boldsymbol{n}\,\mathrm{d}s$$

$$= \iiint_{\Omega} \mathrm{div}(\mathscr{F}(\boldsymbol{u}))\mathrm{d}\Omega = \iiint_{\Omega} \nabla_i(\tau^{ij}(\boldsymbol{u})u_j)\mathrm{d}\Omega$$

$$= \iiint_{\Omega} (\nabla_i\tau^{ij}(\boldsymbol{u})\cdot u_j + \tau^{ij}(\boldsymbol{u})\nabla_i u_j)\mathrm{d}\Omega,$$

由 τ^{ij} 的对称性得

$$\tau^{ij}(\boldsymbol{u})\nabla_i u_j = \tau^{ij}(\boldsymbol{u})e_{ij}(\boldsymbol{u}),$$

并利用动量方程(5.1.27)

$$W_1 = \iiint_{\Omega} (\rho a^j - \rho f^j)u_j\mathrm{d}\Omega + \iiint_{\Omega} \tau^{ij}(\boldsymbol{u})e_{ij}(\boldsymbol{u})\mathrm{d}\Omega,$$

$W_2 = \iiint_{\Omega} \rho f^i u_j \mathrm{d}\Omega$ 为体积力所做功率,故

$$W_1 + W_2 = \iiint_{\Omega} \rho a^j u_j\mathrm{d}\Omega + \iiint_{\Omega} \tau^{ij}(\boldsymbol{u})\varepsilon_{ij}(\boldsymbol{u})\mathrm{d}\Omega,$$

但是 $\rho a^j u_j = \rho\dfrac{\mathrm{d}u^j}{\mathrm{d}t}u^i g_{ij} = \dfrac{\rho}{2}\dfrac{\mathrm{d}}{\mathrm{d}t}(g_{ij}u^i u^j)$, 于是由(5.1.40)

$$W_1 + W_2 = \iiint_{\Omega} \tau^{ij}(\boldsymbol{u})e_{ij}(\boldsymbol{u})\mathrm{d}\Omega + \dot{K}. \tag{5.1.43}$$

外面传入的热量

$$Q = \iiint_{\Omega} \rho h\,\mathrm{d}\Omega + \oint_{\partial\Omega} \boldsymbol{q}\cdot\boldsymbol{n}\mathrm{d}s = \iiint_{\Omega} (\rho h + \mathrm{div}\boldsymbol{q})\mathrm{d}\Omega, \tag{5.1.44}$$

其中 h 为单位质量上的热源, $\boldsymbol{q}$ 是通过 $\partial\Omega$ 的热源.

将(5.1.43)及(5.1.44)代入(5.1.42)得

$$\rho\frac{\mathrm{d}\varepsilon}{\mathrm{d}t} - \tau^{ij}(\boldsymbol{u})e_{ij}(\boldsymbol{u}) - \rho h - \mathrm{div}\boldsymbol{q} = 0. \tag{5.1.45}$$

设 κ 为传热系数, $\boldsymbol{q} = \kappa\mathrm{grad}T$, 由(5.1.23)有

$$\tau^{ij}(\boldsymbol{u})e_{ij}(\boldsymbol{u}) = -pg^{ij}e_{ij}(\boldsymbol{u}) - \frac{2}{3}\mu\mathrm{div}\boldsymbol{u}g^{ij}e_{ij}(\boldsymbol{u}) + 2\mu e^{ij}(\boldsymbol{u})e_{ij}(\boldsymbol{u}),$$

注意 $g^{ij}e_{ij}(\boldsymbol{u}) = \mathrm{div}\boldsymbol{u}$, 并引入不变量

$$\Phi = -\frac{2}{3}\mu(\mathrm{div}\boldsymbol{u})^2 + 2\mu e^{ij}(\boldsymbol{u})e_{ij}(\boldsymbol{u}), \tag{5.1.46}$$

那么

$$\tau^{ij}(\boldsymbol{u})e_{ij}(\boldsymbol{u}) = -p\mathrm{div}\boldsymbol{u} + \Phi,$$

故(5.1.45)可表为

$$\rho\frac{\partial\varepsilon}{\partial t} + \rho u^j\nabla_j\varepsilon - \mathrm{div}(\kappa\mathrm{grad}T) + p\mathrm{div}\boldsymbol{u} - \Phi - \rho h = 0.$$

对理想气体 $\varepsilon = C_v T = C_p T - p/\rho$, 故

$$\rho C_v\left(\frac{\partial T}{\partial t}+u^j\nabla_jT\right)-\operatorname{div}(\kappa\ \operatorname{grad}\ T)+p\operatorname{div}\boldsymbol{u}-\Phi-\rho h=0.\tag{5.1.47}$$

(4) 状态方程　若流体是理想气体,则 $p=\rho RT$.

因此,**可压缩流体的完全动力学方程**为

$$\begin{cases}\dfrac{\partial\rho}{\partial t}+\operatorname{div}(\rho\boldsymbol{u})=0,\\ \rho a^i-\nabla_j\tau^{ij}-\rho f^i=0,\\ \rho C_v\left(\dfrac{\partial T}{\partial t}+u^j\nabla_jT\right)-\operatorname{div}(\kappa\ \operatorname{grad}\ T)+p\operatorname{div}\boldsymbol{u}-\Phi-\rho h=0,\\ p=\rho RT,\end{cases}\tag{5.1.48}$$

其中 $\Phi=\lambda(\operatorname{div}\boldsymbol{u})^2+2\mu e^{ij}(\boldsymbol{u})e_{ij}(\boldsymbol{u})$,　$e_{ij}(\boldsymbol{u})=\dfrac{1}{2}(\nabla_ju_j+\nabla_ju_i)$.

(5) 球和圆柱坐标系下的 Navier-Stokes 方程

作为例子,考察在球和圆柱坐标系下的 Navier-Stokes 方程.首先考虑球坐标情形,利用(2.9.4)～(2.9.6),如果用物理分量来表示,则有

$$u^j\nabla_ju^i=u^j\left(\frac{\partial u^i}{\partial x^j}+\Gamma^i_{jk}u^k\right),$$

$$u^j\nabla_ju^1=u_r\frac{\partial u_r}{\partial r}+\frac{u_\theta}{r}\frac{\partial u_r}{\partial\theta}+\frac{u_\varphi}{r\sin\theta}\frac{\partial u_r}{\partial\varphi}-\frac{u_\theta u_\theta}{r}-\frac{u_\varphi u_\varphi}{r};$$

$$u^j\nabla_ju^2=\frac{u_r}{r}\frac{\partial u_\theta}{\partial r}+\frac{u_\theta}{r^2}\frac{\partial u_\theta}{\partial\theta}+\frac{u_\varphi}{r^2\sin\theta}\frac{\partial u_\theta}{\partial\varphi}+\frac{u_\theta u_r}{r^2}-\frac{\cot\theta}{r^2\sin\theta}u_\varphi u_\varphi;$$

$$u^j\nabla_ju^3=\frac{u_r}{r\sin\theta}\frac{\partial u_\varphi}{\partial r}+\frac{u_\theta}{r^2\sin\theta}\frac{\partial u_\varphi}{\partial\theta}+\frac{u_\varphi}{r^2\sin\theta}\frac{\partial u_\varphi}{\partial\varphi}+\frac{u_\varphi u_r}{r^2\sin\theta}+\frac{\cot\theta}{r^2\sin\theta}u_\varphi u_\theta;\tag{5.1.49}$$

注意到(2.9.7),散度算子、变形速度张量以及应力张量,用物理分量来表示分别为

$$\operatorname{div}\boldsymbol{u}=\frac{\partial u_r}{\partial r}+\frac{2}{r}u_r+\frac{1}{r}\frac{\partial u_\theta}{\partial\theta}+\frac{\cot\theta}{r}u_\theta+\frac{1}{r\sin\theta}\frac{\partial u_\varphi}{\partial\varphi};$$

$$\begin{cases}e_{rr}=\dfrac{\partial u_r}{\partial r},\ e_{\theta\theta}=\dfrac{1}{r}\dfrac{\partial u_\theta}{\partial\theta}+\dfrac{u_r}{r},\\ e_{r\theta}=e_{\theta r}=\dfrac{1}{2}\dfrac{\partial u_\theta}{\partial r}-\dfrac{u_\theta}{2r}+\dfrac{1}{2r}\dfrac{\partial u_r}{\partial\theta},\ e_{\varphi\varphi}=\dfrac{1}{\sin\theta}\dfrac{\partial u_\varphi}{\partial\varphi}+u_r+\cot\theta u_\theta,\\ e_{\theta\varphi}=e_{\varphi\theta}=\dfrac{1}{2r}\dfrac{\partial u_\varphi}{\partial\theta}-\dfrac{\cot\theta}{2r}u_\varphi+\dfrac{1}{2r\sin\theta}\dfrac{\partial u_\theta}{\partial\varphi},\\ e_{\varphi r}=e_{r\varphi}=\dfrac{1}{2r\sin\theta}\dfrac{\partial u_r}{\partial\varphi}+\dfrac{1}{2}\dfrac{\partial u_\varphi}{\partial r}-\dfrac{u_\varphi}{2r}.\end{cases}\tag{5.1.50}$$

$$\sigma_{\alpha\alpha}=-p+\lambda\operatorname{div}u+2\mu e_{\alpha\alpha}\ \ (\alpha=r,\theta,\varphi),\quad \sigma_{\alpha\beta}=2\mu e_{\alpha\beta}\ \ (\alpha\neq\beta).\tag{5.1.51}$$

连续性方程为

$$\frac{\partial \rho}{\partial t}+u_r\frac{\partial \rho}{\partial r}+\frac{u_\theta}{r}\frac{\partial \rho}{\partial \theta}+\frac{u_\varphi}{r\sin\theta}\frac{\partial \rho}{\partial \varphi}+\rho\mathrm{div}\boldsymbol{u}=0, \tag{5.1.52}$$

动量方程为

$$\begin{aligned}&\rho\left(\frac{\partial u_r}{\partial t}+u_r\frac{\partial u_r}{\partial r}+\frac{u_\theta}{r}\frac{\partial u_r}{\partial \theta}+\frac{u_\varphi}{r\sin\theta}\frac{\partial u_r}{\partial \varphi}-\frac{u_\theta^2+u_\varphi^2}{r}\right)\\ &=\rho f_r-\frac{\partial p}{\partial r}+(\lambda+\mu)\frac{\partial \mathrm{div}\boldsymbol{u}}{\partial r}+\mu\left(\nabla^2 u_r-\frac{2u_r}{r^2}-\frac{2}{r^2}\frac{\partial u_\theta}{\partial \theta}-\frac{2u_\theta\cot\theta}{r^2}\right.\\ &\quad\left.-\frac{2}{r^2\sin\theta}\frac{\partial u_\varphi}{\partial \varphi}\right)+\mathrm{div}\boldsymbol{u}\frac{\partial \lambda}{\partial r}+2\left(e_{rr}\frac{\partial \mu}{\partial r}+\frac{1}{r}e_{r\theta}\frac{\partial \mu}{\partial \theta}+\frac{1}{r\sin\theta}e_{r\varphi}\frac{\partial \mu}{\partial \varphi}\right),\end{aligned} \tag{5.1.53}$$

$$\begin{aligned}&\rho\left(\frac{\partial u_\theta}{\partial t}+u_r\frac{\partial u_\theta}{\partial r}+\frac{u_\theta}{r}\frac{\partial u_\theta}{\partial \theta}+\frac{u_\varphi}{r\sin\theta}\frac{\partial u_\theta}{\partial \varphi}+\frac{u_r u_\theta}{r}-\frac{\cot\theta}{r}u_\varphi^2\right)\\ &=\rho f_\theta-\frac{1}{r}\frac{\partial p}{\partial \theta}+\frac{\lambda+\mu}{r}\frac{\partial \mathrm{div}\boldsymbol{u}}{\partial \theta}+\mu\left(\nabla^2 u_\theta+\frac{2}{r^2}\frac{\partial u_r}{\partial \theta}-\frac{u_\theta}{r^2\sin^2\theta}\right.\\ &\quad\left.-\frac{2\cos\theta}{r^2\sin^2\theta}\frac{\partial u_\varphi}{\partial \varphi}\right)+\frac{\mathrm{div}\boldsymbol{u}}{r}\frac{\partial \lambda}{\partial \theta}+2\left(e_{\theta r}\frac{\partial \mu}{\partial r}+\frac{1}{r}e_{\theta\theta}\frac{\partial \mu}{\partial \theta}+\frac{1}{r\sin\theta}e_{\theta\varphi}\frac{\partial \mu}{\partial \varphi}\right),\end{aligned} \tag{5.1.54}$$

$$\begin{aligned}&\rho\left(\frac{\partial u_\varphi}{\partial t}+u_r\frac{\partial u_\varphi}{\partial r}+\frac{u_\theta}{r}\frac{\partial u_\varphi}{\partial \theta}+\frac{u_\varphi}{r\sin\theta}\frac{\partial u_\varphi}{\partial \varphi}+\frac{u_r u_\varphi}{r}-\frac{\cot\theta}{r}u_\varphi u_\theta\right)\\ &=\rho f_\varphi-\frac{1}{r\sin\theta}\frac{\partial p}{\partial \varphi}+\frac{\lambda+\mu}{r\sin\theta}\frac{\partial \mathrm{div}\boldsymbol{u}}{\partial \varphi}+\mu\left(\nabla^2 u_\varphi+\frac{2}{r^2\sin\theta}\frac{\partial u_r}{\partial \varphi}-\frac{u_\varphi}{r^2\sin^2\theta}\right.\\ &\quad\left.-\frac{2\cot\theta}{r^2\sin\theta}\frac{\partial u_\theta}{\partial \varphi}\right)+\frac{\mathrm{div}\boldsymbol{u}}{r\sin\theta}\frac{\partial \lambda}{\partial \varphi}+2\left(e_{\varphi r}\frac{\partial \mu}{\partial r}+\frac{1}{r}e_{\theta\varphi}\frac{\partial \mu}{\partial \theta}+\frac{1}{r\sin\theta}e_{\varphi\varphi}\frac{\partial \mu}{\partial \varphi}\right).\end{aligned} \tag{5.1.55}$$

其中 ∇^2 由(2.9.13)所定义，黏性系数 λ 和 μ 可以是函数. 令 $e=c_V T$，并记温度为 $\Theta=T$，那么能量方程为

$$\begin{aligned}&\rho\left(\frac{\partial e}{\partial t}+u_r\frac{\partial e}{\partial r}+\frac{u_\theta}{r}\frac{\partial e}{\partial \theta}+\frac{u_\psi}{r\sin\theta}\frac{\partial e}{\partial \psi}\right)\\ &=-p\mathrm{div}\boldsymbol{u}+\frac{\partial}{\partial r}\left(k\frac{\partial \Theta}{\partial r}\right)+\frac{2k}{r}\frac{\partial \Theta}{\partial r}+\frac{1}{r^2}\frac{\partial}{\partial \theta}\left(k\frac{\partial \Theta}{\partial \theta}\right)+\frac{k\cot\theta}{r^2}\frac{\partial \Theta}{\partial \theta}\\ &\quad+\frac{1}{r^2\sin^2\theta}\frac{\partial}{\partial \varphi}\left(k\frac{\partial \Theta}{\partial \varphi}\right)+\Theta+\lambda(\mathrm{div}\boldsymbol{u})^2+2\mu\sum_{\alpha,\beta=r,\theta,\varphi}e_{\alpha\beta}^2.\end{aligned} \tag{5.1.56}$$

当流体是不可压缩时并假设黏性系数是常数. 那么(5.1.52)～(5.1.55)变为

$$\frac{\partial u_r}{\partial r}+\frac{\partial u_r}{r}+\frac{2u_r}{r}\frac{\partial u_\theta}{\partial \theta}+\frac{\cot\theta}{r}u_\theta+\frac{1}{r\sin\theta}\frac{\partial u_\varphi}{\partial \varphi}=0, \tag{5.1.57}$$

$$\begin{aligned}&\rho\left(\frac{\partial u_r}{\partial t}+u_r\frac{\partial u_r}{\partial r}+\frac{u_\theta}{r}\frac{\partial u_r}{\partial \theta}+\frac{u_\psi}{r\sin\theta}\frac{\partial u_r}{\partial \varphi}-\frac{u_\theta^2+u_\psi^2}{r}\right)\\ &=\rho f_r-\frac{\partial p}{\partial r}+\mu\left(\nabla^2 u_r-\frac{2u_r}{r^2}-\frac{2}{r^2}\frac{\partial u_\theta}{\partial \theta}-\frac{2u_\theta\cot\theta}{r^2}-\frac{2}{r^2\sin\theta}\frac{\partial u_\varphi}{\partial \varphi}\right),\end{aligned}$$

$$\rho\left(\frac{\partial u_\theta}{\partial t}+u_r\frac{\partial u_\theta}{\partial r}+\frac{u_\theta}{r}\frac{\partial u_\theta}{\partial\theta}+\frac{u_\psi}{r\sin\theta}\frac{\partial u_\theta}{\partial\varphi}+\frac{u_r u_\theta}{r}-\frac{\cot\theta}{r}u_\varphi^2\right)$$
$$=\rho f_\theta-\frac{1}{r}\frac{\partial p}{\partial\theta}+\mu\left(\nabla^2 u_\theta+\frac{2}{r^2}\frac{\partial u_r}{\partial\theta}-\frac{u_\theta}{r^2\sin^2\theta}-\frac{2\cos\theta}{r^2\sin^2\theta}\frac{\partial u_\varphi}{\partial\varphi}\right),$$
$$\rho\left(\frac{\partial u_\varphi}{\partial t}+u_r\frac{\partial u_\varphi}{\partial r}+\frac{u_\theta}{r}\frac{\partial u_\varphi}{\partial\theta}+\frac{u_\varphi}{r\sin\theta}\frac{\partial u_\varphi}{\partial\varphi}+\frac{u_r u_\varphi}{r}+\frac{\cot\theta}{r}u_\varphi u_\theta\right)$$
$$=\rho f_\varphi-\frac{1}{r\sin\theta}\frac{\partial p}{\partial\varphi}+\mu\left[\nabla^2 u_\varphi+\frac{2}{r^2\sin\theta}\frac{\partial u_r}{\partial\varphi}-\frac{u_\varphi}{r^2\sin^2\theta}+\frac{2\cot\theta}{r^2\sin\theta}\frac{\partial u_\theta}{\partial\varphi}\right].$$
(5.1.58)

如果流动是轴对称的，定义 Stokes 流函数 Ψ 以及涡函数 U

$$u_r=\frac{1}{r^2\sin\theta}\frac{\partial\Psi}{\partial\theta},\qquad u_\theta=\frac{1}{r\sin\theta}\frac{\partial\Psi}{\partial r},\qquad u_\psi=\frac{U}{r\sin\theta}.\qquad(5.1.59)$$

在(5.1.58)中消去压力 p，于是有

$$\rho\left[\frac{\partial}{\partial t}(E^2\Psi)+\frac{2U}{r^2\sin^2\theta}\left(\frac{2U}{\partial r}\cos\theta-\frac{1}{r}\frac{\partial U}{\partial\theta}\right)-\frac{1}{r^2\sin\theta}\frac{\partial(\Psi,E^2\Psi)}{\partial(r,\theta)}\right.$$
$$\left.+\frac{2E^2\Psi}{r^2\sin^2\theta}\left(\frac{\partial\Psi}{\partial r}\cos\theta-\frac{1}{r}\frac{\partial\Psi}{\partial r}\sin\theta\right)\right]=\rho\sin\theta\left[\frac{\partial f_r}{\partial\theta}-\frac{\partial(rf_\theta)}{\partial r}\right]+\mu E^4\Psi,$$
$$\rho\left[\frac{\partial U}{\partial t}-\frac{1}{r^2\sin\theta}\frac{\partial(\Psi,U)}{\partial(r,\theta)}\right]=\rho rf_\varphi\sin\theta+\mu E^2U,\qquad(5.1.60)$$

其中

$$E^2=\frac{\partial^2}{\partial r^2}-\frac{\cot\theta}{r^2}\frac{\partial}{\partial\theta}+\frac{1}{r^2}\frac{\partial^2}{\partial\theta^2}.$$

用上述同样方法可得圆柱坐标系下的 Navier-Stokes 方程. 连续性方程为

$$\frac{\partial\rho}{\partial t}+u_r\frac{\partial\rho}{\partial r}+\frac{u_\theta}{r}\frac{\partial\rho}{\partial\theta}+\frac{u_\psi}{r\sin\theta}\frac{\partial\rho}{\partial\psi}+\rho\,\mathrm{div}\boldsymbol{u}=0,\qquad(5.1.61)$$

这里

$$\mathrm{div}(\boldsymbol{u})=\frac{\partial u_r}{\partial r}+\frac{u_r}{r}+\frac{1}{r}\frac{\partial u_\theta}{\partial\theta}+\frac{\partial u_z}{\partial z}.$$

动量方程为

$$\rho\left(\frac{\partial u_r}{\partial t}+u_r\frac{\partial u_r}{\partial r}+\frac{u_\theta}{r}\frac{\partial u_r}{\partial\theta}+u_z\frac{u_r}{\partial z}-\frac{u_\theta^2}{r}\right)$$
$$=\rho f_r-\frac{\partial p}{\partial r}+(\lambda+\mu)\frac{\partial\,\mathrm{div}\boldsymbol{u}}{\partial r}+\mu\left(\nabla^2u_r-\frac{u_r}{r^2}-\frac{2}{r^2}\frac{\partial u_\theta}{\partial\theta}\right)$$
$$+\mathrm{div}\boldsymbol{u}\frac{\partial\lambda}{\partial r}+2\left(e_{rr}\frac{\partial\mu}{\partial r}+\frac{1}{r}e_{r\theta}\frac{\partial\mu}{\partial\theta}+e_{rz}\frac{\partial\mu}{\partial z}\right),\qquad(5.1.62)$$
$$\rho\left(\frac{\partial u_\theta}{\partial t}+u_r\frac{\partial u_\theta}{\partial r}+\frac{u_\theta}{r}\frac{\partial u_\theta}{\partial\theta}+u_z\frac{u_\theta}{\partial z}+\frac{u_r u_\theta}{r}\right)$$

$$= \rho f_\theta - \frac{1}{r}\frac{\partial p}{\partial \theta} + \frac{\lambda+\mu}{r}\frac{\partial \mathrm{div}\boldsymbol{u}}{\partial \theta} + \mu\left(\nabla^2 u_\theta + \frac{2}{r^2}\frac{\partial u_r}{\partial \theta} - \frac{u_\theta}{r^2}\right)$$

$$+ \frac{\mathrm{div}\boldsymbol{u}}{r}\frac{\partial \lambda}{\partial \theta} + 2\left(e_{\theta r}\frac{\partial \mu}{\partial r} + \frac{1}{r}e_{\theta\theta}\frac{\partial \mu}{\partial \theta} + e_{\theta z}\frac{\partial \mu}{\partial z}\right), \tag{5.1.63}$$

$$\rho\left(\frac{\partial u_z}{\partial t} + u_r\frac{\partial u_z}{\partial r} + \frac{u_\theta}{r}\frac{\partial u_z}{\partial \theta} + \frac{\partial u_z}{\partial z}\right)$$

$$= \rho f_z - \frac{\partial p}{\partial z} + (\lambda+\mu)\frac{\partial \mathrm{div}\boldsymbol{u}}{\partial z} + \mu(\nabla^2 u_z)$$

$$+ \mathrm{div}\boldsymbol{u}\frac{\partial \lambda}{\partial z} + 2\left(e_{zr}\frac{\partial \mu}{\partial r} + \frac{1}{r}e_{\theta z}\frac{\partial \mu}{\partial \theta} + e_{zz}\frac{\partial \mu}{\partial z}\right). \tag{5.1.64}$$

这里 ∇^2 由(2.9.23)所定义. 令 $e = c_V T$ 和 $\Theta = T$ 表示温度,那么能量方程为

$$\rho\left(\frac{\partial e}{\partial t} + u_r\frac{\partial e}{\partial r} + \frac{u_\theta}{r}\frac{\partial e}{\partial \theta} + u_z\frac{\partial e}{\partial z}\right)$$

$$= - p\mathrm{div}\boldsymbol{u} + \frac{\partial}{\partial r}\left(k\frac{\partial \Theta}{\partial r}\right) + \frac{2k}{r}\frac{\partial \Theta}{\partial r} + \frac{1}{r^2}\frac{\partial}{\partial \theta}\left(k\frac{\partial \Theta}{\partial \theta}\right) + \frac{\partial}{\partial z}\left(k\frac{\partial \Theta}{\partial z}\right)$$

$$+ Q + \lambda(\mathrm{div}\boldsymbol{u})^2 + 2\mu\sum_{\alpha,\beta=r,\theta,z} e_{\alpha\beta}^2. \tag{5.1.65}$$

如果黏性系数为常数,则 Navier-Stokes 方程为

$$\frac{\partial u_r}{\partial r} + \frac{u_r}{r} + \frac{1}{r}\frac{\partial u_\theta}{\partial \theta} + \frac{\partial u_z}{\partial z} = 0,$$

$$\rho\left(\frac{\partial u_r}{\partial t} + u_r\frac{\partial u_r}{\partial r} + \frac{u_\theta}{r}\frac{\partial u_r}{\partial \theta} + u_z\frac{\partial u_r}{\partial z} - \frac{u_\theta^2}{r}\right)$$

$$= \rho f_r - \frac{\partial p}{\partial r} + \mu\left(\nabla^2 u_r - \frac{u_r}{r^2} - \frac{2}{r^2}\frac{\partial u_\theta}{\partial \theta}\right), \tag{5.1.66}$$

$$\rho\left(\frac{\partial u_\theta}{\partial t} + u_r\frac{\partial u_\theta}{\partial r} + \frac{u_\theta}{r}\frac{\partial u_\theta}{\partial \theta} + u_z\frac{\partial u_\theta}{\partial z} + \frac{u_r u_\theta}{r}\right)$$

$$= \rho f_\theta - \frac{1}{r}\frac{\partial p}{\partial \theta} + \mu\left(\nabla^2 u_\theta + \frac{2}{r^2}\frac{\partial u_r}{\partial \theta} - \frac{u_\theta}{r^2}\right), \tag{5.1.67}$$

$$\rho\left(\frac{\partial u_z}{\partial t} + u_r\frac{\partial u_z}{\partial r} + \frac{u_\theta}{r}\frac{\partial u_z}{\partial \theta} + u_z\frac{\partial u_z}{\partial z}\right)$$

$$= \rho f_z - \frac{\partial p}{\partial z} + \mu(\nabla^2 u_z). \tag{5.1.68}$$

如果流动是轴对称的, 定义 Stokes 流函数以及涡函数 U

$$u_z = \frac{1}{r}\frac{\partial \Psi}{\partial r}, \qquad u_r = \frac{1}{r}\frac{\partial \Psi}{\partial z}, \qquad u_\theta = \frac{U}{r}. \tag{5.1.69}$$

在(5.1.66)～(5.1.68)中消去压力 p, 得

$$\rho\left[\frac{\partial}{\partial t}(E^2\Psi) + \frac{1}{r^2}\frac{\partial U^2}{\partial z} + \frac{1}{r}\frac{\partial(\Psi, E^2\Psi)}{\partial(r,z)} + \frac{2}{r^2}\frac{\partial \Psi}{\partial z}E^2\Psi\right] - \mu E^4\Psi$$

$$= \rho r\left(\frac{\partial f_z}{\partial r} - \frac{\partial f_r}{\partial z}\right),$$

$$\rho\left[\frac{\partial U}{\partial t} - \frac{1}{r}\frac{\partial(\Psi, U)}{\partial(r,\theta)}\right] = \rho r f_\theta + \mu E^2 U, \tag{5.1.70}$$

其中

$$E^2 = \frac{\partial^2}{\partial r^2} - \frac{1}{r}\frac{\partial}{\partial r} + \frac{\partial^2}{\partial z^2}.$$

5.2　Riemann 流形上的 Navier-Stokes 方程

20 世纪 70 年代初，D. Ebin 和 J. Marsden 从微分拓扑方法出发，推导出流形 S 上的 Navier-Stokes 方程

$$\begin{cases}\dfrac{\partial u}{\partial t} + (u\nabla)u - \nu\mathscr{L}u + \nabla p = f,\\ \operatorname{div}u = 0,\end{cases} \tag{5.2.1}$$

其中线性算子 $\mathscr{L}$ 作用在 Ker div 上为

$$\mathscr{L}u = \triangle_{ldr}u + 2\mathrm{Ric}(u) = \triangle u + \mathrm{Ric}(u),$$

Ric 为 Ricci 曲率算子，$\triangle_{ldr}$ 是 Laplace-de-Rahm 算子. 它作用在一重线性形式上

$$\triangle_{ldr}u^\alpha = \triangle u^\alpha - R^i_\beta u^\beta, \tag{5.2.2}$$

其中 $\triangle = -\nabla^*\nabla = a^{\alpha\beta}\nabla_\alpha\nabla_\beta$ 为迹 Lapace 算子，$a^{\alpha\beta}$ 为流形 S 上的度量张量，R^α_β 为 Ricci 混合张量.

可以从力学原理推导出(5.2.1). 下面推导包括可压和不可压情形. 由平衡原理，动力学方程

$$\rho\left(\frac{\partial u^\alpha}{\partial t} + (u\nabla)u^\alpha\right) - \nabla_\beta\sigma^{\alpha\beta}(u) = f^\alpha, \tag{5.2.3}$$

如果流体是 Newton 流体，那么应力张量由本构方程给出

$$\sigma^{\alpha\beta}(u) = (-p + \lambda\operatorname{div}u)a^{\alpha\beta} + 2\mu e^{\alpha\beta}(u), \tag{5.2.4}$$

其中 $a^{\alpha\beta}$ 是局部坐标系下的 Riemann 流形的度量张量的逆变分量，λ,μ 为黏性系数. 变形速度张量

$$e^{\alpha\beta}(u) = \frac{1}{2}(\nabla^\alpha u^\beta + \nabla^\beta u^\alpha) = \frac{1}{2}(a^{\alpha\lambda}\nabla_\lambda u^\beta + a^{\beta\lambda}\nabla_\lambda u^\alpha),$$

因此

$$\operatorname{div}\sigma(u) = 2\mu\operatorname{div}(e(u)) + \nabla(-p + \lambda\operatorname{div}u).$$

利用迹 Laplace 算子，有

$$\nabla_\beta\nabla^\beta u^\alpha = a^{\beta\sigma}\nabla_\beta\nabla_\sigma u^\alpha = \triangle u^\alpha,$$

再用 Ricci 公式(2.7.11)

$$\nabla_\beta \nabla_\sigma u^\beta = \nabla_\sigma \nabla_\beta u^\beta + R^\beta_{\lambda\beta\sigma} u^\lambda = \nabla_\sigma \mathrm{div} u + R_{\lambda\sigma} u^\lambda,$$

这里 $R_{\lambda\sigma}$ 为 Ricci 张量,因此得下列等式

$$2\mu \nabla_\beta e^{\alpha\beta}(u) = \mu \triangle u^\alpha + \mu a^{\alpha\sigma} \nabla_\sigma \mathrm{div} u + a^{\alpha\sigma} R_{\lambda\sigma} u^\lambda. \tag{5.2.5}$$

将(5.2.5)代入(5.2.3)得

$$\rho\left(\frac{\partial u^\alpha}{\partial t} + (u\nabla)u^\alpha\right) + a^{\alpha\beta}\nabla_\beta(p - (\lambda+\mu)\mathrm{div} u) - \mu(\triangle u^\alpha + R^\alpha_{\cdot\beta} u^\beta) = f^\alpha. \tag{5.2.6}$$

对二维 Riemann 流形,Ricci 张量为(2.7.14).(5.2.6)和连续性方程也可写成

$$\begin{cases} \rho\left(\dfrac{\partial u^\alpha}{\partial t} + (u\nabla)u^\alpha\right) + a^{\alpha\beta}\nabla_\beta(p - (\lambda+\mu)\mathrm{div} u) - \mu(\triangle u^\alpha + Ku^\alpha) = f^\alpha, \\ \dfrac{\partial \rho}{\partial t} + \mathrm{div}(\rho u) = 0. \end{cases} \tag{5.2.7}$$

如果流体是不可压缩的,则(5.2.7)就是(5.2.1).

利用(5.2.7)的第二式,则第一式可以改写为

$$\frac{\partial}{\partial t}(\rho u) + \mathrm{div}(\rho u u) + \nabla\left(p - \frac{\mu}{3}\mathrm{div} u\right) - \mu(\triangle u + Ku) = f. \tag{5.2.8}$$

定义二维流形 S 上的旋度,它是三维旋度在法方向的分量.即

$$\overset{*}{\mathrm{rot}} u = \varepsilon^{\alpha\beta}\nabla_\alpha u_\beta = \varepsilon^{\alpha\beta} a_{\beta\lambda} \nabla_\alpha u^\lambda.$$

将算子 $\varepsilon^{\alpha\beta} a_{\beta\lambda}\nabla_\alpha$ 作用在(5.2.8),得

$$\varepsilon^{\alpha\beta} a_{\beta\lambda}\nabla_\alpha\left(\frac{\partial}{\partial t}\rho u^\lambda\right) = \frac{\partial}{\partial t}(\varepsilon^{\alpha\beta}\nabla_\alpha(\rho u_\beta)) = \frac{\partial}{\partial t}\overset{*}{\mathrm{rot}}(u\rho),$$

$$\varepsilon^{\alpha\beta} a_{\beta\lambda}\nabla_\alpha(\mathrm{div}(\rho u u^\lambda)) = \overset{*}{\mathrm{rot}}\mathrm{div}(\rho u u),$$

$$\varepsilon^{\alpha\beta} a_{\beta\lambda}\nabla_\alpha(\nabla^\lambda(p - (\mu+\lambda)\mathrm{div} u)) = \varepsilon^{\alpha\beta}\nabla_\alpha\nabla_\beta(p - (\lambda+\mu)\mathrm{div} v) = 0.$$

所以,(5.2.8)可化为

$$\frac{\partial}{\partial t}\overset{*}{\mathrm{rot}}(u\rho) + \overset{*}{\mathrm{rot}}\mathrm{div}(\rho u u) - \mu\varepsilon^{\alpha\beta} a_{\beta\lambda}\nabla_\alpha(\triangle u^\lambda + Ku^\lambda) = \overset{*}{\mathrm{rot}} f.$$

利用下面的定理 5.2.1,得

$$\frac{\partial}{\partial t}\overset{*}{\mathrm{rot}}(u\rho) + \overset{*}{\mathrm{rot}}\mathrm{div}(\rho u u) - \mu\triangle\overset{*}{\mathrm{rot}} u = \overset{*}{\mathrm{rot}} f. \tag{5.2.9}$$

现在证明下列旋度算子交换定理.

定理 5.2.1　二维流形 S 上旋度算子 $\overset{*}{\mathrm{rot}} u = \varepsilon^{\alpha\beta}\overset{*}{\nabla}_\alpha u_\beta$ 和 $\mathscr{L} u = \overset{*}{\triangle} u + Ku$ 成立

$$\overset{*}{\mathrm{rot}}(\overset{*}{\triangle} u + Ku) = \overset{*}{\triangle}\,\overset{*}{\mathrm{rot}} u, \tag{5.2.10}$$

同时,惯性项的旋度为

$$\overset{*}{\mathrm{rot}}(u\overset{*}{\nabla}u)=\varepsilon^{\alpha\beta}a_{\beta\sigma}\overset{*}{\nabla}_{\alpha}u^{\lambda}\overset{*}{\nabla}_{\lambda}u^{\sigma}+u^{\lambda}\overset{*}{\nabla}_{\lambda}\overset{*}{\mathrm{rot}}u. \tag{5.2.11}$$

证 先证(5.2.10).注意到度量张量 $a_{\alpha\beta}$,$\varepsilon^{\alpha\beta}$ 的协变导数为 0.令

$$I=\overset{*}{\mathrm{rot}}(\overset{*}{\triangle}u+Ku)=\varepsilon^{\alpha\beta}\overset{*}{\nabla}_{\alpha}(a^{\lambda\sigma}\overset{*}{\nabla}_{\lambda}\overset{*}{\nabla}_{\sigma}u_{\beta})+\varepsilon^{\alpha\beta}\overset{*}{\nabla}_{\alpha}(Ku_{\beta}),$$

利用 Ricci 公式(2.7.11)

$$\begin{aligned}\overset{*}{\nabla}_{\alpha}\overset{*}{\nabla}_{\lambda}\overset{*}{\nabla}_{\sigma}u_{\beta}&=\overset{*}{\nabla}_{\lambda}\overset{*}{\nabla}_{\alpha}\overset{*}{\nabla}_{\sigma}u_{\beta}+R^{\nu}_{\sigma\lambda\alpha}\overset{*}{\nabla}_{\nu}u_{\beta}+R^{\nu}_{\beta\lambda\alpha}\overset{*}{\nabla}_{\sigma}u_{\nu}\\&=\overset{*}{\nabla}_{\lambda}\overset{*}{\nabla}_{\sigma}\overset{*}{\nabla}_{\alpha}u_{\beta}+\overset{*}{\nabla}_{\lambda}(R^{\nu}_{\beta\sigma\alpha}u_{\nu})+R^{\nu}_{\sigma\lambda\alpha}\overset{*}{\nabla}_{\nu}u_{\beta}+R^{\nu}_{\beta\lambda\alpha}\overset{*}{\nabla}_{\sigma}u_{\nu},\end{aligned}$$

于是

$$\begin{aligned}I=&\ \varepsilon^{\alpha\beta}a^{\lambda\sigma}\overset{*}{\nabla}_{\lambda}\overset{*}{\nabla}_{\sigma}\overset{*}{\nabla}_{\alpha}u_{\beta}+\varepsilon^{\alpha\beta}a^{\lambda\sigma}\overset{*}{\nabla}_{\lambda}(R^{\nu}_{\beta\sigma\alpha}u_{\nu})+\varepsilon^{\alpha\beta}a^{\lambda\sigma}R^{\nu}_{\sigma\lambda\alpha}\overset{*}{\nabla}_{\nu}u_{\beta}\\&+\varepsilon^{\alpha\beta}a^{\lambda\sigma}R^{\nu}_{\beta\lambda\alpha}\overset{*}{\nabla}_{\sigma}u_{\nu}+\varepsilon^{\alpha\beta}\overset{*}{\nabla}_{\alpha}(Ku_{\beta})\\=&\ \overset{*}{\triangle}\overset{*}{\mathrm{rot}}u+\overset{*}{\nabla}_{\lambda}(\varepsilon^{\alpha\beta}a^{\lambda\sigma}R^{\nu}_{\beta\sigma\alpha}u_{\nu}+\varepsilon^{\lambda\beta}Ku_{\beta})\\&+\varepsilon^{\alpha\beta}a^{\lambda\sigma}R^{\nu}_{\sigma\lambda\alpha}\overset{*}{\nabla}_{\nu}u_{\beta}+\varepsilon^{\alpha\beta}a^{\lambda\sigma}R^{\nu}_{\beta\lambda\alpha}\overset{*}{\nabla}_{\sigma}u_{\nu},\end{aligned} \tag{5.2.12}$$

然而,利用(3.6.20)和 $\varepsilon^{\alpha\beta}\varepsilon_{\beta\nu}=-\delta^{\alpha}_{\nu}$,有

$$\begin{aligned}\varepsilon^{\alpha\beta}a^{\lambda\sigma}R^{\nu}_{\beta\sigma\alpha}u_{\nu}+\varepsilon^{\lambda\beta}Ku_{\beta}&=\varepsilon^{\alpha\beta}a^{\lambda\sigma}R_{\beta\nu\sigma\alpha}u^{\nu}+\varepsilon^{\lambda\beta}Ku_{\beta}=\varepsilon^{\alpha\beta}a^{\lambda\sigma}K\varepsilon_{\beta\nu}\varepsilon_{\sigma\alpha}u^{\nu}+\varepsilon^{\lambda\beta}Ku_{\beta}\\&=K(-a^{\lambda\sigma}\varepsilon_{\sigma\alpha}u^{\alpha}+\varepsilon^{\lambda\beta}a_{\beta\alpha}u^{\alpha})=Ku^{\alpha}(-a^{\lambda\sigma}\varepsilon_{\sigma\alpha}+\varepsilon^{\lambda\beta}a_{\beta\alpha})=0.\end{aligned}$$

另一方面,同样利用(3.6.20),以及 $\varepsilon^{\alpha\beta}\varepsilon_{\beta\nu}=-\delta^{\alpha}_{\nu}$,有

$$\begin{aligned}&\varepsilon^{\alpha\beta}a^{\lambda\sigma}R^{\nu}_{\sigma\lambda\alpha}\overset{*}{\nabla}_{\nu}u_{\beta}+\varepsilon^{\alpha\beta}a^{\lambda\sigma}R^{\nu}_{\beta\lambda\alpha}\overset{*}{\nabla}_{\sigma}u_{\nu}=\varepsilon^{\alpha\beta}a^{\lambda\sigma}R_{\sigma\nu\lambda\alpha}a^{\nu\mu}\overset{*}{\nabla}_{\mu}u_{\beta}+\varepsilon^{\alpha\beta}a^{\lambda\sigma}R_{\beta\nu\lambda\alpha}\overset{*}{\nabla}_{\sigma}u^{\nu}\\&=\varepsilon^{\alpha\beta}a^{\lambda\sigma}K\varepsilon_{\sigma\nu}\varepsilon_{\lambda\alpha}a^{\nu\mu}\overset{*}{\nabla}_{\mu}u_{\beta}+\varepsilon^{\alpha\beta}a^{\lambda\sigma}K\varepsilon_{\beta\nu}\varepsilon_{\lambda\alpha}\overset{*}{\nabla}_{\sigma}u^{\nu}=-K\varepsilon_{\sigma\nu}a^{\beta\sigma}a^{\nu\mu}\overset{*}{\nabla}_{\mu}u_{\beta}-Ka^{\lambda\sigma}\varepsilon_{\lambda\nu}\overset{*}{\nabla}_{\sigma}u^{\nu}\\&=-K\varepsilon^{\beta\mu}\overset{*}{\nabla}_{\mu}u_{\beta}-K\overset{*}{\mathrm{rot}}u=K(\overset{*}{\mathrm{rot}}u-\overset{*}{\mathrm{rot}}u)=0.\end{aligned}$$

这里用到

$$\overset{*}{\mathrm{rot}}u=\varepsilon_{\alpha\beta}\overset{*}{\nabla}_{\alpha}u_{\beta}=\varepsilon_{\alpha\beta}a^{\alpha\lambda}\overset{*}{\nabla}_{\lambda}u_{\beta}.$$

将以上两式代入(5.2.12)得到(5.2.10).

以下证明(5.2.11).记

$$J\triangleq\overset{*}{\mathrm{rot}}((u\overset{*}{\nabla})u)=\varepsilon^{\alpha\beta}\overset{*}{\nabla}_{\alpha}(u^{\lambda}\overset{*}{\nabla}_{\lambda}u_{\beta})=\varepsilon^{\alpha\beta}\overset{*}{\nabla}_{\alpha}u^{\lambda}\cdot\overset{*}{\nabla}_{\lambda}u_{\beta}+\varepsilon^{\alpha\beta}u^{\lambda}\overset{*}{\nabla}_{\alpha}\overset{*}{\nabla}_{\lambda}u_{\beta},$$

同样应用 Ricci 公式(3.6.29),得

$$\begin{aligned}J&=\varepsilon^{\alpha\beta}\overset{*}{\nabla}_{\alpha}u^{\lambda}\overset{*}{\nabla}_{\lambda}u_{\beta}+\varepsilon^{\alpha\beta}u^{\lambda}(\overset{*}{\nabla}_{\lambda}\overset{*}{\nabla}_{\alpha}u_{\beta}+R^{\nu}_{\beta\lambda\alpha}u_{\nu})\\&=\varepsilon^{\alpha\beta}\overset{*}{\nabla}_{\alpha}u^{\lambda}\overset{*}{\nabla}_{\lambda}u_{\beta}+u^{\lambda}\overset{*}{\nabla}_{\lambda}\overset{*}{\mathrm{rot}}u+\varepsilon^{\alpha\beta}u^{\lambda}R_{\beta\nu\lambda\alpha}u^{\nu},\end{aligned}$$

由于 $R_{\beta\nu\lambda\alpha}$ 关于β,α 是对称的,而 $\varepsilon^{\alpha\beta}$ 反对称,所以 $\varepsilon^{\alpha\beta}R_{\beta\nu\lambda\alpha}u^{\lambda}u^{\nu}=0$, 于是

$$J = \varepsilon^{\alpha\beta}\overset{*}{\nabla}_{\alpha}u^{\lambda}\overset{*}{\nabla}_{\lambda}u_{\beta} + u^{\lambda}\overset{*}{\nabla}_{\lambda}\mathrm{rot}u = \varepsilon^{\alpha\beta}a_{\beta\sigma}\overset{*}{\nabla}_{\alpha}u^{\lambda}\overset{*}{\nabla}_{\lambda}u^{\sigma} + u^{\lambda}\overset{*}{\nabla}_{\lambda}\mathrm{rot}u.$$

这就得到(5.2.11).证毕.

在流面上可以引入流函数.首先,利用偏微分方程理论,可以证明存在一个函数 $\varepsilon(x,t)$,使得

$$\rho u^{\alpha}\overset{*}{\nabla}_{\alpha}\ln\varepsilon = \frac{\partial\rho}{\partial t}, \tag{5.2.13}$$

或

$$u^{\alpha}\overset{*}{\nabla}_{\alpha}\ln\varepsilon = \frac{\partial\ln\rho}{\partial t}. \tag{5.2.14}$$

将(5.2.13)代入(5.2.7)第二式,得到连续性方程

$$\overset{*}{\mathrm{div}}(\varepsilon\rho u) = 0. \tag{5.2.15}$$

设流函数 ψ 满足

$$\rho\varepsilon u^{\alpha} = \varepsilon^{\alpha\beta}\overset{*}{\nabla}_{\beta}\psi, \tag{5.2.16}$$

$$\overset{*}{\nabla}_{\beta}\psi = \rho\varepsilon\varepsilon_{\alpha\beta}u^{\alpha}. \tag{5.2.17}$$

显然,(5.2.16)自动满足(5.2.15).实际上,由于 $\varepsilon^{\alpha\beta}$ 的协变导数为0,以及 $\varepsilon^{\alpha\beta}$ 关于指标的反对称性,

$$\mathrm{div}(\varepsilon\rho u) = \overset{*}{\nabla}_{\alpha}(\rho\varepsilon u^{\alpha}) = \overset{*}{\nabla}_{\alpha}(\varepsilon^{\alpha\beta}\nabla_{\beta}\psi) = \varepsilon^{\alpha\beta}\overset{*}{\nabla}_{\alpha}\overset{*}{\nabla}_{\beta}\psi = 0.$$

由(5.2.16)可以得到旋度的法向分量

$$\begin{aligned}\overset{*}{\mathrm{rot}}(u\rho) &= \varepsilon^{\alpha\beta}\overset{*}{\nabla}_{\alpha}(u_{\beta}\rho) = \varepsilon^{\alpha\beta}a_{\beta\lambda}\overset{*}{\nabla}_{\alpha}(u^{\lambda}\rho) = \varepsilon^{\alpha\beta}a_{\beta\lambda}\overset{*}{\nabla}_{\alpha}\left(\frac{1}{\varepsilon}\varepsilon^{\lambda\sigma}\overset{*}{\nabla}_{\sigma}\psi\right)\\ &= a_{\beta\lambda}\varepsilon^{\alpha\beta}\varepsilon^{\lambda\sigma}\overset{*}{\nabla}_{\alpha}\left(\frac{1}{\varepsilon}\overset{*}{\nabla}_{\alpha}\psi\right).\end{aligned}$$

注意到 $\varepsilon^{\alpha\beta}\varepsilon^{\lambda\sigma}a_{\beta\lambda} = -a^{\alpha\sigma}$,故

$$\overset{*}{\mathrm{rot}}(u\rho) = -\overset{*}{\nabla}_{\alpha}\left(\frac{a^{\alpha\beta}}{\varepsilon}\overset{*}{\nabla}_{\beta}\psi\right)\triangleq L\psi. \tag{5.2.18}$$

同理

$$\overset{*}{\mathrm{rot}}u = -\overset{*}{\nabla}_{\alpha}\left(\frac{a^{\alpha\beta}}{\varepsilon\rho}\overset{*}{\nabla}_{\beta}\psi\right)\triangleq L_{\rho}\psi. \tag{5.2.19}$$

另外有

$$\begin{aligned}\overset{*}{\mathrm{rot}}\overset{*}{\mathrm{div}}(\rho uu) &= \varepsilon^{\alpha\beta}a_{\beta\lambda}\overset{*}{\nabla}_{\alpha}(\mathrm{div}(\rho uu^{\lambda})) = \varepsilon^{\alpha\beta}a_{\beta\lambda}\overset{*}{\nabla}_{\alpha}(\overset{*}{\nabla}_{\sigma}(\rho u^{\sigma}u^{\lambda}))\\ &= \varepsilon^{\alpha\beta}a_{\beta\lambda}\overset{*}{\nabla}_{\alpha}\overset{*}{\nabla}_{\sigma}\left(\frac{1}{\varepsilon^{2}\rho}\varepsilon^{\sigma\nu}\overset{*}{\nabla}_{\nu}\psi\varepsilon^{\lambda\mu}\overset{*}{\nabla}_{\mu}\psi\right) = \varepsilon^{\alpha\beta}\varepsilon^{\sigma\nu}\varepsilon^{\lambda\mu}a_{\beta\lambda}\overset{*}{\nabla}_{\alpha}\overset{*}{\nabla}_{\sigma}\left(\frac{1}{\varepsilon^{2}\rho}\overset{*}{\nabla}_{\nu}\psi\overset{*}{\nabla}_{\mu}\psi\right)\end{aligned}$$

$$= - a^{\alpha\mu}\varepsilon^{\sigma\nu} \overset{*}{\nabla}_\alpha \overset{*}{\nabla}_\sigma \left(\frac{1}{\rho\varepsilon^2} \overset{*}{\nabla}_\nu \psi \overset{*}{\nabla}_\mu \psi \right). \tag{5.2.20}$$

将(5.2.18),(5.2.19),(5.2.20)代入(5.2.9)得到流函数的微分方程

$$\frac{\partial}{\partial t} L\psi + \mu \overset{*}{\triangle} L_\rho \psi - a^{\alpha\mu}\varepsilon^{\sigma\nu} \overset{*}{\nabla}_\alpha \overset{*}{\nabla}_\sigma \left(\frac{1}{\rho\varepsilon^2} \overset{*}{\nabla}_\nu \psi \overset{*}{\nabla}_\mu \psi \right) = \overset{*}{\mathrm{rot}} f. \tag{5.2.21}$$

注 5.2.1 可以证明

$$I \triangleq a^{\alpha\beta}\varepsilon^{\sigma\lambda} \overset{*}{\nabla}_\alpha \overset{*}{\nabla}_\sigma \left(\frac{1}{\rho\varepsilon^2} \overset{*}{\nabla}_\lambda \psi \overset{*}{\nabla}_\beta \psi \right)$$

$$= \varepsilon^{\alpha\beta} \overset{*}{\nabla}_\alpha \psi \overset{*}{\nabla}_\beta L_\varepsilon \psi + a^{\alpha\beta}\varepsilon^{\sigma\lambda} \overset{*}{\nabla}_\sigma \left(\frac{1}{\varepsilon^2 \rho} \overset{*}{\nabla}_\beta \psi \right) \overset{*}{\nabla}_\alpha \overset{*}{\nabla}_\lambda \psi, \tag{5.2.22}$$

$$L_\varepsilon \psi = - \overset{*}{\nabla}_\alpha \left(\frac{a^{\alpha\beta}}{\rho\varepsilon^2} \overset{*}{\nabla}_\beta \psi \right). \tag{5.2.23}$$

实际上

$$I = a^{\alpha\beta}\varepsilon^{\sigma\lambda} \nabla_\alpha \left(\nabla_\sigma \left(\frac{1}{\rho\varepsilon^2} \nabla_\beta \psi \right) \cdot \nabla_\lambda \psi + \frac{1}{\varepsilon^2 \rho} \nabla_\beta \psi \nabla_\sigma \nabla_\lambda \psi \right)$$

$$= a^{\alpha\beta}\varepsilon^{\sigma\lambda} \nabla_\alpha \nabla_\sigma \left(\frac{1}{\rho\varepsilon^2} \nabla_\beta \psi \nabla_\lambda \psi \right) + a^{\alpha\beta}\varepsilon^{\sigma\lambda} \nabla_\alpha \left(\frac{1}{\varepsilon^2 \rho} \nabla_\beta \psi \nabla_\sigma \nabla_\lambda \psi \right),$$

由于 $\varepsilon^{\sigma\lambda} \nabla_\sigma \nabla_\lambda \psi = 0$ 以及 $a^{\alpha\beta}$,$\varepsilon^{\alpha\beta}$ 协变导数为 0,再利用 Ricci 公式(3.6.29)

$$\overset{*}{\nabla}_\alpha \overset{*}{\nabla}_\sigma \left(\frac{1}{\rho\varepsilon^2} \overset{*}{\nabla}_\beta \psi \right) = \overset{*}{\nabla}_\sigma \overset{*}{\nabla}_\alpha \left(\frac{1}{\rho\varepsilon^2} \overset{*}{\nabla}_\beta \psi \right) + R^\eta_{\beta\sigma\alpha} \frac{1}{\rho\varepsilon^2} \overset{*}{\nabla}_\eta \psi$$

$$= \overset{*}{\nabla}_\sigma \left(\overset{*}{\nabla}_\alpha \left(\frac{1}{\rho\varepsilon^2} \overset{*}{\nabla}_\beta \psi \right) \right) + R_{\beta\gamma\sigma\alpha} \frac{a^{\eta\gamma}}{\rho\varepsilon^2} \overset{*}{\nabla}_\eta \psi,$$

所以

$$I = \varepsilon^{\sigma\lambda} \overset{*}{\nabla}_\sigma \overset{*}{\nabla}_\alpha \left(\frac{a^{\alpha\beta}}{\rho\varepsilon^2} \overset{*}{\nabla}_\beta \psi \right) \overset{*}{\nabla}_\lambda \psi + a^{\alpha\beta}\varepsilon^{\sigma\lambda} \overset{*}{\nabla}_\sigma \left(\frac{1}{\rho\varepsilon^2} \overset{*}{\nabla}_\beta \psi \right) \overset{*}{\nabla}_\alpha \overset{*}{\nabla}_\lambda \psi$$

$$+ \frac{1}{\rho\varepsilon^2} a^{\alpha\beta}\varepsilon^{\sigma\lambda} a^{\eta\gamma} R_{\beta\gamma\sigma\alpha} \overset{*}{\nabla}_\eta \psi \overset{*}{\nabla}_\lambda \psi.$$

利用公式(3.6.20)

$$a^{\alpha\beta}\varepsilon^{\sigma\lambda} \alpha^{\eta\gamma} R_{\beta\gamma\sigma\alpha} \overset{*}{\nabla}_\eta \psi \overset{*}{\nabla}_\lambda \psi = K a^{\alpha\beta}\varepsilon^{\sigma\lambda} \alpha^{\eta\gamma} \varepsilon_{\beta\gamma}\varepsilon_{\alpha\sigma} \overset{*}{\nabla}_\eta \psi \overset{*}{\nabla}_\lambda \psi$$

$$= K a^{\lambda\beta} a^{\eta\gamma} \varepsilon_{\beta\gamma} \overset{*}{\nabla}_\eta \psi \overset{*}{\nabla}_\lambda \psi = K \varepsilon^{\lambda\eta} \overset{*}{\nabla}_\eta \psi \overset{*}{\nabla}_\lambda \psi = 0.$$

最后,利用 $\varepsilon^{\alpha\beta}$ 关于指标反对称性,得

$$I = - \varepsilon^{\sigma\lambda} \overset{*}{\nabla}_\sigma L_\varepsilon \psi \overset{*}{\nabla}_\lambda \psi + a^{\alpha\beta}\varepsilon^{\sigma\lambda} \overset{*}{\nabla}_\sigma \left(\frac{1}{\rho\varepsilon^2} \overset{*}{\nabla}_\beta \psi \right) \overset{*}{\nabla}_\alpha \overset{*}{\nabla}_\lambda \psi$$

$$= \varepsilon^{\alpha\beta} \overset{*}{\nabla}_\alpha \psi \overset{*}{\nabla}_\beta L_\varepsilon \psi + a^{\alpha\beta}\varepsilon^{\sigma\lambda} \overset{*}{\nabla}_\sigma \left(\frac{1}{\rho\varepsilon^2} \overset{*}{\nabla}_\beta \psi \right) \overset{*}{\nabla}_\alpha \overset{*}{\nabla}_\lambda \psi,$$

将 I 代入(5.2.21)得

$$\frac{\partial}{\partial t}L\psi+\mu\overset{*}{\triangle}L_{\rho}\psi-\varepsilon^{\alpha\beta}\overset{*}{\nabla}_{\alpha}\psi\overset{*}{\nabla}_{\beta}L_{\varepsilon}\psi+a^{\alpha\beta}\varepsilon^{\sigma\lambda}\overset{*}{\nabla}_{\sigma}\left(\frac{1}{\rho\varepsilon^{2}}\overset{*}{\nabla}_{\beta}\psi\right)\overset{*}{\nabla}_{\alpha}\overset{*}{\nabla}_{\lambda}\psi=\overset{*}{\mathrm{rot}}f. \tag{5.2.24}$$

注 5.2.2　如果流动是不可压缩的，则 $\rho=\mathrm{const}$，令 $\rho=1$，由(5.2.13)可知，$\varepsilon=1$，从而(5.2.16)，(5.2.17)变为

$$u^{\alpha}=\varepsilon^{\alpha\beta}\overset{*}{\nabla}_{\beta}\psi,\qquad \overset{*}{\nabla}_{\beta}\psi=\varepsilon_{\alpha\beta}u^{\alpha}, \tag{5.2.25}$$

而

$$L_{\varepsilon}\psi=L\psi=L_{\rho}\psi=-\overset{*}{\triangle}\psi=-a^{\alpha\beta}\overset{*}{\nabla}_{\alpha}\overset{*}{\nabla}_{\beta}\psi. \tag{5.2.26}$$

另外，(5.2.22)中的第二项

$$\begin{aligned}a^{\alpha\beta}\varepsilon^{\sigma\lambda}\overset{*}{\nabla}_{\sigma}\left(\frac{1}{\varepsilon^{2}\rho}\overset{*}{\nabla}_{\beta}\psi\right)\overset{*}{\nabla}_{\alpha}\overset{*}{\nabla}_{\lambda}\psi&=a^{\alpha\beta}\varepsilon^{\sigma\lambda}\overset{*}{\nabla}_{\sigma}\overset{*}{\nabla}_{\beta}\psi\overset{*}{\nabla}_{\alpha}\overset{*}{\nabla}_{\lambda}\psi\\&=\varepsilon^{\sigma\lambda}a^{\alpha\beta}\overset{*}{\nabla}_{\sigma}\overset{*}{\nabla}_{\beta}\psi\overset{*}{\nabla}_{\lambda}\overset{*}{\nabla}_{\alpha}\psi=0.\end{aligned}$$

这里利用 $\varepsilon^{\sigma\lambda}$，$a^{\alpha\beta}$ 关于指标分别为反对称及对称的，因而流函数方程(5.2.21)变为

$$\frac{\partial}{\partial t}\overset{*}{\triangle}\psi+\mu\overset{*}{\triangle}{}^{2}\psi-\varepsilon^{\alpha\beta}\overset{*}{\nabla}_{\alpha}\psi\overset{*}{\nabla}_{\beta}\overset{*}{\triangle}\psi=\overset{*}{\mathrm{rot}}f, \tag{5.2.27}$$

或

$$\frac{\partial}{\partial t}\overset{*}{\triangle}\psi+\mu\overset{*}{\triangle}{}^{2}\psi+\frac{1}{\sqrt{a}}\frac{\partial(\overset{*}{\triangle}\psi,\psi)}{\partial(x^{1},x^{2})}=\overset{*}{\mathrm{rot}}f. \tag{5.2.28}$$

这是二维流形上不可压缩流动，流函数所满足的偏微分方程.

5.3　流面及流面上的流函数方程

如果流动是三维的，那么能否引入流函数？吴仲华于 20 世纪 50 年代提出了流面概念[36]，可以解决这个问题.并且应用于叶轮机械内部三维流动计算以及叶片设计.这一节将流面给予严格的数学定义，并给出流层概念，以及给出流面上一般的流函数定义和它的性质.

设 $(x^{i},i=1,2,3)$ 为任意坐标系，$\boldsymbol{w}(x,t)$ 为流体流动速度，则

$$\frac{\mathrm{d}x}{\mathrm{d}t}=\boldsymbol{w}(x(t),t),\quad x(0)=x_{0} \tag{5.3.1}$$

为通过 x_0 点的流体粒子的运动轨迹.显然，轨迹线上任一点(设这点不是滞止点)，其切线方向为这点流体的速度方向，欧氏空间中曲线 L 上任一点的流体在 t 时刻的速度 $\boldsymbol{w}$ 与 L 相切，那么，称这条曲线 L 为 t 时刻的流线.设 $x=x(l)$ 为这一曲线

L 的参数方程,那么

$$\frac{\mathrm{d}x}{\mathrm{d}l}=w(x(l),t),\qquad t\text{ 固定},\tag{5.3.2}$$

这里 l 是弧长参数.如果流动是定常的,即速度场 $w(x(t))$ 不显含时间 t,那么流体流动的轨迹线与流线相一致,这时它的方程可以写成

$$\frac{\mathrm{d}x}{\mathrm{d}l}=w(x(l)),\quad x\mid_{l=0}=x_0.\tag{5.3.3}$$

定义 5.3.1 一个有向二维流形 S,如果它上面的任一点的速度向量在同一时刻均在它的切平面 TS 上,则称 S 为在t 时刻流面.如果流动是定常的,则流面不随时间变化.任意两测地平行流面间所夹的区域称为流层.

显然,任一流线一定在某一个流面上,两个流面的交线一定是流线.流体所占据的三维区域 Ω 存在无限多流面,可证 Ω 是一个单参数流面族$S(\nu)$ 的并,即

$$\Omega=\bigcup_{\nu}S(\nu).$$

设 $x=(x^i)$ 为欧氏空间 E^3 中一个曲线坐标系,(ξ^1,ξ^2) 为在流面 S 上x_0 邻域 $U(x_0)$ 的 Gauss 坐标系,S 可以表示为参数方程

$$x^i=x^i(\xi^1,\xi^2),\qquad i=1,2,3.$$

设 E^3 在(x^i) 坐标系中度量张量为 g_{ij}. 那么 S 在x 点邻域$U(x_0)$ 内度量张量为

$$a_{\alpha\beta}(x)=g_{ij}(x)\frac{\partial x^i}{\partial\xi^\alpha}\frac{\partial x^j}{\partial\xi^\beta},\qquad x\in U(x_0).$$

下面给出一种选取 S 上 Gauss 坐标系的例子.如果(5.4.3) 中的初值 x_0 依赖于一个参数 τ,那么它的解 $x(l,x_0(\tau))\triangleq x(l,\tau)$ 是一个单参数流线族.此流线族组成流面 S.于是 S 上的 Gauss 坐标系可取为$(\xi^1,\xi^2)=(l,\tau)$.

考察 Jabobi 矩阵

$$J(l,\tau)=\frac{\partial(x^1,x^2,x^3)}{\partial(l,\tau)}=\begin{pmatrix}\dfrac{\partial x^1}{\partial l}&\dfrac{\partial x^2}{\partial l}&\dfrac{\partial x^3}{\partial l}\\[2ex]\dfrac{\partial x^1}{\partial\tau}&\dfrac{\partial x^2}{\partial\tau}&\dfrac{\partial x^3}{\partial\tau}\end{pmatrix},$$

为简单起见,记 $\phi_k^m=\dfrac{\partial x^m}{\partial x_0^k}$,$\phi_k^m$ 满足下列常微分方程组

$$\frac{\partial\phi_k^m}{\partial l}=\frac{\partial w^m}{\partial x^i}\phi_k^i,\quad \phi_k^m\mid_{l=0}=\delta_k^m,$$

于是 $J(l,\tau)$ 可以表示为

$$J(l,\tau)=\begin{pmatrix}w^1&w^2&w^3\\[1ex]\phi_i^1\dfrac{\partial x^i}{\partial\tau}&\phi_i^2\dfrac{\partial x^i}{\partial\tau}&\phi_i^3\dfrac{\partial x^i}{\partial\tau}\end{pmatrix}.$$

在 (l,τ) 坐标系里，S 的度量张量为

$$\begin{cases} a_{11} = g_{ij}\dfrac{\partial x^i}{\partial l}\dfrac{\partial x^j}{\partial l} = g_{ij}w^i w^j = |w|^2, \\ a_{12} = a_{21} = g_{ij}\dfrac{\partial x^i}{\partial l}\dfrac{\partial x^j}{\partial \tau} = g_{ij}w^i\phi^j_k\dfrac{\partial x_0^k}{\partial \tau}, \\ a_{22} = g_{ij}\phi^i_k\phi^j_l\dfrac{\partial x_0^k}{\partial \tau}\dfrac{\partial x_0^l}{\partial \tau}. \end{cases} \tag{5.3.4}$$

5.3.1　流面上的流函数和它的性质

设流面 S 度量张量为 $a_{\alpha\beta}$，且设 $(x^\alpha, x^3 = \xi)$ 为以流面 S 为基础的 S- 族坐标系，那么在 S 上流体速度的第三分量(即在 S 的法方向分量)为 0，即

$$w \cdot n = w^3 = w_3 = 0, \tag{5.3.5}$$

用 $\boldsymbol{e}_\alpha, \boldsymbol{e}^\alpha$ 分别表示流面上的标架向量和共轭标架向量，那么流面上速度场

$$\boldsymbol{w} = w_\alpha \boldsymbol{e}^\alpha = w^\alpha \boldsymbol{e}_\alpha, \tag{5.3.6}$$

可压和不可压的连续性方程为

$$\frac{\partial \rho}{\partial t} + \operatorname{div}(\rho \boldsymbol{w}) = \frac{\partial \rho}{\partial t} + \frac{1}{\sqrt{g}}\frac{\partial}{\partial x^i}(\sqrt{g}\rho w^i) = 0,$$

利用(5.3.5)有

$$\frac{\partial}{\partial x^\alpha}(\sqrt{a}\rho w^\alpha) + \rho\sqrt{a}\frac{\partial w^3}{\partial x^3} + \frac{\partial \rho}{\partial t} = 0, \tag{5.3.7}$$

由一阶偏微分方程理论可知，和(5.2.13)一样，可以引入积分因子 $B(x^\alpha)$，使得

$$w^\alpha \frac{\partial \ln B}{\partial x^\alpha} = \frac{\partial w^3}{\partial x^3} + \frac{1}{\sqrt{a}}\frac{\partial \ln \rho}{\partial t}, \tag{5.3.8}$$

将(5.3.8)代入(5.3.7)后得

$$\frac{\partial}{\partial x^\alpha}(B\sqrt{a}\rho w^\alpha) = 0, \tag{5.3.9}$$

根据(5.3.9)定义流函数 ψ

$$\overset{*}{\nabla}_\alpha \psi \triangleq \frac{\partial \psi}{\partial x^\alpha} = B\rho\varepsilon_{\beta\alpha}w^\beta. \tag{5.3.10}$$

再由 $\varepsilon_{\alpha\beta}\varepsilon^{\alpha\lambda} = \delta^\lambda_\beta$ 可以推出

$$w^\beta = \frac{1}{B\rho}\varepsilon^{\beta\alpha}\overset{*}{\nabla}_\alpha\psi, \qquad w_\alpha = \frac{1}{B\rho}a_{\beta\alpha}\varepsilon^{\beta\lambda}\overset{*}{\nabla}_\lambda\psi. \tag{5.3.11}$$

由(5.3.10)所定义的 ψ 自动满足(5.3.9)．实际上

$$\frac{1}{\sqrt{a}}\frac{\partial}{\partial x^\alpha}(B\sqrt{a}\rho w^\alpha) = \frac{1}{\sqrt{a}}\frac{\partial}{\partial x^\alpha}\left(B\sqrt{a}\rho\frac{1}{B\rho}\varepsilon^{\alpha\lambda}\overset{*}{\nabla}_\lambda\psi\right)$$

$$= \frac{1}{\sqrt{a}}\frac{\partial}{\partial x^\alpha}(\sqrt{a}\varepsilon^{\alpha\lambda}\overset{*}{\nabla}_\lambda\psi) = \overset{*}{\nabla}_\alpha(\varepsilon^{\alpha\lambda}\overset{*}{\nabla}_\lambda\psi)$$

$$= \varepsilon^{\alpha\lambda}\overset{*}{\nabla}_\alpha\overset{*}{\nabla}_\lambda\psi = \varepsilon^{12}(\overset{*}{\nabla}_1\overset{*}{\nabla}_2\psi - \overset{*}{\nabla}_2\nabla_1\psi) = 0,$$

ψ 有以下的性质.

1) 从一个 S - 族坐标系变换到另一 S - 坐标系时，ψ 具有不变形式.

实际上，(5.3.10) 的两边均是流面上一阶张量，它们服从张量变换规律，故在新的 S - 族坐标系中($x^{\alpha'}, x^{3'} = x^3$)，仍然有

$$\overset{*}{\nabla}_{\alpha'}\psi = B\rho\varepsilon_{\beta'\alpha'}w^{\beta'}.$$

2) ψ 沿流面上任一流线其值为常数.

实际上，设 L 为 S 上任一流线，$\boldsymbol{l}$ 为 L 上单位切向量，那么

$$\boldsymbol{w} = W\boldsymbol{l},\quad w^\alpha = Wl^\alpha,\quad w_\alpha = Wl_\alpha,$$

其中 W 是相对速度的大小. 设 A, B 为 L 上任意两个点，那么沿 L 积分 $\mathrm{d}\psi$，得

$$\psi_A - \psi_B = \int_B^A \mathrm{d}\psi = \int_B^A \overset{*}{\nabla}_\alpha\psi \mathrm{d}x^\alpha = \int_B^A B\rho\varepsilon_{\beta\alpha}w^\beta \mathrm{d}x^\alpha$$

$$= \int_B^A B\rho\varepsilon_{\beta\alpha}Wl^\beta \mathrm{d}x^\alpha,$$

利用(3.2.11)得

$$\psi_A - \psi_B = \int_B^A B\rho W s_\alpha \mathrm{d}x^\alpha = \int_B^A B\rho W\boldsymbol{s}\cdot \mathrm{d}\boldsymbol{R},$$

其中 $\boldsymbol{s} = \boldsymbol{n}\times\boldsymbol{l}$，$\mathrm{d}\boldsymbol{R}//\boldsymbol{l}$，故 $\boldsymbol{s}\cdot\mathrm{d}\boldsymbol{R} = 0$，即得 $\psi_A = \psi_B$.

3) 流面 S 上任意两条流线上流函数值之差等于通过夹于此两条流线之间以 $B(x)$ 为厚度流层的流量.

实际上，设 L_1, L_2 为 S 上任意两条流线，流面 S 上曲线 L 分别交 L_1, L_2 于 A，B. 取 $\boldsymbol{s}$ 为 L 的单位切向量，$\boldsymbol{l}$ 为位于 S 切平面内 L 的单位法向量，且 $\boldsymbol{n} = \boldsymbol{l}\times\boldsymbol{s}$，那么，利用(3.2.11) 和(5.3.11)，得 L_1 与 L_2 间以 B 为厚度的流层的流量为

$$\dot{G} = \int_A^B B\rho\boldsymbol{w}\cdot\boldsymbol{l}\mathrm{d}S = \int_A^B B\rho w^\beta l_\beta \mathrm{d}S = \int_A^B \varepsilon^{\beta\alpha}l_\beta\overset{*}{\nabla}_\alpha\psi\mathrm{d}S$$

$$= \int_A^B s^\alpha\overset{*}{\nabla}_\alpha\psi\mathrm{d}S = \int_A^B \overset{*}{\nabla}_\alpha\psi\mathrm{d}x^\alpha = \psi_B - \psi_A. \tag{5.3.12}$$

4) 对任何基于流面 S 的 S - 族坐标系，流量密度 $B\rho W$ 为

$$(B\rho W)^2 = a^{\alpha\beta}\overset{*}{\nabla}_\alpha\psi\cdot\overset{*}{\nabla}\psi_\beta. \tag{5.3.13}$$

实际上，因为 $|W^2| = a_{\alpha\beta}w^\alpha w^\beta$，将(5.3.11)代入得

$$|W|^2 = \frac{1}{B^2\rho^2}a_{\alpha\beta}\varepsilon^{\alpha\lambda}\varepsilon^{\beta\sigma}\overset{*}{\nabla}_\lambda\psi\cdot\overset{*}{\nabla}_\sigma\psi.$$

密度 ρ 是 $\overset{*}{\nabla}_\alpha\psi$ 的函数,对于理想气体,它可以由下式确定

$$\rho^{\gamma+1}-\rho^2+kq=0,\qquad q=a^{\alpha\beta}\overset{*}{\nabla}_\alpha\psi\overset{*}{\nabla}_\beta\psi/B^2,\ \rho\triangleq\rho/\rho_s,\quad(5.3.14)$$

其中 γ 为比热比,$k=(\gamma-1)/(2a_s^2\rho_s^2)$,$\rho_s$,$a_s$ 分别为参考点的密度和音速.

5.4　三维薄区域上的 Navier-Stokes 方程以及在二维流面上的限制

这节将给出三维欧氏空间 E^3 中二维流形 S 邻域内三维 N-S 方程在 S- 族坐标系下的形式,并求出其在 S 上的限制.如果 S 上点的速度场 u 均在 S 的切平面上,且一切平行于 S 的二维流形上的流动,其动力学行为与 S 上一致.这时三维 N-S 方程在 S 上的限制也就是二维流形上的 N-S 方程.

设 Ω 为 E^3 上的一个区域,Ω 在一个方向的尺度与其他两个方向的尺度比较很小,Ω 的边界 $\partial\Omega=\Gamma_b\cup\Gamma_t\cup\Gamma_l$,这里

Γ_b: Ω 的下底,是一个二维流形,用 S 表示,

Γ_t: Ω 的上底,也是一个二维流形,

Γ_l: Ω 的侧面边界,二维流形.

Ω 内所有的点与 S 的距离 $\varepsilon(x^1,x^2)$ 小于 ε_0.薄区域的意思是 ε 很小.假设光滑映射 $\boldsymbol{\pi}:D\subset E^2\to E^3$ 的像

$$S=\{\boldsymbol{\pi}(x^1,x^2):\ \forall(x^1,x^2)\in D\subset E^2\},$$

$\boldsymbol{n}$ 为 S 上的单位法向量,那么区域 Ω 为

$$\Omega=\{\boldsymbol{\Theta}(x^1,x^2,\xi)=\boldsymbol{\pi}(x^1,x^2)+\xi\boldsymbol{n}:\ \forall(x^1,x^2)\in D,0\leqslant\xi\leqslant\varepsilon(x^1,x^2)\},$$

(x^1,x^2,ξ) 是 S- 坐标系的局部坐标.

在 E^3 中,不可压缩黏性流动的方程可以表示为

$$\begin{cases}\dfrac{\partial u}{\partial t}-\nu\triangle u+(u\nabla)u+\nabla p=f,\\ \mathrm{div}u=0.\end{cases}\qquad(5.4.1)$$

这里 u 是流动速度,ν 是动力黏性系数,$\nu=\mu/\rho$,μ 是流体的黏性系数,$p=p/\rho$ 是压力和密度比值,f 是体积力密度.由于在 E^3 中,Laplace 算子 $\triangle$ 作用在向量 u 上,可以表示为

$$\triangle u=\mathrm{grad}\,\mathrm{div}u-\mathrm{rot}\,\mathrm{rot}u,\quad(u\nabla)u=\mathrm{grad}\frac{u^2}{2}-u\times\mathrm{rot}u,\ (5.4.2)$$

利用 $\mathrm{div}u=0$,因此在 E^3 中 N-S 方程也可以表示为

$$\begin{cases}\dfrac{\partial u}{\partial t}+\nu\mathrm{rot}\ \mathrm{rot}u+\mathrm{rot}u\times u+\nabla\left(p+\dfrac{u^2}{2}\right)=f,\\ \mathrm{div}u=0.\end{cases}\tag{5.4.3}$$

由于在 E^3 中,Riemann 曲率张量和 Ricci 曲率张量为 0,为了区分三维和二维情况,凡是带 * 的记号均表示二维流形上的微分算子.这时由(3.9.22)可以得到

$$\begin{cases}(u\nabla)u^\alpha=u^\beta\nabla_\beta u^\alpha+u^3\nabla_3u^\alpha\\ \qquad=u^\beta(\overset{*}{\nabla}_\beta u^\alpha+\theta^{-1}(I^\alpha_\beta u^3+R^\alpha_{\beta\lambda}u^\lambda))+u^3\left(\dfrac{\partial u^\alpha}{\partial\xi}+\theta^{-1}I^\alpha_\lambda u^\lambda\right)\\ \qquad=u^\beta\overset{*}{\nabla}_\beta u^\alpha+\theta^{-1}R^\alpha_{\beta\lambda}u^\beta u^\lambda+u^3\dfrac{\partial u^\alpha}{\partial\xi}+2\theta^{-1}I^\alpha_\lambda u^\lambda u^3,\\ (u\nabla)u^3=u^\beta\nabla_\beta u^3+u^3\nabla_3u^3=u^\beta(\overset{*}{\nabla}_\beta u^3+J_{\beta\lambda}u^\lambda)+u^3\dfrac{\partial u^3}{\partial\xi}.\end{cases}\tag{5.4.4}$$

利用(3.10.1)及(5.4.4),可以得到在薄区域内在 S-族坐标系下的可压和不可压的 Navier-Stokes 方程.动量方程和连续性方程为

$$\begin{aligned}&\rho\left(\frac{\partial u^\alpha}{\partial t}+u^\beta\overset{*}{\nabla}_\beta u^\alpha+\theta^{-1}R^\alpha_{\beta\lambda}u^\beta u^\lambda+u^3\frac{\partial u^\alpha}{\partial\xi}+2\theta^{-1}I^\alpha_\lambda u^\lambda u^3\right)\\&-\mu\left(g^{\beta\sigma}\overset{*}{\nabla}_\beta\overset{*}{\nabla}_\sigma u^\alpha+\theta^{-1}Ku^\alpha+\frac{\partial^2u^\alpha}{\partial\xi^2}-2\theta^{-1}(b^\alpha_\beta+H\delta^\alpha_\beta-2K\delta^\alpha_\beta\xi)\frac{\partial u^\beta}{\partial\xi}\right.\\&+\theta^{-1}g^{\beta\sigma}(2R^\alpha_{\beta\nu}\delta^\mu_\sigma-R^\mu_{\beta\sigma}\delta^\alpha_\nu)\overset{*}{\nabla}_\mu u^\nu+2\theta^{-1}g^{\beta\sigma}I^\alpha_\beta\overset{*}{\nabla}_\sigma u^3\\&+\theta^{-2}g^{\beta\sigma}(2R^\alpha_{\beta\nu}R^\nu_{\sigma\lambda}+\theta\overset{*}{\nabla}_\beta R^\alpha_{\sigma\lambda}-\overset{*}{\nabla}_\beta R^\alpha_{\sigma\lambda})u^\lambda\\&\left.+\theta^{-2}g^{\beta\sigma}(R^\alpha_{\beta\lambda}I^\lambda_\sigma-R^\lambda_{\beta\sigma}I^\alpha_\lambda+\theta\overset{*}{\nabla}_\beta I^\alpha_\sigma-I^\alpha_\sigma\overset{*}{\nabla}_\beta\theta)u^3\right)\\&+g^{\alpha\beta}\overset{*}{\nabla}_\beta\left(p-\frac{1}{3}\mu\mathrm{div}u\right)=f^\alpha,\end{aligned}\tag{5.4.5}$$

$$\begin{aligned}&\rho\left(\frac{\partial u^3}{\partial t}+u^\beta\overset{*}{\nabla}_\beta u^3+J_{\beta\lambda}u^\lambda u^\beta+u^3\frac{\partial u^3}{\partial\xi}\right)-\mu\left(g^{\beta\sigma}\overset{*}{\nabla}_\beta\overset{*}{\nabla}_\sigma u^3+\frac{\partial^2u^3}{\partial\xi^2}\right.\\&+2\theta^{-1}(K\xi-H)\frac{\partial u^3}{\partial\xi}-\theta^{-2}(2K-4H^2+4HK\xi-2K^2\xi^2)u^3\\&\left.-\theta^{-1}(2I^\nu_\lambda\overset{*}{\nabla}_\nu u^\lambda-g^{\beta\sigma}R^\lambda_{\beta\sigma}\overset{*}{\nabla}_\lambda u^3)+g^{\beta\sigma}(\overset{*}{\nabla}_\lambda J_{\sigma\beta}+2\xi b_{\sigma\mu}\overset{*}{\nabla}b^\mu_\beta)u^\lambda\right)\\&+\frac{\partial}{\partial\xi}\left(p-\frac{1}{3}\mu\mathrm{div}u\right)=f^3,\end{aligned}\tag{5.4.6}$$

$$\begin{aligned}&\frac{\partial\rho}{\partial t}+\overset{*}{\mathrm{div}}(\rho u)+\frac{\partial}{\partial\xi}(\rho u^3)+\theta^{-1}(-2H\rho u^3+\xi(2K\rho u^3-2\rho u^\alpha\overset{*}{\nabla}_\alpha H)\\&+\xi^2\rho u^\lambda\nabla_\lambda K)=0.\end{aligned}\tag{5.4.7}$$

能量方程为

$$\rho C_\nu\left(\frac{\partial T}{\partial t}+u^\alpha\overset{*}{\nabla}_\alpha T+u^3\frac{\partial T}{\partial\xi}\right)-\operatorname{div}(\kappa\operatorname{grad}T)+p\operatorname{div}u-\Phi(u)=ph,\tag{5.4.8}$$

其中

$$\begin{aligned}\operatorname{div}(\kappa\operatorname{grad}T)=&\overset{*}{\operatorname{div}}(\kappa\operatorname{grad}T)+\frac{\partial}{\partial\xi}\left(k\frac{\partial T}{\partial\xi}\right)+\xi^2\kappa g^{\alpha\beta}\overset{*}{\nabla}_\beta T\overset{*}{\nabla}_\alpha K\\&+\theta^{-1}\left(-2H\kappa\frac{\partial T}{\partial\xi}+\xi\left(2K\kappa\frac{\partial T}{\partial\xi}-2\kappa g^{\alpha\beta}\overset{*}{\nabla}_\beta T\overset{*}{\nabla}_\alpha H\right)\right),\end{aligned}\tag{5.4.9}$$

耗散函数

$$\begin{aligned}\Phi(u)=&2\mu e^{\alpha\beta}(u)e_{\alpha\beta}(u)+2e^{3\alpha}(u)e_{3\alpha}(u)+e^{33}(u)e_{33}(u)-\frac{2}{3}\mu(\operatorname{div}u)^2\\=&2\mu(g^{\alpha\lambda}g^{\beta\sigma}e_{\lambda\sigma}(u)e_{\alpha\beta}(u)+2g^{\alpha\lambda}e_{3\lambda}(u)e_{3\alpha}(u)+e_{33}(u)e_{33}(u))\\&-\frac{2}{3}\mu(\operatorname{div}u)^2,\end{aligned}\tag{5.4.10}$$

这里 $e_{\alpha\beta}(u)$,$e_{3\alpha}(u)$ 和 $e_{33}(u)$ 可由公式(3.9.26) 给出,它们是 ξ 的二次多项式.

显然,在二维流形上(即 $\xi=0$) 可以得到 Navier-Stokes 方程的表达形式,特别是,如果 S(即 $\xi=0$) 是流面时,那么 N-S 方程在流面上的限制是(注意,$u^3=0$)

$$\begin{aligned}&\rho\frac{\partial u^\alpha}{\partial t}-\mu\left(\frac{\partial^2u^\alpha}{\partial\xi^2}-2(b^\alpha_\beta+H\delta^\alpha_\beta)\frac{\partial u^\beta}{\partial\xi}+\overset{*}{\Delta}u^\alpha+Ku^\alpha\right)\\&+\rho u^\beta\overset{*}{\nabla}_\beta u^\alpha+a^{\alpha\beta}\overset{*}{\nabla}_\beta\left(p-\frac{1}{3}\mu\left(\overset{*}{\operatorname{div}}u+\frac{\partial u^3}{\partial\xi}\right)\right)=f^\alpha,\end{aligned}\tag{5.4.11}$$

$$\begin{aligned}&-\mu\left(\left(\frac{\partial^2u^3}{\partial\xi^2}-2H\frac{\partial u^3}{\partial\xi}\right)+b^\beta_\lambda\overset{*}{\nabla}_\beta u^\lambda-a^{\beta\sigma}\overset{*}{\nabla}_\beta b_{\sigma\lambda}u^\lambda\right)+\rho b_{\alpha\beta}u^\alpha u^\beta\\&+\frac{\partial}{\partial\xi}\left(p-\frac{1}{3}\mu\overset{*}{\operatorname{div}}u\right)-\frac{1}{3}\mu\left(\frac{\partial^2u^3}{\partial\xi^2}-2H\frac{\partial u^3}{\partial\xi}-2u^\alpha\overset{*}{\nabla}_\alpha H\right)=f^3,\end{aligned}\tag{5.4.12}$$

$$\frac{\partial\rho}{\partial t}+\overset{*}{\operatorname{div}}(\rho u)+\frac{\partial\rho u^3}{\partial\xi}=0,\tag{5.4.13}$$

$$\begin{aligned}&\rho C_\nu\left(\frac{\partial T}{\partial t}+u^\alpha\overset{*}{\nabla}_\alpha T\right)-\overset{*}{\operatorname{div}}(k\overset{*}{\operatorname{grad}}T)-\frac{1}{\sqrt{a}}\frac{\partial}{\partial\xi}\left(k\frac{\partial T}{\partial\xi}\right)\\&+p\left(\overset{*}{\operatorname{div}}u+\frac{\partial u^3}{\partial\xi}\right)-\Phi_0(u)=\rho h,\end{aligned}\tag{5.4.14}$$

其中 $\Phi_0(u)$ 是流面 S 上的耗散函数,由(3.9.26),(3.9.28),得

$$\begin{aligned}\Phi_0(u)=&2\mu a^{\alpha\lambda}a^{\beta\sigma}\overset{*}{e}_{\lambda\sigma}(u)\overset{*}{e}_{\alpha\beta}(u)+\mu a_{\alpha\beta}\frac{\partial u^\alpha}{\partial\mu}\frac{\partial u^\beta}{\partial\xi}+2\mu\left(\frac{\partial u^3}{\partial\xi}\right)^2\\&-\frac{2}{3}\mu\left(\overset{*}{\operatorname{div}}u+\frac{\partial u^3}{\partial\xi}\right)^2.\end{aligned}\tag{5.4.15}$$

令

$$l^\alpha(u)=\left(\frac{\partial^2 u^\alpha}{\partial\xi^2}-2(b^\alpha_\beta+H\delta^\alpha_\beta)\frac{\partial u^\beta}{\partial\xi}\right),\tag{5.4.16}$$

$$F^\alpha(u)=f^\alpha+l^\alpha(u),\tag{5.4.17}$$

联立(5.4.11)和(5.4.13),可以得到 N-S 方程在流面上的限制形式

$$\begin{aligned}&\frac{\partial}{\partial t}(\rho u^\alpha)-\mu(\overset{*}{\triangle}u^\alpha+Ku^\alpha)+\overset{*}{\mathrm{div}}(\rho uu^\alpha)\\&+a^{\alpha\beta}\overset{*}{\nabla}_\beta\left(p-\frac{1}{3}\mu\left(\overset{*}{\mathrm{div}}u+\frac{\partial u^3}{\partial\xi}\right)\right)=F^\alpha.\end{aligned}\tag{5.4.18}$$

将(5.2.24)代入上式,于是流面上函数 ψ 的方程为

$$\frac{\partial}{\partial t}L\psi+\mu\overset{*}{\triangle}L_\rho\psi-\varepsilon^{\alpha\beta}\overset{*}{\nabla}_\alpha\psi\overset{*}{\nabla}_\beta L_B\psi+a^{\alpha\beta}\varepsilon^{\sigma\lambda}\overset{*}{\nabla}_\sigma\left(\frac{1}{\rho B^2}\overset{*}{\nabla}_\beta\psi\right)\overset{*}{\nabla}_\alpha\overset{*}{\nabla}_\lambda\psi=\overset{*}{\mathrm{rot}}F(u),\tag{5.4.19}$$

其中 L,L_p 和 L_B 定义如下:

$$L\psi=-\overset{*}{\nabla}_\alpha\left(\frac{a^{\alpha\beta}}{B}\overset{*}{\nabla}_\beta\psi\right),\quad L_\rho\psi=-\overset{*}{\nabla}_\alpha\left(\frac{a^{\alpha\beta}}{B\rho}\overset{*}{\nabla}_\beta\psi\right),\quad L_B\psi=-\overset{*}{\nabla}_\alpha\left(\frac{a^{\alpha\beta}}{\rho B^2}\overset{*}{\nabla}_\beta\psi\right).$$

回到(5.4.12),利用 Gadazzi 方程(3.6.22)可以推出

$$a^{\beta\sigma}\overset{*}{\nabla}_\beta b_{\sigma\lambda}=\overset{*}{\nabla}_\beta b^\beta_\lambda=\overset{*}{\nabla}_\lambda b^\beta_\beta=2\overset{*}{\nabla}_\lambda H.$$

因此(5.4.12)可以写成

$$\begin{aligned}&-\frac{4}{3}\mu\left(\frac{\partial^2u^3}{\partial\xi^2}-2H\frac{\partial u^3}{\partial\xi}+\frac{3}{4}b^\beta_\lambda\overset{*}{\nabla}_\beta u^\lambda-2u^\lambda\overset{*}{\nabla}_\lambda H\right)\\&+\rho b_{\alpha\beta}u^\alpha u^\beta+\frac{\partial p}{\partial\xi}-\frac{\mu}{3}\frac{\partial}{\partial\xi}\overset{*}{\mathrm{div}}u=f^3,\end{aligned}\tag{5.4.20}$$

方程(5.4.19)是三维的.因为右端 $\overset{*}{\mathrm{rot}}F(u)$ 包含 u 对 ξ 的导数,它体现了流面之间由于相互摩擦而损失的部分.方程(5.4.20) 表示外力在流面法线方向的分量 f^3 要与流面曲率张量相平衡.由于应力张量在法向分量正比于曲面平均曲率,在 S- 族坐标系下,可表示为 $\sigma^{33}(u)=\tau H$,τ 为比例因子,因此

$$\sigma^{33}(u)=2\mu e^{33}(u)-g^{33}p=2\mu\frac{\partial u^3}{\partial\xi}-p=-\tau H,$$

代入(5.4.20)后得到流面法向方向的平衡方程

$$\begin{aligned}&\frac{\partial}{\partial\xi}(p+2\tau H-\mu\overset{*}{\mathrm{div}}u)+6Hp-4\tau H^2-3\mu b^\beta_\lambda\overset{*}{\nabla}_\beta u^\lambda+4\mu u^\lambda\overset{*}{\nabla}_\lambda H\\&+3\rho b_{\alpha\beta}u^\alpha u^\beta=3f^3.\end{aligned}\tag{5.4.21}$$

5.5　在透平机械内部三维流动中的应用

叶轮机械包括涡轮喷气发动机,燃气轮机,蒸汽轮机鼓风机、压气机以及水泵等等流体机械,它们均是利用叶轮旋转,使旋转流体状态发生变化达到预先设计的目的:要么高温高压气体通过旋转达到对外做功;要么外力对叶轮做功,使低压进口流体达到高压出口. 通过旋转流动达到能量转换.

叶轮有相间排列的叶片,由相邻两叶片及轮盘,轮盖所围成的空间构成叶轮通道. 复杂的叶片形状使得叶轮通道几何结构复杂,其通道内的流动远比通常管道流动和飞行器在大气中飞行时的绕流更为复杂. 人们利用叶片的几何形状,使叶轮效率达到尽可能地高.

在稳定运行中的叶轮,是以额定转速 $\boldsymbol{\omega}$ 旋转的,在地面上的观察者看来通道内的流动是非定常的,常用方法是把坐标系固定在叶轮转子上,坐标系与叶轮以同样的角速 $\boldsymbol{\omega}$ 旋转,这样的坐标系是非惯性的,在这样坐标系中,观察者看到的通道内部流动,通常是定常的.

5.5.1　旋转坐标系下的 N-S方程

惯性坐标系中的流体速度称为绝对速度,记为 $\boldsymbol{u}$,在旋转的非惯性坐标中,流体相对于该坐标系的流动速度,称为相对速度,记为 $\boldsymbol{w}$. 容易验证旋转坐标中任一点 P,将其向径记为 $\boldsymbol{R}$,则坐标系在该点的绝对速度为 $\boldsymbol{\omega}\times\boldsymbol{R}$,其中 $\boldsymbol{\omega}$ 是它的角速度向量,它的大小为 ω, 方向与旋转轴正方向一致,根据速度合成原理,有

$$\boldsymbol{u} = \boldsymbol{w} + \boldsymbol{\omega}\times\boldsymbol{R}.$$

同样,称惯性坐标系中的加速度为绝对加速度,在非惯性坐标系中的加速度为相对加速度,因此

$$\boldsymbol{a} = \frac{\mathrm{d}\boldsymbol{u}}{\mathrm{d}t} = \frac{\partial \boldsymbol{w}}{\partial t} + (\boldsymbol{w}\nabla)\boldsymbol{w} + 2\boldsymbol{w}\times\boldsymbol{\omega} + \boldsymbol{\omega}\times(\boldsymbol{\omega}\times\boldsymbol{R}),$$

其中右端第一,二两项为相对加速度,第三项为柯氏加速度,第四项为向心加速度.

若旋转坐标系取圆柱坐标系,$(\boldsymbol{e}_r,\boldsymbol{e}_\varphi,\boldsymbol{k})$ 为标架向量,那么

$$\begin{aligned}\boldsymbol{\omega}\times(\boldsymbol{\omega}\times\boldsymbol{R}) &= \omega\boldsymbol{k}\times(\omega\boldsymbol{k}\times(r\boldsymbol{e}_r + z\boldsymbol{k}))\\ &= \omega^2 r\boldsymbol{k}\times(\boldsymbol{k}\times\boldsymbol{e}_r) + \omega^2 z\boldsymbol{k}\times(\boldsymbol{k}\times\boldsymbol{k}).\end{aligned}$$

由于

$$\boldsymbol{k}\times(\boldsymbol{k}\times\boldsymbol{k}) = 0,\qquad \boldsymbol{k}\times\boldsymbol{e}_r = \boldsymbol{e}_\varphi,\qquad \boldsymbol{k}\times\boldsymbol{e}_\varphi = -\boldsymbol{e}_r,$$

因而

$$\boldsymbol{\omega}\times(\boldsymbol{\omega}\times\boldsymbol{R}) = -\omega^2\boldsymbol{r},$$

其中 $\boldsymbol{r}$ 为观察点到旋转轮的垂直距离,方向指向与观察点的 e_r 相一致. 那么在旋转坐标系中,通道内 N-S 方程可以表示为

$$\begin{cases}\dfrac{\partial\rho}{\partial t}+\operatorname{div}(\rho\boldsymbol{w})=0,\\ \dfrac{\partial\boldsymbol{w}}{\partial t}-\mu\triangle\boldsymbol{w}+\rho(\boldsymbol{w}\nabla)\boldsymbol{w}-2\rho\boldsymbol{\omega}\times\boldsymbol{w}+\nabla\left(p-\dfrac{\mu}{3}\operatorname{div}\boldsymbol{w}\right)=\boldsymbol{f}+\rho\omega^2\boldsymbol{r},\\ \rho C_V\left(\dfrac{\partial T}{\partial t}+(\boldsymbol{w}\nabla)T\right)-\operatorname{div}(\kappa\ \operatorname{giad}T)+p\operatorname{div}\boldsymbol{w}-\Phi(\boldsymbol{w})=\rho h,\\ p=p(\rho,T),\end{cases}\tag{5.5.1}$$

这里耗散函数

$$\Phi(\boldsymbol{w})=-\frac{2}{3}\mu(\operatorname{div}\boldsymbol{w})^2+2\mu e^{ij}(\boldsymbol{w})e_{ij}(\boldsymbol{w}).\tag{5.5.2}$$

当流动是无黏时,略去体积力 f 和热源,并利用向量运算公式

$$\nabla\left(\frac{\boldsymbol{w}^2}{2}\right)=\boldsymbol{w}\times\operatorname{rot}\boldsymbol{w}+(\boldsymbol{w}\nabla)\boldsymbol{w},$$

则对于理想气体流动,即无黏流动,由于 $\boldsymbol{\omega}\times\boldsymbol{w}=-\boldsymbol{w}\times\boldsymbol{\omega}$, 所以(5.5.1)变为

$$\begin{cases}\dfrac{\partial\rho}{\partial t}+\operatorname{div}(\rho\boldsymbol{w})=0,\\ \dfrac{\partial\boldsymbol{w}}{\partial t}-\boldsymbol{w}\times\operatorname{rot}\boldsymbol{w}+2\boldsymbol{w}\times\boldsymbol{\omega}-\omega^2\boldsymbol{r}+\dfrac{1}{\rho}\nabla p+\nabla\left(\dfrac{w^2}{2}\right)=\boldsymbol{f},\\ \rho C_V\left(\dfrac{\partial T}{\partial t}+w^j\nabla_jT\right)-\operatorname{div}(\kappa\ \operatorname{grad}T)+p\operatorname{div}\boldsymbol{w}=0,\\ p=R\rho T,\end{cases}\tag{5.5.3}$$

其中 R 为普适常数. 为了简化能量方程,利用热力学已知定律,引入熵 s,流体单位质量热焓 i 及内能 e, 则

$$i=e+p/\rho,\qquad e=C_VT.\quad T\mathrm{d}s=\mathrm{d}q,\quad q\text{ 为热量},\tag{5.5.4}$$

热力学第一定律: $\mathrm{d}q=\mathrm{d}e+p\mathrm{d}\left(\dfrac{1}{\rho}\right)$, (5.5.5)

因此

$$T\mathrm{d}s=\mathrm{d}e+p\mathrm{d}\left(\frac{1}{\rho}\right)=\mathrm{d}i-\frac{1}{\rho}\mathrm{d}p,\tag{5.5.6}$$

引入转焓 I

$$I=i+\frac{1}{2}w^2-\frac{1}{2}\omega^2r^2,$$

注意到 $\nabla r^2=2\boldsymbol{r}=2re_r$, 将(5.5.6)及

$$\nabla I=\nabla i+\nabla\left(\frac{w^2}{2}\right)-\omega^2\boldsymbol{r}=T\nabla S+\frac{1}{\rho}\nabla p+\nabla\left(\frac{1}{2}w^2\right)-\omega^2\boldsymbol{r}$$

代入(5.5.3)第二式,得

$$w \times \mathrm{rot} w + 2w \times \boldsymbol{\omega} = \nabla I - T \nabla s. \tag{5.5.7}$$

对理想气体,熵可以表示为

$$s = R\ln(T^{\frac{\gamma}{\gamma-1}}/p), \tag{5.5.8}$$

其中 γ 为比热比. 并且可以证明,转焓满足

$$\frac{\partial I}{\partial t} + (w\nabla)I = \frac{1}{\rho}\frac{\partial p}{\partial t}.$$

对于定常流动,则 $(w\nabla)I = 0$, 即沿流线,转焓为常数. 因此,得到可压理想气体的封闭方程组为

$$\begin{cases} \dfrac{\partial \rho}{\partial t} + \mathrm{div}(\rho w) = 0, \\ -\dfrac{\partial w}{\partial t} + w \times \mathrm{rot} w + 2w \times \boldsymbol{\omega} = T\nabla s - \nabla I, \\ (w\nabla)I = 0, \end{cases} \tag{5.5.9}$$

其中

$$I = C_p T + \frac{1}{2}w^2 - \frac{\omega^2}{2}r^2, \quad s = R\ln(T^{\frac{\gamma}{\gamma-1}}/p), \quad p = \rho RT.$$

(5.5.9)是 8 个方程、8 个未知数 (w, p, ρ, T, S, I) 组成的封闭方程组.

5.5.2　无黏流动流函数方程

(5.5.9)中的动量方程在 S- 坐标系下,利用 $w \times \omega = \varepsilon^{ijk} w_j \omega_k e_i$ 以及 $\varepsilon^{3\alpha\beta} = \theta^{-1}\varepsilon^{\alpha\beta}$, 可写成

$$\begin{aligned} -\frac{\partial w^\alpha}{\partial t} &+ \theta^{-1}\varepsilon^{\alpha\beta} g_{\beta\lambda}(w^\lambda(\mathrm{rot} w)^3 - w^3(\mathrm{rot} w)^\lambda) \\ &+ 2\alpha^{-1}\varepsilon^{\alpha\beta} g_{\beta\lambda}(w^3\omega^\lambda - w^\lambda\omega^3) = g^{\alpha\beta}(T\nabla_\beta S - \nabla_\beta I), \\ -\frac{\partial w^3}{\partial t} &+ \theta^{-1}\varepsilon^{\alpha\beta} g_{\alpha\lambda} g_{\beta\sigma} w^\lambda (\mathrm{rot} w)^\sigma + 2\theta^{-1}\varepsilon^{\alpha\beta} g_{\alpha\lambda} g_{\beta\sigma} w^\lambda \omega^\sigma = T\frac{\partial S}{\partial \xi} - \frac{\partial I}{\partial \xi}. \end{aligned}$$

在流面上,由于 $\xi = 0, w^3 = 0$, 将(3.9.9)代入上两式后得到

$$-\frac{\partial w^\alpha}{\partial t} + \varepsilon^{\alpha\beta} a_{\beta\lambda} w^\lambda \overset{*}{\mathrm{rot}} w - 2\varepsilon^{\alpha\beta} a_{\beta\lambda} w^\lambda \omega^3 = a^{\alpha\beta}(T\nabla_\beta S - \nabla_\beta I), \tag{5.5.10}$$

$$\varepsilon^{\alpha\beta} a_{\alpha\lambda} a_{\beta\sigma} w^\lambda \left(\varepsilon^{\sigma\gamma}\left(-a_{\gamma\eta}\frac{\partial w^\eta}{\partial \xi} + 2b_{\gamma\eta} w^\eta\right)\right) + 2\varepsilon^{\alpha\beta} a_{\alpha\lambda} a_{\beta\sigma} w^\lambda \omega^\sigma = T\frac{\partial S}{\partial \xi} - \frac{\partial T}{\partial \xi}. \tag{5.5.11}$$

利用 $\varepsilon^{\alpha\beta}\varepsilon^{\sigma\gamma} a_{\beta\sigma} = -a^{\alpha\gamma}$, (5.5.11)可以改写为

$$-a_{\alpha\beta} w^\alpha \frac{\partial w^\beta}{\partial \xi} + 2b_{\alpha\beta} w^\alpha w^\beta + 2\varepsilon_{\alpha\beta} w^\alpha \omega^\beta = T\frac{\partial S}{\partial \xi} - \frac{\partial I}{\partial \xi}. \tag{5.5.12}$$

由(5.3.10)所定义的流函数,并且注意到

$$\overset{*}{\mathrm{rot}}w = -\overset{*}{\nabla}_{\alpha}\left(\frac{a^{\alpha\beta}}{B\rho}\overset{*}{\nabla}_{\beta}\psi\right) \triangleq L_{\rho}\psi, \tag{5.5.13}$$

代入(5.5.10),那么,可以得到流函数方程

$$-\frac{\partial}{\partial t}\left(\frac{\varepsilon^{\alpha\beta}}{B\rho}\overset{*}{\nabla}_{\beta}\psi\right) - \frac{a^{\alpha\beta}}{B\rho}\overset{*}{\nabla}_{\beta}\psi L_{\rho}\psi - 2\frac{a^{\alpha\beta}}{B\rho}\overset{*}{\nabla}_{\beta}\psi\omega^3 = a^{\alpha\beta}(T\nabla_{\beta}S - \nabla_{\beta}I). \tag{5.5.14}$$

这是无黏流动叶轮通道内流面上的流函数方程.(5.5.12)是流面法向的平衡方程.

5.5.3 有黏流动的流函数方程

当流动是有黏时,在流面上可以得到方程(5.4.18),不过这时,在方程左边需加一项 Corioli 力

$$2w \times \omega \mid_S = 2\varepsilon^{ijk}w_j\omega_k\boldsymbol{e}_i,$$

因而

$$2\varepsilon^{\alpha jk}w_j\omega_k = 2\varepsilon^{\alpha\beta3}(w_{\beta}\omega_3 - w_3\omega_{\beta}) = 2\theta^{-1}\varepsilon^{\alpha\beta}g_{\beta\lambda}(w^{\lambda}\omega^3 - w^3\omega^{\lambda}),$$

$$2\varepsilon^{\alpha jk}w_j\omega_k \mid_S = 2\varepsilon^{\alpha\beta}a_{\beta\lambda}w^{\lambda}\omega^3;$$

另外在右边要增加一项离心力

$$-\omega^2\boldsymbol{r} = -\omega^2 r^{\alpha}\boldsymbol{e}_{\alpha} - \omega^2(r)^3\boldsymbol{n},$$

如果仍然用 F^{α} 记左端,那么

$$F^{\alpha} = f^{\alpha} + \mu\left(\frac{\partial^2 w^{\alpha}}{\partial\xi^2}\right) - 2(b^{\alpha}_{\beta} + H\partial^{\alpha}_{\beta})\frac{\partial w^{\beta}}{\partial\xi} - \omega^2\gamma^{\alpha}. \tag{5.5.15}$$

因而在流面上的动量方程为

$$\begin{aligned}&\frac{\partial}{\partial t}(\rho w^{\alpha}) - \mu(\overset{*}{\triangle}w^{\alpha} + Kw^{\alpha}) + \overset{*}{\mathrm{div}}(\rho w w^{\alpha})\\&\quad + 2\rho\varepsilon^{\alpha\beta}a_{\beta\lambda}w^{\lambda}\omega^3 + a^{\alpha\beta}\overset{*}{\nabla}_{\beta}\left(p - \frac{\mu}{3}\left(\overset{*}{\mathrm{div}}w + \frac{\partial w^3}{\partial\xi}\right)\right) = F^{\alpha}.\end{aligned} \tag{5.5.16}$$

两边作用算子 $\varepsilon^{\beta\lambda}a_{\lambda\alpha}\overset{*}{\nabla}_{\beta} \triangleq \overset{*}{\mathrm{rot}}$ 之后,利用定理 5.2.1 得

$$\begin{aligned}&\frac{\partial}{\partial t}\overset{*}{\mathrm{rot}}(\rho w) - \mu\overset{*}{\triangle}\overset{*}{\mathrm{rot}}w + \overset{*}{\mathrm{rot}}\,\overset{*}{\mathrm{div}}(\rho w w)\\&\quad + 2\varepsilon^{\beta\lambda}a_{\lambda\alpha}\overset{*}{\nabla}_{\beta}(\varepsilon^{\alpha\sigma}a_{\sigma\nu}w^{\nu}\omega^3) = \overset{*}{\mathrm{rot}}F,\end{aligned} \tag{5.5.17}$$

由于

$$\varepsilon^{\beta\lambda}a_{\lambda\alpha}\varepsilon^{\alpha\sigma}a_{\sigma\nu} = -a^{\beta\sigma}a_{\sigma\nu} = -\delta^{\beta}_{\nu},$$

因此,(5.5.7)左边第 4 项为 $-2\overset{*}{\nabla}_{\beta}(\rho w^{\beta}\omega^3) = -2\,\overset{*}{\mathrm{div}}(\rho w\omega^3)$, 利用流函数定义(5.3.10),

$$\overset{*}{\mathrm{rot}}(\rho w) = \varepsilon^{\alpha\beta}\overset{*}{\nabla}_\alpha(a_{\beta\lambda}\rho w^\lambda) = \varepsilon^{\alpha\beta}\overset{*}{\nabla}_\alpha\left(a_{\beta\lambda}\frac{\varepsilon^{\lambda\sigma}}{B}\overset{*}{\nabla}_\sigma\psi\right)$$

$$= -\overset{*}{\nabla}_\alpha\left(\frac{a^{\alpha\beta}}{B}\overset{*}{\nabla}_\beta\psi\right) = -L\psi, \tag{5.5.18}$$

$$\overset{*}{\mathrm{div}}(\rho w\omega^3) = \overset{*}{\nabla}_\alpha(\rho w^\alpha\omega^3) = \overset{*}{\nabla}_\alpha\left(\frac{\varepsilon^{\alpha\beta}}{B}\overset{*}{\nabla}_\beta\psi\omega^3\right), \tag{5.5.19}$$

由(5.3.11),

$$\overset{*}{\mathrm{rot}}\,\overset{*}{\mathrm{div}}(\rho w w) = a^{\alpha\eta}\varepsilon^{\sigma\nu}\overset{*}{\nabla}_\alpha\overset{*}{\nabla}_\sigma\left(\frac{1}{B^2\rho}\overset{*}{\nabla}_\nu\psi\overset{*}{\nabla}_\eta\psi\right) \tag{5.5.20}$$

$$\overset{*}{\mathrm{rot}} w = -\overset{*}{\nabla}_\alpha\left(\frac{a^{\alpha\beta}}{B\rho}\overset{*}{\nabla}_\beta\psi\right) \triangleq L_\rho\psi, \tag{5.5.21}$$

将以上各式代入(5.5.17)得

$$-\frac{\partial}{\partial t}L\psi - \mu\overset{*}{\triangle}L_\rho\psi - a^{\alpha\beta}\varepsilon^{\sigma\lambda}\overset{*}{\nabla}_\alpha\overset{*}{\nabla}_\sigma\left(\frac{1}{B^2\rho}\overset{*}{\nabla}_\lambda\psi\overset{*}{\nabla}_\beta\psi\right)$$

$$-2\overset{*}{\nabla}_\alpha\left(\frac{a^{\alpha\beta}}{B\rho}\overset{*}{\nabla}_\beta\psi\omega^3\right) = \overset{*}{\mathrm{rot}}F. \tag{5.5.22}$$

(5.5.22)是叶轮通道内流面上黏性流动流函数所满足的方程.

在动量的第三个方程(5.4.21)式中加 Corioli 力 $\varepsilon_{\lambda\sigma}w^\lambda\omega^\sigma$ 后得

$$\frac{\partial}{\partial\xi}(p + 2\tau H - \mu\,\overset{*}{\mathrm{div}}w) + GHp - 4\tau H^2 - 3\mu b_\lambda^\beta\overset{*}{\nabla}_B w^\lambda + 4\mu\omega^\lambda\overset{*}{\nabla}_\lambda H$$

$$+ 3\rho b_{\alpha\beta}w^\alpha w^\beta + 6\varepsilon_{\lambda\sigma}w^\lambda\omega^\sigma = f^3, \tag{5.5.23}$$

它是法向平衡方程,是流面之间的能量交换方程.

为了得到流面 S 上的能量方程,在(3.9.26) 和(3.9.28) 中令 $\xi = 0$,注意 $w^3 = 0$. 那么

$$e^{\alpha\beta}(w) = \overset{*}{e}{}^{\alpha\beta}(w), \quad e^{3\alpha}(w) = e^{\alpha 3}(w) = \frac{1}{2}\frac{\partial w^\alpha}{\partial\xi}, \quad e^{33}(w) = \frac{\partial w^3}{\partial\xi}.$$

由流函数定义,有

$$e^{ij}(w)e_{ij}(w) = \frac{1}{2}a^{\lambda\delta\gamma\sigma}\nabla_\lambda\left(\frac{1}{B\rho}\overset{*}{\nabla}_\gamma\psi\right)\overset{*}{\nabla}_\delta\left(\frac{1}{B\rho}\overset{*}{\nabla}_\sigma\psi\right)$$

$$+\left(\frac{1}{B^2\rho}\varepsilon^{\alpha\beta}\overset{*}{\nabla}_\alpha B\overset{*}{\nabla}_\beta\psi\right)^2 + \frac{1}{2}a_{\alpha\beta}\frac{\partial w^\alpha}{\partial\xi}\frac{\partial w^\beta}{\partial\xi},$$

$$\mathrm{div}w = B^{-1}\overset{*}{\nabla}_\alpha(\rho^{-1}\varepsilon^{\alpha\beta}\overset{*}{\nabla}_\beta\psi),$$

其中

$$a^{\lambda\delta\gamma\sigma} = a^{\lambda\delta}a^{\gamma\sigma} + \varepsilon^{\delta\gamma}\varepsilon^{\lambda\sigma}.$$

记

$$\Phi_0(w)\mid_{\xi=0} = -\frac{2}{3}\mu\left(\frac{1}{B}\overset{*}{\nabla}_\alpha\left(\frac{\varepsilon^{\alpha\beta}}{\rho}\overset{*}{\nabla}_\beta\psi\right)\right)^2 + \frac{1}{2}a_{\alpha\beta}\frac{\partial w^\alpha}{\partial\xi}\frac{\partial w^\beta}{\partial\xi}$$

$$+2a^{\lambda\delta\gamma\sigma}\overset{*}{\nabla}_{\lambda}\left(\frac{1}{B\rho}\overset{*}{\nabla}_{\gamma}\psi\right)\overset{*}{\nabla}_{\sigma}\left(\frac{1}{B\rho}\overset{*}{\nabla}_{\sigma}\psi\right)+\left(\frac{1}{B^{2}\rho}\varepsilon^{\alpha\beta}\overset{*}{\nabla}_{\alpha}B\overset{*}{\nabla}_{\beta}\psi\right)^{2},$$

故在流面 S 上的能量方程为

$$-\kappa\overset{*}{\Delta}T+C_V(\varepsilon^{\alpha\beta}\overset{*}{\nabla}_{\beta}\psi\overset{*}{\nabla}_{\alpha}T)+p\left(\frac{1}{B}\overset{*}{\nabla}_{\alpha}\left(\frac{1}{\rho}\varepsilon^{\alpha\beta}\overset{*}{\nabla}_{\beta}\psi\right)\right)^{2}-\Phi_0(\boldsymbol{w})$$
$$=\kappa\left(\frac{\partial^2 T}{\partial\xi^2}-2H\frac{\partial T}{\partial\xi}\right)+\frac{\mu}{2}a_{\alpha\beta}\frac{\partial w^{\alpha}}{\partial\xi}\frac{\partial w^{\beta}}{\partial\xi}. \tag{5.5.24}$$

5.5.4 边界条件

设透平流道内流面 S 的边界 $\Gamma=\Gamma_0\cup\Gamma_s\cup\Gamma_p$，其中 Γ_0 为进出口边界，在 Γ_0 上是自然边界条件；Γ_s 为固壁边界，由流函数性质，故在 Γ_s 上为强加边界条件；$\Gamma_p=\Gamma_{p_1}\cup\Gamma_{p_2}$ 为人工边界，在 Γ_{p_1} 和 Γ_{p_2} 上满足周期性条件. 因此，其边界条件为

$$\begin{cases}\dfrac{1}{B\rho}a^{\alpha\beta}\overset{*}{\nabla}_{\beta}\psi\cdot\tau_{\alpha}\big|_{\Gamma_0}=g_0,\ \psi\big|_{\Gamma_s}=\psi_s,\\ \psi\big|_{\Gamma_{p_1}}=\psi\big|_{\Gamma_{p_2}}+\dot{G},\\ \dfrac{1}{B\rho}a^{\alpha\beta}\overset{*}{\nabla}_{\beta}\psi\cdot\tau_{\alpha}\big|_{\Gamma_{p_1}}=\dfrac{-1}{B\rho}a^{\alpha\beta}\overset{*}{\nabla}_{\beta}\psi\cdot\tau_{\alpha}\big|_{\Gamma_{p_2}},\end{cases} \tag{5.5.25}$$

其中 τ 为 Γ_0 或 Γ_p 的外法线单位向量(在 S 的切平面内).

边界条件(5.5.25) 中，g_0 可以由进出口的速度决定. 实际上，

$$g_0=\frac{1}{B\rho}a^{\alpha\beta}B\rho\varepsilon_{\sigma\beta}w^{\sigma}\tau_{\alpha}\big|_{\Gamma_0}=a^{\alpha\beta}\tau_{\alpha}\varepsilon_{\sigma\beta}w^{\sigma}\big|_{\Gamma_0}=\varepsilon_{\sigma\beta}\tau^{\beta}w^{\sigma}\big|_{\Gamma_0}=l_{\sigma}w^{\sigma}\big|_{\Gamma_0}.$$

即在 Γ_0 上

$$g_0=\boldsymbol{l}\cdot\boldsymbol{w}\big|_{\Gamma_0}, \tag{5.5.26}$$

其中 $\boldsymbol{l}$ 为 Γ_0 的单位切向量，且 $\boldsymbol{n}=\boldsymbol{l}\times\boldsymbol{\tau}$，因此，$g_0$ 是表示速度在进出口的环量.

例 5.5.1 设流面 S 由参数方程

$$r=r(x^{\alpha}),\quad \varphi=\varphi(x^{\alpha}),\quad z=z(x^{\alpha})$$

决定，这里 (r,φ,z) 是和叶轮一起转动的圆柱坐标系，那么 (x^1,x^2,ξ) 为 S- 坐标系，其中 ξ 为沿 S 法向变化的坐标. 由(2.3.19)可以断定

$$\omega^3=r\omega\varepsilon^{\alpha\beta}\overset{*}{\nabla}_{\alpha}r\overset{*}{\nabla}_{\beta}\varphi,\quad \omega^{\alpha}=0. \tag{5.5.27}$$

S 的度量张量

$$a_{\alpha\beta}=\frac{\partial r}{\partial x^{\alpha}}\frac{\partial r}{\partial x^{\beta}}+r^2\frac{\partial\varphi}{\partial x^{\alpha}}\frac{\partial\varphi}{\partial x^{\beta}}+\frac{\partial z}{\partial x^{\alpha}}\frac{\partial z}{\partial x^{\beta}},\quad a=\det(a_{\alpha\beta}).$$

而第二基本型张量 $b_{\alpha\beta}$ 可以表示为

$$b_{\alpha\beta} = \frac{1}{\sqrt{a}}\begin{vmatrix} X_{\alpha\beta} & Y_{\alpha\beta} & Z_{\alpha\beta} \\ X_1 & Y_1 & Z_1 \\ X_2 & Y_2 & Z_2 \end{vmatrix},$$

其中 $X = r\cos\varphi, Y = r\sin\varphi, Z = z, X_\alpha = \dfrac{\partial X}{\partial x^\alpha}, Y_\alpha = \dfrac{\partial Y}{\partial x^\alpha}, Z_\alpha = \dfrac{\partial Z}{\partial x^\alpha}$ 等.

5.6　维数分裂方法

吴仲华于 20 世纪 50 年代提出叶轮机械内部三维流动的两种流面计算方法，并且在欧美被运用到叶轮叶片设计，被称为吴氏方法. 主要思想是：

(1) 提出流面的概念；

(2) 用两类相互拟正交的流面，即跨片的 S_1 流面和子午流面 S_2，通过相互迭代生成真实的流面；

(3) 通过解流面上的方程达到三维的近似解.

吴氏方法的精髓是流面和流面上的动力学方程，他的研究只对叶轮机械内部无黏性可压缩流动问题，到了 20 世纪 70 年代以及以后，吴以及他的合作者推广到可压缩黏性流动情形.

作者于 20 世纪 70 年代末 80 年代初对吴氏方法给予数学描述[11]，并提出了单参数流面族方法，于 80 年代中期推广到有黏三维流动情形[39,40].

这里介绍作者提出的一维问题和二维问题相互迭代来达到逼近三维解的方法，并将此方法称为维数分裂方法.

根据常微分方程理论，流面作为一个二维流形总是存在，流动的三维区域 Ω 中至少存在一个单参数的流面族 S_τ，使得 $\Omega = \bigcup_\tau S_\tau$. Ω 中任一点有一个也只有一个 $\{S_\tau\}$ 流面通过它. $\{S_\tau\}$ 中任何两个流面 $S_{\tau1}, S_{\tau2}$ 之间所包含的空间称为流层，记为 Ω_{12}. 由 $S_{\tau1}$ 任一点作法向量与 $S_{\tau2}$ 相交的点之间的长度称为 $S_{\tau1}$ 和 $S_{\tau2}$ 在该点的厚度 $\varepsilon(x^1, x^2)$. 所以流层的厚度 ε 是点的函数. 在流层 Ω_{12} 内，N-S 方程在以流面为 $S_{\tau1}$ 基础面的 S- 坐标系下的形式为(5.4.5) ~ (5.4.8). 由于 $0 \leqslant \xi \leqslant \varepsilon_0, \varepsilon_0 = \max\{\varepsilon(x^1, x^2)\}$，如果 ε_0 很小，那么上述方程可以写成渐近形式，利用(3.9.10)、(3.9.18)以及

$$(1-x)^{-m} = 1 + mx + \frac{1}{2}m(m+1)x^2 + \cdots,$$

$$\theta^{-1} = 1 + 2H\xi + o(\xi^2), \qquad \theta^{-2} = 1 + 4H\xi + o(\xi^2).$$

(5.4.5)~(5.4.7)可以写成渐近形式为

$$\begin{cases}\mu\left(-\dfrac{\partial^2 u^\alpha}{\partial\xi^2}+2(b^\alpha_\beta+\mu\delta^\alpha_\beta)\dfrac{\partial u^\beta}{\partial\xi}\right)+L^\alpha_0(u,p)+L^\alpha_1(u,p)\xi+\cdots=f^\alpha,\\ -\mu\left(\dfrac{\partial^2 u^3}{\partial\xi^2}-2H\dfrac{\partial u^3}{\partial\xi}\right)+L^3_0(u,p)+L^3_1(u,p)\xi+\cdots=f^3,\\ \dfrac{\partial\rho}{\partial t}+\overset{*}{\mathrm{div}}(\rho u)+\rho\dfrac{\partial u^3}{\partial\xi}-2H\rho u^3\\ \qquad+2\rho((K+2H^2)u^3-u^\alpha\overset{*}{\nabla}_\alpha H)\xi+\cdots=0,\end{cases}\tag{5.6.1}$$

这里

$$\begin{aligned}L^\alpha_0(u,p)=&\ \partial_t u^\alpha-\mu(\overset{*}{\triangle}u^\alpha+Ku^\alpha-2a^{\alpha\beta}\overset{*}{\nabla}_\beta Hu^3-2b^{\alpha\beta}\overset{*}{\nabla}_\beta u^3)\\&+\rho\left(u^\beta\overset{*}{\nabla}_\beta u^\alpha+u^3\frac{\partial u^\alpha}{\partial\xi}-2b^\alpha_\beta u^\beta u^3\right)+2\rho\varepsilon^{\alpha\beta}a_{\beta\lambda}(\omega^\lambda u^3-\omega^3u^\lambda)\\&+a^{\alpha\beta}\overset{*}{\nabla}_\beta\left(p-\frac{1}{3}\mu\left(\overset{*}{\mathrm{div}}u+\frac{\partial u^3}{\partial\xi}-2Hu^3\right)\right),\end{aligned}\tag{5.6.2}$$

$$\begin{aligned}L^\alpha_1(u,p)=&-\mu\Big[2b^{\beta\sigma}\overset{*}{\nabla}_\beta\overset{*}{\nabla}_\sigma u^\alpha-4H\overset{*}{\triangle}u^\alpha+4((K-2H^2)\delta^\alpha_\beta-Hb^\alpha_\beta)\frac{\partial u^\beta}{\partial\xi}\\&+2a^{\beta\sigma}\overset{*}{\nabla}_\beta(H\delta^\alpha_\lambda-b^\alpha_\beta)\overset{*}{\nabla}_\sigma u^\lambda+2HKu^\alpha-\overset{*}{\triangle}b^\alpha_\beta u^\beta-6c^{\alpha\beta}\overset{*}{\nabla}_\beta u^3\\&-(a^{\alpha\beta}\overset{*}{\nabla}_\beta K+3b^{\beta\sigma}\overset{*}{\nabla}_\beta b^\alpha_\sigma)u^3\Big]+\rho(-\overset{*}{\nabla}_\beta b^\alpha_\lambda u^\beta u^\lambda+2(K\delta^\alpha_\beta-2Hb^\alpha_\beta)u^\beta u^3\\&+4\rho\varepsilon^{\alpha\beta}(Ha_{\beta\lambda}-b_{\beta\lambda})(\omega^\lambda u^3-\omega^3u^\lambda)+2b^{\alpha\beta}\overset{*}{\nabla}_\beta p\\&+a^{\alpha\beta}\overset{*}{\nabla}_\beta((2K-4H^2)u^3-u^\lambda\overset{*}{\nabla}_\lambda H)\\&+2b^{\alpha\beta}\overset{*}{\nabla}_\beta\left(\overset{*}{\mathrm{div}}u+\frac{\partial u^3}{\partial\xi}-2Hu^3\right),\end{aligned}\tag{5.6.3}$$

$$\begin{aligned}L^3_0(u,p)=&\ \partial_t u^3-\nu\overset{*}{\triangle}u^3-\mu(\overset{*}{\triangle}u^3+2b^\alpha_\beta\overset{*}{\nabla}_\alpha u^\beta+2\overset{*}{\nabla}_\beta Hu^\beta+2(K-2H^2)u^3)\\&+\rho\left(u^\beta\overset{*}{\nabla}_\beta u^3+u^3\frac{\partial u^3}{\partial\xi}+b_{\alpha\beta}u^\beta u^\alpha\right)+\frac{\partial}{\partial\xi}\left(p-\frac{1}{3}\mu\left(\overset{*}{\mathrm{div}}u+\frac{\partial u^3}{\partial\xi}-2Hu^3\right)\right)\\&+(2K-4H^2)u^3-u^\lambda\overset{*}{\nabla}_\lambda H+2\rho\varepsilon_{\alpha\beta}\omega^\alpha u^\beta,\end{aligned}\tag{5.6.4}$$

$$\begin{aligned}L^3_1(u,p)=&-\mu\Big[b^{\beta\sigma}\overset{*}{\nabla}_\beta\overset{*}{\nabla}_\sigma u^3+(2K-4H^2)\frac{\partial u^3}{\partial\xi}+2c^\alpha_\beta\overset{*}{\nabla}_\alpha u^\beta+2a^{\alpha\beta}\overset{*}{\nabla}_\alpha H\overset{*}{\nabla}_\beta u^3\\&+(\overset{*}{\nabla}_\beta(2H^2-K)-\overset{*}{\nabla}_\alpha c^\alpha_\beta)u^\beta+(12HK-16H^3)u^3\Big]\\&-c_{\alpha\beta}u^\alpha u^\beta\rho+16(HK-H)u^3+u^\lambda\overset{*}{\nabla}_\lambda(K-2H^2).\end{aligned}\tag{5.6.5}$$

根据曲面张力应该正比于平均曲率,在 S- 族坐标系中,表示为

$$\sigma^{33}(u) = -\tau H, \tag{5.6.6}$$

这里 τ 是比例因子,由于

$$\sigma^{33}(u) = 2\nu e^{33}(u) - g^{33}p = 2\nu \frac{\partial u^3}{\partial \xi} - p.$$

利用(5.3.8),于是有

$$p = rH + 2\nu \frac{\partial u^3}{\partial \xi} = \tau H + 2\nu\left(u^\alpha \overset{*}{\nabla}_\alpha \ln B - \frac{\partial \rho}{\partial t}\right), \tag{5.6.7}$$

由于体积不变性(连续性方程),可以推出

$$\frac{\partial H}{\partial \xi} = \sqrt{\overset{*}{\triangle} H + 4H^3 - 2HK},$$

故

$$\frac{\partial}{\partial \xi} p = \tau \frac{\partial H}{\partial \xi} + 2\nu \frac{\partial^2 u^3}{\partial \xi^2} = 2\nu \frac{\partial^2 u^3}{\partial \xi^2} + \tau \sqrt{\overset{*}{\triangle} H + 4H^3 - 2HK}. \tag{5.6.8}$$

以下考虑在很薄流层内流体速度. 为此令

$$Y^\alpha = \frac{\partial u^\alpha}{\partial \xi}, \qquad B^\alpha_\beta = 2(b^\alpha_\beta + H\delta^\alpha_\beta), \tag{5.6.9}$$

矩阵 B 的特征值λ 满足

$$|\lambda I - B^\alpha_\beta| = 2|(\lambda/2 - H)\delta^\alpha_\beta - b^\alpha_\beta| = 2|\hat{\lambda}\delta^\alpha_\beta - b^\alpha_\beta| = 0. \tag{5.6.10}$$

众所周知,(5.6.10)特征值是流面的主曲率,即

$$\hat{\lambda}_i = k_i, \quad i = 1,2\ (k = k_1, k_2), \quad H = \frac{1}{2}(k_1 + k_2).$$

因此

$$\begin{cases} \lambda_1 = 2H + 2k_1 = 4H + 2\sqrt{H^2 - K}, \\ \lambda_2 = 2H + 2k_2 = 4H - 2\sqrt{H^2 - K}. \end{cases} \tag{5.6.11}$$

对于(5.6.1)的第一个方程,有

$$\mu\left\{\frac{\partial^2 u^\alpha}{\partial \xi^2} - 2(b^\alpha_\beta + H\delta^\alpha_\beta)\frac{\partial u^\beta}{\partial \xi}\right\} = L^\alpha_0(u) + L^\alpha_1(u)\xi + o(\xi^2). \tag{5.6.12}$$

如果上式右端中的速度取流面上的值 u_0,那么去掉 ε 高阶项后,得

$$\mu\left(\frac{\partial Y^\alpha}{\partial \xi} - B^\alpha_\beta Y^\beta\right) = L^\alpha_1(u_0)\xi. \tag{5.6.13}$$

设 $s^{(i)} = (s_1^{(i)}, s_2^{(i)})$ 为对应于 λ_i 的 B 的特征向量. 那么(5.6.13)的通解为

$$\Phi(\xi) = \begin{bmatrix} \exp(\lambda_1\xi)s_1^{(1)}, & \exp(\lambda_2\xi)s_1^{(2)} \\ \exp(\lambda_1\xi)s_2^{(1)}, & \exp(\lambda_2\xi)s_2^{(2)} \end{bmatrix}.$$

相应的非齐次的通解为

$$Y(\xi) = (Y^1, Y^2)^t = \Phi(\xi)\left[\Phi^{-1}(0)Y(0) + \int_0^\xi s\Phi^{-1}(s)\mathrm{d}sL_1(u_0, p_0)\right]. \tag{5.6.14}$$

令 $U = \begin{Bmatrix} u^1(x,\xi) \\ u^2(x,\xi) \end{Bmatrix}$, 则

$$U(x,\xi) = U(x,0) + \int_0^\xi \Phi(\eta)\mathrm{d}\eta \Phi^{-1}(0)Y(0) + \int_0^\xi \Phi(\eta)\int_0^\eta s\Phi^{-1}(s)\mathrm{d}s\mathrm{d}\eta L_1(u_0).$$

设 $\Lambda(\xi) = \int_0^\xi \Phi(\eta)\mathrm{d}\eta, \Sigma(\xi) = \int_0^\xi \Phi(\eta)\int_0^\eta s\Phi^{-1}(s)\mathrm{d}s\mathrm{d}\eta$, 那么

$$U(x,\xi) = U_0(x) + \Lambda(\xi)\Phi^{-1}(0)Y(0) + \Sigma(\xi)L_1(u_0,p_0), \tag{5.6.15}$$

从(5.6.1)第三个方程和(5.6.4)推出

$$u^3(x,\xi) = \frac{1}{2}(K+2H^2)^{-1}u_0^\alpha \overset{*}{\nabla}_\alpha H. \tag{5.6.16}$$

(5.6.15),(5.6.16)是流层内的近似解.下面求流层上流面几何方程.为此设在流面 S 上的流动已知,令速度为 u_0,压力为 p_0,密度为 ρ_0 等,第一步就确定流层的上流面几何方程.在S-族坐标系中,S_1 流面的几何方程可以表示为

$$\mathscr{F}(x,\xi) \triangleq \xi - \varepsilon(x^1,x^2) = 0, \tag{5.6.17}$$

那么流层上必须满足 $u \cdot \nabla\mathscr{F} = 0$, 将(5.6.17)和(5.6.16)代入上式得 $\varepsilon(x^1,x^2)$ 的方程

$$u_0^\alpha \overset{*}{\nabla}_\alpha H + 2(K+2H^2)u^\alpha(x,\xi)\overset{*}{\nabla}_\alpha \varepsilon(x^1,x^2) = 0, \tag{5.6.18}$$

这是关于 $\varepsilon(x^1,x^2)$ 的一阶偏微分方程.由它的解 $\varepsilon(x^1,x^2)$ 就得到 S_1 的几何位置为

$$\boldsymbol{r}(x) = \boldsymbol{r}_0(x) + \varepsilon(x^1,x^2)\boldsymbol{n}, \tag{5.6.19}$$

S_1 的度量张量和曲率张量

$$\begin{cases} a_{\alpha\beta}(x,\xi)\mid_{S_1} = a_{\alpha\beta} - 2\varepsilon(x^1,x^2)b_{\alpha\beta} + \varepsilon(x^1,x^2)^2 c_{\alpha\beta}, \\ b_{\alpha\beta}(x,\xi)\mid_{S_1} = b_{\alpha\beta} - \varepsilon(x^1,x^2)c_{\alpha\beta}, \\ a^{\alpha\beta}(x,\xi)\mid_{S_1} = (1-2H\varepsilon(x^1,x^2)+K\varepsilon(x^1,x^2)^2)^{-2}(a^{\alpha\beta} - 2K\hat{b}^{\alpha\beta} \\ \qquad\qquad + K^2\varepsilon(x^1,x^2)^2\hat{c}_{\alpha\beta}). \end{cases} \tag{5.6.20}$$

S_1 上的零阶速度场为

$$u^\alpha\mid_{S_1} = u_0^\alpha + \frac{1}{2}(Y^\alpha(\varepsilon(x^1,x^2)) + Y^\alpha(0))\varepsilon(x^1,x^2), \tag{5.6.21}$$

其中

$$Y(\eta) = (I + (\lambda_1(0)+\lambda_2(0))\eta)\left[Y(0) + \frac{1}{2}\eta^2 L_1(u_0,p_0)\right]. \tag{5.6.22}$$

根据(5.6.20)可以求解流面 S_1 上的流场,得到一阶近似.这一过程,可以继续直到计算流面族 S_τ 中的足够数量的流面,从而得到 Ω 上三维流场的近似解.

5.7　叶轮叶片几何形状最佳设计和 N-S 方程边界控制问题

流体通过两个叶片之间流动,其流动状态由进出口条件和叶片固壁的几何形状完全确定.如果进出口条件设定,那么流体通过通道的流动状态完全由叶片几何形状确定.问题是,为了使流体按照预先期望的状态流动,应该如何确定边界的几何形状? 这是一个流动边界的几何形状控制问题.

设 $\boldsymbol{R}$ 为流体质点向径,通道内流动区域 Ω 是由进出口界面,轮盘轮盖以及相邻两个叶片所围成区域,边界面 $\partial\Omega = \Gamma = \Gamma_{in} \cup \Gamma_{out} \cup S_- \cup S_+ \cup \Gamma_t \cup \Gamma_b$,其中 $\Gamma_{in}, \Gamma_{out}$ 为通道进出口界面;$S_- \cup S_+$ 为叶片面正、负压力面,$\Gamma_t \cup \Gamma_b$ 为轮盖,轮盘与通道相交部分,于是边界条件为:

$$\begin{cases} w\,|_{S_-\cup S_+} = 0, \qquad w\,|_{\Gamma_b} = 0, \qquad w\,|_{\Gamma_t} = -\,r\omega \boldsymbol{e}_\theta, \\ \sigma^{ij}(w,p)n_j\,|_{\Gamma_{out}} = g^i_{out}, \sigma^{ij}(w,p)n_j\,|_{\Gamma_{in}} = g^i_{in}, \qquad \text{自然边界条件}. \\ \dfrac{\partial T}{\partial n} + \lambda(T - T_0) = 0. \quad \text{这里 } \lambda \geqslant 0 \text{ 为常数, } T_0 \text{ 为 } \partial\Omega \text{ 上的已知函数}. \end{cases}$$

叶轮对外做功率

$$W(w,p) = \iint_{S_-\cup S_+} \sigma^{ij} n_i (\boldsymbol{e}_\theta)_j \omega r \mathrm{d}s,$$

这里 $\boldsymbol{e}_\theta$ 是旋转圆柱坐标系 θ 方向单位向量,流体运动耗散的总能量

$$J(w) = \iiint_\Omega \Phi(w) \mathrm{d}V,$$

其中 Φ 为(5.5.2) 所定义的耗散函数.从能量方程可以证明,如果 $\Phi(w)$ 增大,则流体温度也将升高,内能增加.有用功将损失.

显然,当进出口条件设定情况下(如压气机进口条件给定,出口的压力升高比给定),在外力所做的功 $W(w,p,\rho)$ 中,包含了损失部分的耗散总能量 $J(w)$.因此,可以把 J 作为目标泛函.实际上,因为 J 中积分区域与叶片正负压力面 S_+, S_- 有关;而被积表达式中速度作为 N-S 方程的解与边界 S_+, S_- 也有关系.因此,当其他条件确定情况下,耗散能量只与叶片几何形状有关,故可以记

$$J(S) = \iiint_\Omega \Phi(w) \mathrm{d}V, \tag{5.7.1}$$

于是设计叶片几何形状的准则为,求出一个叶片中性面 S^* 使得

$$J(S^*) = \inf_{S \in F} J(S), \tag{5.7.2}$$

其中 S 为一切展在预先给定的空间约当曲线上的充分光滑曲面的全体,称这个极小化曲面 S^* 为广义极小曲面,它有别于使面积极小的极小曲面.因此,叶片面最佳几何设计就是求一个在目标泛函(5.7.1)下的广义极小曲面.

5.7.1 坐标变换

在(5.7.2)中,积分区域 Ω 依赖于叶片面几何形状,耗散函数 Φ 具有不变形式,其相应的 $\mathrm{div}w$ 以及 $e_{ij}(w)$ 均与协变导数有关,协变导数与叶片几何形状也有关.而流体速度是N-S方程的解,它依赖于边界形状.为了使泛函 $J(S)$ 能够尽可能地把依赖于叶片几何形状显式地表示出,可以运用张量在任意坐标系中表达的一致性,选取一个合适的坐标系 (x^1,x^2,ξ),使得通道区域 Ω 变为 E^3 中一个固定的六面体,而叶片面变为新坐标系中的一个坐标面.

记叶片的中性面 S 为一个带有边界 ∂S 的二维流形,可以由一个单射映照所定义.设 E^n 为 n 维仿射欧氏空间,$D\subset E^2$ 为一个有界区域,存在一个光滑映照:$\boldsymbol{R}: D\to E^3$,集合 $S\triangleq \boldsymbol{R}(D)$ 称为三维欧氏空间 E^3 的一个曲面,其中 $S_0=\boldsymbol{R}(\partial D)$ 已知.S 中的每一个点 $y\in S$,可以表示为 $y=\boldsymbol{R}(x),x=(x^1,x^2)\in\bar{D}$,而 (x^1,x^2) 称为 S 上的曲线坐标.一个二维流形也可以由几个内射 $\boldsymbol{R}_p(x)$,$p=1,2,\cdots,m$ 所定义.$\boldsymbol{R}_p$: $D_p\subset E^2\to E^3$,在 $\boldsymbol{R}_p$ 重叠部分 $\boldsymbol{R}_p(D_p)\cap\boldsymbol{R}_q(D_q)$ 满足协调性条件.

设 (r,θ,z) 为与叶轮一起旋转的圆柱坐标系,$(\boldsymbol{e}_r,\boldsymbol{e}_\theta,\boldsymbol{k})$ 为相应的标架向量.N 为叶片数,那么两个叶片相邻之间的旋转角度为 $\dfrac{2\pi}{N}$,令 $\varepsilon=\dfrac{\pi}{N}$.

设 $\Theta\in C^2(D,R)$ 是一个 $D\subsetneq E^2\to R$ 的光滑函数.那么存在一个单参数曲面族 $D\to S_\xi=\{\boldsymbol{R}(x^1,x^2;\xi),\forall(x^1,x^2)\in D\}$,使得 Ω 流动通道内任一点 P

$$\boldsymbol{R}(x^1,x^2;\xi)=x^2\boldsymbol{e}_r+(\varepsilon\xi+\Theta(x^1,x^2))\boldsymbol{e}_\theta+x^1\boldsymbol{k},\tag{5.7.3}$$

当 ξ 固定时,S_ξ 是一个曲面,其度量张量 $a_{\alpha\beta}$ 是均匀和非奇异的,设 (r,θ,z) 为旋转圆柱坐标系,那么

$$a_{\alpha\beta}=\frac{\partial r}{\partial x^\alpha}\frac{\partial r}{\partial x^\beta}+r^2\frac{\partial\theta}{\partial x^\alpha}+\frac{\partial z}{\partial x^\alpha}\frac{\partial y}{\partial x^\beta},$$

$$a_{\alpha\beta}=\delta_{\alpha\beta}+r^2\Theta_\alpha\Theta_\beta,\quad a=\det(a_{\alpha\beta})=1+r^2(\Theta_1^2+\Theta_2^2)>0.\tag{5.7.4}$$

(5.7.4)表明,S_ξ 的度量张量与 ξ 无关,(x^1,x^2,ξ) 形成 E^3 中一个新的曲线坐标系,变换 $(x^1,x^2,\xi)\to(r,\theta,z)$:

$$r=x^2,\quad\theta=\varepsilon\xi+\Theta(x^1,x^2),\quad z=x^1.\tag{5.7.5}$$

将区域 $\tilde{\Omega}=\{(x^1,x^2)\in D,-1\leqslant\xi\leqslant1\}$ 映照到 E^3 中的流动通道

$$\Omega=\{\boldsymbol{R}(x^1,x^2,\xi)=x^2\boldsymbol{e}_r+(\varepsilon\xi+\Theta(x^1,x^2))\boldsymbol{e}_\theta+x^1\boldsymbol{k},\ \forall(x^1,x^2,\xi)\in\tilde{\Omega}\},\tag{5.7.6}$$

它的逆变换是存在的

$$x^1 = z, x^2 = r, \xi = \varepsilon^{-1}(\theta - \Theta(x^1, x^2)). \tag{5.7.7}$$

在曲线坐标系 (x^1, x^2, ξ) 下，E^3 的度量张量的协变分量为 g_{ij}，它可以由圆坐标系下度量张量(2.3.9)通过变换规律(2.3.5)而得到：

$$\begin{cases} g_{\alpha\beta} = g_{rr}\dfrac{\partial r}{\partial x^\alpha}\dfrac{\partial r}{\partial x^\beta} + g_{\theta\theta}\dfrac{\partial \theta}{\partial x^\alpha}\dfrac{\partial \theta}{\partial x^\beta} + g_{zz}\dfrac{\partial z}{\partial x^\alpha}\dfrac{\partial z}{\partial x^\beta} \\ \quad = \delta_{2\alpha}\delta_{2\beta} + r^2\varepsilon\Theta_\alpha\Theta_\beta + \delta_{1\alpha}\delta_{1\beta}, \\ g_{3\alpha} = r^2\Theta_\xi\Theta_\alpha = \varepsilon r^2\Theta_\alpha, \quad g_{33} = r^2\theta_\xi\theta_\xi = \varepsilon^2 r^2. \end{cases}$$

于是有

$$g_{\alpha\beta} = a_{\alpha\beta}, \quad g_{3\beta} = g_{\beta 3} = r^2\varepsilon\Theta_\beta, \quad g_{33} = \varepsilon^2 r^2, \quad g = \det(g_{ij}) = \varepsilon^2 r^2, \tag{5.7.8}$$

逆变分量为

$$g^{\alpha\beta} = \delta^{\alpha\beta}, \quad g^{3\beta} = g^{\beta 3} = -\varepsilon^{-1}\Theta_\beta, \quad g^{33} = \varepsilon^{-2}r^{-2}(1 + r^2 \mid \nabla\Theta \mid^2), \tag{5.7.9}$$

这里 $\mid \nabla\Theta \mid^2 = \Theta_1^2 + \Theta_2^2, \Theta_\alpha = \dfrac{\partial\Theta}{\partial x^\alpha}$. 而第一、二类 Christoffel 记号为

$$\begin{cases} \Gamma^\alpha_{\beta\gamma} = -r\delta_{2\alpha}\Theta_\beta\Theta_\gamma, \quad \Gamma^\alpha_{3\beta} = -\varepsilon r\delta_{2\alpha}\Theta_\beta, \\ \Gamma^3_{\alpha\beta} = \varepsilon^{-1}r^{-1}(\delta_{2\alpha}\delta^\lambda_\beta + \delta_{2\beta}\delta^\lambda_\alpha)\Theta_\lambda + \varepsilon^{-1}\Theta_{\alpha\beta} + \varepsilon^{-1}r\Theta_2\Theta_\alpha\Theta_\beta, \\ \Gamma^3_{3\alpha} = \Gamma^3_{\alpha 3} = r^{-1}\delta_{2\alpha} + r\Theta_2\Theta_\alpha, \quad \Gamma^\alpha_{33} = -\varepsilon^2 r\delta_{2\alpha}, \quad \Gamma^3_{33} = \varepsilon r\Theta_2. \end{cases} \tag{5.7.10}$$

注 5.7.1　$\forall \xi \in [-1,1]$ 由(5.7.3)所定义的曲面族 $S_\xi = \{\theta = \varepsilon\xi + \Theta(x^1, x^2), (x^1, x^2) \in D\}$ 中的曲面是彼此相似的，它的任一个曲面 S_ξ 是由单一的 S_{-1} 绕 z 轴旋转 $\dfrac{\xi\pi}{N}$ 而得到. S_0 对应于位于流道中心的子午曲面，$S_\pm$ 是对应于通道的正、负叶片压力面.

在曲线坐标系 (x^1, x^2, ξ) 下，速度场的协变导数显式地依赖于 Θ，

$$\begin{aligned} \nabla_\alpha w^\beta &= \frac{\partial w^\beta}{\partial x^\alpha} - \varepsilon r\delta_{2\beta}w^3\Theta_\alpha - \varepsilon r\delta_{2\beta}w^\sigma\Theta_\sigma\Theta_\alpha, \\ \nabla_\alpha w^3 &= \frac{\partial w^3}{\partial x^\alpha} + r^{-1}\delta_{2\alpha}w^3 + \varepsilon^{-1}r^{-1}w^\beta(\delta_{2\alpha}\delta^\lambda_\beta + \delta_{2\beta}\delta^\lambda_\alpha)\Theta_\lambda \\ &\quad + \varepsilon^{-1}w^\beta\Theta_{\alpha\beta} + rw^3\Theta_2\Theta_\alpha + \varepsilon^{-1}rw^\beta\Theta_2\Theta_\alpha\Theta_\beta, \\ \nabla_3 w^\alpha &= \frac{\partial w^\alpha}{\partial \xi} - \varepsilon^2 r\delta_{2\alpha}w^3 - \varepsilon r\delta_{2\alpha}w^\beta\Theta_\beta, \\ \nabla_3 w^3 &= \frac{\partial w^3}{\partial \xi} + \frac{w^2}{r} + \varepsilon rw^3\Theta_2 + rw^\alpha\Theta_2\Theta_\alpha. \end{aligned} \tag{5.7.11}$$

协变变形速度张量

$$e_{ij}(w)=\frac{1}{2}(\nabla_i w_j+\nabla_j w_i)=\frac{1}{2}(g_{jk}\delta_{im}+g_{ik}\delta_{jm})\nabla_m w_k.$$

利用(5.7.8)和(5.7.10),可以得到

$$\begin{aligned}
e_{\alpha\beta}(w)=&\frac{1}{2}\left(\frac{\partial w^\alpha}{\partial x^\beta}+\frac{\partial w^\beta}{\partial x^\alpha}\right)+\frac{1}{2}\varepsilon r^2\left(\frac{\partial w^3}{\partial x^\alpha}\delta_\beta^\lambda+\frac{\partial w^3}{\partial x^\beta}\delta_\alpha^\lambda\right)\Theta_\lambda\\
&+\frac{1}{2}\left[r^2\left(\frac{\partial w^\lambda}{\partial x^\alpha}\delta_\beta^\sigma+\frac{\partial w^\lambda}{\partial x^\beta}\delta_\alpha^\sigma\right)+rw^2(\delta_\alpha^\lambda\delta_\beta^\sigma+\delta_\beta^\lambda\delta_\alpha^\sigma)\right]\Theta_\lambda\Theta_\sigma\\
&+\frac{1}{2}r^2(\delta_\alpha^\nu\delta_\beta^\sigma+\delta_\alpha^\sigma\delta_\beta^\nu)w^\lambda\Theta_\nu\Theta_{\lambda\sigma},\\
e_{3\alpha}(w)=&\frac{1}{2}\left(\frac{\partial w^\alpha}{\partial\xi}+\varepsilon^2r^2\frac{\partial w^3}{\partial x^\alpha}\right)+\frac{1}{2}\varepsilon r^2\left(\frac{\partial w^\lambda}{\partial x^\alpha}+\delta_\alpha^\lambda\left(\frac{\partial w^3}{\partial\xi}+\frac{2}{r}w^2\right)\right)\Theta_\lambda\\
&+\frac{1}{2}r^2\left(\frac{\partial w^\beta}{\partial\xi}+\varepsilon^2r\delta_2^\beta w^3\right)\Theta_\alpha\Theta_\beta+\frac{1}{2}\delta r^2w^\lambda\Theta_{\lambda\alpha}+\frac{1}{2}\varepsilon r^3w^\sigma\Theta_2\Theta_6\Theta_\alpha,\\
e_{33}(w)=&\varepsilon^2r^2\left(\frac{\partial w^3}{\partial\xi}+\frac{w^2}{r}\right)+\varepsilon r^2\frac{\partial w^\sigma}{\partial\xi}\Theta_\sigma.
\end{aligned}\tag{5.7.12}$$

而逆变变形速率张量

$$e^{ij}(w)=(\nabla^iw^j+\nabla^jw^i)=\frac{1}{2}(g^{im}\delta_k^j+g^{jm}\delta_k^i)\nabla_m w_k.$$

同理可以得到

$$\begin{aligned}
e^{\alpha\beta}(w)=&\frac{1}{2}\left(\frac{\partial w^\beta}{\partial x^\alpha}+\frac{\partial w^\alpha}{\partial x^\beta}\right)-\frac{1}{2}\varepsilon^{-1}\left(\frac{\partial w^\beta}{\partial\xi}\delta_\alpha^\lambda+\frac{\partial w^\alpha}{\partial\xi}\delta_\beta^\lambda\right)\Theta_\lambda,\\
e^{3\alpha}(w)=&\frac{1}{2}\left(\frac{\partial w^3}{\partial x^\alpha}+\varepsilon^{-2}r^{-2}\frac{\partial w^\alpha}{\partial\xi}\right)-\frac{1}{2}\varepsilon^{-1}\left(\frac{\partial w^\alpha}{\partial x^\beta}+\frac{\partial w^3}{\partial\xi}\delta_\beta^\alpha\right)\Theta_\beta\\
&+\frac{1}{4}\varepsilon^{-1}(w^\sigma\delta_\alpha^\lambda+w^\lambda\delta_\alpha^\sigma)\Theta_{\lambda\sigma}+\frac{1}{2}\varepsilon^{-2}\frac{\partial w^\alpha}{\partial x^\beta}|\nabla\Theta|^2,\\
e^{33}(w)=&\varepsilon^{-2}r^{-2}\left(\frac{\partial w^3}{\partial\xi}+\frac{w^2}{r}\right)-\varepsilon\frac{\partial w^3}{\partial x^\alpha}\Theta_\alpha-\varepsilon^{-2}\frac{\partial w^3}{\partial\xi}|\nabla\Theta|^2\\
&-\varepsilon^{-2}w^\lambda\Theta_\nu\Theta_{\lambda\nu}.
\end{aligned}\tag{5.7.13}$$

$$\operatorname{div}w=\nabla_iw^i=\nabla_\alpha w^\alpha+\nabla_3w^3=\frac{\partial w^\alpha}{\partial x^\alpha}+\frac{\partial w^3}{\partial\xi}+\frac{w^2}{r}\tag{5.7.14}$$

不显式地依赖于 Θ.

5.7.2 泛函梯度和N-S方程解的Gâteaux导数

目标泛函(5.7.1)可以表示为

$$J(\Theta)=\iiint_\Omega\Phi(w)\sqrt{g}\,\mathrm{d}x^1\mathrm{d}x^2\mathrm{d}\xi=\iint_D\int_{-1}^{+1}\Phi(w)\varepsilon x^2\mathrm{d}\xi\mathrm{d}x^1\mathrm{d}x^2,$$

$$\Phi(w) = -\frac{2}{3}\mu(\mathrm{div}w)^2 + 2\mu\{e^{\alpha\beta}(w)e_{\alpha\beta}(w) + 2e^{3\alpha}(w)e_{3\alpha}(w) + e^{33}(w)e_{33}(w)\}.$$

因此最优控制问题(5.7.2)是

求 $\Theta \in H = \{\Theta \in H^2(D), \Theta|_{\partial\Omega} = \Theta_0(x^1,x^2),(x^1,x^2) \in \partial\Omega\}$, (5.7.15)

$$J(\hat{\Theta}) = \inf_{\Theta\in H} J(\Theta). \tag{5.7.16}$$

众所周知,(5.7.16)的解 Θ 必须满足

$$\langle \mathrm{grad}_\Theta J(\Theta), \eta\rangle = 0, \qquad \forall \eta \in H_0, \tag{5.7.17}$$

其中 $\mathrm{grad}_\Theta J(\Theta)$ 表示 $J(\Theta)$ 关于 Θ 的梯度,而

$$H_0 = \{f \in H^2(D),\ f|_{\partial\Omega} = 0\}.$$

下面给出 $\mathrm{grad}_\Theta J(\Theta)$ 的计算公式.

度量张量,协变导数及变形速率张量沿任何方向 $\eta \in H^2(D) \cap H_0^1(D)$ 关于 Θ 的 Gâteaux 导数分别可以表示为

$$\begin{cases}\mathrm{grad}g_{\alpha\beta}\eta = r^2(\delta_\alpha^\lambda\delta_\beta^\sigma + \delta_\beta^\lambda\delta_\alpha^\sigma)\Theta_\sigma\eta_\lambda, \quad \mathrm{grad}g_{3\alpha}\eta = \varepsilon r^2\delta_\alpha^\lambda\eta_\lambda, \quad \mathrm{grad}g_{33}\eta = 0,\\ \mathrm{grad}g^{\alpha\beta}\eta = 0, \qquad \mathrm{grad}g^{3\alpha}\eta = -\varepsilon^{-1}\delta_\alpha^\lambda\eta_\lambda, \quad \mathrm{grad}g^{33}\eta = 2\varepsilon^{-2}\Theta_\lambda\eta_\lambda,\end{cases} \tag{5.7.18}$$

计算梯度算子

$$\begin{cases}\mathrm{grad}\nabla_\alpha w^\beta\eta = \nabla_\alpha\hat{w}^\beta\eta - r\delta_{2\beta}(w^\sigma(\delta_\sigma^\nu\delta_\sigma^\lambda + \delta_\sigma^\nu\delta_\alpha^\lambda)\Theta_\nu + \varepsilon w^3\delta_\alpha^\lambda)\eta_\lambda,\\ \mathrm{grad}\nabla_\alpha w^3\eta = \nabla_\alpha\hat{w}^3\eta + \varepsilon^{-1}w^\beta\eta_{\alpha\beta} + [\varepsilon^{-1}r^{-1}(\delta_\alpha^\lambda w^2 + \delta_{\alpha2}w^\lambda)\\ \qquad + r(\delta_\alpha^\lambda\delta_2^\sigma + \delta_2^\lambda\delta_\alpha^\sigma)w^3\Theta_\sigma + \varepsilon^{-1}r(\delta_\alpha^\lambda\lambda_2^\sigma w^\beta + \delta_\alpha^\sigma\delta_2^\beta w^\lambda\\ \qquad + \delta_2^\lambda\delta_\alpha^\sigma w^\beta)\Theta_\sigma\Theta_\beta]\eta_\lambda,\\ \mathrm{grad}\nabla_3 w^\alpha\eta = \nabla_3\hat{w}^\alpha\eta - \varepsilon r\delta_{2\alpha}w^\lambda\eta_\lambda,\\ \mathrm{grad}\nabla_3 w^3\eta = \nabla\hat{w}^3\eta + r(\varepsilon\delta_2^\lambda w^3 + (\delta_2^\lambda w^\sigma + \delta_2^\sigma w^\lambda)\Theta_\sigma)\eta_\lambda, \qquad (5.7.19)\\ \mathrm{grad}e_{ij}(w)\eta = e_{ij}(\hat{w})\eta + P_{ij}^{\lambda\sigma}(w)\eta_{\lambda\sigma} + S_{ij}^\lambda(w)\eta_\lambda,\\ \mathrm{grad}e^{ij}(w)\eta = e^{ij}(\hat{w})\eta + P^{ij\lambda\sigma}(w)\eta_{\lambda\sigma} + S^{ij\lambda}(w)\eta_\lambda,\end{cases} \tag{5.7.20}$$

其中

$$\begin{cases}P_{\alpha\beta}^{\lambda\sigma}(w) = \dfrac{1}{2}r^2(\delta_\alpha^\sigma\delta_\beta^\nu + \delta_\beta^\sigma\delta_\alpha^\nu)w^\lambda\Theta_\nu,\\ P_{3\alpha}^{\lambda\sigma}(w) = \dfrac{1}{4}\varepsilon r^2(w^\sigma\delta_\alpha^\lambda + w^\lambda\delta_\alpha^\sigma), \quad P_{33}^{\lambda\sigma}(w) = 0, \qquad (5.7.21)\\ P^{\alpha\beta\lambda r}(w) = 0, \quad P^{3\alpha\lambda\sigma}(w) = \dfrac{1}{4}\varepsilon^{-1}(w^\lambda\delta_\alpha^\sigma + w^\sigma\delta_\alpha^\lambda),\\ P^{33\lambda\sigma}(w) = -\dfrac{1}{2}\varepsilon^{-2}(w^\lambda\delta_\sigma^\beta + w^\sigma\delta_\lambda^\beta)\Theta_\beta.\end{cases} \tag{5.7.22}$$

$$
\begin{cases}
S_{\alpha\beta}^{\lambda}(w) = \dfrac{1}{2}\varepsilon r^2\left(\dfrac{\partial w^3}{\partial x^\alpha}\delta_\beta^\lambda + \dfrac{\partial w^3}{\partial x^\beta}\delta_\alpha^\lambda\right) + \dfrac{1}{2}r^2\left(\dfrac{\partial w^\lambda}{\partial x^\alpha}\delta_\alpha^\mu + \dfrac{\partial w^\lambda}{\partial x^\beta}\delta_\beta^\mu + \dfrac{\partial w^\mu}{\partial x^\beta}\delta_\alpha^\lambda \right. \\
\qquad \left. + \dfrac{\partial w^\mu}{\partial x^\alpha}\delta_\beta^\lambda\right)\Theta_\mu + rw^2(\delta_\beta^\lambda\delta_\alpha^\sigma + \delta_\alpha^\lambda\delta_\beta^\sigma)\Theta_\sigma + \dfrac{1}{2}r^2(\delta_\alpha^\lambda\delta_\beta^\sigma + \delta_\beta^\lambda\delta_\alpha^\sigma)w^\nu\Theta_{\sigma\nu}, \\
S_{3\alpha}^{\lambda}(w) = \dfrac{1}{2}\varepsilon r^2\left(\dfrac{\partial w^\lambda}{\partial x^\alpha} + \delta_\alpha^\lambda\left(\dfrac{\partial w^3}{\partial \xi} + \dfrac{2}{r}w^2\right)\right) + \dfrac{1}{2}r^2(\delta_\beta^\lambda\delta_\alpha^\sigma + \delta_\alpha^\lambda\delta_\beta^\sigma) \\
\qquad \left(\dfrac{\partial w^\beta}{\partial \xi} + \varepsilon^2 rw^3\delta_2^\beta\right)\Theta_\sigma + \dfrac{1}{2}\varepsilon r^3 w^\beta(\delta_2^\lambda\Theta_\alpha\Theta_\beta + \delta_\alpha^\lambda\Theta_2\Theta_\beta + \delta_\beta^\lambda\Theta_2\Theta_\alpha), \\
S_{33}^{\lambda}(w) = \varepsilon r^2\dfrac{\partial w^\lambda}{\partial \xi},
\end{cases}
\tag{5.7.23}
$$

$$
\begin{cases}
S^{\alpha\beta\lambda}(w) = -\dfrac{1}{2}\varepsilon^{-1}(\delta_\lambda^\alpha\delta_\sigma^\beta + \delta_\lambda^\beta\delta_\sigma^\alpha)\dfrac{\partial w^\sigma}{\partial \xi}, \\
S^{3\alpha\lambda}(w) = -\dfrac{1}{2}\varepsilon^{-1}\left(\dfrac{\partial w^\alpha}{\partial x^\lambda} + \delta_\lambda^\alpha\dfrac{\partial w^3}{\partial \xi}\right) + \varepsilon^{-2}\dfrac{\partial w^\alpha}{\partial \varepsilon}\Theta_\lambda, \\
S^{33\lambda}(w) = -\varepsilon^{-1}\dfrac{\partial w^3}{\partial x^\lambda} + 2\varepsilon^{-2}\dfrac{\partial w^3}{\partial \xi}\Theta_\lambda - \varepsilon^{-2}w^\sigma\Theta_{\lambda\sigma}.
\end{cases}
\tag{5.7.24}
$$

由(5.7.20)可得以下定理.

定理 5.7.1 目标泛函沿任何方向 $\eta \in H^2(D) \cap H_0^1(D)$ 关于 Θ 的 Gâteaux 导数是存在的,且

$$
\langle \mathrm{grad}J(\Theta), \eta\rangle = \iint_D [\hat{\Phi}^0(w,p;\hat{w},\hat{p})\eta + \hat{\Phi}^\lambda(w,p)\eta_\lambda + \hat{\Phi}^{\lambda\sigma}(w,p)\eta_{\lambda\sigma}]\sqrt{g}\,\mathrm{d}x^1\mathrm{d}x^2, \quad \forall \eta \in H_0, \tag{5.7.25}
$$

其中

$$
\hat{\Phi}^0(w,p;\hat{w},\hat{p}) = \int_{-1}^{1}\Phi^0(w,p_j,\hat{w};\hat{p})\mathrm{d}\xi,
$$

$$
\hat{\Phi}^\lambda(w,p) = \int_{-1}^{+1}\Phi^\lambda(w,p)\mathrm{d}\xi, \hat{\Phi}^{\lambda\sigma}(w,p) = \int_{-1}^{1}\Phi^{\lambda\sigma}(w,p)\mathrm{d}\xi,
$$

$$
\begin{cases}
\Phi^0(w,p;\hat{w},\hat{p}) = 2\mu(e^{ij}(\hat{w})e_{ij}(w) + e^{ij}(w)e_{ij}(\hat{w})) \\
\qquad - \left(\left(\hat{p} - \dfrac{2}{3}\mu\mathrm{div}\hat{w}\right)\mathrm{div}w + \left(p - \dfrac{2}{3}\mu\mathrm{div}w\right)\mathrm{div}\hat{w}\right), \\
\Phi^{\lambda\sigma}(w,p) = 2\mu(P^{ij\lambda\sigma}(w)e_{ij}(w) + e^{ij}(w)P_{ij}^{\lambda\sigma}(w)) + \Phi_0^{\lambda\sigma}(w,p), \\
\Phi^\lambda(w,p) = 2\mu(S^{ij\lambda}e_{ij}(w) + e^{ij}(w)S_{ij}^\lambda(w)) + \Phi_0^\lambda(w,p),
\end{cases}
\tag{5.7.26}
$$

$$\begin{cases}\Phi_0^\lambda(w,p) = \left(p - \frac{2}{3}\mu \mathrm{div} w\right)[(\varepsilon^{-1}(\delta_3^i\delta^{j\lambda} + \delta^{i\lambda}\delta_3^j) - 2\varepsilon^{-2}\delta_3^i\delta_3^j\delta^{\lambda\sigma}\Theta_{j\sigma})e_{ij}(w) \\ \qquad - g^{ij}S_{ij}^\lambda(w)], \\ \Phi_\theta^{\lambda\sigma}(w,\rho) = \frac{1}{2}\left(p - \frac{2}{3}\mu \mathrm{div} w\right)(w^\sigma\delta^{\lambda\beta} - w^\lambda\delta^{\sigma\beta})\Theta_\beta.\end{cases}$$

这里 $\hat{w},\hat{p}$ 分别表示N-S方程解关于 Θ 的 Gâteaux 导数. 即 $\hat{w} = \frac{\partial}{\partial\Theta}w$. 它满足下面线性化的 N-S 方程.

定理 5.7.2 N-S方程(5.5.1) 的解 (w,p,ρ,T) 沿任意方向 $\eta \in H_0^1(D) \cap H^2(D)$ 有关于 Θ 的 Gâteaux 导数 $\hat{w} = \frac{Dw}{D\Theta}, \hat{p} = \frac{Dp}{D\Theta}, \hat{T} = \frac{DT}{D\Theta}$, 且是线性方程

$$\begin{cases}\mathrm{div}(\rho\hat{w} + \hat{\rho}w) = 0, \\ \mathrm{div}(\rho w\hat{w} + \rho\hat{w}w + \hat{\rho}ww) + \rho\boldsymbol{\omega}\times\hat{w} + \hat{\rho}\boldsymbol{\omega}\times w - \nabla\sigma(\hat{w},\hat{p}) = \boldsymbol{F}(w,\rho), \\ \rho C_v\left(\hat{w}^j\frac{\partial T}{\partial x^j} + \hat{w}^j\frac{\partial\hat{T}}{\partial x^j}\right) + \hat{\rho}C_v w^j\nabla_j T - \kappa\triangle\hat{T} - \kappa\varepsilon^{-1}r^{-1}(1 + r^2|\nabla\Theta|^2)\frac{\partial^2\hat{T}}{\partial\xi^2} \\ \qquad + 2\varepsilon^{-1}\kappa\Theta_\beta\frac{\partial^2\hat{T}}{\partial x^\beta\partial\xi} + \varepsilon^{-1}\kappa\tilde{\triangle}\Theta\frac{\partial\hat{T}}{\partial\xi} + \frac{\kappa}{r}\frac{\partial\hat{T}}{\partial r} = H(\hat{w},\hat{\rho},\omega,p), \quad (5.7.27) \\ \text{相应的齐次边界条件,}\end{cases}$$

的解,其中

$$\boldsymbol{F}(w,p) = -\frac{\partial^2\Sigma^{i\lambda\sigma}(w,p)}{\partial x^\lambda\partial x^\sigma}\boldsymbol{e}_i + \frac{\partial\Sigma^{i\lambda}(w,p)}{\partial x^\lambda}\boldsymbol{e}_i + \frac{\partial\boldsymbol{K}^\lambda(p,w)}{\partial x^\lambda},$$

$$\begin{aligned}H(\boldsymbol{w},\boldsymbol{p},w,p) = &- \sigma^{ij}(\hat{\boldsymbol{w}},\hat{\boldsymbol{p}})e_{ij}(w) - \sigma^{ij}(w,p)e_{ij}(\boldsymbol{w}) \\ &- \frac{\partial^2}{\partial x^\lambda\partial x^\sigma}\Phi^{\lambda\sigma}(w,p) + \frac{\partial}{\partial x^\lambda}\Phi^\lambda(w,p) - 2\kappa\varepsilon^{-2}\frac{\partial^2 T}{\partial\xi^2} \\ &- 2\varepsilon^{-1}\kappa\frac{\partial^2 T}{\partial\xi\partial x^\lambda}\Theta_\lambda - \varepsilon^{-1}\kappa\tilde{\triangle}\frac{\partial T}{\partial\xi},\end{aligned} \quad (5.7.28)$$

而

$$\begin{cases}\Sigma^{i\lambda\sigma}(w,p) = 2\mu\nabla_j P^{ij\lambda\sigma}(w,p) + G^{i\lambda\sigma}(w,p), \\ \Sigma^{i\lambda}(w,p) = 2\mu\nabla_j S^{ij\lambda}(w,p) + G^{i\lambda}(w,p) + \nabla_j T^{ij\lambda}(p,w),\end{cases} \quad (5.7.29)$$

$$\begin{cases}G^{i\lambda\sigma}(w,p) = \delta_3^i\varepsilon^{-1}\sigma^{\lambda\sigma}(w,p), \\ G^{\alpha\lambda}(w,p) = -r\delta_{2\alpha}(\delta_\beta^\nu\delta_\sigma^\lambda + \delta_\sigma^\nu\delta_\beta^\lambda)\Theta_\nu\sigma^{\beta\sigma}(w,p) + 2\varepsilon r\sigma^{3\lambda}(w,p), \\ G^{3\lambda}(w,p) = \varepsilon^{-1}r^{-1}(\delta_{2\beta}\delta_\sigma^\lambda + \delta_{2\sigma}\delta_\beta^\lambda)\sigma^{\beta\sigma}(w,p) + \varepsilon r\delta_2^\lambda\sigma^{33}(w,p) \\ \qquad + 2r(\delta_\beta^\lambda\delta_2^\sigma + \delta_2^\lambda\delta_\beta^\sigma)\Theta_\sigma\sigma^{3\beta}(w,p) \\ \qquad + \varepsilon^{-1}r(\delta_\beta^\lambda\Theta_2\Theta_\alpha + \delta_\sigma^\lambda\Theta_2\Theta_\beta + \delta_2^\lambda\Theta_\sigma\Theta_\beta)\sigma^{\beta\sigma}(w,p),\end{cases} \quad (5.7.30)$$

$$
\begin{aligned}
\boldsymbol{K}^{\lambda} &= \omega r\rho\hat{\varepsilon}^{\beta\alpha}(w^{\lambda}\delta_{\alpha 1} - w^{\alpha}\delta_{\lambda 1})\boldsymbol{e}_{\beta} + \varepsilon^{-1}r^{-1}\omega\rho(\varepsilon r^{2}w^{3}\delta_{2}^{\lambda} + 2r^{2}w^{2}\Theta_{\lambda})\boldsymbol{e}_{3},\\
T^{ij\lambda} &= \left(\varepsilon^{-1}(\delta_{3}^{i}\delta^{j\lambda} + \delta^{i\lambda}\delta_{3}^{j}) - \varepsilon^{-2}\delta_{3}^{i}\delta_{3}^{j}\Theta_{\lambda})p + \frac{2}{3}\mu\mathrm{div}w\right).
\end{aligned}
\tag{5.7.31}
$$

5.7.3 Euler-Lagrange 方程

定理 5.7.3 极小值问题(5.7.2)的 Euler-Lagrange 方程是

$$
2\mu\frac{\partial^{2}}{\partial x^{\alpha}\partial x^{\beta}}(\sqrt{g}W^{\lambda\alpha}\Theta_{\lambda\beta}) + \mathscr{F}(\Theta, w) = 0,\quad \text{在 } D \text{ 内}, \tag{5.7.32}
$$

其中

$$
W^{\alpha\beta} = \int_{-1}^{+1} w^{\alpha}w^{\beta}\mathrm{d}\xi,
$$

边界条件

$$
\Theta\mid_{\partial\Omega} = \Theta_{0}(x^{1}, x^{2}).
$$

证 对(5.7.25)分部积分,并利用 $\eta\in H_0$ 的任意性,得

$$
\frac{\partial^{2}}{\partial x^{\lambda}\partial x^{\sigma}}(\sqrt{g}\hat{\Phi}^{\lambda\sigma}(w,p)) - \frac{\partial}{\partial x^{\lambda}}(\sqrt{g}\hat{\Phi}^{\lambda}(w,p)) + \hat{\Phi}^{0}(w,p)\sqrt{g} = 0.
\tag{5.7.33}
$$

将(5.7.21),(5.7.22)代入(5.7.26)得

$$
\begin{aligned}
\Phi_{0}^{\lambda}(w,p) &= \left(p - \frac{2}{3}\mu\mathrm{div}w\right)[2\varepsilon^{-1}\delta^{\lambda\sigma}e_{3\sigma}(w) - 2\varepsilon^{-2}\delta^{\lambda\sigma}\Theta_{\sigma}e_{33}(w) - S_{\alpha\alpha}^{\lambda}(w)\\
&\quad - 2g^{3\alpha}S_{3\alpha}^{\lambda}(w) - g^{33}S_{33}^{\lambda}(w)]\\
&= r^{3}\left(p - \frac{2}{3}\mu\mathrm{div}w\right)[-2\varepsilon w^{2}\delta^{\lambda\sigma}\Theta_{\lambda} + \varepsilon w^{3}(2\delta^{\lambda\sigma}\theta_{2}\theta_{\sigma} + \delta_{2}^{\lambda}\mid\nabla\theta\mid^{2})\\
&\quad + (w^{\beta}\delta_{2}^{\lambda} - w^{\lambda}\delta_{2}^{\beta})\Theta_{\beta}\mid\nabla\Theta\mid^{2}].
\end{aligned}
\tag{5.7.34}
$$

$$
\begin{aligned}
\Phi^{\lambda\sigma}(w) &= 2\mu\Big[\frac{1}{2}(w^{\lambda}\delta_{\alpha}^{\sigma} + w^{\sigma}\delta_{\alpha}^{\lambda})\left(\frac{\partial w^{\alpha}}{\partial\xi} + \varepsilon^{2}r^{2}\frac{\partial w^{3}}{\partial x^{\alpha}}\right)\\
&\quad + \left(\frac{1}{2}r^{2}(w^{\sigma}\delta^{\lambda\alpha} + \delta^{\sigma\alpha}w^{\lambda})\frac{\partial w^{\beta}}{\partial x^{\alpha}} - (w^{\lambda}\delta^{\sigma\beta} + w^{\sigma}\varepsilon^{\lambda\beta})\left(\frac{\partial w^{3}}{\partial\xi} + \frac{2}{r}w^{2}\right)\right)\Theta_{\beta}\\
&\quad + \frac{1}{2}r^{2}w^{\beta}(w^{\lambda}\delta^{\alpha\sigma} + w^{\sigma}\delta^{\lambda\alpha})\Theta_{\alpha\beta} + r^{2}\varepsilon^{-1}(w^{\lambda}\delta^{\sigma\beta} + w^{\sigma}\delta^{\lambda\beta})\\
&\quad \cdot\left(\varepsilon^{2}r\delta_{2}^{\alpha}w^{3} - \frac{\partial w^{\alpha}}{\partial\xi}\right)\Theta_{\alpha}\Theta_{\beta} + r^{2}\varepsilon^{-1}(w^{\lambda}\delta_{\beta}^{\sigma} + w^{\sigma}\delta_{\beta}^{\lambda})\frac{\partial w^{\beta}}{\partial\xi}\\
&\quad \cdot\mid\nabla\Theta\mid^{2} + \frac{1}{4}r^{2}(w^{\lambda}\delta^{\sigma\beta} + w^{\sigma}\delta^{\lambda\beta})w^{\alpha}\Theta_{\alpha}\Theta_{\beta}\Theta_{2}\Big].
\end{aligned}
\tag{5.7.35}
$$

将(5.7.35)代入(5.7.33),可以得到(5.7.32).证毕.

5.7.4 最优控制问题解的存在性

下面证明最优控制问题解的存在性,为简单起见,只讨论不可压缩情形.

先引入 N-S 方程的算子形式.设

$$X = \{u \in C^\infty(\Omega^3), u|_{\Gamma_{in}, S_\pm} = 0, \frac{\partial u}{\partial n}\Big|_{\Gamma_{out}} = 0, \mathrm{div} u = 0\},$$

$$V = X \text{ 在 } H^3(\Omega) \text{ 中的闭包}, H = X \text{ 在 } L^2(\Omega)^n \text{ 中的闭包},$$

用 $|\cdot|$, $\|\cdot\|$ 分别记为 H 和 V 中的范数,$(\cdot,\cdot)$,$((\cdot,\cdot))$ 为相应的内积.那么,定常的 N-S 方程可以写成

$$\nu Au + B(u) + P(\boldsymbol{\omega} \times \boldsymbol{w}) = Pf, \tag{5.7.36}$$

这里 $A = -P\triangle$,$\triangle = g^{ij}\nabla_i\nabla_j$ 为 Laplace 算子,P 为 $L^2(\Omega) \to H$ 的正交投影. $D(A) = H^2(\Omega)^3 \cap V$,$B(\cdot)$ 是 $V \to V'$ 对偶空间的非线性算子

$$\langle B(u,w), v\rangle_{V'\times V} = \int_{\Omega_\varepsilon} (u\nabla) wu \mathrm{d}V, \quad \forall u \in V. \tag{5.7.37}$$

由于

$$(\boldsymbol{\omega} \times \boldsymbol{w}, \boldsymbol{w}) = \int_{\Omega_\varepsilon} (\boldsymbol{\omega} \times \boldsymbol{w}) \times \boldsymbol{w} \mathrm{d}V = 0, \tag{5.7.38}$$

以及三线性形式 $b(u,v,w) = \int_{\Omega_\varepsilon} (u\nabla)v \cdot w \mathrm{d}V$ 满足 $b(u,v,v) = 0$, (5.7.36) 的弱解问题是:

$$\begin{cases} \text{求 } w \in V \text{ 使得} \\ a_0(w,v) + b(w;w,v) + (\omega \times w, v) = (f,v), \quad \forall v \in V, \end{cases} \tag{5.7.39}$$

其中 $a_0(w,w) = \nu(\nabla w, \nabla w)$. 若解存在,由(5.7.38),则必满足

$$a_0(w,w) = \langle f, w\rangle, \ \nu |w|_{1,\Omega_\varepsilon}^2 \leqslant \|f\|_{-1} |w|_1,$$

推得

$$|w|_{1,\Omega_\varepsilon} \leqslant \frac{1}{\nu}\|f\|_{-1}. \tag{5.7.40}$$

应用文献[41]中的方法,同样可以证明(5.7.39)至少存在一个解.

下面给出极小耗散能量解的存在性证明.对于不可压缩情形,广义极小曲面 S 是:求固定在 ∂D 上充分光滑的二维曲面 $\Theta^* \in W \equiv H^2(D) \cap (\Theta \in H^1(D), \Theta|_{\partial D} = \Theta_0)$ 满足

$$J(\Theta^*) = \inf_{\Theta \in W} J(\Theta), \tag{5.7.41}$$

在不可压缩情形,极小化泛函 $J(S)$ 也可以表达为

$$J(S) = \iiint_{\Omega_\varepsilon} A^{ijkl}\varepsilon_{kl}(w)e_{ij}(w)\mathrm{d}V, \tag{5.7.42}$$

这里

$$A^{ijkl} = \mu(g^{ik}g^{jl} + g^{il}g^{jk}). \tag{5.7.43}$$

定理 5.7.4 如果 Ω_ε 是 Lipschitz 区域,那么

$$I(w) \triangleq \iiint_{\Omega_\varepsilon} A^{ijkl}e_{kl}(w)e_{ij}(w)\sqrt{g}\mathrm{d}V \tag{5.7.44}$$

在 V 中是 $\| w \|_{1,\Omega_\varepsilon}$ 的等价范数.

证 首先证明 A^{ijkl} 是正定的,即对所有的 $x \in \bar{\Omega}$ 和任何对称矩阵 t_{ij},存在数 $c > 0$ 使得[28]

$$A^{ijkl}(x)t_{kl}t_{ij} \geqslant c\sum_{i,j} | t_{i,j} |^2, \tag{5.7.45}$$

于是

$$| I(w) | \geqslant c\sum_{i,j} \iiint_{\Omega_\varepsilon} | e_{ij}(w) |^2\mathrm{d}V = c\sum_{i,j} \| e_{ij}(w) \|_{0,\Omega_\varepsilon}^2.$$

由曲线坐标系中的 Korn 不等式[28]

$$\sum_{i,j} \| e_{ij}(w) \|_{0,\Omega_\varepsilon}^2 \geqslant c \| v \|_{1,\Omega_\varepsilon}^2, \quad \forall v \in V.$$

得

$$| I(w) | \geqslant c \| w \|_{1,\Omega_\varepsilon}^2, \quad \forall v \in V. \tag{5.7.46}$$

另一方面,由于 $| I(w) | \leqslant c \| w \|_{1,\Omega_\varepsilon}^2$,可以推出 $I(w)$ 满足范数条件,故(5.7.44) 可以作为 V 中的范数. 证毕.

因范数是弱下半连续和强制的[41],因此有如下定理.

定理 5.7.5 存在一个曲面 S: $\Theta \in H^2(D) \cap (\Theta \in H^1(D), \Theta |_{\partial D} = \Theta_0)$ 使得泛函 $J(\Theta)$ 在 $\{\Theta, w(\Theta)\}$ 达到极小值,这里 $w(\Theta)$ 是(5.7.36) 的解.

证 由于 $J(\Theta) = I(w(\Theta))$ 在 V 中是强制的,$I(w)$ 等价于 $H^1(\Omega)$ 的半范和 $H_0^1(\Omega)$ 的全范. 因此它是下有界. 所以总存在(5.7.41) 的极小化序列 Θ_n 满足

$$\lim_{n\to\infty} J(\Theta_n) = \inf_{\Theta\in W} J(\Theta).$$

下面证明极小化序列 Θ_n 是收敛的,其极限就是(5.7.41) 的解. 设 w_n 为对应于Θ_n 的(5.7.36) 的解,它满足(5.7.40),故 $\{w_n\}$ 有界,因而由 Sobolev 空间自紧性,可以选择一个收敛子序列,仍记为 w_n, $w_n \to \bar{w}$ 在V 中弱收敛,在 H 中强收敛. 由于 $\lim_{n\to\infty} b(w_n, w_n, v) = b(\bar{w}, \bar{w}, v)$,所以 $\bar{w}$ 是(5.7.36) 的解[16].

另一方面,$\Theta_n \in H^2(\Omega) \cap H_0^1(\Omega)$,所以,$\Theta_n$ 在$H^1(\Omega)$ 中有界,实际上,若不然,可以选择一个子序列 Θ_m,使得

$$I(w_m) = \int_\Omega g^{ik}g^{jl}e_{kl}(w_m)e_{ij}(w_m)\mathrm{d}v \to +\infty.$$

但是这不可能.因 $|I(w_m)|\leqslant c\|w_m\|^2\leqslant C$,故 $\|\Theta_m\|_1$ 是有界的.所以存在一个弱收敛的子序列,在 $H_0^1(\Omega)$ 中弱收敛,在 $L^2(\Omega)$ 中强收敛.这个子序列仍记为 $\Theta_n,\Theta_n\to\bar{\Theta}$.因此存在一个子序列 Θ_m 及相应的 N-S 方程的解 w_m,它们均在各自的 Sobolev 空间弱收敛,由弱极限的唯一性,$\bar{w}=w(\bar{\Theta})$.由 $J(\Theta)$ 在 V 中为等价范数,而范数是弱下半连续的,故 $\bar{\Theta}$ 为极小化问题(5.7.41) 的解.证毕.

5.7.5 共轭梯度算法

最优控制问题(5.7.2) 可以用共轭梯度法求解,设 θ_m 为下降方向,$\forall\, m\geqslant 0$,如果 Θ_m 已知,那么

$$\rho^m=\arg\inf_{\rho\geqslant 0}J(\Theta_m-\rho\theta_m),\qquad \Theta_{m+1}=\Theta_m-\rho^m\theta_m,\tag{5.7.47}$$

这里下降方向 θ_m 是这样确定:令 $g^m=\operatorname{grad}J(\Theta_m)$ 为估值函数相应的梯度.

$$\theta_0=g^0,\ \theta_m=g^m+\sigma^m\theta_{m-1},\qquad \sigma^m=\frac{(g^m-g^{m-1},g^m)}{(g^{m-1},g^m)}.\tag{5.7.48}$$

在这过程需要计算

$$\begin{aligned}\langle g^m,\eta\rangle&=\langle\operatorname{grad}_\Theta(J(\Theta_m)),\eta\rangle\\&=\iint_D[\hat{\Phi}_m^0(w,p)\eta+\hat{\Phi}_m^\lambda(w,p)\eta_\lambda+\hat{\Phi}_m^{\lambda\sigma}(w,p)\eta_{\lambda\sigma}]\sqrt{g}\,\mathrm{d}x^1\mathrm{d}x^2,\end{aligned}$$

$$g^m=\frac{1}{\sqrt{g}}\left(\frac{\partial^2}{\partial x^\lambda\partial x^\beta}(\sqrt{g}\hat{\Phi}_m^{\lambda\sigma})-\frac{\partial}{\partial x^\lambda}(\sqrt{g}\hat{\Phi}_m^\lambda)\right)+\hat{\Phi}_m^0,\tag{5.7.49}$$

$\Phi_m^{\lambda\sigma},\Phi_m^\lambda,\Phi_m^0$ 是对应于 Θ_m 的解 w_m 的相应的 $\Phi^{\lambda\sigma},\Phi^\lambda,\Phi^0$,它由(5.7.26)确定.

下面讨论一维问题的极值泛函计算.令

$$\varphi(\rho)=J(\Theta_m-\rho\theta_m)=\int_\Omega\Phi(\Theta_m-\rho\theta_m)\mathrm{d}V,$$

对应于 $\Theta_m-\rho\theta_m$ 的解记为 $w_m(\rho)$,那么 $\Phi(\Theta_m-\rho\theta_m)=2\mu e^{ij}(w_m(\rho))\cdot e_{ij}(w_m(\rho))$,其中 $w_m(\rho)=w(\Theta_m-\rho\theta_m)$ 为 N-S 方程.

$$\begin{cases}(w_m(\rho)\nabla)w_m(\rho)-\nu\triangle w_m(\rho)+\nabla\rho_m+2\omega\times w_m(\rho)=f\\ \operatorname{div}w_m(\rho)=0\end{cases}$$

的解 ρ^m 必须是下列方程的根

$$\frac{\mathrm{d}\varphi}{\mathrm{d}\rho}(\rho)=\frac{\mathrm{d}J(\Theta_m-\rho\theta_m)}{\mathrm{d}\rho}=0,$$

经过计算

$$\int_\Omega\operatorname{grad}\Phi(w_m,p_m)\theta_m\mathrm{d}V=0,$$

其中 (w_m,p_m) 是对应于 $\Theta_m-\rho\theta_m$ 的 N-S 方程的解.由定理 5.7.1,上式等价于

$$\int_D \left[\hat{\Phi}^{\lambda\sigma}(w_m, p_m) \frac{\partial^2 \theta_m}{\partial x^\lambda \partial x^\sigma} + \hat{\Phi}^\lambda(w_m, p_m) \frac{\partial \theta_m}{\partial x^\lambda} + \hat{\Phi}^0(w_m, p_m) \right] \sqrt{g} \mathrm{d}x = 0 \tag{5.7.50}$$

如果利用 Taylor 展式

$$w_m(\Theta_m - \rho\theta_m) = w(\Theta_m) - \hat{w}(\Theta_m)\theta_m\rho + o(\rho^2),$$
$$p_m(\Theta_m - \rho\theta_m) = p_m(\Theta_m) - \hat{p}(\Theta_m)\theta_m\rho + o(\rho^2),$$

代入(5.7.50)后,可以得到一个关于 ρ 的多项式,求这个多项式最小的正根,就得到所需要的 ρ_m.

5.8 润滑理论中的广义 Reynolds 方程

经典润滑理论是以 Reynolds 方程为出发点的,Reynolds 方程是在略去惯性项,并假定轴和轴瓦曲面的曲率半径为无限大时,线性化 N-S 方程而得到的,因而它忽略了曲线运动产生的弯曲效应.在这一节,利用薄流层中的 N-S 方程和两个非同心圆柱之间的 Taylor 流理论,建立轴承润滑的广义 Reynolds 和速度场方程.

5.8.1 广义 Reynolds 方程

润滑流体在两个曲面 S_a,S_b 之间经受曲线运动,曲面 S_a 与 S_b 在某一方面是封闭的,它们之间也作相对运动,S_a 与 S_b 所夹的空间是一个狭窄地带,沿 S_a 的法线方向,S_a 与 S_b 之间的距离 $h(x^\alpha)$ 称为这一地带的厚度,若 L 为 S_a 和 S_b 的特征长度,并假设 $\frac{h_0}{L} \ll 1, 0 < h(x) \leqslant h_0$(见图 5.1,图 5.2). 取 S_a 作为基础曲面,(x^α,$x^3 = \xi$) 为 S- 族坐标系.

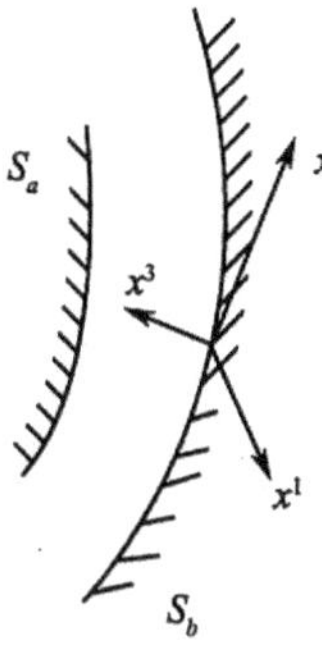

图 5.1

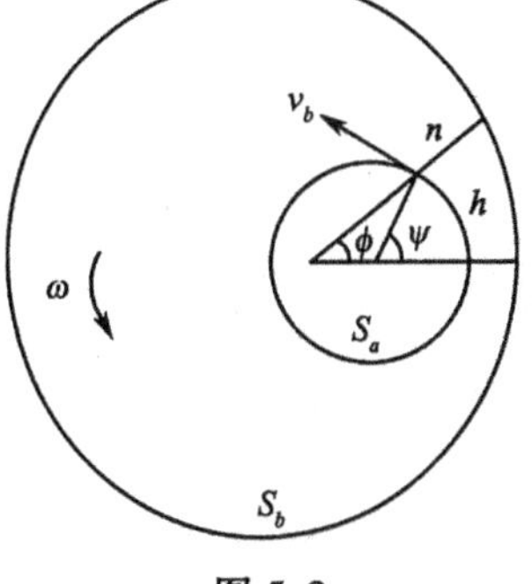

图 5.2

在 S- 坐标系下,润滑流体平均压强所应满足的微分方程称为广义 Reynolds 方

程,它考虑了曲线运动所产生弯曲效应,用 x^3 方向的平均值来代替原来的数值,对于流体运动速度,取

$$\bar{\boldsymbol{u}} = \frac{1}{h}\int_0^h \boldsymbol{u}\,\mathrm{d}x^3, \quad \boldsymbol{q} = \frac{1}{h}\int_0^h \rho\boldsymbol{u}\,\mathrm{d}\xi, \tag{5.8.1}$$

这里 $\boldsymbol{u} = u^\alpha \boldsymbol{e}_\alpha + u^3\boldsymbol{n}$, $\bar{u}^\alpha = \frac{1}{h}\int_0^h u^\alpha \mathrm{d}x^3$, $\bar{u}^3 = \frac{1}{h}\int_0^h u^3\mathrm{d}x^3$,由于 ρ 沿 x^3 方向变化很小,因而质量流量密度是 $h\boldsymbol{q}$.

(1) 连续性方程

由(3.9.23)

$$\mathrm{div}(\rho u) = \overset{*}{\mathrm{div}}(\rho u) + \rho\frac{\partial u^3}{\partial \xi} + \theta^{-1}((-2Hu^3 - 2u^\alpha \overset{*}{\nabla}_\alpha H)\xi + a^\alpha \overset{*}{\nabla}_\alpha K\xi^2)\rho,$$

假设 u^3 及其导数很小,且 $\theta^{-1} = 1 + 2H\xi + (4H^2 - K)\xi^2 + o(\xi^3)$,略去高阶无穷小量,那么连续性方程可表示为

$$\overset{*}{\mathrm{div}}(\rho u) - 2\rho u^\alpha \overset{*}{\nabla}_\alpha H\xi + \rho u^\alpha \overset{*}{\nabla}_\alpha (K - 2H^2)\xi^2 = 0. \tag{5.8.2}$$

(2) 两个等式

设 $f(x,\xi)$ 在 $(x,\xi) \in \omega \times [0,h]$ 上光滑,$\omega \subset R^2$ 是有界区域,$x = (x^1, x^2)$. 记平均值函数

$$\bar{f}(x,h) = \frac{1}{h}\int_0^h f(x,\xi)\mathrm{d}\xi, \tag{5.8.3}$$

其中 $h = h(x)$ 与 ξ 无关. 那么对任何连续可导的函数 $m(x,\xi)$, 成立

$$\int_0^h m(x,\xi)f(x,\xi)\mathrm{d}\xi = \frac{1}{2}h(m(x,h) + m(x,0))\bar{f}(x,h), \tag{5.8.4}$$

$$\int_0^h (m(x,\xi))\overset{*}{\nabla}_\alpha f\mathrm{d}\xi = \frac{h}{2}(m(x,h) + m(x,0))\overset{*}{\nabla}_\alpha \bar{f}(x,h)$$
$$+ \frac{1}{2}\overset{*}{\nabla}_\alpha h[m(x,h) + m(x,0)\bar{f}(x,h) - 2m(x,h)f(x,h)]. \tag{5.8.5}$$

实际上,令 $F(\xi) = \int_0^\xi f(x,\xi)\mathrm{d}\xi$,那么 $F(h) = h\bar{f}(x,h)$, $F(0) = 0$, $\frac{\mathrm{d}F}{\mathrm{d}\xi} = f(x,\xi)$. 于是有

$$\int_0^h m(x,\xi)f(x,\xi)\mathrm{d}\xi = m(x,h)F(\xi)\,|_0^h - \int_0^h m_g'(x,\xi)F(x,\xi)\mathrm{d}\xi$$
$$= hm(x,h)\bar{f}(x,h) - \int_0^h\int_0^\xi m_\xi'(x,\xi)f(x,t)\mathrm{d}t\mathrm{d}\xi$$
$$= hm(x,h)\bar{f}(x,h) + hm(x,0)\bar{f}(x,h) - \int_0^h m(x,t)f(x,t)\mathrm{d}t,$$

得

$$\int_0^h m(x,\xi)f(x,\xi)\mathrm{d}\xi = \frac{1}{2}h(m(x,h)+m(x,0))\bar{f}(x,h).$$

这就证明了(5.8.4). 以下证(5.8.5).

$$\begin{aligned}
&\int_0^h m(x,\xi)\overset{*}{\nabla}_\alpha f(x,\xi)\mathrm{d}\xi \\
&= \overset{*}{\nabla}_\alpha\left(\int_0^h m(x,\xi)f(x,\xi)\mathrm{d}\xi\right) - \int_0^h \overset{*}{\nabla}_\alpha m(x,\xi)f(x,\xi)f(x,\xi)\mathrm{d}\xi \\
&\quad - m(x,h)f(x,h)\overset{*}{\nabla}_\alpha h \\
&= \overset{*}{\nabla}_\alpha\left(\frac{h}{2}(m(x,h)+m(x,0))\bar{f}(x,h)\right) \\
&\quad - \frac{1}{h}(\overset{*}{\nabla}_\alpha(m(x,h)+m(x,0))\bar{f}(x,a) - m(x,h)f(x,h)\overset{*}{\nabla}_\alpha h \\
&= \frac{1}{h}(m(x,h)+m(x,0)\overset{*}{\nabla}_\alpha \bar{f}(x,h) \\
&\quad + \frac{1}{2}\overset{*}{\nabla}_\alpha h[(m(x,h)+m(x,0))\bar{f}(x,h) - 2m(x,h)f(x,0)].
\end{aligned}$$

即得(5.8.5). 应用(5.8.4)可以得到下列积分

$$\int_0^h u^\alpha \xi \mathrm{d}\xi = \frac{1}{2}h^2\bar{u}^\alpha, \qquad \int_0^h u^\alpha \xi^2 \mathrm{d}\xi = \frac{1}{2}h^3\bar{u}^\alpha. \tag{5.8.6}$$

应用(5.8.5), 则有

$$\begin{aligned}
\int_0^h \overset{*}{\mathrm{div}}(\rho u)\mathrm{d}\xi &= \int_0^h \overset{*}{\nabla}_\alpha(\rho u^\alpha)\mathrm{d}\xi \\
&= \frac{h}{2}\overset{*}{\nabla}_\alpha\left(\frac{1}{h}\int_0^h \rho u^\alpha \mathrm{d}\xi\right) + \frac{1}{2}\overset{*}{\nabla}_\alpha h\left(\frac{1}{h}\int_0^h \rho u^\alpha \mathrm{d}\xi - 2\rho u^\alpha \mid_{\xi=h}\right) \\
&= h\overset{*}{\nabla}_\alpha q^\alpha + q^\alpha \overset{*}{\nabla}_\alpha h - (\rho u^\alpha)\mid_{S_b}\overset{*}{\nabla}_\alpha h,
\end{aligned} \tag{5.8.7}$$

记 $V_b^\alpha \triangleq u^\alpha \mid_{S_b}$, 所以

$$\int_0^h \overset{*}{\mathrm{div}}(\rho u)\mathrm{d}\xi = h\overset{*}{\nabla}_\alpha q^\alpha + q^\alpha\overset{*}{\nabla}_\alpha h - \rho V_b^\alpha \overset{*}{\nabla}_\alpha h. \tag{5.8.8}$$

对连续性方程(5.8.2)两边关于 ξ 在 $[0,h]$ 上积分, 并利用(5.8.6)~(5.8.8)得到

$$\begin{cases}
\overset{*}{\nabla}_\alpha q^\alpha + q^\alpha G_\alpha(h) = \rho V_b^\alpha \overset{*}{\nabla}_\alpha h, \\
G_\alpha(h) = \overset{*}{\nabla}_\alpha \ln h - h\overset{*}{\nabla}_\alpha H + \frac{1}{2}h^2\overset{*}{\nabla}_\alpha(K-2H^2).
\end{cases} \tag{5.8.9}$$

(3) *动量方程*

取轴瓦面 S_a 为基础曲面, 应用 S- 族坐标系, 并假设法向间隙为 ε ($0 \leqslant \varepsilon \leqslant$

$h(x^\alpha))$. 在 S- 坐标系下,轴承间隙内部的 N-S 方程可以写成如下形式

$$\mu\left(\frac{\partial^2 u^\alpha}{\partial \xi^2} - 2(b^\alpha_\beta + H\delta^\alpha_\beta)\frac{\partial u^\alpha}{\partial \xi}\right) = - a^{\alpha\beta}\overset{*}{\nabla}_\beta p + F^\alpha(u) + F^\alpha_R(\xi), \quad (5.8.10)$$

其中

$$F(u) = \mu(\overset{*}{\triangle} u^\alpha + Ku^\alpha) - \rho u^\beta \overset{*}{\nabla}_\beta u^\alpha + \frac{\mu}{3} a^{\alpha\beta}\overset{*}{\nabla}_\beta \overset{*}{\mathrm{div}} u. \quad (5.8.11)$$

$F_R(\xi)$ 是 ξ 的高阶部分. 用记号(5.6.9),那么(5.8.10)的通解可以表示为

$$\left(\mu\frac{\partial u^1}{\partial \xi}, \mu\frac{\partial u^2}{\partial \xi}\right)^T = \Phi(\xi)\Phi^{-1}(0)\mathbf{Y}(0) + \int_0^\xi \Phi(\xi)\Phi^{-1}(\eta)\mathrm{d}\eta(-\overset{*}{\nabla} p$$
$$+ F(u)) + o(\xi). \quad (5.8.12)$$

由 5.6 节关于 $\Phi(\xi)$ 的定义,得

$$\Phi^{-1}(\xi) = \frac{1}{|\det(\varphi)|}\begin{pmatrix} e^{\lambda_2\xi}s^{(2)}_2 & -e^{\lambda_1\xi}s^{(1)}_2 \\ -e^{\lambda_2\xi}s^{(2)}_1 & e^{\lambda_1\xi}s^{(1)}_1 \end{pmatrix},$$

这里 $|\Phi| = \det(\Phi) = e^{(\lambda_1+\lambda_2)\xi}(s^{(1)}_1 s^{(2)}_2 - s^{(1)}_2 s^{(2)}_1) = e^{8H\xi}s_0$. 规一化后, $s_0 = \det(S^{(\alpha)}_\beta) = 1$, 因此

$$M(\xi) = \Phi(\xi)\int_0^\xi \Phi^{-1}(\eta)\mathrm{d}\eta = \begin{pmatrix} m^1_1 & m^1_2 \\ m^2_1 & m^2_2 \end{pmatrix}, \quad (5.8.13)$$

$$m^1_1(\xi) = \lambda_2^{-1}e^{-8H\xi}((e^{\lambda_1\xi}-1)s^{(1)}_1 s^{(2)}_2 + e^{\lambda_2\xi}(1-e^{\lambda_2\xi})s^{(2)}_1 s^{(2)}_1),$$
$$m^1_2(\xi) = \lambda_1^{-1}e^{-8H\xi}(e^{\lambda_1\xi}(1-e^{\lambda_1\xi})s^{(1)}_2 s^{(1)}_1 + e^{\lambda_2\xi}(e^{\lambda_2\xi}-1)s^{(2)}_1 s^{(1)}_1),$$
$$m^2_1(\xi) = \lambda_2^{-1}e^{-8H\xi}(e^{\lambda_1\xi}(e^{\lambda_2\xi}-1)s^{(1)}_2 s^{(2)}_2 + e^{\lambda_2\xi}(1-e^{\lambda_2\xi})s^{(2)}_2 s^{(2)}_1),$$
$$m^2_2(\xi) = \lambda_1^{-1}e^{-8H\xi}(e^{\lambda_1\xi}(1-e^{\lambda_1\xi})s^{(1)}_2 s^{(1)}_2 + e^{\lambda_2\xi}(e^{\lambda_1\xi}-1)s^{(2)}_2 s^{(1)}_1),$$

而

$$M(\xi)(a^{\alpha\beta}\overset{*}{\nabla}_\beta p) = (m^\lambda_\alpha a^{\alpha\beta}\overset{*}{\nabla}_\beta p) = (m^\alpha_\beta a^{\sigma\beta}\overset{*}{\nabla}_\sigma p).$$

由

$$m^{\alpha\sigma} = a^{\beta\sigma}m^\alpha_\beta \quad (5.8.14)$$

及(5.8.12)可以得到

$$\rho\mu\frac{\partial u^\alpha}{\partial \xi} = -\rho m^{\alpha\beta}\overset{*}{\nabla}_\beta p + \rho m^\alpha_\beta F^\beta(u). \quad (5.8.15)$$

积分后得

$$\rho\mu u^\alpha(\xi) = -\rho\int_0^\xi m^{\alpha\beta}\overset{*}{\nabla}_\beta p\,\mathrm{d}\tau + \int_0^\xi \rho m^\alpha_\beta F^\beta(u)\mathrm{d}\tau,$$

再次积分

$$\mu q^\alpha = -h^{-1}\rho\int_0^h \mathrm{d}\xi\int_0^\xi m^{\alpha\beta}\overset{*}{\nabla}_\beta p(\tau)\mathrm{d}\tau + h^{-1}\int_0^h\int_0^\xi \rho m^\alpha_\beta F^\beta(u)\mathrm{d}\tau\mathrm{d}\xi$$

$$= - \rho h^{-1}\int_0^h (h - \xi) m^{\alpha\beta} \overset{*}{\nabla}_\beta p(\xi) \mathrm{d}\xi + h^{-1}\int_0^h \rho(h - \xi) m_\beta^\alpha F^\beta(u) \mathrm{d}\xi,$$

应用等式(5.8.4)和(5.8.5)得

$$\mu q^\alpha(h) = - \frac{1}{2}\rho h m^{\alpha\beta} \overset{*}{\nabla}_\beta \bar{p}(h) - \frac{1}{2}\rho \overset{*}{\nabla}_\beta h m^{\alpha\beta} \bar{p}(h) + \frac{1}{2}\rho m_\beta^\alpha(h) \bar{F}^\beta(u). \tag{5.8.16}$$

将(5.8.16)代入(5.8.9)后,若取 $\bar{F}^\beta(u) = 0$,就可得关于 $\bar{p}(h)$ 的偏微分方程

$$\begin{aligned} &- \mu \overset{*}{\nabla}_\alpha(\rho h m^{\alpha\beta} \overset{*}{\nabla}_\beta \bar{p}) - \mu \overset{*}{\nabla}_\alpha(\rho \overset{*}{\nabla}_\beta h m^{\alpha\beta} \bar{p}) \overset{*}{\nabla}_\alpha \ln h - h \overset{*}{\nabla}_\alpha H \\ &+ \frac{1}{2}h^2 \overset{*}{\nabla}_\alpha(K - 2H^2)(\rho h m^{\alpha\beta} \overset{*}{\nabla}_\beta \bar{p} + \rho \overset{*}{\nabla}_\beta h m^{\alpha\beta} \bar{p}) = 2\rho V_b^\alpha \overset{*}{\nabla}_\alpha h, \end{aligned}$$

或

$$\overset{*}{\nabla}_\alpha(\rho h m^{\alpha\beta} \overset{*}{\nabla}_\beta \bar{p}) + C^\alpha(h) \nabla_\alpha \bar{p} + D(h) \bar{p} = 2\mu\rho V_b^\alpha \overset{*}{\nabla}_\alpha h, \tag{5.8.17}$$

这里

$$\begin{cases} C^\alpha(h) = \rho h m^{\beta\alpha}(h) G_\beta(h) + \rho m^{\alpha\beta}(h) \overset{*}{\nabla}_\beta h, \\ D(h) = \overset{*}{\nabla}_\alpha(\rho m^{\alpha\beta}(h) \overset{*}{\nabla}_\beta h) + \rho m^{\alpha\beta}(h) \overset{*}{\nabla}_\beta h G_\alpha(h). \end{cases} \tag{5.8.18}$$

将(5.8.17)再赋予 $\bar{p}(h)$ 关于(x^1, x^2) 的边界条件,就得到相应的边值问题.

(5.8.17)是关于平均压力 $\bar{p}$ 的方程,称为广义 Reynolds方程,它考虑了曲线运动产生的弯曲效应. 与 Reynolds 方程比较,广义 Reynolds 方程更深刻地反映了轴瓦曲面的内蕴性质对润滑流动的影响. 在广义 Reynolds 方程(5.8.17) 的主部和方程的右端,均出现曲面 S_a 的第一、第二基本型,平均曲率和全曲率.

由于 u 关于ξ的变化率比u 关于x 的变化率要大的多,所以在 F^α 中保留$\mu K u^\alpha$,略去其他小量, 运用(5.8.4)得

$$\frac{1}{2}\rho m_\beta^\alpha(h) \bar{F}^\beta(u) = \frac{1}{2} m_\beta^\alpha(h) \mu K q^\beta,$$

于是(5.8.16)变为

$$\mu\left(\delta_\beta^\alpha - \frac{1}{2}K h m_\beta^\alpha(h)\right) q^\beta = - \frac{1}{2}\rho h m^{\alpha\beta}(h) \overset{*}{\nabla}_\beta \bar{p}(h) - \frac{1}{2}\rho h m^{\alpha\beta}(h) \overset{*}{\nabla}_\beta \bar{p}(h). \tag{5.8.19}$$

当 h 适当小时,矩阵

$$A_\beta^\alpha = \delta_\beta^\alpha - \frac{1}{2}K h m_\beta^\alpha(h), \tag{5.8.20}$$

逆矩阵为

$$(A_\beta^\alpha)^{-1} = (\det(A_\beta^\alpha))^{-1}\left(\delta_\beta^\alpha - \frac{1}{2}K h \varepsilon_{\alpha'}^\alpha q_\beta^{\beta'} m_{\beta'}^{\alpha'}\right), \tag{5.8.21}$$

这里

$$\varepsilon_\beta^\alpha = \begin{cases} 1, & \alpha \neq \beta, \\ 0, & \alpha = \beta. \end{cases}$$

因此得到

$$\mu q^\alpha = -\frac{1}{2}\rho h N^{\alpha\beta}(h)\overset{*}{\nabla}_\beta \bar{p}(h) - \frac{1}{2}\rho N^{\alpha\beta}(h)\overset{*}{\nabla}_\beta h\bar{p}(h), \qquad (5.8.22)$$

其中

$$N^{\alpha\beta}(h) = (\det(A_\beta^\alpha))^{-1}\left[m^{\alpha\beta} - \frac{1}{2}Kh\varepsilon_\lambda^\alpha \varepsilon_\nu^\sigma m_\sigma^\lambda m^{\beta\nu}\right]. \qquad (5.8.23)$$

计算表明

$$(\det(A_\beta^\alpha))^{-1} = \left(1 + \frac{1}{2}\mathrm{tr}(m_\beta^\alpha)Kh\right) + o(h^3).$$

将(5.8.22)代入(5.8.9)得到关于 $\bar{p}(h)$ 的偏微分方程

$$\overset{*}{\nabla}_\alpha(\rho h N^{\alpha\beta}(h)\overset{*}{\nabla}_\beta \bar{p}) + C^\beta(h)\overset{*}{\nabla}_\beta \bar{p} + D(h)\bar{p} = -2\mu\rho V_b^\alpha \overset{*}{\nabla}_\alpha h, \quad (5.8.24)$$

其中

$$\begin{cases} C^\beta(h) = \rho N^{\alpha\beta}(h)\overset{*}{\nabla}_\alpha h + \rho h N^{\beta\alpha}(h)G_\alpha(h), \\ D(h) = \overset{*}{\nabla}_\alpha(\rho N^{\alpha\beta}(h)\overset{*}{\nabla}_\beta h) + \rho N^{\alpha\beta}(h)\overset{*}{\nabla}_\beta h G_\alpha(h). \end{cases} \qquad (5.8.25)$$

方程(5.8.24)也是广义 Reynolds 方程.(5.8.24)与(5.8.17)类同,只不过用 $N^{\alpha\beta}$ 代替 $m^{\alpha\beta}$. $N^{\alpha\beta}$ 与 $m^{\alpha\beta}$ 都是 h 的一阶小量.

当 $A_\beta^\alpha = \delta_\beta^\alpha$ 时, $N^{\alpha\beta} = m^{\alpha\beta}$. 而当曲面 S_a 上的 Gauss 坐标系取曲率线坐标系时

$$a_{12} = b_{12} = b_2^1 = b_1^2 = 0, \quad b_{11} = k_1 a_{11}, \quad b_{22} = k_2 a_{22}, \quad b_1^1 = k_1, b_2^2 = k_2,$$

k_1 和 k_2 为主法曲率,特征向量

$$s_1^{(1)} = \alpha, \qquad s_2^{(1)} = 0, \qquad s_1^{(2)} = 0, \qquad s_2^{(2)} = \beta,$$

α, β 为任意常数.那么矩阵

$$\begin{aligned} m_1^1(h) &= \lambda_2^{-1}e^{-8Hh}\alpha^{-1}\beta^{-1}(e^{\lambda_1 h}(e^{\lambda_2 h} - 1)\alpha\beta + 0) \\ &= \lambda_2^{-1}(1 - e^{(\lambda_1 - 8H)h}) = \lambda_2^{-1}(1 - e^{-\lambda_2 h}) = h - \frac{1}{2}\lambda_2 h^2 + o(h^2), \\ m_2^1(h) &= m_1^2(h) = 0, \\ m_2^2(h) &= \lambda_1^{-1}(1 - e^{(\lambda_2 - 8H)h}) = \lambda_1^{-1}(1 - e^{\lambda_1 h}) = h - \frac{1}{2}\lambda_1 h^2 + o(h^2). \end{aligned}$$

所以

$$
\begin{cases}
m^{11}(h) = a^{11}h\left(1 - \frac{1}{2}\lambda_2 h\right), \quad m^{22}(h) = a^{22}h\left(1 - \frac{1}{2}\lambda_1 h\right), \\
m^{12}(h) = m^{21}(h) = 0. \\
A_1^1 = 1 - \frac{1}{2}Kh^2\left(1 - \frac{1}{2}\lambda_2 h\right), \quad A_2^2 = 1 - \frac{1}{2}Kh^2\left(1 - \frac{1}{2}\lambda_1 h\right), \\
A_2^1 = A_1^2 = 0, \quad \det(A_\alpha^\beta) = 1 - Kh^2(1 - Hh). \\
B_1^1 = 1 + \frac{1}{2}Kh^2 - \frac{1}{2}\lambda_2 Kh^3, \quad B_2^2 = 1 + \frac{1}{2}Kh^2 - \frac{1}{2}\lambda Kh^3, \\
B_2^1 = B_1^2 = 0, \quad N^{12} = N^{21} = 0, \\
N^{11} = a^{11}h\left(1 - \frac{1}{2}\lambda_2 h\right)\left(1 + \frac{1}{2}Kh^2\right), N^{22} = a^{22}h\left(1 - \frac{1}{2}\lambda_1 h\right)\left(1 + \frac{1}{2}Kh^2\right),
\end{cases}
$$

其中$(B_\beta^\alpha) = (A_\beta^\alpha)^{-1}$, S_b 是回转面时, $K = 0$, 那么曲面主法曲率是

$$
k_1 = 2H, \quad k_2 = \theta, \quad \lambda_1 = 6H, \quad \lambda_2 = 2H,
$$
$$
\lambda_1 - 8H = -2H, \quad \lambda_2 - 8H = -6H.
$$

所以

$$
\begin{cases}
m_1^1(h) = \frac{1}{2H}(1 - e^{-2Hh}) = h(1 - Hh), \quad m_2^1 = m_1^2 = 0, \\
m_2^2(h) = \frac{1}{6H}(1 - e^{-6Hh}) = h(1 - 3Hh), \\
m^{11} = a^{11}h(1 - Hh), \quad m^{22} = a^{22}h(1 - 3Hh), \quad m^{12} = m^{21} = 0. \\
A_1^1 = 1 - \frac{1}{2}Kh^2(1 - Hh), \quad A_2^2 = 1 - \frac{1}{2}Kh^2(1 - 3Hh), \\
\det(A_\beta^\alpha) = 1 - Kh^2 + 2HKh^3 + o(h^3).
\end{cases}
$$

$$
\begin{cases}
B_1^1 = 1 + \frac{1}{2}Kh^2 - \frac{3}{2}HKh^3 + o(h^3), \\
B_2^2 = 1 + \frac{1}{2}Kh^2 - \frac{1}{2}HKh^3 + o(h^3), \\
B_1^2 = B_2^1 = 0. \quad N^{12} = N^{21} = 0. \\
N^{11} = a^{11}h\left(1 - Hh + \frac{1}{2}Kh^2 - \frac{3}{2}HKh^3\right), \\
N^{22} = a^{22}h\left(1 - 3Hh + \frac{1}{2}Kh^2 - \frac{1}{2}HKh^3\right).
\end{cases}
$$

5.8.2 两个非同心旋转圆柱之间的 Taylor 流, 润滑流体的速度场

两个非同心的旋转圆柱间流体流动, 可以视为两个同心旋转圆柱之间流动的一个扰动. 为说明这个问题, 采用一种"修正双极坐标系"及利用张量分析, 可以有

效地得到基本流动以及二次流.

设内外圆柱的半径分别为 a, b, 且设 $b-a \ll a$, 偏心距记为 e, 间隙比率记为 δ, 偏心率记为 ε, 那么

$$\delta=\frac{b-a}{a},\qquad e=\varepsilon\delta,\qquad 0\leqslant\varepsilon<1, \tag{5.8.26}$$

修正双极坐标系下的度量张量及其协变导数

设外圆柱为固定, 内圆柱旋转角速度为 ω. 内圆柱的轴子为圆柱坐标系 (r,ω,z) 的子轴. 引入新的极坐标系 (ρ,φ,z), 它与 (r,θ,z) 有如下关系

$$\xi(\rho,\varphi)=\frac{a(\zeta+\gamma)}{1+\gamma\zeta}, \tag{5.8.27}$$

这里

$$\xi=re^{i\theta},\qquad \zeta=\rho e^{i\varphi}.$$

γ 为实数, $\theta=0$, $\varphi=0$ 是同一条射线. 当 $\varepsilon\to 0$ 时, (ρ,φ) 与 (γ,θ) 重合.

设在新的坐标系 (ρ,φ,z) 下, 内圆柱的半径为 1, 外圆柱的半径为 β, 即

$$|\xi(1,\theta)|=1,\qquad |\xi(\beta,\theta)-ae|=1. \tag{5.8.28}$$

将(5.8.27)代入(5.8.28)第一个方程得到

$$(\zeta_1+\gamma)(\zeta_1^*+\gamma)=(1+\gamma\zeta_1)(1+\gamma\zeta_1^*),$$

其中带 * 号的表示共轭复数. 由上式得

$$(1-\gamma^2)(\zeta_1\zeta_1^*-1)=0.$$

即

$$\gamma=\pm 1\quad\text{或}\quad \zeta_1\zeta_1^*-|\zeta_1|^2=1, \tag{5.8.29}$$

将(5.8.27)代入(5.8.28)第二个方程可以得到

$$\begin{aligned}&[(1-\varepsilon\delta\gamma)\zeta_2+\gamma-\varepsilon\delta][(1-\varepsilon\delta\gamma)\zeta_2^*+\gamma-\varepsilon\delta]\\&=(1+\delta)^2[1+\gamma(\zeta_2+\zeta_2^*)+\gamma^2\zeta_2\zeta_2^*],\end{aligned}$$

即

$$\begin{aligned}&[(1-\varepsilon\delta\gamma)^2-\gamma^2(1+\delta)^2]\zeta_2\zeta_2^*+[(\gamma-\varepsilon\delta)(1+\delta)^2](\zeta_2+\zeta_2^*)\\&\quad+(\gamma-\varepsilon\delta)^2-(1+\delta)^2=0.\end{aligned}$$

由 $\zeta_2\zeta_2^*=\beta$, 推出

$$(\gamma-\varepsilon\delta)(1-\varepsilon\delta\gamma)-\gamma(1+\delta)^2=0, \tag{5.8.30}$$

$$\beta^2=\frac{-(\gamma-\varepsilon\delta)^2+(1+\delta)^2}{(1-\varepsilon\delta\gamma)^2-\gamma^2(1+\delta)^2}=\frac{(1+\delta)^2}{(1-\varepsilon\delta\gamma)^2}, \tag{5.8.31}$$

得到 γ, β 的值

$$\begin{cases}\gamma = \dfrac{1}{2\varepsilon}[\varepsilon^2\delta^2 - 2 - \delta + \sqrt{(2+\delta)^2 - (4+4\delta+2\delta^2)\varepsilon^2 + \delta^2\varepsilon^4}], \\ \beta = \dfrac{1+\gamma}{1-\varepsilon\delta\gamma} = [4+\delta+4\delta^2\varepsilon^2 - 2\varepsilon^2\delta^5 + \varepsilon^4\delta^6 - \varepsilon^4\delta^4]^{-1} \\ \qquad \times \{2(1+\delta)(2+2\delta+\delta^2-\varepsilon^2\delta^3) \\ \qquad + 2\delta(1+\delta)\sqrt{(2+\delta)^2-(4+4\delta+2\delta^2)\varepsilon^2+\delta^2\varepsilon^4}\}.\end{cases} \tag{5.8.32}$$

如果展成关于 ε 和 δ 的级数，那么

$$\begin{aligned}\gamma(\varepsilon) &= -\frac{\varepsilon}{2+\delta} - \frac{6(1+\delta)^2}{(2+\delta)^3}\varepsilon^3 + o(\varepsilon^5), \\ \beta(\varepsilon) &= (1+\delta)\left[1 - \frac{\delta}{2+\delta}\varepsilon^2 - \frac{\delta(1+\delta+\delta^2)}{(2+\delta)^2}\varepsilon^4 + o(\varepsilon^6)\right],\end{aligned} \tag{5.8.33}$$

$$\begin{aligned}\gamma(\delta) &= \frac{\sqrt{1-\varepsilon^2}-1}{\delta} + \frac{\sqrt{1-\varepsilon^2}-1}{2\delta}\delta + o(\delta^2), \\ \beta(\delta) &= 1 + \sqrt{1-\varepsilon^2}\delta + \left(\sqrt{1-\varepsilon^2}-1\right)\left(\frac{3}{2}+\varepsilon\right)\delta^2 + o(\delta^3).\end{aligned} \tag{5.8.34}$$

也可以表示成

$$\begin{cases}\gamma = -\dfrac{1}{2}\varepsilon - \dfrac{1}{2}\varepsilon\delta + \dfrac{1}{8}\varepsilon^3\delta^2 + \dfrac{3}{8}\varepsilon\delta^2 + \cdots, \\ \beta = 1 + \delta - \dfrac{1}{2}\varepsilon^2\delta - \dfrac{1}{8}\varepsilon^4\delta - \dfrac{4}{3}\varepsilon^2\delta^2 + \cdots.\end{cases} \tag{5.8.35}$$

以下计算坐标变换 Jacobi 行列式．实际上，由恒等式

$$a\frac{\gamma+\zeta}{1+\gamma\zeta} = \frac{a}{\gamma}\left(1 + \frac{\gamma^2-1}{1+\gamma\zeta}\right),$$

可得

$$\begin{pmatrix}\dfrac{\partial r}{\partial\rho} & \dfrac{\partial\theta}{\partial\rho} \\ \dfrac{\partial r}{\partial\varphi} & \dfrac{\partial\theta}{\partial\varphi}\end{pmatrix}\begin{pmatrix}e^{i\theta} \\ ire^{i\theta}\end{pmatrix} = -a\frac{\gamma^2-1}{(1+\gamma\zeta)^2}\begin{pmatrix}e^{i\varphi} \\ i\rho e^{i\varphi}\end{pmatrix},$$

记 $(1+\gamma\zeta)^2 = |1+\gamma\zeta|^2 e^{i\alpha}$，那么

$$\begin{pmatrix}\dfrac{\partial r}{\partial\rho} & \dfrac{\partial\theta}{\partial\rho} \\ \dfrac{\partial r}{\partial\varphi} & \dfrac{\partial\theta}{\partial\varphi}\end{pmatrix}\begin{pmatrix}1 \\ i\gamma\end{pmatrix} = \frac{a(1-\gamma^2)}{|1+\gamma\zeta|^2}\begin{pmatrix}e^{i(\varphi-\alpha-\theta)} \\ i\rho e^{i(\varphi-\alpha-\theta)}\end{pmatrix},$$

分离实部和虚部后得

$$\begin{pmatrix} \dfrac{\partial r}{\partial \rho} & \dfrac{\partial \theta}{\partial \rho} \\ \dfrac{\partial r}{\partial \varphi} & \dfrac{\partial \theta}{\partial \varphi} \end{pmatrix} \begin{pmatrix} 1 & 0 \\ 0 & r \end{pmatrix} = \frac{a(1-\gamma^2)}{|1+\gamma\zeta|^2} \begin{pmatrix} \cos(\varphi-\alpha-\theta) & \sin(\varphi-\alpha-\theta) \\ -\rho\sin(\varphi-\alpha-\theta) & \rho\cos(\varphi-\alpha-\theta) \end{pmatrix}.$$

因此,Jacobi 行列式

$$J = \frac{\rho}{r}a^2q^2, \quad q^2 = \frac{1-\gamma^2}{1+2\gamma\rho\cos\varphi+\gamma^2\rho^2}. \tag{5.8.36}$$

这里用到了

$$|1+\gamma\zeta|^2 = 1+2\gamma\rho\cos\varphi+\gamma^2\rho^2.$$

利用上式和(5.8.27)可以得到变换公式

$$r\cos\theta = \frac{a(\gamma(1+\rho^2)+(1+\gamma^2)\rho\cos\varphi)}{1+2\gamma\rho\cos\varphi+\gamma^2\rho^2}, \quad r\sin\theta = \frac{a(1-\gamma^2)\rho\sin\varphi}{1+2\gamma\rho\cos\varphi+\gamma^2\rho^2}. \tag{5.8.37}$$

有了坐标变换矩阵之后,利用度量张量变换规律,由圆柱坐标系的度量张量,得到修正双极坐标系下的度量张量,为

$$g_{11} = \left(\frac{\partial r}{\partial \rho}\right)^2 + r^2\left(\frac{\partial \theta}{\partial \rho}\right)^2 = a^2q^2, \quad g_{12} = g_{21} = 0,$$

$$g_{22} = \left(\frac{\partial r}{\partial \varphi}\right)^2 + r^2\left(\frac{\partial \theta}{\partial \varphi}\right)^2 = a^2q^2\rho^2, \quad g_{33} = 1, \quad g_{32} = g_{23} = 0.$$

为了今后方便,作进一步的变换 $\rho' = a\rho, \varphi' = \varphi$,并且变换后的$(\rho', \varphi')$仍记为$(\rho, \varphi)$,那么

$$\begin{cases} g_{11} = q^2, g^{22} = q^2\rho^2, g_{33} = 1, g_{ij} = 0, i \neq j, \\ g = \det(g_{ij}) = \rho^2 q^4, \\ g_{11} = q^{-2}, g^{22} = \rho^{-2}q^{-2}\rho^2, g_{33} = 1, g_{ij} = 0, i \neq j. \end{cases} \tag{5.8.38}$$

Christoffel 记号为

$$\begin{aligned} &\Gamma_{11}^1 = \frac{\partial \ln q}{\partial \rho}, \Gamma_{11}^2 = -\rho^2\frac{\partial \ln q}{\partial \varphi}, \quad \Gamma_{12}^1 = \Gamma_{21}^1 = \frac{\partial \ln q}{\partial \varphi}, \\ &\Gamma_{12}^2 = \Gamma_{21}^2 = \frac{1}{\rho} + \frac{\partial \ln q}{\partial \rho}, \quad \Gamma_{22}^1 = -\rho^2\left(\frac{1}{\rho} + \frac{\partial \ln q}{\partial \rho}\right), \\ &\Gamma_{22}^2 = \frac{\partial \ln q}{\partial \varphi}, \qquad \Gamma_{jk}^i = 0, \text{其他情形} \end{aligned} \tag{5.8.39}$$

如果在圆柱坐标系(ρ, φ, z)下,E^3 的度量张量记 $\overset{*}{g}_{ij}, g_*^{ij}$ 和 Christoffel 记号 $\overset{*}{\Gamma}{}_{jk}^i$,那么

$$\begin{cases} \overset{*}{g}_{11} = 1, \overset{*}{g}_{22} = \rho^2, \overset{*}{g}_{33} = 1, \overset{*}{g}_{ij} = 0, i \neq j, \\ g_*^{11} = 1, g_*^{22} = -\rho^2, g_*^{33} = 1, g_*^{ij} = 0, i \neq j, \\ \overset{*}{\Gamma}{}_{12}^1 = -\rho, \overset{*}{\Gamma}{}_{12}^2 = \overset{*}{\Gamma}{}_{21}^2 = \rho^{-1}, \overset{*}{\Gamma}{}_{jk}^i = 0, \text{其他情形}. \end{cases} \tag{5.8.40}$$

于是,修正双极坐标系下和圆柱坐标系下相关量之间有如下关系

$$g_{ij} = g^{*}_{ij} + G_{ij}\varepsilon, \quad g^{ij} = g^{ij}_{*} + G^{ij}\varepsilon, \quad \Gamma^{i}_{jk} = \overset{*}{\Gamma}{}^{i}_{jk} + \gamma^{i}_{jk}\varepsilon, \tag{5.8.41}$$

其中

$$\begin{cases} G^{11} = h^0, G^{22} = \rho^{-2}h^0; G_{11} = h_0, G_{22} = \rho^2 h_0, \\ G_{ij} = G^{ij} = 0, \text{其他情形}, \\ \gamma^1_{11} = h_1, \gamma^1_{12} = \gamma^1_{21} = h_2, \gamma^1_{22} = -\rho^2 h_1, \\ \gamma^2_{11} = -\rho^{-2}h_2, \gamma^2_{12} = \gamma^2_{21} = h_1, \gamma^2_{22} = h_2, \\ \gamma^i_{jk} = 0, \text{其他情形}. \end{cases} \tag{5.8.42}$$

这里

$$\begin{aligned} & h^0 = \frac{q^2-1}{\varepsilon} = -\frac{\gamma}{\varepsilon}\frac{2\rho\cos\varphi + \gamma(1+\rho^2)}{1+2\gamma\rho\cos\varphi + \gamma^2\rho^2}, h_0 = q^{-2}h^0, \\ & h_1 = \frac{1}{\varepsilon}\frac{\partial \ln q}{\partial\rho} = -\frac{1}{\varepsilon}\frac{2\gamma\cos\varphi + 2\gamma^2\rho}{1+2\gamma\rho\cos\varphi + \gamma^2\rho^2}, \\ & h_2 = \frac{1}{\varepsilon}\frac{\partial \ln q}{\partial\varphi} = \frac{1}{\varepsilon}\frac{2\gamma\rho\sin\varphi}{1+2\gamma\rho\cos\varphi + \gamma^2\rho^2}, \\ & \frac{\partial h_1}{\partial\rho} = -\frac{1}{\varepsilon} = \frac{4\gamma^2\sin\varphi^2}{(1+2\gamma\rho\cos\varphi + \gamma^2\rho^2)^2}, \frac{\partial h_2}{\partial\rho} = \frac{\partial h_1}{\partial\varphi}, \\ & \frac{\partial h_2}{\partial\varphi} = \frac{1}{\varepsilon} = \frac{4\gamma^2\rho^2 + 2\gamma\rho(1+\gamma^2\rho^2)\cos\varphi}{(1+2\gamma\rho\cos\varphi + \gamma^2\rho^2)^2}. \end{aligned} \tag{5.8.43}$$

利用(5.8.35)可以得到渐进估计

$$\begin{cases} h_1 = (1+\delta)\cos\varphi + o(\varepsilon), h_2 = \rho(1+\delta)\sin\varphi + o(\varepsilon), \\ \dfrac{\partial h_1}{\partial\rho} = -\varepsilon(1+\delta)^2\sin^2\varphi + o(\varepsilon), \dfrac{\partial h_1}{\partial\varphi} = -(1+\delta)\sin\varphi + o(\varepsilon), \\ \dfrac{\partial h_2}{\partial\rho} = -(1+\delta)\sin\varphi + o(\varepsilon), \dfrac{\partial h_2}{\partial\varphi} = -\rho(1+\delta)\cos\varphi + o(\varepsilon). \end{cases} \tag{5.8.44}$$

以下计算修正双极坐标系下的协变导数和 Laplace 算子,并将极坐标下的协变导数,Laplace 算子等均带 * 号,以示区别,如 $\overset{*}{\nabla}_i$,$\overset{*}{\triangle}$ 等等. 于是

$$\nabla_j u^i = \overset{*}{\nabla}_j u^i + \gamma^i_{jk}u^k\varepsilon, \operatorname{div} u = \overset{*}{\operatorname{div}} u + \gamma^{\alpha}_{\alpha\lambda}u^{\lambda}\varepsilon,$$

其中 γ^i_{jk} 为(5.8.42)所定义,Laplace 算子可以表示为

$$\triangle u^i = g^{kj}\nabla_k\nabla_j u^i, \qquad \overset{*}{\triangle} u^i = g^{kj}_{*}\overset{*}{\nabla}_k\overset{*}{\nabla}_j u^i,$$

故

$$\triangle u^i = \overset{*}{\triangle} u^i + S^i(u)\varepsilon, \tag{5.8.45}$$

其中

$$S^i(u) = G^{\beta\beta}\overset{*}{\nabla}_\beta\overset{*}{\nabla}_\beta u^i + g^{kj}\left(\gamma_{jl}^i\frac{\partial u^l}{\partial x^k} + \gamma_{kl}^i\overset{*}{\nabla}_j u^l - \gamma_{kj}^l\overset{*}{\nabla}_l u^i\right)$$

$$+ \varepsilon g^{kj}\left[\frac{\partial\gamma_{jm}^i}{\partial x^k} + \overset{*}{\Gamma}{}_{kl}^i\gamma_{jm}^l - \overset{*}{\Gamma}{}_{kj}^l\gamma_{lm}^i - \varepsilon(\gamma_{kl}^i\gamma_{jm}^l - \gamma_{kj}^l\gamma_{lm}^i)\right]u^m,$$

经过计算得

$$S^1(u) = h^0(\overset{*}{\nabla}_1\overset{*}{\nabla}_1 u^1 + \rho^{-2}\overset{*}{\nabla}_2\overset{*}{\nabla}_2 u^1)$$
$$+ q^{-2}\left(h_1\frac{\partial u^1}{\partial\rho} + h_2\frac{\partial u^2}{\partial\rho} + \rho^{-2}h_2h_2\frac{\partial u^1}{\partial\varphi} - h_1\frac{\partial u^2}{\partial\varphi}\right)$$
$$+ q^{-2}(h_1\overset{*}{\nabla}_1 u^1 + \rho^{-2}h_2\overset{*}{\nabla}_2 u^1 + h_2\overset{*}{\nabla}_1 u^2 - h_1\overset{*}{\nabla}_2 u^2)$$
$$+ q^{-2}\left[u_1\left(\frac{\partial h_1}{\partial\rho} + \rho^{-2}\frac{\partial h_2}{\partial\varphi}\right) + u^2\left(h_2\frac{\partial h_2}{\partial\rho} - \frac{\partial h_1}{\partial\varphi}\right)\right]\varepsilon,$$

$$S^2(u) = h^0(\overset{*}{\nabla}_1\overset{*}{\nabla}_1 u^2 + \rho^{-2}\overset{*}{\nabla}_2\overset{*}{\nabla}_2 u^2)$$
$$+ q^{-2}\left(-\rho^{-2}h_2\frac{\partial u^1}{\partial\rho} + h_1\frac{\partial u^2}{\partial\rho} + \rho^{-2}h_1\frac{\partial u^1}{\partial\varphi} + \rho^{-2}h_2\frac{\partial u^2}{\partial\varphi}\right)$$
$$+ q^{-2}(-\rho^{-2}h_2\overset{*}{\nabla}_1 u^1 + \rho^{-2}h_1\overset{*}{\nabla}_2 u^1 + \rho^{-2}h_2\overset{*}{\nabla}_2 u^2 + h_1\overset{*}{\nabla}_1 u^2)$$
$$+ q^{-2}\left[\rho^{-2}\left(\frac{\partial h_1}{\partial\varphi} - \frac{\partial h_2}{\partial\rho}\right)u^1 + \left(\frac{\partial h_1}{\partial\rho} + 2\rho^{-1}h_1 + \rho^{-2}\frac{\partial h_2}{\partial\varphi}\right)u^2\right]\varepsilon,$$

$$S^3(u) = h^0(\overset{*}{\nabla}_1\overset{*}{\nabla}_1 u^3 + \rho^{-2}\overset{*}{\nabla}_2\overset{*}{\nabla}_2 u^3).$$

在圆柱坐标下，引入速度物理分量 $u_\rho = u^1, u_\varphi = \rho u^2, u_z = u^3$，经过计算得

$$\overset{*}{\nabla}_1 u^1 = \frac{\partial u_\rho}{\partial\rho},\quad \overset{*}{\nabla}_1 u^2 = \frac{\partial}{\partial\rho}\left(\frac{\partial u_\varphi}{\partial\rho}\right) + \rho^{-2}u_\varphi = \frac{1}{\rho}\frac{\partial u_\varphi}{\partial\rho},$$

$$\overset{*}{\nabla}_2 u^1 = \frac{\partial u_\rho}{\partial\varphi} - u_\varphi,\quad \overset{*}{\nabla}_2 u^2 = \frac{1}{\rho}\frac{\partial u_\varphi}{\partial\varphi} + \rho^{-1}u_\rho,$$

$$\overset{*}{\nabla}_1\overset{*}{\nabla}_1 u^1 = \frac{\partial^2 u_\rho}{\partial\rho^2},\quad \overset{*}{\nabla}_2\overset{*}{\nabla}_2 u^1 = \frac{\partial^2 u_\rho}{\partial\rho^2} - 2\frac{\partial u_\varphi}{\partial\varphi} + \rho\frac{\partial u_\rho}{\partial\rho} - u_\rho,$$

$$\overset{*}{\nabla}_1\overset{*}{\nabla}_1 u^2 = \frac{1}{\rho}\frac{\partial^2 u_\varphi}{\partial\rho^2},\quad \overset{*}{\nabla}_2\overset{*}{\nabla}_2 u^2 = \frac{1}{\rho}\frac{\partial^2 u_\varphi}{\partial\rho^2} + \frac{\partial u_\rho}{\partial\rho} + \frac{2}{\rho}\frac{\partial u_\rho}{\partial\varphi} - \frac{1}{\rho}u_\varphi.$$

利用(5.8.43)，则

$$S^1(u) = h^0\left(\frac{\partial^2 u_\varphi}{\partial\rho^2} + \rho^{-2}\frac{\partial^2 u_\rho}{\partial\rho} + \frac{1}{\rho}\frac{\partial u_\rho}{\partial\rho} - 2\rho^{-2}\frac{\partial u_\varphi}{\partial\varphi} - \frac{u_\rho}{\rho^2}\right)$$
$$+ q^2\left(h_1\left(2\frac{\partial u_\rho}{\partial\rho} - \frac{2}{\rho}\frac{\partial u_\varphi}{\partial\varphi} - \frac{u_\rho}{\rho}\right) + h_2\left(\frac{2}{\rho}\frac{\partial u_\varphi}{\partial\rho} - \frac{u_\varphi}{\rho^2} + \rho^{-2}\frac{\partial u_\rho}{\partial\varphi}\right)\right.$$
$$\left. + \varepsilon\left(\frac{\partial h_1}{\partial\rho} + \rho^{-2}\frac{\partial h_2}{\partial\varphi}\right)u_\rho + \varepsilon\rho^{-1}u_\varphi\left(h_2\frac{\partial h_2}{\partial\varphi} - \frac{\partial h_1}{\partial\varphi}\right)\right), \qquad (5.8.46)$$

$$S^2(u)=h^0\rho^{-1}\left(\frac{\partial^2 u_\varphi}{\partial\rho^2}+\rho^{-2}\frac{\partial^2 u_\varphi}{\partial\varphi^2}+\rho^{-1}\frac{\partial u_\varphi}{\partial\rho}+2\rho^{-2}\frac{\partial u_\rho}{\partial\varphi}-\rho^{-2}u_\varphi\right)$$
$$+q^{-2}\left(-h_2\rho^{-2}\frac{\partial u_\rho}{\partial\rho}+h_1\rho^{-2}\frac{\partial u_\rho}{\partial\varphi}+h_1\rho^{-1}\frac{\partial u_\varphi}{\partial\rho}+h_2\rho^{-3}\frac{\partial u_\varphi}{\partial\varphi}\right.$$
$$\left.-h_2\rho^{-3}u_\rho-h_1\rho^{-2}u_\varphi\right)+\varepsilon q^{-2}\left(\frac{1}{\rho}\frac{\partial h_1}{\partial\rho}+\rho^{-3}\frac{\partial h_2}{\partial\varphi}+\frac{2h_1}{\rho^2}\right)u_\varphi, \tag{5.8.47}$$

$$S^3(u)=h^0\left(\frac{\partial^2 u_z}{\partial\rho^2}+\rho^{-2}\frac{\partial^2 u_z}{\partial\varphi^2}+\rho^{-1}\frac{\partial u_z}{\partial\rho}\right), \tag{5.8.48}$$

这里利用了 $\frac{\partial h_1}{\partial\varphi}=\frac{\partial h_2}{\partial\rho}$. 又

$$\mathrm{div}u=\overset{*}{\mathrm{div}}u+2(h_1u_\rho+\frac{h_2}{\rho}u_\varphi)\varepsilon, \tag{5.8.49}$$

对非线性项,有

$$u^i\nabla_ju^i=u^j\overset{*}{\nabla}_ju^i+\gamma^i_{jk}u^ju^k\varepsilon=u^i\overset{*}{\nabla}_ju^i+\gamma^i_{\alpha\beta}u^\alpha u^\beta\varepsilon,$$

$$\nabla^ip=\overset{*}{\nabla}{}^ip+\eta^i\varepsilon,\quad \eta^1=h^0\frac{\partial p}{\partial\rho},\quad \eta^2=h^0\rho^{-2}\frac{\partial p}{\partial\varphi},\quad \eta^3=0.$$

最后,得到修正双极坐标系下的 N-S 方程

$$\begin{cases}-\lambda\overset{*}{\triangle}u^i+u^i\overset{*}{\nabla}_ju^i+\overset{*}{\nabla}{}^ip+M^i(u,p)\varepsilon=f^i,\\ \mathrm{div}u=\overset{*}{\mathrm{div}}u+L(u)\varepsilon=0,\end{cases} \tag{5.8.50}$$

其中带 * 号者,表示极坐标系下的算子, $\lambda=Re^{-1}$ 为流动 Reynolds 数. 对于两个不同心的圆柱之间的流动,其中边界条件为

$$\begin{cases}u_\rho=0,u_\varphi=\omega_1,u_z=0,\text{当 }\rho=1,\\ u_\rho=0,u_\varphi=\beta\omega_2,\ u_3=0,\text{当 }\rho=\beta,\end{cases} \tag{5.8.51}$$

将(5.8.50)用物理分量写出的具体形式是

$$-\lambda\left(\nabla^2u_\rho-\frac{u_\rho}{\rho^2}-\frac{2}{\rho^2}\frac{\partial u_\varphi}{\partial\rho}\right)+u_\rho\frac{\partial u_\rho}{\partial\rho}+\frac{u_\varphi}{\rho}\frac{\partial u_\rho}{\partial\varphi}+u_z\frac{\partial u_\rho}{\partial z}$$
$$-\frac{1}{\rho}u_\varphi^2+\frac{\partial p}{\partial\rho}+M^1(u,p)\varepsilon=f_r, \tag{5.8.52}$$

$$-\lambda\left(\nabla^2u_\varphi-\frac{u_\varphi}{\rho^2}+\frac{2}{\rho^2}\frac{\partial u_\rho}{\partial\varphi}\right)+u_\rho\frac{\partial u_\varphi}{\partial\rho}+\frac{u_\varphi}{\rho}\frac{\partial u_\varphi}{\partial\varphi}+u_z\frac{\partial u_\varphi}{\partial z}$$
$$+\frac{1}{\rho}u_\rho u_\varphi+\frac{1}{\rho}\frac{\partial p}{\partial\varphi}+M^2(u,p)\varepsilon=\rho^{-1}f_\varphi, \tag{5.8.53}$$

$$-\lambda\nabla^2u_z+u_\rho\frac{\partial u_z}{\partial\rho}+\frac{u_\varphi}{\rho}\frac{\partial u_z}{\partial\varphi}+u_z\frac{\partial u_z}{\partial z}+\frac{\partial p}{\partial z}+M^3(u,p)\varepsilon=f_z, \tag{5.8.54}$$

$$\frac{\partial u_\rho}{\partial \rho}+\frac{1}{\rho}u_\rho+\frac{1}{\rho}\frac{\partial u_\varphi}{\partial \varphi}+\frac{\partial u_z}{\partial z}+L(u)\varepsilon=0, \tag{5.8.55}$$

其中

$$\begin{cases}\nabla^2=\dfrac{\partial^2}{\partial \rho^2}+\dfrac{1}{\rho}\dfrac{\partial}{\partial \rho}+\rho^{-2}\dfrac{\partial^2}{\partial \varphi^2}+\dfrac{\partial^2}{\partial z^2},\\ M^i(u,p)=S^i(u)+\gamma^i_{\alpha\beta}u^\alpha u^\beta+\eta^i,\\ L(u)=\gamma^\alpha_{\alpha\lambda}u^\lambda=2(h_1u_\rho+\rho^{-1}h_2u_\varphi).\end{cases} \tag{5.8.56}$$

将把(5.8.46)～(5.8.49)代入后，则有

$$\begin{aligned}M^1(u,p)=&\ h^0\left(\frac{\partial^2 u_\rho}{\partial \rho^2}+\rho^{-2}\frac{\partial^2 u_\rho}{\partial \varphi^2}+\frac{1}{\rho}\frac{\partial u_\rho}{\partial \rho}-\frac{2}{\rho^2}\frac{\partial u_\varphi}{\partial \varphi}-\frac{u_\rho}{\rho^2}+\frac{\partial p}{\partial \rho}\right)\\&+q^{-2}\left[h_1\left(2\frac{\partial u_\rho}{\partial \rho}-\frac{2}{\rho}\frac{\partial u_\varphi}{\partial \varphi}-\frac{u_\rho}{\rho}\right)+2h_2\left(\frac{1}{\rho}\frac{\partial u_\varphi}{\partial \rho}-\frac{u_\varphi}{\rho^2}+\frac{1}{\rho^2}\frac{\partial u_\varphi}{\partial \varphi}\right)\right]\\&+q^{-2}\varepsilon\left(\frac{\partial h_1}{\partial \rho}+\frac{1}{\rho^2}\frac{\partial h_2}{\partial \varphi}\right)u_\rho+h_1(u_\rho u_\rho-u_\varphi u_\varphi)+2h_2\rho^{-1}u_\rho u_\varphi,\end{aligned} \tag{5.8.57}$$

$$\begin{aligned}M^2(u,p)=&\ h^0\left(\rho^{-1}\frac{\partial^2 u_\varphi}{\partial \rho^2}+\rho^{-2}\frac{\partial u_\varphi}{\partial \rho}+\rho^{-3}\frac{\partial^2 u_\varphi}{\partial \varphi^2}+2\rho^{-3}\frac{\partial u_\varphi}{\partial \varphi}\right.\\&\left.-\rho^{-3}u_\varphi+\rho^{-2}\frac{\partial p}{\partial \varphi}\right)+q^{-2}\left[h_1\left(\rho^{-2}\frac{\partial u_\rho}{\partial \varphi}+\rho^{-1}\frac{\partial u_\varphi}{\partial \rho}-\rho^{-2}u_\varphi\right)\right.\\&\left.+h_2\left(-2\rho^{-2}\frac{\partial u_\rho}{\partial \rho}+\rho^{-3}\frac{\partial u_\varphi}{\partial \varphi}+\rho^{-3}u_\rho\right)\right]\\&+q^{-2}\varepsilon\left(\frac{1}{\rho}\frac{\partial h_1}{\partial \rho}+\rho^{-3}\frac{\partial h_2}{\partial \varphi}+\frac{2}{\rho^2}h_1\right)u_\varphi\\&+h_1(2\rho^{-1}u_\rho u_\varphi)+h_2(-\rho^{-2}u_\rho u_\rho+\rho^{-2}u_\varphi u_\varphi),\end{aligned} \tag{5.8.58}$$

$$M^3(u,p)=h^2\left(\frac{\partial^2 u_z}{\partial \rho^2}+\rho^{-2}\frac{\partial^2 u_z}{\partial \varphi^2}+\rho^{-1}\frac{\partial u_z}{\partial \rho}\right), \tag{5.8.59}$$

$$L(u)=2(h_1u_\rho+h_2\rho^{-1}u_\varphi). \tag{5.8.60}$$

N-S 方程(5.8.52)～(5.8.55)在边界条件(5.8.51)下至少一个解，但 Reynolds 数 λ^{-1} 很小时，其解是唯一的，这个唯一解是基本流，记为 u，它依赖于偏心率 ε，即 $u=u(x;\varepsilon)$. 当 $\varepsilon=0$ 时，即两个圆柱是同心的时，基本流若记为(u^0,p^0)，则

$$\begin{cases}u^0=(u^0_\rho,u^0_\varphi,\quad u^0_z),\quad u^0_\rho=u^0_z=0,\quad u^0_\varphi=A\rho+B\rho^{-1},\\ p^0=\dfrac{1}{2}A^2\rho^2+2AB\ln\rho-\dfrac{1}{2}B^2\rho^{-2}+c,\end{cases} \tag{5.8.61}$$

其中 c,A,B 为常数

$$A=\frac{\beta^2\omega-1}{\beta^2-1},\qquad B=\frac{\beta^2(1-\omega)}{\beta^2-1},\quad \omega=\frac{\omega_2}{\omega_1}. \tag{5.8.62}$$

(u^0, p^0) 满足边界条件(5.8.51)和方程

$$-\lambda\overset{*}{\triangle}u^0+(u^0\nabla)u^0+\nabla\rho^0=0,\quad \overset{*}{\mathrm{div}}u^0=0. \tag{5.8.63}$$

那么非同心圆柱基本流 u 表示为

$$u=U+u^0,\qquad \rho=p^0+P. \tag{5.8.64}$$

其中 U 可以视为基本流关于偏心率 ε 的扰动, 将(5.8.64) 代入(5.8.52) ~ (5.8.55) 并利用(5.8.63) 则可得到关于 U 的方程

$$-\lambda\left(\nabla^2U_\rho-\rho^{-2}U_\rho-2\rho^{-2}\frac{\partial U_\varphi}{\partial\varphi}\right)+U_\rho\frac{\partial U_\rho}{\partial\rho}+\frac{U_\varphi}{\rho}\frac{\partial U_\rho}{\partial\varphi}+U_z\frac{\partial U_\rho}{\partial z}$$
$$-\frac{1}{\rho}U_\varphi^2+\frac{\partial P}{\partial\rho}+\frac{u_\varphi^0}{\rho}\frac{\partial U_\rho}{\partial\varphi}-\frac{2}{\rho}U_\varphi u_\varphi^0+M^1(u^0+U,p^0+p)\varepsilon=0, \tag{5.8.65}$$

$$-\lambda\left(\nabla^2U_\varphi-\rho^{-2}U_\varphi+2\rho^{-2}\frac{\partial U_\rho}{\partial\varphi}\right)+U_\rho\frac{\partial U_\varphi}{\partial\rho}+\rho^{-1}U_\varphi\frac{U_\varphi}{\partial\varphi}+U_z\frac{\partial U_\varphi}{\partial z}$$
$$+\frac{1}{\rho}U_\rho U_\varphi+\frac{1}{\rho}\frac{\partial P}{\partial\varphi}+\rho^{-1}u_\varphi^0\frac{\partial U_\varphi}{\partial\varphi}+U_\rho\frac{\partial u_\rho^0}{\partial\rho}$$
$$+\rho^{-1}U_\rho u_\varphi^0+M^2(u^0+U,p^0+P)\varepsilon=0, \tag{5.8.66}$$

$$-\lambda\nabla^2U_z+U_\rho\frac{\partial U_z}{\partial\rho}+\rho^{-1}U_\varphi\frac{\partial U_z}{\partial\varphi}+U_z\frac{\partial U_z}{\partial z}+\frac{\partial P}{\partial z}$$
$$+\rho^{-1}u_\varphi^0\frac{\partial U_z}{\partial\varphi}+M^3(u^0+U,p^0+P)\varepsilon=0, \tag{5.8.67}$$

$$\frac{\partial U_\rho}{\partial\rho}+\rho^{-1}U_\rho+\rho^{-1}\frac{\partial U_\varphi}{\partial z}+L(u^0+U)\varepsilon=0, \tag{5.8.68}$$

$$U_\rho=U_\varphi=U_z=0,\text{当 }\rho=1,\rho=\beta\text{ 时}, \tag{5.8.69}$$

其中

$$M^1(u^0+U,p^0+P)=M_0^1(U,P)-g_1(\rho,\varphi)+M_1^1(U,P)\varepsilon+\cdots$$
$$=h^0\left(\frac{\partial^2U_\rho}{\partial\rho^2}+\rho^{-2}\frac{\partial^2U_\rho}{\partial\varphi^2}+\rho^{-1}\frac{\partial U_\rho}{\partial\varphi}-2\rho^{-2}\frac{\partial U_\rho}{\partial\rho}-2\rho^{-2}\frac{\partial U_\varphi}{\partial\varphi}-\rho^{-2}U_\rho+\frac{\partial P}{\partial\rho}\right)$$
$$+q^{-2}h_1\left(2\frac{\partial U_\rho}{\partial\rho}-2\rho^{-1}\frac{\partial U_\varphi}{\partial\varphi}-\rho^{-1}U_\rho\right)$$
$$+2h_2\left(\rho^{-1}\frac{\partial U_\varphi}{\partial\rho}-\rho^{-2}U_\varphi+\rho^{-2}\frac{\partial U_\varphi}{\partial\varphi}\right)+h_1(U_\rho U_\rho-U_\varphi U_\varphi-2U_\varphi u_\varphi^0)$$
$$+2h_2\rho^{-1}(U_\rho U_\varphi+u_\varphi^0U_\varphi)+q^{-2}\left(\frac{\partial h_1}{\partial\rho}-\rho^{-2}\frac{\partial h_2}{\partial\varphi}\right)U_\rho\varepsilon$$
$$+\left(h^0\frac{\partial p_0}{\partial\rho}-4q^{-2}h_2\rho^{-1}B\rho^{-2}-h_1u_\varphi^0u_\varphi^0\right), \tag{5.8.70}$$

$$M^2(u^0+U,p^0+P)=M_0^2(U,P)-g_2(\rho,\varphi)+M^2(U,P)\varepsilon+\cdots$$

$$=h^0\rho^{-1}\left(\frac{\partial^2U_\varphi}{\partial\rho^2}+\rho^{-1}\frac{\partial U_\varphi}{\partial\rho}+\rho^{-2}\frac{\partial^2U_\varphi}{\partial\varphi^2}+2\rho^{-2}\frac{\partial U_\rho}{\partial\rho}-\rho^{-2}U_\varphi+\rho^{-1}\frac{\partial P}{\partial\varphi}\right)$$

$$+q^{-2}\left[h_1\rho^{-1}\left(\rho^{-1}\frac{\partial U_\rho}{\partial\varphi}+\frac{\partial U_\varphi}{\partial\rho}-\rho^{-1}U_\varphi\right)\right.$$

$$\left.+h_2\rho^{-2}\left(-2\frac{\partial U_\rho}{\partial\rho}+\rho^{-1}\frac{\partial U_\varphi}{\partial\varphi}+\rho^{-1}U_\rho\right)\right]+2h_1\rho^{-1}(U_\rho U_\varphi+U_\rho u_\varphi^0)$$

$$+\rho^{-2}h_2(-U_\rho U_\rho+U_\varphi U_\varphi+2u_\varphi^0U_\varphi)+q^{-2}\varepsilon\rho^{-1}\left(\frac{\partial h_1}{\partial\rho}+\rho^{-2}\frac{\partial h_2}{\partial\varphi}+\frac{2}{\rho}h_1\right)U_\varphi$$

$$+q^{-2}h_1\rho^{-1}\left(\frac{du_\varphi^0}{d\rho}-u_\varphi^0\frac{1}{\rho}\right)+h_2\rho^{-2}u_\varphi^0u_\varphi^0+q^{-2}\varepsilon\rho^{-1}\left(\frac{\partial h_1}{\partial\rho}+\rho^{-2}\frac{\partial h_2}{\partial\varphi}+\frac{2}{\rho}h_1\right)u_\varphi^0,$$

$$M^3(u^0+U,p^0+P)=M_0^3(U,P)-g_1(\rho,\varphi)+M_1^3(U,P)\varepsilon+\cdots$$

$$=h^0\left(\frac{\partial^2U_z}{\partial\rho^2}+\rho^{-2}\frac{\partial^2U_z}{\partial\varphi^2}\right)+\rho^{-1}\frac{\partial U_z}{\partial\rho},$$

$$L(u^0+U_1)=L_0(U)+l_0(\rho,\varphi)+L_1(U)\varepsilon+\cdots$$

$$=2(h_1U_\rho+\rho^{-1}h_2U_\varphi)+2\rho^{-1}h_2u_\varphi^0.$$

其中

$$M_0^1(U,P)=\rho(1+\delta)\cos\varphi\left(\frac{\partial^2U_\rho}{\partial\rho^2}+\rho^{-2}\frac{\partial^2U_\rho}{\partial\varphi^2}+\rho^{-1}\frac{\partial U_\rho}{\partial\rho}\right.$$

$$\left.-2\rho^{-2}\frac{\partial U_\varphi}{\partial\varphi}-\rho^{-2}U_\rho+\frac{\partial P}{\partial\rho}\right)+(1+\delta)[U_\rho U_\rho-U_\varphi U_\varphi$$

$$-2U_\varphi u_\varphi^0)\cos\varphi+2(U_\rho U_\varphi+U_\rho u_\varphi^0)\sin\varphi]+(1+\delta)\left[2\left(\frac{\partial U_\rho}{\partial\rho}\right.\right.$$

$$\left.\left.-2\rho^{-1}\frac{\partial U_\varphi}{\partial\varphi}-\rho^{-1}U_\rho\right)\cos\varphi+2\left(\frac{\partial U_\varphi}{\partial\rho}-\rho^{-1}U_\varphi+\rho^{-1}\frac{\partial U_\varphi}{\partial\varphi}\right)\sin\varphi\right],$$

$$g_1(\rho,\varphi)=4(1+\delta)+B\rho^{-2}\sin\varphi,\tag{5.8.71}$$

$$M_0^2(U,P)=(1+\delta)\cos\varphi\left(\frac{\partial^2U_\varphi}{\partial\rho^2}+\rho^{-1}\frac{\partial U_\varphi}{\partial\rho}+\rho^{-2}\frac{\partial^2U_\varphi}{\partial\varphi}-\rho^{-2}U_\varphi+\rho^{-1}\frac{\partial P}{\partial\varphi}\right)$$

$$+2(1+\delta)\rho^{-1}[U_\rho U_\varphi+U_\rho u_\varphi^0\cos\varphi+(-U_\rho U_\rho+U_\varphi U_\varphi$$

$$+2U_\varphi u_\varphi^0)\sin\varphi]+(1+\delta)\left(\rho^{-2}\frac{\partial U_\rho}{\partial\varphi}+\rho^{-1}\frac{\partial U_\varphi}{\partial\rho}-\rho^{-2}U_\varphi\right)\cos\varphi$$

$$+\left(-2\rho^{-1}\frac{\partial U_\varphi}{\partial\varphi}+\rho^2\frac{\partial U_\varphi}{\partial\varphi}+\rho^{-2}U_\varphi\sin\varphi\right),$$

$$g_2(\rho,\varphi)=(1+\delta)[2B\rho^{-3}\cos\varphi-(A^2\rho+2AB\rho^{-1}+B^2\rho^{-3})\sin\varphi],\tag{5.8.72}$$

$$M_0^3(U,P)=(1+\delta)\rho\cos\varphi\left(\frac{\partial^2 U_z}{\partial\rho^2}+\rho^{-2}\frac{\partial^2 U_z}{\partial\varphi^2}+\rho^{-1}\frac{\partial U_z}{\partial\rho}\right),\tag{5.8.73}$$

$$\begin{cases}L_0(U)=2(1+\delta)(U_\rho\cos\varphi+U_\varphi\sin\varphi)\\ l_0(p,\varphi)=2(1+\delta)u_\varphi^0\sin\varphi=l_s(\rho)\sin\varphi.\end{cases}\tag{5.8.74}$$

设扰动解 (U,P) 可展成的幂级数，圆柱是无限长的，(U,P) 与 z 无关. 那么

$$\begin{cases}U(\rho,\varphi)=\varepsilon V(\rho,\varphi)+\varepsilon^2\widetilde{V}(\rho,\varphi)+\cdots,\\ V(\rho,\varphi)=(V_\rho,V_\varphi,0),\quad P=\varepsilon P_1+\varepsilon^2 P_2+\cdots,\end{cases}\tag{5.8.75}$$

代入到(5.8.65)~(5.8.68)，得到 V 的方程如下

$$\begin{cases}-\lambda\left(\nabla^2 V_\rho-\rho^{-2}V_\rho-2\rho^{-2}\dfrac{\partial V_\varphi}{\partial\varphi}\right)+\dfrac{\partial P_1}{\partial\rho}+\rho^{-1}u_\varphi^0\\ \quad -2\rho^{-1}u_\varphi^0 V_\varphi=g_1(\rho,\varphi),\\ -\lambda\left(\nabla^2 V_\varphi-\rho^{-2}V_\varphi+2\rho^{-2}\dfrac{\partial V_\rho}{\partial\varphi}\right)+\dfrac{1}{\rho}\dfrac{\partial P_1}{\partial\varphi}+\rho^{-1}u_\varphi^0\dfrac{\partial V_\varphi}{\partial\varphi}\\ \quad +2AV_\rho=g_2(\rho,\varphi),\\ \dfrac{\partial V_\rho}{\partial\rho}+\rho^{-1}V_\rho+\rho^{-1}\dfrac{\partial V_\varphi}{\partial\varphi}=-l_0(\rho,\varphi),\end{cases}\tag{5.8.76}$$

$$V_\rho=V_\varphi=0,\text{当 }\rho=1\text{ 和 }\rho=\beta\text{ 时},\tag{5.8.77}$$

令(5.8.76)的形式的解为

$$\begin{cases}V_\rho=x_s(\rho)\sin\varphi+x_c(\rho)\cos\varphi,\ V_\varphi=y_s(\rho)\sin\varphi+y_c(\rho)\cos\varphi,\\ P_1=P_s(\rho)\sin\varphi+P_c(\rho)\cos\varphi.\end{cases}\tag{5.8.78}$$

将(5.8.78)代入(5.8.76)第三式，得

$$\dot{x}_s+\rho^{-1}x_s-\rho^{-1}y_c=l_s,\quad \dot{x}_c+\rho x_c-\rho^{-1}y_s=0.$$

其中

$$y_s=\rho\dot{x}_c+x_c,\qquad y_c=\rho\dot{x}_s+x_s-\rho l_s,\tag{5.8.79}$$

代入(5.8.76)第一、第二式得

$$\begin{aligned}-\lambda[&\ddot{x}_s\sin\varphi+\ddot{x}_c\cos\varphi+\rho^{-1}(\dot{x}_s\sin\varphi+\dot{x}_c\cos\varphi)+\rho^{-2}(-x_s\sin\varphi-x_c\cos\varphi)\\ &-\rho^{-2}(x_s\sin\varphi+x_c\cos\varphi)-2\rho^{-2}(x_s\cos\varphi-x_c\sin\varphi)]\\ &+\rho^{-1}u_\varphi^0(x_s\cos\varphi-x_c\sin\varphi)-2\rho^{-1}u_\varphi^0[\rho\dot{x}_c+x_c)\sin\varphi\\ &+(\rho\dot{x}_s+x_s)\cos\varphi]+\rho\dot{x}_s\sin\varphi+\rho\dot{x}_c\cos\varphi=f_1(\rho,\varphi),\end{aligned}$$

$$\begin{aligned}-\lambda[&(\rho\dddot{x}_c+2\ddot{x}_c+\dot{x}_c)\sin\varphi+(\rho\dddot{x}_s+2\ddot{x}_s+\dot{x}_s)\cos\varphi\\ &+\rho^{-1}(\rho\ddot{x}_c+\dot{x}_c+x_c)\sin\varphi+(\rho\ddot{x}_s+2\dot{x}_s)\cos\varphi]\\ &-\rho^{-2}((\rho\dot{x}_c+x_c)\sin\varphi+(\rho\dot{x}_s+x_s)\cos\varphi)\\ &-\rho^{-2}[(\rho\dot{x}_c+x_c)\sin\varphi+(\rho\dot{x}_s+x_s)\cos\varphi\end{aligned}$$

$$
\begin{aligned}
&+ 2\rho^{-2}(x_s\cos\varphi - x_c\sin\varphi)] \\
&- \rho^{-1}u_\varphi^0[(\rho\dot{x}_c + x_c)\cos\varphi - (\rho\dot{x}_s + x_s)\sin\varphi] \\
&+ 2A(x_s\sin\varphi + x_c\cos\varphi) + \rho^{-1}(p_s\cos\varphi - p_c\sin\varphi) = f_2(\rho,\varphi).
\end{aligned}
$$

其中

$$
\begin{aligned}
f_1(\rho,\varphi) &= g_1(\rho,\varphi) - 2u_\varphi^0 l_s\cos\varphi \\
&= 4(1+\delta)B\rho^{-2}\sin\varphi - 4(1+\delta)u_\varphi^0 u_\varphi^0\cos\varphi \\
&= 4(1+\delta)B\rho^{-2}\sin\varphi - 4(1+\delta)(A^2\rho^2 + 2AB + B^2\rho^{-2})\cos\varphi, \\
f_2(\rho,\varphi) &= g_2(\rho,\varphi) + \lambda(-\rho l''_s - 3l'_s + \rho^{-1}l_s)\cos\varphi - u_\varphi^0 l_s\sin\varphi \\
&= 2(1+\delta)(B\rho^{-3} + 2\lambda B\rho^{-2} - 2\lambda A)\cos\varphi \\
&\quad - (1+\delta)(B^2\rho^{-3} + 2B^2\rho^{-2} + 2AB\rho^{-1} - 4AB + A^2\rho - 2A^2\rho^2)\sin\varphi.
\end{aligned}
$$

求解上述常微分方程,可以由(5.8.78)得到(5.8.77)的解,从而得到基本流的扰动解.

5.9　在线性弹性壳体中的应用

5.9.1　引言

三维线性弹性力学的数学理论,由早期的 A. E. H. Love 到 20 世纪 80 年代的 J. E. Marsden 和 T. J. R. Hughes 已建立起来. P. G. Giarlet 自 20 世纪 70 年代末开始,系统地应用微分几何方法,给三维弹性力学一个完整的数学基础.

弹性力学中的薄区域问题一直受到科学家的关注. 薄区域问题是在某一个方向的尺度和其他两个方向的尺度比较起来有大数量级的差别. 最典型的薄区域问题是弹性平板和弹性壳体. 关于弹性平板, T. Von. Karmannn 建立了一种理论,即是如何用二维问题来逼近三维问题,但这种理论应用到壳体时,由于壳体中性曲面几何结构的复杂性而无能为力.

到了 20 世纪 60 年代, W. T. Koiter 建立了一个用二维线性弹性力学问题来逼近三维线性弹性壳体问题,它的变分形式是

求 $u \in V_K(\omega) = \left\{\eta \in H^1(\omega)\times H^1(\omega)\times H^2(\omega), \eta = \dfrac{\partial\eta^3}{\partial n} = 0 \text{ 在 } \gamma_0 \text{ 上}\right\}$,

使得

$$
\begin{aligned}
&\iint_\omega \{a^{\alpha\beta\lambda\sigma}(\varepsilon\gamma_{\sigma\tau}(u)\gamma_{\alpha\beta}(\eta) + \frac{\varepsilon^3}{3}\rho_{\sigma\tau}(u)\rho_{\alpha\beta}(\eta))\}\sqrt{a}\,\mathrm{d}x \\
&= \iint_\omega p\eta\sqrt{a}\,\mathrm{d}x, \quad \forall\, \eta \in V_K(\omega),
\end{aligned}
\tag{5.9.1}
$$

其中 $\omega \subset R^2$ 上一个二维有界区域, $a^{\alpha\beta\lambda\sigma}$ 是一个壳体的弹性张量逆变分量, $\gamma_{\alpha\beta}(u)$

为(3.9.28)所定义,它有明显的物理意义.在几何上,它是变形张量按壳体厚度展开的首项,在力学上是壳体中性面忍受一个位移以后,度量张量变化的线性部分.而

$$\rho_{\alpha\beta}(u)=-\overset{1}{\gamma}_{\alpha\beta}(u)+\frac{1}{2}(\overset{*}{\nabla}_{\alpha}\overset{*}{\nabla}_{\beta}u^{3}+\overset{*}{\nabla}_{\beta}\overset{*}{\nabla}_{\alpha}u^{3}),\tag{5.9.2}$$

其中 $\overset{1}{\gamma}_{\alpha\beta}(u)$ 是由(3.9.28)所定义的,它是变形张量按壳体厚度展开的一阶项,u^3 是位移场 u 的第三位移分量,是在 S- 族坐标下的第三逆变分量. $\rho_{\alpha\beta}(u)$ 的力学意义是壳体中性面忍受一个位移场之后,其曲面曲率张量变化率的线性部分. ε 是弹性壳体的厚度.

(5.9.1)称为 Koiter 壳体模型,随后,P. M. Naghdi 引进一种新的曲率变化率,提出另一个模型,求 $(s,r)\in V_N(\omega)=\{(\eta,s)\in H^1(\Omega)^3\times H^1(\Omega)^2,\eta=s=0,$ 在 γ_0 上$\}$,使得

$$\begin{aligned}&\iint_{\omega}a^{\alpha\beta\lambda\sigma}(\varepsilon\gamma_{\lambda\sigma}(s)\gamma_{\alpha\beta}(\eta)+\frac{\varepsilon^{3}}{3}\rho_{\sigma\lambda}^{N}(s,r)\rho_{\alpha\beta}^{N}(\eta,\xi))\sqrt{a}\,\mathrm{d}x\\&\quad+\iint_{\omega}(\varepsilon a^{\alpha\beta}\overset{*}{\gamma}_{\alpha3}(s,r)\overset{*}{\gamma}_{3\beta}(\eta,\xi)\sqrt{a}\,\mathrm{d}x\\&=\iint_{\omega}p\eta\sqrt{a}\,\mathrm{d}x,\quad\forall(\eta,\xi)\in V_N(\omega),\end{aligned}\tag{5.9.3}$$

其中

$$\rho_{\alpha\beta}^{N}(\eta,s)=\overset{1}{e}_{\alpha\beta}(\eta)-c_{\alpha\beta}\eta^{3}+\overset{*}{e}_{\alpha\beta}(s),\tag{5.9.4}$$

$$\overset{*}{\gamma}_{\alpha3}(\eta,s)=\frac{1}{2}(\partial_{\alpha}\eta^{3}+b_{\alpha\lambda}\eta^{\lambda}+a_{\alpha\lambda}s^{\lambda}),\tag{5.9.5}$$

Bundiasky 和 Sanders 提出,在 Koiter 模型中用

$$\rho_{\alpha\beta}^{BS}(\eta)=\rho_{\alpha\beta}(\eta)-\frac{1}{2}(b_{\alpha}^{\lambda}\gamma_{\lambda\beta}(\eta)+b_{\beta}^{\lambda}\gamma_{\lambda\alpha}(\eta))\tag{5.9.6}$$

来代替 $\rho_{\alpha\beta}(\eta)$.

自从 20 世纪 70 年代以来,P. G. Ciarlet 和其合作者,比较系统地建立了三维线性弹性壳体几种二维模型的理论和方法.这些模型均受到壳体中性面几何结构的影响.

(1) 在线性弹性椭圆膜模型中,2D-3C (即二维三个分量)变分问题是

求 $u_0\in V_M(\omega)=H_0^1(\omega)\times H_0^1(\omega)\times L^2(\omega)$,使得

$$\iint_{\omega}a^{\alpha\beta\lambda\sigma}\gamma_{\sigma\lambda}(u_0)\gamma_{\alpha\beta}(\eta)\sqrt{a}\,\mathrm{d}x=\iint_{\omega}p\eta\sqrt{a}\,\mathrm{d}x,\quad\forall\,\eta\in V_M(\omega).$$

记 $\bar{u}$ 为三维解 u 沿厚度方向的平均值,那么成立

$$\|\,u-u_0\,\|_{V_M(\omega)}\leqslant c\varepsilon^{\frac{1}{6}}.\tag{5.9.7}$$

(2) 对于一般的膜模型,即它的位移场满足

$$V_F(\omega) = \Big\{ \eta \in H^1(\omega) \times H^1(\omega) \times H^2(\omega),$$

$$\eta = \frac{\partial \eta^3}{\partial n} = 0, \text{在 } \gamma_0; \gamma_{\alpha\beta}(\eta) = 0 \text{ 在 } \omega \text{ 内} \Big\} = \{0\}, \quad (5.9.8)$$

那么 $2D$-$3C$ 变分问题是

$$\text{求 } u_0 \in V_M^{\#}(\omega), \text{使得}$$

$$\iint_\omega a^{\alpha\beta\lambda\sigma} \gamma_{\sigma\lambda}(u_0) \gamma_{\alpha\beta}(\eta) \sqrt{a}\, \mathrm{d}x = \iint_\omega \varphi^{\alpha\beta} \gamma_{\alpha\beta}(\eta) \sqrt{a}\, \mathrm{d}x, \quad \forall\, \eta \in V_M^{\#}(\omega), \quad (5.9.9)$$

其中 $V_M^{\#}(\omega)$ 是 $V(\omega)$ 在 $|\eta|_\omega^M = \{|\gamma_{\alpha\beta}(\eta)|_{0,\omega}^2\}^{\frac{1}{2}}$ 范数下完备化的 Hilbert 空间,

$$V(\omega) = \{ \eta \in H^1(\omega) \times H^1(\omega) \times H^1(\omega), \eta = 0 \text{ 在 } \gamma_0 \text{ 上} \}. \quad (5.9.10)$$

(3) 对于线性柔性壳体,即 $V_F(\omega) \neq \{0\}$. $2D$-$3C$ 变分问题是

$$\begin{cases} \text{求 } u_0 \in V_F(\omega), \text{使得} \\ \displaystyle\iint_\omega \frac{1}{3} \varepsilon^3 a^{\alpha\beta\lambda\sigma} \rho_{\alpha\beta}(\eta) \rho_{\lambda\sigma}(u_0) \sqrt{a}\, \mathrm{d}x = \iint_\omega p\eta \sqrt{a}\, \mathrm{d}x, \\ \qquad \forall\, \eta \in V_F(\omega). \end{cases} \quad (5.9.11)$$

作者提出新的曲率张量变化线性部分

$$\begin{aligned} \rho_{\alpha\beta}^{KT}(u) &= \rho_{\alpha\beta}(u) - \lambda_0 b_{\alpha\beta} \gamma_0(u) + 2H\gamma_{\alpha\beta}(u) \\ &= \rho_{\alpha\beta}(u) + a^{\lambda\sigma}(b_{\lambda\sigma}\gamma_{\alpha\beta}(u) - \lambda_0 b_{\alpha\beta}\gamma_{\lambda\sigma}(u)), \end{aligned} \quad (5.9.12)$$

其中

$$\lambda_* = \frac{2\mu}{\lambda + 2\mu}, \quad \lambda_0 + \lambda_* = 1.$$

构造 $2D$-$3C$ 变分问题:

$$\begin{cases} \text{求 } U_0 \in V_K(\omega), \text{使得} \\ \mathscr{L}_*(U_0, v_0) = N(p_1, p_3) v_0, \qquad \forall\, v_0 \in V_K(\omega), \end{cases} \quad (5.9.13)$$

其中

$$V_K(\omega) = \{ \eta \in H^1(\omega) \times H^1(\omega) \times H^2(\omega) : \eta|_{\gamma_0} = \frac{\partial \eta^3}{\partial n}\Big|_{\gamma_0} = 0 \}, \quad (5.9.14)$$

双线性泛函

$$\begin{aligned} \mathscr{L}_*(u_0, v_0) = \iint_\omega \Big\{ & 2\varepsilon a_0^{\alpha\beta\lambda\sigma} \gamma_{\lambda\sigma}(u_0) \gamma_{\alpha\beta}(v_0) + \frac{2}{3}\varepsilon^3 [a_0^{\alpha\beta\lambda\sigma} \rho_{\lambda\sigma}^{KT}(u_0) \rho_{\alpha\beta}^{KT}(v_0) \\ & - c_0^{\alpha\beta\lambda\sigma} (\rho_{\lambda\sigma}^{KT}(u_0) \gamma_{\alpha\beta}(v_0) + \rho_{\alpha\beta}^{KT}(v_0) \gamma_{\lambda\sigma}(u_0)) \\ & + 4b_0^{\alpha\beta\lambda\sigma} + 10Hc_0^{\alpha\beta\lambda\sigma} \end{aligned}$$

$$-(5K+4H^2)a_0^{\alpha\beta\lambda\sigma})\gamma_{\lambda\sigma}(u_0)\gamma_{\alpha\beta}(v_0)]\Big\}\sqrt{a}\,\mathrm{d}x. \tag{5.9.15}$$

定义线性算子 Π_1 和 Π_2，由 U 构造一阶和二阶项

$$\begin{cases}\Pi_1 U=-a^{\alpha\lambda}\overset{*}{\nabla}_\lambda U^3\boldsymbol{e}_\alpha-\lambda_0\gamma_0(U)\boldsymbol{n}, & (5.9.16)\\ \Pi_2 U=-(\lambda_0 a^{\alpha\beta}\overset{*}{\nabla}_\beta\gamma_0(U)+2b^{\alpha\beta}\overset{*}{\nabla}_\beta U^3)\boldsymbol{e}_\alpha \\ \qquad +\lambda_0(\rho_0(U)-2H\lambda_0\gamma_0(U)-2\beta_0(U))\boldsymbol{n}, & (5.9.17)\end{cases}$$

其中 $\gamma_0(u_0)=a^{\alpha\beta}\gamma_{\alpha\beta}(u_0),\beta_0(u_0)=b^{\alpha\beta}\gamma_{\alpha\beta}(u_0),\rho_0(u_0)=a^{\alpha\beta}\rho_{\alpha\beta}(u_0)$.

设逼近解

$$U^{KT}(x,\xi)=U(x)+\Pi_1 U\xi+\Pi_2 U\xi^2, \tag{5.9.18}$$

那么，$U^{KT}(x,\xi)$ 作为三维线性弹性壳体的近似解，它有误差估计

$$\| u(x,\xi)-U^{KT}(x,\xi)\|_{1,\Omega}\leqslant c\varepsilon^{\frac{1}{2}}, \tag{5.9.19}$$

其中 $u(x,\xi)$ 为三维线性弹性壳体的位移场.

5.9.2 弹性力学边值问题的变分原理

如果假设 (x^1,x^2,x^3) 为任意一个曲线坐标系，$\Omega\subset E^3$(三维欧式空间) 中的一个有界开集，$\Gamma=\partial\Omega$ 为 Lipschitz 边界. $u\in V(\Omega)=\{v\in H^1(\Omega)^3, v|_{\Gamma_0}=0$, Γ_0 为 Γ 的一部分，$\Gamma=\Gamma_0\cup\Gamma_1,\mathrm{meas}(\Gamma_0)\neq 0\}$. 那么，三维弹性力学的 Lamé 方程(5.1.30)为

$$\rho\frac{\partial^2 u}{\partial t^2}-\mu\triangle u-(\lambda+\mu)\mathrm{grad\ div}\ u=\rho f, \tag{5.9.20}$$

其中，(λ,μ) 为 Láme 系数，ρ 为弹性体密度，f 为体积力.

(5.9.20)也可以表示为守恒形式

$$\begin{cases}\rho\dfrac{\partial^2 u^i}{\partial t^2}-\nabla_j\sigma^{ij}(u)=\rho f^i, & \text{在 }\Omega\text{ 里},\\ u|_{\Gamma_0}=0,\quad \sigma^{ij}(u)n_j=h^i, & \text{在 }\Omega\text{ 上},\end{cases} \tag{5.9.21}$$

这里 $\sigma^{ij}(u)$ 为位移场 $\boldsymbol{u}$ 的应力张量场. 在线性弹性力学中，它服从 Hoke 定律

$$\sigma^{ij}(\boldsymbol{u})=A^{ijkl}e_{kl}(\boldsymbol{u}), \tag{5.9.22}$$

其中 $e^{ij}(u)$ 为变形张量场

$$e_{ij}(\boldsymbol{u})=\frac{1}{2}(\nabla_i u_j+\nabla_j u_i)=\frac{1}{2}(g_{jk}\delta_i^l+g_{ik}\delta_j^l)\nabla_l u^k. \tag{5.9.23}$$

而 A^{ijkl} 是一个张量的逆变分量，它是刻画弹性材料性质的弹性张量. 对于各向同性的均匀的弹性材料，它可以表示为

$$A^{ijkl}=\lambda g^{ij}g^{kl}+\mu(g^{ik}g^{jl}+g^{il}g^{ik}), \tag{5.9.24}$$

它与杨氏模量、剪切模量以及 Poisson 比 ν 有如下关系

$$\lambda = \frac{\nu E}{(1+\nu)(1-2\nu)}, \qquad \mu = G = \frac{E}{2(1+\nu)}. \tag{5.9.25}$$

引理 5.9.1　设 $\hat{\Omega}$ 和 Ω 均是 E^3 中的区域，向量 Θ 是一个 $\bar{\Omega}$ 到 $\hat{\Omega} = \Theta(\bar{\Omega})$ 的微分同胚，向量 $\partial_i\Theta$ 在 $\bar{\Omega}$ 上任一点 x 均是线性独立的，且进而假设

$$\lambda \geqslant 0, \qquad \mu > 0.$$

那么由(5.9.24)所定义的弹性张量 A^{ijkl} 是正定的，即在 $\bar{\Omega}$ 内任一点，对所有的对称矩阵 $\{t_{ij}\}$ 存在常数 $C_e(\Omega,\Theta,\mu) > 0$，使得

$$\sum_{i,j} | t_{ij} |^2 \leqslant C_e A^{ijkl}(x) t_{kl} t_{ij}. \tag{5.9.26}$$

由于向量 $\partial_i\Theta$ 在 $\bar{\Omega}$ 上任一点线性独立，因而度量张量

$$g_{ij}(x) = \partial_i\Theta\partial_j\Theta \tag{5.9.27}$$

在 $\bar{\Omega}$ 上是非退化的. 故存在 g^{ij} 使得

$$g^{ij}g_{jk} = \delta^i_k. \tag{5.9.28}$$

证　由(5.9.24)，A^{ijkl} 的第一项有

$$g^{ij}(x)g^{kl}(x)t_{kl}t_{ij} = (g^{ij}t_{ij})^2 \geqslant 0,$$

对所有的 $x \in \bar{\Omega}$ 和 (t_{ij}) 均成立. 记

$$I \triangleq \frac{1}{2}(g^{ik}(x)g^{jl}(x) + g^{il}(x)g^{jk}(x))t_{kl}t_{ij} = g^{ik}(x)g^{jl}(x)t_{kl}t_{ij},$$

利用 g^{ij}, t_{ij} 的对称性有

$$I = g^{ik}(x)g^{jl}(x)t_{kl}t_{ij},$$

因为 Θ 是 $\bar{\Omega} \to \hat{\Omega}$ 的微分同胚，故存在迹变换 $\hat{\Theta}^i(\hat{x})e_i, \hat{x} \in \hat{\Omega}$,

$$g^{ij}(x) = \hat{\Theta}^i(\hat{x}(\Theta(x)))\hat{\Theta}^j(\hat{x}(\Theta(x))),$$

故

$$I = \hat{\Theta}^i\hat{\Theta}^j\hat{\Theta}^k\hat{\Theta}^l t_{kl}t_{ij} = (\hat{\Theta}^i\hat{\Theta}^j t_{ij})^2 \geqslant 0. \tag{5.9.29}$$

由 $\hat{\Theta}^i\hat{\Theta}^j$ 的非退化性可以判定，$I = 0$ 当且仅当 $t_{ij} = 0$，所以 $I \geqslant 0$ 对所有不全为 0 的对称矩阵 $\{t_{ij}\}$ 成立.

设 S 记为所有的对称的、规格化矩阵 t_{ij}，$\sum_{i,j} | t_{ij} |^2 = 1$ 的全体，那么

$$C \triangleq \inf_{x\in\bar{\Omega}, t_{ij}\in S} I \geqslant 0,$$

也就是

$$\sum_{i,j} | t_{ij} |^2 \leqslant C^{-1} g^{ik}g^{jl}t_{ij}t_{kl},$$

从而

$$\sum_{i,j} | t_{ij} |^2 \leqslant C_e^{-1} A^{ijkl} t_{ij}t_{kl}.$$

对所有的 x 和 (t_{ij}) 均成立，这里 $C_e = (2\mu C)^{-1} \geqslant 0$. 证毕.

以下采用如下 Sobolev 空间 $H^m(\Omega)$ 的范数

$$\| v \|_{0,\Omega} = \int_{\Omega} | v |^2 \mathrm{d}x, \qquad \forall v \in L^2(\Omega),$$

$$\| u \|_{0,\Omega} = \left\{ \sum_{i=1}^{3} \int_{\Omega} | u |^2 \mathrm{d}x \right\}^{1/2}, \qquad \forall u \in L^2(\Omega)^2,$$

$$\| v \|_{1,\Omega} = \left\{ \| v \|_{0,\Omega}^2 + \sum_{i=1}^{3} \| \partial_i v \|_{0,\Omega}^2 \right\}^{1/2}, \qquad \forall v \in H^1(\Omega),$$

$$\| u \|_{1,\Omega} = \left\{ \sum_{i=1}^{3} \| u_i \|_{1,\Omega}^2 \right\}^{1/2}, \qquad \forall u \in H^1(\Omega)^2,$$

$$\| v \|_{2,\Omega} = \left\{ \| v \|_{0,\Omega}^2 + \sum_{i=1}^{3} \| \partial_i v \|_{0,\Omega}^2 + \sum_{i,j=1}^{3} \| \partial_{ij} v \|_{0,\Omega}^2 \right\}^{1/2}, \quad \forall v \in H^2(\Omega).$$

并且设 Sobolev 空间

$$V(\Omega) = \{ u \in H^1(\Omega)^3,\ u |_{\Gamma_0} = 0 \}.$$

对(5.9.21)两边乘上 $v \in V(\Omega)$ 并在 Ω 上积分

$$\iiint_{\Omega} \rho \frac{\partial^2 u}{\partial t^i} \cdot v \mathrm{d}\Omega - \iiint_{\Omega} \nabla_j \sigma^{ij}(u) v_i \mathrm{d}\Omega = \iiint_{\Omega} \rho f v \mathrm{d}\Omega,$$

$\mathrm{d}\Omega = \sqrt{g}\,\mathrm{d}x^1 \mathrm{d}x^2 \mathrm{d}x^3$ 为体积元,应用 Gauss 定理

$$\begin{aligned}\iiint_{\Omega} \nabla_j \sigma^{ij}(u) v_i \mathrm{d}\Omega &= \iiint_{\Omega} (\nabla_j (\sigma^{ij} v_i) - \sigma^{ij} \nabla_j v_i) \mathrm{d}\Omega \\ &= \oint\!\!\!\oint_{\partial\Omega} \sigma^{ij}(u) v_i n_j \mathrm{d}s - \iiint_{\Omega} \sigma^{ij}(u) e_{ij}(v) \mathrm{d}\Omega,\end{aligned}$$

这里 σ^{ij} 关于(i,j) 对称的,利用(5.9.21)的边界条件

$$\frac{\mathrm{d}^2}{\mathrm{d}t^2}(\rho u, v) + (\sigma^{ij}(u), e_{ij}(v)) = (\rho f, v) - (h, v)_{\Gamma_1}, \qquad (5.9.30)$$

其中,$(\cdot,\cdot)$ 表示在 Ω 上积分,为 $L^2(\Omega)^3$ 上的内积. 由于 $H^1(\Omega) \subset L^6(\Omega)$ 以及 $H^1(\Omega)$ 上的迹空间连续嵌入 $L^4(\Gamma)$, 因此存在 $H^1(\Omega)^3$ 上的连续线性泛函 F, 使得

$$\langle F, v \rangle = (\rho f, v) - (h, v)_{\Gamma_1}, \qquad \forall v \in V. \qquad (5.9.31)$$

记双线性泛函 $V \times V \to R$

$$W(u, v) = \iiint_{\Omega} A^{ijkl} e_{kl}(u) e_{ij}(v) \mathrm{d}\Omega, \qquad (5.9.32)$$

于是边值问题(5.9.21)的变分问题是

$$\begin{cases} \text{求 } u(x,t) \in V(\Omega),\ a.e.\ t \in (0,\infty) \text{ 使得} \\ \dfrac{\mathrm{d}^2}{\mathrm{d}t^2}(\rho u, v) + W(u, v) = \langle F, v \rangle, \qquad \forall v \in V(\Omega). \end{cases} \qquad (5.9.33)$$

显然,如果(5.9.33)存在充分光滑的解,利用 Green 公式和 v 在 $V(\Omega)$ 中的任意性,可以推出 u 满足(5.9.21).

如果位移场是定常的,那么,对应于(5.9.21)的变分问题是

$$\begin{cases} \text{求 } u \in V(\Omega) \text{ 使得} \\ W(u,v) = \langle F, v\rangle, \qquad \forall v \in V. \end{cases} \tag{5.9.34}$$

利用引理 5.9.1 可以断定

$$W(u,u) \geqslant C_0 \sum_{i,j} \| e_{ij}(u) \|_{0,\Omega}^2. \tag{5.9.35}$$

为了证明(5.9.34)存在唯一解,需要 Korn 不等式.

定理 5.9.1(曲线坐标系下无边界条件的 Korn 不等式)[28]　设 $\Omega \subset R^3$ 是一个有界区域且 Θ 是 $\bar{\Omega}$ 到 $\hat{\Omega} = \Theta(\bar{\Omega})$ 的微分同胚,使得向量 $e_i = \partial_i \Theta$ 在 $\bar{\Omega}$ 上线性独立. $g_{ij} = e_i e_j$ 是 R^3 在这个坐标系下的度量张量.那么存在一个常数 $C_0(\Omega,\Theta)$ 使得

$$\sum_{i,j} \| e_{ij}(v) \|_{0,\Omega}^2 + \| v \|_{0,\Omega}^2 \geqslant C_0(\Omega,\Theta) \| v \|_{1,\Omega}^2, \quad \forall v \in H^1(\Omega)^3, \tag{5.9.36}$$

证　首先定义空间

$$W(\Omega) = \{ v \in L^2(\Omega), e_{ij}(v) \in L^2(\Omega) \},$$

如果装备范数

$$\| v \|_{\Omega}^2 = \| v \|_{0,\Omega}^2 + \sum_{i,j} \| e_{ij}(v) \|_{0,\Omega}^2, \tag{5.9.37}$$

那么 $W(\Omega)$ 是一个 Hillbert 空间.实际上,设 v_k 为 $W(\Omega)$ 中一个 Cauchy 点列,由 $e_{ij}(v_k)$ 的定义,利用分部积分得

$$\iiint_{\Omega} e_{ij}(v_k) \varphi \mathrm{d}\Omega = - \iiint_{\Omega} \left\{ \frac{1}{2}(v_k^k \partial_j \varphi + v_j^k \partial_i \varphi) + \Gamma_{ir}^p v_p^k \varphi \right\} \mathrm{d}\Omega, \quad \forall \varphi \in C_0^{\infty}(\Omega),$$

对上式极限过渡,令 v 为 v_k 的极限.那么右端为

$$- \iiint_{\Omega} \left[\frac{1}{2}(v_i \partial_j \varphi + \partial_j v_i \varphi) + r_{ij}^p v_p \varphi \right] \mathrm{d}\Omega = \iiint_{\Omega} e_{ij}(v) \varphi \mathrm{d}\Omega,$$

由此可以推出 $e_{ij}(v_k)$ 的极限是 $e_{ij}(v)$.因为 $L^2(\Omega)$ 是完备的,所以 $v \in W(\Omega)$.

下面证明, $W(\Omega) \equiv H^1(\Omega)^3$. 显然 $H^1(\Omega)^3 \subset W(\Omega)$. 为了证明 $W(\Omega) \subset H^1(\Omega)^3$,令 $v \in W(\Omega)$.那么 $e_{ij}(v) \in L^2(\Omega)$,由 $e_{ij}(v)$ 定义

$$l_{ij} \triangleq \frac{1}{2}(\partial_i v_j + \delta_j v_i) = e_{ij}(v) + \Gamma_{ij}^k v_k \in L^2(\Omega),$$

这里用到 $e_{ij}(v) \in L^2(\Omega), \Gamma_{ij}^k \in C^0(\bar{\Omega}), v_k \in L^2(\Omega)$.如此,由于 $w \in L^2(\Omega)$ 推出 $W \in H^{-1}(\Omega)$,故

$$\partial_k v_i \in H^{-1}(\Omega),$$

$$\partial_j(\partial_k v_i) = \{ \partial_j e_{ik} + \partial_k l_{ij} - \partial_i l_{jk} \} \in H^{-1}(\Omega).$$

由 Lions 引理[28]"设 $\Omega \subset R^n$, v 是 Ω 上的广义函数,那么

$$\{ v \in H^{-1}(\Omega), \partial_i v \in H^{-1}(\Omega), 1 \leqslant i \leqslant n \} \;\Rightarrow\; v \in L^2(\Omega)\text{"},$$

可以得出结论 $\partial_k v_i \in L^2(\Omega)$. 故 $v \in H^1(\Omega)$.

由以上讨论可以推出,设 I 是 $H^1(\Omega)$ 到 $W(\Omega)$ 的恒等映射,它是连续和单值的,由闭图像定理,I^{-1}: $W(\Omega)$ 到 $H^1(\Omega)$ 也是连续和单值的. 所以

$$(5.9.37) \text{ 是 } H^1(\Omega) \text{ 上的等阶范数} \tag{5.9.38}$$

这就证明了(5.9.36). 证毕.

定理 5.9.2(曲线坐标系中无限小刚性位移引理) 设 $\Omega \subset R^3, \partial\Omega = \Gamma_0 \cup \Gamma_1$.

(i) 如果 $v \in H^1(\Omega)^3, e_{ij}(v) = 0$ 在 Ω 上成立,那么存在两个向量 $\boldsymbol{c}$ 和 $\boldsymbol{d}$ 使得

$$\boldsymbol{v} = \boldsymbol{c} + \boldsymbol{d} \times \boldsymbol{\Theta}(x), \quad \forall x \in \bar{\Omega},$$

即 $\boldsymbol{v}$ 是一个无限小刚性位移向量;

(ii) 如果测度 $\Gamma_0 > 0$, 那么

$$v \in H^1(\Omega)^3, v\mid_{\Gamma_0} \text{ 和 } e_{ij}(v) = 0 \quad \Rightarrow \quad v = 0 \text{ 在 } \Omega \text{ 内}. \tag{5.9.39}$$

即 $V(\Omega)$ 中任一位移向量,如果对应变形张量为 0,则这个向量为 0.

证 由张量在坐标变换时的变化规律推出,当在 $\{x^i\}$ 中有 $e_{ij}(v) = 0$,在非奇异变换下,在新的坐标系 $\{x^{i'}\}$ 也有 $e_{i'j'}(v) = 0$,尤其是对任一点 $x \in \Omega$,总存在一个邻域,可以把 $\{x^i\}$ 变换到直角坐标系 $\{x^{i'}\}$, 在直角坐标系下

$$e_{i'j'}(v) = \frac{1}{2}(\partial_{i'}v_{j'} - \partial_{j'}v_{i'}) = 0,$$

由于

$$\partial_{j'}(\partial_{k'}v_{i'}) = \partial_{j'}e_{i'k'}(v) + \partial_{k'}e_{i'j'}(v) - \partial_{i'}e_{j'k'}(v),$$

从而 $\partial_{j'}\partial_{k'}v_{i'} = 0$,由广义函数理论[2]可知,$v$ 在 $\{x^{i'}\}$ 中是一个 n 次 $\leqslant 1$ 的多项式,因此存在常数 $c_{i'}, d_{i'j'}$, 使得 $v_{i'}(x) = c_{i'} + d_{i'j'}x^{j'}$, 因 $e_{i'j'}(v) = 0$, 故 $d_{i'j'} = -d_{j'i'}$, 从而有 $v_{i'}(x)e^{i'} = \boldsymbol{c} + \boldsymbol{d} \times \boldsymbol{x}'$, 由坐标变换知

$$v_i(x)e^i = \boldsymbol{c} + \boldsymbol{d} \times \boldsymbol{\Theta}(x), \quad \forall x \in \Omega.$$

如果 $v\mid_{\Gamma_0} = 0$. 则上式推出在 Ω 中处处成立 $v = 0$. 证毕.

定理 5.9.3(曲线坐标系下的 Korn 不等式)[28] 设 $\Omega \subset R^3$ 中的 Lipschitz 区域,Θ 是 $\bar{\Omega}$ 到 $\Theta(\bar{\Omega})$ 的微分同胚,使得 $\theta_i = \partial_i\Theta$ 在 Ω 中处处线性独立. $\partial\Omega = \Gamma_0 \cup \Gamma_1$. meas$\Gamma_0 > 0$. 那么存在常数 $C(\Omega, \Gamma_0, \Theta)$ 使得

$$\sum_{i,j} \| e_{ij}(v) \|_{0,\Omega}^2 \geqslant C(\Omega, \Gamma_0, \Omega) \| V \|_{1,\Omega}^2, \quad \forall v \in V(\Omega). \tag{5.9.40}$$

证 用反证法. 记

$$| v |_{1,\Omega}^2 = \sum_{i,j} \| e_{ij} \|_{0,\Omega}^2.$$

如果不等式(5.9.40)不成立,必存在一个序列 $(v^k)_{k=1}^{\infty}, v^k \in V(\Omega)$ 使得

$$\| v^k \|_{1,\Omega} = 1, \forall k, \lim_{k\to\infty} | v^k |_{1,\Omega} = 0.$$

由于 $\{v^k\}$ 在 $H^1(\Omega)^3$ 中有界. 由 Rellich-Kondrasov 定理可知,存在一个子序列 $\{v^l\}$,它在 $L^2(\Omega)$ 是强收敛的,且 $\lim_{l\to\infty} | v^l |_{1,\Omega} = 0$,从而在 $L^2(\Omega)$ 中有 $e_{ij}(v^l) \to 0$.

因此 $\{v^l\}$ 是关于范数(5.9.37) 的 Cauchy 点列. 由定理 5.9.1, 知它也是 $H^1(\Omega)^3$ 中的 Cauchy 点列. 由于 $V(\Omega)$ 是 $H^1(\Omega)^3$ 中的闭子空间, $\{v^l\} \subset V(\Omega)$, 故 v^l 的极限函数 $v \in V(\Omega)$, 且 $\| e_{ij}(v) \|_{0,\Omega} = 0$. 由定理 5.9.2 推出 $v = 0$. 这与 $\| v^l \|_{1,\Omega} = 1$ 矛盾. 定理得证.

由定理 5.7.2~5.7.5 可以直接推出如下推论.

推论 5.9.1 记

$$\| u \|_{1,\Omega}^2 = \iiint_\Omega g_{ij} u^i(\Omega) \mathrm{d}V + \iiint_\Omega g_{ij} g^{km} \nabla_k u^i \nabla_m u^j \mathrm{d}\Omega, \quad (5.9.41)$$

$$| u |_{1,\Omega}^2 = \iiint_\Omega g_{ij} g^{km} \nabla_k u^i \nabla_n u^j \mathrm{d}\Omega \quad (5.9.42)$$

为 $H^1(\Omega)^3$ 中的全范和半范. 那么 $| u |_{1,\Omega}$ 可以作为 $V(\Omega)$ 的等价范数.

下面考虑定常情形,对于(5.9.21)的 Galerkin 变分问题和 Ritz 变分问题成立如下定理.

定理 5.9.4 设 $\Omega \subset R^3$ 中的一个区域, $\partial\Omega = \Gamma_0 \cup \Gamma_1$, Γ_0 的测度不为0, Θ 是一个从 $\bar{\Omega}$ 到 $\Theta(\hat{\Theta})$ 的 C^2- 微分同胚,使得三个基向量 $\partial_i \Theta(x)(i = 1,2,3)$, $\forall x \in \bar{\Omega}$ 均是线性独立的, 且 $\lambda \geqslant 0, \mu > 0$ 且设外力 $f \in L^{6/5}(\Omega)^3$ 和面应力 $h \in L^{4/3}(\Gamma_1)^3$. 那么 Galerkin 变分问题

$$\text{求 } u \in V(\Omega) = \{v \in H^1(\Omega)^3, v|_{\Gamma_0} = 0\}, \text{使得}$$

$$W(u,v) = \int_\Omega f v \mathrm{d}\Omega + \int_{\Gamma_1} h v \sqrt{g} \mathrm{d}\Gamma, \ \forall v \in V(\Omega), \quad (5.9.43)$$

其中

$$W(u,v) = \int_\Omega A^{ijkl} e_{ij}(u) e_{kl}(v) \sqrt{g} \mathrm{d}x$$

存在唯一的解, A^{ijkl} 为(5.9.24) 所定义的弹性张量, $e_{ij}(u)$ 为位移场 u 的变形张量(5.9.23)那么(5.9.43)的解 u 也是下列 Ritz 变分问题的解

$$\begin{cases} \text{求 } u \in V(\Omega), \quad \text{使得} \quad J(u) = \inf\limits_{v \in V(\Omega)} J(v), \\ J(v) = \dfrac{1}{2}\int_\Omega A^{ijkl} e_{ij}(v) e_{kl}(v) \sqrt{g} \mathrm{d}x \\ \qquad - \left\{ \int_\Omega f v \sqrt{g} \mathrm{d}x + \int_{\Gamma_1} h v \sqrt{g} \mathrm{d}\Gamma \right\}. \end{cases} \quad (5.9.44)$$

如果 u 足够光滑,那么它也是下列边值问题的解

$$\begin{cases}-\nabla_j\sigma^{ij}(u)=f^i, & \text{在 } \Omega \text{ 内},\\ u\mid_{\Gamma_0}=0, & \sigma^{ij}(u)n_j\mid_{\Gamma_1}=h^i.\end{cases} \tag{5.9.45}$$

证 $V(\Omega)$ 是 $H^1(\Omega)^3$ 中的一个闭的子空间,由于关于 Θ 的假设可以证明双线性形式 $\mathscr{L}(\cdot,\cdot)$ 是 $H^1(\Omega)^3\times H^1(\Omega)^3\to R$ 连续的,对称的.

另外,由于 $H^1(\Omega)\subset L^6(\Omega)$ 以及由迹算子 tr 是 $H^1(\Omega)\subset L^4(\Gamma)$ 的连续嵌入算子,从而可以推出,存在一个 $H^1(\Omega)^3$ 上线性连续泛函 F 使得

$$\langle F,v\rangle=\int_\Omega fv\sqrt{g}\,\mathrm{d}x+\int_{\Gamma_1}hv\sqrt{g}\,\mathrm{d}\Gamma. \tag{5.9.46}$$

因为 $g_{ij}(x)$ 在所有 $x\in\bar{\Omega}$ 上是对称的和正定的,因此存在 g_0 使得

$$g(x)=\det(g_{ij}(x))\geqslant g_0>0,\qquad \forall\, x\in\bar{\Omega}.$$

由于引理 5.9.1,有

$$W(u,u)\geqslant C_e^{-1}\sqrt{g_0}\sum_{i,j}\|e_{ij}(u)\|_{0,\Omega}^2. \tag{5.9.47}$$

另一方面,由曲线坐标系下的 Korn 不等式(定理 5.9.3)可以推出 $W(\cdot,\cdot)$ 是 V-椭圆的.即

$$W(v,v)\geqslant C_e^{-1}C^{-2}\sqrt{g_0}\|v\|_{1,\Omega}^2,\quad \forall\, v\in V(\Omega). \tag{5.9.48}$$

由此,可以应用 Lax-Milgram 定理,推出(5.9.43)存在唯一的解而且它也是(5.9.44)的解,只要解具有相应的光滑性,也是(5.9.45)的解.

5.10 三维壳体变分问题的渐近形式

这节是运用 S-族坐标系来分解薄壳方向和其他方向的变量,从而可以利用对参数的 Taylor 展开,达到用二维问题来逼近三维问题的目的.设 $\omega\subset E^2$ 是一个 Lipschitz 区域,$\gamma=\partial\omega=\gamma_0\cup\gamma_1$,设 $\boldsymbol{\theta}:\bar{\omega}\subset R^2\to E^3$ 的光滑双射,使得任何$(x^1,x^2)\in\omega$,$\boldsymbol{e}_\alpha=\partial_\alpha\boldsymbol{\theta}$ 是线性无关的.$S=\{\boldsymbol{\theta}(x^1,x^2),\forall\,(x^1,x^2)\in\omega\}$ 是一个 R^3 中的曲面,或是一个二维流形,那么以 S 为中性面,厚度为 2ε(等厚度)的壳体是一个弹性体.令 $\Omega^\varepsilon=\omega\times(-\varepsilon,\varepsilon)$,则集合 $\hat{\Omega}_\varepsilon=\Theta(\bar{\Omega}^\varepsilon)=\{\boldsymbol{\Theta}(x,\xi)=\boldsymbol{\theta}(x)+\xi\boldsymbol{n},x=(x^1,x^2)\in\omega,-\varepsilon\leqslant\xi\leqslant\varepsilon\}$ 为壳体.令

$$\boldsymbol{n}(x)=\frac{\boldsymbol{e}_1(x)\times\boldsymbol{e}_2(x)}{|\boldsymbol{e}_1(x)\times\boldsymbol{e}_2(x)|},\qquad \forall\, x\in\omega,$$

$\boldsymbol{e}_\alpha(x)=\dfrac{\partial\boldsymbol{\theta}}{\partial x^\alpha}(x)$ 为 S 上在 x 点的基向量,而 $\boldsymbol{n}(x)$ 为在 x 点 S 的单位法向量.集合 $\hat{\Omega}_\varepsilon$ 就是壳体所占据的空间.其中 $\partial\hat{\Omega}_\varepsilon=\Gamma=\Gamma_t\cup\Gamma_b\cup\Gamma_l$:

Γ_t 壳体的上表面, $\Gamma_b=\boldsymbol{\Theta}(\omega,\{-\varepsilon\})$ 壳体的下表面,

$\Gamma_l=\boldsymbol{\Theta}(\gamma,[-\varepsilon,\varepsilon])$ 壳体的侧边界,

$\Gamma_l = \Gamma_0 \cup \Gamma_1$，$\Gamma_0$ 是本质边界部分，Γ_1 是自然边界部分，且 $\mathrm{meas}(\gamma_0) \neq 0$．$(x^1, x^2, \xi)$ 就是在3.9节中所讨论的，建立在壳体中性面为基础上的 S-族坐标系，且令

$$a_{\alpha\beta}(x) = \partial_\alpha \boldsymbol{\theta}(x) \partial_\beta \boldsymbol{\theta}(x) = \boldsymbol{e}_\alpha(x) \boldsymbol{e}_\beta(x).$$

它是 S 的度量张量协变分量.

由于度量张量 $g_{ij}(x)$ 和中性面 S 上的度量张量 $a_{\alpha\beta}(x)$，第二基本型和第三基本型在 S-族坐标系中有关系式(3.9.9)，所以弹性张量有如下表达形式

$$\begin{cases} A^{\alpha\beta\lambda\sigma} = \theta^{-4}\left(a^{\alpha\beta\lambda\sigma} + \sum_{k=1}^{4} A_k^{\alpha\beta\lambda\sigma}\xi^k\right), \quad A^{3333} = \lambda + 2\mu, \\ A^{\alpha\beta 33} = A^{33\alpha\beta} = \lambda g^{\alpha\beta}; \quad A^{\alpha 3\beta 3} = A^{3\alpha 3\beta} = A^{\alpha 33\beta} = A^{3\alpha\beta 3} = \mu g^{\alpha\beta}, \\ A^{\alpha\beta\lambda 3} = A^{\alpha\beta 3\lambda} = A^{\alpha 3\beta\lambda} = A^{3\alpha\beta\lambda} = 0, \\ A^{\alpha 333} = A^{3\alpha 33} = A^{33\alpha\beta} = A^{333\alpha} = 0, \end{cases} \tag{5.10.1}$$

其中 $\theta = 1 - 2H\xi + K\xi^2$，$H$ 和 K 为 S 上的平均曲率和 Gauss 曲率，

$$\begin{cases} A_1^{\alpha\beta\lambda\sigma} = 2c^{\alpha\beta\lambda\sigma} - 8Ha^{\alpha\beta\lambda\sigma}, \\ A_2^{\alpha\beta\lambda\sigma} = (24H^2 - 2K)a^{\alpha\beta\lambda\sigma} - 10Hc^{\alpha\beta\lambda\sigma} + 4b^{\alpha\beta\lambda\sigma}, \\ A_3^{\alpha\beta\lambda\sigma} = 8H(K - 4H^2)a^{\alpha\beta\lambda\sigma} + (8H^2 - 2K)c^{\alpha\beta\lambda\sigma} - 8Hb^{\alpha\beta\lambda\sigma}, \\ A_4^{\alpha\beta\lambda\sigma} = (4H^2 - K)^2 a^{\alpha\beta\lambda\sigma} + 2H(K - 4H^2)c^{\alpha\beta\lambda\sigma} + 4H^2 b^{\alpha\beta\lambda\sigma}, \end{cases} \tag{5.10.2}$$

$$\begin{cases} a^{\alpha\beta\lambda\sigma} = \lambda a^{\alpha\beta}a^{\lambda\sigma} + \mu(a^{\alpha\sigma}a^{\beta\lambda} + a^{\alpha\lambda}a^{\beta\sigma}), \quad b^{\alpha\beta\lambda\sigma} = \lambda b^{\alpha\beta}b^{\lambda\sigma} + \mu(b^{\alpha\sigma}b^{\beta\lambda} + b^{\alpha\lambda}b^{\beta\sigma}), \\ c^{\alpha\beta\lambda\sigma} = \lambda(a^{\alpha\beta}b^{\lambda\sigma} + a^{\lambda\sigma}b^{\alpha\beta}) + \mu(a^{\alpha\sigma}b^{\beta\lambda} + a^{\beta\lambda}b^{\alpha\sigma} + a^{\alpha\lambda}b^{\beta\sigma} + a^{\beta\sigma}b^{\alpha\lambda}). \end{cases} \tag{5.10.3}$$

为了下面使用方便，引入二阶张量

$$\rho_{\alpha\beta}(u) = -\overset{1}{\gamma}_{\alpha\beta}(u) + \frac{1}{2}(\overset{*}{\nabla}_\alpha \overset{*}{\nabla}_\beta u^3 + \overset{*}{\nabla}_\beta \overset{*}{\nabla}_\alpha u^3),$$

$$\rho^*_{\alpha\beta}(u) = \rho_{\alpha\beta}(u) + \lambda_0 b_{\alpha\beta}\gamma_0(u), \tag{5.10.4}$$

以及一些不变量

$$\begin{cases} \gamma_0(u) = a^{\alpha\beta}\gamma_{\alpha\beta}(u), \gamma_1(u) = a^{\alpha\beta}\overset{1}{\gamma}_{\alpha\beta}(u), \gamma_2(u) = a^{\alpha\beta}\overset{2}{\gamma}_{\alpha\beta}(u), \\ \rho_0(u) = a^{\alpha\beta}\rho_{\alpha\beta}(u) = 2\gamma_1(u) + \overset{*}{\Delta} u^3, \rho_0^* = a^{\alpha\beta}\rho^*_{\alpha\beta}, \\ \beta_0(u) = b^{\alpha\beta}\gamma_{\alpha\beta}(u), \beta_1(u) = b^{\alpha\beta}\overset{1}{\gamma}_{\alpha\beta}(u), \beta_2(u) = b^{\alpha\beta}\overset{2}{\gamma}_{\alpha\beta}(u). \end{cases} \tag{5.10.5}$$

这里 $\gamma_{\alpha\beta}(u)$，$\overset{1}{\gamma}_{\alpha\beta}(u)\overset{2}{\gamma}_{\alpha\beta}(u)$ 是由(3.9.28) 所定义的. $\gamma_{\alpha\beta}(u)$ 和(5.10.4) 所定义的 $\rho_{\alpha\beta}(u)$ 有明显的几何意义，这可以在 3.10 节中看到.

现在返回到变分问题(5.9.34)，对于壳体问题，双线性形式可以表示为

$$W(u,v) = \int_\Omega B(u,v)\sqrt{a}\,\mathrm{d}x^1\mathrm{d}x^2\mathrm{d}\xi, B(u,v) = \theta A^{ijkl}e_{kl}(u)e_{ij}(v), \tag{5.10.6}$$

这里用到 $g = \theta^2 a$，而将(3.10.1)代入(3.9.32)后，有

引理 5.10.1 双线性形式 $B(\cdot,\cdot)$ 可以表示下列渐近展开式

$$B(u,v) = B_0(u,v) + B_1(u,v)\xi + B_2(u,v)\xi^2 + B_R(u,v,\xi)\xi^3, \tag{5.10.7}$$

其中

$$\begin{aligned}
B_0(u,v) =& J_0(u,v) + \lambda\left(\frac{\partial u^3}{\partial \xi}\gamma_0(v) + \frac{\partial v^3}{\partial \xi}\gamma_0(u)\right) + (\lambda+2\mu)\frac{\partial u^3}{\partial \xi}\frac{\partial v^3}{\partial \xi} \\
&+ 4\mu a^{\alpha\beta}\gamma_{\alpha 3}(u)\gamma_{\beta 3}(v), \\
B_1(u,v) =& J_1(u,v) + \lambda\left[\frac{\partial u^3}{\partial \xi}m_1(v) + \frac{\partial v^3}{\partial \xi}m_1(u)\right] - 2H(\lambda+2\mu)\frac{\partial u^3}{\partial \xi}\frac{\partial v^3}{\partial \xi} \\
&+ 4\mu\Big[2(b^{\alpha\beta} - Ha^{\alpha\beta})\gamma_{\alpha 3}(u)\gamma_{\beta 3}(v) \\
&- b_\lambda^\alpha\left(\frac{\partial u^\lambda}{\partial \xi}\gamma_{\alpha 3}(v) + \frac{\partial v^\lambda}{\partial \xi}\gamma_{\alpha 3}(u)\right)\Big], \\
B_2(u,v) =& J_2(u,v) + \lambda\left[\frac{\partial u^3}{\partial \xi}m_2(v) + \frac{\partial v^3}{\partial \xi}m_2(u)\right] + K(\lambda+2\mu)\frac{\partial u^3}{\partial \xi}\frac{\partial v^3}{\partial \xi} \\
&+ \mu\Big[8(Hb^{\alpha\beta} - Ka^{\alpha\beta})\gamma_{\alpha 3}(u)\gamma_{\beta 3}(v) + 4c_{\alpha\beta}\frac{\partial u^\alpha}{\partial \xi}\frac{\partial v^\beta}{\partial \xi} \\
&+ 2(3K\delta_\lambda^\alpha - 2Hb_\lambda^\alpha)\left(\frac{\partial u^\lambda}{\partial \xi}\gamma_{\alpha 3}(v) + \frac{\partial v^\lambda}{\partial \xi}\gamma_{\alpha 3}(u)\right)\Big],
\end{aligned} \tag{5.10.8}$$

$$B_R(u,v,\xi) = \mu(Kc_{\alpha\beta}\xi - 2(Hc_{\alpha\beta} + Kb_{\alpha\beta}))\frac{\partial u^\alpha}{\partial \xi}\frac{\partial v^\beta}{\partial \xi} + B_{RR}(u,v,\xi), \tag{5.10.9}$$

B_{RR} 不包含关于 ξ 导数的项.

$$J_0(u,v) = a^{\alpha\beta\sigma\tau}\gamma_{\sigma\tau}(u)\gamma_{\alpha\beta}(v), \tag{5.10.10}$$

$$\begin{aligned}
J_1(u,v) =& -2a^{\alpha\beta\sigma\tau}(\gamma_{\sigma\tau}(u)\overset{1}{\gamma}_{\alpha\beta}(v) + \overset{1}{\gamma}_{\sigma\tau}(u)\gamma_{\alpha\beta}(v)) \\
&+ 2(c^{\alpha\beta\sigma\tau} - Ha^{\alpha\beta\sigma\tau})\gamma_{\sigma\tau}(u)\gamma_{\alpha\beta}(v), \\
J_2(u,v) =& a^{\alpha\beta\sigma\tau}(\gamma_{\sigma\tau}(u)\overset{2}{\gamma}_{\alpha\beta}(v) + \overset{2}{\gamma}_{\sigma\tau}(u)\gamma_{\alpha\beta}(v) + 4\overset{1}{\gamma}_{\sigma\tau}(u)\overset{1}{\gamma}_{\alpha\beta}(v)) \\
&+ 4(Ha^{\alpha\beta\sigma\tau} - c^{\alpha\beta\sigma\tau})(\gamma_{\alpha\beta}(u)\overset{1}{\gamma}_{\sigma\tau}(u) + \overset{1}{\gamma}_{\alpha\beta}(u)\gamma_{\sigma\tau}(v)) \\
&+ (-5Ka^{\alpha\beta\sigma\tau} + 2Hc^{\alpha\beta\sigma\tau} + 4b^{\alpha\beta\sigma\tau})\gamma_{\sigma\tau}(u)\gamma_{\alpha\beta}(v)).
\end{aligned}$$

$$\begin{cases} m_1(u) = 2Ku^3 - \overset{*}{\mathrm{div}}(2Hu), \\ m_2(u) = \overset{*}{\mathrm{div}}(Ku). \end{cases} \tag{5.10.11}$$

证 由于在 S- 坐标系下，E^3 上的变形张量 $e_{ij}(u)$ 可以表示为 ξ 的多项式

(3.9.26),则

$$B(u,v)=\theta\Big[A^{\alpha\beta\sigma\tau}e_{\sigma\tau}(u)e_{\alpha\beta}(v)+\lambda g^{\alpha\beta}\Big(\frac{\partial u^3}{\partial\xi}e_{\alpha\beta}(v)+\frac{\partial v^3}{\partial\xi}e_{\alpha\beta}(u)\Big)$$

$$+\mu g^{\alpha\beta}\Big(\overset{*}{\nabla}_\alpha u^3+g_{\alpha\lambda}\frac{\partial u^\lambda}{\partial\xi}\Big)\Big(\overset{*}{\nabla}_\beta v^3+g_{\beta\lambda}\frac{\partial v^\lambda}{\partial\xi}\Big)+(\lambda+2\mu)\frac{\partial u^3}{\partial\xi}\frac{\partial v^3}{\partial\xi}\Big]$$

$$\triangleq \mathrm{I}(u,v)+\mathrm{II}(u,v)+\mathrm{III}(u,v). \tag{5.10.12}$$

利用(3.9.10)推出

$$\theta^{-3}=1+6H\xi+(24H^2-3K)\xi^2+\cdots,$$

再利用(5.10.1),(5.10.2),(3.9.23)和 $g^{ij}e_{ij}(u)=\mathrm{div}u$ 可得

$$\begin{aligned}\mathrm{I}(u,v)&=\theta A^{\alpha\beta\sigma\tau}e_{\sigma\tau}(u)e_{\alpha\beta}(v)\\&=J_0(u,v)+J_1(u,v)\xi+J_2(u,v)\xi^2\\&\quad+J_R(u,v,\xi)\xi^3,\end{aligned}\tag{5.10.13}$$

$$\begin{aligned}\mathrm{II}(u,x)&=\theta\lambda g^{\alpha\beta}\Big(\frac{\partial u^3}{\partial\xi}e_{\alpha\beta}(v)+\frac{\partial v^3}{\partial\xi}e_{\alpha\beta}(u)\Big)+\theta(\lambda+2\mu)\frac{\partial u^3}{\partial\xi}\frac{\partial v^3}{\partial\xi}\\&=\lambda\Big(\frac{\partial u^3}{\partial\xi}\gamma_0(v)+\frac{\partial v^3}{\partial\xi}\gamma_0(u)\Big)+(\lambda+2\mu)\frac{\partial u^3}{\partial\xi}\frac{\partial v^3}{\partial\xi}\\&\quad+\Big(\lambda\Big[\frac{\partial u^3}{\partial\xi}m_1(v)+\frac{\partial v^3}{\partial\xi}m_1(u)\Big]-2H(\lambda+2\mu)\frac{\partial u^3}{\partial\xi}\frac{\partial v^3}{\partial\xi}\Big)\xi\\&\quad+\Big(\lambda\Big[\frac{\partial u^3}{\partial\xi}m_2(v)+\frac{\partial v^3}{\partial\xi}m_2(u)\Big]+K(\lambda+2\mu)\frac{\partial u^3}{\partial\xi}\frac{\partial v^3}{\partial\xi}\Big)\xi^2.\end{aligned}\tag{5.10.14}$$

$$\begin{aligned}\mathrm{III}(u,x)=\mu\theta g^{\alpha\beta}e_{\alpha3}(u)e_{\beta3}(v)&=\mu a^{\alpha\beta}\gamma_{\alpha3}(u)\gamma_{\beta3}(v)\\&+2\mu\xi\Big[(b^{\alpha\beta}-Ha^{\alpha\beta})\gamma_{\alpha3}(u)\gamma_{\beta3}(v)-b_\lambda^\alpha\Big(\frac{\partial u^\lambda}{\partial\xi}\gamma_{\alpha3}(v)+\frac{\partial v^\lambda}{\partial\xi}\gamma_{\alpha3}(u)\Big)\Big]\\&+\mu\xi^2\Big[c^{\alpha\beta}\gamma_{\alpha3}(u)\gamma_{\beta3}(v)+4c_{\alpha\beta}\frac{\partial u^\alpha}{\partial\xi}\frac{\partial v^\beta}{\partial\xi}\\&+3K\Big(\frac{\partial u^\alpha}{\partial\xi}\gamma_{\alpha3}(v)+\frac{\partial v^\alpha}{\partial\xi}\gamma_{\alpha3}(u)\Big)\Big]\\&+\mathrm{III}_R(u,v,\xi)\xi^3.\end{aligned}\tag{5.10.15}$$

其中 J_R 和 III_R 为余项.综合(5.10.12)～(5.10.15)可以推出(5.10.7).证毕.

设壳体的边界条件是:在上下底 Γ_t,Γ_b 上给出面载荷

$$\sigma^{ij}(u)n_j\,|_{\Gamma_{t,b}}=g_{t,b}^i,\tag{5.10.16}$$

而在部分侧边上 $\Gamma_l=\Gamma_0\cup\Gamma_1$,分别给出固定边界条件和面应力

$$u\,|_{\Gamma_0}=0,\quad \sigma^{ij}(u)n_j\,|_{\Gamma_1}=h^i,\tag{5.10.17}$$

那么外力以及边界载荷泛函可以表示为

$$\langle F,v\rangle=\iiint_{\Omega}fv\sqrt{g}\,\mathrm{d}x\mathrm{d}\xi+\iint_{\omega}(g_tv\sqrt{g}\mid_{\xi}=\varepsilon-g_bv\sqrt{g}\mid_{\xi}=-\varepsilon)\mathrm{d}x$$
$$+\iint_{\Gamma_1}hv\sqrt{g}\,\mathrm{d}\gamma\mathrm{d}\xi,\tag{5.10.18}$$

其中 g_t,g_b 分别为上下底上的载荷，h 为部分侧面上的载荷，$\Gamma^l=\Gamma_1\cup\Gamma_0$，$fv=g_{\alpha\beta}f^\alpha v^\beta+f^3v^3$. 因此，如果定义二维流形上的 Riemann 内积

$$u*v=a_{\alpha\beta}u^\alpha v^\beta+u^3v^3,$$

那么

$$fv\sqrt{g}=\theta\sqrt{a}fv=[f*v+(2b_{\alpha\beta}f^\alpha v^\beta-2Hf*v)\xi$$
$$+(Kf*v+(4Hb_{\alpha\beta}+c_{\alpha\beta})f^\alpha v^\beta)\xi^2+2(Kb_{\alpha\beta}-Hc_{\alpha\beta})f^\alpha v^\beta\xi^3$$
$$+Kc_{\alpha\beta}f^\alpha v^\beta\xi^4\sqrt{a}.\tag{5.10.19}$$

$$g_tv\sqrt{g}\mid_{\xi}=\varepsilon-g_bv\sqrt{g}\mid_{\xi=-\varepsilon}=g_t*v(\varepsilon)-g_b*v(-\varepsilon)$$
$$+(2b_{\alpha\beta}(g_t^\alpha v^\beta(\varepsilon)-g_b^\alpha v^\beta(-\varepsilon))-2H(g_t*v(\varepsilon)-g_b*v(-\varepsilon)))\varepsilon$$
$$+(K(g_t*v(\varepsilon)-g_b*v(-\varepsilon))+(4Hb_{\alpha\beta}+c_{\alpha\beta})(g_t^\alpha v^\beta(\varepsilon)$$
$$-g_b^\alpha v^\beta(-\varepsilon)))\varepsilon^2+2(Kb_{\alpha\beta}-Hc_{\alpha\beta})(g_t^\alpha v^\beta(\varepsilon)-g_b^\alpha v^\beta(-\varepsilon))\varepsilon^3$$
$$+Kc_{\alpha\beta}(g_t^\alpha v^\beta(\varepsilon)-g_b^\alpha v(-\varepsilon))\varepsilon^4.\tag{5.10.20}$$

5.11 渐近分析

假设 $V(\Omega)$ 中的元素可以按 ξ 展成 Taylor 级数

$$\begin{cases}u(x,\xi)=u_0(x)+u_1(x)\xi+u_2(x)\xi^2+\cdots\\ \qquad\qquad=u_0(x)+u_1(x)\xi+u_2(x)\xi^2+u_R(x,\xi)\xi^3;\\ v(x,\xi)=v_0(x)+v_1(x)\xi+v_2(x)\xi^2+\cdots\\ \qquad\qquad=v_0(x)+v_1(x)\xi+v_2(x)\xi^2+v_R(x,\xi)^3.\end{cases}\tag{5.11.1}$$

u_0 称为首项，而任何 ξ^q 的项 u_q 称为 q 阶项. 将(5.11.1)代入(5.10.13)后得：

引理 5.11.1 设 $u,v\in V(\Omega)$ 可以展成(5.11.1)，那么由(5.10.6)所定义的双线性算子 $B(\cdot,\cdot)$ 可以表示为下列渐近形式

$$B(u,v)=L_0(u_0,v_0)+L_1(u_0,u_1;v_0,v_1)\xi$$
$$+L_2(u_0,u_1,u_2;v_0,v_1,v_2)\xi^2+L_R(u,v,\xi)\xi^3.\tag{5.11.2}$$

其中

$$\begin{cases} L_0(u_0,v_0) = a^{\alpha\beta\sigma\tau}\gamma_{\sigma\tau}(u_0)\gamma_{\alpha\beta}(v_0) + \lambda u_1^3\gamma_0(v_0) + (\lambda\gamma_0(u_0) \\ \qquad\qquad + (\lambda+2\mu)u_1^3)v_1^3 + \mu a^{\alpha\beta}\gamma_{\alpha 3}(u_0)\gamma_{\beta 3}(v_0), \\ L_2(\overset{*}{u};\overset{*}{v}) = L_{21}(\overset{*}{u};\overset{*}{v}) + L_{22}(\overset{*}{u};\overset{*}{v}) + L_{23}(\overset{*}{u};\overset{*}{v}), \end{cases} \tag{5.11.3}$$

$$\begin{aligned} L_{21}(\overset{*}{u};\overset{*}{v}) = {} & J_0(u_2,v_0) + J_0(u_1,v_1) + J_0(u_0,v_2) + J_1(u_1,v_0) \\ & + J_1(u_0,v_1) + J_2(u_0,v_0) \\ = {} & a^{\alpha\beta\sigma\tau}(\gamma_{\sigma\tau}(u_2)\gamma_{\alpha\beta}(v_0) + \gamma_{\sigma\tau}(u_0)\gamma_{\alpha\beta}(v_2)) \\ & + a^{\alpha\beta\sigma\tau}(2\overset{1}{\gamma}_{\sigma\tau}(u_0) - \gamma_{\sigma\tau}(u_1))(2\overset{1}{\gamma}_{\alpha\beta}(v_0) - \gamma_{\alpha\beta}(v_1)) + 2(Ha^{\alpha\beta\sigma\tau} \\ & - c^{\alpha\beta\sigma\tau}) \times [(2\overset{1}{\gamma}_{\sigma\tau}(u_0) - \gamma_{\sigma\tau}(u_1))\gamma_{\alpha\beta}(v_0) + (2\overset{1}{\gamma}_{\alpha\beta}(v_0) \\ & - \gamma_{\alpha\beta}(v_1)\gamma_{\sigma\tau}(u_0)] + a^{\alpha\beta\sigma\tau}[(\overset{2}{\gamma}_{\sigma\tau}(u_0) - 2\overset{1}{\gamma}_{\sigma\tau}(u_1))\gamma_{\alpha\beta}(v_0) \\ & + (\overset{2}{\gamma}_{\alpha\beta}(v_0) - 2\overset{1}{\gamma}_{\alpha\beta}(v_1))\gamma_{\beta\tau}(u_0)] + (-5Ka^{\alpha\beta\sigma\tau} + 2Hc^{\alpha\beta\sigma\tau} \\ & + 4b^{\alpha\beta\sigma\tau})\gamma_{\sigma\tau}(u_0)\gamma_{\alpha\beta}(v_0), \end{aligned} \tag{5.11.4}$$

$$\begin{aligned} L_{22}(\overset{*}{u};\overset{*}{v}) = {} & (\lambda+2\mu)(u_1^3v_3^3 + u_2^3v_2^3 + u_3^3v_1^3 - 2H(u_2^3v_1^3 + u_1^3v_2^3) + Ku_1^3v_1^3) \\ & + \lambda(u_3^3\gamma_0(v_0) + u_2^3\gamma_0(v_1) + u_1^3\gamma_0(v_2) + v_3^3\gamma_0(u_0) + v_2^3\gamma_0(u_1) \\ & + v_1^3\gamma_0(u_2) + \lambda(u_2^3m_1(v_0) + u_1^3m_1(v_1) + v_2^3m_1(u_0) \\ & + v_1^3m_1(u_1)) + \lambda(u_1^3m_2(v_0) + v_1^3m_2(u_0)) \\ = {} & [(\lambda+2\mu)u_1^3 + \lambda\gamma_0(u_0)]v_3^3 + [(\lambda+2\mu)(u_2^3 - 2Hu_1^3) + \lambda\gamma_0(u_1) \\ & + \lambda m_1(u_0)]v_2^3 + [(\lambda+2\mu)(u_3^3 - 2Hu_2^3 + Ku_1^3) + \lambda\gamma_0(u_2) \\ & + \lambda m_1(u_1) + \lambda m_2(u_0)]v_1^3 + \lambda[u_3^3\gamma_0(v_0) + u_2^3m_1(v_0) \\ & + u_1^3m_2(v_0)] + \lambda[u_2^3\gamma_0(v_1) + u_1^3m_1(v_1) + u_1^3\gamma_0(v_2)], \end{aligned} \tag{5.11.5}$$

$$\begin{aligned} L_{23}(\overset{*}{u};\overset{*}{v}) = {} & 4\mu a^{\alpha\beta}(\gamma_{\alpha 3}(u_2)\gamma_{\beta 3}(v_0) + \gamma_{\alpha 3}(u_1)\gamma_{\beta 3}(v_1) + \gamma_{\alpha 3}(u_0)\gamma_{\beta 3}(v_2)) \\ & + 8\mu(b^{\alpha\beta} - Ha^{\alpha\beta})(\gamma_{\alpha 3}(u_1)\gamma_{\beta 3}(v_0) + \gamma_{\alpha 3}(u_0)\gamma_{\beta 3}(v_1)) \\ & + 8\mu(Hb^{\alpha\beta} - Ka^{\alpha\beta})\gamma_{\alpha 3}(u_0)\gamma_{\beta 3}(v_0) + 4\mu c_{\alpha\beta}u_1^\alpha v_1^\beta \\ & - 4\mu b_\lambda^\alpha(u_2^\lambda\gamma_{\alpha 3}(v_0) + u_1^\lambda\gamma_{\alpha 3}(v_1) + v_2^\lambda\gamma_{\alpha 3}(u_0) + v_1^\lambda\gamma_{\alpha 3}(u_1)) \\ & + 2\mu(3K\delta_\lambda^\alpha - 2Hb_\lambda^\alpha)(u_1^\lambda\gamma_{\alpha 3}(v_0) + v_1^\lambda\gamma_{\alpha 3}(u_0)), \end{aligned} \tag{5.11.6}$$

$$L_R(u,v) = B_R(u,v,\xi) + B_{0R}(u,v;\xi) + B_{1R}(u,v;\xi) + B_{2R}(u,v,\xi), \tag{5.11.7}$$

其中 $\overset{*}{u} = (u_0, u_1, u_2)$.

由(5.10.6),变分问题(5.9.43)可以表示为

$$\begin{cases} 求\ u \in V(\Omega)\ 使得 \\ \iint_{\Omega} B(u,v)\sqrt{a}\,\mathrm{d}x\mathrm{d}\xi = \langle F, v\rangle, \quad \forall v \in V(\Omega). \end{cases} \tag{5.11.8}$$

假设外力 f, h, g^t, g^b 可以表示为

$$f = \sum_{i=0}^{\infty} f_i \xi^i, \quad g = \sum_{i=0}^{\infty} h_i \xi^i.$$

引理 5.11.2 $\forall v \in V(\Omega)$ 允许展式(5.11.1),那么外力和边界载荷泛函(5.10.18)可以表示为下列渐近形式

$$\begin{aligned} \langle F, v\rangle =& \iint_{\omega} \{P_0 v + P_1 v\varepsilon + P_2 v\varepsilon^2 + \varepsilon^3 P_3 v\}\sqrt{a}\,\mathrm{d}x^1\mathrm{d}x^2 \\ &+ \int_{\gamma_1} (2\varepsilon H_0 v + \frac{2}{3}\varepsilon^3 H_2 v)\mathrm{d}\gamma + \langle F_r \xi^3, v\rangle \\ =& \iint_{\omega} (P_0 v + P_2 v\varepsilon^2 + \hat{P}_1 v\varepsilon + \hat{P}_3 v\varepsilon^3)\sqrt{a}\,\mathrm{d}x + \langle F_r \xi^3, v\rangle, \end{aligned} \tag{5.11.9}$$

其中 F_r 为余项,体积力和面力的一阶和二阶项是

$$\begin{cases} P_0 v_0 = (g_t - g_b) * v_0, \\ P_1 v = 2f_0 * v_0 + b_{\alpha\beta}(g_t^\alpha - g_b^\alpha)v_0^\beta + (g_t + g_b) * (Kv_0 - 2Hv_1 + v_2), \\ P_2 v = (g_t - g_b) * v_2 + (c_{\alpha\beta} - 2Hb_{\alpha\beta})v_0^\beta(g_t^\alpha - g_b^\alpha), \\ P_3 v = \frac{2}{3}(f_2 + Kf_0) * v_0 + f_1 * v_1 + (c_{\alpha\beta} + 4Hb_{\alpha\beta})f_0^\alpha v_0^\beta \\ \qquad + (g_t + g_b) * v_3 + (c_{\alpha\beta}v_1^\beta - 2b_{\alpha\beta}v_2^\beta)(g_t^\alpha + g_b^\beta), \end{cases} \tag{5.11.10}$$

$$\begin{cases} H_1 v = 2h_0 * v_0, \\ H_2 v = \frac{2}{3}((h_2 + Kh_0) * v_0 + h_1 * v_1 + (c_{\alpha\beta} + 4Hb_{ab})h_0^\alpha v_0^\beta), \end{cases}$$

这里

$$u * v = a_{\alpha\beta}u^\alpha v^\beta + u^3 v^3,$$

令

$$V(\Omega) = \{v \in (H^1(\Omega))^3,\ v|_{\Gamma_0} = 0\}, \quad V(\omega) = \{v \in (H^1(\omega))^2, v|_{\gamma_0} = 0\}. \tag{5.11.11}$$

引理 5.11.3 设变分问题(5.11.8)的解展成(5.11.1)形式,那么 u_1, u_2 可以由首项 u_0 分别通过由(5.9.16)和(5.9.17)定义的线性映射 Π_1 和 Π_2 得到

$$u_1(x) = \Pi_1 u_0(x), \quad u_2(x) = \Pi_2 u_0(x). \tag{5.11.12}$$

证 由引理 5.11.1,5.11.2 和(5.11.8)中,比较 ε 不同阶的系数,得

$$\iint_{\omega} 2\varepsilon L_0(u,v)\sqrt{a}\,\mathrm{d}x = \iint_{\omega} \varepsilon\hat{P}_1 v_0\sqrt{a}\,\mathrm{d}x, \forall v \in V(\omega), \tag{5.11.13}$$

$$\iint_\omega \frac{2}{3}\varepsilon^3 L_2(u,v)\sqrt{a}\,\mathrm{d}x = \iint_\omega \varepsilon^3 \hat{P}_3 v_0 \sqrt{a}\,\mathrm{d}x, \forall\, v \in V(\omega). \tag{5.11.14}$$

由于 $v_0^\alpha, v_0^3, v_1^\alpha, v_1^3$ 在 $V(\omega)$ 是线性独立的,故若在(5.11.13)中令 $v_0 = 0, v_1 \neq 0$,则

$$\begin{cases}\iint_\omega [\lambda\gamma_0(u_0) + (\lambda + 2\mu)u_1^3]v_1^3\sqrt{a}\,\mathrm{d}x = 0, & \forall\, v_1^3 \in H_{\gamma_0}^1(\omega), \\ \iint_\omega [\mu\gamma_{\alpha 3}(u_0)]v_1^\beta\sqrt{a}\,\mathrm{d}x = 0, & \forall\, v_1^\alpha \in V(\omega),\end{cases}$$

这里

$$H_{\gamma_0}^1(\omega) = \{\varphi \colon \varphi \in H^1(\omega), \varphi\mid_{\gamma_0} = 0\}.$$

故不难得到(5.11.12)的第一式

$$\begin{cases}(\lambda + 2\mu)u_1^3 + \lambda\gamma_0(u_0) = 0, \quad u_1^3 = -\lambda_0\gamma_0(u_0), \\ a^{\alpha\beta}\gamma_{3\beta}(u_0) = u_1^\alpha + a^{\alpha\lambda}\overset{*}{\nabla}_\lambda u_0^3 = 0.\end{cases} \tag{5.11.15}$$

由此可以推出

$$\begin{cases}\overset{*}{\mathrm{div}} u_1 = -\overset{*}{\triangle} u_0^3, \quad u_1^3 + \gamma_0(u_0) = \lambda_*\gamma_0(u_0), \\ \gamma_0(u_1) = 2\lambda_0 H\gamma_0(u_0) - \overset{*}{\triangle} u_0^3.\end{cases} \tag{5.11.16}$$

将(5.11.15)代入(5.11.13)中得到

$$L_0(u_0, v_0) = a^{\alpha\beta\sigma\tau}\gamma_{\sigma\tau}(u_0)\gamma_{\alpha\beta}(v_0) + \lambda u_1^3\gamma_0(v_0) = a_*^{\alpha\beta\sigma\tau}\gamma_{\sigma\tau}(u_0)\gamma_{\alpha\beta}(v_0), \tag{5.11.17}$$

其中 $a_*^{\alpha\beta\sigma\tau}$ 是二维弹性张量逆变分量,它是正定的.

现在考虑(5.11.14). 令 $v_0 = 0, v_1 = 0, v_2 \neq 0, \forall\, v_2 \in V(\omega)$. 并利用(5.11.13),有

$$\iint_\omega [a^{\alpha\beta\sigma\tau}\gamma_{\sigma\tau}(u_0)\gamma_{\alpha\beta}(v_2) + \lambda u_1^3\gamma_0(v_2) + ((\lambda + 2\mu)(u_2^3 - 2Hu_1^3)$$
$$+ \lambda\gamma_0(u_1) + \lambda m_1(u_0))v_2^3 + 4\mu(\gamma_{\alpha 3}(u_1) - b_\beta^\alpha u_1^\beta)v_2^\alpha]\sqrt{a}\,\mathrm{d}x = 0,$$

由于 u_0 满足(5.11.15),可以断定

$$\iint_\omega [((\lambda + 2\mu)(u_2^3 - 2Hu_1^3) + \lambda\gamma_0(u_1) + \lambda m_1(u_0))v_2^3$$
$$+ 4\mu(\gamma_{\alpha 3}(u_1) - b_{\alpha\beta}u_1^\beta)v_2^\alpha]\sqrt{a}\,\mathrm{d}x = 0.$$

由 $v_2 \in v_2(\omega)$ 的任意性,有

$$\begin{cases}(\lambda + 2\mu)(u_2^3 - 2Hu_1^3) + \lambda\gamma_0(u_1) + \lambda m_1(u_0) = 0, \\ \gamma_{\alpha 3}(u_1) - b_{\alpha\beta}u_1^\beta = 0.\end{cases} \tag{5.11.18}$$

将(5.11.15)和(5.11.16)代入上式,并应用(5.10.12)以及(5.10.5)得

$$\left\{\begin{array}{l} u_2^3 = \dfrac{1}{2}\lambda_0(\rho_0(u_0) - (1+\lambda_0)H\gamma_0(u_0) - 2\beta_0(u_0)), \\ u_2^\alpha = \lambda_0 a^{\alpha\beta}\overset{*}{\nabla}_\beta\gamma_0(u_0) - b^{\alpha\beta}\overset{*}{\nabla}_\beta u_0^3 + \overset{*}{\nabla}_\beta\gamma^{\alpha\beta}(u_0). \end{array}\right. \tag{5.11.19}$$

这就得到(5.11.12)的第二式.证毕.

另外有如下结论.

引理 5.11.4 设 $u_0, u_1 \in V(\omega)$ 且满足(5.11.12),则有

(1) $\gamma_{\alpha\beta}(u_1) = -\overset{*}{\nabla}_\alpha\overset{*}{\nabla}_\beta u_0^3 + \lambda_0 b_{\alpha\beta}\gamma_0(u_0)$,

(2) $\overset{1}{\gamma}_{\alpha\beta}(u_0) + \gamma_{\alpha\beta}(u_1) = -\overset{*}{\rho}_{\alpha\beta}(u_0)$,

(3) $a^{\alpha\beta\sigma\tau}(\overset{1}{\gamma}_{\sigma\tau}(u_0) + \gamma_{\sigma\tau}(u_1))(\overset{1}{\gamma}_{\alpha\beta}(v_0) + \gamma_{\alpha\beta}(v_1)) = a^{\alpha\beta\sigma\tau}\overset{*}{\rho}_{\sigma\tau}(u_0)\overset{*}{\rho}_{\alpha\beta}(v_0)$.

证 实际上,由于(5.11.12).

$$\gamma_{\sigma\tau}(u_1) = \overset{*}{e}_{\sigma\tau}(u_1) - b_{\sigma\tau}u_1^3,$$

$$\overset{*}{e}_{\sigma\tau}(u_1) = \frac{1}{2}(a_{\sigma\lambda}\delta_\tau^\nu + a_{\tau\lambda}\delta_\sigma^\nu)\overset{*}{\nabla}_\nu(-a^{\lambda\mu}\overset{*}{\nabla}_\mu u_0^3) = -\overset{*}{\nabla}_\sigma\overset{*}{\nabla}_\tau u_0^3.$$

这就得到引理的第一式,其他两个式子是自然的.证毕.

引理 5.11.5 $u \in V(\Omega)$,(u, v) 允许关于 ξ 的 Taylor 展开(5.11.1). u 为变分问题(5.11.8)的解.那么双线性形式(5.11.13)可以表示为

$$\hat{L}_0(u_0, v_0) = L(u_0, u_1; v_0, v_1) = a_*^{\alpha\beta\sigma\tau}\gamma_{\sigma\tau}(u_0)\gamma_{\alpha\beta}(v_0), \tag{5.11.20}$$

$$\begin{aligned} \hat{L}_2(u_0, v_0) &= L_2(\overset{*}{u}, \overset{*}{v}) \\ &= a_0^{\alpha\beta\sigma\tau}\rho_{\sigma\tau}^{KT}(u_0)\rho_{\alpha\beta}^{KT}(v_0) - 2c_0^{\alpha\beta\sigma\tau}[\rho_{\lambda\tau}^{KT}(u_0)\gamma_{\alpha\beta}(v_0) + \rho_{\lambda\sigma}^{KT}(v_0)\gamma_{\alpha\beta}(u_0)] \\ &\quad + a_0^{\alpha\beta\lambda\sigma}[N_{\lambda\sigma}(u_0)\gamma_{\alpha\beta}(v_0) + N_{\lambda\sigma}(v_0)\gamma_{\alpha\beta}(u_0)] \\ &\quad + (10c_0^{\alpha\beta\lambda\sigma} + 4b_0^{\alpha\beta\lambda\sigma} - (5K + 4H^2)a_0^{\alpha\beta\lambda\sigma})\gamma_{\lambda\sigma}(u_0)\gamma_{\alpha\beta}(v_0), \end{aligned} \tag{5.11.21}$$

其中

$$\begin{aligned} N_{\alpha\beta}(u_0) &= \overset{2}{\gamma}_{\alpha\beta}(u_0) + \overset{1}{\gamma}_{\alpha\beta}(u_1) + \gamma_{\alpha\beta}(u_2) \\ &= \lambda_0\overset{*}{\nabla}_\alpha\overset{*}{\nabla}_\beta\gamma_0(u_0) - \lambda_0 b_{\alpha\beta}\overset{*}{\Delta}u_0^3 + \frac{1}{2}(c_{\alpha\lambda}\overset{*}{\nabla}_\beta u_0^\lambda + c_{\beta\lambda}\overset{*}{\nabla}_\alpha u_0^\lambda) \\ &\quad - a^{\lambda\sigma}\overset{*}{\nabla}_\lambda b_{\alpha\beta}\overset{*}{\nabla}_\sigma u_0^3 + \lambda_0 K a_{\alpha\beta}r_0(u_0) \\ &\quad + \frac{1}{2}\overset{*}{\nabla}_\lambda c_{\alpha\beta}u_0^\lambda - \lambda_0 b_{\alpha\beta}((4H^2 - 2K)u_0^3 + 2u_0^\lambda\overset{*}{\nabla}_\lambda H), \end{aligned} \tag{5.11.22}$$

$$\begin{aligned} \rho_{\alpha\beta}^{KT}(u_0) &= \overset{*}{\rho}_{\alpha\beta}(u_0) + 2H\gamma_{\alpha\beta}(u_0) \\ &= 2\overset{1}{\gamma}_{\alpha\beta}(u_0) + \overset{*}{\nabla}_\alpha\overset{*}{\nabla}_\beta u_0^3 - \lambda_0 b_{\alpha\beta}\gamma_0(u_0) + 2H\gamma_{\alpha\beta}(u_0), \end{aligned} \tag{5.11.23}$$

$$\begin{cases} a_0^{\alpha\beta\sigma\tau} = a^{\alpha\beta\sigma\tau} - \lambda\lambda_0 a^{\alpha\beta}a^{\sigma\tau} = \lambda\lambda_* a^{\alpha\beta}a^{\sigma\tau} + \mu(a^{\alpha\sigma}a^{\beta\tau} + a^{\alpha\tau}a^{\beta\sigma}), \\ b_0^{\alpha\beta\sigma\tau} = b^{\alpha\beta\sigma\tau} - \lambda\lambda_0 b^{\alpha\beta}b^{\sigma\tau} = \lambda\lambda_* b^{\alpha\beta}b^{\sigma\tau} + \mu(b^{\alpha\sigma}b^{\beta\tau} + b^{\alpha\tau}b^{\beta\sigma}), \\ c_0^{\alpha\beta\sigma\tau} = \lambda\lambda_*(a^{\alpha\beta}b^{\sigma\tau} + a^{\sigma\tau}b^{\alpha\beta}) + \mu(a^{\alpha\sigma}b^{\beta\tau} + a^{\beta\tau}b^{\alpha\sigma} + a^{\alpha\tau}b^{\beta\sigma} + a^{\beta\sigma}b^{\alpha\tau}), \\ a_*^{\alpha\beta\lambda\sigma} = \lambda\lambda_0 a^{\alpha\beta}a^{\lambda\sigma} + \mu(a^{\alpha\lambda}a^{\beta\sigma} + a^{\alpha\sigma}a^{\beta\lambda}), \\ \lambda_* = \dfrac{2\mu}{\lambda + 2\mu}, \quad \lambda_0 = \dfrac{\lambda}{\lambda + 2\mu}, \quad \lambda_* + \lambda_0 = 1. \end{cases} \tag{5.11.24}$$

证　由(5.11.3)可知,为了得到 L_2 表达式,我们只要计算 L_{21}, L_{22}, L_{23} 即可.首先证明

$$L_{23}(\overset{*}{u}, \overset{*}{v}) = 0. \tag{5.11.25}$$

实际上,由(5.11.12),

$$\gamma_{\alpha 3}(u_1) = \frac{1}{2}(a_{\alpha\lambda}u_2^\lambda + \overset{*}{\nabla}_\alpha u_1^3) = -b_\alpha^\lambda \overset{*}{\nabla}_\lambda u_0^3; \quad \gamma_{3\alpha}(u_0) = 0. \tag{5.11.26}$$

将上式以及(5.11.12)代入(5.11.6)推出

$$\begin{aligned} L_{23}(\overset{*}{u}, \overset{*}{v}) &= 4\mu a^{\alpha\beta}\gamma_{\alpha 3}(u_1)\gamma_{\beta 3}(v_1) + 4\mu c_{\alpha\beta}u_1^\alpha v_1^\beta \\ &\quad - 4\mu b_\lambda^\alpha(u_1^\lambda \gamma_{\alpha 3}(v_1) + v_1^\lambda \gamma_{\alpha 3}(u_1)) \\ &= 4\mu a^{\alpha\beta}b_\alpha^\sigma b_\beta^\lambda \overset{*}{\nabla}_\sigma u_0^3 \overset{*}{\nabla}_\lambda v_0^3 + 4\mu c_{\alpha\beta}a^{\alpha\sigma}a^{\beta\lambda}\overset{*}{\nabla}_\sigma u_0^3 \overset{*}{\nabla}_\lambda v_0^3 \\ &\quad + 4\mu b_\lambda^\alpha(a^{\lambda\nu}b_\alpha^\mu \overset{*}{\nabla}_\nu u_0^3 \overset{*}{\nabla}_\mu v_0^3 + a^{\lambda\nu}b_\alpha^\mu \overset{*}{\nabla}_\nu v_0^3 \overset{*}{\nabla}_\mu u_0^3). \end{aligned}$$

注意

$$a^{\alpha\beta}b_\alpha^\sigma b_\beta^\lambda = c^{\lambda\sigma}, c_{\alpha\beta}a^{\alpha\sigma}a^{\beta\lambda} = c^{\lambda\sigma}, b_\lambda^\alpha a^{\lambda\nu}b_\alpha^\mu = a^{\lambda\nu}c_\lambda^\mu = c^{\nu\mu}.$$

因此可以断定(5.11.25)成立.

其次证明 $L_{21}(\overset{*}{u}, \overset{*}{v})$ 的表达式可以化简为

$$\begin{aligned} L_{21}(\overset{*}{u}, \overset{*}{v}) &= a^{\alpha\beta\lambda\sigma}\rho_{\lambda\sigma}^{KT}(u_0)\rho_{\alpha\beta}^{KT}(v_0) + a^{\alpha\beta\lambda\sigma}(N_{\lambda\sigma}(u_0)\gamma_{\alpha\beta}(v_0) + N_{\alpha\beta}(v_0)\gamma_{\lambda\sigma}(u_0)) \\ &\quad + ((-5K - 4H^2)a^{\alpha\beta\lambda\sigma} + 10Hc^{\alpha\beta\lambda\sigma} + 4b^{\alpha\beta\lambda\sigma})\gamma_{\lambda\sigma}(u_0)\gamma_{\alpha\beta}(v_0) \\ &\quad - 2c^{\alpha\beta\lambda\sigma}(\rho_{\lambda\sigma}^{KT}(u_0)\gamma_{\alpha\beta}(v_0) + \rho_{\alpha\beta}^{KT}(v_0)\gamma_{\lambda\sigma}(u_0)). \end{aligned} \tag{5.11.27}$$

实际上,将(5.11.12)代入(5.11.4),并利用引理 5.11.3 得

$$\begin{aligned} L_{21}(\overset{*}{u}, \overset{*}{v}) &= a^{\alpha\beta\lambda\sigma}(\gamma_{\lambda\sigma}(u_2)\gamma_{\alpha\beta}(v_0) + \gamma_{\lambda\sigma}(u_0)\gamma_{\alpha\beta}(v_2)) + a^{\alpha\beta\lambda\sigma}\rho_{\lambda\sigma}^*(u_0)\rho_{\alpha\beta}^*(u_0) \\ &\quad + 2(Ha^{\alpha\beta\lambda\sigma} - c^{\alpha\beta\lambda\sigma})(\rho_{\lambda\sigma}^*(u_0)\gamma_{\alpha\beta}(v_0) + \rho_{\alpha\beta}^*(v_0)\gamma_{\lambda\sigma}(u_0)) \\ &\quad + a^{\alpha\beta\lambda\sigma}[(\overset{2}{\gamma}_{\lambda\sigma}(u_0) - 2\overset{1}{\gamma}_{\lambda\sigma}(u_1))\gamma_{\alpha\beta}(v_0) + (\overset{2}{\gamma}_{\lambda\sigma}(v_0) - 2\overset{1}{\gamma}_{\lambda\sigma}(v_1)) \\ &\quad \cdot \gamma_{\alpha\beta}(u_0)] + (-5Ka^{\alpha\beta\lambda\sigma} + 2Hc^{\alpha\beta\lambda\sigma} + 4b^{\alpha\beta\lambda\sigma})\gamma_{\lambda\sigma}(u_0)\gamma_{\alpha\beta}(v_0), \end{aligned}$$

由于

$$a^{\alpha\beta\lambda\sigma}\rho^*_{\lambda\sigma}(u_0)\rho^*_{\alpha\beta}(v_0)+(2Ha^{\alpha\beta\lambda\sigma}-2c^{\alpha\beta\lambda\sigma})(\rho^*_{\lambda\sigma}(u_0)\gamma_{\alpha\beta}(v_0)+\rho^*_{\alpha\beta}(v_0)\gamma_{\lambda\sigma}(u_0))$$
$$=a^{\alpha\beta\lambda\sigma}\rho^{KT}_{\lambda\sigma}(u_0)\rho^{KT}_{\alpha\beta}(v_0)-4H^2a^{\alpha\beta\lambda\sigma}\gamma_{\lambda\sigma}(u_0)\gamma_{\alpha\beta}(v_0)$$
$$-2c^{\alpha\beta\lambda\sigma}(\rho^{KT}_{\alpha\beta}(u_0)\gamma_{\lambda\sigma}(v_0)+\rho^{KT}_{\alpha\beta}(v_0)\gamma_{\lambda\sigma}(u_0))+8Hc^{\alpha\beta\lambda\sigma}\gamma_{\alpha\beta}(u_0)\gamma_{\lambda\sigma}(v_0),$$

应用(5.11.16)就可以得到 $L_{21}(\overset{*}{u},\overset{*}{v})$ 的最终表达式(5.11.18).

最后证明 $L_{22}(\overset{*}{u},\overset{*}{v})$ 具有如下表达式

$$\begin{aligned}L_{22}(\overset{*}{u},\overset{*}{v})=&-\lambda\lambda_0a^{\alpha\beta}a^{\lambda\sigma}(N_{\alpha\beta}(u_0)\gamma_{\lambda\sigma}(v_0)+N_{\alpha\beta}(v_0)\gamma_{\lambda\sigma}(u_0))\\&-\lambda\lambda_0a^{\alpha\beta}a^{\lambda\sigma}\rho^{KT}_{\alpha\beta}(u_0)\rho^{KT}_{\lambda\sigma}(v_0)+2\lambda\lambda_0(a^{\alpha\beta}b^{\lambda\sigma}+a^{\lambda\sigma}b^{\alpha\beta})\\&\cdot(\rho^{KT}_{\alpha\beta}(u_0)\gamma_{\lambda\sigma}(v_0)+\rho^{KT}_{\alpha\beta}(v_0)\gamma_{\lambda\sigma}(u_0))\\&+\lambda_0\lambda((5K+4H^2)a^{\alpha\beta}a^{\lambda\sigma}-v_0H(a^{\alpha\beta}b^{\lambda\sigma}+a^{\lambda\sigma}b^{\alpha\beta})\\&-4b^{\alpha\beta}b^{\lambda\sigma})\gamma_{\alpha\beta}(u_0)\gamma_{\lambda\sigma}(v_0).\end{aligned}\tag{5.11.28}$$

实际上,将(5.11.12),(5.11.16)代入(5.11.5)得到

$$\begin{aligned}L_{22}(\overset{*}{u},\overset{*}{v})=&[(\lambda+2\mu)(u_3^3-2Hu_2^3+Ku_1^3)+\lambda\gamma_0(u_2)+\lambda m_1(u_1)+\lambda m_2(u_0)]v_1^3\\&+\lambda[u_3^3\gamma_0(v_0)+u_2^3m_1(v_0)+u_1^3m_2(v_0)]\\&+\lambda[u_2^3\gamma_0(v_1)+u_1^3m_1(v_1)+u_1^3\gamma_0(v_2)]\\=&((\lambda+2\mu)v_1^3+\lambda\gamma_0(v_0))u_3^3+\lambda(\gamma_0(u_2)v_1^3+\gamma_0(v_0)u^1)\\&+(\lambda+2\mu)(Ku_1^3-2Hu_2^3)v_1^3+\lambda(m_1(v_0)+\gamma_0(v_1))u_2^3\\&+\lambda[(m_1(u_1)+m_2(u_0))v_1^3+(m_1(v_1)+m_2(v_0))u_1^3]\\=&I_0+I_1+I_2+I_3.\end{aligned}$$

由于 v 也满足(5.11.12),所以

$$I_0=(\lambda+2\mu)v_1^3+\lambda\gamma_0(v_0)=0.\tag{5.11.29}$$

同样

$$\begin{aligned}I_1=&\lambda(r_0(u_2)v_1^3+\gamma_0(v_2)u_1^3)=-\lambda\lambda_0(\gamma_0(u_2)\gamma_0(v_0)+\gamma_0(v_2)\gamma_0(u_0))\\=&-\lambda\lambda_0a^{\alpha\beta}a^{\lambda\sigma}(\gamma_{\alpha\beta}(u_2)\gamma_{\lambda\sigma}(v_0)+\gamma_{\alpha\beta}(v_2)\gamma_{\lambda\sigma}(u_0)),\end{aligned}\tag{5.11.30}$$

由(5.11.12)推出

$$\begin{aligned}(\lambda+2\mu)(Ku_1^3-2Hu_2^3)v_1^3=&(\lambda+2\mu)(-K\lambda_0\gamma_0(u_0)\\&-2H\lambda_0(\rho_0^*(u_0)-2\beta_0(u_0)))(-\lambda_0\gamma_0(v_0))\\=&\lambda_0^2(\lambda+2\mu)(Kr_0(u_0)+2H(\rho_0^*(u_0)-2\beta_0(u_0))\gamma_0(v_0),\end{aligned}$$

令

$$\rho_0^{KT}(u_0)=a^{\alpha\beta}\rho^{KT}_{\alpha\beta}(u_0)=\rho_0^*(u_0)+2H\gamma_0(u_0),$$

由于 $\lambda_0^2(\lambda+2\mu)=\lambda_0\lambda$,那么

$$
\begin{aligned}
&(\lambda+2\mu)(Ku_1^3-2Hu_2^3)v_1^3\\
&=\lambda_0\lambda((K-4H^2)\gamma_0(u_0)\gamma_0(v_0)+2H(\rho_0^{KT}(u_0)-2\beta_0(u_0)\gamma_0(v_0))).
\end{aligned}
$$

另一方面,由(5.10.12)和引理 5.10.1,以及(5.11.16),

$$
\begin{aligned}
\lambda(m_1(v_0)+\gamma_0(v_1))u_2^3 &= \lambda[2(b^{\alpha\beta}-Ha^{\alpha\beta})\gamma_{\alpha\beta}(v_0)-2a^{\alpha\beta}\overset{1}{\gamma}_{\alpha\beta}(v_0)+a^{\alpha\beta}\gamma_{\alpha\beta}(v_1)]\\
&\quad *\lambda_0(\rho_0^*(u_0)-2\beta_0(u_0))\\
&=\lambda\lambda_0(-\rho^*(v_0)+2\beta_0(v_0)-2H\gamma_0(v_0))(\rho_0^*(u_0)-2\beta_0(u_0))\\
&=-\lambda\lambda_0[(\rho_0^{KT}(u_0)-2\beta_0(u_0))(\rho_0^{KT}(v_0)-2\beta_0(v_0))]\\
&\quad +2H\lambda\lambda_0(\rho_0^{KT}(v_0)-2\beta_0(v_0))\gamma_0(u_0).
\end{aligned}
$$

由此

$$
\begin{aligned}
I_2&=(\lambda+2\mu)(Ku_1^3-2Hu_2^3)v_1^3+\lambda(m_1(v_0)+\gamma_0(v_1))u_2^3\\
&=-\lambda\lambda_0(\rho_0^{KT}(u_0)-2\beta_0(u_0))(\rho_0^{KT}(v_0)-2\beta_0(v_0))\\
&\quad+2H\lambda\lambda_0((\rho_0^{KT}(u_0)-2\beta_0(u_0))\gamma_0(v_0)+(\rho_0^{KT}(v_0)-2\beta_0(v_0))\gamma_0(u_0))\\
&\quad+\lambda\lambda_0(K-4H^2)\gamma_0(u_0)\gamma_0(v_0).
\end{aligned}\tag{5.11.31}
$$

由(5.10.12)和引理 5.11.1

$$
\begin{aligned}
m_1(u_1)+m_2(u_0)&=2(b^{\alpha\beta}-Ha^{\alpha\beta})\gamma_{\alpha\beta}(u_1)-2a^{\alpha\beta}\overset{1}{\gamma}_{\alpha\beta}(u_1)+a^{\alpha\beta}\overset{2}{\gamma}_{\alpha\beta}(u_0)\\
&\quad+4(Ha^{\alpha\beta}-b^{\alpha\beta})\overset{1}{\gamma}_{\alpha\beta}(u_0)+2(Hb^{\alpha\beta}-Ka^{\alpha\beta})\gamma_{\alpha\beta}(u_0)\\
&=a^{\alpha\beta}(\overset{2}{\gamma}_{\alpha\beta}(u_0)+2\overset{1}{\gamma}_{\alpha\beta}(u_1))+2(Ha^{\alpha\beta}-b^{\alpha\beta})\rho_{\alpha\beta}^*(u_0)\\
&\quad+2(Hb^{\alpha\beta}-Ka^{\alpha\beta})\gamma_{\alpha\beta}(u_0),
\end{aligned}
$$

对 $m_1(v_1)+m_2(v_0)$ 有同样的表达式.所以

$$
\begin{aligned}
I_3&=\lambda[(m_1(u_1)+m_2(u_0))v_1^3+(m_1(v_1)+m_2(v_0))u_1^3]\\
&=-\lambda\lambda_0[a^{\alpha\beta}a^{\lambda\sigma}((\overset{2}{\gamma}_{\alpha\beta}(u_0)-2\overset{1}{\gamma}_{\alpha\beta}(u_1))\gamma_{\lambda\sigma}(v_0)\\
&\quad+(\overset{2}{\gamma}_{\alpha\beta}(v_0)-2\overset{1}{\gamma}_{\alpha\beta}(v_1))\gamma_{\lambda\sigma}(u_0))\\
&\quad+2(Ha^{\alpha\beta}-b^{\alpha\beta})a^{\lambda\sigma}(\rho_{\alpha\beta}^*(u_0)\gamma_{\lambda\sigma}(v_0)+\rho_{\alpha\beta}^*(v_0)\gamma_{\lambda\sigma}(u_0))\\
&\quad+2(Hb^{\alpha\beta}-Ka^{\alpha\beta})a^{\lambda\sigma}(\gamma_{\alpha\beta}(u_0)\gamma_{\lambda\sigma}(v_0)+\gamma_{\alpha\beta}(v_0)(u_0))],
\end{aligned}
$$

由于

$$
\begin{aligned}
&2(Ha^{\alpha\beta}-b^{\alpha\beta})a^{\lambda\sigma}[\rho_{\alpha\beta}^*(u_0)\gamma_{\lambda\sigma}(v_0)+\rho_{\alpha\beta}^*(v_0)\gamma_{\lambda\sigma}(u_0)]\\
&=2(Ha^{\alpha\beta}-b^{\alpha\beta})a^{\lambda\sigma}(\rho_{\alpha\beta}^{KT}(u_0)\gamma_{\lambda\sigma}(v_0)+\rho_{\alpha\beta}^{KT}(v_0)\gamma_{\lambda\sigma}(u_0))\\
&\quad+4H(b^{\alpha\beta}-Ha^{\alpha\beta})a^{\lambda\sigma}(\gamma_{\lambda\beta}(u_0)\gamma_{\lambda\sigma}(v_0)+\gamma_{\alpha\beta}(v_0)\gamma_{\lambda\sigma}(u_0)),
\end{aligned}
$$

因此

$$
I_3=-\lambda\lambda_0a^{\alpha\beta}a^{\lambda\sigma}[\overset{2}{\gamma}_{\alpha\beta}(u_0)+2\overset{1}{\gamma}_{\alpha\beta}(u_1))\gamma_{\lambda\sigma}(v_0)+(\overset{2}{\gamma}_{\alpha\beta}(v_2)+2\overset{1}{\gamma}_{\alpha\beta}(v_1))\gamma_{\lambda\sigma}(u_0)]
$$

$$- 2\lambda\lambda_0(Ha^{\alpha\beta} - b^{\alpha\beta})a^{\lambda\sigma}(\rho_{\alpha\beta}^{KT}(u_0)\gamma_{\lambda\sigma}(v_0) + \rho_{\alpha\beta}^{KT}(v_0)\gamma_{\lambda\sigma}(u_0))$$
$$- 2\lambda\lambda_0(3Hb^{\alpha\beta} - (K + 2H^2)a^{\alpha\beta})a^{\lambda\sigma}(\gamma_{\alpha\beta}(u_0)\gamma_{\lambda\sigma}\cdot(v_0) + \gamma_{\alpha\beta}(v_0)\gamma_{\lambda\sigma}(u_0)). \tag{5.11.32}$$

最后,将(5.11.29)~(5.11.32)代入 L_{22} 中得

$$\begin{aligned} L_{22}(\overset{*}{u},\overset{*}{v}) &= I_0 + I_1 + I_2 + I_3 \\ &= - \lambda\lambda_0 a^{\alpha\beta}a^{\lambda\sigma}(N_{\alpha\beta}(u_0)\gamma_{\lambda\sigma}(v_0) + N_{\alpha\beta}(v_0)\gamma_{\lambda\sigma}(u_0)) \\ &\quad - \lambda\lambda_0(\rho_0^{KT}(u_0) + 2\beta_0(u_0))(\rho_0^{KT}(v_0) - 2\beta_0(v_0)) \\ &\quad + 2H\lambda\lambda_0((\rho_0^{KT}(u_0) - 2\beta_0(u_0))\gamma_0(v_0) + (\rho_0^{KT}(v_0) - 2\beta_0(v_0)) \\ &\quad \cdot \gamma_0(u_0)) + \lambda\lambda_0(K - 4H^2)\gamma_0(u_0)\gamma_0(v_0) \\ &\quad - 2\lambda\lambda_0(Ha^{\alpha\beta} - b^{\alpha\beta})a^{\lambda\sigma}(\rho_{\alpha\beta}^{KT}(u_0)\gamma_{\lambda\sigma}(v_0) + \rho_{\alpha\beta}^{KT}(v_0)\gamma_{\lambda\sigma}(u_0)) - 2\lambda\lambda_0 \\ &\quad \cdot (3Hb^{\alpha\beta} - (K + 2H^2)a^{\alpha\beta})a^{\lambda\sigma}(\gamma_{\alpha\beta}(u_0)\gamma_{\lambda\sigma}(v_0) + \gamma_{\alpha\beta}(v_0)\gamma_{\lambda\sigma}(u_0)), \end{aligned}$$

注意以下三个恒等式

(1) $$\begin{aligned} &2H\lambda\lambda_0((\rho_0^{KT}(u_0) - 2\beta_0(u_0))\gamma_0(v_0) + (\rho_0^{KT}(v_0) - 2\beta_0(v_0))\gamma_0(u_0)) \\ &- 2\lambda\lambda_0(Ha^{\alpha\beta} - b^{\alpha\beta})a^{\lambda\sigma}(\rho_{\alpha\beta}^{KT}(u_0)\gamma_{\lambda\sigma}(v_0) + \rho_{\alpha\beta}^{KT}(v_0)\gamma_{\lambda\sigma}(u_0)) \\ &= - 4H\lambda\lambda_0(\beta_0(u_0)\gamma_0(v_0) + \beta_0(v_0)\gamma_0(u_0)) \\ &\quad + 2\lambda\lambda_0 b^{\alpha\beta}a^{\lambda\sigma}(\rho_{\alpha\beta}^{KT}(u_0)\gamma_{\lambda\sigma}(v_0) + \rho_{\alpha\beta}^{KT}(v_0)\gamma_{\lambda\sigma}(u_0)), \end{aligned}$$

(2) $$\begin{aligned} &- 2\lambda\lambda_0(\rho_0^{KT}(u_0) - 2\beta_0(u_0))(\rho_0^{KT}(v_0) - 2\beta_0(v_0)) \\ &= - \lambda\lambda_0\rho_0^{KT}(u_0)\rho_0^{KT}(v_0) - 4\lambda\lambda_0\beta_0(u_0)\beta_0(v_0) \\ &\quad + 2\lambda\lambda_0 a^{\alpha\beta}b^{\lambda\sigma}(\rho_{\alpha\beta}^{KT}(u_0)\gamma_{\lambda\sigma}(v_0) + \rho_{\alpha\beta}^{KT}(v_0)\gamma_{\lambda\sigma}(u_0)), \end{aligned}$$

(3) $$\begin{aligned} &\lambda\lambda_0(K - 4H^2)\gamma_0(u_0)\gamma_0(v_0) - 2\lambda\lambda_0(3Hb^{\alpha\beta} - (K + 2H^2)a^{\alpha\beta}) \\ &\quad \cdot a^{\lambda\sigma}(\gamma_{\alpha\beta}(u_0)\gamma_{\lambda\sigma}(v_0) + \gamma_{\alpha\beta}(v_0)\gamma_{\lambda\sigma}(u_0)) \\ &= (5K + 4H^2)\gamma_0(u_0)\gamma0(v_0) - 6H\lambda\lambda_0(\beta_0(u_0)\gamma_0(v_0) \\ &\quad + \beta_0(v_0)\gamma_0(u_0)). \end{aligned}$$

最后有

$$\begin{aligned} L_{22}(u_0,v_0) &= - \lambda\lambda_0\rho_0^{KT}(u_0)\rho_0^{KT}(v_0) \\ &\quad - \lambda\lambda_0 a^{\alpha\beta}a^{\lambda\sigma}(N_{\alpha\beta}(u_0)\gamma_{\lambda\sigma}(v_0) + N_{\alpha\beta}(v_0)\gamma_{\lambda\sigma}(u_0)) \\ &\quad + 2\lambda\lambda_0(a^{\alpha\beta}b^{\lambda\sigma} + a^{\lambda\sigma}b^{\alpha\beta})(\rho_{\alpha\beta}^{KT}(u_0)\gamma_{\lambda\sigma}(v_0) + \rho_{\alpha\beta}^{KT}(v_0)\gamma_{\lambda\sigma}(u_0)) \\ &\quad - 4\lambda\lambda_0\beta_0(u_0)\beta_0(v_0) + (5K + 4H^2)\gamma_0(u_0)\gamma_0(v_0) \\ &\quad - 10H\lambda\lambda_0(\beta_0(u_0)\gamma_0(v_0) + \beta_0(v_0)\gamma_0(u_0)) \\ &= - \lambda\lambda_0\rho_0^{KT}(u_0)\rho_0^{KT}(v_0) \\ &\quad - \lambda\lambda_0 a^{\alpha\beta}a^{\lambda\sigma}(N_{\alpha\beta}(u_0)\gamma_{\lambda\sigma}(v_0) + N_{\alpha\beta}(v_0)\gamma_{\lambda\sigma}(u_0)) \end{aligned}$$

$$+2\lambda\lambda_0(a^{\alpha\beta}b^{\lambda\sigma}+a^{\lambda\sigma}b^{\alpha\beta})(\rho_{\alpha\beta}^{KT}(u_0)\gamma_{\lambda\sigma}(v_0)+\rho_{\alpha\beta}^{KT}(v_0)\gamma_{\lambda\sigma}(u_0))$$
$$+\lambda_0\lambda[(5K+4H^2)a^{\alpha\beta}a^{\lambda\sigma}-10H(b^{\alpha\beta}a^{\lambda\sigma}+b^{\lambda\sigma}a^{\lambda\sigma})$$
$$-4b^{\alpha\beta}b^{\lambda\sigma}]\gamma_{\alpha\beta}(u_0)\gamma_{\lambda\sigma}(v_0).$$

即证得(5.11.28).

将(5.11.17)~(5.11.19)代入 $L_2(\cdot,\cdot)$ 中可以得到

$$\begin{aligned}L_2(\overset{*}{u},\overset{*}{v})=&(a^{\alpha\beta\lambda\sigma}-\lambda\lambda a^{\alpha\beta}a^{\lambda\sigma})(\rho_{\lambda\sigma}^{KT}(u_0)\rho_{\alpha\beta}^{KT}(v_0)\\&+N_{\alpha\beta}(u_0)\gamma_{\lambda\sigma}(v_0)+N_{\alpha\beta}(v_0)\gamma_{\lambda\sigma}(u_0))\\&-2(c^{\alpha\beta\lambda\sigma}-\lambda\lambda_0(a^{\alpha\beta}a^{\lambda\sigma}+a^{\lambda\sigma}b^{\alpha\beta}))(\rho_{\alpha\beta}^{KT}(u_0)\gamma_{\lambda\sigma}(v_0)+\rho_{\alpha\beta}^{KT}(v_0)\gamma_{\lambda\sigma}(u_0))\\&+(-(5K+4H^2)(a^{\alpha\beta\lambda\sigma}-\lambda\lambda_0a^{\alpha\beta}a^{\lambda\sigma})+10H(c^{\alpha\beta\lambda\sigma}-\lambda\lambda_0(a^{\alpha\beta}b^{\lambda\sigma}+a^{\lambda\sigma}b^{\alpha\beta}))\\&+4(b^{\alpha\beta\lambda\sigma}-\lambda\lambda_0b^{\alpha\beta}b^{\lambda\sigma}))*\gamma_{\lambda\sigma}(u_0)\gamma_{\alpha\beta}(v_0).\end{aligned}$$

引理得证.

由引理 5.11.1,5.11.2,5.11.4,可知

$$\begin{cases}\iiint_\Omega B(u,v)\sqrt{a}\,\mathrm{d}x\mathrm{d}\xi=\mathscr{L}(u_0,v_0)+\iiint_\Omega L_R(u,v,\xi)\xi^3\sqrt{a}\,\mathrm{d}x\mathrm{d}\xi,\\\langle F,v\rangle=\langle P,v_0\rangle+\langle F_R\xi^3,v\rangle,\end{cases}\tag{5.11.33}$$

其中

$$\begin{cases}\mathscr{L}(u_0,v_0)=\iint_\omega[2\varepsilon\hat{L}_0(u_0,v_0)+\dfrac{2}{3}\varepsilon^3\hat{L}_2(u_0,v_0)]\sqrt{a}\,\mathrm{d}x,\\\langle P,v_0\rangle=\iint_\omega(\varepsilon\hat{P}_1v+\varepsilon^3\hat{P}_3v)\sqrt{a}\,\mathrm{d}x,\end{cases}\tag{5.11.34}$$

这里 $\hat{P}_1,\hat{P}_2$ 是由(3.8)所定义.

定理 5.11.1　设变分问题(5.11.1)的解 u 可以按厚度方向 ξ 展成 Taylor 级数(5.11.1).那么首项 u_0 满足下列变分方程

$$\begin{cases}求\ u_0\in V_1(\omega),使得\\\mathscr{L}(u_0,v_0)=\langle P,v_0\rangle,\quad\forall v_0\in V(\omega).\end{cases}\tag{5.11.35}$$

其余项满足

$$\iiint_\Omega L_R(u,v,\xi)\xi^3\sqrt{a}\,\mathrm{d}x\mathrm{d}\xi=\langle F_R\xi^3,v\rangle,\quad\forall v\in V(\Omega).\tag{5.11.36}$$

这里 $\mathscr{L}$ 也可以写成

$$\mathscr{L}(u_0,v_0)=\mathscr{L}_*(u_0,v_0)+Q(u_0,v_0),$$
$$\mathscr{L}_*(u_0,v_0)=\iint_\omega[2\varepsilon a_*^{\alpha\beta\lambda\sigma}\gamma_{\lambda\sigma}(u)\gamma_{\alpha\beta}(v_0)+\frac{2}{3}\varepsilon(a_0^{\alpha\beta\sigma\tau}\rho_{\sigma\tau}^{KT}(u)\rho_{\alpha\beta}^{KT}(v_0)$$
$$-2c_0^{\alpha\beta\lambda\sigma}(\rho_{\lambda\sigma}^{KT}(u_0)\gamma_{\alpha\beta}(v_0)+\rho_{\lambda\sigma}^{KT}(v_0)\gamma_{\alpha\beta}(u_0))$$

$$+\,(10Hc_0^{\alpha\beta\lambda\sigma}+4b_0^{\alpha\beta\lambda\sigma}-(5K+4H^2)a_0^{\alpha\beta\lambda\sigma})\gamma_{\lambda\sigma}(u_0)\gamma_{\alpha\beta}(v_0))]\sqrt{a}\,\mathrm{d}x,$$

$$Q(u_0,v_0)=\iint_\omega \frac{2}{3}\varepsilon^3 a_0^{\alpha\beta\lambda\sigma}(N_{\lambda\sigma}(u_0)\gamma_{\alpha\beta}(v_0)+N_{\lambda\sigma}(v_0)\gamma_{\alpha\beta}(u_0))\sqrt{a}\,\mathrm{d}x. \tag{5.11.37}$$

$$V(\omega)=\{v_0: v_0\in H^1(\omega)^3, v_0\mid_{\gamma_0}=0\},$$

$$V_1(\omega)=\{v_0: v_0\in V(\omega), v_0\mid_{\gamma_1}=h_0\}.$$

h_0 是 h 的 Taylor 展开的首项.

证 将(5.11.33)代入(5.11.8)后,并利用(5.11.20),(5.11.24),比较两边 ε 系数,可以断定(5.11.35),(5.11.36)以及 $P_0=0$. 另外,由(5.11.4),

$$P_0=0 \quad\rightarrow\quad P_2=0. \tag{5.11.38}$$

证毕.

5.12 首项的变分问题

引理 5.11.1 提供了构造首项 u_0 变分形式的理论依据. 为此引入

$$V_K(\omega)=\{v\in H^1(\omega)\times H^1(\omega)\times H^2(\omega): v\mid_{\gamma_0}=\frac{\partial v^3}{\partial n}\mid_{\gamma_0}=0, \forall\, x\in\omega\}.$$

考虑如下逼近变分问题

$$\begin{cases}\text{求 } u_0\in V_K(\omega) \text{ 使得}\\ \mathscr{L}_*(u_0,v_0)=\langle P,v_0\rangle, \quad \forall\, v_0\in V_K(\omega),\end{cases} \tag{5.12.1}$$

其中 $\mathscr{L}_*$ 由(5.11.37) 所定义,$\langle P,v_0\rangle$ 由(5.11.34)所定义.

设 U 为(5.12.1)的解,令

$$U^{KT}(x,\xi)=U(x)+\Pi_1 U\xi+\Pi_2 U\xi^2, \tag{5.12.2}$$

其中线性算子 Π_1,Π_2 由(5.9.16)和(5.9.17)所定义.

定义

$$\begin{cases}(\|v\|_\omega^K)^2 \triangleq \sum_\alpha |v^\alpha|_{0,\omega}^2+\|v^3\|_{1,\omega}^2\\ \quad +\sum_{\alpha\beta}(|\gamma_{\alpha\beta}(v)|_{0,\omega}^2+|\rho_{\alpha\beta}^{KT}(v)|^2), \quad \forall\, v\in V_K(\omega),\\ (|v|_\omega^K)^2\triangleq \sum_{\alpha\beta}(|\gamma_{\alpha\beta}(v)|_{0,\omega}^2+|\rho_{\alpha\beta}^{KT}(v)|^2).\end{cases} \tag{5.12.3}$$

引理 5.12.1 设 $\omega\subset R^2$,$\boldsymbol{\theta}\in C^3(\bar{\omega};E^2)$ 是一个单射,使得 $\boldsymbol{a}_\alpha=\partial_\alpha\boldsymbol{\theta}$ 在 $\bar{\omega}$ 上是线性独立的. 设 $\gamma_0\subset\gamma\subset\partial\omega$,meas$(\gamma_0)>0$,那么由(5.12.3) 所定义的是 $V_K(\omega)$ 的范数.

证 只要证

$$v \in K_k,\ \gamma_{\alpha\beta}(v) = \rho_{\alpha\beta}^{KT}(v) = 0 \Rightarrow v = 0 \text{ 在 } \omega \text{ 内}.$$

由于 $\gamma_{\alpha\beta}(v) = 0$,故 $\gamma_0(v) = a^{\alpha\beta}\gamma_{\alpha\beta}(v) = 0$. 由(5.11.23)

$$\rho_{\alpha\beta}^{KT}(v) = \rho_{\alpha\beta}(v) - \lambda_0 b_{\alpha\beta}\gamma_0(v) + 2H\gamma_{\alpha\beta} = \rho_{\alpha\beta}(v) = 0.$$

因此,应用文献[28]中定理 2.6.3,就可以得到所要证明的结果. 证毕.

定理 5.12.1[28] 设 $\omega \subset R^2, \boldsymbol{\theta} \in C^3(\bar{\omega}; E^2)$ 是一个单射,使得 $\boldsymbol{a}_\alpha = \partial_\alpha \boldsymbol{\theta}$ 在 $\bar{\omega}$ 上是线性独立的. 设 $\gamma_0 \subset \gamma \subset \partial\omega$, $\mathrm{meas}(\gamma_0) > 0$,那么存在常数 $C = C(\omega, \gamma_0, \theta) > 0$, 使得

$$\sum_\alpha \| v^\alpha \|_{1,\omega}^2 + \| v^3 \|_{2,\omega}^2 \leqslant C \sum_{\alpha\beta} \left(| \gamma_{\alpha\beta}(v) |_{0,\omega}^2 + | \rho_{\alpha\beta}^{KT}(v) |_{0,\omega}^2 \right),$$

$$\forall v \in V_K(\omega). \qquad (5.12.4)$$

如果曲面 S 是椭圆的,即 S 上的第二基本型系数 $\{b_{\alpha\beta}\}$ 是正定的,那么

$$\left(\sum_\alpha \| v^\alpha \|_{1,\omega}^2 + \| v^3 \|_{0,\omega}^2 \right)^{1/2} \leqslant C \left(\sum_{\alpha\beta} (| \gamma_{\alpha\beta}(v) |_{0,\omega}^2 \right)^{1/2},$$

$$\forall v \in V_M(\omega) = H_0^1(\omega) \times H_0^1(\omega) \times L^2(\omega). \qquad (5.12.5)$$

定理 5.12.2[28] 设 $\omega \subset R^2, \boldsymbol{\theta} \in C^1(\bar{\omega}; R^2)$ 是一个内射, 且 $\boldsymbol{e}_\alpha(x) = \partial_\alpha \boldsymbol{\Theta}(x)$ 在 $\bar{\omega}$ 上是线性独立的. 曲面 $S = \{\boldsymbol{\Theta}(\omega)\}$ 的度量张量协变分量为 $a_{\alpha\beta} = \boldsymbol{e}_\alpha(x)\boldsymbol{e}_\beta(x)$,而它的逆变分量 $a^{\alpha\beta}, a^{\alpha\beta}a_{\beta\lambda} = \delta_\lambda^\alpha$. 如果定义以 S 为中性面,厚度为 2ε 的弹性张量

$$a_*^{\alpha\beta\lambda\sigma} = \lambda\lambda_0 a^{\alpha\beta}a^{\lambda\sigma} + \mu(a^{\alpha\sigma}a^{\lambda\beta} + a^{\alpha\lambda}a^{\beta\sigma}),$$

那么当 $\lambda \geqslant 0, \mu > 0$ 时,则 $a_*^{\alpha\beta\lambda\sigma}$ 是正定和对称的,即对任意一个对称矩阵$(t_{\alpha\beta})$,在所有点 $x \in \bar{\omega}$ 上,成立

$$C_e a_*^{\alpha\beta\lambda\sigma}(x) t_{\alpha\beta} t_{\lambda\sigma} \geqslant \sum_{\alpha,\beta} | t_{\alpha\beta} |^2.$$

这里 $C_e = C_e(\omega, \theta, \mu)$ 是一个常数.

证 注意

$$a^{\alpha\beta}a^{\lambda\sigma}t_{\alpha\beta}t_{\lambda\sigma} = (a^{\alpha\beta}t_{\alpha\beta})^2 \geqslant 0, \qquad \forall x \in \bar{\omega},$$

另外

$$(a^{\alpha\sigma}a^{\beta\lambda} + a^{\alpha\lambda}a^{\beta\sigma}) t_{\alpha\beta} t_{\lambda\sigma} = 2t^{\mathrm{T}} A(x) t,$$

这里

$$t = \begin{pmatrix} t_{11} \\ t_{12} \\ t_{22} \end{pmatrix}, A(x) = \begin{pmatrix} a^{11}a^{11} & 2a^{11}a^{12} & a^{12}a^{12} \\ 2a^{11}a^{11} & (a^{12}a^{12} + a^{11}a^{22}) & 2(a^{12}a^{22}) \\ a^{12}a^{12} & 2a^{12}a^{22} & a^{22}a^{22} \end{pmatrix}.$$

因为在 $\bar{\omega}$ 上, $a^{11}a^{11} > 0$ 以及 $a = \det(a_{\alpha\beta}) > 0$, 故有

$$\det\begin{pmatrix} a^{11}a^{11} & 2a^{11}a^{12} \\ 2a^{11}a^{12} & 2(a^{12}a^{12}+a^{11}a^{22}) \end{pmatrix} = 2\frac{a^{11}a^{11}}{a} \geqslant 0, \forall x \in \bar{\omega}.$$

那么 $\det A = \dfrac{2}{a^3} \geqslant 0$,从而推出 A 是对称正定的,这就证明了定理.

定理 5.12.3 由(5.11.37)所定义的 $\mathscr{L}_*(\cdot,\cdot): V_K(\omega)\times V_K(\omega)\to\mathscr{R}$是连续的,如果 ε 充分小,那么它也是正定的,即

$$\begin{cases} \mathscr{L}_*(u_0,v_0) \leqslant c\,|u_0|_\omega^K\,|v_0|_\omega^K, & \forall u_0,v_0\in V_K(\omega), \\ \mathscr{L}_*(u_0,u_0) \geqslant c(|u_0|_\omega^K)^2, & \forall u_0 \in V_K(\omega). \end{cases} \tag{5.12.6}$$

证 显然 $\forall u,v\in V_K(\omega)$,

$$\begin{aligned} |\mathscr{L}_*(u,v)| &\leqslant C\sum_{\alpha,\beta,\sigma,\tau}[\|\gamma_{\sigma\tau}(u)\|_{0,\omega}\|\gamma_{\alpha\beta}(v)\|_{0,\omega} + \|\rho_{\sigma\tau}^{KT}(u)\|_{0,\omega}\|\gamma_{\alpha\beta}(v)\|_{0,\omega} \\ &\quad + \|\rho_{\sigma\tau}^{KT}(u)\|_{0,\omega}\|\gamma_{\alpha\beta}(v)\|_{0,\omega} + \|\gamma_{\sigma\tau}(u)\|_{0,\omega}\|\rho_{\alpha\beta}^{KT}(v)\|_{0,\omega}] \\ &\leqslant C\sum_{\alpha,\beta,\sigma,\tau}(\|\gamma_{\sigma\tau}(u)\|_{0,\omega} + \|\rho_{\sigma\tau}^{KT}(u)\|_{0,\omega})(\|\gamma_{\alpha\beta}(v)\|_{0,\omega} \\ &\quad + \|\rho_{\alpha\beta}^{KT}(v)\|_{0,\omega}) \\ &\leqslant \sum_{\alpha\beta}(\|\gamma_{\alpha\beta}(v)\|_{0,\omega} + \|\rho_{\alpha\beta}^{KT}(v)\|_{0,\omega})^2)^{1/2} \\ &\leqslant C\,|u|_\omega^K\,|v|_\omega^K. \end{aligned}$$

由于定理 5.11.4,故

$$\begin{aligned} \iint_\omega a_*^{\alpha\beta\sigma\tau}\gamma_{\sigma\tau}(u_o)\gamma_{\alpha\beta}(u_o)\varepsilon\sqrt{a}\,\mathrm{d}x &\geqslant c_0\varepsilon\iint_\omega\sum_{\alpha\beta}|\gamma_{\alpha\beta}(u_0)|^2\sqrt{a}\,\mathrm{d}x \\ &= c_0\varepsilon\sum_{\alpha\beta}\|\gamma_{\alpha\beta}\|_{0,\omega}^2, \end{aligned}$$

$$\begin{aligned} \iint_\omega a_o^{\alpha\beta\sigma\tau}\rho_{\sigma\tau}^{KT}(u_o)\rho_{\alpha\beta}^{KT}(u_o)\varepsilon^3\sqrt{a}\,\mathrm{d}x &\geqslant c_0\varepsilon^3\iint_\omega\sum_{\alpha\beta}|\rho_{\alpha\beta}^{KT}(u_0)|^2\sqrt{a}\,\mathrm{d}x \\ &= c_0\varepsilon^3\sum_{\alpha\beta}\|\rho_{\alpha\beta}^{KT}\|_{0,\omega}^2. \end{aligned}$$

另一方面

$$\begin{aligned} &\iint_\omega[2c_o^{\alpha\beta\sigma\tau}(\rho_{\sigma\tau}^{KT}(u_o)\gamma_{\alpha\beta}(u_o) + \rho_{\alpha\beta}^{KT}(u_o)\gamma_{\sigma\tau}(u_o))]\varepsilon^3\sqrt{a}\,\mathrm{d}x \\ &\leqslant C\varepsilon^3\sum_{\alpha,\beta}\|\rho_{\alpha\beta}^{KT}(u_0)\|_{0,\omega}\|\gamma_{\alpha\beta}(u_0)\|_{0,\omega} \\ &\leqslant \left[\frac{1}{2}c_o\varepsilon^3\|\rho^{KT}(u_o)\|_{0,\omega}^2 + C\varepsilon^3\|\gamma_{\alpha\beta}(u_o)\|_{0,\omega}^2\right], \end{aligned}$$

$$\begin{aligned} &\iint_\omega(4b_o^{\alpha\beta\sigma\tau} + 10Hc_o^{\alpha\beta\sigma\tau} - (5K+4H^2)a_0^{\alpha\beta\sigma\tau})\gamma_{\sigma\tau}(u_0)\gamma_{\alpha\beta}(u_0)\varepsilon^3\sqrt{a}\,\mathrm{d}x \\ &\leqslant C\varepsilon^3\sum_{\alpha,\beta}\|\gamma_{\alpha\beta}\|_{0,\omega}^2. \end{aligned}$$

综上所述,如果 ε 充分小,使得 $C\varepsilon^2 < \frac{1}{2}c_0$. 那么

$$\mathscr{L}_*(u_0,u_0) \geqslant (c_0\varepsilon - C\varepsilon^3)\sum_{\alpha\beta} \| \gamma_{\alpha\beta}(u) \|_{0,\omega}^2 + \frac{1}{2}c_o\varepsilon^3 \| \rho_{\alpha\beta}^{KT}(u_o) \|_{0,\omega}^2$$

$$\geqslant \frac{1}{2}c_o(|u_0|_\omega^K)^2.$$

定理得证.

定理 5.12.4　在定理 5.12.1 的假定下,变分问题(5.12.1)有唯一解,同时它也是下列极小化问题的解

$$\begin{cases} \text{求 } u_0 \in V_K(\omega),\text{使得} \\ J_K(u_0) = \inf_{v \in V_K(\omega)} J_K(v), \end{cases} \tag{5.12.7}$$

这里

$$J_K(v) \triangleq \iint_\omega \Big[a_0^{\alpha\beta\sigma\tau}\gamma_{\sigma\tau}(v)\gamma_{\alpha\beta}(v)\varepsilon + \frac{1}{3}\varepsilon^3 (a_0^{\alpha\beta\sigma\tau}\rho_{\sigma\tau}^{KT}(v)\rho_{\alpha\beta}^{KT}(v) - 4c_0^{\alpha\beta\sigma\tau}\rho_{\sigma\tau}^{KT}(v)\gamma_{\alpha\beta}(v)$$

$$+ (4b_0^{\alpha\beta\sigma\tau} + 10Hc_0^{\alpha\beta\sigma\tau} - (5K + 4H^2)a_0^{\alpha\beta\sigma\tau})\gamma_{\sigma\tau}(v)\gamma_{\alpha\beta}(v)) \Big] \sqrt{a}\,\mathrm{d}x$$

$$- \iint (P_1 v\varepsilon + P_3 v\varepsilon^3)\sqrt{a}\,\mathrm{d}x. \tag{5.12.8}$$

证　由定理 5.12.3 及 Lax-Milgram 定理可知变分问题(5.12.1)存在唯一解,且也是极小化问题(5.12.7)的解. 证毕.

5.13　误差估计

设 u 是(5.11.8)的解,U^{KT} 是由(5.12.2)所定义. 令

$$u(x,\xi) = U^{KT}(x,\xi) + W(x,\xi). \tag{5.13.1}$$

$$W_0(x) = W(x,0) = u(x,0) - U(x). \tag{5.13.2}$$

定理 5.13.1　设 $\omega \subset R^2, \boldsymbol{\theta} \in C^3(\bar{\omega}; E^3)$ 是一个单射,使得 $\boldsymbol{a}_\alpha = \partial_\alpha \boldsymbol{\theta}$ 在 $\bar{\omega}$ 上是线性独立的. 设 $U^{KT}(x,\xi)$ 是由(5.12.1)所定义的, $U \in V_K(\omega) \cap H^3(\omega)^3$, $u(x,\xi)$ 是壳体三维变分问题的解, 并且 $u(x,\xi) \in V(\Omega) \cap (H^3(\Omega)^2 \times H^2(\Omega))$. 那么对于椭圆壳体成立下列误差估计

$$\| u - U^{KT} \|_{1,\Omega} \leqslant C\varepsilon^{1/2}. \tag{5.13.3}$$

其中 C 是依赖于 $\| u \|_{3,\Omega}, \| u^{KT} \|_{1,\Omega}, \boldsymbol{\theta}$ 的常数.

证　三维壳体变分问题(5.11.8)是

$$\begin{cases} \text{求 } u \in V(\Omega),\text{使得} \\ \iiint_\Omega B(u,v)\mathrm{d}\Omega = \langle F, v\rangle, \quad \forall v \in V(\Omega). \end{cases} \tag{5.13.4}$$

其中 $B(\cdot,\cdot)$ 和 $\langle F,v\rangle$ 是由(5.11.23)所确定,将(5.13.1)代入(5.13.4)得

$$\iiint_\Omega B(W,v)\mathrm{d}\Omega=-\iiint_\Omega B(U^{KT},v)\mathrm{d}\Omega+\langle F,v\rangle,\forall\, v\in V(\Omega)\tag{5.13.5}$$

在上式中,令 $v=W$,并应用(5.11.33),(5.12.1)和(5.11.36),则

$$\begin{aligned}\iiint_\Omega B(W,W)\mathrm{d}V&=-\iiint_\Omega B(U^{KT},W)\mathrm{d}V+\langle F,W\rangle\\&=-\mathscr{L}(U,W_0)-\iiint_\Omega L_R(U^{KT},W,\xi)\xi^3\sqrt{a}\,\mathrm{d}x\mathrm{d}\xi\\&\quad+\langle P,W_0\rangle+\langle F_R\xi^3,W\rangle\\&=-Q(U,W)-\iiint_\Omega L_R(U^{KT},W,\xi)\xi^3\sqrt{a}\,\mathrm{d}x\mathrm{d}\xi+\langle F_R\xi^3,W\rangle\\&=-Q(U,W)+\iiint_\Omega L_R(u-U^{KT},W,\xi)\xi^3\sqrt{a}\,\mathrm{d}x\mathrm{d}\xi\\&=-Q(U,W)+\iiint_\Omega L_R(W,W,\xi)\xi^3\sqrt{a}\,\mathrm{d}x\mathrm{d}\xi.\end{aligned}\tag{5.13.6}$$

由(5.11.37)和 Hölder 不等式,有

$$|Q(U,W)|\leqslant C\varepsilon^3,\tag{5.13.7}$$

这里 C 依赖于 $\|U\|_{3,\omega}$, $\|W\|_{3,\omega}$ 及 H,K 的常数. 为了估计 L_R,作坐标变换 $(x^1,x^2,\xi)\to(x^{1'},x^{2'},\tau)$ 使得

$$x^\alpha=x^{\alpha'},\qquad \xi=\varepsilon\tau.$$

从而推出

$$\Omega=\omega\times[-\varepsilon,\varepsilon]\to\hat{\Omega}=\omega\times[-1,1].$$

记 $A^{ijkl}(\varepsilon)$ 为新坐标系下的弹性张量,那么根据张量变换规律,即得

$$A_{i'j'l'k'}(\varepsilon)=A^{ijlk}\frac{\partial x^{i'}}{\partial x^i}\frac{\partial x^{j'}}{\partial x^j}\frac{\partial x^{l'}}{\partial x^l}\frac{\partial x^{k'}}{\partial x^k},$$

$$A^{\alpha\beta\lambda\sigma}(\varepsilon)=A^{\alpha\beta\lambda\sigma},\qquad A^{\alpha3\beta3}(\varepsilon)=\mu g^{\alpha\beta}(\varepsilon)\varepsilon^{-2},\text{其余为 }0.$$

那么存在常数 $C_e(\omega,\boldsymbol{\theta},\mu)\geqslant0$ 和 $\varepsilon_0\geqslant0$, 由定理 5.12.2 使得

$$\sum_{i,j}|t_{ij}|^2\leqslant C_eA^{ijlk}(\varepsilon)(x)t_{lk}t_{ij},\quad\forall\,0<\varepsilon\leqslant\varepsilon_0,\ x\in\hat{\Omega},$$

以及对所有的对称矩阵 (t_{ij}) 成立. 另外同样有

$$e_{\alpha\beta}(\varepsilon,u)=e_{\alpha\beta}(u);\quad e_{3\alpha}(\varepsilon;u)=e_{3\alpha}(u)\varepsilon;\quad e_{33}(\varepsilon;u)=e_{33}(u)\varepsilon^2.$$

$$u^\alpha(\varepsilon)=u^\alpha;\quad u^{3'}(\varepsilon)=u^3\frac{\partial x^{3'}}{\partial x^3}=u^3\varepsilon^{-1};\quad u_{3'}(\varepsilon)=u_3\varepsilon.$$

那么存在常数 ε_0,对所有 $0<\varepsilon\leqslant\varepsilon_1<\varepsilon_0$, 三维 Korn 不等式[28]

$$\varepsilon^q\|v\|_{1,\hat{\Omega}}\leqslant C\{\sum_{ij}|e_{ij}(\varepsilon;v)|^2_{0,\hat{\Omega}}\}^{1/2},\quad\forall\,v\in V(\hat{\Omega}),$$

这里对于椭圆壳体成立 $q=0$, 对于一般壳体则成立 $q=1$.

由于 $B(W,W)=\theta(\varepsilon)A^{ijlk}(\varepsilon)\varepsilon_{lk}(\varepsilon;W)e_{ij}(\varepsilon;w)\doteq B(\varepsilon;W,W)$ 是一个不变量,所以

$$\iiint_{\Omega}B(\varepsilon;W,W)\sqrt{a}\,\mathrm{d}x\mathrm{d}\tau\geqslant C_e^{-1}\sum_{i,j}|e_{ij}(\varepsilon;W)|_{0,\Omega}^2\geqslant C\varepsilon^{2q}\|W\|_{1,\Omega}^2, \tag{5.13.8}$$

将(5.13.7)代入(5.13.6)得

$$C\varepsilon^{2q}\|W\|_{1,\Omega}^2\leqslant|Q(U,W_0)|+|\iiint_{\Omega}L_R(\varepsilon;W,W)\sqrt{a}\,\mathrm{d}x\mathrm{d}\tau|\varepsilon^4, \tag{5.13.9}$$

从(5.11.7)有

$$\left|\iiint_{\Omega}L_R(W,W,\varepsilon)(W,W,\varepsilon)\sqrt{a}\,\mathrm{d}x\mathrm{d}\tau\right|\leqslant C(\|U\|_{3,\omega},\|u_0\|_{3,\omega})\varepsilon^{3-1}=c\varepsilon. \tag{5.13.10}$$

联合(5.13.10),(5.13.9),(5.13.7)可以断定,(5.13.3)对椭圆壳体成立.证毕.

注 5.13.1　中性面 S 是椭圆的,如果存在常数 c 使得

$$\sum_{\alpha}|\eta^{\alpha}|^2\leqslant c|b_{\alpha\beta}(y)\eta^{\alpha}\eta^{\beta}|,\quad\forall y\in\omega,(\eta^{\alpha})\in\mathbf{R}^2.$$

等价地, S 是 Gauss 曲率,处处是正的.

第 6 章　张量在物理学中的应用

本章运用张量分析在 Newton 力学、电磁场、狭义相对论和广义相对论中的应用.

6.1　在质点动力学中的应用

6.1.1　自由质点运动方程

设自由质点所对应的矢径为 $\boldsymbol{R}(x^1,x^2,x^3)$，$x^i$ 为任意坐标系，那么，质点的速度向量

$$\boldsymbol{u}=\frac{\mathrm{d}\boldsymbol{R}}{\mathrm{d}t}=\frac{\partial \boldsymbol{R}}{\partial x^i}\frac{\mathrm{d}x^i}{\mathrm{d}t}=\boldsymbol{R}_i\frac{\mathrm{d}x^i}{\mathrm{d}t}. \tag{6.1.1}$$

相应的空间度量张量 $g_{ij}=\boldsymbol{R}_i\cdot\boldsymbol{R}_j$，$\boldsymbol{u}$ 的逆变张量 u^i 和协变张量 u_i 分别为

$$u^i=\frac{\mathrm{d}x^i}{\mathrm{d}t},\ u_i=g_{ij}u^j, \tag{6.1.2}$$

这里 $\boldsymbol{u}=u^i\boldsymbol{R}_i=u_i\boldsymbol{R}^i$，加速度向量

$$a^i=\frac{Du^i}{Dt},$$

式中 Du^i 是 u^i 的绝对微分. 即 a^i 可表为

$$\begin{aligned}a^i&=\nabla_j u^i\frac{\mathrm{d}x^j}{\mathrm{d}t}=\left(\frac{\partial u^i}{\partial x^j}+\Gamma^i_{j\,k}u^k\right)\frac{\mathrm{d}x^j}{\mathrm{d}t}\\&=\frac{\mathrm{d}u^i}{\mathrm{d}t}+\Gamma^i_{j\,k}u^k u^j=\frac{\mathrm{d}^2x^i}{\mathrm{d}t}+\Gamma^i_{j\,k}\frac{\mathrm{d}x^j}{\mathrm{d}t}\frac{\mathrm{d}x^k}{\mathrm{d}t}.\end{aligned} \tag{6.1.3}$$

同样，加速度的协变分量可表为

$$a_i=\frac{\mathrm{d}u_i}{\mathrm{d}t}-\Gamma^j_{i\,k}u_j u^k. \tag{6.1.4}$$

若外力向量为 $\boldsymbol{F}$，它的协变分量和逆变分量分别为 F_i 和 F^i，那么，Newton 运动定律为

$$ma_i=F_i,\text{或 } ma^i=F^i, \tag{6.1.5}$$

即

$$m\left(\frac{\mathrm{d}^2x^i}{\mathrm{d}t^2}+\Gamma^i_{j\,k}\frac{\mathrm{d}x^j}{\mathrm{d}t}\frac{\mathrm{d}x^k}{\mathrm{d}t}\right)=F^i. \tag{6.1.6}$$

其中 m 为质点的质量. 显然,当外力为零向量时,(6.1.6) 就是测地线方程. 故不受外力作用的自由质点运动轨迹是测地线. 欧氏空间中测地线是直线, 在真 Riemann 空间中测地线是曲线.

广义相对论是在 Riemann 空间中考察运动的. 所以惯性运动的轨迹(测地线)不再是直线而是曲线.

圆柱坐标系(r,φ,z)与 Descartes 坐标系(x,y,z)的关系为

$$x = r\cos\varphi, \qquad y = r\sin\varphi, \qquad z = z.$$

其中弧微分的平方为

$$\mathrm{d}s^2 = \mathrm{d}r^2 + r^2\mathrm{d}\varphi^2 + \mathrm{d}z^2. \tag{6.1.7}$$

其度量张量和 Christoffel 记号分别为

$$g_{11} = g_{33} = 1, \quad g_{22} = r^2, \quad g_{ij} = 0(i \neq j), \quad g = r^2,$$

$$\Gamma^1_{22} = -r, \quad \Gamma^2_{12} = \Gamma^2_{21} = \frac{1}{r}, \quad \text{其余 } \Gamma^i_{jk} = 0.$$

速度分量

$$u^1 = r, \quad u^2 = \dot{\varphi}, \quad u^3 = \dot{z},$$

加速度分量

$$a^1 = \ddot{r} - r\dot{\varphi}^2, \quad a^2 = \ddot{\varphi} + \frac{2}{r}\dot{r}\,\dot{\varphi}, \quad a^3 = \ddot{z},$$

故运动方程为

$$m(\ddot{r} - r\dot{\varphi}^2) = F^1, \quad m\left(\ddot{\varphi} + \frac{2}{r}\dot{r}\,\dot{\varphi}\right) = F^2, \quad m\ddot{z} = F^3. \tag{6.1.8}$$

对于球坐标系(r,ψ,φ), $r>0$, $0<\psi<\pi$, $0\leqslant\varphi\leqslant 2\pi$, 与坐标系$(x,y,z)$的关系为

$$x = r\sin\psi\cos\varphi, \quad y = r\sin\psi\sin\varphi, \quad z = r\cos\psi,$$

其度量张量及 Christoffel 记号分别为

$$g_{11} = 1, \quad g_{22} = r^2, \quad g_{33} = r^2\sin^2\psi, \quad g_{ij} = 0(i \neq j), \quad g = r^4\sin^2\psi,$$

$$\Gamma^1_{22} = -r, \quad \Gamma^2_{12} = \Gamma^3_{13} = \frac{1}{r}, \quad \Gamma^1_{23} = -r\sin^2\psi,$$

$$\Gamma^2_{33} = -\sin\psi\cos\psi, \quad \Gamma^2_{23} = \mathrm{ctg}\psi, \quad \text{其余 } \Gamma^i_{jk} = 0.$$

速度分量

$$u^1 = \dot{r}, \quad u^2 = \dot{\psi}, \quad u^3 = \dot{\varphi},$$

加速度分量

$$a^1 = \ddot{r} - r\dot{\psi}^2 - r\dot{\varphi}^2\sin^2\psi, \quad a^2 = \ddot{\psi} + \frac{2}{r}\dot{r}\,\dot{\psi} - \dot{\varphi}^2\sin\psi\cos\psi,$$

$$a^3 = \ddot{\varphi} + \frac{2}{r}\dot{r}\,\dot{\varphi} + 2\dot{\psi}\,\dot{\varphi}\,\mathrm{ctg}\psi,$$

故运动方程为

$$\begin{cases} m(\ddot{r}-r\dot{\psi}^2-r\dot{\varphi}^2\sin\psi)=F^1,\\ m\left(\ddot{\psi}+\dfrac{2}{r}\dot{r}\ \dot{\psi}-\dot{\varphi}^2\sin\psi\cos\psi\right)=F^2,\\ m\left(\ddot{\varphi}+\dfrac{2}{r}\dot{r}\ \dot{\varphi}+2\dot{\psi}\ \dot{\varphi}\ \mathrm{ctg}\psi\right)=F^3.\end{cases} \tag{6.1.9}$$

通常还要计算速度、加速度的物理分量.由张量分量与物理分量的关系(2.2.10),例如球坐标系中速度的物理分量为

$$u_{(1)}=u_{(r)}=\dot{r},\quad u_{(2)}=u_{(\psi)}=r\dot{\psi},\quad u_{(3)}=u_{(\varphi)}=r\dot{\varphi}\sin\psi. \tag{6.1.10}$$

加速度的物理分量为

$$\begin{cases} a_{(1)}=a_{(r)}=\dot{r}-r\dot{\psi}^2-r^2\dot{\varphi}^2\sin^2\psi,\\ a_{(2)}=a_{(\psi)}=r\dot{\psi}+2\dot{r}\ \dot{\psi}-r\varphi\sin\psi\cos\psi,\\ a_{(3)}=a_{(\varphi)}=r\ddot{\varphi}\sin\psi+2\dot{r}\ \dot{\varphi}\sin\psi+2r\dot{\psi}\ \dot{\varphi}\ \mathrm{ctg}\psi\sin\psi.\end{cases} \tag{6.1.11}$$

6.1.2 非自由质点的运动方程

设质点在曲面 S 上运动,S 的度量张量为$a_{\alpha\beta}$,Christoffel 记号为 $\overset{*}{\Gamma}{}^{\gamma}_{\alpha\beta}$,$\overset{*}{\Gamma}_{\alpha\beta,\gamma}$ 等等.采用 S- 族坐标系,且设(x^1,x^2)为 S 上的 Gauss 坐标系,x^3 沿曲面法线方向,那么,空间度量张量 g_{ij} 为

$$g_{\alpha\beta}=a_{\alpha\beta},\quad g_{\alpha3}=g_{3\alpha}=0,\quad g_{33}=1.$$

而空间 Christoffel 记号 Γ^i_{jk} 为

$$\Gamma^{\lambda}_{\alpha\beta}=\overset{*}{\Gamma}{}^{\lambda}_{\alpha\beta},\quad \Gamma^3_{\alpha\beta}=b_{\alpha\beta},\quad \Gamma^{\beta}_{3\alpha}=-b^{\beta}_{\alpha},\quad \Gamma^3_{3\alpha}=\Gamma^k_{33}=0, \tag{6.1.12}$$

其中 $b_{\alpha\beta}$ 为S 的第二基本型系数.曲面的全曲率、平均曲率都是由 $b_{\alpha\beta}$ 形成的.

(6.1.6) 在 $x^3=0$ 上形式为

$$\begin{cases} m\left(\dfrac{\mathrm{d}^2x^{\alpha}}{\mathrm{d}t^2}+\Gamma^{\alpha}_{\beta\gamma}\mid_{x^3=0}\dfrac{\mathrm{d}x^{\beta}}{\mathrm{d}t}\dfrac{\mathrm{d}x^{\gamma}}{\mathrm{d}t}\right)=F^{\alpha},\quad \alpha=1,2,\\ m\Gamma^3_{\beta\gamma}\mid_{x^3=0}\dfrac{\mathrm{d}x^{\beta}}{\mathrm{d}t}\dfrac{\mathrm{d}x^{\gamma}}{\mathrm{d}t}=F^3+R,\end{cases} \tag{6.1.13}$$

其中 m 为质点的质量,F^i为外力的逆变分量,R 是约束反力,这里用到了在 $x^3=0$ 上运动时 $u^3=\dfrac{\mathrm{d}x^3}{\mathrm{d}t}=0$. 将(6.1.12)代入,则(6.1.13)变为

$$\begin{cases} m\left(\dfrac{\mathrm{d}^2x^{\alpha}}{\mathrm{d}t^2}+\overset{*}{\Gamma}{}^{\alpha}_{\beta\gamma}u^{\beta}u^{\gamma}\right)=F^{\alpha},\qquad \alpha=1,2,\\ mb_{\beta\gamma}u^{\beta}u^{\gamma}=F^3+R.\end{cases} \tag{6.1.14}$$

(6.1.14)说明,运动要约束在二维流形上运动,其外力在流形法线方向的分量必须

满足约束条件(6.1.14)的第二式.

6.1.3　非自由质点的惯性运动

若外力是沿 x^3 方向,即 $F^1 = F^2 = 0, F^3 \neq 0$, 那么(6.1.14)变为

$$\begin{cases} m\left(\dfrac{\mathrm{d}^2 x^\alpha}{\mathrm{d}t^2} + \overset{*}{\Gamma}{}^\alpha_{\beta\gamma}\dfrac{\mathrm{d}x^\beta}{\mathrm{d}t}\dfrac{\mathrm{d}x^\gamma}{\mathrm{d}t}\right) = 0, \\ m b_{\beta\gamma}\dfrac{\mathrm{d}x^\beta}{\mathrm{d}t}\dfrac{\mathrm{d}x^\gamma}{\mathrm{d}t} = F^3 + R. \end{cases}$$

因此,质点在 $x^3 = 0$ 曲面上运动时,轨迹线就是曲面上的测地线.

6.1.4　Riemann 空间中的质点运力学

设 $g_{ij}, \Gamma_{ij,k}$ 分别为 V_n 的度量张量和 Christoffel 记号,设质点 M 的质量为 1,它的运动轨迹线记为 $x^i(t)$. 那么速度向量

$$u^i = \dot{x}^i = \frac{\mathrm{d}x^i}{\mathrm{d}t},$$

加速度向量

$$a^i = \frac{D\dot{x}^i}{Dt} = \ddot{x}^i + \Gamma^i_{jk}\dot{x}^j\dot{x}^k,$$

运动方程为

$$\ddot{x}^i + \Gamma^i_{jk}\dot{x}^j\dot{x}^k = F^i. \tag{6.1.15}$$

如果外力 $F^i \equiv 0$,那么运动按惯性进行,其轨迹线就是 V_n 中的测地线.

将(6.1.15)写成协变形式,则需要实行指标下降

$$\dot{x}_i = g_{ij}\dot{x}^j, \quad F_i = g_{ij}F^j,$$

那么 Newton 运动定律为

$$\frac{D\dot{x}_i}{Dt} = F_i,$$

即

$$\frac{\mathrm{d}\dot{x}_i}{\mathrm{d}t} - \Gamma^k_{ij}\dot{x}^j\dot{x}_k = F_i \quad 或 \quad \frac{\mathrm{d}\dot{x}_i}{\mathrm{d}t} - \Gamma_{ij,k}\dot{x}^k\dot{x}^j = F_i.$$

记 $\partial_i = \dfrac{\partial}{\partial x^i}$. 因为 $\Gamma_{ij,k} = \dfrac{1}{2}(\partial_i g_{jk} + \partial_j g_{ki} - \partial_k g_{ij})$, 故

$$\Gamma_{ij,k}\dot{x}^k\dot{x}^j = \frac{1}{2}(\partial_i g_{jk}\dot{x}^j\dot{x}^k + \partial_j g_{ki}\dot{x}^j\dot{x}^k - \partial_k g_{ij}\dot{x}^j\dot{x}^k) = \frac{1}{2}\partial_i g_{jk}\dot{x}^j\dot{x}^k,$$

从而有

$$\frac{\mathrm{d}\dot{x}_i}{\mathrm{d}t} - \frac{1}{2}\partial_i g_{jk}\dot{x}^j\dot{x}^j\dot{x}^k = F_i. \tag{6.1.16}$$

记质点的动能为 T, 那么

$$T=\frac{1}{2}g_{kj}\dot{x}^k\dot{x}^j, \tag{6.1.17}$$

将 T 对 $x^i,\dot{x}^i$ 求导,则有

$$\frac{\partial T}{\partial x^i}=\frac{1}{2}\partial_i g_{kj}\dot{x}^k\dot{x}^j,\quad \frac{\partial T}{\partial \dot{x}^k}=g_{kj}\dot{x}^j=\dot{x}_k.$$

于是(6.1.16)可表为

$$\frac{\mathrm{d}}{\mathrm{d}t}\left(\frac{\partial T}{\partial \dot{x}^i}\right)-\frac{\partial T}{\partial x^i}=F_i. \tag{6.1.18}$$

在 n 维欧氏空间中,若运动是定常的、完整约束的力学系统(即约束不依赖于时间,且是有限的),系统的动能 T 可以用广义坐标 q^α 及 $\dot{q}^\alpha(\alpha=1,2,\cdots,k)$ 来表示,即

$$T=\frac{1}{2}a_{\alpha\beta}\dot{q}^\alpha\dot{q}^\beta, \tag{6.1.19}$$

其中 $a_{\alpha\beta}=a_{\alpha\beta}(q^1,q^2,\cdots,q^k)$,则系统的微分方程为

$$\frac{\mathrm{d}}{\mathrm{d}t}\left(\frac{\partial T}{\partial \dot{q}^\alpha}\right)-\frac{\partial T}{\partial q}=Q_\alpha, \tag{6.1.20}$$

Q_α 为广义力.

若取 q^α 为 k 维流形上的局部坐标,由于在流形上度量张量 $g_{\alpha\beta}=\alpha_{\alpha\beta}$,弧微分

$$\mathrm{d}s^2=a_{\alpha\beta}\mathrm{d}q^\alpha\mathrm{d}q^\beta \quad 或 \quad \mathrm{d}s^2=2T\mathrm{d}t^2,$$

这样 k 维Riemann空间的运动微分方程(6.1.20)与 n 维欧氏空间中运动微分方程(6.1.18)形式上是一致的.

如果系统还加上约束

$$b_1^{(l)}\mathrm{d}q^1+\cdots+b_k^{(l)}\mathrm{d}q^k=0,\quad l=1,2,\cdots,p, \tag{6.1.21}$$

且设这 p 个方程是线性独立的,那么,它可以视为在这个 Riemann 空间中的 $k-p$ 维平面,在此平面上的向量 ξ^α 满足

$$b_\alpha^{(l)}\xi^\alpha=0,\quad l=1,2,\cdots,p, \tag{6.1.22}$$

$b_\alpha^{(l)}$ 为协变张量.从(6.1.21)看出,点 M 只容许这样的运动,它使得在轨迹上每一点的速度必须属于平面(6.1.22),这个平面称为容许平面.

约束(6.1.21)的力学意义在于,点 M 在任一运动之下出现正交于容许平面的反作用力,并且这些力要选择能保证运动是容许的.

若记约束反力为 φ_α,则 φ_α 必是 $b_\alpha^{(l)}$ 的线性组合

$$\varphi_\alpha=\lambda_l b_\alpha^{(l)}, \tag{6.1.23}$$

而运动方程(6.1.20)变成

$$\frac{\mathrm{d}}{\mathrm{d}t}\left(\frac{\partial T}{\partial \dot{q}^\alpha}\right)-\frac{\partial T}{\partial q^\alpha}=Q_\alpha+\lambda_l b_\alpha^{(l)}, \tag{6.1.24}$$

它必须联立下列方程求解

$$b_{\alpha}^{(l)}\dot{q}^{\alpha} = 0, \quad l = 1,2,\cdots,p.$$

6.2　Maxwell 方程组

6.2.1　事象空间

对于 Maxwell 方程,必须在指标为 1 的 4 维伪欧氏空间中考察,这种空间在物理学中称为事象空间. 所谓事象(也称事件),是指在如此小的区域和如此短的时间内所发生的现象,使得在描述事物状态时,可以把它们看作一个点在一刹那内发生的. 这样,事象空间中每个点,对应于指标 $k = 1$ 的 4 维伪欧氏空间中一个点,反之亦然. 在 4 维伪欧氏空间中的一标准正交坐标系,相当于物理学中的惯性系取标准正交标架. 令

$$x^0 = ct, \quad x^1 = x, \quad x^2 = y, \quad x^3 = z, \tag{6.2.1}$$

这里 c 为真空光速. 那么,不变量(事象空间距离)

$$ds^2 = -(dx^0)^2 + (dx^1)^2 + (dx^2)^2 + (dx^3)^2,$$

即是指标为 1 的 4 维伪欧氏空间中弧长的度量.

质点在 4 维事象空间中运动,其轨迹用

$$x^i = x^i(\sigma)$$

表示, σ 为参数,它的速度为

$$\tau^i = \frac{dx^i}{d\sigma}, \quad d\sigma = \sqrt{(dx^0)^2 - (dx^1)^2 - (dx^2)^2 - (dx^3)^2}. \tag{6.2.2}$$

在惯性系的 Descartes 坐标里,令

$$u_x = \frac{dx}{dt}, \quad u_y = \frac{dy}{dt}, \quad u_z = \frac{dz}{dt},$$

则

$$\begin{aligned} d\sigma &= \sqrt{c^2 dt^2 - dx^2 - dy^2 - dz^2} \\ &= c\,dt\sqrt{1 - \frac{1}{c^2}(u_x^2 + u_y^2 + u_z^2)} = c\,dt\sqrt{1 - \frac{u^2}{c^2}}, \\ ds &= i\,d\sigma, \quad i = \sqrt{-1}, \end{aligned} \tag{6.2.3}$$

其中 $\boldsymbol{u}$ 表示质点的速度,故

$$\begin{cases} \tau^0 = \dfrac{dx^0}{d\sigma} = \dfrac{1}{\sqrt{1 - u^2/c^2}}, & \tau^1 = \dfrac{dx^1}{d\sigma} = \dfrac{u_x}{c\sqrt{1 - u^2/c^2}}, \\ \tau^2 = \dfrac{dx^2}{d\sigma} = \dfrac{u_y}{c\sqrt{1 - u^2/c^2}}, & \tau^3 = \dfrac{dx^3}{d\sigma} = \dfrac{u_z}{c\sqrt{1 - u^2/c^2}}, \end{cases} \tag{6.2.4}$$

τ 是 4 维伪欧氏空间中质点轨迹的虚单位切向量.

6.2.2 质点密度、电荷密度、电流密度

设 μ_0 为静止惯性系 S_0 中的质量密度,μ 为与 S_0 作相对运动(速度为 $\boldsymbol{u}$)惯性系 S 中的质量密度,根据相对论知

$$\mu = \mu_0(1 - u^2/c^2)^{-\frac{1}{2}}. \tag{6.2.5}$$

再设 ρ_0,ρ 分别为 S_0,S 中的电荷密度,那么

$$\rho = \rho_0(1 - u^2/c^2)^{-\frac{1}{2}}, \tag{6.2.6}$$

而不变量

$$s = \rho_0\tau \tag{6.2.7}$$

称为电流密度的 4 维向量.不难验证,在 4 维标准正交坐标系中,有

$$s^0 = \rho, \quad s^1 = \rho u_x/c, \quad s^2 = \rho u_y/c, \quad s^3 = \rho u_z/c. \tag{6.2.8}$$

设静止质量为 m_0,则静止能量由

$$E_0 = m_0c^2$$

决定.在 4 维轨道的每一点上,作与它相切的向量 $E_0\boldsymbol{\tau}$,称为能量冲量向量.由(6.2.4)可得它的分量是

$$E_0\tau^0 = mc^2, \quad E_0\tau^1 = mu_xc, \quad E_0\tau^2 = mu_yc, \quad E_0\tau^3 = mu_zc, \tag{6.2.9}$$

其中 m 是以速度 $\boldsymbol{u}$ 运动时的质量

$$m = m_0(1 - u^2/c^2)^{-\frac{1}{2}}.$$

6.2.3 电磁场

考察电荷为 e 质量为 m 的质点以速度 $\boldsymbol{u}$ 在电磁场中运动,则它受到力

$$\boldsymbol{F} = e\boldsymbol{E} + \frac{e}{c}\boldsymbol{u} \times \boldsymbol{H} \tag{6.2.10}$$

的作用.其中 $\boldsymbol{E},\boldsymbol{H}$ 分别为电场强度和磁场强度.

运用 Newton 第二定律,(6.2.10)可表示为

$$\frac{\mathrm{d}}{\mathrm{d}t}(m\boldsymbol{u}) = e(\boldsymbol{E} + \frac{1}{c}\boldsymbol{u} \times \boldsymbol{H}), \tag{6.2.11}$$

在 4 维伪欧氏空间的标准正交标架上

$$\begin{cases}\mathrm{d}(E_0\tau^1) = e(E_x\mathrm{d}x^0 + H_z\mathrm{d}x^2 - H_y\mathrm{d}x^3),\\ \mathrm{d}(E_0\tau^2) = e(E_y\mathrm{d}x^0 - H_x\mathrm{d}x^1 + H_y\mathrm{d}x^3),\\ \mathrm{d}(E_0\tau^3) = e(E_z\mathrm{d}x^0 + H_y\mathrm{d}x^1 - H_x\mathrm{d}x^2),\end{cases} \tag{6.2.12}$$

由于磁场不做功,故能量微分取

$$d(E_0\tau^0) = -e(E_x dx + E_y dy + E_z dz). \tag{6.2.13}$$

因而(6.2.12)和(6.2.13)可以写成张量形式

$$D(E_0\tau_i) = eF_{ij}dx^j,$$

左端为绝对微分,右端 F_{ij} 为二阶协变张量

$$(F_{ij}) = \begin{pmatrix} 0 & -E_x & -E_y & -E_z \\ E_x & 0 & H_z & -H_y \\ E_y & -H_z & 0 & H_x \\ E_z & H_y & -H_x & 0 \end{pmatrix}. \tag{6.2.14}$$

它是反对称的,即 $F_{ij} = -F_{ji}$,F_{ij} 称为电磁场张量.

6.2.4　真空中的 Maxwell 方程组

为简单起见,以真空中 Maxwell 方程为例.其第一方程组为

$$\mathrm{div}\boldsymbol{H} = 0,\quad \mathrm{rot}\boldsymbol{E} = -\frac{\partial \boldsymbol{H}}{\partial t}. \tag{6.2.15}$$

第二方程组为

$$\mathrm{div}\boldsymbol{E} = \rho,\quad \mathrm{rot}\boldsymbol{H} = \frac{\partial \boldsymbol{E}}{\partial t} + \rho\boldsymbol{u}. \tag{6.2.16}$$

由(6.2.14),则 Maxwell 第一方程组可以表示为

$$\nabla_k F_{ij} + \nabla_j F_{ki} + \nabla_i F_{jk} = 0, \tag{6.2.17}$$

其中 (i,j,k) 取 0,1,2,3,4 中不同的值,(6.2.17) 是一个不变形式. 由 F_{ij} 的反对称性,若下标中有取相同的值,则(6.2.17) 成为恒等式. 因而(6.2.17) 对 (i,j,k) 任取 0,1,2,3 中的数均成立.

Maxwell 第二方程组,可以写成张量形式

$$\nabla_j F^{ij} = 4\pi s^i, \tag{6.2.18}$$

其中 F^{ij} 是对于 F_{ij} 的逆变张量,其变换关系为

$$F^{ij} = g^{ip}g^{jq}F_{pq}, \tag{6.2.19}$$

s^i 是由(6.2.8) 所定义的. 由(6.2.17) 知,存在一个 4 维的一阶协变张量 f_i,使得

$$F_{ij} = \nabla_i f_j - \nabla_j f_i, \tag{6.2.20}$$

若 f_i 加上一个梯度张量 $\nabla_i\varphi$,(6.2.20)仍然成立. 故为了消除不唯一性,可加限制

$$\nabla_i f^i = 0, \tag{6.2.21}$$

f_i 称为电磁场内的 4 维势.

若令 $f_0 = -\varphi$,$(f_1,f_2,f_3) = (A_1,A_2,A_3)$,那么,利用(6.2.1)和(6.2.14),则(6.2.20)和(6.2.21)可表为向量形式

$$\boldsymbol{E} = -\operatorname{grad}\varphi - \frac{\partial \boldsymbol{A}}{\partial t}, \quad \boldsymbol{H} = \operatorname{rot}\boldsymbol{A}, \tag{6.2.22}$$

$$\operatorname{div}\boldsymbol{A} + \frac{\partial \varphi}{\partial t} = 0. \tag{6.2.23}$$

从(6.2.22),(6.2.23)知, $\boldsymbol{A}$ 是电磁场中的矢势, φ 是标势.

6.3 在狭义相对论中的应用

相对论的产生,是长期实验资料积累的结果,这些资料对经典物理学中关于物质和运动形态等许多基本概念提出了剧烈的挑战. Einstein 在 1905 年提出的狭义相对论和 1915 年提出的广义相对论,是物理学中一次深刻的革命. 它的结论,使时间、空间和其他许多重要物理概念发生了巨大变革,没有相对论,就无法全面了解原子、原子核和基本粒子. 在相对论中建立的质量能量关系式 $E = mc^2$,在原子核能科学中起着决定性的作用. 相对论公式已成为工程计算实践的一部分.

狭义相对论的主要数学工具是张量场及指标为 1 的伪欧氏空间. 广义相对论是关于引力场的学说,它需要伪 Riemann 空间及其他进一步的数学工具. 就数学上来讲,广义相对论是狭义相对论的推广.

6.3.1 参考系统

一个参考系统,它应该包括事象(在物理学中称为事件)的时间和空间位置的坐标. 特别重要的系统是惯性系统. 在惯性系统中,自由运动物体是以匀速行进的.

6.3.2 狭义相对论的假设

相对论的一条基本假设是相对性原理,它认为物理定律具有绝对性质,即所有的自然定律在任一惯性系统中都可以表示为相同形式. 相对论的另一条基本假设是光速不变原理,即在任一惯性系统内,光在真空中的传播速度是一个不变量. 用 c 表示真空中的光速.

从以上两条基本假设出发,可以认为所有惯性系统都是平等的,普遍的自然规律是由那些对一切坐标系都有效的方程来表示的,运动也只是一个系统相对于另一个系统的. 经典理论认为,时间、空间具有绝对性,而且光速也满足相对性原理,即光若追向一个以速度为 v 运动的参考系统时,其速度是 $c - v$,若迎向一个以速度为 v 运动的参考系统时,速度是 $c + v$. 然而实验结果否定了这种结论. 因为真空中光的传播速度在任一惯性系统中都相同. 这是相对论与经典理论的一个根本区别.

6.3.3 事象空间

事象空间是指标为 1 的伪欧氏空间,惯性系统则是它上面的标准正交标架.

设 S,S' 分别为两个不同的惯性系统,且事象关于 S,S' 的时间和空间坐标分别记为(t,x,y,z),(t',x',y',z').因为是同一个现象,故假定它们之间的关系是线性的.只有这样,惯性定律在任一惯性系统中才能保持,光的速度在任一惯性系统中才是一个不变量.

设事象 M 是某一地点某一瞬间发出的光信号,而事象 $\widetilde{M}$ 是在另一地点另一瞬间收到上述信号.若 $M,\widetilde{M}$ 在S 中坐标分别为(t,x,y,z),$(\tilde{t},\tilde{x},\tilde{y},\tilde{z})$,而在 S' 中坐标分别为(t',x',y',z'),$(\tilde{t}',\tilde{x}',\tilde{y}',\tilde{z}')$,那么,由于在 S 及S'系统中,光都是以速度 c 传播,因而有

$$-(c\tilde{t}-ct)^2+(\tilde{x}-x)^2+(\tilde{y}-y)^2+(\tilde{z}-z)^2=0, \tag{6.3.1}$$

$$-(c\tilde{t}'-ct')^2+(\tilde{x}'-x')^2+(\tilde{y}'-y')^2+(\tilde{z}'-z')^2=0. \tag{6.3.2}$$

根据相对论假设,从(6.3.1)可推出(6.3.2).反之,由(6.3.2)也可以推出(6.3.1),不过还须满足

$$\begin{aligned}&-(c\tilde{t}-ct)^2+(\tilde{x}-x)^2+(\tilde{y}-y)^2+(\tilde{z}-z)^2\\&=-(c\tilde{t}'-ct')^2+(\tilde{x}'-x')^2+(\tilde{y}'-y')^2+(\tilde{z}'-z')^2.\end{aligned} \tag{6.3.3}$$

因此,若(6.3.3)被满足,则(6.3.2)与(6.3.1)等价.值得注意的是,当(6.3.1),(6.3.2)不成立时,(6.3.3)仍然可以成立.

因此,当一个惯性系统变换到另一个惯性系统时,$\{t,x,y,z\}$,$\{t',x',y',z'\}$ 之间的线性关系可以保证(6.3.3)对任何事象都满足.若取

$$x^0=ct,x^1=x,x^2=y,x^3=z, \tag{6.3.4}$$

则事象空间就可以映照到指标为 1 的 4 维伪欧氏空间 E_4^- 上.以惯性系统作为标准正交标架,两个事象 $M,\widetilde{M}$ 之间"距离"(4 维间隔)的平方用它们的坐标表示为

$$\boldsymbol{M\widetilde{M}}^2=-(\tilde{x}^0-x^0)^2+(\tilde{x}^1-x^1)^2+(\tilde{x}^2-x^2)^2+(\tilde{x}^3-x^3)^2, \tag{6.3.5}$$

(6.3.5)式体现了 E_4^- 在标准正交标架下的度量.

需要指出的是,这里所定义的"距离" 平方与相对论中通常定义的 4 维间隔平方相差一个符号.但这不妨碍对问题的讨论.为方便起见,以下仍按指标为 1 的 4 维伪欧氏空间 E_-^4 进行讨论.

一个事象 M,它在惯性系统 S 中的坐标(x^i)是 E_-^4 上的标准正交坐标,而在另一惯性系统 S' 中的坐标$(x^{i'})$也同样是 E_-^4 上的标准正交坐标.实际上

(1) $(x^{i'})$关于(x^i)是线性的,故由标准正交坐标(x^i)可推得$(x^{i'})$是仿射坐

标.

(2) (x^i),$(x^{i'})$ 满足(6.3.3),于是根据(6.3.5),有

$$x^2 = -(\tilde{x}^{0'} - x^{0'})^2 + (\tilde{x}^{1'} - x^{1'})^2 + (\tilde{x}^{2'} - x^{2'})^2 + (\tilde{x}^{3'} - x^{3'})^2. \tag{6.3.6}$$

这两个条件是伪欧氏空间中坐标系是标准正交坐标系的充要条件,故 $(x^{i'})$ 是 E_-^4 中的标准正交坐标系.

因此,在事象空间中选择一个惯性系统,等于在 E_-^4 中选择一个标准正交标架.而惯性系统变换时的坐标规律就是指标为 1 的伪正交变换规律:

$$x^{i'} = A_i^{i'} x^i + A^{i'}, \tag{6.3.7}$$

其中 $A_i^{i'}$ 满足

$$\begin{pmatrix} A_0^{0'} & A_1^{0'} & A_2^{0'} & A_3^{0'} \\ A_0^{1'} & A_1^{1'} & A_2^{1'} & A_3^{1'} \\ A_0^{2'} & A_1^{2'} & A_2^{2'} & A_3^{2'} \\ A_0^{3'} & A_1^{3'} & A_2^{3'} & A_3^{3'} \end{pmatrix} = \begin{pmatrix} A_{0'}^0 & -A_{0'}^1 & -A_{0'}^2 & -A_{0'}^3 \\ -A_{1'}^0 & A_{1'}^1 & A_{1'}^2 & A_{1'}^3 \\ -A_{2'}^0 & A_{2'}^1 & A_{2'}^2 & A_{2'}^3 \\ -A_{3'}^0 & A_{3'}^1 & A_{3'}^2 & A_{3'}^3 \end{pmatrix}. \tag{6.3.8}$$

把事象空间映象到 E_-^4 中,其惯性系统取标准正交坐标系,和 E_-^4 空间几何学就建立了狭义相对论的数学基础.

6.3.4 Lorentz 公式

由 1.9 节知,E_-^4 中标准正交标架变换最简单的形式是

$$\boldsymbol{e}_{0'} = \frac{\boldsymbol{e}_0 + \beta \boldsymbol{e}_1}{\pm\sqrt{1-\beta^2}}, \quad \boldsymbol{e}_{1'} = \frac{\beta \boldsymbol{e}_0 + \boldsymbol{e}_1}{\pm\sqrt{1-\beta^2}}, \quad \boldsymbol{e}_{2'} = \boldsymbol{e}_2, \quad \boldsymbol{e}_{3'} = \boldsymbol{e}_3. \tag{6.3.9}$$

不失普遍性,可设原点 O 不变,于是由张量变换规律,坐标变换为

$$x^{0'} = \frac{x^0 - \beta x^1}{\pm\sqrt{1-\beta^2}}, \quad x^{1'} = \frac{-\beta x^0 + x^1}{\pm\sqrt{1-\beta^2}}, \quad x^{2'} = x^2, x^{3'} = x^3. \tag{6.3.10}$$

用时间和空间 4 维直角坐标写出,有

$$t' = \frac{t - \beta c^{-1} x}{\pm\sqrt{1-\beta^2}}, \quad x' = \frac{-\beta c t + x}{\pm\sqrt{1-\beta^2}}, \quad y' = y, \quad z' = z. \tag{6.3.11}$$

作为惯性系统,(6.3.11)第一式分母仅取正号.因为若取负号,那么在 S' 上看,固定在 S 上一个点 $Q(x,y,z)$ 发生的事件,都将在相反的顺序下进行.然而,这是不可能的.(6.3.11) 第二式若取负号,只表明把 x' 的正方向改为负方向,因此对惯性系统来说,没有增加实质性内容,于是(6.3.11)只取

$$t' = \frac{t - \beta c^{-1} x}{\sqrt{1-\beta^2}}, \quad x' = \frac{-\beta ct + x}{\sqrt{1-\beta^2}}, \quad y' = y, \quad z' = z. \tag{6.3.12}$$

这就是说,从一个惯性系统变换到另一个惯性系统,只能取 E_-^4 中标准正交标架的真运动和第一类假运动.这两种运动在物理上没有原则差别,在本质上只要是真运动.称(6.3.12)为 Lorentz 变换公式.

以下确定常数 β.设 P 为系统 S' 中一固定点,其坐标 (x', y', z') 为常数.在(6.3.12)中取微分后,得

$$0 = \frac{-\beta c\mathrm{d}t + \mathrm{d}x}{\sqrt{1-\beta^2}}, \quad 0 = \mathrm{d}y, \quad 0 = \mathrm{d}z,$$

即

$$\frac{\mathrm{d}x}{\mathrm{d}t} = \beta c, \quad \frac{\mathrm{d}y}{\mathrm{d}t} = 0, \quad \frac{\mathrm{d}z}{\mathrm{d}t} = 0. \tag{6.3.13}$$

这表明,P 相对于 S 的运动速度为常数 βc,方向是沿 x 轴正方向的.因此,S' 以常速 βc 作关于 S 的前进运动.若用 v 表示它的速度,那么

$$v = \beta c, \quad \beta = \frac{v}{c}, \tag{6.3.14}$$

因为 $|\beta| < 1$,故速度 v 的变化范围是

$$-c < v < c. \tag{6.3.15}$$

故结论是:惯性系统中,任何物体的运动速度永远达不到、更不能超过真空中的光速.

变换式(6.3.12)也可写成

$$t = \frac{t' + \beta c^{-1} x'}{\sqrt{1-\beta^2}}, \quad x = \frac{vt' + x'}{\sqrt{1-\beta^2}} \quad y = y', \quad z = z'. \tag{6.3.16}$$

由 Lorentz 公式(6.3.16),可以导出运动物体在运动方向上缩短了,关于事象的同时性是相对的和运动的钟也慢了,等等.

6.3.5　因果关系

根据相对论,同时性是相对的,那么因果关系会不会颠倒?

由 1.9 节知,伪欧氏空间中任一点,都可作一个各向同性的超锥面,在其上向量长度为 0.事象空间中,称它的各向同性超锥面为光锥.光是沿着光锥传播的.

两个事象 $M, \widetilde{M}$,只有当它们中的一个影响到另一个时,才能存在因果关系,而这只有当以光传播信号从这一地点到另一地点所需的时间是在这两个事象的时间差以内才有可能.而同一系统 S 内,由于

$$\sqrt{(\tilde{x} - x)^2 + (\tilde{y} - y)^2 + (\tilde{z} - z)^2} \leqslant c\,|\tilde{t} - t|, \tag{6.3.17}$$

可得

$$-(\widetilde{x}^0 - x^0)^2 + (\widetilde{x}^1 - x^1)^2 + (\widetilde{x}^2 - x^2)^2 + (\widetilde{x}^3 - x^3)^2 \leqslant 0, \tag{6.3.18}$$

即

$$\boldsymbol{M\widetilde{M}}^2 \leqslant 0. \tag{6.3.19}$$

这表明,要使两个事象 $M, \widetilde{M}$ 之一能影响另一个,必须且只须向量 $\boldsymbol{M\widetilde{M}}$ 的长度是虚的或是 0. 即 $\widetilde{M}$ 在以 M 为顶点的光锥内部或光锥面上. 如果 $\boldsymbol{M\widetilde{M}}$ 具有实长,则 M 和 $\widetilde{M}$ 不可能发生相互影响. 这个结论具有不变性质.

实际上,假定 M 发生在 $\widetilde{M}$ 之后,则 $\widetilde{x}^0 > x^0$. 在另一惯性系统 S' 内,由(6.3.10)得

$$x^{0'} = \frac{x^0 - \beta x^1}{\sqrt{1-\beta^2}}, \quad \widetilde{x}^{0'} = \frac{\widetilde{x}^0 - \beta \widetilde{x}^1}{\sqrt{1-\beta^2}}.$$

两式相减后得

$$\widetilde{x}^{0'} - x^{0'} = \frac{1}{\sqrt{1-\beta^2}}(\widetilde{x}^0 - x^0 - \beta(\widetilde{x}^1 - x^1)), \tag{6.3.20}$$

由 $|\beta| < 1$ 及(6.3.18)可知

$$|\widetilde{x}^1 - x^1| \leqslant |\widetilde{x}^0 - x^0|,$$

故(6.3.20)中分子的符号与 $\widetilde{x}^0 - x^0$ 相同,得 $\widetilde{x}^{0'} > x^{0'}$. 说明从系统 S' 内来看,M 也是发生在 M 之后.

设有两个事象 M 和 $\widetilde{M}$,向量 $\boldsymbol{M\widetilde{M}}$ 具有虚长或零长,若从某一惯性系统 S 来看,M 发生在 $\widetilde{M}$ 之后,那么在任一其他惯性系统来看,M 仍然是在 $\widetilde{M}$ 之后. 即因果次序是不会颠倒的.

在光锥外部,由于 M 与 $\widetilde{M}$ 不发生联系,因此 M 与 $\widetilde{M}$ 不可能有因果关系.

6.3.6 速度相加原理

在相对论中,经典力学中速度相加的平行四边形法则不成立. 实际上,设一质点关于系统 S' 的速度为

$$\frac{\mathrm{d}x'}{\mathrm{d}t'} = v'_1, \qquad \frac{\mathrm{d}y'}{\mathrm{d}t'} = v'_2, \qquad \frac{\mathrm{d}z'}{\mathrm{d}t'} = v'_3.$$

而系统 S' 关于系统 S 的运动速度为 v, 微分(6.3.16)得

$$\mathrm{d}t = \frac{\mathrm{d}t' + vc^{-2}\mathrm{d}x'}{\sqrt{1-v^2c^{-2}}}, \quad \mathrm{d}x = \frac{v\mathrm{d}t' + \mathrm{d}x'}{\sqrt{1-v^2c^{-2}}}, \quad \mathrm{d}y = \mathrm{d}y', \quad \mathrm{d}z = \mathrm{d}z'.$$

那么,这个质点关于 S 的速度为

$$\frac{\mathrm{d}x}{\mathrm{d}t}=v_1=\frac{v+v_1'}{1+vv_1'c^{-2}},\quad \frac{\mathrm{d}y}{\mathrm{d}t}=v_2=\frac{v_2'\sqrt{1-v^2c^{-2}}}{1+vv_2'c^{-2}},$$

$$\frac{\mathrm{d}z}{\mathrm{d}t}=v_3=\frac{v_3'\sqrt{1-v^2c^{-2}}}{1+vv_3'c^{-2}}. \tag{6.3.21}$$

由此可见,速度相加不是简单的迭加.只有当 $v\ll c$ 时,才与经典结果近似.

当 $v_1'=c$ 时,

$$v_1=\frac{v+c}{1+vc^{-1}}=c,$$

即若两个速度中有一个速度是光速,相加后仍是光速.同样可知,光速与光速相加时,结果也还是光速.这就回到了光速不变原理.

6.3.7 相对论质点动力学

在相对论建立以前,实验就已初步发现了质量与速度之间的依赖关系,不过没有得到证实.根据相对论,设 m_0 为某物体在静止状态下的质量,若物体以速度 $\boldsymbol{v}$ 运动,则质量为

$$m=\frac{m_0}{\sqrt{1-\boldsymbol{v}^2\boldsymbol{c}^{-2}}}. \tag{6.3.22}$$

因此,随着运动物体质量的变化,动量 $m\boldsymbol{v}$ 也随时间 t 变化,这时 Newton 第二定律

$$\boldsymbol{F}=\frac{\mathrm{d}}{\mathrm{d}t}(m\boldsymbol{v}) \tag{6.3.23}$$

的 m 不能提到微分之外.

相对论的另一重要结果,是发现了质量能量关系式.它也已经为许多物理实验所证实.这个规律是,若一个物体有能量 E,则它的质量为 Ec^{-2},反之若具有质量 m,则就有能量 mc^2,即

$$E=mc^2. \tag{6.3.24}$$

6.3.8 事象空间中的四维轨道

在事象空间中,质点运动过程可以表示为

$$x^1=f_1(x^0/c),\quad x^2=f_2(x^0/c),\quad x^3=f_3(x^0/c).$$

即质点运动过程是事象空间中的曲线,称此曲线为质点的四维轨道(在相对论中称为世界线).若运动是匀速直线运动,则对应的是直线.四维轨道是事象的集合,它的定义与系统的选择无关.

事象空间映射指标为 1 的 4 维欧氏空间 R_4^-.但不是 R_4^- 中任一曲线都可以作为质点运动的四维轨道.实际上,由于质点运动速度永远小于 c,它在惯性系统中

可以表示为

$$-(\mathrm{d}x^0)^2+(\mathrm{d}x^1)^2+(\mathrm{d}x^2)^2+(\mathrm{d}x^3)^2<0, \tag{6.3.25}$$

由于 $\mathrm{d}\boldsymbol{x}=\boldsymbol{e}_i\mathrm{d}x^i$，故有

$$(\mathrm{d}\boldsymbol{x})^2=-(\mathrm{d}x^0)^2+(\mathrm{d}x^1)^2+(\mathrm{d}x^2)^2+(\mathrm{d}x^3)^2<0.$$

说明 4 维轨道是虚长的. 反之，R_-^4 中每一虚长曲线都可以作为质点运动的 4 维轨道. 因此，R_-^4 中的曲线可以作为质点运动的四维轨道的充要条件是，它是虚长的.

设四维轨道弧长为 $s=i\sigma$，参数方程为

$$\boldsymbol{x}^i=\boldsymbol{x}^i(\sigma),\qquad i=0,1,2,3.$$

其切向量 $\boldsymbol{\tau}=\mathrm{d}\boldsymbol{x}/\mathrm{d}\sigma$ 是虚单位向量，它的坐标

$$t^i=\frac{\mathrm{d}x^i}{\mathrm{d}\sigma}=\frac{\mathrm{d}x^i}{\sqrt{(\mathrm{d}x^0)^2-(\mathrm{d}x^1)^2-(\mathrm{d}x^2)^2-(\mathrm{d}x^3)^2}},$$

若用质点的速度表示，则

$$\begin{aligned}\mathrm{d}\sigma&=c\mathrm{d}t\sqrt{1-v_1^2c^{-1}-v_2^2c^{-2}-v_3^2c^{-2}}\\&=c\mathrm{d}t\sqrt{1-\boldsymbol{v}^2c^{-2}},\end{aligned} \tag{6.3.26}$$

故

$$\begin{cases}\tau^0=\dfrac{\mathrm{d}x^0}{\mathrm{d}\sigma}=\dfrac{1}{\sqrt{1-\boldsymbol{v}^2c^{-2}}},\quad \tau^1=\dfrac{\mathrm{d}x^1}{\mathrm{d}\sigma}=\dfrac{v_1}{c\sqrt{1-\boldsymbol{v}^2c^{-2}}},\\ \tau^2=\dfrac{\mathrm{d}x^2}{\mathrm{d}\sigma}=\dfrac{v_2}{c\sqrt{1-\boldsymbol{v}^2c^{-2}}},\quad \tau^3=\dfrac{\mathrm{d}x^3}{\mathrm{d}\sigma}=\dfrac{v_3}{c\sqrt{1-\boldsymbol{v}^2c^{-2}}}.\end{cases} \tag{6.3.27}$$

6.3.9 能量冲量张量

设 μ_0,μ 分别是惯性系统 S_0,S 中的质量流密度，可以证明

$$\mu=\frac{\mu_0}{(1-\boldsymbol{v}^2c^{-2})}, \tag{6.3.28}$$

其中 $\boldsymbol{v}$ 是 S 相对于 S_0 的运动速度.

考察能量冲量张量

$$T^{ij}=\mu_0c^2\boldsymbol{\tau}^i\tau^j, \tag{6.3.29}$$

这里 $\boldsymbol{\tau}^i$ 是四维轨道虚单位切向量，μ_0 为静止密度. 显然，T^{ij} 是对称的. 即 $T^{ij}=T^{ji}$. 若用质量流密度和速度表示，则

$$(T^{ij})=\begin{pmatrix}\mu c^2 & \mu v_1c & \mu v_2c & \mu v_3c\\ \mu v_1c & \mu v_1v_1 & \mu v_1v_2 & \mu v_1v_3\\ \mu v_2c & \mu v_2v_1 & \mu v_2v_2 & \mu v_2v_3\\ \mu v_3c & \mu v_3v_1 & \mu v_3v_2 & \mu v_3v_3\end{pmatrix}.$$

能量守恒,动量守恒定律表现为能量冲量张量在事象空间中的散度为 0,即

$$\nabla_j T^{ij} = 0, \quad i = 0,1,2,3. \tag{6.3.30}$$

其中 $i = 0$ 表示能量守恒,$i = 1,2,3$ 表示动量守恒,若令

$$\boldsymbol{T}^i = \nabla_j T^{ij},$$

则 $\boldsymbol{T}^i$ 是一个向量,所以能量冲量张量的散度是一个向量.若它在一个惯性系统里为 0,那么它在其他惯性系统中也为 0.

6.4 广义相对论中的应用

Einstein 所建立的广义相对论是一个协变的引力理论,它包含两个部分:

(1) 等效原理,说明有引力场存在的时空构成弯曲的 Riemann 空间,空间度量张量起着引力势的作用;

(2) Einstein 的引力场方程,它指明引力所存在的空间的 Riemann 度量张量(即引力势)对物质分布的依存关系.

6.4.1 引力几何化

在 Newton 力学中有两个质量概念,即 Newton 动力学方程

$$F = ma,$$

这里质量 m 是质量物体惯性,称为惯性质量.而 Newton 引力定律

$$F = \frac{GMm}{r^2}.$$

这是反映两个物体 M 和 m,产生和接受引力的能力,称为引力质量.从概念上讲,这两种质量在本质上是不同的.在物理学发展历程中,从 Galliro 做的落体到 Newton 做的单摆实验,一直到 20 世纪 60 年代 Dicke 做的实验都表明 $m|_{引} = m|_{惯}$,只有微小的差别

$$\frac{m|_{引}}{m|_{惯}} = 1 + o(10^{-11}).$$

这个等同性引起 Einstein 的考虑,他提出弱等效原理,即在所有的力学实验里都不能区分引力和惯性效果,更深刻的假设是任何的物理实验,包括力学的,电磁学的或其他的实验都不能区分引力和惯性的效果,这就是强等效原理.

一个重要的例子是,一个恒星表面附近正在自由下落的 Einstein 密封舱,自由落体为参考系,其内部空间引力与惯性力正好抵消,舱内的观察者发现,Newton 第二定律对它的参考系完全适用,任何力学实验都不能使它获得一点证据来表明它的参考系在加速地向恒星表面下落.这正是等效原理的表现.

因此,等效原理可以描述为更为一般的形式,即在引力场任一时空,人们总在

建立一个自由下落的局部参考系,在这个参考系中,狭义相对论所确立的物理定律全部有效.

如果把狭义相对论所确立的物理规律全部有效的参考系定义为惯性系.那么,上述向恒星表面作自由下落的参考系是一个惯性系,但对静止在恒星表面的观察者来说,它是一个加速系.在旧概念里,惯性系是定义为自身无加速度的参考系.但是在自然界中,不存在无加速度的参考系.按照新的概念,可以认为惯性系是没有引力存在的参考系,它要给予在旧观念中引力与惯性力相互抵消的参考系,而由于全空间的引力场是不均匀的,因而无法按照一个参考系,使它的惯性力处处与引力相抵消,这说明惯性系只是局部的.

等效原理表明,引力和惯性力可用同样方法来提出.E. Minkowski 空间中的惯性系中作自由运动时,它的动力学方程为

$$\frac{\mathrm{d}^2 X^\mu}{\mathrm{d}s^2} = 0, \tag{6.4.1}$$

$X^\mu = (T, X, Y, Z)$ 是惯性系的 Minkowski 坐标.(6.4.1)是测地线方程,这是因为在 Minkowski 空间中,Christoffel 记号为 0.

以下约定,在上下标中希腊字母 $\alpha, \beta, \lambda, \nu, \mu, \cdots$ 取值于 0,1,2,3,而拉丁字母 $i, j, k, \cdots$ 取值 1,2,3.

作坐标变换

$$x^\mu = x^\mu(X), \qquad X^\mu = X^\mu(x).$$

那么(6.4.1)变为

$$\frac{\mathrm{d}^2 x^\mu}{\mathrm{d}s^2} + \Gamma^\mu_{\alpha\beta} \frac{\mathrm{d}x^\alpha}{\mathrm{d}s} \frac{\mathrm{d}x^\beta}{\mathrm{d}s} = 0, \tag{6.4.2}$$

其中

$$\Gamma^\mu_{\alpha\beta} = \frac{\partial^2 x^\nu}{\partial x^\alpha \partial x^\beta} \frac{\lambda x^\mu}{\partial x^\nu}.$$

方程(6.4.2)是非惯性系中自由粒子的动力学方程.它的第一项是粒子的加速度,第二项是一个单位质量的粒子所受到的引力,这里看出惯性力的场强是由 Riemann 空间的联络描述的.按照等效原理,引力场和惯性力在物理规律中的地位应该是相同的.因而引力场一般地也应由空间的联络所描述.空间联络是描述空间几何结构的.这种几何结构表示引力的想法叫做引力几何化.

由于联络是由空间度量张量微商构成的.因此,如果用联络描述引力场,那么度量张量就相当于引力势.在 Newton 理论中,引力势是一个标量场.而在引力的现代理论中,引力势是一个二阶对称张量场,它有 10 个独立的分量.

如果空间是平坦的,总可以找到一个 Minkowski 坐标系,使得联络为 0.即使引力场效果完全消失.然而在自然界并不存在全局 Minkowski 坐标系.所以实际的

物理时空一定是弯曲的 Riemann 空间，它的 Riemann 曲率张量不为 0，从而不可能全部消除引力效果.

但是对引力的 Riemann 空间 M 中任何一个点 p，存在一个局部的 Minkowski 坐标系，使得 M 在 p 点具有符号为 $(-1,1,1,1)$ 的 Minkowski 度规. 因此，引力的 Riemann 空间是一个指标为 1 的伪 Riemann 空间. 在这个空间中，除了引力之外的自由粒子运动轨迹是测地线，在类时的区域内，它是一条实的弯曲的曲线，在第 4 章中业已讨论了，如果 Riemann 空间和度规已知，则可以确定 Christoff 记号，从而可以求出测地线，Einstein 断言，宇宙中物质的存在通过以下称为 Einstein 方程而影响 Minkowski 度规

$$G^{\alpha\beta} = 8\pi k T^{\alpha\beta}.$$

其中 $T^{\alpha\beta}$ 为物质世界的能量冲量张量，$G^{\alpha\beta} = \mathrm{Ric}^{\alpha\beta} - 1/2Rg^{\alpha\beta}$ 为引力的 Riemann 空间 M 的 Einstein 张量，$\mathrm{Ric}^{\alpha\beta}$ 为 Ricci 张量，$R = g_{\alpha\beta}\mathrm{Ric}^{\alpha\beta}$ 为 M 的数量曲率. k 为正常数. 如果对 Einstein 方程两边进行指标缩并，并利用

$$g_{\alpha\beta}G^{\alpha\beta} = g_{\alpha\beta} - \frac{1}{2}Rg^{\alpha\beta} = R - \frac{1}{2}R \cdot 4 = -R.$$

记 $T = g_{\alpha\beta}T^{\alpha\beta}$，于是 Einstein 方程又可以表示另外一个形式

$$\mathrm{Ric}^{\alpha\beta} = 8\pi k(T^{\alpha\beta} - 1/2\,Tg^{\alpha\beta}),$$

也就是说，Einstein 断言，在引力的 Riemann 空间中 Einstein 张量正比于物质 m 的能量冲量张量，或 Ricci 张量正比于能量冲量张量.

6.4.2 Newton 引力场适用的条件——弱引力场

设引力场是弱场，即它的空间度量张量

$$g_{\mu\nu} = \eta_{\mu\nu} + \gamma_{\mu\nu}. \tag{6.4.3}$$

其中 $\eta_{\mu\nu}$ 为 Minkowski 度量张量，

$$\eta_{00} = -1, \quad \eta_{ii} = 1, \quad 其他为 0.$$

而

$$|\gamma_{\mu\nu}| \ll 1. \tag{6.4.4}$$

另外，如果

(1) 引力场是静态的，即

$$g_{\mu\nu,0} = \gamma_{\mu\nu,0} = 0. \tag{6.4.5}$$

(2) 引力场是空间缓变的，即

$$g_{\mu\nu,i} = \gamma_{\mu\nu,i} \ll 1. \tag{6.4.6}$$

这里记号 $z_{\mu\nu,i}$ 为 $\dfrac{\partial z_{\mu\nu}}{\partial x^i}$. 当在这种弱引力场中，自由运动的粒子速度不高时，即

$$v^i = \frac{dX^i}{dx^0} \ll 1, \tag{6.4.7}$$

那么粒子运动 所满足的测地线方程(6.4.2)变为 Newton 方程

$$\frac{d^2x^i}{dt^2} = -\frac{\partial\varphi}{\partial x^i}, \tag{6.4.8}$$

其中 $ct = x^0$, φ 为 Newton 引力势. 实际上,保留联络 $\Gamma^\mu_{\alpha\beta}$ 的一级小量,则有

$$\Gamma^\mu_{\alpha\beta} = \frac{1}{2}\eta^{\mu\rho}(\gamma_{\rho\alpha,\beta} + \gamma_{\rho\beta,\alpha} - \gamma_{\alpha\beta,\rho}). \tag{6.4.9}$$

测地线方程(6.4.2),去掉高阶小量,于是

$$\frac{d^2x^0}{ds^2} = 0, \quad \frac{d^2x^i}{ds^2} = -\Gamma^i_{\alpha\beta}\frac{dx^\alpha}{ds}\frac{dx^\beta}{ds} = -\Gamma^i_{00}\left(\frac{dx^0}{ds}\right)^2, \tag{6.4.10}$$

这是由于

$$ds = c\,dt\sqrt{1-(\frac{v}{c})^2}, \quad \frac{dx^0}{ds} = \frac{1}{\sqrt{1-(\frac{v}{c})^2}}, \quad \frac{dx^i}{ds} = \frac{dx^i}{dt}\Big/c\sqrt{1-(\frac{v}{c})^2}.$$

利用(6.4.9),(6.4.5), $\Gamma^i_{00} = \frac{-1}{2}\gamma_{00,i}$, 故有

$$\frac{d^2x^i}{dt^2} = \frac{1}{2}\gamma_{00,i}.$$

这就是(6.4.8)的形式,只要取 $\varphi = -\frac{1}{2}\gamma_{00} + \text{const}$.

由于在无穷远处引力场消失,度量张量变为 Minkowski 形式,即在 $\varphi = 0$ 处, $\gamma_{00} = 0$, 因而

$$\varphi = -\frac{1}{2}\gamma_{00}, \qquad g_{00} = -1 + \gamma_{00} = -1 - 2\varphi. \tag{6.4.11}$$

这说明,在弱的静引力下,测地线方程就是 Newton 方程.

既然只有在弱的、静态的、缓变的引力场才能适用于 Newton 引力理论,为什么在经典天体力学中,这个方程是以很高的精度而被证实. 为了理解这一现象,考察质量为 M 的球状源的引力场. 根据 Newton 理论,引力势为

$$\varphi = -\frac{GM}{r} \quad (\text{采用单位制使 } c = 1),$$

其中 G 为引力常数,因此

$$g_{00} = -1 + \frac{2GM}{r}. \tag{6.4.12}$$

而弱引力场条件要求 $\frac{2GM}{r} \ll 1$. 称 $R_g = 2GM$(在普通单位中, $R_g = \frac{2GM}{c^2}$)为球状源引力半径,则弱引力场条件可表示为 $R_g \ll r$. 即粒子在比引力半径大得多的地方运动.

对于太阳的引力半径,太阳质量 $M = 2\times 10^{33}g$, 而 $R_g = 3\text{km}$, 太阳半径为 $7\times 10^5\text{km}$, 即使在太阳表面,弱引力场条件也很好地成立.

由于 Newton 外引力势公式(6.4.9)对于引力源内部不适用,所以要实现一个强引力场,源的几何半径至多略大于引力半径. 设源的质量是太阳量级,这时源的物质密度必须达到 $2\times 10^{19}\text{kg/m}^3$ 才能达到 R_g 与几何半径相当. 只有中子星密度才是 10^{18}kg/m^3,而太阳只有 10^3kg/m^3. 白矮星也只有 $10^9 \sim 10^{12}\text{kg/m}^3$.

6.4.3 Einstein 引力方程

由等效原理,把引力场的时间视为弯曲的 Riemann 空间,引力场的物理效果可通过 Riemann 空间的度量张量来体现,因而引力场的 Riemann 空间的度量张量由产生引力场的场源来决定. 即取决于它的能量冲量张量 $T_{\mu\nu}$, 引力应该表示为 $F_{\mu\nu} = T_{\mu\nu}$, $F_{\mu\nu}$ 是度量张量及其微分所组成的,而由经典是 NewTm 引力方程 $\nabla^2\varphi = 4\pi G\rho$ 知,引力势是二阶偏微分方程. 因此, $F_{\mu\nu}$ 中最高阶只能含 $g_{\mu\nu}$ 的二阶偏微商,且是线性的[13].

定理 6.4.1[5,9]　在四维 Riemann 空间中,任意一个二阶张量 $F^{\nu\mu}$, 如果满足

(1) 对称性　$F^{\mu\nu} = F^{\nu\mu}$,

(2) 无散度　$\nabla_\nu F^{\mu\nu} = 0$,

(3) 只与度量张量及其直到二阶微分有关. 即 $F^{\nu\mu} = F^{\mu\nu}(g_{\alpha\beta}, \partial_\lambda g_{\alpha\beta}, \partial^2_{\lambda\sigma} g_{\alpha\beta})$.

那么这个二阶张量一定可以表示为

$$F^{\mu\nu} = \alpha\left(R^{\mu\nu} - \frac{1}{2}g^{\mu\nu}R\right) + \lambda g^{\mu\nu},$$

其中 α, λ 为常数, $R^{\mu\nu}$ 为 Ricci 张量, $R = g^{\mu\nu}R_{\mu\nu}$ 为数量曲率.

由第 2 章中的 Bianchi 恒等式,可得

$$\frac{1}{2}\overset{*}{\nabla}_\beta\left(R^\beta_\lambda - \frac{1}{2}R\delta^\beta_\lambda\right) = 0, \quad \nabla_\beta G_{\lambda\sigma} = 0, \tag{6.4.13}$$

其中 $G_{\lambda\sigma}$ 为 Einstein 张量

$$G_{\lambda\sigma} = R_{\lambda\sigma} - \frac{1}{2}g_{\lambda\sigma}R. \tag{6.4.14}$$

于是 Einstein 引力场方程为

$$G_{\lambda\sigma} + \lambda g_{\lambda\sigma} - kT_{\lambda\sigma} = 0, \tag{6.4.15}$$

指标缩并后

$$R + 4\lambda - kT = 0, \tag{6.4.16}$$

这里 $T = g^{\alpha\sigma}T_{\alpha\sigma}$, λ 是任选的参数. 最简单令 $\lambda = 0$. 利用(6.4.16),则(6.4.15)为

$$R_{\lambda\sigma} = -\lambda g_{\lambda\sigma} + k\left(T_{\lambda\sigma} - \frac{1}{2}g_{\lambda\sigma}T\right). \tag{6.4.17}$$

当处理物质分布区之外的引力场时，$T_{\lambda\sigma}=0$，则有

$$R_{\lambda\sigma}=0, \tag{6.4.18}$$

这是真空区的场方程.

引力场方程(6.4.15)只有10个独立变量.由(6.4.13)知(6.4.14)只有6个独立方程.因 $g_{\nu\mu}$ 是场方程的解,坐标变换后,新的度量张量 $g_{\nu'\mu'}$ 也应该是方程的解,可以增加4个坐标限制条件 $\nabla_\nu T^{\mu\nu}=0$，使得构成一个10个变量10个方程的完备系统.

6.4.4 Einstein 场方程的 Newton 近似

考查静态的、缓变的引力场.对于在某参考系中相对静止的理想流体介质,由狭义相对论,理想流体的动量能量张量为

$$T^{\mu\nu}=\rho u^\mu u^\nu,$$

其中 ρ 为物质密度,$u^\mu=\dfrac{\mathrm{d}x^\mu}{\mathrm{d}\tau}$ 为介质4维速度,τ 固有时

$$\mathrm{d}\tau^2=-\mathrm{d}s^2=-g_{\mu\nu}\mathrm{d}x^\mu\mathrm{d}x^\nu,$$

故 $g_{\nu\mu}u^\nu u^\mu=-1$. 采用相对静止的坐标系，u^μ 有形式

$$u^\mu=\frac{1}{\sqrt{-g_{00}}}(1,0,0,0),$$

于是动量能量张量唯一不为0的分量是 $\tau^{00}=-\dfrac{\rho}{g_{00}}$，相应的张量的迹为 $T=T^\nu_\nu=-\rho$. 将(6.4.9)略去高阶项后有

$$\Gamma^0_{00}=0,\ \Gamma^0_{0i}=\frac{-1}{2}\gamma_{00,i},\ \Gamma^0_{ij}=-\frac{1}{2}(\gamma_{0i,j}+\gamma_{0j,i}),$$

$$\Gamma^i_{00}=-\frac{1}{2}\gamma_{00,i},\ \Gamma^i_{0j}=\frac{1}{2}(\gamma_{0i,j}+\gamma_{0j,i}),\quad \Gamma^i_{jk}=\frac{1}{2}(\gamma_{ij,k}+\gamma_{ik,i}-\gamma_{jk,i}).$$

代入 Ricci 张量表达式(4.5.23)则有 $R_{\lambda\sigma}=\Gamma^\alpha_{\sigma\alpha,\lambda}-\Gamma^\alpha_{\lambda\sigma,\alpha}$. 即

$$\begin{aligned}&R_{00}=\frac{1}{2}\gamma_{00,ii},\quad R_{0i}=\frac{1}{2}(\gamma_{k0,ik}-\gamma_{0i,kk}),\\&R_{ij}=\frac{1}{2}(\gamma_{kk,ij}-\gamma_{ki,jk}-\gamma_{ij,kk}),\end{aligned} \tag{6.4.19}$$

指标上升后,略去高阶项,故有

$$R^{\lambda\sigma}=g^{\lambda\gamma}g^{\sigma\mu}R_{\gamma\mu}=\eta^{\lambda\nu}\eta^{\sigma\mu}R_{\nu\mu},\quad R^{00}=R_{00},\quad R^{0i}=-R_{0i},\quad R^{ij}=R_{ij}.$$

Einstein 方程的第00个分量为 $R^{00}=k(T^{00}-\dfrac{1}{2}g^{00}T)$. 于是有 $\gamma_{00,ii}=-k\rho$. 如果令 $\varphi=-\dfrac{1}{2}\gamma_{00}$，那么它可以表示为经典的 Newton 引力势方程

$$\triangle\varphi=\frac{1}{2}k\rho. \tag{6.4.20}$$

也就是说,Einstein 方程略去相应的高阶项之后,可得 Newton 方程,并且由此可以推出 Einstein 方程的常数 $k = 8\pi G$.

6.4.5 球对称引力场,Schwarzschild 场

球对称物体的引力场是引力理论中最有用的一类情形.经典的 Newton 定律直接刻画的就是这种引力场.关于无物质时空中球对称的 Einstein 方程 Schwarzschild 解,可以参看 4.7 节.由(6.4.12),(4.7.15)比较可以断定(4.7.15)中的常数 $K = GM$.

6.4.6 Schwarzschild 内部解

以下讨论球对称引力源的内部引力场.将引力源视为静止的理想流体.理想流体的动量能量张量是

$$T^{\lambda\sigma} = (p + \rho)U^{\lambda}U^{\sigma} + pg^{\lambda\sigma}, \tag{6.4.21}$$

其中 p 是压强,ρ 是能量密度,U^{σ} 是流体元的 4 维速度.对静止流体

$$U^{\sigma} = \frac{1}{\sqrt{-g_{00}}}(1,0,0,0), \tag{6.4.22}$$

那么由(4.7.8),(4.7.9)得

$$T^{\lambda\sigma} = \begin{pmatrix} \rho e^{-\nu} & 0 & 0 & 0 \\ 0 & pe^{-\mu} & 0 & 0 \\ 0 & 0 & pr^{-2} & 0 \\ 0 & 0 & 0 & pr^{-2}\sin^{-2}\theta \end{pmatrix}, \quad T_{\lambda\sigma} = \begin{pmatrix} \rho e^{\nu} & 0 & 0 & 0 \\ 0 & pe^{\mu} & 0 & 0 \\ 0 & 0 & pr^{2} & 0 \\ 0 & 0 & 0 & pr^{2}\sin^{2}\theta \end{pmatrix}, \tag{6.4.23}$$

内部引力场方程是

$$G_{\lambda\sigma} = 8\pi G T_{\lambda\sigma}, \tag{6.4.24}$$

(4.7.10),(6.4.23)代入(6.4.24)得

$$\begin{cases} e^{\nu}\left(\dfrac{1}{r^2} - \dfrac{\nu'}{r}\right) + \dfrac{1}{r^2} = 8\pi G\rho, \\ e^{\nu}\left(\dfrac{1}{r^2} + \dfrac{\nu'}{r}\right) - \dfrac{1}{r^2} = 8\pi Gp, \\ e^{\nu}\left(\dfrac{1}{2}\nu'' + (\nu')^2 + \nu'\right) = 8\pi Gp. \end{cases} \tag{6.4.25}$$

因为无耗散时,动量能量张量守恒.即 $\nabla_{\sigma}T_{\lambda}^{\sigma} = 0$, 故有

$$\frac{\mathrm{d}p}{\mathrm{d}r} = -\frac{P + \rho}{2}\nu'. \tag{6.4.26}$$

方程(6.4.25),(6.4.26)和状态方程

$$\rho = \rho(p). \tag{6.4.27}$$

由 Bianchi 恒等式,(6.4.25)中只有两个独立方程,故(6.4.25),(6.4.26),(6.4.27)4 个方程决定 $\mu(r)$, $\nu(r)$, p, ρ 等 4 个未知函数,它描述恒星内部结构.在 $r = R$ 处的边界条件 $p(R) = 0$,而 $\mu(R)$, $\nu(R)$ 与 Schwarzschild 的外部解相衔接,即

$$e^{-\mu(R)} = e^{\nu(R)} = 1 - \frac{2GM}{R}. \tag{6.4.28}$$

令

$$m(r) = \frac{r}{2G}(1 - e^{-\mu}), \tag{6.4.29}$$

那么(6.4.25)第一个方程给出

$$\frac{1}{r^2}\frac{\mathrm{d}m}{\mathrm{d}r} = 4\pi\rho, \quad m = \int_0^r 4\pi r^2 \rho \mathrm{d}r, \tag{6.4.30}$$

$m(r)$ 可以理解为半径 r 的球内的质量.将(6.4.29)代入(6.4.25)第二个方程得

$$\nu' = \frac{8\pi G p r^3 + 2Gm}{r(r - 2Gm)}. \tag{6.4.31}$$

再代入(6.4.26)得

$$\frac{\mathrm{d}p}{\mathrm{d}r} = -\frac{(\rho + p)(4\pi G p r^3 + Gm)}{r(r - 2Gm)}. \tag{6.4.32}$$

联立(6.4.27),(6.4.32)可得 (p, ρ),称(6.4.32)为 Oppenheimer 方程.得到 (p, ρ) 后代入(6.4.30),(6.4.31)可以得到引力场的分布.

当状态方程为 $\rho = \rho_0 = \mathrm{const}$ 时,则

$$m(r) = \frac{4\pi}{3}\rho_0 r^3, \quad 且 \ r \leqslant R, \tag{6.4.33}$$

$$\frac{\mathrm{d}p}{\mathrm{d}r} = -\frac{4\pi G r^3(\rho_0 + p)\left(\frac{\rho_0}{3} + p\right)}{r\left(r - 8\pi G\rho_0 \frac{r^3}{3}\right)},$$

积分后得

$$p(r) = \rho_0 \frac{\left(1 - \frac{2GMr^2}{R^3}\right)^{1/2} - \left(1 - \frac{2GM}{R}\right)^{1/2}}{3\left(1 - \frac{2GM}{R}\right)^{1/2} - \left(1 - \frac{2GMr^2}{R^3}\right)^{1/2}}, \tag{6.4.34}$$

这里 $M = \frac{4\pi\rho_0 R^3}{3}$ 为恒星总质量.把这结果代回到(6.4.32),得

$$e^{\nu/2} = \frac{3}{2}\left(1 - \frac{2GM}{R}\right)^{1/2} - \frac{1}{2}\left(1 - \frac{2GMr^2}{R^3}\right)^{1/2}, \quad r \leqslant R. \tag{6.4.35}$$

而由(6.4.33),(6.4.29)得

$$e^{-\mu}=1-\frac{2Gm(r)}{r}=1-\frac{2GMr^2}{R^3},\quad 当\ r\leqslant R. \tag{6.4.36}$$

另外由(6.4.28)可以得到

$$\nu(R)=\ln\left(1-\frac{2GM}{R}\right).$$

对(6.4.31)在 (R,r) 上积分,得

$$e^{\nu(r)}=1-\frac{2GM}{R}+\exp\left(\int_R^r\frac{8\pi Gp(r)r^3+2Gm}{r(r-2Gm)}\mathrm{d}r\right), \tag{6.4.37}$$

其中 $p(r)$ 由等式(6.4.34)决定. Schwarzschild 度量张量(4.7.9)由(6.4.36),(6.4.37)完全确定:

$$\begin{aligned}\mathrm{d}s^2=&-\left(1-\frac{2GM}{R}+\exp\left(\int_R^r\frac{8\pi Gp(r)r^3+2Gm}{r(r-2Gm)}\mathrm{d}r\right)\right)\mathrm{d}t^2\\&+\frac{1}{1-\frac{2GMp^2}{R^3}}\mathrm{d}r^2+r^2\mathrm{d}\omega,\quad \forall\, r\in R,\end{aligned}$$

当 $r\to 0$ 时,(6.4.34)得

$$p_c=\rho_0\frac{1-\left(1-\frac{2GM}{R}\right)^{1/2}}{3\left(1-\frac{2GM}{R}\right)^{1/2}-1}, \tag{6.4.38}$$

当 p_c 增大时,$\frac{2GM}{R}$ 也增大,当 $p_c\to+\infty$ 时,$\frac{2GM}{R}\to\frac{8}{9}$,这时

$$R=(3\pi G\rho_0)^{-1/2},\quad M=\frac{4}{9}(3\pi G^3\rho_0)^{-1/2}.$$

其他物态下,$\frac{2GM}{R}$ 的极限都小于 $\frac{8}{9}$. 这极限的存在是一种广义相对论效应. 在 Newton 理论是不存在的.

6.4.7　求对称引力场中的粒子运动

考察静态的 Schwarzschild 场中的类时空间中的粒子运动,由于没有引力以外的外力,粒子运动轨迹是测地线. Schwarzschild 度量张量

$$\mathrm{d}s^2=-\phi(r)\mathrm{d}t^2+\phi^{-1}(r)\mathrm{d}r^2+r^2\mathrm{d}\omega^2,\quad \phi(r)=1-\frac{K}{r},$$

$$\mathrm{d}\omega^2=\mathrm{d}\theta^2+\sin^2\theta\mathrm{d}\phi^2,\quad 单位球面上的度量.$$

函数 $\phi(r)$ 只依赖于 r, $K=2GM$ 为常数(设单位使得光速 $c=1$)引入三维流形 S 的度量张量

$$g_S(\mathrm{d}x,\mathrm{d}x)=\phi(r)^{-1}\mathrm{d}r^2+r^2\mathrm{d}\omega^2, \tag{6.4.39}$$

那么,当 $r>K$ 时,类时测地线可以表示为 $r(t)=(x(t),t)$, $v(t)=x'(t)$ 在 S

上,引入新度量张量 $g^{\#} = \phi^{-1}(r)g_S$,于是 $v(t)$ 满足方程[20]

$$(v\overset{\#}{\nabla})v = -\sigma \operatorname{grad}^{\#}\phi, \quad \sigma = \text{const},$$

其中 $\overset{\#}{\nabla}$ 表示 $g^{\#}$ 下的协变导算子,$\operatorname{grad}^{\#}$ 为相应梯度算子.显然

$$g^{\#}(\mathrm{d}x,\mathrm{d}x) = \phi^{-2}(r)\mathrm{d}r^2 + \phi(r)^{-1}r^2\mathrm{d}\omega^2, \tag{6.4.40}$$

考察关于 ϕ 的对称性的解,那么

$$g^{\#}(\mathrm{d}x,\mathrm{d}x) = \alpha(t)^{-1}\mathrm{d}r^2 + \beta(r)^{-1}\mathrm{d}\theta^2. \tag{6.4.41}$$

对于这样的度量,相应的测地线方程等价于 Hamilton 方程组

$$\dot{y}_j = \frac{\partial F}{\partial \eta_j}, \quad \dot{\eta}_1 = \frac{\partial F}{\partial y_1}, \quad \dot{\eta}_2 = 0\ , \tag{6.4.42}$$

其中 Hamilton 函数

$$F(y_1,\eta_1,\eta_2) = \frac{1}{2}\alpha(y_1)\eta_1^2 + \frac{1}{2}\beta(y_1)\eta_2^2 + \sigma\phi(y_1), \tag{6.4.43}$$

$$y_1 = r, \qquad y_2 = \theta,$$

η_j 为相应的的对偶变量. F 与 y_2 无关是由于对称性.

由 Hamilton 方程第一积分可以表示为

$$\dot{r} = \phi(r)^2\eta_1, \qquad \dot{\theta} = L\frac{\phi(r)}{r^2},$$

L 沿积分曲线是 η_2 的常数.可以令 $L = \eta_2$,于是 Hamilton 函数 $F(y_1,\eta_1,L) = E$,能量 E 沿积分曲线是一个常数,由此和(6.4.43)可以求出 η_1 从而有

$$\dot{r} = \pm\phi(r)\left(2E - 2\sigma\phi(r) - L^2\frac{\phi(r)}{r^2}\right)^{1/2},$$

或者可以表示为

$$\dot{r} = \pm\phi(r)\left(2\widetilde{E} + \frac{2K\sigma}{r} - \frac{L^2}{r^2} + \frac{KL^2}{r^3}\right)^{1/2}, \tag{6.4.44}$$

$\widetilde{E} = E - \sigma$ 和经典的 Kepler 问题

$$\dot{r} = \pm\left(2E + \frac{2K}{r} - \frac{L^2}{r^2}\right)^{1/2}$$

差别在于,用 $K\sigma$ 代替 K, $\widetilde{E}$ 代替 E 以及多一项 $\frac{KL^2}{r^3}$.

引入新变量 $u = r^{-1}$,那么(6.4.44)变为

$$\frac{\mathrm{d}u}{\mathrm{d}\theta} = \pm\frac{1}{L}(2\widetilde{E} + 2K\sigma u - L^2u^2 + KL^2u^3)^{1/2}.$$

再求一次导数后得

$$\frac{\mathrm{d}^2u}{\mathrm{d}\theta^2} - u = \frac{K\sigma}{L^2} + \frac{3}{2}Ku^2. \tag{6.4.45}$$

相平面 (u, v) 的运动图如图 6.1~6.4.

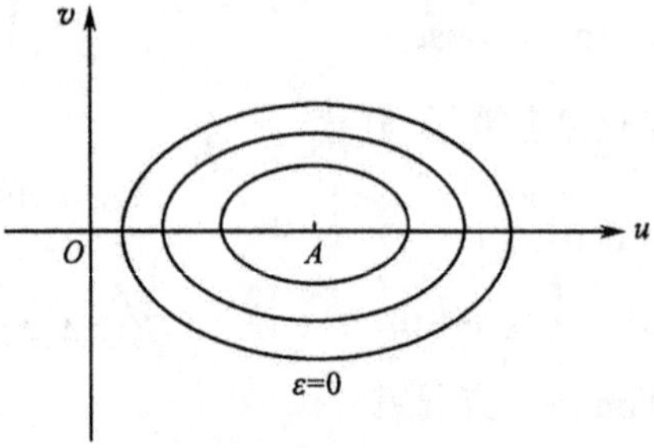

图 6.1

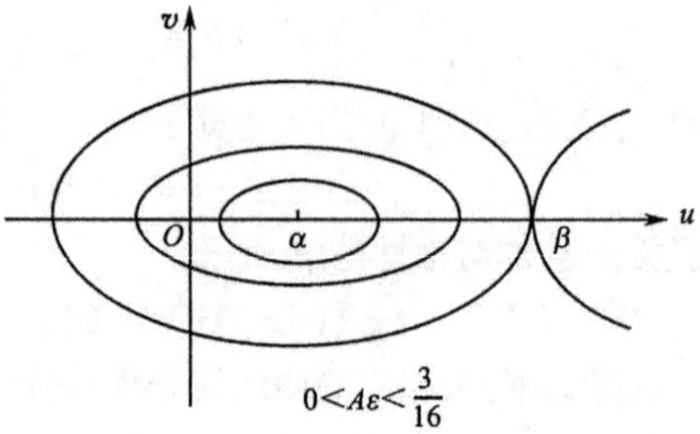

图 6.2

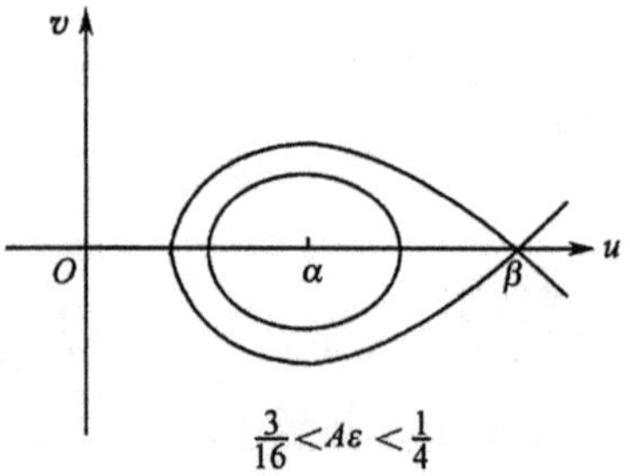

图 6.3

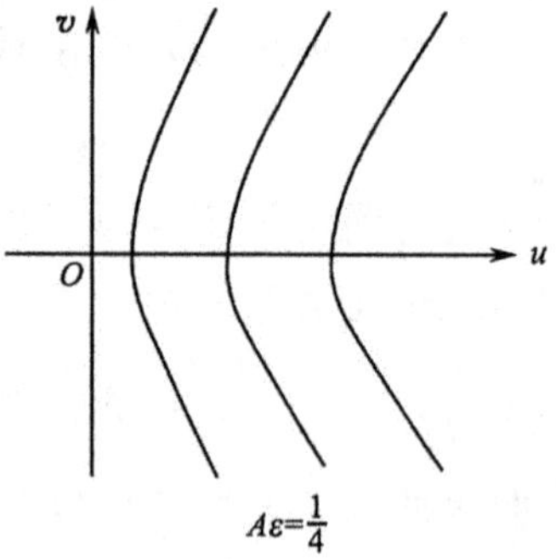

图 6.4

令 $A = \dfrac{K\sigma}{L^2}$,　　$\varepsilon = \dfrac{3}{2}K$, 于是

$$\frac{\mathrm{d}^2 u}{\mathrm{d}\theta^2} + u = A + \varepsilon u^2.$$

6.4.8　行星的轨道,水星近日点和远日点的运动

Newton 关于行星的运动轨道可以表示为

$$\frac{1}{2}\left[\frac{\mathrm{d}}{\mathrm{d}\varphi}\left(\frac{1}{r}\right)\right]^2 = \frac{E}{L^2} + \frac{GM}{rL^2} - \frac{1}{2r^2},$$

两边对求导后得

$$\frac{\mathrm{d}^2}{\mathrm{d}\varphi^2}\frac{1}{r} + \frac{1}{r} = \frac{GM}{L^2}. \tag{6.4.46}$$

在牛顿力学中(6.4.46)是 Binet 公式. 无量纲化后记 $\sigma = \dfrac{GM}{r}$, 则 Binet 公式化为

$$\frac{\mathrm{d}^2\sigma}{\mathrm{d}\varphi^2}+\sigma=\left(\frac{GM}{L}\right)^2, \tag{6.4.47}$$

它的解

$$\sigma=\left(\frac{GM}{L}\right)^2(1+e\cos\varphi), \tag{6.4.48}$$

e 是向心率(对行星,$e<1$).相应轨道是椭圆.

现在回到相对论.(6.4.44)可以表示为

$$\frac{1}{L}\left[\frac{\mathrm{d}}{\mathrm{d}\varphi}\left(\frac{1}{r}\right)\right]^2=\frac{E^2-1}{2L^2}+\frac{GM}{rL^2}-\frac{1}{2r^2}+\frac{GM}{r^3}, \tag{6.4.49}$$

两边对 φ 求微商,得到

$$\frac{\mathrm{d}^2}{\mathrm{d}\varphi^2}\left(\frac{1}{r}\right)=\frac{GM}{L^2}+\frac{3GM}{r^2}, \tag{6.4.50}$$

或

$$\frac{\mathrm{d}^2\sigma}{\mathrm{d}\varphi^2}+\sigma=\frac{GM}{L^2}+3\sigma^2. \tag{6.4.51}$$

与 Newton 理论相比,多一项 $3\sigma^2$, 而此项很小.例如,太阳的 $GM=1.5\times10^3\mathrm{m}$. 太阳系中水星轨道半径 r 最小,仅为 $r=5\times10^{10}\mathrm{m}$,因而在相对论的轨道面积中,$\sigma$ 与$\left(\frac{GM}{L}\right)^2$ 只有 10^{-7} 量级,相对论修正项 $3\sigma^2$ 具有 10^{-14} 量级.这是一个很小的修正.对于其他行星这种修正就更小.

把 Newton 解(6.4.48)作为相对论解的零级近似.代入(6.4.51)得

$$\begin{aligned}\frac{\mathrm{d}^2\sigma}{\mathrm{d}\varphi^2}+\sigma&=\left(\frac{GM}{L}\right)^2+3\left(\frac{GM}{L}\right)^4(1+e\cos\varphi)^2\\&=\left(\frac{GM}{L}\right)^2+3\left(\frac{GM}{L}\right)^4+6\left(\frac{GM}{L}\right)^4e\cos\varphi,\end{aligned} \tag{6.4.52}$$

式中 $3\left(\frac{GM}{L}\right)^4$ 是对$\left(\frac{GM}{L}\right)^2$ 的修改.要将微小地改变椭圆长轴的长度.略去它得

$$\frac{\mathrm{d}^2\sigma}{\mathrm{d}\varphi^2}+\sigma=\left(\frac{GM}{L}\right)^2+6\left(\frac{GM}{L}\right)^4e\cos\varphi. \tag{6.4.53}$$

这是线性方程,若令 $\sigma=\sigma_1+\sigma_2$, 则有

$$\begin{cases}\dfrac{\mathrm{d}^2\sigma_1}{\mathrm{d}\varphi^2}+\sigma_1=\left(\dfrac{GM}{L}\right)^2,\\[2ex]\dfrac{\mathrm{d}^2\sigma_2}{\mathrm{d}\varphi^2}+\sigma_2=6\left(\dfrac{GM}{L}\right)^2e\cos\varphi.\end{cases} \tag{6.4.54}$$

其通解为

$$\sigma_1=\left(\frac{GM}{L}\right)^2(1+e\cos\varphi),\quad \sigma_2=3\left(\frac{GM}{L}\right)^4e\,\varphi\sin\varphi,$$

$$\begin{aligned}\sigma = \sigma_1 + \sigma_2 &= \left(\frac{GM}{L}\right)^2\left[1 + \mathrm{e}\cos\varphi + 3\left(\frac{GM}{L}\right)^2 e\,\varphi\,\sin\varphi\right] \\ &\approx \left(\frac{GM}{L}\right)^2\left\{1 + e\cos\varphi\left(1 - 3\left(\frac{GM}{L}\right)^2\right)\varphi\right\}.\end{aligned} \tag{6.4.55}$$

它与 Newton 解(6.4.48)比较,在于轨道近日点和远日点有运动发生.

近日点

$$\varphi = \frac{2\pi n}{1 - 3\left(\frac{GM}{L}\right)^2} = 2n\pi\left[1 + 3\left(\frac{GM}{L}\right)^2\right], \quad n = 1,2,\cdots.$$

两个相邻近日点方位角差是 $\delta\varphi = 6\pi\left(\frac{GM}{L}\right)^2$. 代入水星数据, $\delta\varphi = 0.1''$,它虽很小,长期积累,由于水星公转周期为 $0.24a$(a 为年符),则每世纪偏转角为 43″,观察水星近日点偏转解每世纪 $5600.73 \pm 0.41''$. 由 Newton 算出是 $5557.62 \pm 0.20''$. 其差是 $43.11 \pm 0.45''$ 与广义相对论预言值符合是惊人的.

6.5 Maxwell-Einstein 耦合方程

考虑由冷的分散的物质所构成的空间,物质的能量动量张量是

$$T^{ij} = (p + \rho)u^i u^j + pg^{ij},$$

其中 ρ 为质量密度,K 为 4 维四速向量. 当存在电磁场时,电磁场的能量冲量张量是

$$T^{ij} = \frac{1}{4\pi}\left(F^i_l F^{jl} - \frac{1}{4}g^{ij}F^{ml}F_{ml}\right), \tag{6.5.1}$$

F_{ij} 为电磁场张量协变分量,它由(6.2.14)所定义.

Maxwell-Eintein 耦合方程

$$G_{ij} = 8\pi k T_{ij}, \qquad \mathrm{d}F = 0, \qquad \mathrm{d}^* F = 0, \tag{6.5.2}$$

这时

$$T^{ij} = (p + \rho)u^i u^j + pg^{ij} + \frac{1}{4\pi}\left(F^i_l F^{jl} - \frac{1}{4}g^{ij}F^{ml}F_{ml}\right). \tag{6.5.3}$$

假设 T^{ij} 是球对称的. 而相应的 4 维 Riemann 流形 M 的度量张量为

$$\mathrm{d}s^2 = -e^{\nu(r,t)}\mathrm{d}t^2 + e^{\lambda(r,t)}\mathrm{d}r^2 + r^2\mathrm{d}\omega^2.$$

这时球对称的电磁场张量可以表示为

$$\mathscr{F} = \mathrm{d}\mathscr{A} + c(t,r)\sigma,$$

这里 $\mathscr{A}$ 是 1- 形式. σ 是 S^2 球面积. 由电磁场方程 $\mathrm{d}\mathscr{F} = 0$ 推出 $c(t,r) = c =$ constant. 如果假设,电磁场当 $r \to +\infty$ 时趋于 0,则可以推出 $c = 0$. 同时,在 $SO(3)$ 群作用下是不变的. $\mathscr{A}$ 可以表示为

$$\mathscr{A} = a(t,r)\mathrm{d}t + b(t,r)\mathrm{d}r,$$

从而

$$\mathscr{F} = \left(\frac{\partial b}{\partial t} - \frac{\partial a}{\partial r}\right)\mathrm{d}t \wedge \mathrm{d}r = E(t,r)\mathrm{d}t \wedge \mathrm{d}r,$$

因此，$\mathscr{F}_{jK}$ 的非零分量是 $\mathscr{F}_{01} = -\mathscr{F}_{10}$. 从而可以计算电磁场能量冲量张量

$$\begin{cases} 4\pi T_{00} = \dfrac{1}{2}e^{-\lambda}E^2, \qquad 4\pi T_{11} = -\dfrac{1}{2}e^{-\nu}E^2, \\ 4\pi T_{jj} = \dfrac{1}{2}e^{-(\lambda+\nu)}E^2 g_{jj}, \qquad j = 2,3, \\ T_{ij} = 0, \qquad i \neq j. \end{cases} \tag{6.5.4}$$

以下只考虑只有电磁场而无其他物质的时空. 因为 $T_0 = 0$, 故 $G_{10} = 0$. 与在 4.7 节中讨论的类似可以断定，这个球对称的 Einstein 方程的解必须是定常的. 因此，可以得到静态的球对称度量张量

$$\mathrm{d}s^2 = -e^{\lambda(r)}\mathrm{d}t^2 + e^{-\lambda(r)}\mathrm{d}r^2 + \mathrm{d}r^2\mathrm{d}\omega^2,$$

在(6.5.5)中的 (ν,λ) 与 t 无关. 因此，$E = E(r)$. 由 $G_{00} = 8\pi G T_{00}, G_{11} = 8\pi G T_{11}$, 从(6.5.4)和(4.7.10)推出

$$GE(r)^2 = -\frac{e^{\nu}}{r^2}(1 - r\lambda_r - e^{\lambda}), \quad GE(r)^2 = -\frac{e^{\nu}}{r^2}(1 + r\nu_r - e^{\lambda}). \tag{6.5.5}$$

电磁场张量

$$\mathscr{F} = E(r)\mathrm{d}t \wedge \mathrm{d}r, \tag{6.5.6}$$

$d^*\mathscr{F} = 0$ 等价于 $\partial_t(\sqrt{g}F^{01}) = 0, g = -e^{\lambda}e^{-\lambda}r^2r^2 = -r^4$, 所以

$$E(r) = \frac{q}{r^2}, \qquad q \text{ 为常数}. \tag{6.5.7}$$

将(6.5.6)代入(6.5.5)得

$$r'\nu'(r) = \left(1 - \frac{Gq^2}{r^2}\right)e^{-\nu} - 1, \tag{6.5.8}$$

令 $\psi(r) = e^{\nu(r)}$, 从而可以得到

$$\left(r\frac{\mathrm{d}}{\mathrm{d}r} + 1\right)\psi(r) = 1 - \frac{Gq^2}{r^2},$$

它的通解

$$\psi(r) = 1 - \frac{G}{r} + \frac{Gq^2}{r^2},$$

因此

$$e^{\nu(r)} = 1 - \frac{G}{r} + \frac{Q^2}{r^2}, \qquad Q^2 = Gq^2,$$

Maxwell-Einstein 耦合方程的对称解是

$$ds^2=-\left(1-\frac{G}{r}+\frac{Q^2}{r^2}\right)dt^2+\left(1-\frac{G}{r}+\frac{Q^2}{r^2}\right)^{-1}dr^2+r^2d\omega^2. \tag{6.5.9}$$

显然,当 $Q=0$ 时,(6.5.9)是 Schwarzschild 解.

还需要验证 $G_{22}=8\pi GT_{22}$. 由(6.5.4)和(4.7.10)得

$$\nu''(r)+\nu'(r)^2+\frac{2}{r}\nu'(r)=\frac{2Gq^2}{r^4}e^{-\nu(r)}.$$

这个式子与(6.5.8)一致. 因此,(6.5.6),(6.5.7),(6.5.9)就是 Maxwell-Einstein 耦合方程的解.

6.6 引力坍缩

在有物质的时空中,Einstein 方程的解可能在有限时间内发展为奇性. 引力坍缩就是奇性的一个结果. 这一节里,将给出一个引力坍缩的简单例子.

设宇宙是均匀的各向同性的流体,它的密度 ρ 和压力 p 设为常数,于是宇宙时空的度规可以表示为

$$dS^2=-dt^2+A(t)g^S, \tag{6.6.1}$$

其中 g^S 为三维流形的度数, S 的常曲率度量,即它在任何方向的二维截面曲率都是常数,能量冲量张量

$$\begin{cases}T_{ij}=(p+\rho)u_iu_j+pg_{ij},\\ p=p(t),\quad p=p(\rho),\quad u=(1,0,0,0).\end{cases} \tag{6.6.2}$$

4 维宇宙 $M=U\times S$, $\dim U=1$, $\dim S=3$. 这时 Ricci 张量可以分解为

$$\begin{cases}\mathrm{Ric}_{jk}=\mathrm{Ric}^S_{jk}+F_{jk},\\ F_{km}=-\frac{3}{2}\left(\nabla_k\nabla_m\theta+\frac{1}{2}\nabla_k\theta\nabla_m\theta\right)-\frac{1}{2}(\partial_{tt}A-\langle d\theta,dA\rangle)g^S_{km},\end{cases} \tag{6.6.3}$$

这里 $\theta=\ln A(t)$. ∇_i 为协变导数. 容易计算

$$\begin{aligned}F_{00}&=-\frac{3}{2}A^{-2}\left(AA''-\frac{1}{2}(A')^2\right),\\ F_{jk}&=-\frac{1}{2}A^{-1}\left(-AA''-\frac{1}{2}(A')^2\right)g^S_{jk},\quad 1\leqslant j,k\leqslant 3.\end{aligned} \tag{6.6.4}$$

令 $R=g^{ij}\mathrm{Ric}_{ij}$ 为 M 的数性曲率,

$$R=A^{-1}S_S+\beta,\quad \beta=g^{jk}F_{jk}=3A^{-1}A'', \tag{6.6.5}$$

Einstein 张量 $G^{ij}=R^{ij}-\frac{1}{2}g^{ij}S$ 可以表示为

$$G_{jk}=G^S_{jk}+\frac{1}{2}A^{-1}S_S\delta_{j0}\delta_{k0}+F_{jk}-\frac{1}{2}\beta g_{jk}, \tag{6.6.6}$$

特别

$$G_{00}=\frac{1}{2}A^{-1}S+F_{00}+\frac{1}{2}\beta=\frac{1}{2}A^{-1}S+\frac{3}{4}(A^{-1}A')^2, \tag{6.6.7}$$

$$G_{jk}=G_{jk}^S+F_{jk}-\frac{3}{2}A''g_{jk}^S=G_{jk}^S-\left[A''-\frac{1}{4}A^{-1}(A')^2\right]g_{jk}^S,$$
$$1\leqslant j,k\leqslant 3 \tag{6.6.8}$$

由于 S 是常曲率流形,所以三维流形 S 的数性曲率 $R=\text{const.}$,且

$$\text{Ric}_{jk}=\frac{1}{3}Rg_{jk}^S, \tag{6.6.9}$$

因此

$$G_{jk}^S=-\frac{1}{6}Rg_{jk}^S. \tag{6.6.10}$$

由 Einstein 方程 $G_{jk}=8\pi GT_{jk}$,可以得到

$$\frac{3}{4}\left(\frac{A'}{A}\right)^2+\frac{1}{2}\frac{S}{A}=8\pi G\rho,$$

$$A''-\frac{1}{4}\frac{(A')^2}{A}+\frac{S}{6}=-8\pi GAp(\rho).$$

如果令 $A(t)=R(t)^2$,令 K 为 S 的截面曲率,那么

$$S=6G. \tag{6.6.11}$$

从而

$$\begin{cases}(R')^2+G=\dfrac{8}{3}\pi G\rho R^2,\\ 2R(t)R''+(R')^2+G=-8\pi Gp(\rho)R^2(t).\end{cases} \tag{6.6.12}$$

由此可以得到

$$3\frac{R''}{R(t)}=-4\pi G(\rho+3p). \tag{6.6.13}$$

在(6.6.12)中第一个方程乘 3 后与(6.6.13)相减得

$$\frac{\mathrm{d}}{\mathrm{d}t}\left(\frac{R'}{R}\right)=\frac{G}{R^2}-4\pi G(p+\rho), \tag{6.6.14}$$

另一方面,对(6.6.12)的第一个方程微分后给出

$$\frac{\mathrm{d}\rho}{\mathrm{d}t}=-6K\cdot\frac{R}{R^3}+6\frac{R'}{R}\frac{\mathrm{d}}{\mathrm{d}t}\left(\frac{R'}{R}\right), \tag{6.6.15}$$

将(6.6.15)代入到(6.6.14)后给出

$$\frac{\mathrm{d}}{\mathrm{d}t}(\rho R^3)=-p\frac{\mathrm{d}}{\mathrm{d}t}(R^3), \tag{6.6.16}$$

由于 $\nabla_k T^{jk}=0$,特别是 $\nabla_k T^{ok}=0$,它与(6.6.16)联立可以推出

$$\frac{\mathrm{d}R}{R}=-\frac{1}{3}\frac{\mathrm{d}\rho}{\rho+p(\rho)}, \tag{6.6.17}$$

从而可以得到 $R=R(\rho)$.

设初值 $R_0 = R(t_0), \rho_0 = \rho(t_0)$，那么(6.6.13)的动力系统是

$$R'' = -\frac{4}{3}\pi G\varphi(R), \qquad \varphi(R) = (\rho + 3p)R, \tag{6.6.18}$$

$\dot{\rho}, p(\rho)$ 可以初为 R 的函数，因此(6.6.12)第一个方程能够视为守恒定律

$$\frac{1}{2}(R')^2 - \frac{4}{3}\pi G\psi(R) = -G, \quad \psi(R) = \rho R^2. \tag{6.6.19}$$

如果引入新函数，把(6.6.12)表示成为一阶方程组

$$R' = V, \qquad V' = -\frac{4}{3}\pi G\psi(R). \tag{6.6.20}$$

那么它的轨道在水平曲线

$$F(V,R) = -G, \qquad F(V,R) = \frac{1}{2}V^2 - \frac{4}{3}\pi G\psi(R). \tag{6.6.21}$$

上.实际上，由(6.6.17)，可以给出

$$R = R_0 e^{-\lambda(\rho)/3}, \qquad \lambda(\rho) = \int_{\rho_0}^{\rho} \frac{\mathrm{d}\xi}{\xi + p(\xi)}. \tag{6.6.22}$$

如果状态方程满足

$$p(0) = 0, \qquad p'(\rho) \leqslant 1. \tag{6.6.23}$$

令 $\rho_0 = 1$，则 $\forall \rho \geqslant 1$ 有

$$\frac{1}{2}\log\rho \leqslant \lambda(\rho) \leqslant \log\rho, \qquad R_0\rho^{-1/2} \leqslant R \leqslant R_0\rho^{-1/2},$$

$\forall p \geqslant 1$，则

$$\left(\frac{R_0}{R}\right)^3 \leqslant \rho \leqslant \left(\frac{R_0}{R}\right)^6.$$

所以

$$R \leqslant R_0 \;\Rightarrow\; \frac{R_0^3}{R} \leqslant \psi(R) \leqslant \frac{R_0^6}{R^4}. \tag{6.6.24}$$

类似

$$R \geqslant R_0 \;\Rightarrow\; \frac{R_0^6}{R^4} \leqslant \psi(R) \leqslant \frac{R_0^3}{R}. \tag{6.6.25}$$

在相空间 $(R(t), V(t))$ 中，$F = -K$ 的曲线显示，在 $V < 0$ 的区域内，当 t 增加时，$R(t) \to 0$ 时，$V(t) \to -\infty$. 且 $R(t) < 0$，如果在某个 $t_0, V(t_0) < 0$，那么 $R(t)$ 在某个 $t_1 > t_0, R(t_1) = 0$. 类似地，在 $V(t) > 0$ 的区域，如果 $V(t_0) > 0$，那么在某个 $t < t_0, R(t) = 0$. 在 $R = 0$ 处，$\rho = +\infty$，度量张量(6.6.1)是奇异的. 当 $G \geqslant 0$ 时，在 t_0 之后的某一时刻或 t_0 之前的某一时刻，度量张量发生奇性.

对于宇宙尘埃情形(即 $p = 0$)，这时

$$\langle u, u\rangle = -1, \qquad (u\nabla)u = 0, \qquad T_{ij} = \rho u_i u_j.$$

这时

$$(u\nabla)\mathrm{div}u \leqslant -\frac{1}{3}(\mathrm{div}u)^2 - \mathrm{Ric}(u,u), \tag{6.6.26}$$

$$\mathrm{Ric}(u,u) = 4\pi G\rho. \tag{6.6.27}$$

定理 6.6.1 设当尘埃运动是无旋的,并且存在一点 $Q \in M$, 使得

$$\mathrm{div}u(Q) = -b < 0. \tag{6.6.28}$$

令 γ 是 u 的一个轨迹,使得 $\gamma(0) = Q$. 如果 $\gamma(\tau)$ 是在 $\tau \in (0,a)$ 定义的,那么 $a \leqslant \frac{3}{b}$,并且如果 $a = \frac{3}{b}$, 那么有

$$\delta(\gamma(\tau)) \to +\infty, \qquad R(\gamma(\tau)) \to +\infty, \qquad \tau \to a^+. \tag{6.6.29}$$

证 令

$$f(\tau) = \mathrm{div}u(\gamma(\tau)), \tag{6.6.30}$$

那么

$$f'(\tau) \leqslant -\frac{1}{3}f(\tau)^2. \tag{6.6.31}$$

由(6.6.28)推出

$$f(\tau) \leqslant -\frac{3b}{3-b\tau}, \qquad 0 \leqslant \tau \leqslant a. \tag{6.6.32}$$

这意味着, $a \leqslant \frac{3}{b}$. 如果 $a = \frac{3}{b}$,则当 $\tau \to a_+$ 时, $f(\tau) \to -\infty$ 故

$$\int_0^a f(\tau)\mathrm{d}\tau = -\infty. \tag{6.6.33}$$

另一方面

$$0 = \mathrm{div}T = \rho(u\nabla)u + (u\nabla)\rho u + \rho\,\mathrm{div}u u,$$

由 $\langle u,u\rangle = -1$ 推出, u 与 $(u\nabla)u$ 正交 $g_{ij}u^i(u^K\nabla_K u^j) = 0$, 因此 $\rho(u\nabla)u = 0$, $\mathrm{div}(\rho u) = 0$, 或者

$$(u\nabla)\rho + \rho\,\mathrm{div}u = 0, \qquad (u\nabla)\ln\rho + \mathrm{div}u = 0.$$

在 $\gamma(\tau)$ 上 $\frac{\mathrm{d}}{\mathrm{d}\tau}\ln\rho(\gamma(\tau)) = -f(\tau)$. 由(6.6.33)推出 $\ln\rho(\gamma(\tau)) = \infty$. 得到(6.6.29)的第一式. 由数量曲率 $R = -8\pi KT_j^j = -8\pi K\rho u_j u^j = 8\pi K\rho$, 即 $R(\gamma(\tau)) \to +\infty$,从而当 $\tau \to a_+$ 得(6.6.29)第二式. 这个定理,给出存在引力坍缩的条件.

习　题

1. 证明：在仿射空间中有

$$\boldsymbol{x}+\boldsymbol{0}=x,\quad \boldsymbol{x}+(-\boldsymbol{x})=\boldsymbol{0},\quad 0\boldsymbol{x}+\boldsymbol{0},\quad \alpha\boldsymbol{0}=\boldsymbol{0},\ (\alpha\text{ 为数}).$$

2. 设 $\boldsymbol{x}=x_i\boldsymbol{e}^i$，证明：$x_i$ 为一阶协变张量.

3. 证明张量识别定理.

4. 设 T^{klm}, T^{jk}, T_{jk} 为张量分量，证明：

$$g_{ik}T^{klm}=g^{lp}g^{mq}T_{ipq},\quad g_{ij}T^{\cdot jk}=g^{kj}T_{ij},\quad g^{ij}T_{ik}=g^{ki}T^{ij}.$$

5. 证明：$\varepsilon^{ijk}, \varepsilon_{ijk}, \varepsilon_i^{\cdot jk}$ 是三阶张量.

6. 证明：

$$\boldsymbol{e}_i=\frac{1}{2}\varepsilon_{ijk}(\boldsymbol{e}^j\times\boldsymbol{e}^k),\qquad \boldsymbol{e}^i=\frac{1}{2}\varepsilon^{ijk}(\boldsymbol{e}_j\times\boldsymbol{e}_k),$$

$$\boldsymbol{e}_i\times\boldsymbol{e}_j=\varepsilon_{ijk}\boldsymbol{e}^k,\qquad \boldsymbol{e}^i\times\boldsymbol{e}^k=\varepsilon^{ijk}\boldsymbol{e}_j.$$

7. 设向量 $\boldsymbol{A},\boldsymbol{B}$ 间的夹角为 θ，证明：

$$\cos\theta=\frac{g_{ij}a^ib^j}{\sqrt{g_{ij}a^ia^j}\sqrt{g_{ij}b^ib^j}}=\frac{a_ib^i}{\sqrt{a_ia^i}\sqrt{b_ib^i}}$$

$$=\frac{g^{ij}a_ib_j}{\sqrt{g^{ij}a_ia_j}\sqrt{g^{ij}b_ib_j}}=\frac{a^ib_i}{\sqrt{a_ia^i}\sqrt{b_ib^i}}.$$

8. 求下列各题的局部仿射标架基向量及共轭标架基向量，并求出其度量张量，这里 (x^1, x^2, x^3) 为直角坐标.

1) 球坐标系 (r,φ,θ)，

$$x^1=r\sin\varphi\cos\theta,\qquad x^2=r\sin\varphi\cos\theta,\qquad x^3=r\cos\varphi.$$

2) 抛物柱面坐标系 (v,w,z)，

$$x^1=\frac{1}{2}(v^2-w^2),\qquad x^2=v^2z,\qquad x^3=z.$$

3) 抛物坐标系 (v,w,θ)，

$$x^1=vw\cos\theta,\qquad x^2=vw\sin\theta,\qquad x^3=\frac{1}{2}(v^2-w^2).$$

4) 椭圆柱面坐标系 (v,w,z)，

$$x^1=a\operatorname{ch}v\cos w,\qquad x^2=a\operatorname{sh}v\sin w,\qquad x^3=z,\quad a\text{ 为常数}.$$

5) 曲线坐标系 (u^1,u^2,u^3)，

$$x^1=u^1u^2,\qquad x^2=((u^1)^2+(u^2)^2)/2,\qquad x^3=u^3.$$

9. 计算从圆柱坐标系 (r,θ,z) 到抛物圆柱坐标系 (v,w,θ) 的 Jacobi 矩阵.

10. 设在直角坐标系中，给出二阶张量

$$(a_{ij})=\begin{pmatrix}0 & 0 & x^2x^3\\ 0 & (x^2)^2 & 0\\ x^2x^3 & 0 & 0\end{pmatrix},$$

求在圆柱坐标系中该张量的协变分量，逆变分量和混合分量.

11. 设在直角坐标系下，$\boldsymbol{a}$ 的分量为 $a^1 = x^1x^2, a^2 = x^2x^3, a^3 = x^1x^3$，求在下列坐标系中的协变分量和逆变分量.

(a) 球坐标系， (b) 抛物柱面坐标系， (c) 椭圆柱面坐标系.

12. 设 $\Phi_1 = (x^1)^2 + (x^2)^2 + (x^3)^2, \Phi_2 = x^1x^2 + x^2x^3 + x^1x^3$，求在下列坐标系中 $\mathrm{grad}\Phi_1$ 和 $\mathrm{grad}\Phi_2$ 的协变分量和逆变分量：

(a) 球坐标系， (b) 抛物坐标系.

13. 设在直角坐标系中，给出二阶张量

$$(a_{ij}) = \begin{pmatrix} 0 & -x^2x^3 & (x^2)^2 \\ x^2x^3 & 0 & -x^1x^2 \\ -(x^2)^2 & x^1x^2 & 0 \end{pmatrix},$$

求在下列坐标系中该张量的协变分量，逆变分量和混合分量：

(a) 球坐标系， (b) 抛物柱面坐标系， (c) 椭圆面坐标系.

14. 证明在三维真欧氏空间中度量张量行列式

$$g = \det(g_{ij}) = \begin{vmatrix} \boldsymbol{e}_1\boldsymbol{e}_1 & \boldsymbol{e}_1\boldsymbol{e}_2 & \boldsymbol{e}_1\boldsymbol{e}_3 \\ \boldsymbol{e}_2\boldsymbol{e}_1 & \boldsymbol{e}_2\boldsymbol{e}_2 & \boldsymbol{e}_2\boldsymbol{e}_3 \\ \boldsymbol{e}_3\boldsymbol{e}_1 & \boldsymbol{e}_3\boldsymbol{e}_2 & \boldsymbol{e}_3\boldsymbol{e}_3 \end{vmatrix} > 0.$$

15. 证明：若度量张量 g_{ij} 是正定的，而

$$a_{\alpha\beta} = g_{ij}\frac{\partial x^i}{\partial u^\alpha}\frac{\partial x^j}{\partial u^\beta},$$

那么，$a_{\alpha\beta}$ 也是正定的.

16. 设 V_3 中，$\mathrm{d}s^2 = (\mathrm{d}x^1)^2 + (\mathrm{d}x^2)^2 - (\mathrm{d}x^3)^2$，曲面方程为

$$x^1 = u^1, x^2 = u^2, x^3 = ((u^1)^2 + (u^2)^2)^{1/2}$$

求曲面度量张量 $a_{\alpha\beta}$，这里 $a_{\alpha\beta} = g_{ij}\dfrac{\partial x^i}{\partial u^\alpha}\dfrac{\partial x^j}{\partial u^\beta}$.

17. 设 g_{ij} 为度量张量，而 $b_{ij} = -b_{ji}$，证明：

$$\det(g_{ij} + b_{ij}) = \det(g_{ij}) + \det(b_{ij}) + \frac{1}{2}g^{hk}g^{ml}b_{hm}b_{kl}$$

18. 设 (x^1, x^2, x^3) 为直角坐标系，求下列坐标系的 Christoffel 记号

(a) (r, θ, z)：$x^1 = r\cos\theta$，$x^2 = r\sin\theta$， $x^3 = z$.

(b) (v, w, z)：$x^1 = \dfrac{1}{2}(v^2 - w^2)$，$x^2 = vw$， $x^3 = z$.

(c) (v, w, θ)：$x^1 = vw\cos\theta$，$x^2 = vw\sin\theta$. $x^3 = \dfrac{1}{2}(v^2 - w^2)$.

(d) (u, v, w)：$x^1 = uv + 1$，$x^2 = vw - 1$，$x^3 = \dfrac{1}{2}(u^2 + v^2)$.

(e) (v, w, z)：$x^1 = vw$，$x^2 = \dfrac{1}{2}(v^2 + w^2)$，$x^3 = z$.

19. 写出张量 $T_{ijk}, T^{ijk}, T^{i}{}_{\cdot jk}$ 的协变导数.

20. 验证：$\nabla_k T_{ij}, \nabla_k T^{ij}, \nabla_k T^j_i$ 均为三阶张量.

21. 证明：$\nabla_k \delta_{ij} = 0$.

22. 在圆柱坐标系中,向量 **A** 的分量为

$$a^1 = r\sin\theta, \quad a^2 = r\cos\theta, \quad a^3 = z.$$

求 **A** 的协变导数和逆变导数.

23. 证明下列公式成立:

(a) $\nabla_k(a_{ij} + b_{ij}) = \nabla_k a_{ij} + \nabla_k b_{ij}$,

(b) $\nabla_k(\varphi a_i) = \varphi\nabla_k a_i + a_i\nabla_k\varphi$,

(c) $\nabla_k(a^{ij}b_j) = b_j\nabla_k a^{ij} + a^{ij}\nabla_k b_j$,

(d) $\nabla_k(g_{im}T_j^m) = g_{im}\nabla_k T_j^m$.

24. 设 T^{rs} 为二阶逆变张量,证明:

1) $\nabla_r T^{rs} = \dfrac{\partial T^{rs}}{\partial x^r} + \Gamma^s_{hr}T^{rh}$,

2) 若 T^{rs} 是反对称的,即 $T^{rs} = -T^{sr}$,那么 $\nabla_r T^{rs} = \dfrac{\partial T^{rs}}{\partial x^r}$.

25. 证明:以下等式成立

1) $\varepsilon^{ijk}\nabla_i A_j = \varepsilon^{ijk}\dfrac{\partial A_j}{\partial x^i}$,

2) $\nabla_i(\varepsilon^{ijk}A_jB_k) = \varepsilon^{ijk}\nabla_i A_j \cdot B_k - \varepsilon^{ijk}\nabla_i B_j \cdot A_k$.

即 $\mathrm{div}(A \times B) = (\mathrm{curl}A)B - (\mathrm{curl}B)A$.

26. 用行列式张量写出下列各式的张量表达式:

1) $\mathrm{curl\ grad}\ f = 0$,　　2) $\mathrm{div\ curl}\ \mathbf{A} = 0$.

27. 已知向量 **A** 在球坐标系中的分量为

$a^1 = r\sin^2\varphi\cos^2\theta$,　$a^2 = r^2\sin\varphi\cos\varphi\cos^2\theta$,　$a^3 = r\sin\varphi\cos\varphi\cos\theta$.

求 **A** 的协变分量和逆变分量的协变导数.

28. 已知向量 **A** 在抛物坐标系中的分量为

$$a^1 = w\cos\theta + v, \quad a^2 = v\cos\theta - v, \quad a^3 = -vw\sin\theta$$

求 **A** 的协变分量和逆变分量的协变导数.

29. 已知度量张量 $g_{ij} = 0\ (i = j)$,证明

$$\Gamma^i_{jj} = -\frac{1}{2g_{ii}}\frac{\partial g_{jj}}{\partial x^i}, \quad \Gamma^i_{ji} = \frac{\partial}{\partial x^j}(\ln\sqrt{g_{ii}}), \quad \Gamma^i_{ii} = \frac{\partial}{\partial x^i}(\ln\sqrt{g_{ii}}),$$

这里相同的指标不是求和.

30. 证明:对任意坐标系都有 $\Gamma^i_{ki} = \dfrac{\partial}{\partial x^k}(\ln\sqrt{g})$.

31. 证明:张量的缩并与张量的绝对微分顺序可以对调.

32. 证明:$\nabla_k(g_{ij}a^ib^j) = b^i\nabla_k a_i + a^i\nabla_k b_i$.

33. 证明:一个向量场 **A** 的模数其导数可表为 $\dfrac{\partial|\mathbf{A}|}{\partial x^k} = \dfrac{1}{|\mathbf{A}|}a^i\nabla_k a_i$.

34. 一个向量场 **A**,在球坐标系中的分量为

$$a^1 = r^2\sin2\varphi\sin2\theta, \quad a^2 = r^2\sin2\varphi\cos\theta, \quad a^3 = r\sin2\varphi.$$

求 **A** 的散度和旋度.

35. 求坐标系(v, w, z)中加速度的逆变分量和动能,其中

$$x^1 = vw, \quad x^2 = \frac{1}{2}(v^2 + w^2), \quad x^3 = z.$$

36. 在二维空间 V_2 中

$$ds^2 = \left(\frac{1}{u^2} - \frac{1}{u^4}\right)dr^2 + \frac{r^2}{u^2}d\theta^2,$$

而 $u^2 = r^2 - c^2$(c 为常数),$r > c$,证明:其测地线方程为

$$c^2\left\{\left(\frac{dr}{d\theta}\right)^2 + r^2\right\} = br^4 \qquad (b \text{ 为常数}).$$

37. 在二维空间 V_2 中

$$ds^2 = (dx^1)^2 + (x^1)^2(dx^2)^2$$

证明:其测地线方程为

$$x^1 = a\sec(x^2 + b) \qquad (a, b \text{ 为常数}).$$

38. 在三维空间 V_3 中

$$ds^2 = dt^2 - \frac{1}{1 - \lambda r^2}dr^2 - r^2 d\varphi^2$$

其中 λ 为正常数,且 $r^2 < 1/\lambda$,证明:其测地线方程为

$$\left(\frac{dr}{d\varphi}\right)^2 = r^2(1 - \lambda r^2)(ar^2 - 1) \qquad (a \text{ 为常数}).$$

39. 在 4 维伪 Riemann 空间 V_4 中

$$ds^2 = F dt^2 - F^{-1}dr^2 - r^2 d\theta^2 - r^2\sin^2\theta d\varphi^2$$

其中 $F = 1 - r^2/a^2$(a 为常数),证明:在 $\theta = \pi/2$ 上,零测地线(弧长为 0 的测地线)方程为

$$\frac{dr}{d\varphi} = r\sqrt{a^2 r^2 - 1} \qquad (a \text{ 为常数}).$$

40. 在 4 维伪 Riemann 空间 V_4 中

$$ds^2 = dx^2 + dy^2 + dz^2 + 2gt\,dx\,dt - c^2 dt^2(1 - g^2 t^2/c^2)$$

其中 g, c 为常数,试求测地线方程. 并证明:通过 $s = 0$ 的点$(0,0,0,0)$的测地线为

$$x = -\frac{1}{2}gt^2 + at, \quad y = bt, \quad z = kt \quad (a, b, k \text{ 为常数}).$$

41. 在 4 维伪 Riemann 空间 V_4 中

$$ds^2 = (1 + gx/c)^2 c^2 dt^2 - dx^2 - dy^2 - dz^2,$$

其中 g, c 为常数,证明: 其测地线方程为

$$1 + gx/c^2 = \mathrm{scch}(gt/c), \qquad y = 0, \qquad z = 0.$$

42. 若 Riemann 曲率张量 $R_{ihjk} + R_{ijhk} = 0$,证明: $R_{ijkl} = 0$.

43. 证明:(1) $R_{ijkl}R^{ijkl} = 2R_{ijkl}R^{ikjl}$, (2) $\nabla_j \nabla_i R^{ij}_{kl} = 0$.

44. 在 4 维 Riemann 空间中,证明:

(1) $\varepsilon^{ijkh}R^l_{j\cdot kh} = 0$, (2) $\varepsilon^{ijkh}\nabla_k R^b_{a\cdot ij} = 0$, ε^{ijkl} 为 4 维 Riemann 空间的行列式张量.

45. 在 4 维 Riemann 空间中,若有 $H^i_j = \delta^i_j + \lambda A^i_j$, $A^i_j H^j_k = \delta^i_k$,证明:

$$A^i_i = 0 \;\Rightarrow\; \det(H^i_j) = -27/16.$$

46. 若在三维 Riemann 空间中,有

$$ds^2 = (dx^1)^2 + (x^1)^2(dx^2)^2 + (x^1)^2\sin^2 x^2 \cdot (dx^2)^2$$

证明: $R_{ijkl} = 0$.

47. 若在三维空间 V_3 中

$$A^{ij} = \varepsilon^{ihk} \nabla_h \left(R_k^j - \frac{1}{4} \delta_k^j R \right),$$

证明: $A^{ij} = A^{ji}$, $\nabla_j A^{ij} = 0$, $g_{ij} A^{ij} = 0$, 其中 R_h^j 为 Ricci 张量, R 为数量曲率.

48. 若在二维空间 V_2 中有 $R = 0$,证明: V_2 为平面.

49. 若在三维空间 V_3 中有 $R_{ij} = 0$,证明: V_3 为平直空间.

50. 若 $ds^2 = (du^2 + dv^2) f(u + v)$, 其中 f 是 $u + v$ 的函数,试由 $R_{ijkl} = 0$ 求出 f.

51. 在 V_2 中,

$$ds^2 = (dx^1)^2 + H^2(dx^2)^2, \qquad \boldsymbol{H} = H(x^1, x^2),$$

证明: $R_{1212} = -H \dfrac{\partial^2 H}{(\partial x^1)^2}$. 并说明在怎样的条件下有 $R_{ijkl} = 0$.

52. 在 V_2 中,

$$ds^2 = f(r)((dx^1)^2 + (dx^2)^2), \qquad r = \sqrt{(x^1)^2 + (x^2)^2}$$

若 V_2 是可展的,求 f.

53. 在 V_n 中,若向量 B_i 满足 $g^{ij}B_iB_j = 0$, $\nabla_j B_i + \nabla_i B_j = 0$,

证明: 1) $\nabla_i B^i = 0$, 2) $B^i \nabla_j B = 0$, 3) $B^j \nabla_j B_i = 0$, 4) 若 $F_{ij} = \nabla_j B_i - \nabla_i B_j$,则 $F_{ij} B^i = 0$, 5) $g^{jk} \nabla_h F_{ij} = 2R_j^k B_k$.

54. 若 ϕ 是 V_n 中数量,且有

$$H_{ij} = \nabla_j \nabla_i \phi - g_{ij} g^{rs} \nabla_s \nabla_r \phi,$$

证明: $g^{jk} \nabla_k H_{ij} = R_{ij} \nabla^j \phi$.

55. 若在 V_n 中有 $\nabla_j R^j_{i\cdot kh} = 0$,证明:

1) $\nabla_h R_{mk} = \nabla_k R_{mh}$,

2) $R = \text{const}$.

3) $R^{mj}_{kh} R_{ml} + R^{mj}_{lk} R_{mh} + R^{mj}_{hl} R_{mk} = 0$.

56. 若在 V_4 中,

$$ds^2 = e^{\lambda}(dx^1)^2 + (dx^2)^2 + (dx^3)^2 + e^{\mu}(dx^4)^2,$$

λ, μ 为 x^1 的函数,证明: V_4 的曲率张量为 0 的充要条件是

$$2\mu'' - \lambda'\mu' + (\mu')^2 = 0.$$

令 $\lambda = 0$ 或 $\lambda = -\mu$,求 μ.

57. 设空间维数为 n,对于 $n > 2$, 定义张量

$$C^l_{j\cdot hm} = R^l_{j\cdot hm} + \frac{1}{n-2}(R^l_h g_{jm} + R_{jm}\delta^l_h - R_{hj}\delta^l_m - R^l_m g_{hj})$$

$$+ \frac{R}{(n-1)(n-2)}(g_{hj}\delta^l_m - g_{jm}\delta^l_m),$$

且有 $C_{jkhm} = g_{kl} C^l_{j\cdot hm}$,证明

1) $C_{jlhm} = -C_{ljhm} = -C_{jlmh}$,

2) $C_{kjil} + C_{ljik} + C_{kjli} = 0$,

3) $C^j_{l\cdot hj} = 0$,

4) 若 $n = 3$,则 $C^j_{i\cdot hl} = 0$,

5) 若 $L_{ij} = (g_{ij}R - 2(n-1)R_{ij})/(2(n-1)(n-2))$, 则有

$$C^k_{h\cdot il} = R^k_{h\cdot il} + \delta^k_l L_{hi} - \delta^k_i L_{hl} + g^{jk}g_{ih}L_{jl} - g^{jh}g_{lh}L_{ji},$$

$$\nabla_j C^j_{h\cdot ii} = (n-3)(\nabla_i L_{hl} - \nabla_l L_{hi}).$$

58. 若在 V_4 中,

$$ds^2 = (dx^1)^2 + (dx^2)^2 + (dx^3)^2 + (dx^4)^2,$$

且曲面的参数方程为

$$x^1 = \cos u^1, \qquad x^2 = \sin u^1 \cos u^2,$$

$$x^3 = \sin u^1 \sin u^2 \cos u^3, \qquad x^4 = \sin u^1 \sin u^2 \sin u^3.$$

求曲面 S 上第一、二、三基本型系数 $a_{\alpha\beta}, b_{\alpha\beta}, c_{\alpha\beta}$ 及曲面的 Riemann 曲率张量 $R_{\alpha\beta\lambda\mu}$.

59. 设 $a>0$ 分别为 $S^n(a) = \{(x^1, x^2, \cdots, x^{n+1}) \in R^{n+1}; \sum\limits_{i+1}^{n+1}(x^i)^2 = a^2\}, N = (0,0,\cdots,0,a), S = (0,0,\cdots,0,-a)$ 分别为 $S^n(a)$ 的北极和南极. 令

$$U_+ = S^n(a)\setminus\{S\}; \qquad U_- = S^n(a)\setminus\{N\}.$$

再定义映射 $\varphi_\pm$: $U_\pm \to R^n$ 如下:

$$(\xi^1, \xi^2, \cdots, \xi^n) = \varphi_+(x^1, x^2, \cdots, x^{n+1}) = \left(\frac{ax^1}{a+x^{n+1}}, \cdots, \frac{ax^n}{a+x^{n+1}}\right),$$

$$(\eta^1, \eta^2, \cdots, \eta^n) = \varphi_-(x^1, x^2, \cdots, x^{n+1}) = \left(\frac{ax^1}{a-x^{n+1}}, \cdots, \frac{ax^n}{a-x^{n+1}}\right).$$

证明: φ_+, φ_- 的逆映射分别为

$$(x^1, x^2, \cdots, x^{n+1}) = \varphi_+^{-1}(\xi^1, \xi^2, \cdots, \xi^n)$$

$$= \left(\frac{2a^2\xi^1}{a^2+|\xi|^2}, \cdots, \frac{2a^2\xi^n}{a^2-|\xi|^2}, \frac{a(a^2-|\xi|^2)}{a^2+|\xi|^2}\right),$$

$$(x^1, x^2, \cdots, x^{n+1}) = \varphi_-^{-1}(\eta^1, \eta^2, \cdots, \eta^n)$$

$$= \left(\frac{2a^2\eta^1}{a^2+|\eta|^2}, \cdots, \frac{2a^2\eta^n}{a^2-|\eta|^2}, \frac{a(|\eta|^2-a^2)}{a^2+|\eta|^2}\right),$$

其中 $|\xi|^2 = \sum\limits_{j=1}^n(|\xi^j|)^2$, $|\eta|^2 = \sum\limits_{j=1}^n(|\eta^j|)^2$. 并由此说明, $\{(U_+, \varphi_+), (U_-, \varphi_-)\}$ 给出了 $S^n(n)$ 的一个光滑结构.

60. 设 S 是 R^3 的一个非变子集. 如果对于任意的点 $p \in S$, 都有 p 在 R^3 中的一个领域 U, 使得 $U \cap S$ 是某个光滑的正则参数曲面 $r: D \to R^3$ 的像集, 其中 D 是平面 R^2 的一个连通开集, 则称 S 是 R^3 中的一个**光滑曲面**.

(1) 证明: R^3 中每个光滑曲面都是二维光滑流形;

(2) 利用(1) 的结论, 证明 R^3 中的圆环面

$$(\sqrt{x^2+y^2}-n)^2 + X^2 = r^2, \qquad 0 < r < R$$

是一个二维光滑流形.

61. Einstein 张量缩并

$$G_j^j = \mathrm{Ric}_j^j - \frac{1}{2}R\delta_j^j = \left(1 - \frac{n}{2}\right)S$$

时空流形 M，$n = \dim M$，$n = 4$，于是数性曲率

$$R = -8\pi k T_j^j,$$

其中 T_{ij} 为

$$T^{ij} = \mu u^i u^j + \frac{1}{4\pi}\left(F_l^i F^{il} - \frac{1}{4}g^{ij}F^{kl}F_{kl}\right).$$

证明

$$R = 8\pi k\mu.$$

另外，如果

$$T^{ij} = (\rho + p)u^i u^j + pg^{ij},$$

那么证明

$$R = 8\pi k(\rho - 3p).$$

62. 设能量冲量张量

$$T^{ij} = \mu u^i u^j,$$

证明

$$\mathrm{Ric}(u, n) = 4\pi k\mu.$$

如果

$$T^{ij} = \mu u^j u^i + \frac{1}{4\pi}\left(F_l^i F^{jl} - \frac{1}{4}g^{ij}F^{lk}F_{lk}\right),$$

证明

$$\mathrm{Ric}(u, n) = 4\pi k\mu + k(|E|^2 + |B|^2).$$

其中 E,B 为电场和磁场强度.

如果

$$T^{ij} = (p + \rho)u^i u^j + pg^{ij},$$

那么

$$\mathrm{Ric}(u, u) = 4\pi k(\rho + 3p).$$

63. 设 M 是一个非退化的 3 维流形

$$\dim M = 3.$$

证明 如果 $\mathrm{Ric}_{jk} = 0$. 那么

$$R_{jkl}^i = 0$$

64. 计算下列迴转面的第一和第二基本型,平均曲率和 Gauss 曲率.

$$r(u, \varphi) = (x(u), \rho(u)\omega s\varphi, \rho(n)\sin\varphi),$$

$$Z(x, y) = f(x) = g(y).$$

65. 记,曲面 $z = f(x, y)$ 的平均曲率为

$$H = \mathrm{div}\left(\frac{\mathrm{grad} f}{\sqrt{1 + |\mathrm{grad} f|^2}}\right).$$

66. 双曲空间的球极投影. 设 $a > 0$, $N = (0, \cdots, 0, -a) \in R^{n+1}$, 令

$$H^n = \{(x^1, x^2, \cdots, x^{n+1}) \in R^{n+1}, (x^1)^2 + \cdots + (x^n)^2 - (x^{n+1})^2$$

$$= -a^2, x^{n+1} > 0\},$$

$$B^n(a) = \{(\xi^1, \xi^2, \cdots, \xi^n, D) \in R^{n+1}, (\xi^1)^2 + \cdots + (\xi^n)^2 < a^2\}.$$

对任意 $p = (x_1, x_2, \cdots, x^{n+1}) \in H^n$, p 和 N 两点确定一条直线 l_p 以 $\varphi(p) = (\xi^1, \cdots, \xi^n, 0)$ 表示 l_p 与超平面 $x^{n+1} = 0$ 的交点;很明显,该交点落在 $B^n(a)$ 内,于是得到可逆映射 φ:

$$H^n \to B^n(a) \qquad (\text{见图 A.1})$$

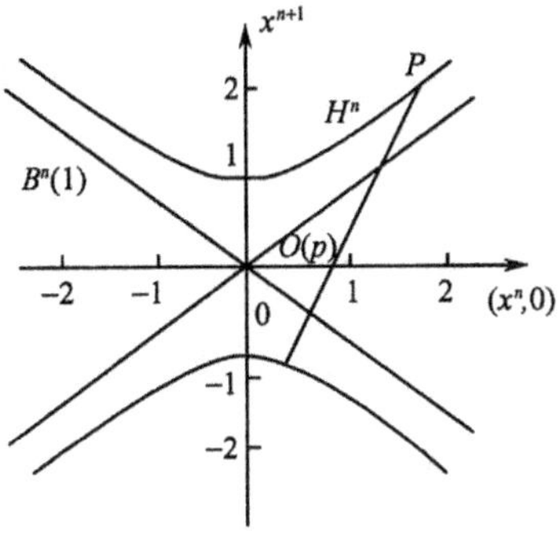

图 A.1

对任意 $(x^1, x^2, \cdots, x^{n+1}) \in H^n$,令 $(\xi^1, \cdots, \xi^n) = \varphi(x^1, \cdots, x^{n+1})$. 证明

$$\xi^1 = \frac{ax^1}{a + x^{n+1}}, \cdots, \xi^n = \frac{ax^n}{a + x^{n+1}},$$

$$x^1 = \frac{2a^2\xi^1}{a^2 - |\xi|^2}, \cdots, x^n = \frac{2a^2\xi^n}{a^2 - |\xi|^2}, x^{n+1} = \frac{a(a^2 + |\xi|^2)}{a^2 - |\xi|^2},$$

其中

$$|\xi|^2 = (\xi^1)^2 + \cdots + (\xi^n)^2$$

67. 设 $S^3 \subset R^4$ 是单位球面. $(x^1, x^2, \cdots, x^4)$ 为 R^4 中直角坐标系,在 R^4 中定义三个光滑切向量场如下:

$$x_1 = (-x^2, x^1, x^4, -x^3), \qquad x_2 = (-x^3, -x^4, x^1, x^2),$$
$$x_3 = (-x^4, x^3, -x^2, x^1).$$

(1) 证明, $[x_1, x_2] = 2x_3$; $[x_2, x_3] = 2x_1$, $[x_3, x_1] = 2x_2$;

(2) 令

$$e_1 = \frac{1}{2}x_1\Big|_{S^3}, \qquad e_2 = \frac{1}{2}x_2\Big|_{S^3}, \qquad e_3 = \frac{1}{2}x_3\Big|_{S^3},$$

证明 $\{e_1, e_2, e_3\}$ 是大范围地定义在 S^3 上的光滑标架场,并且有

$$[e_1, e_2] = e_3, \qquad [e_2, e_3] = e_1, \qquad [e_3, e_1] = e_2,$$

(3) 把 $\{e_1, e_2, e_3\}$ 看作单位正交标架场,便在 S^3 上确定了一个 Riemann 度量数量. 试求 g 的 Christoffel 记号.

68. 设 $\triangle$ 和 $\triangle_1$ 为 R^{m+1} 和 S^m 关于标准度量的 Beltrami-Laplace 算子,如果 $(x^1, \cdots, x^{n+1})$ 是 R^{m+1} 上的笛卡尔直角坐标系,即

$$r = \sqrt{(x^1)^2 + \cdots + (x^{m+1})^2},$$

则 R^{m+1} 上的光滑函数 $f(x^1, x^2, \cdots, x^{m+1})$ 可以表示为 $f(r \cdot p), p \in S^m$. 证明,当 $r > 0$ 时,成立

$$\triangle f = \frac{\partial^2 f}{\partial r^2} + \frac{m}{r}\frac{\partial f}{\partial r} + \frac{1}{r^2}\triangle_1 f,$$

这里 $\triangle_1 f$ 是把 $f(r \cdot p)$ 作为 $p \in S^m$ 的函数所求的 Laplacian.

69. 设 f, g 为两个光滑函数,并且 $(f')^2 + (g')^2 \neq 0, f \neq 0$, 令

$$\varphi(u, v) = \{f(v)\cos u,\ f(v)\sin u,\ g(v)\},$$
$$u_0 \leqslant u < u_1, \quad v_0 < v < v_1,$$

则 φ 是浸入在 R^3 中的曲面,它的度量张量是

$$g_{11} = f^2, \quad g_{12} = 0, \quad g_{22} = (f')^2 + (g')^2.$$

证明曲 φ 面上的测地线的微分方程是

$$\begin{cases} \dfrac{d^2 u}{dt^2} + 2\dfrac{ff'}{f^2}\dfrac{du}{dt}\dfrac{dv}{dt} = 0, \\ \dfrac{d^2 v}{dt^2} - \dfrac{ff'}{(f')^2 + (g')^2}\left(\dfrac{du}{dt}\right)^2 + \dfrac{f'f'' + g'g''}{(f')^2 + (g')^2}\left(\dfrac{dv}{dt}\right)^2 = 0. \end{cases}$$

70. 设 $m > 2, U \subset R^m$ 是连通开子集. 设 F 是定义在 U 上处处不为0的光滑函数,$(x^1, x^2, \cdots, x^m)$ 为 R^m 上的坐标系,令

$$g_{ij} = \frac{\delta_{ij}}{F^2},$$

则 g_{ij} 是 U 上的 Riemann 度量,记

$$F_i = \frac{\partial F}{\partial x^i}, \qquad F_{ij} = \frac{\partial^2 F}{\partial x^i \partial x^j}, \quad i, j = 1, 2, \cdots, m.$$

(1) 证明度量 g 具有常截面曲率 c 的充分必要条件是对任意的 $i \neq j$,

$$F_{ij} = 0, \qquad F(F_{ji} + F_{ii}) = c + \sum_{k=1}^{m}(F_k)^2.$$

(2) 利用(1)的结果,度量 g 具有常截面曲率 c 的充分必要条件是有在常数 $a, b_i, c_i, i = 1, 2, \cdots, m$, 使得

$$\sum_i (4c_i a - b_i^2) = c, \qquad F = a_1(x^1) + \cdots + G_m(x^m),$$

其中函数 $G_i(x) = ax^2 + b_i x + c_i$.

(3) 利用(2) 的结果,令 $a = \frac{1}{4}c, b_i = 0, c_i = \frac{1}{m}$, 便得到 Riemann 所给出的公式

$$g_{ij} = \frac{\delta_{ij}}{\left(1 + \frac{c}{4}\sum_k (x^k)^2\right)^2},$$

这时,度量张量具有常截面曲率 c. 试说明,当 $c < 0$ 时,度量在一个以原点为中心,以 $2/\sqrt{-c}$ 为半径的开球 $B(2/\sqrt{-c})$ 内有定义,并且是完备的.

(4) 如果 $c > 0$,证明(3) 中给出的 Riemann 度量 g 在整个 R^m 上有定义,但不完备.

71. 设(M,g)是 m 维 Riemann 流形，(U,x^i)为局部坐标系，定义 Weyl 共形曲率张量

$$C^l_{kij} = R^l_{kij} + \delta^l_j\varphi_{ki} - \delta^l_i\varphi_{kj} + g_{ki}g^{lp}\varphi_{pj} - g_{kj}g^{lp}\varphi_{pi},$$

其中

$$\varphi_{ij} = \frac{1}{m-v}R_{ij} - \frac{R}{2(m-1)(m-2)}g_{ij}.$$

R^l_{kij}，R_{ij} 和R 为(M,g)的曲率张量，Ricci 曲率张量和数量曲率. 证明当 $c\equiv 0$ 时，M 的曲率张量可以用它的 Ricci 曲率张量和数量表示为

$$R^l_{kij} = \frac{1}{m-2}(\delta^l_iR_{kj} - \delta^l_jR_{ki} + g_{kj}g^{lp}R_{pi} - g_{ki}g^{lp}R_{pj}) + \frac{R}{(m-1)(m-2)}(\delta^l_jg_{ki} - \delta^l_ig_{kj}).$$

72. 设(M,g)是连通的 $m(m\geqslant 3)$ 维 Riemann 流形. 它的 Ricci 曲率张量 Ric 与度量张量 g 处处成比例，即存在 $\lambda\in C^\infty(M)$，使得

$$\mathrm{Ric} = \lambda g.$$

证明

(1) (M,g)是 Einstein 流形，因而

$$R = m\lambda.$$

(2) 如果 M 的数量曲率$R\neq 0$. 则在 M 上不存在非零的平行切向量场.

(3) 如果 $m=3$，则(M,g)为常曲率空间.

参 考 文 献

1 陈省身,陈维桓. 微分几何讲义. 北京:北京大学出版社, 1983

2 陈维桓, 李兴校. 黎曼几何引论, 上册. 北京:北京大学出版社, 2002

3 陈维桓. 微分几何初步. 北京:北京大学出版社, 1990

4 伍鸿熙,沈纯理,虞言林. 黎曼几何初步. 北京:北京大学出版社, 1997

5 伍鸿熙,陈志华,吕以辇. 紧黎曼曲面引论. 北京:科学出版社, 1981

6 白正国, 沈一兵. 黎曼几何初步. 北京:高等教育出版社, 1992

7 W.泡利. 相对论.1979. 凌德洪,周万生译.上海:上海科学技术出版社, 1984

8 陆启铿.微分几何学及其在物理学中的应用. 北京:科学出版社

9 胡宁. 广义相对论和引力场理论. 北京:科学出版社, 2000

10 丘成桐, 孙理察. 微分几何. 北京:科学出版社, 1988

11 俞允强. 广义相对论引论. 北京:科学出版社, 1997

12 苏步青, 胡和生等. 微分几何. 北京:科学出版社, 1979

13 王任川. 广义相对论引论. 北京:中国科学技术出版社, 1996

14 S.温伯格. 引力论和宇宙论-广义相对论原理和应用. 北京:科学出版社, 1980

15 Ralph Abraham, Jerrold E. Marsden, Tudor Ratiu. Manifolds, Tensor Analysis and Applications. Addison-Wesley Publishing Company, Inc., 1983

16 M. Berger, B. Gostiaux. Differential Geometry: Manifolds, Curves and Surface. New York: Spriger-Verlag, 1989

17 J. Cheeger, D. G. Ebin. Comparison Theorems in Riemannian Geometry. Amsterdam: Northlad Publishing Company, 1976

18 Chavel. Riemannian Geometry: A Modern Introduction. Cambridge: Cambridge University Press, 1993

19 Chandrasekhar. The Mathematical Theory of Black-Holes. Oxford University Press, 1992

20 A. Dubrovin, A. T. Fomenko, S. P. Novikov. Modern Geometry-Methods and Application Part I, II, III. New York: Spriger-Verlag, 1984, 1992

21 Michacl E. Taylor. Partial Differential Equations, III. New York: Springer-Verlag, 1996

22 J. Jost. Riemannian Geometry and Geometric Analysis. New York: Springer-Verlag, 1998

23 Serge Lang. Differential and Riemannian Manifold. New York: Springer-Verlag, 1996

24 P. Petersen. Riemannian Geometry. New York: Springer-Verlag, 1998

25 M. Spivak. A Comprehensive Introduction to Differential Geometry. Vols 1～5, Berkeley, Publish, 1979

26 Kaitai Li, Aixiang Huang. Mathematical Aspect of the Stream-Function Equations of Compressible Turbomachinery Flows and Their finite element Approximation Using optimal Control. Comp. Meth. Appl. Mech. and Eng., 1983, 41: 175～194

27 P. G. Ciarlet. Mathematical Elasticity, Vol. III, : Theory of Shells. North-Holland, 2000

28 B. Miara, E. Sanchez-Palencia. Asymptotic Analysis of Linearly Elastic Shells. Asymptotic Analysis, 1996, 12: 41～54

29 Cristinel Mardare. Asymptotic Analysis of Linearly Elastic Shells: Error Estimates in the Membrane Case. Aymptotic Analysis, 1998, 17: 31～51

30 W. T. Koiter. A consistent first approximation in the general theory of thin elastic shells, in Proceedings,

IUTAM Symposium on the Theory of Thin Elastic Shells, Delft. Amsterdam, August 1959, 12～33

31 W.T.Koiter. On the foundations of the linear theory of thin elastic shells. Proc. Kon. Ned. Akad. Wetensch. B73, 169～195

32 P.M.Naghdi. Fundations of elastic shell theory. in Progress in Solid Mechanics, Vol.4, 1～90

33 P.M.Naghdi. the Theory of Shells and Plates, in Handbuch der Physik. Berlin: Springer-Verlag, Vol. VIa/2: 425～640

34 B.Budiansky, J.L.Sanders. On the "best" first-order linear shell theory, in Progress in Applied Mechanics. W.Prager Anniversary Volume, New York: MacMillan, 1967: 129～140

35 Z.H.Wu. A general theory of three-Dimensional flow in subsonic and supersonic turbomachines of axial-, Radial-, and Mixed-Flow Types. NASA TN 26, 1952

36 李开泰. 三维透平机械内部流动在半测地坐标系下流函数的偏微分方程适定性和有限元分析. 西安交通大学学报. 1978, No.1: 31～60

37 李开泰, 黄艾香. 透平机械内部三维流动任意流面上的流函数的微分方程和它的有限元解. 力学学报. 1982, No.1: 55～62

38 李开泰, 黄艾香, 黄庆怀. 有限元方法及其应用(下册). 西安: 西安交通大学出版社, 1988

39 李开泰, 黄艾香. 张量分析及其应用. 西安: 西安交通大学出版社, 1984

40 P. Constantin and C. Foias. Navier-Stokes equations. The University of Chicago Press, 1988

41 李开泰, 马逸尘. 数学物理方程 Hilbert 空间方法. 西安: 西安交通大学出版社, 1992